全国高等学校中药资源与开发、中草药栽培与鉴定、中药制药等专业

国家卫生健康委员会“十三五”规划教材

“十三五”江苏省高等学校重点教材（编号：2019-2-132）

药用植物栽培学

主　编　巢建国　张永清

副主编　张重义　尹海波　崔秀明　陈兴福　童巧珍

编　者（以姓氏笔画为序）

马生军（新疆农业大学）
王　乾（河北中医学院）
王玲娜（山东中医药大学）
王海英（天津中医药大学）
尹海波（辽宁中医药大学）
田建平（海南医学院）
曲寿河（沈阳药科大学）
刘　薇（成都中医药大学）
江维克（贵州中医药大学）
纪宝玉（河南中医药大学）
李　琳（南京中医药大学翰林学院）
谷　巍（南京中医药大学）
张子龙（北京中医药大学）
张永清（山东中医药大学）
张春椿（浙江中医药大学）
张重义（福建农林大学）
陈兴福（四川农业大学）
胡　珂（安徽中医药大学）
贺丹霞（中国药科大学）
高　静（陕西中医药大学）
高明菊（文山学院）
黄　勇（河南农业大学）
崔秀明（昆明理工大学）
梁慧珍（河南省农业科学院）
巢志茂（中国中医科学院）
巢建国（南京中医药大学）
童巧珍（湖南中医药大学）
曾翠云（甘肃中医药大学）

人民卫生出版社

图书在版编目（CIP）数据

药用植物栽培学 / 巢建国，张永清主编 .—北京：人民卫生出版社，2019

ISBN 978-7-117-28694-7

Ⅰ. ①药… Ⅱ. ①巢… ②张… Ⅲ. ①药用植物 – 栽培技术 – 高等学校 – 教材 Ⅳ. ①S567

中国版本图书馆 CIP 数据核字（2019）第 217175 号

药用植物栽培学

主　　编： 巢建国　张永清
出版发行： 人民卫生出版社（中继线 010-59780011）
地　　址： 北京市朝阳区潘家园南里 19 号
邮　　编： 100021
E - mail： pmph @ pmph.com
购书热线： 010-59787592　010-59787584　010-65264830
印　　刷： 保定市中画美凯印刷有限公司
经　　销： 新华书店
开　　本： 850 × 1168　1/16　**印张：** 28
字　　数： 680 千字
版　　次： 2019 年 12 月第 1 版　2022 年 12 月第 1 版第 3 次印刷
标准书号： ISBN 978-7-117-28694-7
定　　价： 85.00 元
打击盗版举报电话：010-59787491　E-mail：WQ @ pmph.com
质量问题联系电话：010-59787234　E-mail：zhiliang @ pmph.com

全国高等学校中药资源与开发、中草药栽培与鉴定、中药制药等专业
国家卫生健康委员会“十三五”规划教材

出版说明

高等教育发展水平是一个国家发展水平和发展潜力的重要标志。办好高等教育，事关国家发展，事关民族未来。党的十九大报告明确提出，要“加快一流大学和一流学科建设，实现高等教育内涵式发展”，这是党和国家在中国特色社会主义进入新时代的关键时期对高等教育提出的新要求。近年来，《关于加快建设高水平本科教育全面提高人才培养能力的意见》《普通高等学校本科专业类教学质量国家标准》《关于高等学校加快“双一流”建设的指导意见》等一系列重要指导性文件相继出台，明确了我国高等教育应深入坚持“以本为本”，推进“四个回归”，建设中国特色、世界水平的一流本科教育的发展方向。中医药高等教育在党和政府的高度重视和正确指导下，已经完成了从传统教育方式向现代教育方式的转变，中药学类专业从当初的一个专业分化为中药学专业、中药资源与开发专业、中草药栽培与鉴定专业、中药制药专业等多个专业，这些专业共同成为我国高等教育体系的重要组成部分。

随着经济全球化发展，国际医药市场竞争日趋激烈，中医药产业发展迅速，社会对中药学类专业人才的需求与日俱增。《中华人民共和国中医药法》的颁布，“健康中国2030”战略中“坚持中西医并重，传承发展中医药事业”的布局，以及《中医药发展战略规划纲要（2016—2030年）》《中医药健康服务发展规划（2015—2020年）》《中药材保护和发展规划（2015—2020年）》等系列文件的出台，都系统地筹划并推进了中医药的发展。

为全面贯彻国家教育方针，跟上行业发展的步伐，实施人才强国战略，引导学生求真学问、练真本领，培养高质量、高素质、创新型人才，将现代高等教育发展理念融入教材建设全过程，人民卫生出版社组建了全国高等学校中药资源与开发、中草药栽培与鉴定、中药制药专业规划教材建设指导委员会。在指导委员会的直接指导下，经过广泛调研论证，我们全面启动了全国高等学校中药资源与开发、中草药栽培与鉴定、中药制药等专业国家卫生健康委员会“十三五”规划教材的编写出版工作。本套规划教材是“十三五”时期人民卫生出版社的重点教材建设项目，教材编写将秉承“夯实基础理论、强化专业知识、深化中医药思维、锻炼实践能力、坚定文化自信、树立创新意识”的教学理念，结合国内中药学类专业教育教学的发展趋势，紧跟行业发展的方向与需求，并充分融合新媒体技术，重点突出如下特点：

1. 适应发展需求，体现专业特色　本套教材定位于中药资源与开发专业、中草药栽培与鉴定

专业、中药制药专业，教材的顶层设计在坚持中医药理论、保持和发挥中医药特色优势的前提下，重视现代科学技术、方法论的融入，以促进中医药理论和实践的整体发展，满足培养特色中医药人才的需求。同时，我们充分考虑中医药人才的成长规律，在教材定位、体系建设、内容设计上，注重理论学习、生产实践及学术研究之间的平衡。

2. 深化中医药思维，坚定文化自信　中医药学根植于中国博大精深的传统文化，其学科具有文化和科学双重属性，这就决定了中药学类专业知识的学习，要在对中医药学深厚的人文内涵的发掘中去理解、去还原，而非简单套用照搬今天其他学科的概念内涵。本套教材在编写的相关内容中注重中医药思维的培养，尽量使学生具备用传统中医药理论和方法进行学习和研究的能力。

3. 理论联系实际，提升实践技能　本套教材遵循"三基、五性、三特定"教材建设的总体要求，做到理论知识深入浅出，难度适宜，确保学生掌握基本理论、基本知识和基本技能，满足教学的要求，同时注重理论与实践的结合，使学生在获取知识的过程中能与未来的职业实践相结合，帮助学生培养创新能力，引导学生独立思考，理清理论知识与实际工作之间的关系，并帮助学生逐渐建立分析问题、解决问题的能力，提高实践技能。

4. 优化编写形式，拓宽学生视野　本套教材在内容设计上，突出中药学类相关专业的特色，在保证学生对学习脉络系统把握的同时，针对学有余力的学生设置"学术前沿""产业聚焦"等体现专业特色的栏目，重点提示学生的科研思路，引导学生思考学科关键问题，拓宽学生的知识面，了解所学知识与行业、产业之间的关系。书后列出供查阅的主要参考书籍，兼顾学生课外拓展需求。

5. 推进纸数融合，提升学习兴趣　为了适应新教学模式的需要，本套教材同步建设了以纸质教材内容为核心的多样化的数字教学资源，从广度、深度上拓展了纸质教材的内容。通过在纸质教材中增加二维码的方式"无缝隙"地链接视频、动画、图片、PPT、音频、文档等富媒体资源，丰富纸质教材的表现形式，补充拓展性的知识内容，为多元化的人才培养提供更多的信息知识支撑，提升学生的学习兴趣。

本套教材在编写过程中，众多学术水平一流和教学经验丰富的专家教授以高度负责、严谨认真的态度为教材的编写付出了诸多心血，各参编院校对编写工作的顺利开展给予了大力支持，在此对相关单位和各位专家表示诚挚的感谢！教材出版后，各位教师、学生在使用过程中，如发现问题请反馈给我们（renweiyaoxue@163.com），以便及时更正和修订完善。

人民卫生出版社

2019年2月

全国高等学校中药资源与开发、中草药栽培与鉴定、中药制药等专业
国家卫生健康委员会“十三五”规划教材

教材书目

序号	教材名称	主编	单位
1	无机化学	闫　静 张师愚	黑龙江中医药大学 天津中医药大学
2	物理化学	孙　波 魏泽英	长春中医药大学 云南中医药大学
3	有机化学	刘　华 杨武德	江西中医药大学 贵州中医药大学
4	生物化学与分子生物学	李　荷	广东药科大学
5	分析化学	池玉梅 范卓文	南京中医药大学 黑龙江中医药大学
6	中药拉丁语	刘　勇	北京中医药大学
7	中医学基础	战丽彬	南京中医药大学
8	中药学	崔　瑛 张一昕	河南中医药大学 河北中医学院
9	中药资源学概论	黄璐琦 段金廒	中国中医科学院中药资源中心 南京中医药大学
10	药用植物学	董诚明 马　琳	河南中医药大学 天津中医药大学
11	药用菌物学	王淑敏 郭顺星	长春中医药大学 中国医学科学院药用植物研究所
12	药用动物学	张　辉 李　峰	长春中医药大学 辽宁中医药大学
13	中药生物技术	贾景明 余伯阳	沈阳药科大学 中国药科大学
14	中药药理学	陆　茵 戴　敏	南京中医药大学 安徽中医药大学
15	中药分析学	李　萍 张振秋	中国药科大学 辽宁中医药大学
16	中药化学	孔令义 冯卫生	中国药科大学 河南中医药大学
17	波谱解析	邱　峰 冯　锋	天津中医药大学 中国药科大学

续表

序号	教材名称	主编	单位
18	制药设备与工艺设计	周长征 王宝华	山东中医药大学 北京中医药大学
19	中药制药工艺学	杜守颖 唐志书	北京中医药大学 陕西中医药大学
20	中药新产品开发概论	甄汉深 孟宪生	广西中医药大学 辽宁中医药大学
21	现代中药创制关键技术与方法	李范珠	浙江中医药大学
22	中药资源化学	唐于平 宿树兰	陕西中医药大学 南京中医药大学
23	中药制剂分析	刘　斌 刘丽芳	北京中医药大学 中国药科大学
24	土壤与肥料学	王光志	成都中医药大学
25	中药资源生态学	郭兰萍 谷　巍	中国中医科学院中药资源中心 南京中医药大学
26	中药材加工与养护	陈随清 李向日	河南中医药大学 北京中医药大学
27	药用植物保护学	孙海峰	黑龙江中医药大学
28	药用植物栽培学	巢建国 张永清	南京中医药大学 山东中医药大学
29	药用植物遗传育种学	俞年军 魏建和	安徽中医药大学 中国医学科学院药用植物研究所
30	中药鉴定学	吴啟南 张丽娟	南京中医药大学 天津中医药大学
31	中药药剂学	傅超美 刘　文	成都中医药大学 贵州中医药大学
32	中药材商品学	周小江 郑玉光	湖南中医药大学 河北中医学院
33	中药炮制学	李　飞 陆兔林	北京中医药大学 南京中医药大学
34	中药资源开发与利用	段金廒 曾建国	南京中医药大学 湖南农业大学
35	药事管理与法规	谢　明 田　侃	辽宁中医药大学 南京中医药大学
36	中药资源经济学	申俊龙 马云桐	南京中医药大学 成都中医药大学
37	药用植物保育学	缪剑华 黄璐琦	广西壮族自治区药用植物园 中国中医科学院中药资源中心
38	分子生药学	袁　媛 刘春生	中国中医科学院中药资源中心 北京中医药大学

全国高等学校中药资源与开发、中草药栽培与鉴定、中药制药专业规划教材建设指导委员会

成员名单

前　言

药用植物栽培学是研究药用植物生长发育特性和产量、品质形成规律及其与环境条件的相互关系，探索实现药用植物安全、优质、高效、生态栽培技术措施及理论依据的一门学科。近年来，药用植物栽培相关的政策法规逐步完善，药用植物种植面积与产量持续增长，新成果、新技术、新理论不断涌现，药用植物栽培学已成为一门颇具特色的新兴学科，发展前景广阔。开展药用植物栽培对生产优质中药材、实现综合效益的和谐统一、加强中药材生产现代化管理、提升中药国际竞争力等都具有重要的现实意义。

本教材用于中药学、中药资源与开发、中草药栽培与鉴定等相关专业的专业课教学，内容共有12章：第一章介绍了药物植物栽培学的内涵和发展历程；第二章至第四章主要介绍药用植物栽培的生理、生态学基础及产量、品质形成规律；第五章至第十章是探索实现药用植物安全、优质、高效、生态的栽培技术措施及理论依据；第十一章则是主要介绍现代新技术在药用植物栽培中的应用；第十二章介绍常用药用植物的栽培技术，主要从品种概述、生物学特性、栽培技术、采收加工及栽培过程中关键环节等方面进行阐述。对于使用频率较高的常用中药材、贵重药材及现代研究较多且较深入的药材进行重点阐述，并详细介绍各品种的特色栽培技术及采收加工技术。另外，本书为适应新时代学习潮流，于各章节增加了融合教材数字资源，尤其是第十二章提供了大量的图片、视频等学习资料，丰富了教学内容。

本教材可供高等中医药院校、农林等院校的中药学、中药资源与开发、中草药栽培与鉴定等相关专业的本科生使用，同时亦可供相关领域的研究人员和科技工作者参考。

本教材由中医药、农业等科研院校长期从事药用植物栽培的教学科研人员参与编写，主要编写人员在其相关领域具有较好的代表性，从而确保了编写内容的先进性和科学性。全书纸质教材经各章节负责老师初审，副主编交叉互审，最终分别由巢建国和张永清统一审改定稿，融合教材数字资源由谷巍统一审改定稿。各章节具体分工如下：第一章绪论（巢建国、纪宝玉、黄勇），第二章药用植物栽培的生理学基础（陈兴福、王海英、田建平），第三章药用植物栽培的生态学基础（张重义、高静、曾翠云），第四章药用植物产量与药材品质的形成（尹海波、贺丹霞、曾翠云、谷巍、陈兴福、江维克），第五章药用植物栽培制度与土壤耕作（张重义、张子龙、曾翠云），第六章药用植物繁殖与良种繁育（崔秀明、贺丹霞、王海英、张春椿），第七章药用真菌培育技术（陈兴福、胡珂），第八章药用植物栽培的田间管理（童巧珍、刘薇、黄勇），第九章药用植物病虫害及其防治（童巧珍、曲寿河、王乾)，第十章中药材的采收、产地加工与贮藏(巢志茂、巢建国、高明菊)，第十一章现代新技术在药用植物栽培中的应用(崔秀明、张重义、陈兴福、田建平、王乾、张春椿)，第十二章常用药用植物的栽培技术分别由各编委编写。

本教材的编写得到了人民卫生出版社及全国高等学校中药资源与开发、中草药栽培与鉴定、中药制药专业规划教材建设指导委员会专家、编委所在单位的大力支持。由于药用植物栽培学是一门实践性很强的学科，涉及内容广泛，而且发展迅速，编者主观上力求本教材在夯实理论知识的基础上，尽可能与生产实际紧密联系。但限于本教材篇幅有限，唯恐未能达到这个要求，诚恳吁请专家、同行、读者们提出宝贵意见，以利于本教材的修订和完善。

《药用植物栽培学》编委会

2019 年 5 月

目　录

第一章　绪论

第一章课件

中医药作为我国的国粹和传统文化的重要组成部分，是中华民族智慧的结晶，其地位在国际上不断上升，受到各国的广泛关注。中药材是中医药事业传承和发展的物质基础，是关系国计民生的战略性资源。中药材中绝大多数为植物药，随着我国人口的不断增加、人们生活水准的提高、保健观念的更新、国际社会医学模式的改变以及"回归自然"的世界潮流的涌起，药用植物资源的需求日益增大；而另一方面，生态环境的恶化及不合理的掠夺式采收，使许多药用植物野生资源遭到破坏，出现濒危、枯竭甚至灭绝的现象，供不应求的局面日趋严重。为保证中药原料的有效供应及中药资源的可持续利用，大力发展药用植物栽培已成为必然趋势。在《中华人民共和国中医药法》颁布、院内制剂备案、促进科技成果转化等国家利好政策的助推下，必将给药用植物栽培产业带来更大的发展空间。

第一节　药用植物栽培学的内涵

一、药用植物栽培学的性质、地位和任务

药用植物栽培学研究的对象是各种药用植物的群体。药用植物是指含有生物活性成分，具有防病、治病和保健作用的一类植物。药用植物栽培学（medicinal plant cultivation）是研究药用植物生长发育特性和产量、品质形成规律及其与环境条件的相互关系，探索实现药用植物安全、优质、高效、生态栽培技术措施及理论依据的一门学科。可概括为保障药用植物、环境条件及技术措施三个环节组成的农业生态系统协调发展的一门技术科学。

药用植物栽培学是一门综合性很强的直接服务于中药材生产的应用学科，是作物栽培学与耕作学的一个分支学科。由于生产目的、产品的品质要求、栽培技术以及经营方式的特殊性，药用植物栽培学已成为一门颇具特色的新兴学科。药用植物栽培以传统经验为基础，在其发展过程中逐渐融入现代科学理论和技术，与药用植物学、植物生理生态学、生态群落学、土壤肥料学、农业气象学、农业生态学和植物保护学等学科密切相关。同时，随着科学技术的进步及生产条件的改善，将不断地赋予它新的研究内容。

药用植物栽培是中药产业群体中的第一产业和基础性产业，以规范化生产和产业化经营为主要特征的现代中药农业，是中药现代化、国际化的基础和前提条件。药用植物栽培与中药资源可持续利用是整个中医药事业发展的基础，其根本目标是满足国内外市场对优质药材的长期稳定供应需求，造福人类健康，同时实现资源开发利用与环境保护的协调发展。

药用植物栽培学的主要研究任务是根据不同药用植物生长发育特性及对产量和质量的要求，创造其适宜的环境条件，采取与之相配套的栽培技术措施，充分发挥其遗传潜力，探讨并建立药用植物安全、优质、高效、生态栽培的基本理论和技术体系，实现中药材品质“安全、有效、稳定、可控”的生产目标。药用植物栽培涉及“药用植物 - 环境 - 措施”这一农业生态系统稳定发展的各项农艺措施，包括了解不同药用植物的生长发育特性以及所需的环境条件等，并在此基础上通过种质选育、选地、整地、繁殖、田间管理和病虫害防治、采收加工等各种栽培技术措施，以及对野生药用植物采取引种驯化和野生抚育等方法，满足药用植物生长发育和产量与品质形成的要求，实现中药材“有序、安全、有效”生产。

二、药用植物栽培的特点

（一）药用植物栽培技术的多样性和复杂性

我国药用植物共有 11 000 余种，其中常用药用植物有 500 余种，大面积栽培的有 250 种左右。由于药用植物种类繁多，其习性、繁殖方法、采收加工、药用部位、栽培年限以及对环境要求的多变性，形成了中药材栽培技术的多样性和复杂性。在进行人工栽培时需要采取不同的措施才能达到预期的生产目的，如人参、黄连等种植时需有一定荫蔽条件，地黄、北沙参等则需选向阳地块种植，菊花、乌头等种植时需要打顶，玄参、白术常于现蕾前剪掉花序或花蕾。栽培时还涉及农学及中药学等知识。

药用植物栽培多样性和复杂性

（二）药用植物生产更注重质量

中药材是中医药事业发展的基石，是用于防治疾病的一类特殊商品，其质量高低直接决定着临床治疗效果。广大药农在药用植物种植过程中，除大力提高产量外，对中药材的质量尤其要注意。如果药材质量不合格，甚至会导致病情贻误或加重。因此，药用植物栽培除要求一定的产量外，应更加注重产品质量，是典型的质量农业范畴。稳步提升中药材质量，对于中医药事业的健康发展具有十分重要的意义。

传统的经验鉴别中，主要通过药材的外观性状评判药材的质量。随着现代科技的发展，药材中所含有效成分的高低、重金属含量、农药残留量及生物污染情况等共同决定了药材质量的高低。目前关于药材质量评价技术体系尚不完善，虽然《中华人民共和国药典》已经对许多药材活性成分含量提出了最低标准，但作为中药材主要来源的药用植物，大多数活性成分仍未明确，尤其是传统中医的配伍用药，我们对此要有正确的认识。比较稳妥的方法是建立传统的性状鉴别、现代的活性成分含量测定、生物效价等全方位的综合评价体系。

近年来，有关药用植物活性成分积累动态以及栽培技术与活性成分关系等方面的研究受到较高重视。科学地制定田间管理措施，确定药材适宜的采收期和科学合理的炮制方法等，能有效提高药材的质量。

（三）药用植物生产强调道地性

中药材多具有鲜明的区域分布特性，即所谓“道地性”。传统意义上的道地药材是指经过中医临床长期应用优选出来的，产在特定地域，与其他地区所产同种中药材相比，品质和疗效更好，且质量稳定，具有较高知名度的中药材。良好的生态条件、悠久的栽培历史及技术和优良的品种是道地药材形成的主要原因，遗传变异、环境饰变和人文作用（含生产技术等）是道地药材形成的基本条件。由于受科技水平的限制，缺乏有效的检测标准和手段，人们很重视药材是否来自原产地，往往以道地药材作为质优的标志。将药材与地理、生境和种植技术等特异性联系起来，可把药材分为关药、北药、怀药、浙药、南药、云药及川药等。在众多的药材品种中，有的药材道地性强，如四川的川芎、重庆的黄连、甘肃的当归、吉林的人参等。它们的道地性受地理环境、气候条件等多种生态因素的影响。这些因素不仅限定药用植物的生长发育，更重要的是影响药用植物次生代谢物和有益元素种类及其存在的状态。由于道地药材产品质量好，形成了商品化的专业生产。

应当指出，并非所有种类的药材都有很强的道地性。有的种类的道地性是受过去技术、交通等原因限制形成的，这类药材引种后生长发育、品质与原产地一致，均可药用，如薯蓣(山药)、芍药、金银花、菊花等。此外，由于受环境条件或用药习惯改变的影响，所谓的道地药材也会发生一定的变迁，如地黄、泽泻及人参等。随着科学研究水平的不断提高，在尊重传统地道药材的基础上，对中药材质量的评价将会有更加规范、科学的标准。

（四）药用植物栽培研究起步较晚，发展前景广阔

我国药用植物栽培历史悠久，甚至可追溯到 2 000 多年前，但其科学高效的栽培技术、生产规模化、集约化程度还远远落后于小麦、水稻等粮食作物。目前很多种类尚处于半野生状态，已形成的栽培品种和优良品种还很少；沿用传统种植技术或经验的现象还很普遍，栽培技术还较粗放；生产规模小、集约化程度低，科学高效的栽培技术推广体系尚不健全。这些因素导致中药材产量低、质量不稳定的现象较为突出。同时，中药材重金属和农药残留的问题较为严重，已成为制约中医药国际化、现代化进程的主要瓶颈。

该学科体系从建立至今时间尚短，国内从事药用植物栽培和研究的专业人员也十分有限。多数药用植物的栽培研究还处于初级阶段，许多领域有待进一步充实和完善。因此，必须加强药用植物的物种生物学、生态学、生理学、生物化学等方面的基础研究，并结合现代生物技术、现代农学及其他相关学科等知识和技术的综合应用研究，强化药用植物栽培管理的规范化、标准化以及产地加工技术和育种技术等多方面的研究，加快药用植物栽培的理论创新和实践创新，发展前景极其广阔。

（五）生产计划的特殊性

药材市场与一般农产品的市场不同，药材生产的服务对象是医院、中药制药企业等。药材是用于防病治病的物质，中医又多行复方配伍入药，各个药材品种的性、味、归经、功效、主治不同，相互之间不能随意替代。而各种疾病的发生具有一定的规律性，使得每种药材的年需求量相对稳定。“少了是宝，多了是草”。在进行人工栽培时，需要根据市场需求做好预测，既要品种全，又要品种与面积比例适当。因此，每种药材须有一定的种植面积，确保足量供应，同时种植面积又不能盲目扩大，以免供大于求，造成损失和浪费。中药材生产必须走产业化发展的道路，要逐步改变落后、

分散的药材生产形式，把符合社会主义市场经济规律的企业组织形式引入药材生产之中，鼓励企业通过建立自己的药材生产基地，实现中药材的规范化、规模化与产业化生产，不仅可以稳定药材市场供应，而且可以避免因药材市场价格大起大落而造成经济损失。

三、药用植物栽培的意义

中药产业包括中药农业、中药工业（饮片加工和成药制造）、中药商业和中药知识产业4个子产业，而药用植物栽培是中药产业群体中的第一产业和基础性产业，是中药生产的“第一车间”，是中药质量的源头。以规范化生产和产业化经营为主要特征的现代中药农业，是中药现代化、国际化的基础和前提条件。

（一）生产优质中药材，满足临床用药需求

中药是中医治疗疾病的物质基础，是关系国计民生的战略性资源。通过将药用植物野生变家种，建立和扩大生产基地，实施优质高产栽培技术，可以达到不断开发药源的目的，改变药材供不应求的局面。另外，生产优质中药材是保证中药产品质量和临床疗效的关键。药用植物栽培的核心内容和任务是生产优质中药材，以满足日益增大的临床用药需求。许多药用植物经定向栽培，质量和产量均有较大的提高，从而提供量多质优的、能治疗疾病的物质原料，有助于预防和减少疾病的发生，从而达到维护人民身体健康的目的。目前中药材产业还存在着发展不平衡和不充分问题，其主要表现为产业规模增长与管理机制不平衡，缺乏科学种植模式及提质增效生产技术，生产过程中过分追求产量的现象比较突出等。此外，由于环境污染、野生资源匮乏、生产规模小、集约化程度低等因素，导致市面上中药材质量不稳定，而中药材质量高低直接决定着临床治疗效果。因此，以规范化生产和产业化经营为主要特征的现代中药农业，在保护药用植物资源、保证药材供应、满足中医临床用药和中药制药企业原料供应中起着重要作用。

（二）实现社会效益、经济效益和生态效益的和谐统一

药用植物栽培是中医药学的重要组成部分，开展药用植物栽培研究、促进中药材生产发展是弘扬民族文化、促进中医药事业发展的重要内容。近年来，药用植物栽培得到全国许多地方政府的高度重视，纷纷将发展中药材规范化种植作为突破口，把中药材种植产业作为农民增收、财政增长、农业增效的新兴支柱产业来抓。甚至有些地方还大力发展中医药特色旅游，推动中药与养老、文化、旅游、休闲、饮食和互联网等深度融合，开发中药观赏园、中药采摘园和绿色康养项目，形成一批中医药特色浓厚的养生体验和观赏基地。

药用植物栽培对促进农业产业化进程、改善农村经济结构、增加农民收入、促进地方经济发展意义重大。从多年的统计数据来看，从事药用植物种植的收入是一般农作物的2~3倍，甚至10余倍。药用植物种类繁多，生物学特性各异，生长发育所需要的自然条件各不相同。可进行间、混、套种，能合理利用地力、空间、时间。这不仅便于因地、因时搭配间混套种，合理利用地力、空间和时间，增加复种指数，提高单位面积产量，而且还可以充分利用荒山秃岭和闲散土地，大幅度增加农业收入。尤其是道地药材大多分布在贫困山区，是当地的特色产业和农民增收的主导产业，对

促进脱贫攻坚至关重要，符合国家精准扶贫战略。

随着国内外对药用植物资源的需求与日俱增，药用植物资源面临巨大压力。一些中药材如肉苁蓉、雪莲、红景天、冬虫夏草、川贝母等由于过度采挖或掠夺式开发，资源量逐年萎缩，已直接影响中医药的可持续发展。药用植物栽培现已成为科学保护、合理开发和可持续利用中药资源的最有效途径。通过现代栽培技术不仅能拓宽中药材来源、保护道地药材和野生珍稀濒危物种资源，还能达到提高产量和质量、保障临床疗效的目的。

药用植物栽培在保护生态环境和药用植物野生资源、维护生物多样性方面，发挥着非常重要的作用。药用植物栽培是保护、扩大、再生产药用植物资源的最有效途径。例如，对野生甘草、防风的恣意采挖是造成西北地区草原严重的沙漠化、荒漠化的主要原因之一，通过引种驯化，实现了甘草、防风的人工栽培，在满足国内市场的同时，还保护了生态环境。药用植物生产的发展有力保护了野生资源与生物多样性，生态意义重大。

药用植物栽培与中药资源的可持续利用是整个中医药事业发展的基础，其根本目标是保证优质药材持续稳定地供应国内外市场、造福人类健康，同时实现资源开发利用与环境保护的协调发展。

(三) 便于中药材生产现代化管理，促进中药产业迅速发展

野生药用植物具有药效高、疗效好等优势，但其同时也具有量少、采挖困难、成本高、不便管理等劣势，不利于中药产业的迅速发展和现代化进程。而进行药用植物栽培能在一定程度上克服野生药用植物的劣势，同时还能保证比较均一的药效。尤其随着农业科技的发展，药用植物作为一种特殊的农业和医疗业产品，能在一定情况下利用先进的农业技术快速有效地生产，从而减少不必要的人力、物力的浪费。

中药材生产是中药产业发展的“第一车间”，开展药用植物栽培，建立稳定的中药材生产基地，为各种中药产品提供产量足、质量优的原料，是整个中药产业健康发展的基础。中成药及中药保健产品生产企业通过建立自己的药材生产基地，不仅可以保证货源的稳定供应，同时也可以保证和提高产品质量，有利于促进企业的可持续健康发展。

(四) 打造中药品牌，提升中药国际竞争力

加强中药材规范化生产基地建设可以大幅度提高中药材产量，稳定中药材质量，从而树立独属于我国的中药材品牌。中药是我国最具自主知识产权和出口发展潜力的大宗商品之一，是目前我国出口创汇的主体之一。据世界卫生组织估计，目前全世界至少有 80% 的人口依靠传统药物来维护基本健康，而绝大部分传统药物来源于植物。随着国家对中医药政策的改革，在“一带一路”的倡议下，2017 年第二季度，已在丝路沿线国家建设 16 个中医药海外中心，受到沿线民众的欢迎。“一带一路”国家中药材出口相应暴增，尤其对东盟、印度及部分中东国家。随着中药材品牌的确立，我国将与更多的国家和地区进行合作，中药材产品出口额将进一步增加。目前，中药在国际植物药市场的份额较低，通过中药材规范化种植可解决长期存在的中药材产品质量不稳定、农药残留和重金属超标等瓶颈问题，从源头控制中药材的质量，为中药出口创汇提供技术保证，对我国国民经济发展和社会进步具有重大战略意义。

第二节 药用植物栽培的历史和现状

古籍

我国药用植物栽培历史悠久。几千年来，劳动人民在生产、生活以及和疾病作斗争中，对药物的认识和需求不断提高，药用植物逐渐从野生植物采挖转为人工栽培。在长期的生产实践中，人们对于药用植物的分类、品种鉴定、选育与繁殖、栽培管理以及加工贮藏等都有丰富的经验，为近代药用植物栽培奠定了良好基础。在人类疾病谱与医疗模式发生巨变的今天，中医药学重新得到重视，中药需求量大幅度增加，药用植物栽培发展迅速，在保障人们身体健康、发展中医药产业方面发挥着重要作用。

一、药用植物栽培的历史

中医药学起源于原始社会时期。原始人群在"饥不择食"的状态下，常常会误食一些有毒或剧毒的植物。同时，也会因为吃了某些植物，使原有的疾病病症得以消除或减轻。在此基础上，获得并积累了辨识食物与药物的经验，并逐渐积累了有关药用植物的一些知识，进而有意识地加以利用，逐渐接触并了解到某些动植物对人体可以产生影响，进而逐步创造了原始医药。"神农……尝百草之滋味……一日而遇七十毒"(《淮南子·修务训》)的传说，则充分反映出我们祖先从远古时期便开始在实践中认识药物、应用药物。这个时期没有药用植物栽培，也谈不上中药材质量，人们只是采挖野生植物资源供药用。

随着生产力的发展，社会文化的演进，医药学不断进步，药用植物也由野生到人工栽培。在我国古籍中有关药用植物及其栽培的记载可追溯到 2 600 多年以前。《诗经》(公元前 11 世纪至公元前 6 世纪)中记述了蒿、芩、葛根、芍药、白芷、枸杞、益母草等药用植物。《山海经》(公元前 8 世纪至公元前 7 世纪)记载药物达百余种，并明确指出了产地、形态、功效和主治等。《尚书·禹贡》(公元前 9 世纪至公元前 6 世纪)、《尔雅》(公元前 3 世纪至公元前 2 世纪)中都有关于北方的枣和南方的橘类等作药用的记载。

秦汉时期，出现了扁鹊、张仲景、华佗等名医，同时我国的《黄帝内经》和世界上最古老的一部本草著作《神农本草经》的问世，则标志着中医药学基本理论的形成和基本内容的确立。《神农本草经》载有 252 种药用植物，概述了生境、采集时间及贮藏方法等。汉武帝两次派张骞(公元前 138 年前后、公元前 119 年)出使西域，把红花、安石榴、胡桃、胡麻、大蒜等许多有药用价值的植物引种栽培到内地，并在长安建立了我国有史以来第一个中药植物引种园，丰富了药用植物种类。

西晋南北朝时期，西域、南海诸国的乳香、苏合香、沉香等香料药输入我国。此时期产生了大约 70 余种本草学著作，包括综合性本草及分论药物形态、图谱等，特别涵盖了栽培、采收、食疗等专题论著。但部分药物的性味、功效等与原来记载不尽相同。陶弘景(公元 494—500 年)，对《神农本草经》进行了整理与研究，撰成《本草经集注》，对药物的形态、产地、采制等进行了详细的论述，并强调了药物的产地、采集与疗效有密切关系。

北魏贾思勰所著《齐民要术》(公元533—544年),记述了地黄、红花、吴茱萸、姜、栀子、桑、竹、胡麻、茨、莲、蒜等20余种中药材的具体栽培方法。

隋唐时期社会经济发展繁荣,交通发达,人们对药物的认识有很大提高。隋代(6世纪末至7世纪初)在太医署下专设主药、药园师等职,专司药用植物栽培,并设立药用植物引种园,"以时种莳,收采诸药"。《隋书》中有《种植药法》《种神芝》等药用植物栽培专著。

唐、宋时代(7~13世纪)医学、本草学均有长足的进步,药用植物栽培也有相应发展。唐代《新修本草》(公元657—659年)全书载药850种,为我国历史上第一部药典,也是世界上最早的一部药典性著作,对我国中药学的发展具有推动作用,流传达300年之久,比世界上有名的欧洲《纽伦堡药典》要早800余年。直到宋代刘翰、马志等编著的《开宝本草》(公元973—974年)问世以后,才替代了它在医药界的地位。在本草学及有关书籍,如宋代韩彦直《橘录》(1178)等书中记述了橘类、枇杷、通脱木、黄精等数十种药用植物栽培法。《千金翼方》收载了枸杞、牛膝、车前子、萱草、地黄等药用植物的栽培方法,详述了选种、耕地、灌溉、施肥、除草等一整套栽培技术。

明、清时期(14~19世纪)有关本草学和农学名著如明代王象晋(1561—1653)的《群芳谱》(1621)、徐光启(1562—1633)的《农政全书》(1639)、清代吴其濬(1789—1847)的《植物名实图考》(1848)、陈扶摇(1612—?)的《花镜》(1688)等都对多种药用植物的栽培法作了详细论述,特别是明代李时珍(1518—1593)的《本草纲目》(1578),记载了近200种栽培的药用植物,并且较为系统地观察记录了生长习性、繁殖、种植和采收加工方法等内容,其中川芎、附子、麦冬、牡丹等许多药用植物的种植方法至今仍被沿用,为世界各国研究药用植物栽培提供了极其宝贵的科学资料。总之,我国古代劳动人民在药用植物栽培技术上的改进和提高、野生抚育、引种驯化、品种选育等方面积累了丰富的经验。

新中国成立前,药用植物栽培未能受到重视,药用植物栽培的发展受到很大的影响,中药材仍以采挖野生药材为主,许多栽培药材的产量和种植面积下降,栽培的种类和数量极为有限,处于药用植物栽培史上的低谷时期。尽管如此,中医药学工作者对中药材栽培也作了一些研究工作,在20世纪前半叶,相继对独活、广藿香等进行了野生变家种;1946年在重庆南川金佛山垦殖区设常山种植场,进行野生变家种研究和种植。另外,还出版了两本药用植物栽培方面的书籍,一是李承祜、吴善枢的《药用植物的经济栽培》,二是梁光商的《金鸡纳树之栽培与用途》。新中国成立之初,家种中药材约140种。

二、药用植物栽培的现状

新中国成立后,党和政府非常重视中药材生产,建立了相应的组织机构,出台了一系列利于中药材发展的方针政策,药用植物栽培事业也得到了迅速发展。

在加强保护我国特有的野生中药资源的同时,注重野生抚育和引种驯化工作,将许多野生种类变为人工栽培,促进了野生药用植物资源的保护和利用。目前已有30余种濒危野生药用植物实现了种植或替代,200余种常用大宗中药材实现了规模化种植,中药材种植面积、产量和产值逐年大幅度增加。同时,从国外引进番红花、西洋参、丁香等30余种。原来局限在较小区域内栽培的种类,如人参、三七、天麻、枸杞、当归、延胡索、金银花、牛膝、地黄、山药、川芎、泽泻、黄连等名贵中药，都扩大了种植区域，达到了广泛栽培。

随着科学技术的发展，现代生物学、农学、药物学的新技术开始广泛融入和影响药用植物栽培学的研究和发展，逐步解决以前遗留下来的难题以及新出现的问题，例如，种质不清，种植、加工技术不规范，农药残留或重金属含量超标，质量的稳定性不高，野生资源破坏严重等。如在天麻的研究方面，证明了紫萁小菇 *Mycena osmundicola* Lange 等一类真菌对天麻种子萌发的促进作用。运用等位酶、DNA 指纹及 PCR 等技术进行分子亲缘的研究。如在人参栽培技术研究方面，近年研究总结出一套以施肥改土、集约化育苗、高棚调光、科学灌水、病虫害防治为特点的综合性农田栽培技术，人参总皂苷、微量元素、挥发油等含量与伐林栽参基本相同，从而改变了我国长期以来停留在原始伐林栽参的现象，保护了森林资源和生态平衡。为降低药材中农药残留量，广泛开展了药用植物无公害栽培技术的研究。生物防治技术被应用到药材生产中，如利用管氏肿腿蜂防治蛀干害虫，利用木霉防治人参、西洋参等根类药材土传病害等。组织培养技术在药用植物栽培研究中的应用也越来越广泛。除了理论研究以外，主要用于药用植物的快速繁殖、脱毒苗生产及有效次生代谢产物的提取等方面。

中药材和农作物相比，具有其独特性。一方面，中药材是关系国计民生的战略性资源；另一方面，中药材讲究道地性，更注重品质。因此，中药材质量的安全、有效、稳定、可控，是保证中药疗效的物质基础。为使中药材生产规范化、产业化，解决当前种质混乱、生产技术不统一、药材质量不稳定等问题，建立中药材生产技术标准和质量标准，促进我国中药产品国际化，国家药品监督管理局于 2002 年 4 月 17 日颁布了《中药材生产质量管理规范（试行）》(Good Agricultural Practice for Chinese Crude Drugs，GAP)，并从当年 6 月 1 日起执行。GAP 的实施，为提高和稳定中药材质量奠定了基础。实施规范化的中药材生产质量管理是中药可持续发展及现代化的必然要求和反映。2017 年，农业农村部在“十三五”现代农业产业技术体系建设中新增中药材产业技术体系，设立国家中药材产业技术研发中心 1 个、功能研究室 6 个、综合试验站 27 个，聘请包括首席专家在内岗位科学家 23 名、综合试验站站长 27 名。2018 年农业农村部组织成立了由 22 名专家组成的中药材专家指导组，指导全国中药材种植生产。

据调查统计，2017 年除北京、西藏、台湾和香港、澳门外的 29 个省（自治区、直辖市）中药材总种植面积已经达到 453 万公顷（1 公顷 =10 000m^2）。其中，河南、云南两省分别达到 51 万公顷和 50 万公顷，广西 45 万公顷，贵州、陕西两省超过 27 万公顷，湖北、甘肃、广东、山西、湖南五省超过 20 万公顷，四川、重庆、山东、河北四省市超过 13 万公顷，内蒙古、辽宁、宁夏、海南、黑龙江、安徽六省区超过 7 万公顷，江西、浙江、青海、新疆、吉林五省区超过 3 万公顷。

目前，中药材产业发展势头强劲，但仍面临着诸多挑战。中药材产业发展的水平和人民群众对优质中药材原料日益增长的需求相比还存在着发展不平衡和不充分问题，主要表现为：①中药材生产总体布局有待加强。各地盲目引种中药材，导致中药材质量参差不齐，中药道地性降低。②中药材种子种苗生产、经营和流通缺乏有效管理，中药材生产上普遍存在种源混杂、质量参差不齐、良种覆盖率低下等。③缺乏科学种植模式及提质增效生产技术，生产过程中过分追求产量的现象比较突出。中药材种植和加工过程中化肥、农药、生长调节剂、农膜、硫黄等农业投入品日趋增多，并缺乏科学有效管理，导致中药材农药残留、重金属等外源污染物超标问题日益突出。④中药材生产基础条件差，现代农业技术装备和设施缺乏，田间生产、采收和产地初加工环节的机械化严重滞后。⑤中药材生产组织模式有待优化，一家一户的小农经济依然是中药材生产的主体，这导致中药材质量和安全管理困难重重，同时还严重制约了中药农业产业升级。⑥全国中药材市场需求量和中药材生产量、库存量缺乏权威的信息统计数据，盲目引种、扩充产区、跟风种植导致部分中药材产能过剩，中药材价格波动较大，缺乏大数据支撑下的宏观规划、合理布局和有效调控。⑦中药材产业链不完整，产地加工条件落后、加工技术粗放、精深加工不够。⑧中药材生产企业品牌意识差，多数中药材包装简单低劣，既无标签更无商标，影响了中药材的商品质量及信誉，制约了中药材优质优价机制的形成。⑨科研基础薄弱，产业科技支撑不够，专业技术人才匮乏，中药农业推广体系和技术服务能力有待加强。⑩中药材管理制度不健全，虽然《中华人民共和国中医药法》等中医药及中药农业相关的大法已颁布，但相关法律还有待进一步落实，道地药材认证管理、中药材品种登记及生产经营管理等一些具体的操作办法仍有待落地。

第三节　药用植物栽培的发展方向

随着人民生活水平的提高、保健事业的迅速发展，中药市场需求将日益增大，大力发展药用植物栽培已成为必然趋势。我国具有世界上最丰富的天然药物资源，中药是我国医药的特色和优势，中医药将面临贸易全球化所带来的新的机遇，也为充分利用我国丰富的药用植物资源创造了良好的外部条件。对于医药行业，既是难得的发展机遇，又是很严峻的挑战。同时，也必然使跨国医药公司与我国医药行业的竞争加剧。

2015 年 4 月，国务院发布了《中药材保护和发展规划（2015—2020 年）》，其目标是到 2020 年，中药材资源保护与监测体系基本完善，濒危中药材供需矛盾有效缓解，常用中药材生产稳步发展；中药材科技水平大幅提升，质量持续提高；中药材现代生产流通体系初步建成，产品供应充足，市场价格稳定，中药材保护和发展水平显著提高。2016 年 8 月，为全面深入贯彻落实党中央、国务院振兴发展中医药的方针政策和决策部署，根据《中医药发展战略规划纲要（2016—2030 年）》，国家中医药管理局编制了《中医药发展“十三五”规划》，其中一大任务就是推进中药保护和发展。特别是 2017 年 7 月 1 日起正式施行的《中华人民共和国中医药法》中第三章“中药保护与发展”明确鼓励发展中药材规范化种植养殖和扶持道地中药材生产基地建设。上述法律和规划，从政策层面促进中药材产业快速健康发展。加强中药资源保护和利用，建立中药种质资源保护体系，建设一批集初加工、仓储、追溯等多功能为一体的中药材物流基地，建立中药材生产流通全过程质量管理和质量追溯体系；促进中药材种植养殖业绿色发展，加强道地药材良种繁育基地和规范化种植养殖基地建设，发展道地中药材生产和产地加工技术，发展中药材种植养殖专业合作社和合作联社，提高规模化、规范化水平；促进中药工业转型升级，实施中药标准化行动计划，持续推进中药产业链标准体系建设，加快形成中药标准化支撑服务体系，实施中药振兴发展工程，提升中药工业自动化、信息化、智能化水平，建立绿色高效的中药先进制造体系。

2002 年 4 月 17 日，国家药品监督管理局颁布了《中药材生产质量管理规范（试行）》（简称中药材 GAP），2017 年 10 月 27 日国家食品药品监督管理总局发布《中药材生产质量管理规范（修订稿）》，修订稿在管理关键环节、生产组织方式、产地、种质、农药、熏蒸、残留、生长调节剂、指纹图谱等方面提出了更高的要求，对中药材生产全过程进行有效的监控，保证中药材品质“稳定、可控”，保障中医临床用药“安全、有效”。实施中药材 GAP，把药材生产管理纳入整个现代药品生产监督管理的范畴，是中药监督管理工作的重要进步。随着时代的进步，现代中药工业的规模化发展，要求原料药材的生产必须规范化、集约化、现代化，以保证原料药材数量和品质的稳定可靠。只有规范的生产才能得到品质稳定、可控的药材，只有药材的品质得到提高，中药饮片、中成药的内在品质才能得到根本保证，中药现代化才有可靠的物质基础。

提高中药材的质量是药用植物栽培研究的永恒主题。为稳定和提高中药材的质量，实现中药资源的可持续利用，必须从源头抓起，着力构建和完善现代中药的质量保障体系。中药材生产必须走产业化发展的道路，实施中药材 GAP 生产是促进中药产业化的重要措施之一。要逐步改变落后、分散的药材生产模式，把符合社会主义市场经济规律的企业组织形式引入药材生产，建立规范化、集约化、机械化、信息化的现代中药精细农业。为此应从以下几个方面开展工作：

（一）加强药用植物栽培中的生态学原理研究，发展中药生态种植

每种药用植物都有其特定的生长环境和长期形成的道地产区，应研究药用植物与其生境之间的相互关系，揭示药用植物有效成分变化规律，分析生态因子对有效成分含量的影响及不同产地药用植物的有效成分含量差异，用于指导中药材生产上的合理布局和产地区域化。利用生态学原理，建立合理的人工群落，形成高效的种群、群落；发展“野生抚育”“仿野生栽培”“拟境栽培”“人种天养”与现代农业规范化种植相结合的生态种植，大力推广中药生态种植模式和绿色高效生产技术，同时重视资源综合利用和循环经济的发展，以提高社会、经济和生态效益。

（二）加强药用植物种质资源研究，重视优良品种的选育

种质是决定药材产量与质量的重要因素，农作物在数千年大面积的栽培历史中，优选和纯化的农作物品种多种多样，种质资源材料较为丰富，但有关药用植物种质资源与优良新品种选育方面的研究工作却相对滞后，中药材栽培中缺少品种选育和纯化的基础，材料基础极差。中药材栽培范围通常局限在特定区域，品种的地域选择性明显，且多数中药材是多年生，不少中药材在栽培 2~3 年甚至更长时间才能获得一批种子，其品种选育周期长。目前中药材仅有部分种类有少量的品种，中药材品种选育的道路任重道远。要加快制定药用植物种子管理办法，加大药用植物良种的选育、生产和推广，提高中药材生产良种覆盖率，逐步解决中药材生产上种源混乱问题。

（三）加强绿色栽培技术的研究

中药是用于防病治病的特殊商品，人们希望在利用中药治疗疾病的同时不能因为中药本身含有有害物质而对人体产生危害，因此保证中药的安全性至关重要。近年来，中药材农药残留量和重金属含量超标受到社会的广泛关注，应从药材基地布局、规范化种植等各个环节加强对污染物质的防范和控制。要加大有机肥使用力度，大幅降低化肥施用量，严格控制化学农药、膨大剂、硫黄、农膜等农业投入品使用；在病虫害防治过程中应着力培育抗病虫害的优良品种，并推广使用低毒高效的生物农药以及开展生物防治，从而实施绿色防治，建立健全的农药残留检测和控制体系，做到药材的绿色无污染，不断提升中药材质量。

(四) 开展现代生物技术在中药材生产中的应用研究

现代生物技术发展迅速，中药材生产如能与现代生物技术相结合，则有利于提升药材生产效率。如组织培养、脱毒等新技术可以加速繁殖和培育优良品种；通过诱变、杂交、选择突变体等技术创制新品种；应用组织细胞工程大规模生产特定有效成分；应用发酵工程发展真菌类中药的多糖类产品；开展药用植物工厂化栽培以实现中药材规模化、现代化生产。

(五) 解决药用植物的连作障碍问题

许多药用植物具有连作障碍，尤其是根茎类药材连作效应更为明显，连作药材土传病害重、产量低、质量差。如人参、三七、地黄等，种植一次需要倒茬甚至等待多年才能再次种植。为解决土地资源的持续利用，对药用植物的连作障碍问题应加大投入力度，重点攻关。

(六) 开展稀缺药材资源再生和可持续利用研究

随着现代制药工业的发展，中药材需求量不断增加，部分药材现有的蕴藏量已不能满足需求。开展生物学特性及生长条件的研究，结合生物技术，使这些药材的资源能得到持续利用。对重要野生药用植物生物学特性、生长发育规律进行研究，为野生种变家种提供科学依据。

随着信息技术的发展和世界中药发展新潮流的引领，新技术、新装备、新理念也扶持和壮大了药用植物栽培产业的发展。比如精准农业技术、设施栽培技术、农业机械、可追溯体系、物联网技术等在中药材产业中的应用也越来越普遍，这对于提高中药材产品的国际市场竞争力，乃至整个中药产业的升级换代必将起到巨大的推动作用。

复习思考题

1. 简述药用植物栽培的学科特点及意义。
2. 简述药用植物栽培学的性质和任务。
3. 简述药用植物栽培存在的主要问题。
4. 简述药用植物栽培的发展方向。

第一章同步练习

第二章　药用植物栽培的生理学基础

第二章课件

生长发育是植物生命活动中最重要的阶段，是植物生长从量变到质变的生命过程，是植物按照自身遗传规律，在一定环境条件下，利用外界的物质和能量进行生长、分生和分化的结果。药用植物生长发育情况，反映了药用植物在一定生态环境条件下的适应性。栽培过程中根据药用植物生长发育情况，采取相应的生产管理措施，调控药用植物器官生长，实现药用植物的优质、高产、高效；利用药用植物物候特性、生长周期性，科学引种并规划中药材生产基地。

第一节　药用植物的生长发育

一、生长发育的概述

（一）生长发育的概念

生长（growth）是植物体积和重量的量变过程。它是通过细胞分裂、细胞伸长以及原生质体、细胞壁的增长而实现的，生长是不可逆的。植物的生长可分为营养体生长和生殖体生长两个过程，体现在植物的整个生命活动的过程中。种子植物的茎和根的分生组织始终保持分生状态，可不断地增生，在整个生命活动过程中都在持续不断地产生新的细胞、组织和器官。可见，植物的生长是一个量变的过程。

发育（development）是植物一生中形态、结构和机能的质变过程。从种子萌发开始，按照物种特有的规律，有顺序地由营养体向生殖体转变，直到死亡的全部过程。发育是通过细胞、组织、器官的分化来体现的。

（二）生长与发育的关系

生长是量的增加，发育是质的变化。生长是发育的基础，没有相伴的生长，发育就不能正常进行。药用植物栽培实践表明，果实类和花类药用植物花芽的多少与营养器官生长量紧密相关，所以，植物的生长与发育是相互依存、不可分割的，总是密切联系在一起的。

药用植物的生长与发育之间，并非始终是相互协调的。在生长发育过程中，因生长条件不能满足植物正常生长的需要，在植物生命的某个阶段中生长或发育中的一方占有优势，导致两者的不协调，从而造成植物减产或品质低劣，如菘蓝栽培上苗期营养供给不足，造成根、叶生长受到影响，会出现菘蓝提前开花。药用植物栽培管理，就是通过人为措施调节相互关系，使之符合人们栽培的要求，实现药用植物的优质高产。

（三）药用植物的生长指标

药用植物的不同生长发育时期生长速度不同，通常用生长量和生长速率表示药用植物生长发育的速度。

1. 生长量　生长量是指植物个体或器官在一定时间内的增长量，常用长度、面积、重量等来表示。

2. 生长速率　生长速率表示植物生长的快慢，一般有两种表示方法。

绝对生长速率（absolute growth rate，AGR）是指单位时间内植物个体或器官的绝对增加量。如以 t_1、t_2 分别表示两次测定的时间，以 W_1、W_2 分别表示两次测得的重量，则：

$$AGR=(W_2-W_1)/(t_2-t_1)$$

相对生长速率（relative growth rate，RGR）是指单位时间内植物材料绝对增加量占原有数量的比值，通常以百分率表示。

$$RGR=(W_2-W_1)/W_1\times 100\%$$

二、药用植物器官生长发育

（一）营养器官的生长

1. 根的生长　根是植物体生长在地下的营养器官，承担着固定植株、吸收和运输水分与矿物质、合成细胞分裂素和少量有机物等重要功能。一些植物的根还具有贮藏、繁殖等重要作用，许多药用植物的根是药用器官和繁殖材料，如丹参的根既是药用部位又是丹参栽培上的繁殖器官。根系生长的好坏直接关系着药用植物的产量和质量，健壮的根系是高产、稳产的基本保障。

根系能贮藏一部分养分，并将无机养分合成为有机物质。根系还能把土壤中的二氧化碳和碳酸盐与叶片光合作用的产物结合形成各种有机酸，再返回地上部参与光合作用过程。根系在代谢中产生的酸性物质，能够溶解土壤中的养分，使其转变为易于溶解的化合物，从而被植物吸收利用。有的植物如兰花、柑橘等植物的根系和微生物菌丝共生形成菌根，这类菌根增强了根系的吸水、吸肥能力。

根据根系在土壤中的入土深浅，将其分为浅根系、深根系。浅根系药用植物的根系绝大部分生长在耕作层，如半夏、白术、山药、太子参、贝母、天南星、延胡索等；深根系药用植物根系入土较深，如黄芪、甘草等。植物根系生长有向水性，一般旱地植物根系入土较深，湿地或水中生长的植物，根系入土较浅。如黄芪生长在砂土、砂质壤土中，主根粗长，侧根少，入土深度超过 200cm，粗大根体长达 70~90cm（俗称鞭杆芪），如果生长在黏壤或土层较浅的地方，主根入土深 70~110cm，主体短粗（30cm 左右）、侧根多而粗大（商品称鸡爪芪）。土壤肥水状况对苗期根系生长影响极大，人工控制苗期肥水供应，对定植成活和后期健壮生长发育具有重要作用。

根系生长有向氧性、趋温性。土壤通气良好，是根系生长的必要条件。如人参须根的向氧性、趋温性较为明显，生长在林下的人参须根，多生长在温暖通气良好的表层（俗称返须），人工栽培条件下，参须也伸展在表层土壤中；薏苡能够生长在低湿的地块，是因为其根系中有比较发达的通气组织。土壤中CO_2浓度低时，对根系生长有利，CO_2浓度高时，不利于根系生长。疏松土壤通气良好，CO_2浓度低，地温适宜，所以根系生长良好。

2. 茎的生长　茎是植物体中轴部分，呈直立或匍匐状态，是植株地上部分与根系间营养和水分运输的重要营养器官。茎是由芽发育而来的，一个植物体最初的茎是由种子胚芽发育而成的。主茎是地上部分的躯干，茎上的分枝是由腋芽发育而成。茎上有节和节间，支持叶、花、果实等着生在一定空间，利于光合作用、开花、传粉等生命活动的进行。部分植物还有地下茎，具有贮藏、繁殖等功能。

植物在长期进化过程中为适应环境而发生的形态构造和生理功能的特化称为茎的变态。地上茎的变态有叶状茎或叶状枝、刺状茎、茎卷须等。地下茎的变态有根茎、块茎、球茎、鳞茎等。许多药用植物地下茎为药用部位，如姜黄以根茎入药，半夏、泽泻以块茎入药，百合、贝母以鳞茎入药。地下茎主要具有贮藏、繁殖的功能。了解地下茎生长发育特点，便于改进栽培措施，促进生长发育，这对扩大繁殖、提高产量具有重要意义。有些根茎虽然不入药，但对产品器官的形成和产量有影响。如番红花是柱头入药，不开花就没有产量；试验表明，球茎达到一定重量后才开花，在此重量以上，球茎越大开花越多，若使球茎长得大，就要施肥灌水，还必须适当疏去腋芽。

3. 叶的生长　药用植物的叶承担着光合作用、蒸腾作用及气体交换等生理功能，是植物体利用光能制造同化产物、产生蒸腾拉力、带动植物体内水分和矿质养分转运的重要器官。叶的生长发育状况及叶面积大小对药用植物的生长发育及产量形成具有极为重要的作用。叶由茎尖生长点基部的叶原基发育而成。主茎或分枝（分蘖）上叶片数目多少，与茎节数有关，取决于药用植物种类、品种的遗传性，也受环境因素的影响。

生产上常用叶面积指数（leaf area index，LAI）表示群体绿叶面积的大小。叶面积指数是指药用植物群体的总绿色叶面积与其所对应的土地面积之比。适宜的叶面积指数是作物充分利用光能、获得高产的物质基础，其大小直接影响植物群体内部受光量，是药用植物群体结构合理性的重要标志之一。在一定范围内，药用植物的产量会随着叶面积指数的增加而提升；当群体最下层叶片所受的光照强度等于（或略大于）该植物的光补偿点时，该群体的干物质产量最大，此时的叶面积指数称为最适叶面积指数。超出最适叶面积指数后，叶片重叠面积过大，田间郁闭度过高，致使内部光照不足，光合速率降低，药用植物产量反而会降低。

（二）生殖器官的发育

1. 花的分化发育　花（flower）是种子植物特有的繁殖器官，通过授粉和受精作用产生果实和种子，使物种得以延续。花是一种适应于繁殖的、节间极度缩短的、没有顶芽和腋芽的变态枝条。植物经过适宜条件的成花诱导之后，发生成花反应，其明显标志就是茎尖分生组织在形态上发生显著变化，从营养生长锥变成生殖生长锥，经过花芽分化过程，逐步形成花器官。

开花（anthesis）是被子植物生活史中的一个重要时期，是有花植物性成熟的标志。开花是种子植物特有的特征，所以又被称为显花植物。当雄蕊中的花粉粒和雌蕊中的胚囊（或者其中之一）成熟时，花被展开，雄蕊和雌蕊露出，这种现象称为开花。植物种类不同，开花期长短不同。一株植物从第一朵花开放到最后一朵花开放完毕，其持续的时间，称为开花期。栽培植物的开花期与品种特性、营养状况以及外界条件等有着密切的关系。

被子植物的花通常由花梗、花托、花萼、花冠、雄蕊和雌蕊组成，具有花萼、花冠、雄蕊和雌蕊的花称为完全花，缺少其中一部分或几部分的称为不完全花。花在花枝或花轴上的排列方式或开放次序称为花序，常见的有总状花序、穗状花序、柔荑花序、肉穗花序、伞形花序、头状花序、隐头花序等。

传粉（pollination）是成熟花粉从雄蕊花药或小孢子囊中散出后，传送到雌蕊柱头或胚珠上的过程。传粉是高等维管植物的特有现象，雄配子体借花粉管传送到雌配子体，使植物受精不再以水为媒介，这对适应陆生环境具有重大意义。在自然条件下，传粉包括自花传粉和异花传粉两种形式。传粉媒介主要有昆虫（包括蜜蜂、甲虫、蝇类和蛾等）和风。此外蜂鸟、蝙蝠、蜗牛和水等也能传粉。

植物花的传粉分为自花传粉和异花传粉。植物成熟的花粉粒传到同一朵花的柱头上，并能正常地受精结实的发育特性过程称自花传粉（self-pollination），此类植物称为自花传粉植物。生产上常把同株异花间和同品种异株间的传粉也认为是自花传粉。能进行自花传粉的植物称自花传粉植物，常为两性花植物，如凤仙花等。花蕾中的成熟花粉粒就直接在花粉囊中萌发形成花粉管，把精子送入胚囊中受精，这种传粉方式是典型的自花传粉，称闭花受精。一株植物的花粉传送到另一株植物花的柱头上，才能正常受精结实的发育特性称为异花传粉（cross-pollination），此类植物称为异花传粉植物。异花传粉是自然界较为普遍的传粉方式，如槟榔、砂仁等为异花传粉植物。植物界常通过雌雄异熟、雌雄异株等生长方式避免自花传粉，以保证异花传粉。雌雄异株植物的雌花与雄花分别生长在不同的植株上。雌雄同株的异花传粉植物，植株上有雌花与雄花，但开单性花，只能进行异花传粉；有的植物雌蕊柱头对自身花粉有拒绝、杀害作用，或者花粉对自花柱头有毒，也只能进行异花传粉。

虫媒传粉和风媒传粉：植物常需要通过外界因素进行传粉，常见的传粉方式有虫媒传粉和风媒传粉。靠昆虫为媒介进行传粉方式的称虫媒传粉（entomophilous pollination），借助这类方式传粉的花，称虫媒花（entomophilous flower）。靠风力传送花粉的传粉方式称风媒传粉（anemophilous pollination），借助这类方式传粉的花，称风媒花（anemophilous flower）。

2. 果实与种子发育　果实（fruit）是由受精后的子房或连同花的其他部分发育而成，内含种子（seed）。种子是由胚珠受精后发育而成。果实分为真果和假果两类。真果仅由子房发育而来；假果除子房外，花的其他部分（花被、花托、花轴等）也参与果实的形成，如无花果等。许多植物的果实和种子都是药材，如枸杞子、五味子、栀子、木瓜、葶苈子、莱菔子、薏苡仁、胡芦巴、杏仁等。

在果实的生长发育过程中，除了形态与结构上的变化外，还伴随有复杂的生理生化的变化，其中肉质类果实的变化尤为明显。果实色泽是果实类药材品质鉴定的重要标记之一，其色泽与果皮中所含色素有关。在质地方面，随着果实的成熟过程，果皮的质地逐渐由硬变软，主要原因是果皮细胞壁中可溶性果胶增加，原果胶减少，使细胞间失去了结合力，以致细胞分散，果肉松软。在香气方面，在果实的成熟过程中，产生一些水果香味，主要成分包括脂肪族与芳香族的酯，还有一些醛类，如吴茱萸中有 80 多种香气成分，主要为吴茱萸烯等。在糖类方面，果实中积累的淀粉，在成熟过程中逐渐被水解，转变为可溶性糖，使果实变甜，如宁夏枸杞含枸杞多糖。在有机酸方面，在未成熟果实中含有多种有机酸，使果实具酸味。在药用植物栽培实践中，根据果实的生长发育特点，常采用人工措施调节以控制果实成熟进程。

种子是裸子植物和被子植物特有的繁殖体,种子一般由种皮、胚和胚乳3部分组成。胚是种子最重要的部分,由胚根、胚芽、胚轴和子叶组成,可发育成植物的根、茎和叶。胚乳是种子集中养料的结构,不同植物胚乳中所含养分各不相同。绝大多数的被子植物在种子发育过程中都有胚乳形成,但在成熟种子中有的种类不具有或只具有很少的胚乳。一般情况下,在胚和胚乳发育的过程中,胚囊体积不断地扩大,以致胚囊外的珠心组织受到破坏,最后被胚和胚乳所吸收,在成熟的种子中没有珠心组织。裸子植物种子外面没有果皮。种皮的结构与种子休眠密切相关,有的植物种皮中含有萌发抑制剂,因此,去除这类植物种皮,对种子萌发有刺激作用。

种子通过各种适于传播或抵抗不良条件的结构,为植物的种族延续创造了良好的条件。种子成熟离开母体后仍是生活的,但各类植物种子的寿命有很大差异。种子寿命的长短除与遗传特性和发育是否健壮有关外,还受环境因素的影响。在热带和亚热带地区有很多顽拗性种子(recalcitrant seed),其种子寿命很短,不耐失水,在贮藏中忌干燥和低温,萌发率很低,如荔枝、龙眼、白木香等。有的植物种子寿命很长,如莲的种子,可生活长达数百年至千年。种子寿命的延长对优良药用植物的种子保存有着重要意义。生长上可以利用贮存条件延长种子寿命。低温、低湿、黑暗以及降低空气中含氧量等措施可延长种子寿命。利用低温、干燥、空调技术贮存优良种子,使良种保存工作由种植为主转为贮存为主,可大量节省人力、物力并保证良种质量。药用植物栽培中所称的种子不仅包括前面的植物学种子,还包括植物可用作繁殖的器官和人造种子。

许多药用植物的种子,其生长和发育要求的条件复杂,在年生育期间内自然气候条件很难满足多变的要求,或因种子含有发芽抑制物质,所以,种子自然成熟时,其胚尚未生长发育成熟,即种子有后熟特性,生产中应给予重视。如人参、黄连、贝母、芍药、牡丹、吴茱萸、细辛等。

三、药用植物的运动性

药用植物不能主动地整体移动,但在器官或细胞水平上可感受环境刺激作出反应,产生相对的位置移动。根据外界刺激与运动的关系,药用植物生长的运动可分为生长的向性运动和生长的感性运动。

(一) 药用植物的向性运动

外界因素对药用植物器官的单方向刺激所引起植物的定向生长运动,叫药用植物的向性运动(tropic movement)。向性运动都是缘于受刺激部位的生长不均匀,是不可逆的生长运动。根据刺激的因素,向性运动可分为向光性、向重力性、向化性和向水性。

1. 药用植物的向光性　药用植物感受单向光刺激而引起的弯曲生长,称为药用植物生长的向光性。高等植物的茎、叶、胚芽鞘等,都可发生向光源方向弯曲生长,使这些器官处于最适于利用光能的位置,有助于光合作用的进行。

植物向光性生长的机制一直被认为与生长素有关。在单侧光的刺激下,生长素分布不均,向光侧较少,背光侧较多,背光侧生长快,向光侧生长慢,导致相关部位向光弯曲生长。近年来,现代分子生物学研究也已经证明,向光反应的确需要生长素信号的调控。

2. 药用植物的向重力性　药用植物的器官总是能感受到重力刺激,在重力方向上发生生长反应的现象，称为药用植物向重力性，也称向地性。如播种的种子，无论其胚的方向如何，胚根和胚芽总会朝着固定的方向生长，即根总是向重力方向一致的方向生长，称为正向重力性。芽或茎总是向重力方向相反的方向生长，称为负向重力性。某些植物，如薄荷的地下茎呈水平方向生长，称为横向重力性。

向重力性有利于植物的正常生长。如夏日大雨后，植物的地上部分可能会发生倒伏。由于负向地性的存在，在后期的生长过程中，倒伏的茎能逐渐恢复向上生长，有利于光合作用的进行。

3. 药用植物的向水性和向化性　药用植物的向化性是指由于某些化学物质（如肥料）在植物周围分布不均匀而引起的植物向性反应，如根系总是朝着比较肥沃的方向生长。药用植物的向水性可看成是一种特殊的向化性，是当土壤水分分布不均时，根系总是向着水分适宜的地方生长的特性。

根系的向化性、向水性有利于药用植物的正常生长。当土壤干旱、瘠薄时，向水性、向化性使根系可以向着有水分、养分的地方生长，从而保障植株的生长需要。生产上也可以利用这一特性调控植物的生长，如苗期的“蹲苗”，就是利用根系的向水性，使土壤适度干旱，促使根系向土壤深层生长寻找水分，从而扎得更深，生长更加健壮。

（二）药用植物的感性运动

药用植物的感性运动是指受没有一定方向的外界刺激均匀地作用于整株植物或某些器官所引起的运动。发生感性运动的器官多为两面对称的结构。感性运动按照刺激的性质可分为感夜运动、感震运动和感触运动等。

1. 药用植物的感夜性　药用植物的感夜性是指由于昼夜交替，光照和温度的变化而引起的生长运动。某些植物的花或叶片，随昼夜的交替变化而开放或闭合。有些是由于光照引起的，如蒲公英的头状花序昼开夜合，月见草、紫茉莉等植物的花则夜开昼合。还有一些是温度引起的，如番红花、郁金香的花从冷处移入温暖的室内，经 3~5 分钟就开放。

2. 药用植物的感震运动　药用植物的感震运动是指由于机械刺激而引起的运动。如含羞草的小叶受到震动时，小叶立即合拢；如果刺激持续，则可传至邻近小叶甚至全株，使全部小叶合拢，复叶叶柄下垂。

含羞草小叶感震运动的机制是由于小叶叶枕细胞上、下部分细胞壁厚度不同造成的：上部细胞壁较薄，对震动敏感；而下部细胞壁较厚，对刺激反应迟钝。当小叶受到机械刺激时，上部细胞膜透性增大，水和溶质排出，使细胞紧张度下降，组织疲软；而下半部分组织细胞仍保持紧张状态，因此小叶向上成对合拢。复叶的结构与小叶正好相反，所以受到机械刺激时，叶片下垂。

3. 药用植物的感触运动　食虫植物叶片的运动基本上都是感触运动。如捕蝇草、茅膏菜等，其叶片上密布触毛，昆虫一旦触碰，触毛即会向内弯曲，把昆虫包起来，然后分泌消化液将其消化。

（三）植物的极性与再生

极性（polarity）是指植株或植株的一部分（器官、组织或细胞等）在形态学两端具有不同形态结构和生理生化特性的现象。极性在植物中普遍存在，即使最原始的单细胞植物也有极性。高等植物在受精卵（合子）第一次细胞分裂形成基细胞和顶细胞时，即表现了极性，并一直保留下来，在胚胎形成的过程中，胚的一端分化为根原基，另一端分化为茎的生长点。极性是器官分化的前奏，在成熟的植物个体中仍然保持这一特性。

再生（regeneration）是指离体的植物器官、组织，甚至细胞等具有恢复植物体其他部分的能力。再生过程中，离体部分也遵循极性现象，形态学上端生芽，下端长根。扦插时一定将生物学下端插入土中，不能颠倒。将一段柳树枝条挂在潮湿空气中，无论是正挂、倒挂，总是形态学上端长芽，形态学下端生根，且越靠近上端切口处芽，萌发越长，越靠近形态学下端切口处，根发得越长。丹参繁殖时经常利用根插，根段剪好后很难从外观判断形态学上、下端。因此，为了避免倒插，插穗剪切时一定要记好方向；若没有记住或分辨不出，就将插穗横向埋入土中。嫁接时同样需要注意极性问题，只有砧木和接穗方向相同，相接处才可愈合，嫁接方能成功。

第二节　药用植物生长相关与生长周期

一、药用植物生长发育的相关性

药用植物是多器官组成的有机体。植物体的各部分虽然在形态结构及功能上不同，但它们的生长是相互依赖又相互制约的。植物体内不同器官之间相互依存、相互依赖、相互制约的生长关系称为植物生长的相关性（correlation）。

（一）地上部与地下部的相关性

药用植物地上部与地下部的生长是相互促进、互相依赖的。一方面，地下部根系生长健壮，植株地上部分才能生长良好。地上部分生长所需要的水分、矿物质主要由根系从土壤中吸收供应，根系还能合成细胞分裂素等，满足植株生长需要。地上部分对根的生长也有促进作用，植物地上部分合成的碳水化合物、维生素等供给根系生长需要，地上部分生长不好，根系的生长也会受到影响。

植物地上部分与地下部分的生长还存在着相互制约。当植物生长环境中的一些因素不能够完全满足植株生长需要时，地上部分生长与地下部分生长就可能产生竞争，竞争的结果可从根冠比（根重 / 茎、叶重）的变化中体现出来。如当土壤水分缺乏时，植物体内的水分、养分会更多地分配给根系，促使其更好地生长、伸展，以利于早日找到更远地方的“水源”。因此，植株的根系茂密发达，相对重量较重；而地上部分由于养分缺乏，生长较差，相对重量较轻，根冠比增加。反之，当土壤水分较多时，由于土壤通气不良，根的生长受到抑制，而地上部由于水分供应充足而生长良好，根冠比下降。植物生长的“干长根、湿长叶”就是这个道理。

养分的供应也会影响地上部分与根系的生长状况。当土壤中氮素缺乏时，地上部生长受抑制更严重，根冠比增大；而土壤中氮肥充足，则利于地上部蛋白质的合成，同时旺盛生长的枝叶消耗较多糖类，致使运输到根系的同化产物减少，根的生长受到抑制，根冠比下降。

药用植物栽培上，常通过肥水管理措施来调控药用植物的生长。如常用的“蹲苗”措施，就是在苗期适度减少水分供应，以促进根系发育，控制地上部旺长，使植株健壮，提高抗旱能力。施肥管理方面，对于收获器官是地下部分的药用植物，生长前期应保证充足的水肥供应，以促进茎叶的生长，尽快增加光合面积，加强光合作用；生长后期则应减少氮肥的供应，增施磷、钾肥，以利于光合产物向地下部运输和积累，从而促进地下药用部位的生长，为丰产打下基础。

（二）主茎与侧枝生长的相关性

植株正在生长的顶芽对位于其下的腋芽常有抑制作用，只有靠近顶芽下方的少数腋芽可以抽生侧枝，其余腋芽则处于休眠状态。但在顶芽受损伤或人工摘除后，腋芽可以萌发成枝，快速生长。顶枝对侧枝的生长也具有同样的现象。这种顶芽优先生长，侧芽生长受抑制的现象，叫顶端优势（apical dominance，terminal dominance）。顶端优势因植物种类不同而异。草本药用植物，如菊花、桔梗等，顶端优势非常明显，只有将主茎顶芽去掉，侧枝才会加速生长；木本药用植物，如银杏的顶端优势也较明显，距离顶端越近的侧枝，受顶芽的抑制越强，而距顶端越远的侧枝，受顶芽的抑制越弱。有的药用植物，如薏苡、川芎、藁本等，顶端优势不显著，在营养生长期可产生大量分枝或分蘖。

侧柏的顶端优势现象

药用植物栽培上，常利用顶端优势原理调控药用植物的生长。如以茎木、树脂、树皮入药的药用植物，白木香、杜仲、厚朴等，应通过合理密植和修剪保持顶端优势，使主干发达，提高产量；以花、果实等入药的药用植物，如金银花、菊花、枸杞等，则需通过整形修剪、摘心、打顶等措施控制顶端优势，促进侧枝的生长，多开花、多结实。一些植物生长调节剂有抑制顶端优势的作用，在一定程度上可替代修剪、摘心、打顶等植株调整措施，如三碘苯甲酸成功用于大豆顶端优势解除，增加分枝，促进开花结荚。

（三）主根和侧根生长的相关性

植物的主根与侧根的生长紧密相关。直根系药用植物的主根对侧根的生长也有抑制作用，表现出顶端优势。生产上种苗移栽时经常切断主根，目的就是促进侧根的生长，增加须根数量和吸收空间，以利于水分和养分的吸收，如在柴胡的栽培上，需要保持一定量的侧根，以保证植株吸收充足的养分与水分，满足植株生长需要，保证主根膨大需要的养分与干物质。在地黄的栽培上，通过打串皮根，能控制侧根的生长，促进主根生长。

（四）营养生长与生殖生长的相关性

植物的营养生长进行到一定程度后，转入生殖生长阶段。营养生长与生殖生长之间存在相互依赖的关系。一方面，生殖生长以营养生长为基础，植株只有在经过一定时期的营养生长后才能进行花芽分化；生殖器官生长发育所需的水分与养分大部分由营养器官提供，营养器官的生长情况会直接影响生殖器官的生长发育状况，营养体生长瘦弱的植株是不可能结出丰硕的果实的。另一方面，生殖器官在生长过程中会合成一些激素类物质，影响营养器官的生长。

营养生长与生殖生长之间存在相互制约的关系。营养生长过于旺盛，会消耗过多的养分，致使生殖器官因营养不足，生长受抑制，如决明、薏苡等，若前期肥水过多，会造成茎、叶徒长，延迟花芽分化，降低产量；而后期肥水过多，则造成贪青晚熟，影响粒重。山楂、山茱萸、金银花、枸杞等木本药用植物，如果修剪管理不当，徒长枝叶过于繁茂，往往不能正常开花结实或开花结实量少，即使开花结实，也会因营养缺乏而落花、落果严重，产量降低。

生殖器官的生长也会抑制营养器官的生长。对于一株药用植物而言，进入营养生长盛期后，其根系吸收水分、矿物质及地上部制造光合同化产物的量是一定的，如果开花结实量过大，则发育中的果实、种子获得大部分水分及养分，营养生长则会因养分不足而受抑制。一些多年生的木本药用植物，其营养生长与生殖生长重叠和交替进行，开花会引起营养生长的减弱甚至停止。以果实入药的木本药用植物，如山楂、桂圆、山茱萸等，生产中有时会出现"大小年"现象，即一年产量很高，为"大年"，次年产量却显著降低，成为"小年"。造成"大小年"现象的主要原因就是"大年"时生殖生长过度造成了巨大的养分消耗，削弱了营养生长，致使树体营养不足，影响来年的花芽分化，花果减少，形成"小年"。在花、果实、种子入药的药用植物生产中，应采取整形修剪、疏花疏果等措施，维持营养生长与生殖生长的平衡，达到年年丰产的目的。

在药用植物的生产上，可根据收获部位是营养器官或生殖器官，采取相应措施，协调营养生长与生殖生长的关系，获得优质高产。以全草或茎、叶等部位入药的药用植物，可适当增施氮肥促进营养器官的生长以提高产量；以花、果实、种子等生殖器官入药的类型，可在生长前期施氮肥促进营养生长，为生殖器官的发育打下良好的基础；后期增施磷、钾肥及各种微量元素，以提高产量和品质。

二、药用植物生长发育的周期性

药用植物生长呈现周期性的变化规律。药用植物器官、个体、群体的生长速率不是恒定不变的，而是呈现周期性变化。多数植物在生长期内或一个生长年限内，其根、茎、叶、果实、种子等器官，生长均呈现周期性的变化规律。

植物器官或整株植物的生长速率表现出的"慢 - 快 - 慢"的基本规律称为植物生长大周期(grand period of growth)。根据 S 形生长曲线的变化情况，一般将药用植物的生长分成三个时期：指数期、线性期和衰减期。指数期绝对生长速率是不断提高的，相对生长速率则基本保持不变。线性期绝对生长速率最大，相对生长速率却逐渐减小。衰减期植物进入衰老阶段，生长逐渐下降，绝对生长速率与相对生长速率均趋向于零。

植物生长周期性对药用植物的栽培有重要实践意义。S 形曲线可以作为检验植物生长发育进程是否正常的依据之一。同一植物不同器官，生长大周期的进程不同，采用栽培措施调控某种器官的生长时，应注意该措施对其他器官的影响。植物生长是不可逆的，栽培上及时落实技术措施，促进或抑制植物生长，才能优质高产高效；错过生长时期，器官已建成，生长大周期已过，栽培技术措施达不到调控药用植物生长的目的。农业生产上要求做到"不误农时"，就是这个道理。例如，桔梗茎秆较软，为防止倒伏，在地上部分刚进入旺盛生长时，可通过合理施肥、适当控制水分及科学使用植物生长调节剂控制地上部分生长，矮化壮苗。

(一) 植物生长的季节周期性

药用植物器官或植物个体一年中的生长都会随着季节而发生有规律性的变化，称为药用植物生长的季节周期性(seasonal periodicity of growth)。一年生药用植物的生长发育进程为春播、夏长、秋收、冬藏，如决明、紫苏等。多年生药用植物一年中的生长则为春发、夏长、秋收、冬眠(越冬)，如人参、枸杞、山茱萸等。

药用植物生长的季节周期性是植物对环境周期性变化的适应，与环境中光照、温度、水分等因子随季节的规律性变化密切相关。在四季分明的温带地区，春季土壤解冻，温度回升，日照时间较冬季变长，种子或休眠芽开始萌发生长；夏季雨水充足，温度与日照进一步升高和延长，植物旺盛生长；秋季气温下降，日照缩短，植株的生长速率下降以至停止，一年生植物收获后死亡，多年生植物则逐渐进入休眠状态，安全越冬。

（二）植物生长的昼夜周期性

自然条件下，温度的变化表现出日温较高、夜温较低的周期性。药用植物的生长对昼夜温度周期性的反应，称为药用植物生长的温周期性（thermoperiodicity of growth），或药用植物生长的昼夜周期性。一般来说，冬季越冬植物，其白天的生长速率大于夜间，因为冬天限制生长的主要因子是温度。而在夏季，白天温度高，蒸腾量大，呼吸消耗也大，同时光照过强、水分亏缺，还会抑制细胞的伸长及同化产物的合成；而晚上温度降低，呼吸作用减弱，积累增加，因此夏季生长高峰往往出现在夜间。

温度的昼夜变化对植物的生长有促进作用。如番茄在昼温 23~26℃、夜温 18℃条件下生长最好，产量也最高；而在 26℃恒温条件下，植株生长不良，甚至不能结实。昼夜温差大对植物生长尤为有利，尤其是以根、根茎入药的药用植物。昼夜温差大，利于同化产物向地下贮藏器官的运输和积累，有利于增加产量与提高质量。

（三）药用植物生长的生物钟现象

植物生长的季节与昼夜周期性变化主要都是由外界环境条件的周期性变化引起的，也有一些植物的生命活动，在环境条件不变的情况下，依然可以发生周期性变化。如菜豆叶片在白天呈水平方向，夜晚则呈下垂状态，即使在连续光照、连续黑暗或恒温条件下，菜豆叶片也一直呈这样“升起 - 下降”的周期性变化。植物生长对昼夜的适应而产生的一种生理上有周期性波动，称为近似昼夜节奏，亦称生物钟（biological clock）或生理钟（physiological clock）现象。

近似昼夜节奏的现象广泛存在。高等植物的叶片运动、气孔开闭、蒸腾作用、胚芽鞘的生长速度等都有这一特点。部分生物钟表现出明显的生态意义，如花在清晨开放，为白天活动的昆虫提供了花粉和花蜜，有利于其传粉及种的延续；合欢的叶片在白天呈水平位置，可最大限度地吸收利用光能，积累同化产物，夜间则会闭合，减少热量的散失和水分的蒸发。

三、药用植物的物候期

（一）物候期的概念及特点

1. 物候期的概念　植物在一年中，受四季气候节律性变化影响，各器官的外观形态和生理机能发生有规律的变化，如发芽（萌芽）、展叶、开花、结果、落叶、休眠等。这种植物有节律地与气候变化相适应的器官动态时期，称为生物气候学时期，简称物候期（phenological period）。

2. 物候期的特点

(1) 药用植物种类不同，物候期不同：各种药用植物在生长过程中都有自己的物候规律。如人参为出苗期、展叶期、开花期、果熟期、枯萎期、冬眠期；薄荷为叶芽萌动期、展叶期、现蕾期、开花期和种子成熟期；枸杞为萌动期、萌芽期、展叶期、新梢生长期、现蕾期、开花期、果熟期、落叶期和休眠期。

(2) 物候期有一定的顺序性：每个物候期都是在前一个阶段通过的基础上进行的，同时又为下一个物候期作好准备。如柴胡生长过程中，种子萌发后先长出叶片，生长到一定阶段长出茎，在茎上长出分枝，在分枝上长出花蕾等。

(3) 植物种类不同，物候期顺序不同：一般植物先长叶后开花，如忍冬、枸杞等；少数植物先开花，后长叶，如山茱萸、玉兰、芫花等。

(4) 物候期具有重叠性：一些植物的物候期常常会出现交叉、重叠现象，如药用植物补骨脂，在适宜的生长条件下，开花、结实过程中，不断发生分枝、长出叶片，新生长出的分枝又陆续长出花蕾、开花、结实。

(5) 物候期具有重复性：在适宜的生长条件下，某些药用植物的同一物候现象在一年中可重复出现，如新梢的延长生长可多次进行，枸杞、忍冬在适宜的生长条件下一年可多次开花结果。

3. 物候期的作用

(1) 评价药用植物引种后的生长变化：药用植物栽培上常通过异地引种，扩大栽培面积，对引种后药用植物物候期的观察，判断药用植物引种后生长特性的变化情况，为科学引种栽培提供依据。如穿心莲引种到长江流域以北地区，播种后植株正常出苗、生长，与原产地比较开花、结实物候期有明显差异，花期、结实期缩短，影响结实与种子生长，栽培上存在种源繁殖问题。

(2) 制定栽培管理措施的重要依据：药用植物的物候期是栽培管理措施制订的依据，根据具体药用植物物候期的特性，针对性地制定中耕除草、施肥、灌溉与排水等栽培管理措施，实现药用植物的优质高产高效。

(3) 利用物候期记录作为季节与物候期预报：根据物候期记录，在一些指示季节动态的物候指标出现之后，可对当年的季节状况做出判断，还能对许多物候现象的发生日期进行预测预报，及时调整栽培管理措施实施的时间。

(4) 物候观测记录在害虫防治方面具有重要作用：植物的物候期与一些常见虫害的发生时间有重叠性。如栀子在不同栽培区域，春季萌发时间不同，栀子翼蛾的危害时间不同，根据栀子物候期的变化，可确定有效防治栀子翼蛾的时间。

(二) 药用植物物候观测方法

1. 选定物候观测点　物候观测首先应选定观测点。观测点地点应当稳定，可以连续观测多年。在一个固定地点观测的年代越久，记录得到的物候资料就越准确。观测地点要有代表性，应考虑地形、土壤、植被等情况，尽可能选在平坦或相当开阔的地方。

物候观测点选定之后，详细记录物候期观察点的地名、生境、海拔、地形(平地、山地、凹地、坡地等)、位置和土壤性质等存档保存。

2. 确定观测的植株　选择野生或露地栽培植株观察物候期。木本药用植物应选健壮且开花结实 3 年以上的中龄树，每种选 3~5 株作为观测目标。草本植物的生长发育易受局部小气候的影响，应尽量选择空旷区域的植株，以保证观测结果具有代表性。所选植株应该无病虫害，生长发育正常，选定后挂牌标记，并绘制平面位置图存档。

3. 物候观测的时间　春夏两季是植物的萌发、展叶、开花期，各种物候现象每天都有可能变化，最好每天观测一次，如果时间不允许，也要做到隔日观测。秋季可隔日或三天观测一次。初冬和冬末，观测还应继续进行，隆冬季节由于植物处于深度休眠，则无需再观测。

一天中一般在气温最高的下午两点前后观测，早晨或夜间开花的植物则应调整观察时间。观测年限宜长不宜短。

4. 固定观测人员　物候现象时刻变动，固定观察人员可有效保证前后联系，观察人员不宜时常变更。轮班观测，观察人对物候期特征标志的认识标准不同，影响观察的准确性、连贯性。

5. 做好观测记录　根据物候期观察的项目、标准做好物候期观察记录，定期对观察记录进行整理。

（三）药用植物物候期观测内容

观测物候期分详细观测和重点观测两类。重点观测只对重点观察的物候项目进行观测，详细观察则应对植物的每个物候期进行观测。有的草本植物，一年有几个荣枯期，则观测从植株萌动到果实脱落或种子散布这一时期，黄枯期则记载至最后秋季植株全部枯黄。不同地区进行物候观测时，都应按照统一的物候期特征标志进行工作。

1. 木本药用植物物候期的观测　乔木、灌木的物候期主要有萌动期、展叶期、现蕾期、开花期、果熟期、果实脱落期、秋色期和落叶期。

（1）萌动期：包括芽膨大开始期和芽生长期。

（2）展叶期：包括开始展叶期和展叶盛期。

（3）现蕾期：当植株 1~2 个小枝的花芽中，出现花蕾或花序时，就是现蕾期。

（4）开花期：包括始花期、盛花期和末花期。始花期：一半以上植株，5% 花瓣展开或雄花序散出少量花粉。盛花期：一半以上花蕾展开或一半以上的花序都散出花粉。末花期：植株上只留 5% 以下的花，或花序停止散出花粉，或柔荑花序大部分脱落。

（5）果熟期：果实类型多种多样，果熟期的标志也各不相同。蒴果类：果实出现黄绿色、少数尖端开裂，露出白絮。核果和浆果类：少数果实开始变软，并呈现本种特有的颜色和口味。荚果类：少数果实开始变褐色。翅果类：果实绿色消失，变成黄色或黄褐色。

（6）果实脱落期：包括开始脱落期和脱落末期。当果实或种子开始脱落时，为开始脱落期。当果实或种子几乎全部脱落时，为脱落末期。

（7）秋色期：当少数叶开始变黄或变红时，就进入了秋色期。针叶树是以老针叶变黄为标志。

（8）落叶期：树木在秋天开始落叶，就进入了落叶期，树上的叶几乎全部脱落时，即落叶末期。

2. 草本药用植物的物候期观测　草本药用植物的物候期主要分为萌发期、展叶期、现蕾期、开花期、果熟期、果实脱落期和黄枯期。各物候期的特征标志如下：

（1）萌发期：一年生草本植物萌发出土，或两年生和多年生草本植物地面芽变为绿色或地下芽萌发出土。

（2）展叶期：植株上开始展开小叶。

（3）现蕾期：花蕾或花序开始出现。

(4) 开花期：包括始花期、盛花期、末花期。始花期：植株上第一朵花开放，花瓣完全展开。盛花期：50% 的花都展开花瓣或 50% 的花序都散出花粉。末花期：植株上只留有极少数的花，或花序停止散出花粉。

(5) 果熟期：分为成熟开始期和全熟期。果实开始变为成熟初期的颜色，是成熟开始期；有 50% 成熟时，是全熟期。

(6) 果实脱落期：果实或种子开始脱落的时期。

(7) 黄枯期：包括开始黄枯期、普遍黄枯期和全部黄枯期。植株下部基生叶开始黄枯，是开始黄枯期；达到一半黄枯，是普遍黄枯期；完全黄枯时为全部黄枯期。

第三节　植物发育相关理论

短日植物紫苏

一、光周期现象

1. 光周期　一天之内白天与黑夜的相对长度称为光周期(photoperiod)。植物对日照长短规律性变化发生反应的现象称为光周期现象(photoperiodism 或 photoperiodicity)。药用植物对日照时间长度的反应，是由营养生长向生殖生长转化的必要条件，但需要在植株自身发育到一定的生理年龄时，才能感受光周期的诱导而开始花原基的分化，但并不是在药用植物的一生中均要求这样的日照长度。当然绝大多数药用植物，也绝不是只有一两次的光周期处理，就能引起花芽原基的分化，而是一般需要有十几次或更多的光周期处理才能引起开花。根据光周期长短，可分为短日植物、长日植物和日中性植物三种类型。

短日植物是日照必须短于某个临界日长，或暗期必须超过一定时数才能开花的植物。如紫苏、菊花、大麻、穿心莲等。

长日植物是日照必须长于某个临界日长，或暗期必须短于一定时数才能开花的植物。如当归、牛蒡、紫菀等。

日中性植物是对光照长短没有严格要求，任何日照下都能开花的植物。如曼陀罗、地黄、千里光等。

植物成花的光周期反应与植物地理起源和长期适应于生态环境有密切关系。寒带植物多属于长日性，其自然成花多在晚春和初夏；而热带和亚热带植物多属于短日性，成花期有些是在早春，有些则在夏末或初秋日照较短时；中日性植物可在不同的日照长度下成花，它们的地理分布则受温度等其他条件的限制。在一般情况下，长日照药用植物在北移时，其生长季节的日照长度要比原产地更长，植株的发育将会提前完成，生长期有所缩短。长日照药用植物在南移时，则导致植株发育延迟，甚至不能成花。相反，短日照药用植物北移时，因夏季日照长而延缓植株发育，而南移时则会使植株提早成花。所以，原产地与引入地日照时间长度不能差异过大，否则就会导致药用植物成花过早或过晚，造成生产上的损失。如种植以营养体为主要收获对象的药用植物时，为提高药材的产量，可通过调节日照时间长度抑制其转向生殖生长，再配合以适当的水肥条件促进它的营养体生长。当长日照药用植物在南移时，由于植株发育延迟，不能形成种子或种子不能成熟，会给翌年繁殖造成困难。因此，在引种栽培药用植物时，首先要了解该植物原产地和引种地日照时间长度的季节变化，以及它对日照长度的反应特性和敏感程度，并结合考虑该植物对温度、湿度的需要，才能引种成功。

光周期不仅影响药用植物花芽的分化与开花，同时也影响药用植物器官的形成。如慈姑、荸荠球茎的形成要求短日照条件，而洋葱、大蒜鳞茎的形成要求长日照条件。另外，如豇豆、红小豆的分枝、结果习性也受到光周期的影响等。

2. 影响光周期的因素　植物光周期现象是植物长期适应生长环境的日照情况产生的一种生长特性。影响植物光周期的主要因素有：

(1) 纬度：同一纬度不同季节、不同纬度同一季节，其光周期不同。我国地处北半球，植物开花结实主要在夏秋两季。其主要原因在于夏秋两季气温较高，适于植物生长发育，影响植物开花的主要因素为日照。在低纬度地区，终年气温较高，但无长日条件，故只有短日植物，在夏季和秋季均可以开花，如扶桑等植物，常年开花。在中纬度地区，长日和短日条件共存，且秋季气温较高，所以长短日植物均有分布。长日植物在春末夏初开花，而短日植物在秋季开花。在高纬度地区(中国东北)，虽然存在长日和短日条件，但气温的季节性变化比较明显。秋季短日照时，此时低气温导致一些长日照植物不能生存。

(2) 光周期诱导：植物只要得到足够日数的合适光周期，即便日后置于不适合的光周期条件下仍可开花，这种现象称作光周期诱导。接受光周期诱导的部位是叶片，进行光周期反应部位是茎尖生长点，叶和茎起反应的部位之间间隔叶柄和一段茎。不同植物光周期诱导需要的天数与植物年龄、温度、光照强度与日照长度有关。一般而言光周期诱导的光强为50~100lx，光周期诱导开始与停止时间为清晨与傍晚，此期间光照强度可满足光周期诱导的需要。

(3) 暗期与光敏素：在光周期中暗期对植物的开花尤为重要，短日植物的开花决定于暗期的长度，只要暗期超过临界暗期，不管光期多长，均能开花。长日植物则相反，它不需要连续黑暗。如在闪光中断暗期的情况下，短日植物不能开花，却能诱导长日植物开花。间断暗期最有效的波长为红光。在红光照后立即用远红光照，则暗期闪光间断的效应消失。此反应可重复多次，但植物能否开花则取决于最后一次照射的是红光还是远红光。

光敏素在暗期闪光间断效应中发挥了重要作用。光敏素是一种蓝色蛋白质，有红光吸收型(Pr)和远红光吸收型(Pfr)两种存在形式。在黄化组织中，大部分光敏素以红光吸收型(Pr)存在，其吸收高峰在660nm。当用红光照射时，Pr的吸收光谱发生变化，转变成远红光吸收型(Pfr)，其吸收高峰在725nm。短日植物(SDP)和长日植物(LDP)，它们开花均与Pfr与Pr的比例有关。对于SDP，红光抑制开花，远红光促进开花，而对于LDP恰好相反。

二、春化作用

春化作用(vernalization)一般是指植物必须经历一段时间的持续低温才能由营养生长阶段转入生殖生长阶段的现象。需要春化作用的植物有：冬性一年生植物、大多数两年生植物和某些多年生植物。春化作用和休眠一样，均是植物应对恶劣生长环境的一种策略。开花期是植物最脆弱的时候，如果不幸遇上低温，则很容易无法抵抗而导致不开花或死亡。经过长久的演化，通过形成等待寒冬过去后再开花结实(即春化作用)的习性,以达到确保繁衍后代目的。春化要求是植物成花对低温的响应,是影响植物物候期和地理分布的重要因素。影响春化作用的因素主要有低温、日照、水分、氧气和养分。

低温是春化作用的主导因子,春化低温对越冬植物成花有诱导和促进作用。对大多数需经低温才能开花的植物,春化作用有效温度一般在 0~10℃,最适温度为 1~7℃,各植物所要求的春化作用温度也有所不同,并需要持续一定时间。冬性一年生植物(如冬小麦)对低温是一种相对需要,其一般于秋季萌发,经过一段营养生长后度过寒冬,于第二年夏初开花结实。若不经历低温,于春季播种,则只长茎、叶而不开花,或开花大大延迟。冬性作物,已萌动的种子经过一定时间低温处理,则春播时也可以正常开花结实。一般适当缩短或延长春化作用时间,可提前种子萌发至开花的时间。而一些两年生植物对低温的要求是绝对的,不经历低温就不能开花,如当归。除低温外,春化作用还需要氧、水分和糖类(呼吸作用的底物)。干种子不能接受春化,种子春化时的含水量一般需在 40% 以上。离体胚在有氧、水分和糖类的情况下,才能起春化响应。很多两年生植物的成花,既要经过春化,又需要长日照。其中某些植物,春化与光周期两种效应可以互相影响或代替。如当归开花要求春化和长日,在长日下春化有效温度的上限可以提高,在当归栽培中,若要采收药材,则要防止“早期抽薹”现象,可通过控制温度和水分,避免春化;若要采种,则需进行低温春化处理,促使其开花结实。

春化作用在未完全通过前,可因高温(25~40℃)处理而解除,称为脱春化。脱春化后的种子还可以再春化。有的植物在春化前热处理会降低其随后感受低温的能力,这种作用称为抗春化,或预先脱春化。赤霉素处理能使许多冬性一年生植物和二年生植物(如天仙子等)不经低温而抽薹成花。

在药用植物栽培实践中,引种时需注意所引植物种或品种的春化要求。对种子进行人工低温处理,来满足植物分化花芽所需要的低温,而取得过冬的效果。经过春化处理,即使是春天,也会像秋天播种时一样地开花。相反的,未经过低温处理(人工或自然)的球根,则即使叶片繁茂也不会开花。对于早期抽薹造成品质低劣的当归,通过控制贮苗期间的温度条件,可以防止在生长期中因通过春化而开花,从而得到品质优良的当归。

020302

黄花梨植物

三、碳氮比学说

20 世纪初,克莱布斯(G·Klebs)根据大量的试验结果提出了碳氮比(C/N)学说。该学说认为:植物的生理作用,如开花、结果、次生代谢化合物的积累(如黄酮、花青素)等,起决定性作用的不是碳水化合物和含氮化合物的绝对量,而是两者的比例。其中 C 为碳水化合物,N 为可利用的含氮化合物。当植物体内 C/N 比值高时,有利于开花、结果、次生代谢化合物的积累等作用。反之,当植物体内 C/N 比值低时,则不利于营养生长,延迟开花、结果,并减少次生代谢化合物的积累等作用。在实践中为便于计算,碳氮比(C/N)是指有机物中碳的总含量与氮的总含量的比值。影响碳氮比的因素有土壤、植物与微生物、肥料、气候等。碳氮比学说在内容上有点绝对化,它只笼统说明花芽形成的物质基础,即碳氮平衡,而不能具体说明多种碳水化合物与多种氮化合物的平衡关系对花芽形成的影响。另外也未注意到内源激素和其他物质的作用。故后人只提碳氮关系。

在药用植物栽培实践中，碳氮比理论具有一定的指导作用。通过不同量的肥料及灌溉，可控制植物体内含氮化合物的含量、人为地调节植物的 C/N 比值，能够在一定程度上控制植物的营养生长和生殖生长(包括次生代谢化合物的积累等)。根据树势，从碳、氮关系上来考虑调整枝势，以“促”或“抑”来控制花芽分化，有一定的参考意义。如在黄花梨培育过程中，人们的目标是获得优质的心材，黄色心材主要成分是次生代谢产物黄酮类物质。植株体内经过光合作用与呼吸作用的代谢，余下碳水化合物的多寡，会决定黄酮的产生量，从而影响黄花梨心材的大小和颜色的深浅。因此需要通过增加碳水化合物促其盈余，在黄花梨营养生长的基础上，设法让其心材长大。碳水化合物、光合作用及黄酮类的积累，这三个环节是解决问题的关键。在黄花梨植物营养生长时，需耗费大量的碳水化合物，需施用的肥料应是氮肥，它会减少碳水化合物的积累。在黄花梨心材生长阶段，需提高碳氮比，增加黄酮的积累，使碳水化合物盈余以产生次生代谢产物，由此还需要控制水分的供给。由于氮肥主要是随水分的流动而被植物吸收，进而通过消耗大量的碳水化合物等能源，转换成其他的含氮化合物。因此通过控制灌溉，加强排水，必要时甚至采取断根等手段来减少水分的吸收，达到节约碳水化合物的使用，使其盈余的目的。另外环割方法也是效果较好的措施之一，在树干上割去一部分树皮，以减少一部分由叶形成并转移至根部的碳水化合物，使其堆积在树干内，进而促进次生代谢反应和黄酮的积累。但环割要适宜，最多只能割主树干的 25%~30%，以免根部因“饥饿”而导致树木死亡；在肥料选择方面，在心材形成时期，要少用导致消耗碳水化合物的氮肥(更不可用铵态氮)，注意氮、磷与钾的比率，通过增加钙肥量，及时疏花疏果，减少碳水化合物的流失。

复习思考题

1. 什么是植物的生长？植物生长大周期在药用植物的生产中有什么应用？

2. 什么是药用植物生长的相关性？主要包括哪些内容？举例说明相关性原理在药用植物生产实践中的应用。

3. 药用植物的运动分为哪几种？在生产中有什么作用？

4. 物候期的观测在中药材生产中主要作用是什么？

5. 对于花类药用植物，应从哪些方面采取措施促进植物多开花？

6. 对于叶类药用植物，应从哪些方面采取措施促进植物营养生长，抑制生殖生长？

第二章同步练习

第三章　药用植物栽培的生态学基础

第三章课件

药用植物生长发育与环境条件是辩证统一的。环境条件由许多生态因子组成，包括气候、土壤和肥料等，这些因子之间既相互促进又相互制约，且又是经常变化的，往往综合作用于药用植物生长发育全过程。了解药用植物栽培与环境条件的辩证统一关系，对获得安全、有效、稳定、可控的中药材是极其重要的。

药用植物生活在田间，周围环境中的各种因子都与其发生直接或间接的关系，其作用可能是有利的，也可能不利，环境中的各种因子就是药用植物的生态因子。诸多生态因子对药用植物生长发育的作用程度并不等同，其中光照、温度、水分、养分和空气等是药用植物生命活动不可缺少的，缺少其中任何一项，药用植物就无法生存，这些因子称为药用植物的生活因子。除生活因子以外，其他因子对药用植物也有直接或间接的影响作用。

每一个因子对药用植物的生长都有一最佳适应范围，以及忍耐的上限和下限，超过了这个范围，药用植物就会表现出异常，造成药材减产、品质下降，甚至绝收。各种各样的药用植物具有不同的习性，遇到的是千变万化的错综复杂的环境条件，只有采取科学的“应变”措施、处理好药用植物与环境的相互关系，既要让植物适应当地的环境条件，又要使环境条件满足植物的需求，才能实现优质、高产、稳产、高效的目标。

第一节　药用植物栽培与主要气候因子的关系

一、光照

光照对植物的影响主要有两个方面：其一，光是绿色植物进行光合作用的必要条件；其二，光能调节植物整个生长和发育过程。植物通过吸收光能，同化 CO_2 和水，制造有机物并释放出 O_2。药用植物的生长发育就是靠光合作用提供所需的有机物质。另外，光可以抑制植物细胞的纵向伸长，使植株生长健壮，依靠光来控制植物的生长、发育和分化称为光的形态建成。光照强度、日照长短以及光质（光的组成）都与药用植物生长发育密切相关，对药材品质和产量产生影响。

（一）光强对药用植物生长发育的影响

植物的光合速率随光照强度的增加而加快，在一定范围内二者几乎是正相关，但超过一定范围后，光合速率的增加转慢，当达到某一光照强度时，光合速率就不再增加了，这种现象称光饱和现象，此时的光照强度称为光饱和点。在光照较强时，光合速率比呼吸速率大几倍，但随着光照强度的减弱，光合速率逐渐接近呼吸速率，最后达到一点，即光合速率等于呼吸速率，此时的光照强度称光补偿点(图 3-1)。不同的植物，其光饱和点与光补偿点各不一样，根据各种药用植物对光照强度的需求不同，通常分为阳生药用植物、阴生药用植物和中间型药用植物。

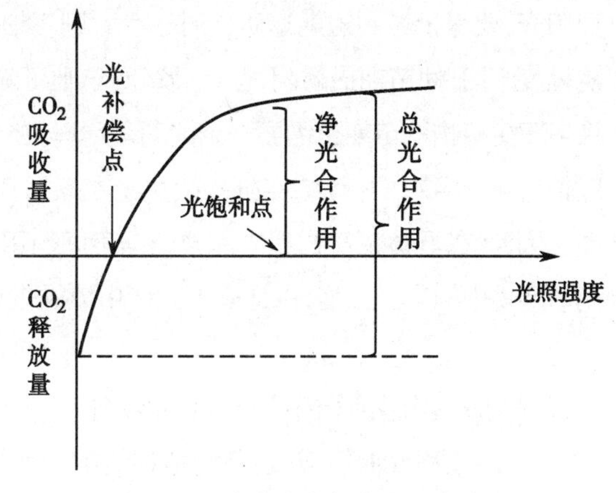

● 图 3-1 光合速率与光照强度的关系

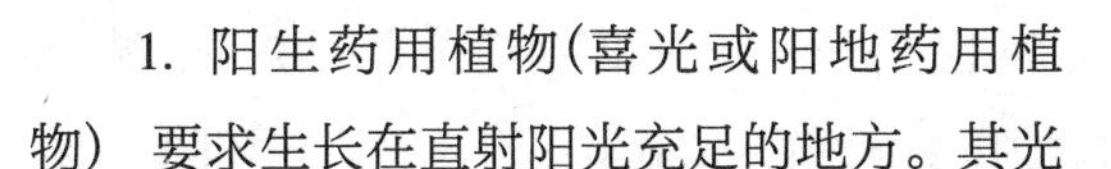

1. 阳生药用植物(喜光或阳地药用植物) 要求生长在直射阳光充足的地方。其光饱和点为全光照的 100%，光补偿点为全光照的 3%~5%。若缺乏阳光，植株生长不良，产量低，甚至死亡。例如丝瓜、栝楼等瓜类，颠茄、曼陀罗、龙葵、酸浆、枸杞等茄果类，穿山薯蓣、山药、芋等薯类，以及红花、薏苡、地黄、薄荷、知母等。

2. 阴生药用植物(喜阴或称阴地药用植物) 不能忍受强烈的日光照射，喜欢生长在阴湿的环境或树林下，光饱和点为全光照的 10%~50%，而光补偿点为全光照的 1% 以下，这类植物在全光照下易被晒伤或晒死。例如人参、白及、西洋参、三七、石斛、黄连、细辛及淫羊藿等。

3. 中间型药用植物(耐阴药用植物) 处于喜阳和喜阴之间的植物，在阳光照射良好环境能生长，但在微荫蔽情况下也能较好地生长，一般阳光充足条件下长势良好，生长健壮，产量高。例如天门冬、麦冬、豆蔻、款冬、紫花地丁及柴胡等。

在自然条件下，接受光饱和点左右(或略高于光饱和点)的光照愈多，时间愈长，光合积累也愈多，生长发育也最佳。一般光强低于光饱和点，就算光照不足、光强略高于补偿点时，植物虽能生长发育，但产量低下，品质不佳。如果植株长时间处于低于光补偿点的光强下，呼吸消耗大于光合积累，那么它很快就会因为能量耗尽而死亡。因此，在生产上保证各类植物都有适宜的光照条件，这是基本要求。

在自然界，药用植物各部位受光照的程度是不一致的。通常，植物体外围茎叶受光照程度大(特别是上部和向光方向)，植株内部茎叶受光照的程度小。田间栽培的药用植物是群体结构状态，群体上层接受的光照强度与自然光基本一致(遮荫栽培或保护地栽培时，群体上层接受的光照度也最高)，而群体株高的 2/3 到距地面 1/3 处接受的光照度则逐渐减弱。一般群体 1/3 以下的部位受光强度均低于光补偿点。群体条件下受光照度问题比较复杂，在同一田间内，植物群体光照度的变化因种植密度、行的方向、植株调整，以及套种、间种等不同而异。光照强度的不同，直接影响到光合作用的强度，这是最根本的。此外，也影响叶片的大小、多少、厚薄，茎的节间长短、粗细等。这些因素都关系到植株的生长及产量的形成。因此，群体条件下，种植密度必须适宜。某些茎皮类入药的药材(含作物中的麻类植物)，种植时可稍密些，使株间枝叶相互遮蔽，就可减少分枝，使茎秆挺直粗大，从而获得产量高、质量好的茎皮。了解药用植物需光强度等特性和群体条件下光照强度分布特点，是确定种植密度和搭配间混套种植物的科学依据。

同一种植物在不同生长发育阶段对光照强度的要求不同。例如，厚朴幼苗期或移栽初期忌强烈阳光，要尽量做到短期遮荫，而长大后，则不怕强烈阳光。黄连虽为阴生植物，但生长各阶段耐阴程度不同，幼苗期最耐阴，但栽后第四年则可除去遮荫棚，使之在强光下生长，以利于根部生长。许多阳生植物的苗期也需要一定的荫蔽环境，在全光照下生育不良。如五味子、党参、龙胆等。一般情况下，植物在开花结实阶段或块茎贮藏器官形成阶段，需要的养分较多，对光照的要求也更高。因此，在具体生产过程中需要根据不同药用植物对光照强度适应能力的强弱，采取有效措施调节环境中的光照强度，以适应不同药用植物生长发育的需要，促进有机物质的合成与积累。

（二）光质对药用植物生长发育的影响

光质（或称光的组成）对药用植物的生长发育也有一定的影响。太阳光中被叶绿素吸收最多的是红光。红光对植物的作用最大，黄光次之，蓝紫光的同化作用效率仅为红光的 14%。据测定，太阳散射光中，红光和黄光占 50%~60%；太阳直射光中，红光和黄光最多只有 37%。一年四季中，太阳光的组成成分比例是有明显变化的。通常春季阳光中的紫外线成分比秋季少，夏季中午阳光中的紫外线的成分增加，与冬季各月相比，多达 20 倍，夏季蓝紫光比冬季各月多 4 倍。另外，海拔高度也可以影响光的组成。

红光能加速长日植物的生长发育，而延缓短日植物的生长发育；蓝紫光能加速短日植物的生长发育，而延迟长日植物的生长发育。有些植物器官的形成也与光质有关。荷兰学者（1981）研究了太阳辐射对植物的效应，见表 3-1。现已证明，红光利于糖类的合成，蓝光对蛋白质合成有利，紫外线照射对果实成熟起良好作用，并能增加果实的含糖量。许多水溶性的色素（如花青苷）形成时要求有强的红光，维生素 C 合成时要求紫外光等。通常在长波长光照下生长的药用植物，节间较长，而茎较细；在短波长光照下栽培的植物，节间短而粗，后者利于培育壮苗。

表 3-1　植物对不同波长辐射的反应

波长范围 /μm	植物的反应
>1.0	对植物生长发育无影响
1.0~0.72	引起植物的伸长效应，有光周期反应
0.72~0.61	为叶绿素所吸收，具有光周期反应
0.61~0.51	植物无特别意义的响应
0.51~0.40	为叶绿素吸收带
0.40~0.31	具有矮化植物和增厚叶片的作用
0.31~0.28	对植物有损害作用
<0.28	辐射对植物有致死作用

通过研究药用植物对光质的不同需求，根据药用植物种类的不同而选择合适的塑料薄膜，可以满足药用植物生长的需求。例如，在人参、西洋参栽培中，各种色膜以淡色为好，其中以淡黄、淡绿膜为最佳，色深者光强不足，致使植株生长不良，而在当归的覆膜栽培中，薄膜色彩对增产的影响依次为黑色膜 > 蓝色膜 > 银灰色膜 > 红色膜 > 白色膜 > 黄色膜 > 绿色膜。

另外，药用植物总是群体栽培，阳光照射在群体上，经过上层叶片的选择吸收，透射到下部的辐射光，以远红外光和绿光偏多。因此，在高矮秆药用植物间作的复合群体中，矮秆作物所接受的光线光谱与高秆作物接受的光线光谱是不完全相同的。如果作物密度适中，各层叶片间接受的光质就比较相近。

（三）光周期对药用植物生长发育的影响

光周期是植物生长发育的重要因素，影响植物的花芽分化、开花、结实、分枝习性以及某些地下器官（块茎、块根、球茎、鳞茎等）的形成。植物对于白天和黑夜的相对长度的反应，称光周期现象。各地生长季节特别是由营养生长向生殖生长转移之前，日照时数长短对各类药用植物的发育是重要的影响因素。根据植物对光周期的反应，可将其分为长日照植物、短日照植物、日中性植物和中日性植物。

药用植物对日照时间长度的反应，是由营养生长向生殖生长转化的必要条件，但需要在植株自身发育到一定的生理年龄时，才能感受光周期的诱导而开始花原基的分化，但并不是在药用植物的一生中均要求这样的日照长度。当然绝大多数药用植物，也绝不是只有一两次的光周期处理，就能引起花芽原基的分化，而是一般需要有十几次或更多的光周期处理才能引起开花。

认识和了解药用植物的光周期反应，在药用植物栽培中具有重要的作用。在引种过程中，必须首先考虑所要引进的药用植物是否在当地的光周期诱导下能够及时地生长发育、开花结实；栽培中应根据植物对光周期的反应确定适宜的播种期；通过人工控制光周期，促进或延迟开花，这在药用植物育种工作中可以发挥作用。

二、温度

（一）药用植物对温度的要求

温度是植物生长发育的重要环境因子之一，药用植物只能在一定的温度区间内进行正常的生长发育。植物生长和温度的关系存在“三基点”——最低温度、最适温度、最高温度。超过两个极限温度范围，生理活动就会停止，甚至全株死亡。了解每种药用植物对温度适应的范围及其与生长发育的关系，是确定适宜生产分布范围和安排生产季节的重要依据。

药用植物种类繁多，对温度的要求也各不一样，依据药用植物对温度的不同要求，可分为四类。

1. 耐寒药用植物　一般能耐 -2~-1℃的低温，短期内可以忍耐 -10~-5℃的低温，最适同化作用温度为 15~20℃。如人参、细辛、百合、平贝母、大黄、羌活、五味子、薤白、石刁柏及刺五加等。特别是根茎类药用植物在冬季地上部分枯死，地下部分越冬仍能耐 0℃以下，甚至 -10℃的低温。

2. 半耐寒药用植物　通常能耐短时间 -1℃的低温，最适同化作用温度为 17~23℃。如萝卜、菘蓝、黄连、枸杞、知母及芥菜等。在长江以南可以露地越冬，在华南各地冬季可以露地生长。

3. 喜温药用植物　种子萌发、幼苗生长、开花结果都要求较高的温度，同化作用最适温度为 20~30℃，花期气温低至 10~15℃则不宜授粉或导致落花落果。如颠茄、枳壳、川芎、忍冬等。

4. 耐热药用植物　生长发育要求温度较高，同化作用最适温度多在 30℃左右，个别药用植物可在 40℃下正常生长。如槟榔、砂仁、苏木、丝瓜、罗汉果、刀豆、冬瓜及南瓜等。

药用植物生长发育对温度的要求因品种、生长发育的阶段不同而不同。一般种子萌发时期、幼苗时期要求温度略低，营养生长期温度渐渐增高，生殖生长期要求温度较高。了解药用植物各生育时期对温度要求的特性，是合理安排播种期和科学管理的依据。

温度对药用植物的影响主要是气温和地温两方面。一般气温影响药用植物的地上部分，而地温主要影响根部。气温在一天当中变化较大，夜晚温度较低，白天温度逐渐升高。地温变化较小，距地面越深温度变化越小。根及根茎类药用植物地下部分的生长，受温度影响很大，一般根系在20℃左右生长较快，地温低于15℃，生长速度减慢。

（二）高温和低温的影响

自然气候的变化总体上有一定的规律，但是超出规律的变化，如温度过高或过低，也时有发生。温度过高或过低都会给植物造成障碍，使生产受到损失。

1. 低温的危害　低温对药用植物的危害有直接的和间接的两个方面。间接危害包括冬旱和冻拔。冬旱是指在冬季久晴不雨、阳光充足或风雨猛而持久的气候条件下，一些越冬药用植物茎叶失水较多，但因土温偏低、根部吸水滞缓，导致植株水分失衡而干枯。冻拔是指当冬季冰雪融化成水渗入土壤又重新冻结，使越冬幼苗和草本植物被连根拔起甚至根部断裂，植株因水分失衡而枯萎。直接危害包括冷害和冻害。冷害是生长季节内0℃以上的低温对药用植物的伤害。低温使叶绿体超微结构受到损伤，或引起气孔关闭失调，或使酶钝化，最终破坏了光合能力。低温还会影响根系对矿质养分的吸收、影响植物体内物质转运、影响授粉受精。冻害是指春秋季节里，由于气温急剧下降到0℃以下（或降至临界温度以下），使茎叶等器官受害。

2. 高温的危害　高温障碍是强烈的阳光和急剧的蒸腾作用相结合而引起的。高温导致药用植物体非正常失水，使器官和组织脱水干枯；损伤生物膜结构，引起细胞死亡；使不耐热的酶活性钝化，破坏核酸和蛋白质的正常代谢，造成可溶性氮化合物大量积累并渗出细胞外；产生和积累有毒的分解产物。表现在外部形态上，不仅降低生长速度、妨碍花粉的正常发育，还会损伤茎叶功能，导致落花落果等。

三、水分

（一）水分在药用植物体内的含量及其生理作用

水分对于药用植物体内的代谢反应是必不可少的，主要体现在以下几个方面：首先，它是原生质的重要组成成分，原生质体的一系列生化反应，均要在水中进行；其次，水直接参与植物的光合作用、呼吸作用、有机质的合成与分解过程，为植物积累和提供能量；再次，水是植物对物质吸收和运输的溶剂，水可以维持细胞组织紧张度（膨压）和固有形态，使植物细胞进行正常的生长、发育、运动。一旦缺乏水分，就会影响植物体内的上述生理生化反应，从而抑制药用植物生长，甚至导致其死亡。所以，水分是药用植物生长发育必不可少的环境条件之一。

（二）药用植物对水的适应性

根据药用植物对水分的适应能力和适应方式，可分为四类。

1. 旱生药用植物　这类药用植物能在干旱的气候和土壤环境中维持正常的生长发育，具有高度的抗旱能力。如麻黄、骆驼刺、仙人掌、芦荟及景天科药用植物。

2. 湿生药用植物　生长在潮湿的环境中，蒸腾强度大，抗旱能力差，缺乏水分就会影响生长发育，以致萎蔫。如水菖蒲、水蜈蚣、毛茛、半边莲、秋海棠及灯心草等药用植物。

3. 中生药用植物　此类药用植物对水的适应性介于旱生药用植物与湿生药用植物之间，绝大多数陆生的药用植物均属此类，其抗旱与抗涝能力都不强。

4. 水生药用植物　此类药用植物生活在水中，根系不发达，根的吸收能力很弱，输导组织简单，但通气组织发达。根据它们在水中的情况又可分为挺水药用植物、浮水药用植物、沉水药用植物等。如泽泻、莲、芡实等属于挺水药用植物；浮萍、眼子菜、满江红等属于浮水药用植物；金鱼藻属于沉水药用植物。

栽培药用植物以中生者居多。生产中，需要根据它们的需水特性适当控制水分。除了水生药用植物要求有一定的水层外，其他药用植物主要靠根系从土壤中吸收水分。当土壤处在适宜的含水量条件下，根系入土较深，构型合理，生长良好；在潮湿的土壤中，根系不发达，多分布于浅层土壤中，易倒伏，生长缓慢，而且容易导致根系呼吸受阻，滋生病害，造成损失；在干旱条件下，植物根系将下扎，入土较深，直至土壤深层。在种植深根性药用植物，如黄芪、黄芩、甘草等，在其苗期适当控制土壤水分，俗称"蹲苗"。这有利于根系生长，使根体长径粗，从而显著提高药材的产量与质量。因此，在药用植物栽培过程中，要加强田间水分管理，保证根系的正常生长发育，从而获得优质、高产的药材。

药用植物的种子萌发过程首先必须有水的参与，种子在吸收了大量的水分后，其他的生理活动才逐渐开始。水可以软化种皮，增加其透性，使胚容易突破种皮；水可使种子中的凝胶物质转变为溶胶物质，加强代谢；水参与营养物质的水解；各类可溶性水解产物通过水分运输到正在生长的幼芽、幼根中，为种子的萌发创造必要条件。例如，当归在种子吸水量达到自身重量的 25% 时种子开始萌动，而当吸水量达到 40% 时种子萌发速率最快。人参、西洋参种子的后熟也要有水分的参与，人参种子的贮藏水分控制在 10%~15%，西洋参的贮藏水分控制在 12%~14%。但水分过多，种子容易霉烂。

（三）药用植物的需水量和需水临界期

1. 需水量　植物在生长发育期间所消耗的水分中主要是植物的蒸腾耗水，所蒸腾的水量约占总耗水量的 80%，蒸腾耗水量称为植物的生理需水量，以蒸腾系数来表示。蒸腾系数是指每形成 1g 干物质所消耗的水分克数。植物种类不同，需水量也不一样，如人参的蒸腾系数在 150~200g 之间，牛皮菜在 400~600g 之间。同一种药用植物的蒸腾系数也因品种和环境条件的变化而变化。

药用植物在不同的生长发育阶段对水分的需求也不同。总的来说前期需水量少，中期需水量多，后期需水量居中。一般从种子萌发到出苗期需水量很少，通常以保持田间持水量的 70% 为宜；前期苗株矮小，地面蒸发耗水量大，一般土壤含水量应保持在田间持水量的 50%；中期营养器官生长较快，覆盖大田，生殖器官很快分化形成，此期间需水量大，一般保持田间持水量的 70%~80%；而后期为各个器官增重、成熟阶段，需水量减少，土壤含水量应保持田间持水量的 60%~70%。

植物需水量的大小还常受气象条件和栽培措施的影响。低温、多雨、大气湿度大，蒸腾作用减弱，则需水量减少；反之，高温、干旱、大气湿度低、风速大，作物蒸腾作用增强，则需水量增大。密植程度与施肥状况也使耗水量发生变化。密植后，单位土地面积上个体总数增多，叶面积大，蒸腾量大，需水量随之增加，但地面蒸发量相应减少。在对作物的研究报道中指出，土壤中缺乏任何一种元素都会使需水量增加，尤以缺 P 和缺 N 时需水最多，缺 K、S、Mg 次之，缺 Ca 影响最小。在药用植物栽培中要根据植株形态、植物的生育期、气象条件和土壤含水量等情况，制定相应合理的灌溉措施。

2. 需水临界期　需水临界期是指药用植物在一生中（1~2 年生植物）或年生育期内（多年生植物）对水分最敏感的时期，称为需水临界期。该期水分亏缺，造成药材产量损失和质量的下降，后期不能弥补。

植物从种子萌发到出苗期虽然需水量不大，但对水分很敏感，这一时期若缺水，则会导致出苗不齐，缺苗；水分过多又会发生烂种、烂芽。因此，此期就是一个需水临界期。多数药用植物在生育中期因生长旺盛，需水较多，其需水临界期多在开花前后阶段。例如，薏苡的需水临界期在拔节至抽穗期，而有些植物如蛔蒿、黄芪、龙胆等的需水临界期在幼苗期。

（四）旱涝对药用植物的危害

水分对药用植物的生命活动，具有非常重要的作用，在栽培过程中需要适当加以控制，既不能过多，也不能过少。否则，就会产生涝害或旱害，直接影响药用植物的生长与发育，降低药材的产量与质量。

1. 干旱　缺水是常见的自然现象，严重缺水叫干旱。根据干旱发生情况的不同，可以分为大气干旱、土壤干旱和生理干旱，三者之间既有密切的联系，又有区别。①大气干旱：其特征是气温高，光照强，大气相对湿度低（10%~20%），蒸腾速率大，植株消耗的水分大于从根系中吸收的水分，破坏了植株体内水分的动态平衡，碳水化合物被大量消耗，正常的生理生化代谢受到干扰。大气干旱持续时间过长，就会导致土壤干旱的发生。②土壤干旱：多数药用植物当土壤含水量达到田间持水量的 50%~80% 时，生长最为有利。当土壤中的有效水分过少，不能充分供应药用植物吸收利用时，就会产生土壤干旱，导致药用植物生长受阻或完全停止。③生理干旱：由于土壤温度低，土壤溶液浓度过大或土壤透气性差等原因，妨碍植株根部吸水而产生的干旱。在生理干旱情况下，土壤中虽然有水，但植株不能吸收利用，因而生长同样受阻。

干旱对植物造成的危害主要表现在：干旱影响原生质的胶体性质，降低原生质的水合程度，增大原生质透性，造成细胞内电解质和可溶性物质大量外渗，原生质结构遭受破坏；干旱使细胞缺水，膨压消失，植物呈现萎蔫现象；干旱可以改变各种生理过程，使植物气孔关闭，蒸腾减弱，气体交换和矿质营养的吸收与运输缓慢；同时由于淀粉水解成糖，增加呼吸基质，使光合作用受阻而呼吸强度反而加强，干物质消耗多于积累；干旱使植物生长发育受到抑制，水分亏缺影响细胞的分生、分化，并加速叶子衰老，植物叶面积缩小，茎和根系生长差，开花结实少；干旱造成细胞严重失水超过原生质所能忍受的限度时，会导致细胞的死亡，植株干枯。

植物对干旱有一定的适应能力，这种适应能力称为抗旱性。在栽培生产过程中，设法提高药用植物的抗旱性，是减轻旱害的有效途径。提高药用植物抗旱性的途径，一是进行抗旱育种，二是进行抗旱锻炼。抗旱锻炼的一般做法是，将种子湿润 1~2 天后，在 15~25℃下干燥，反复数次，然后再播种。也可结合使用微量元素，如用低浓度的硼酸溶液浸种，然后再进行抗旱锻炼，效果更好。还可喷洒乙酸苯汞和 8- 羧基喹啉硫酸盐等抗蒸腾剂，使植株气孔暂时闭合，减少水分丢失，增强抗旱能力。此法称为“化学抗旱”。

2. 涝害　涝害是指长期持续阴雨，致使地表水泛滥淹没农田，或田间积水、水分过多使土层中缺乏 O_2，根系呼吸减弱，最终窒息死亡。根及根茎类药用植物对田间积水或土壤水分过多非常敏感。红花、芝麻等也不耐涝，地面过湿易于死亡。

土壤水分过多，对植物造成的危害，不在于水分的直接作用，而是间接的影响。由于土壤空隙充满水分，O_2 缺乏，植物根部正常呼吸受阻，影响水分和矿物质元素的吸收，同时，由于无氧呼吸而积累乙醇等有害物质，引起植物中毒。另外，O_2 缺乏，好气性细菌如硝化细菌、氨化细菌、硫细菌等活动受阻，影响植物对氮素等物质的利用。另一方面，厌气性细菌活动大为活跃（如丁酸细菌等），在土壤中积累有机酸和无机酸，增大土壤溶液的酸性，同时产生有毒的还原性产物如硫化氢、氧化亚铁等，使根部细胞色素多酚氧化酶遭受破坏，呼吸窒息。药用植物栽培上常采取排涝措施，适时、合理地灌溉和排水，如起高畦、开凿排水沟等以避免水涝对药用植物的危害。

药用植物对水涝耐受性的强弱，也因植物种类的不同而不同。水生或湿生的药用植物，如泽泻和薏苡等，因其具有较为发达的通气组织，具有较强的耐涝能力，故可在沼泽或充水的土壤中生长。而大多数陆生药用植物，对水涝的耐受性很弱，在生产中除要注意选择地下水位低且排水良好的地块种植外，在多雨季节还要注意及时排涝，保持土壤的良好通气条件，避免涝害的发生，以确保中药材产量稳定、品质优良。

四、空气和风

（一）空气与药用植物栽培

空气主要是由 N_2、O_2、CO_2 及工矿企业排出的废气等组成的。任何药用植物都是处在空气的包围之中，其生长发育与空气之间存在着不可分割的联系。在大气组成成分中，对生物关系最为密切的是 O_2 与 CO_2。CO_2 是植物光合作用的主要原料，又是生物氧化代谢的最终产物；O_2 几乎是所有生物生存所依赖的媒质（除极少数厌氧生物外），没有氧生物就无法生存。

首先，药用植物生命活动所需要的能量是由呼吸作用所提供的，而 O_2 是药用植物呼吸作用的必要条件，没有 O_2 就不能进行正常的呼吸作用，空气中的 O_2 浓度决定着呼吸作用的速率。当空气中 O_2 的浓度降低到 20% 以下时，植株茎、叶的呼吸速率便开始下降；O_2 浓度降低到 5% 以下时，呼吸作用则会急剧降低；O_2 缺乏时有氧呼吸就会完全停止。相对于茎、叶，植株根部所需 O_2 浓度要低得多，但若 O_2 浓度低于 5% 时，根部的呼吸作用也会受到不良的影响。所以，在土壤结构不良、耕作不当、灌溉不合理等而使土壤条件恶化，土壤空气中的含氧量下降到 2% 时，就会严重影响根系呼吸，导致植株生长发育不良。药材生产中，为避免此情况的发生，经常采用改良土壤、中耕松土和改进排灌工作等措施。

其次，药材产量与品质的形成，最终源于光合作用，植物在光合作用下，同化 CO_2 与水，制造出有机物。在高产植物中，生物产量的 90%~95% 是取自空气中的 CO_2，仅有 5%~10% 是来自土壤。因此，空气中的 CO_2 是光合作用的主要原料，CO_2 的浓度高低影响到光合作用的强度。通常光合作用所需要的最适 CO_2 浓度为 1% 左右，而空气中的 CO_2 含量一般仅为 0.02%~0.03%，在光照充足的晴朗天气，CO_2 浓度经常成为光合作用的限制因素，适当提高空气的 CO_2 浓度，光合强度就会显著提高，合成的有机物质量就会增加，药材的产量从而得以提高。为提高光合生产效率、增加药材产量，生产中经常通过使用有机肥料或直接增施 CO_2 来达到目的。需要注意的是，由于 CO_2 是呼吸作用的产物，高浓度的 CO_2 会导致呼吸强度降低，但在生产中这种情况并不多见。

由于现代工业的高速发展，而治污工作又没有及时跟上，因而大气污染现象日益严重，空气中含有的有毒气体越来越多，浓度越来越大。大气污染致使药用植物各种生理过程或多或少地偏离正常轨道，光合作用、呼吸作用、蒸腾作用及物质代谢和酶的活性发生变化，各器官形态也会有所改变，呈现出程度不同的伤害症状，严重影响药用植物的生长发育，对药材的品质也造成了严重威胁，许多药材由于污染造成了有毒物质含量大幅度超标。为了避免或减轻这种情况的发生，一方面要大力治理环境污染，消除污染源；另一方面应选育对大气污染具有较强抗性的品种，改善栽培管理，喷施植物生长素等活性物质，以增强药用植物的生活力，减轻或抗御空气污染所带来的危害。

（二）风与药用植物栽培

空气流动所形成的风，对药用植物的生长发育也有直接或间接的影响。风力可加强地面和大气的热量交换，增强土壤水分蒸发和植株的蒸腾作用，改变田间小气候。在太阳辐射强烈时，微风又可降低叶面温度，减低蒸腾强度。风力能加强 CO_2 的交换，使 CO_2 能够源源不断地满足光合作用的需要。在大田植株保持通风透光的条件下，一定的风力可使植株内外各层次之间的温度、湿度得到不断调节，避免产生温度过高或湿度过大的现象，以利于药用植物的正常生长发育。此外，风力还能把药用植物的花粉和种子传播到远方，帮助授粉和繁殖。但是，风也能传播病原体，使药用植物病害蔓延，甚至引起病菌和害虫的长距离迁移。风力还能造成药用植物枝叶的机械擦伤或断裂，使病原体得以从伤口侵入植株而发病。大风可造成植株倒伏，引起落花落果，或吹散表土使根系暴露。在寒潮降温时，风会使植株遭受冷害或冻害。在夏天干热风季节，风也会造成大气干旱，使植株遭受旱害。在实际生产中，要通过合理密植等措施，尽量发挥出风力对药用植物生长发育有利的一面。同时通过营造防护林、设置风障和搭设棚架支柱等，避免风力给药用植物造成危害。

第二节　药用植物栽培与土壤的关系

土壤是一种综合的自然体，被定义为位于地球陆地具有肥力、能够生长植物的疏松表层。它的固体部分包含着无机物质、有机物质（腐殖质）以及半分解状态的有机残体。在固体物质间的孔隙中，分布着液体物质（土壤溶液）与气体物质（土壤空气）。认识土壤的发生、发展、分类、性质和地理分布规律，了解土壤与环境之间的内在联系，对提高药用植物产量和品质、合理利用土壤资源和保护土壤环境具有深远的意义。

一、土壤的组成

土壤是由固相、液相和气相所构成的三相系统，各相所占的比重随土壤本身的性质和环境的不同而异。固相部分包括土壤矿物质、土壤有机质和土壤生物，约占总体积的 50%；液相部分即土壤水分，占总体积的 15%~35%；气相部分即土壤空气，占总体积的 15%~35%。液相和气相经常变化，互为消长，约占总体积的 50%。

（一）土壤矿物质

土壤矿物是土壤中各种无机固态矿物的总称。按化学成分可将土壤矿物分为硅酸盐、磷酸盐、碳酸盐、硫酸盐、氯化物、硫化物、氧化物和氢氧化物等，按性质可将其分为黏土矿物和非黏土矿物等，按成因可将其分为原生矿物和次生矿物。原生矿物是岩浆岩或变质岩在风化成土过程中残留下来的矿物，也就是在风化过程中化学结构和成分未经改变的矿物。原生矿物构成了土壤骨架的主体，并通过风化作用不断释放有效态的矿质养分。次生矿物是岩石或母质在地表通过化学风化或生物作用，由原生矿物、火山喷发或各种风化产物转变或重新合成的矿物。次生的层状硅酸盐类、含水氧化物类以及少量残存的简单盐类都属于次生矿物。次生矿物是土壤黏土矿物的主要组成成分。

植物生长发育所需的无机元素来自矿物质和有机质的矿物分解。在土壤中有近 98% 的养分呈束缚态，大部分存在于矿物中或结合于有机碎屑、腐殖质或较难溶解的无机物中，它们构成了养分的贮备源。这些养分要通过缓慢的矿质化和腐殖质化才能成为有效养分，被植物吸收和利用。

（二）土壤有机质

土壤有机质是土壤中形成的和加入土壤中的所有动、植物残体不同阶段的各种分解产物和合成产物的总称，包括高度腐解的腐殖物质、解剖结构上可辨认的有机残体和各种微生物残体。

自然土壤中的有机质主要来源于植物残体，其次是各种动物和微生物残体。植物根系分泌物和动物分泌物、人为施用的有机肥料和有机改土物料也是重要有机质来源的土壤。土壤有机质包括多种化合物，通常分为非腐殖质和腐殖质两类。

1. 非腐殖质　由未分解或半分解的动植物残体和微生物残体、动植物残体的中间分解产物和微生物生命活动的代谢产物组成，一般占土壤有机质总量的 10%~20%，其主要成分是碳水化合物和含氮化合物。

2. 腐殖质　是土壤微生物分解有机质时，经腐殖化过程，重新合成的具有相对稳定性的多聚体化合物，主要是胡敏酸和富里酸，一般占土壤有机质总量的 85%~90%。

土壤有机质的含量是衡量土壤肥力高低的重要指标。一般土壤表层的有机质含量为 3%~5%，森林土壤和草原土壤上的植物凋落物多，形成较厚的地被物层，故有机质的含量较高。

土壤有机质是植物养分的重要供给源，表土中 80% 以上的氮、20%~80% 的磷以及湿润带表土中 70%~95% 的硫均存在于有机质中。土壤有机质是一种疏松多孔的物质，能增强土壤的通气透水性，提高土壤团聚体的数量及其稳定性，从而提高土壤的持水能力、水分渗透性和抗蚀性；有机质能改善土壤结构，提高土壤对植物水分和养分的供给能力；土壤有机质还能提高土壤的吸附性能，从而提高土壤的保肥性能。有机质是许多土壤动物的食源，还是土壤微生物的主要能量和营养来源，能提高土壤动物和土壤微生物的活性，有利于土壤理化性质向良性方向发展。总之，土壤有机质能改善土壤理化性质，促进植物生长。

(三) 土壤生物

土壤生物是栖居在土壤(包括枯枝落叶层和枯草层)中的生物体的总称。通常包括土壤动物、土壤微生物和高等植物根系。土壤为土壤生物提供了生存的空间,而土壤生物反过来又对土壤的形成、发育、性质和肥力状况产生深刻的影响,是土壤有机质转化的主要动力。

1. 土壤动物　指长期或一生中大部分时间生活在土壤或地表凋落物中的动物,其主要作用是有机物的机械粉碎、纤维素和木质素的分解,以及土壤的疏松、混合和结构改良。

2. 土壤微生物　指土壤(包括枯枝落叶层和枯草层)中肉眼无法辨认的微小有机体,包括细胞核构造不完善的原核生物。如细菌、蓝细菌、放线菌及超显微结构微生物,及具完善细胞核结构的真核生物,如真菌、藻类(蓝藻除外)、地衣和原生动物等。微生物的作用是多方面的,对土壤的形成和发育、有机质的矿化和腐殖化、养分的转化和循环、氮素的生物固定、植物的根部营养、有毒物质的降解及土壤净化等都有重大影响,其中固氮菌和菌根真菌是对植物生命活动最有直接益处的土壤微生物。当然,有些微生物也是引起动、植物病害的病原菌,直接危害动、植物的正常生长和发育。

土壤微生物中,细菌数量最多,每克土壤中约有几百万至几千万个,放线菌次之,真菌较少。除藻类外,这些土壤微生物的主要能量和营养均来源于植物凋落物、动物残体、动物排泄物以及动植物分泌物。在有机质丰富的土壤中,微生物的种类和数量较多,而在缺乏有机质的土壤中则较少。

(1) 土壤细菌:细菌是一类单细胞的微生物,是土壤中分布最广的生物体,其基本形态有 3 种,即球状、杆状和螺旋状。按营养类型通常分为自养型和异养型两类。

固氮细菌是能进行生物固氮作用的一类微生物。它们利用生物有机质作为碳源和能源,因而属于异养细菌的范围,但由于能够利用大气中分子态的氮,而区别于一般的异养细菌。

固氮细菌又分为自生固氮菌和共生固氮菌(根瘤菌)两类。前者是从土壤或根分泌物中获取碳水化合物,并固定大气中氮素的类型,其中有好气性的,也有厌气性的;后者是从植物组织中直接获取碳水化合物,并将固定的氮素供给植物利用的类型。

(2) 土壤真菌:大多数真菌为多细胞微生物,少数为单细胞。土壤真菌通常分为腐生真菌、寄生真菌和共生真菌 3 类。

腐生真菌是分解土壤中的动、植物残体以维持自身正常生活的真菌类型;寄生真菌与土壤养分的转化和肥力的发展有一定关系,但其中许多可引起植物病害;共生真菌主要是与木本或草本植物根系形成共生关系的真菌群,是对植物界最有意义的真菌类型。

菌根是指真菌菌丝侵入植物根的表层细胞壁或细胞腔内形成一种特殊结构的共体。菌根可分为外生型菌根、内生型菌根和内外兼生型菌根 3 种类型。外生型菌根的菌丝一般在根系表面形成一个密厚的菌丝鞘,向内只有少数菌丝侵入到根皮层的细胞间隙中,向外则有较多的菌丝伸入到周围的土壤。大多数乔木、灌木树种均有外生菌根。内生型菌根不形成菌丝鞘,菌丝向内伸入到细胞腔之内,向外伸入到根际土壤中,内外菌丝相互连接。很多高等植物以及苔藓、蕨类、竹类等均有内生菌根。内外兼生菌根是外生菌根与内生菌根的中间过渡类型,菌丝既可在根系表面形成菌丝鞘,也可侵入细胞内部。

菌根的作用主要是互利共生,表现在菌根菌从寄主体内获得碳水化合物、维生素、氨基酸和生长促进物质,同时,菌根菌的菌丝能吸收水分与矿质营养,将土壤中的矿质盐和有机物质转变为植物易于吸收的营养物质，供根系利用。有些菌根还能产生某些促进生长的物质，提供抗生素，抑制其他微生物（包括病原菌）的生长和繁殖。菌根菌没有严格的专一性，同一种植物可以被多种菌根菌感染，同一种菌根菌也可以感染多种植物，这对植物适应环境是有利的，同时也为生产上使用菌剂提供了方便。

（3）土壤放线菌：放线菌为单细胞微生物，菌体呈分枝状或辐射状纤细的菌丝体，个体大小介于细菌和真菌之间。每克表土中约含放线菌几十万至几千万个，是数量上仅次于土壤细菌的一个类群，在土壤中主要以菌丝体存在。

大多数土壤放线菌属腐生营养型，它们对纤维素和含氮有机物的分解能力较强，所以放线菌大量出现在有机残体分解的后期。放线菌对土温要求较高，是好气性的土壤微生物，对营养要求不严格，能耐干旱和较高的温度；最适 pH 在 6.0~7.5 之间，也能在碱性条件下活动，但对酸性比较敏感，pH>5 时生长即受抑制，在 pH<4.7 时即消失。

在土壤放线菌中，弗兰克菌属具有共生固氮能力，能与非豆科植物共生形成根瘤，其固氮速度可达到或超过豆科固氮根瘤。这类放线菌的代谢产物中有许多抗生素和激素物质，对植物的抗病性和生长有促进作用。

（4）土壤藻类：土壤藻类是一类含有叶绿素的低等植物，个体细小，自身可以合成有机物，主要分布在光照和水分充足的土壤表面。常见的土壤藻类有三类，即蓝藻、绿藻和硅藻。硅藻可以溶解岩石和矿物以释放养分；蓝藻具有固氮能力，藻类形成的有机质比较容易分解，能增加土壤的有机质，促进土壤微生物的活动和土壤养分的转化。在土壤形成的最初阶段，由藻类和真菌形成的共生体（地衣）能够最先在风化的母岩或瘠薄的风化物上生长，积累了最早的有机质，促进了原始土壤的发育，在土壤形成后仍不断累积有机质和各种矿质养分。

（四）土壤水分和空气

土壤水分是指存在于土壤孔隙中及吸附于土粒表面的水分。土壤水分主要来自降雨、降雪和灌水。此外，若地下水位较高，地下水也可上升补充土壤水分；空气中的水蒸气遇冷也会凝结为土壤水。

土壤空气是土壤中气体的总称，主要来源于近地表的大气、植物根系、土壤生物呼吸过程以及土壤有机质的分解释放。土壤总孔隙是由土壤空气和土壤水分共同填充的，在土壤孔隙不变的情况下，土壤空气和土壤水分互为消长关系，即空气多，水分就少，反之亦然。土壤空气的组成和数量是经常变化的。适量的土壤空气对于保证药用植物根部的正常呼吸和有益微生物的活动是必需的，这就需要保持土壤具有良好的通气性。土壤透气不良，就会使药用植物根系受到伤害，土壤中有机物质分解缓慢，特别是氮素营养迅速恶化。

二、土壤的基本特性

（一）土壤的孔隙性

土壤中土粒或团聚体之间及团聚体内部都有大小不一、弯弯曲曲、形状各异的孔洞，称为土壤孔隙。土壤孔隙性通常包括孔隙度（孔隙数量）和孔隙类型（孔隙的大小及比例）两方面内容。前者决定土壤气、液两相的总量，是一种度量指标；后者关系着气、液两相的比例，反映土壤协调水分和空气的能力。

土壤孔隙度无法直接测定，一般根据土粒密度和土壤干密度两个参数间接计算出来。土壤孔隙度的大小受质地、结构、有机质含量和耕作、施肥、灌溉等人为措施的影响而变化。一般砂土的孔隙度为 35%~45%；壤土为 45%~52%；黏土为 45%~60%；结构良好的表土层为 55%~60%；而紧实的底土可低至 25%~30%；有机质多的土壤孔隙度大，如泥炭土可高达 80%。

土壤孔隙度只能反映土壤孔隙"量"的问题，并不能说明土壤孔隙"质"的差别。即使两种土壤的孔隙度相同，如果大小孔隙的数量分配不同，则它们的保水、透水、通气及其他性质也会有显著的差异。黏重的土壤，孔隙度大，但小孔隙占优势，通气透水不良，水分和空气移动缓慢，其他各肥力因素也难以充分发挥作用。砂性土壤则相反，虽然孔隙度小，但大孔隙有足够的数量，通气透水性好，而保水能力差，水分下渗快，土壤易受旱。

（二）土壤的保肥性能

我国劳动人民在长期生产实践中，很早就发现了土壤具有吸收和保存作物养分的能力。比如，在地里施用粪尿后，随即盖土，臭味就可以减轻或消失；污水通过土层就可以变清。土壤具有吸收和保存分子态、离子态或气态、固态养分的能力和特性，称为土壤保肥性能，也叫土壤吸收性能。土壤保蓄养分的方式分为以下几种：

1. 机械吸收作用　这是指具有多孔体的土壤对进入土体的固体颗粒的机械截留作用。如有机残体、粪便残渣和磷矿粉等，主要靠这种截留作用保存在土壤中。

2. 物理吸收作用（分子吸附作用）　这是指土壤对分子态养分的保存能力。由于土壤胶体有巨大的表面能，能吸附分子态养分。生产上土盖粪堆、细土垫圈，可以吸收尿液和氨气分子，就是运用的物理吸收原理。尿素施入土壤，部分也是靠分子吸附作用来保存。但这种吸收能力有限，不能作为土壤保肥的主要方式。

3. 化学吸收作用　这是指土壤溶液中的一些可溶性养分与土壤中另一些物质起化学反应后，生成难溶性的化合物而沉淀保存于土壤中。例如，水溶性磷肥（过磷酸钙）施于石灰性土壤中，生成难溶性的磷酸钙沉淀；施于酸性土壤中，与铁、铝离子结合生成磷酸铁、磷酸铝沉淀。化学吸收作用的实质是养分的固定作用，虽能保蓄养分，免遭淋失，但却大大降低了养分的有效性。这是一种利少弊多的保肥作用，应设法加以避免。在某些情况下，化学吸收还具有特殊意义，能吸收有毒物质，减少土壤污染。

4. 生物吸收作用　这不是土壤本身的吸收作用，而是植物和生活在土壤里的微生物，对养分的吸收、保存和将其积累在生物体中的作用。当生物死亡后，所吸收的养分又释放到土壤中，可供下一代植物吸收利用。生物的这种吸收作用，无论是对自然土壤还是农业土壤的肥力发展都具有非常重要的意义。人们常常利用它来改良土壤，养地培肥，如轮作倒茬、种植绿肥等。

5. 物理化学吸收作用（离子交换吸收作用）　这是指土壤对可溶性物质中的离子态养分的吸收保存作用。由于土壤胶体一般带负电荷，可以把土壤溶液中带正电荷的阳离子吸附在胶体表面，这些被吸附的阳离子又可与土壤溶液中的阳离子互相交换，重新进入土壤溶液，供作物吸收利用。这一作用以物理吸收为基础，而又呈现与化学反应相似的特性，所以称之为物理化学吸收作用或离子交换吸收作用。通过离子交换吸收作用，既可吸收保存养分，又可释放供应养分，所以这种吸收作用对土壤养分保存、供应和提高肥力有重要意义，是土壤保肥最重要的方式。

（三）土壤的酸碱性

土壤酸碱性是土壤形成过程和熟化过程的良好指标。它是土壤溶液的反应，即溶液中 H^+ 浓度和 OH^- 浓度比例不同而表现出来的性质。通常说的土壤 pH，就代表土壤溶液的酸碱度。土壤溶液中 H^+ 浓度大于 OH^- 浓度，土壤呈酸性反应；OH^- 浓度大于 H^+ 浓度，土壤呈碱性反应；两者相等时，则呈中性反应。但是，土壤溶液中游离的 H^+ 和 OH^- 的浓度又和土壤胶体上吸附的各种离子保持着动态平衡关系，所以土壤酸碱性是土壤胶体的固相性质和土壤液相性质的综合表现，因此研究土壤溶液的酸碱反应，必须与土壤胶体和离子交换吸收作用相联系，才能全面地说明土壤的酸碱情况及其发生、变化的规律。

1. 土壤酸性的类型　根据 H^+ 在土壤中所处的部位，可以将土壤酸性分为活性酸和潜在酸两种类型。活性酸指土壤溶液中的氢离子的浓度直接表现出的酸度。通常用 pH 表示，pH 是氢离子浓度的负对数值。它是土壤酸碱性的强度指标。按土壤 pH 的大小，可把土壤酸碱性分为若干级。《中国土壤》一书将我国土壤的酸碱度分为五级（表 3-2）。

表 3-2　土壤酸碱度的分级

土壤 pH	级别	土壤 pH	级别
<5.0	强酸	7.5~8.5	碱性
5.0~6.5	酸性	>8.5	强碱
6.5~7.5	中性		

我国土壤 pH 大多为 4~9，在地理分布上有“东南酸而西北碱”的规律性，即由北向南 pH 逐渐减小。大致以长江为界（北纬 33°），长江以南的土壤多为酸性或强酸性，长江以北的土壤多为中性或碱性。

2. 土壤碱性反应　土壤碱性反应及碱性土壤形成是自然成土条件和土壤内在因素综合作用的结果。其中干旱的气候和丰富的钙质为主要成因，过量地施用石灰和引灌碱质污水以及海水浸渍，也是某些碱性土壤形成的原因之一。

（1）气候因素：在干旱、半干旱地区，由于降雨少，淋溶作用弱，使岩石矿物和母质风化释放出的碱金属和碱土金属的各种盐类（碳酸钙、碳酸钠等），不能彻底淋出土体，在土壤中大量积累，这些盐类水解时产生 OH^-，使土壤呈碱性。

（2）生物因素：由于高等植物的选择性吸收，富集了钾、钠、钙、镁等盐基离子，不同植被类型的选择性吸收影响着碱土的形成。荒漠草原和荒漠植被对碱土的形成起重要作用。

（3）母质的影响：母质是碱性物质的来源，如基性岩和超基性岩富含钙、镁等碱性质，风化体含较多的碱性成分。此外，土壤不同质地和不同质地在剖面中的排列会影响土壤水分的运动和盐分的运移，从而影响土壤碱化程度。

（4）土壤中交换性钠的水解：交换性钠水解呈强碱性反应是碱化土的重要特征。

土壤碱化度常被用来作为碱土分类及碱化土壤改良利用的指标和依据。我国则以碱化层的

碱化度 >30%、表层含盐量 <0.5% 和 pH>9.0 定为碱土。而将土壤碱化度为 5%~10% 定为轻度碱化土壤，10%~15% 为中度碱化土壤，15%~20% 为强碱化土壤。

3. 土壤酸碱性的环境意义　土壤酸碱性对土壤微生物的活性、矿物质和有机质分解起重要作用。它可通过对土壤中进行的各项化学反应的干预作用影响组分和污染物的电荷特性，如沉淀溶解、吸附解析和配位 - 解离平衡等，从而改变污染物的毒性；同时，土壤酸碱性还可通过土壤微生物的活性来改变污染物的毒性。

三、土壤的质地

自然界的土壤不是只由单一粒级的颗粒所组成，而是由大小不同的各级土粒以各种比例自然地混为一体。土壤中各级土粒所占的质量百分数称为土壤机械组成（土壤颗粒组成）。机械组成相近的土壤常常具有类似的肥力特性。为了区分由于土壤机械组成不同所表现出来的性质差别，按照土壤中不同粒级土粒的相对比例归并土壤组合，称为土壤质地。

目前土壤质地分类标准各国不同。常用的质地分类标准与土壤粒级的划分标准相统一。中国科学院南京土壤研究所等单位综合国内土壤情况及其研究成果，拟订出中国土壤质地分类的暂行方案，将土壤质地分为 3 类 12 级（表 3-3）。

表 3-3　我国土壤质地分类方案

<table>
<tr><th rowspan="2">质地类别</th><th rowspan="2">质地名称</th><th colspan="3">不同粒级的颗粒组成 /%</th></tr>
<tr><th>砂粒
（1~0.05mm）</th><th>粗粉粒
（0.05~0.01mm）</th><th>细黏粒
（<0.001mm）</th></tr>
<tr><td rowspan="3">砂土</td><td>粗砂土</td><td>>70</td><td>—</td><td rowspan="7"><30</td></tr>
<tr><td>细砂土</td><td>60~70</td><td>—</td></tr>
<tr><td>面砂土</td><td>50~60</td><td>—</td></tr>
<tr><td rowspan="5">壤土</td><td>砂粉土</td><td>≥20</td><td rowspan="2">≥40</td></tr>
<tr><td>粉土</td><td><20</td></tr>
<tr><td>砂壤土</td><td>≥20</td><td rowspan="2"><40</td></tr>
<tr><td>壤土</td><td><20</td></tr>
<tr><td>砂黏土</td><td>≥50</td><td>—</td><td>≥30</td></tr>
<tr><td rowspan="4">黏土</td><td>粉黏土</td><td rowspan="4"></td><td>—</td><td>30~35</td></tr>
<tr><td>壤黏土</td><td>—</td><td>35~40</td></tr>
<tr><td>黏土</td><td>—</td><td>40~60</td></tr>
<tr><td>重黏土</td><td>—</td><td>>60</td></tr>
</table>

栽培不同的药用植物时，要求选择相应质地的土壤，才能保证药材的高产与优质。适于在砂土上种植的药用植物有北沙参、蔓荆子、甘草和麻黄等。由于黏土的通气性、透水性均较差，土壤结构致密，耕作阻力大，因而适于在黏土上种植的药用植物很少，多是水生和沼泽生类药用植物，如泽泻、菖蒲和芡实等。壤土的通气、透水、保水保肥、供水供肥和耕作性能都很好，适宜种植多种

药用植物，特别是以根及根茎入药的药用植物，更适宜在壤土中种植，如桔梗、黄芪、牛膝、山药、丹参、地黄和人参等。

四、土壤的结构

土壤结构是指土壤颗粒的排列状况。土壤结构一词实际上包含两方面的含义，一是指各种不同的结构体的形态特性；二是泛指具有调节土壤物理性质的"结构性"。

土壤结构体（soil structure types）是各级土粒由于不同原因相互团聚成大小、形状和性质不同的土团、土块、土片等土壤实体。土壤结构体实际上是土壤颗粒按照不同的排列方式堆积、复合而形成的土壤团聚体。不同的排列方式往往形成不同的结构体，这些不同形态的结构体在土壤中的存在状况也影响着土壤的孔隙状况，进而影响土壤的肥力和耕性。

（一）土壤结构的类型

1. 块状结构　块状结构边面与棱角不明显。按其大小，又可分为大块状结构，轴长大于5cm，北方农民称为"坷垃"，块状结构轴长3~5cm，碎块状结构轴长则为0.5~3cm。这类结构在土质黏重、缺乏有机质的表土中常见。

2. 核状结构　其边面棱角分明，比块状小，大者直径为10~20mm，小者直径为5~10mm，农民多称为"蒜瓣土"。核状结构一般多以石灰和铁质作为胶结剂，在结构上往往有胶膜出现，具有水稳性，在黏重而缺乏有机质的心土和底土中较多。

3. 片状结构　片状结构体常出现在耕作历史较长的水稻土和长期耕深不变的旱地土壤中，由于长期耕作受压，使土粒黏结成坚实紧密的薄土片，成层排列，这就是通常所说的犁底层。旱地犁底层过厚，对作物生长不利，影响植物根系的下扎和上下层水、气、热的交换，以及对下层养分的利用。对于水稻土而言，就需要一个具有一定透水率的犁底层，它可起减少水分渗漏和托水托肥的作用。

4. 柱状和棱柱状结构　棱角不明显的称为圆柱状结构，棱角明显的称为棱柱状结构。它们大多出现在黏重的底土层，心土层和柱状碱土的碱化层。这种结构体大小不一，坚硬紧实，内部无效孔隙占优势，外表常有铁铝胶膜包被，根系难以伸入，通气不良，微生物活动微弱。结构体之间常出现大裂缝，造成漏水、漏肥。

5. 团粒结构　团粒结构是指在腐殖质的作用下，形成近似球形较疏松多孔的小土团，直径为0.25~10mm称为团粒；直径小于0.25mm的称为微团粒。近年来，有人将小于0.005mm的复合黏粒称为黏团。

（二）团粒结构的特性

团粒结构一般在耕层较多，被人们称为"蚂蚁蛋"或"米掺子"。团粒结构数量的多少和质量好坏，在一定程度上可反映土壤肥力水平，具有团粒结构的土壤能较好地协调土壤中水、肥、气、热的矛盾，最适宜植物生长。

团粒结构具有恰当的毛管孔隙和非毛管孔隙比例，且孔隙度较大。每个团粒（团聚体）都是由许多微团体组成的，它们之间有丰富的细小毛管孔隙，能较好地保存水分（主要是毛管水），即使相对干旱时，也有可利用的水分存在。而团粒之间分布着较大的非毛管孔隙，通常充满了土壤空气，即使在下雨或浇水时，水分也会沿大孔隙迅速下渗，不会积水，仍能保持较好的通透性。因此，团粒结构土壤既能通气透水，又能蓄水保水，较好地协调了水分和空气之间的矛盾，同时还能改善土壤中的温度状况。

团粒结构主要靠土壤有机质，特别是腐殖质胶结而成。土壤有机质中含有丰富的养分，在团粒之间的非毛管孔隙中充满着空气，通透性好，好气性微生物活动旺盛，有机质能快速分解转化为可被植物利用的有效养分，而团粒内部的毛细管空隙内空气少，主要是嫌气性微生物活动，有机物分解缓慢，有利于有机质的积累和保持，具有长期的供肥性能。团粒内部具有较强的吸水力，水分基本上被微团体保持住，也就避免了养分的流失。因此，团粒结构土壤可以较好地协调速效养分和缓效养分的供给，能给植物提供良好的养分环境。

第三节　药用植物栽培与养分（肥料）的关系

合理施肥能增产。合理施肥的关键是提高土壤有效肥力，改良土壤性质，供给植物必需营养物质，促使植物正常生长和发育。因此，合理施肥是中药材生产获得优质高产的重要措施。

一、养分与药用植物的生长发育

（一）植物需要的营养元素

一般植物体内大约有70多种营养元素。必需的元素有碳、氢、氧、氮、磷、钾、镁、钙、铁、硫、硼、铝、锌、铜、锰等十多种。而硼、铝、锌、铜、锰等元素在植物体中含量少故称为微量元素。这些微量元素在各种植物体内含量多少不一，含量极少，但对植物生长发育却不可缺少，彼此又不能互相代替。缺少任何一种元素，都会影响到植物的生长和发育。

营养元素来源：碳主要来源于空气中二氧化碳，氢和氧来源于空气和水，这两种元素来源丰富稳定，一般均能满足植物的需要。其余元素需要量相对较小，但是植物对氮、磷、钾需要量比较大，土壤供给有限，必须通过施肥来补给，故这三种元素又称为肥料三要素。

（二）肥料三要素在药用植物营养中的作用

1. 氮的作用　氮是构成蛋白质和酶的主要成分，蛋白质又是细胞原生质最重要的组成成分，是一切生命活动的物质基础。土壤中存在三种状态的氮：铵态氮（阳离子 NH_4^+）、硝酸态氮（阴离子 NO_3^-）及有机态氮。

缺少氮，植物生长缓慢或停滞，酶无法形成，新陈代谢缓慢或停止；因氮是叶绿素重要的组成成分，缺氮会导致叶片失绿；进而影响植物体内许多维生素、生物碱、苷类等中药材的有效成分的形成与积累。施氮肥多时，易使植物组织柔嫩，茎叶徒长易倒伏。

2. 磷的作用

（1）磷是组成核酸、植素和磷脂的主要成分（一般植物种子中含磷较多）。

(2) 磷能促进根系发达和增强植物生殖器官的发育与形成,因此,磷有促进发育的功能。

(3) 磷多集中在器官生长点和幼嫩部分,直接影响植物的顶端生长和胚的发育。

(4) 磷能促进植物的生长发育,缩短生育期,提前开花结果,提高果实及种子的产量和质量,增强抗寒性、抗旱性和抗病虫害能力。

缺磷最明显的症状是上部叶片灰暗绿色,发展到红色或紫色,基部叶片呈黄色等。

3. 钾的作用　钾大部分存在于植物细胞液中,少量的钾被吸附在原生质表面,有提高植物的抗寒性和抗旱性等作用。

钾肥对根和地下茎类药用植物(如人参、黄连、地黄、党参、黄芪等)生长效果更有显著作用。

二、药用植物养分的吸收机制

(一) 药用植物根部对土壤中矿质元素的吸收

药用植物根部吸收的部位和吸收水分一样,主要在根尖,尤其是根毛区吸收最多。根对矿质元素吸收有两种方式:一是被动吸收,依靠扩散作用、离子交换、吸附等物理过程;二是主动吸收,即需消耗细胞(主要指根的根毛区吸收)呼吸作用过程中的能量来吸收矿质元素。

影响药用植物对矿质元素吸收的内部因素包括:植物的种类、年龄、生长发育时期、根系发育的好坏、根系代谢强弱等。

根对养分吸收与呼吸作用有关,呼吸作用放出能量来维持根细胞代谢需要。所以药用植物对养料的吸收能力决定于植物体本身的发育程度,根系愈发达,吸收作用愈强。环境的温度,土壤的通气性、酸碱度等条件对养分吸收的影响较大。一定范围内,温度增高,呼吸作用增强,吸收养分增加。呼吸作用需要氧气,土壤通气良好,呼吸作用强,吸收亦强。土壤酸碱度同植物养分吸收也有密切关系。微生物活动直接影响到土壤有效养分的多寡(间接地影响到植物对养分的吸收)。

(二) 叶片对养分的吸收

药用植物除可从根部吸收养分外,还能通过叶片(或茎)吸收养分,这种营养方式称为植物的根外营养。

1. 叶片对气态养分的吸收　要提高叶片营养的有效性,就必须使营养物质从叶表面能进入表皮细胞(或保卫细胞)的细胞质。陆生植物还可通过气孔吸收气态养分,如二氧化碳(CO_2)、氧气(O_2)以及二氧化硫(SO_2)等。

一般来说,叶片吸收气态养分有利于植物的生长发育,但在高度发展的工业区,由于废气的排出,空气污染相当严重,叶片也会因过量吸收某些气体,如 SO_2、NO、N_2O 等而影响植物生长。例如,高浓度的 SO_2 气体能抑制 CO_2 在二磷酸戊酮糖羧化酶的活性中心的结合,使 CO_2 的固定受阻,严重影响了植物的光合作用。

2. 叶片对矿质养分的吸收　研究证明,水生药用植物与陆生药用植物叶片对矿质元素的吸收能力大不相同。水生药用植物的叶片是吸收矿质养分的部位,而陆生药用植物因叶表皮细胞的外壁上覆盖有蜡质及角质层,所以对矿质元素的吸收明显受阻。

一般来讲,在药用植物的营养生长期间或是生殖生长的初期,叶片有吸收养分的能力,并且对某些矿质养分的吸收比根的吸收能力强。因此，在一定条件下，根外追肥是补充营养物质的有效途径，能明显提高中药材的产量和改善品质。

三、药用植物的需肥量

根据药用植物营养特点及土壤供肥能力，确定施肥的种类、用量和时期。由于各种药用植物入药部位不同，有根、茎、叶入药的，也有用花、果实、种子入药的，所以对肥料的要求情况也不同。为保证高产优质药材的生产，必须适当调整施用肥料的种类和比例。虽然各种药用植物都需要各种必需元素，但不同药用植物对肥料三要素所要求的绝对量和相对量都不一样。即使是同一药用植物，其三要素含量也因品种、土壤和栽培条件等而有差异。由于各种药用植物的药用部位不同，而不同元素的生理功能又不一样。所以，不同药用植物对不同元素的相对需要量多少就不同。例如，栽培以果实籽粒为主要收获对象的药用植物时，要适当多施一些磷肥，以利籽粒饱满；栽培根茎类作物（如地黄、山药）时，则可适当多施钾肥，促进地下部分累积糖类；栽培全草或叶类药用植物时，可偏施氮肥，使叶片肥大。但也仅能将此作为施肥时的参考，不能单纯施用某一肥料，而应视具体情况三者配合施用。

同一药用植物在不同生育时期，对矿质元素的吸收情况也是不一样的。一般在植物的速生期到来前，应追施一些速效肥料。在播种前或移栽前耕地时，可施用长效肥作基肥。在萌发期间，因种子本身贮藏养分，故不需要吸收外界肥料。随着幼苗的长大，吸收肥料的能力渐强，即将开花、结实时，矿质养料进入最多。之后随着生长的减弱，吸收下降，至成熟期则停止，衰老时甚至有部分矿质元素排出体外。药用植物在不同生育期中，各有明显的生长中心。例如，薏苡分蘖期的生长中心是腋芽，拔节孕穗期的生长中心是穗子的分化发育和形成，抽穗结实期的生长中心是种子形成。生长中心的生长较旺盛，代谢强，养分元素一般优先分配到生长中心。所以，不同生育期施肥，对生长影响不同，它们的增产效果有很大的差别，其中有一个时期施用肥料的营养效果最好，这个时期被称为最高生产效率期（或植物营养最大效率期）。因此，根据药用植物不同生长期的养分需求特性，合理施用基肥、种肥或进行合理追肥对于药用植物的生长发育也十分重要。

营养元素种类对药用植物中的药用活性成分含量具有明显影响。有研究表明，在肥料三要素中，磷与钾有利于糖类与油脂等物质的合成，氮素对植物体内生物碱、皂苷和维生素类的形成具有积极作用，特别是对生物碱的形成与积累具有重要影响。施用适量氮肥对生物碱的合成与积累具有一定的促进作用，但施用过量则对其他成分如绿原酸、黄酮类等都有抑制作用。因此，可以根据药用植物的药用活性成分，通过施肥试验，选择合理的施肥配方。

四、肥料种类及其性质

施用肥料

肥料种类很多，按其来源一般可分为四类。

（一）农家肥料

农家肥特点：养分完全、迟效、肥效长、来源广泛，是我国应用最早最普遍的肥料。长期施用能增进土壤的团粒结构，改良土壤性质，提高肥力，提高土壤的保水、保肥能力和通气性。农家肥的肥效特别长，所以一般都做基肥施用，这种肥料特别对多年生根与根茎类药用植物效果比较好。如牡丹、芍药等。

常用农家肥及其性质总结如下。

(1) 厩肥：指猪、牛、马、羊等动物的粪便，不同的家畜粪肥成分是不一样的，肥效也不同。其性质属于迟效肥，微碱性，常腐熟后作基肥。

1) 猪粪：属于冷性肥料，含水分多，分解慢，发热量少，施后不能增加地温，故称为冷性肥料。

2) 牛粪：属于冷性肥料，粪便细碎，紧密，分解慢，发酵时热量很少。

3) 马粪：属于热性肥料，粗纤维多，易分解，水分易挥发，发热量高，常作防寒肥料，早春温床育苗时，作底肥，有利于提高地温。

4) 羊粪：热性肥料，含氮、磷较多，水分少，腐熟时间快，可做基肥施用，酸性土壤中长期使用，可降低酸度。

(2) 堆肥：指利用垃圾、杂草、落叶等混入人畜粪尿一起堆积发酵腐熟成的肥料；性质与厩肥相同，属于迟效肥，微碱性，常作基肥。

(3) 绿肥：绿肥指的是能翻入土里作为肥料用的绿色植物体。绿肥种类很多，野草、槐树叶、紫穗槐叶及嫩枝，栽培的有紫云英、苕子等。

绿肥易于分解，翻入地里当年就有显著肥效，一般作基肥施用。绿肥的作用：增加土壤中的有机质，一般作绿肥的植物根系非常发达，能穿入较深土层，有利于疏松土层。绿肥富有氮肥，缺乏磷、钾肥，故施用绿肥时，最好和磷、钾肥配合使用。

(4) 人粪尿：是速效肥，微碱性，腐熟后作追肥，是南方常用农家肥之一。

（二）化学肥料

化学肥料是应用化学合成的方法或开采矿石，经加工精制而成的肥料。因多数不含有机质，故也称为无机肥料。优点是成分比较单纯、有效成分高，体积小、便于运输，大多数化肥易溶于水、肥效快，常作追肥施用。缺点是肥效不持久，长期连续大量单独施用会造成土壤板结、土壤耕作性能变坏。

（三）微量元素肥料

微量元素肥料主要指硼（B）、锰（Mn）、锌（Zn）、铜（Cu）、铝（Al）等。植物体对它们的需要量微小，但它们是植物体中不可缺少的养分。一般常用于浸种用的种肥或根外施肥，一般土壤中含量足以满足。现在人们也将微量元素作为测试中药材质量、药效等的依据，进展很快。

（四）腐殖酸肥料

腐殖酸肥料是近几年发展起来的一种新型肥料。以含腐殖酸的自然资源为主要原料制成的，含有氮、磷、钾等营养成分或某些微量元素的肥料，统称为腐殖酸肥料，简称“腐肥”。

腐殖酸是动植物残体在微生物作用下生成的高分子有机化合物，广泛存在于土壤泥炭和褐煤中。腐殖酸是有机肥和无机肥相结合的新型肥料。这种肥料具备农家肥的多种功能，又兼有化肥的某些特点，其主要作用：增进土壤团粒结构，调节土壤酸碱性，提高植物营养，刺激植物迅速生长。随着科学技术的发展，近几年各种复合肥微生物等肥料不断出现，为今后农业经济发展提供了宝贵的物质基础。

五、药用植物合理施肥的原则

1. 以农家肥为主，农家肥与化肥相结合，达到取长补短，有利于提高土壤供肥的能力。

2. 基肥为主，配合施用追肥和种肥。基肥一般占总量二分之一以上，为满足植物苗期或某一时期对养分的大量需要，应施追肥或种肥。特别是以地下根或根茎类为收获对象的中药材。

3. 氮肥为主，磷、钾肥配合施用。生长期要注意施氮肥（生育前期增施氮肥为主）；留种植物在开花之前应追磷肥为主；以收获茎叶类中药材为主的适量增加氮肥，有利于提高产量。越冬植物在秋末可配合施入钾肥，有利于植物抗寒性提高。

4. 根据土壤的肥力特点施肥。土壤肥力高，有机质多，以增施氮肥作用较大，磷肥效果小，钾肥往往显不出效果；肥力低，有机肥用量少，熟化程度差的土壤施磷肥效果显著，在施磷肥基础上施氮肥，才能发挥氮肥效果。中等肥力土壤应以氮、磷肥配合施用，酸性土壤宜施碱性肥料，而碱性土壤则要施生理酸性肥料。

5. 根据药用植物的营养特性施肥。多年生根及地下茎类，重施农家肥；1~2 年生的药用植物可适当少施农家肥，酌量多施追肥（化肥）促进地上部分生长，提早果实种子成熟。全草类以氮肥为主。

6. 根据植物不同生长阶段施肥。根据提供中药材商品的部分生长特性施肥，例如麦冬开花后的秋季块根开始膨大则需要重施秋肥；菊花前期控制其生长，前期施肥较后期要少些；延胡索生长期短，需重施基肥，才能达到丰产目的。

7. 根据气候条件施肥。低温干燥地区和季节最好施用腐熟的有机肥，以提高地温，早施深施；高温多雨季节多施迟效性肥，追肥少量而多次。

第四节　药用植物的化感作用

1904 年，德国科学家 Lorenz Hihner 首先提出“根际”（rhizosphere）的概念，并将其定义为植物根系周围、受根系生长影响的土体，同时，揭示了植物根际土壤与植物营养、生长和发育具有密切的相关性。现代生态学研究表明，土壤植物根际是一个复杂的生态环境，植物根系的分泌、地上部分的淋洗、凋落物及有机物的腐解、微生物的活动等多种途径，使植物根际周围存在着各种各样的化合物。这些物质往往会通过影响土壤中营养物质的有效形态及微生物种群的分布等影响其他植物或自身植物的生长与发育。在自然根际土壤中，不同物种的植物之间，植物与土壤之间以及植物与微生物间相互作用、相互制约成就了复杂根际平衡生态系统。由于植物本身无法移动和进行各种行为去影响其他物种的生长，而植物或微生物分泌各种物质则成为不同作物之间相互影响的重要纽带，即所谓的化感作用。化感作用是植物在长期固化环境中进化出来的一种适应特异契合环境的植物生存行为。由于化感作用主要发生在植物根际环境中，成为协调植物与环境契合关系的重要桥梁。通过人为变化措施协调栽培植物与环境关系也正是药用植物栽培的核心意义所在，因此，了解植物化感作用对于了解药用植物道地性形成、实现野生抚育、提高药用植物品质具有重要意义。

一、药用植物化感作用概述

（一）化感作用的概念

化感作用（allelopathy）一词源于希腊语“Allelo（相互）”和“Pathos（损害、妨碍）”。化感作用的概念是由奥地利科学家 Hans Molish 在 1937 年首先提出的，Molish 将化感作用定义为：所有类型植物（含微生物）之间生物化学物质的相互作用。同时 Molish 指出，这种相互作用包括有害和有益两个方面。目前普遍为人们所接受的化感作用的定义是在 1974 年 Elroy L. Rice 根据 H. Molish 的定义和对植物化感作用的研究提出的，即化感作用是指植物（含微生物）通过释放化学物质到环境中而产生的对其他植物（含微生物）直接或间接的有害作用。Rice 的定义中涉及了化感作用的物质是由植物所释放的化学物质，并强调了化感作用的结果对其他植物或微生物是有害的。1984 年在 *Allelopathy* 第 2 版中，Rice 又将植物释放的化学物质阻碍本种植物生长发育的自毒作用（autotoxicity）和有益的化感作用补充进来。现在的研究表明，化感物质作用的对象不仅仅是其他植物，有时甚至是同种植物。而化感作用的结果不仅包括有害的，也包括一些相互促进的效果。因此，又有人把化感作用称之为植物的相生相克。1992 年，国家自然科学名词审定委员会公布了“allelopathy”中文标准译名为“化感作用”。

（二）药用植物化感作用形成的物质基础

1. 化感物质的定义　Whittaker 和 Feeny 把植物分泌的化学物质称为化感物质（allelopathic matter），1984 年 Rice 在 *Allelopathy* 第 2 版中将其明确地定义为“allelochemicals”。化感物质是化感作用的重要媒介和基础性物质，是生物体内产生的一大类非营养性物质，主要来源于植物的次生代谢产物或其衍生物。化感物质（allelochemicals）能显著地影响其他植物、微生物生长、发育、健康、行为或群体效应关系。孔垂华提到化感物质是指植物所产生的影响其他生物生长、行为和种群生物学的化学物质，不仅包括植物间的化学作用物质，也包括植物和动物间的化学作用物质，而且这些化学物质并没有被要求必须进入环境，也可以在体内进行。现已发现，许多化感物质不仅对植物，而且对微生物、动物特别是昆虫都有作用。

2. 药用植物化感物质种类　植物中所发现的化感物质主要来源于植物的次生代谢产物，分子量较小，结构简单。Rice 将化感物质归纳为 14 类：①可溶性有机酸、直链醇、脂肪族醇和酮；②简单不饱和内酯；③长链脂肪酸和多炔；④苯醌、蒽醌和复醌；⑤简单酚、苯甲酸及其衍生物；⑥肉桂酸及其衍生物；⑦香豆素类；⑧类黄酮；⑨单宁；⑩类萜和甾类化合物；⑪氨基酸和多肽；⑫生物碱和氰醇；⑬硫化物和芥子油苷；⑭嘌呤和核苷。通常也将化感物质大致分为酚类、萜类、炔类、生物碱和其他结构五类。其中，酚类和萜类化合物是高等植物的主要化感物质，它们是典型的水溶性和挥发性的物质，能够通过雨雾淋溶或挥发方式释放到外界环境中。同时，这类小分子物质很容易释放到环境中，从而改变根际土壤理化性质，并进而影响土壤环境的微生物群落结构产生毒害效应。

植物的化感物质主要源自次生代谢途径，它们的合成途径与其分泌具有协同进化的特性，主要通过醋酸-丙二酸途径（AMP）和莽草酸途径（SAP）产生。植物体内的酚酸类物质主要通过莽草酸途径合成，生物碱的合成是以氨基酸或其直接衍生物作为起始物，萜类物质主要通过甲羟戊酸途径（MVA）、2-甲基赤藓糖醇-4-磷酸途径（MEP）和异戊二烯二膦酸（IPP）途径来合成。这些起化感作用的化合物几乎不存在于任何中心代谢中。很多植物在生长发育阶段均能不断合成各种各样的次生化合物，但化感物质的合成具有时序性，不是在任何生长阶段都能积累的，往往是在特定的时间和条件下，甚至有些只有在植物受到环境胁迫时才能合成。

药用植物含有特定的药用活性物质，如黄酮、蒽醌、生物碱、酚酸类等，这些物质往往是以次生代谢产物的形式分布在药用植物的各个器官。这些常见的药用植物的活性成分与化感物质具有同质性，大多数药用植物有效成分和药用植物化感物质分布规律一致，在药用植物的各个器官（特别是药用部位），如根、茎、叶、花、果实、种子等均有分布。然而，在药用植物生产中，提高药用植物次生代谢产物含量是药用植物品种选育及栽培调控的主要目标。长期选择使栽培药用植物次生代谢产物的含量不断提高，这不但可能使该药用植物在逆境下更容易释放化感物质（表3-4），也使适应于该药用植物根际环境条件的病虫害逐年增加。因此，相对于普通作物，药用植物栽培更易产生化感自毒作用。

表3-4 药用植物中主要化感物质的种类

药用植物种类	化感物质种类	具体成分
地黄、人参、伊贝母、紫花苜蓿等	酚类	阿魏酸、邻苯二甲酸、香草醛、香草酸、月桂酸、肉桂酸、2,6-二叔甲基苯酚、香豆酸、对羟基苯甲酸、苯甲酸、苯乙酸、咖啡酸、豆蔻酸、绿原酸、桂皮酸
胡桃	醌类	胡桃醌
当归、蛇床、补骨脂、白蜡树等	香豆素类	香豆素、白当归素、茴芹素、七叶苷、补骨脂素
苍术、伊贝母等	黄酮类	三烯丙基-三嗪-三酮等
人参、桉树、苜蓿等	萜类	原人参二醇型皂苷 Rg_1 和 Re、原人参三醇型皂苷 Rb_1、Rb_2、Rc 和 Rd、β-桉叶醇、1,4-桉树脑、1,8-桉树脑、苜蓿皂苷
木麻黄、菊花、紫苏、忍冬等	糖和糖苷类	山柰黄素-3-α-鼠李糖苷、槲皮黄素-3-α-阿拉伯糖苷、木犀草素-3',4-二甲基-7-β-鼠李糖苷、葡萄糖
防己等	生物碱	高乌甲素、防己诺林碱、粉防己碱
紫花苜蓿、白头翁、地黄、黄檗等	其他	刀豆氨酸、石碳酸、三十烷醇、原白头翁素、强心苷、黄檗苷

二、药用植物化感自毒作用的形成

（一）自毒作用的定义

植物化感作用可以更精细地描述为一种活体植物（供体，donor）产生并以挥发（volatilization）、淋溶(leaching)、分泌(excretion)和分解(decomposition)等方式向环境释放次生代谢物而影响邻近伴生植物(杂草等受体,receiver)的生长发育的化学生态学现象。但当受体和供体均为同一种植物时产生抑制作用的现象,为植物的化感自毒作用(allelopathic autotoxicity)。换言之,即植物自身的分泌物,或其茎、叶的淋溶物及残体分解产物所产生的有毒物质累积到一定剂量,能显著抑制其自身根系生长、降低根系活性、改变土壤微生物区系的作用。化感自毒作用促进了植物栖息环境病原菌的繁殖,最终导致作物生长不良、发病、死亡。已有大量研究表明,许多药用植物如人参、西洋参、三七、地黄、贝母、苍术等的连作障碍均与化感自毒作用有关。化感自毒作用形成基础性物质化感自毒物质。在药用植物中,种类不同其根际分泌化感自毒物质种类也有较大差异。如人参中目前被普遍认为的化感自毒物质为苯甲酸等酚酸类化感物质;三七中被普遍认为的是一些人参皂苷类物质和酚酸类物质;地黄中香草酸、阿魏酸、苯甲酸、D-甘露醇、毛蕊花糖苷等酚酸类物质均被认为是重要的潜在化感自毒物质。

(二)化感自毒作用的形成

化感自毒作用对产量和品质造成极大的影响,形成作物栽培生产上常见的连作障碍现象。因此,了解化感自毒作用对栽培植物的伤害机制,并针对性采取相应的控制措施对于防控化感自毒作用或连作障碍对于药用植物栽培生产所造成的损失具有重要的意义。化感自毒物质之所以具有自毒伤害效应,目前的研究认为主要可以概括为两个方面:一个是直接伤害作用;另外一个是间接伤害效应。直接伤害效应是植物本身所分泌的化感自毒物质对植物自身直接的伤害效应;间接伤害效应是由于化感自毒物质诱发根际有益菌减少、病原菌增殖所造成根际灾变所引发的伤害效应。正是由于植物本身所分泌化感自毒物质所引发的直接和间接效应,继而对植物本身造成了深入伤害,形成化感自毒效应。

1. 化感自毒物质对植物生理生化的影响

(1) 破坏植物的膜系统:细胞膜是防止细胞外物质自由进入细胞的屏障,其主要功能是选择性地交换物质,吸收营养物质,排出代谢废物,分泌与运输蛋白质。在不同植物中研究发现化感效应首先表现为对植物细胞膜的伤害,通过膜上的结合位点传递胁迫信号到胞内,进而使细胞的生理活动和物质运输出现紊乱,影响植物体内物质合成、光合与呼吸效率、离子与水分吸收、养分的吸收等生理活动,从而影响了植株本身或其他植物的正常生长发育。如黄花蒿中的青蒿素及其衍生物抑制受体植物的作用位点就是细胞质膜。植物在逆境条件下会产生大量自由基,并对细胞膜造成氧化伤害,进而影响全株生长。植物体内具有一套自由基的抗氧化酶系统,包括超氧化物歧化酶(SOD)、过氧化物酶(POD)和过氧化氢酶(CAT)。而一些化感物质可抑制受体植物的抗氧化酶活性,导致体内活性氧增多,启动膜质过氧化,破坏膜的结构。如伊贝母的根系分泌物对其幼苗体内的 SOD 具有抑制作用,而对 POD、CAT 的活性既有抑制作用也有促进作用,对幼苗体内丙二醛(MDA)及叶绿素水平有促进作用。

(2) 扰乱植物的激素代谢系统:化感物质能影响药用植物体内正常生理代谢过程。其中萜类物质是一类研究较多且活性较强的化感物质,其在环境胁迫下含量的变化是近年来研究的热点。有研究认为化感物质萜类化合物的毒性和抑制作用机制主要表现为:抑制腺苷三磷酸(ATP)形成,发生亲核烷基化反应,扰乱蜕皮激素的活性;与蛋白质络合或与食草类动物消化系统中的自由甾醇络合，扰乱神经系统；束缚赤霉素(GA)活性，抑制植物生长；干扰线粒体发挥正常功能，妨碍代谢作用进行；影响细胞膜的功能，干扰植物对矿物质的吸收；破坏营养吸收过程中的络合作用，使养分无法透过膜系统。现已证明，许多酚酸类化感物质(如莨菪灵、绿原酸、肉桂酸和苯甲酸等)能够对植物生长激素吲哚乙酸(IAA)产生影响。地黄连作表现为块根不能膨大，多须根，而IAA是引起地黄块根膨大的主要内源激素之一。阿魏酸是IAA氧化酶的辅基，阿魏酸同吲哚乙酸氧化酶的活性直接相关，能够提高吲哚乙酸氧化酶的活性，从而氧化IAA，使IAA的量降低，导致地黄不能膨大。

(3) 破坏植物光合和呼吸系统：化感自毒物质能够显著影响植物正常光合作用和呼吸作用，影响植物光合产物的积累和能量的循环利用。比如：在地黄中用$^{14}CO_2$饲喂叶片后探测各部位放射性强度，发现连作地黄叶片光合产物向根部运输受阻；电镜观察连作地黄叶的切片，发现连作地黄的栅栏组织、叶绿体类囊体、核膜等都有严重的损伤，导致植物正常生活所必需的"源-流-库"系统失调。根际化感物质除了可以诱导根际微生物的群体失衡外，有研究也认为萜类化感物质能够抑制细胞ATP形成和植物生长、干扰线粒体发挥正常功能、阻碍植物对矿物质的吸收、引发膜过氧化毁坏细胞膜结构。由于化感物质对细胞膜具有较强损伤性作用，往往会导致细胞内含物不断外泄，加速了土壤内化感物积累，反作用于根际微生物群落加重根际灾难，造成恶性循环。由于遭受自毒化感物质伤害作用和根际土中大量微生物病菌不断增殖的"双重攻击"，连作植物最终不堪重负、逐渐衰弱。

2. 化感自毒物质对土壤根际微生物群体的影响　植物在生长的过程中会不断向根际土壤中释放大量的次生代谢产物，这些代谢产物随着种植年限在土壤中会逐渐积累。植株的残体、根系分泌物与病原微生物的代谢产物是土壤微生物的重要能量物质，同时也是根际有机物输入的主要来源。这些物质能够显著影响并介导根际微生态系统的物质能量流、化感作用及不同的微生物趋化。特别是药用植物由于其本身固有特异次生代谢产物种类差异，往往会特异引起根际微生物产生特定的趋向性。连作条件下土壤生态环境对药用植物生长有很大的影响，尤其是植株的残体与病原微生物的代谢产物对药用植物有致毒作用，并连同植物根系分泌的自毒物质一起，影响植株代谢，最后导致自毒作用的发生。比如：在连作条件下枯死的植物残体或者死亡的根系，包括脱落在土壤中的根毛和须根很快腐败，分解产生酚类化合物，如羟基苯甲酸、香草酸、阿魏酸和羟基肉桂酸等；枯死枝叶分解产生的阿魏酸和咖啡酸等也将随落雨进入土壤。土壤中自毒物质的逐渐积累抑制了土壤微生物生长，使得土壤中微生物总量减少，严重降低了根际土壤中微生物多样性。同时，土壤微生物区系则由低肥的"细菌型"向高肥的"真菌型"发展，病原菌增加，寄生型长蠕孢菌大量滋生，致使药用植物病害发生严重。

有研究表明，根际环境中的酚酸、半萜化合物及胡桃醌等会严重抑制真菌的生长，而其中的酚酸却能促进细菌数量的增加。胡开辉等对化感水稻和非化感水稻的根际土壤进行研究，发现化感水稻根际土壤中微生物区系的变化明显受到该水稻特有的根系分泌物影响。与非化感水稻相比，化感水稻对绝大多数细菌、放线菌、固氮菌生长有促进作用，对一些真菌生长有抑制作用。连作条件下土壤生态环境对药用植物生长有很大的影响，尤其是对药用植物有致毒作用，并连同植物根系分泌的自毒物质一起，影响植株代谢，最后导致自毒作用的发生。张辰露对连作丹参的研究表明，丹参根系分泌的酸性物质影响了土壤微生物群落，特别是真菌数量。王明道等研究结果证明，头茬和重茬地黄生长过程中根际土壤微生物区系发生了明显变化:细菌数量大幅减少,且有些条带消失,说明种群数量减少。放线菌种群没有大的变化,数量有所上升。真菌数量有所增加,种群发生了明显改变,表现为条带的缺失和增加,其中根际与根外变化不一致。

3. 化感自毒物质对土壤结构性质的影响　许多化感物质不仅影响邻近植物的生长发育,也影响到土壤的理化性质,改变其养分状况,进而影响植物自身的生长。陈龙池等研究了土壤加入化感物质香草醛和对羟基苯甲酸对土壤养分的影响,发现这两种物质都降低了土壤中有效氮和有效钾的含量,增加了土壤中有效磷的含量。已有研究表明,土壤养分缺乏可使植物产生和释放次生物质的能力发生变化,包括次生物质含量的增加或减少,并且在大多数情况下有所增加。根际是土壤、植物生态系统物质交换的活跃界面,植物作为第一生产者,将部分光合产物转运至根部,通过分泌物供给根际微生物碳源和能源;根际微生物则将有机养分转化成无机养分,利于植物吸收利用,植物、土壤、微生物的相互关系维持着土壤生态系统的生态功能。同时根际微生物的生理活动对土壤性状、植物养分吸收、植物生长发育都具有明显的影响,根际微生物种群与植株的健康状况也有关系。研究表明,大豆连作可导致土壤速效养分下降,pH 降低,土壤微生物种群的改变,根腐病和胞囊线虫严重等问题。土壤微生物总数与土壤大部分养分含量(除全钾和速效磷含量外)之间存在一定的正相关关系,即养分含量高的土壤中微生物数量也高,这是土壤肥力、土壤环境状况与土壤微生物协同发展的结果,高有机质含量、高肥力水平的健康土壤可促进微生物的大量繁殖。同时,大量的土壤微生物反过来又会对土壤结构的改善,以及养分积累、转化和维持起促进作用。土壤微生物数量和多样性的大小可以作为表征土壤肥力状况的重要生物学指标。

4. 化感自毒物质、根际土壤和根际微生物群体的相互作用　生态系统的调控过程是相互促进(相生)或相互抑制(相克)的协调过程。化感自毒作用形成及加重发生的原因不是单一或孤立的,而是“植物 - 土壤 - 微生物”系统内多种因素综合作用的结果,而在这个过程中,植物所分泌化感物质与根际微生态群体相互作用可能起到了重要的驱动作用。因此,药用植物化感自毒作用形成涉及大量化感物质、微生物群体和植物的复杂响应。只有通过对根际微生物的数量、构成及其在不同生境下动态变化的调查,系统了解化感物质释放规律与微生物的互作效应、化感自毒物质对植物的作用及其活动规律,才能系统勾勒出药用植物化感自毒作用的形成规律,进而为人工消减化感自毒作用、调控根际微环境以及利用有益微生物的药用植物栽培实践提供理论基础。

三、药用植物化感作用的控制

化感或自毒作用并不是由单独因素造成的,起作用的化感物质也往往并不是单一的。可见,连作障碍是植物与土壤相互作用形成的以根际为中心的根际多元生态系统中多种因子相互作用的结果,包括植物本身、土壤、微生物群落和化感物质毒害作用,其中化感毒害作用是诱因,根系分泌化感物质导致土壤环境的恶化。因此,协调好植物、土壤和微生物三者之间的关系,培育抗或耐连作障碍的品种,采取合理的轮作制度等是缓解连作障碍的有效措施。

（一）选育自毒作用弱或抗自毒作用的品种

不同种类和不同品种的药用植物的化感作用强度都不同，对化感物质的抗性也有所差异，所以通过生物育种的手段来提高植株对化感物质的抗性，培育耐化感毒害品种可有效消减连作障碍。曲运琴等以地黄品种北京3号、温85-5和农家品种"硬三块"为材料进行连作试验，试验表明：连作时地黄品种间的差异较大，北京3号为该次试验中抗连作较强的品种，与温85-5和"硬三块"可达显著或极显著差异。此外，许多植物的野生近缘种属较相应的栽培种有更好的抗性，而地黄的野生近缘种属同样存在着类似现象。

（二）采用合理耕作制度措施

合理的耕作制度可以减轻化感物质含量，协调根际微生态平衡，具体可采取合理间混套作及轮作、休耕养地等措施。通常亲缘关系越远、生境差异越大，轮作后连作效应消减越好。如在种过地黄的土地上轮作小麦、玉米、谷子等禾本科作物可有效缓解地黄连作障碍。水旱轮作也是一种很好的克服连作障碍的方法，因为土壤淹水不仅可以降低或者清除土壤中化感自毒物质含量，而且能够大大降低病原菌数量。另外，林药间作模式如核桃楸和落叶松混作可同时促进两者生长。

（三）及时清除凋落物及残体

及时清理病株、残体及残茬，可以减少化感物质的释放途径，防止病原菌积累，能有效降低化感作用。

（四）改善土壤结构，调整根际微生态平衡

增施有机肥和均衡施肥可调节土壤的理化性质，采用土壤灭菌消毒的方式和施用土壤改良剂如自毒物质降解剂和拮抗剂可利于修复土壤微生态环境。添加拮抗菌、AM菌等有益微生物可改变根际微生态系统，分解连作土壤中的自毒物质，可减少病害的发生。

（五）其他措施

1. 育苗移栽　育苗后移栽可避开连作效应的发生时期，显著消减连作障碍，如地黄栽培中移栽10~20天幼苗，连作效应消减显著。

2. 采用无土栽培措施　可利用蛭石：砂按1：1的体积混合作为西洋参栽培的基质，不仅在不影响生物量和有效成分的情况下减少了病虫害，还可以节约土地资源。韩国也有水培人参成功的报道，在水培营养液中还可以添加活性炭等吸附根系分泌的自毒物质。

药用植物化感作用受到遗传因子和生态环境因子的双重影响，目前对化感作用的研究大多集中于对化感效应的初步探索，对于其具体的机制和分子机制尚未能完全阐明，加之环境因素复杂，栽培方式也有很大的影响，所以能够切实消减或利用的成果较少。目前我国的中药材来源大多依赖于人工栽培，提高药用植物次生代谢物质的含量是药用植物栽培和育种的主要目标。长期选择使栽培药用植物次生代谢产物含量不断增加，化感或自毒物质作为次生代谢的一部分，其必然会随之发生变化，可能造成药用植物更易释放化感或自毒物质。因此有效地调控化感作用，使药用

植物在适宜的生态环境下生长，既能保证产量又能保证品质，是一种不可缺少的技术手段。

复习思考题

1. 影响药用植物生长发育的主要生态因子有哪些？分别简述是如何影响其生长发育的。
2. 举例如何利用生物吸收作用来改良土壤。
3. 修复污染土壤的主要方式有哪些？
4. 土壤保蓄养分的方式分为哪几种？
5. 如何对药用植物的化感自毒作用进行有效的控制？

第三章同步练习

第四章课件

第四章　药用植物产量与药材品质的形成

药用植物栽培所获产品是用以防治疾病的特殊商品，其产品产量与品质的形成是植物体内遗传物质与内外因子互相调节，通过植物的生长和发育来实现的。次生代谢产物作为植物中一大类非生长发育所必需的小分子有机化合物，是植物在长期进化中对生态环境适应的结果。其产生和分布通常有种属、器官组织和生长发育期的特异性，是药用植物有效成分的主要来源和品质形成的关键。开展药用植物栽培的最终目的是在保证中药材品质的前提下，获得较高的中药材产量，提高种植效益，而想要实现上述目标，就需要了解中药材产量与品质的形成规律及影响因素，并采取适当的栽培措施加以调控。

第一节　药用植物产量形成

一、药用植物产量的内涵

（一）产量的含义

药用植物栽培的目的是为了获取较多的具有经济价值的中药材，生产中产量问题备受人们关注。药用植物的产量是指单位土地面积上药用植物群体的产量，即个体产量或产品（药用部位）器官的数量构成。一般所说的产量是指有经济价值的药材的总量，而最大持续产量指不危害生态环境，可持续生产（采收）的最大产量。栽培药用植物的产量分为生物产量和经济产量。生物产量是指药用植物在整个生育期间通过光合作用生产和积累的干物质的总量，即根、茎、叶、花、果实和种子等的干物质重量，也就是整个植株的干物质总量。其中有机物质占总干物质的 90%~95%，其余为矿物质。因此，光合作用所形成的有机物质是药用植物产量形成的物质基础。

在一定的自然条件和经济条件下，生物产量由田间种植密度和单株干物重决定，如果种植密度不变，单株干物重主要取决于①种子重量：采用饱满盛实的大粒种子，再通过适当施用种肥、加强苗期管理，可使幼苗生长健壮、光合面积迅速扩大，起到增加中药材产量的作用，如将留种人参适当稀植，选择五年生植株，通过疏花疏果、增施磷肥、充分成熟后采摘等措施，使种子干粒重由原来大田采种的 26~27g 增至 50~60g，结果用其繁殖的一年生幼苗平均根重大于 0.8g，比小粒种子的幼苗增加 60%。②生长期长度：生长期长，光合时间就越长，形成的光合产物就越多，从而可提高药用植物的产量，生产中经常采用地膜覆盖、温室育苗、适期套种等措施，使种苗早下地，以延长植株生长期的长度。③相对生长率：即个体植株生产新物质的效率，它与植株叶面积的发展和净光合率的高低密切相关。在实际生产中，如何调节药用植物的相对生长率，对于提高产量是最重要的。

经济产量是指满足栽培目的所需要的有经济价值的主产品的数量。药用植物的种类不同，作产品的器官各不相同。根及根茎类中药提供主产品器官是根、根茎、块茎、鳞茎、球茎等，如人参、当归的产品是根；种子果实类中药提供的是果实、种子，如栀子、木瓜的产品是果实；花类中药提供的是花蕾、花冠、柱头、花序等，如金银花、红花、丁香等；皮类中药提供的是茎皮、根皮，如厚朴、黄柏、地骨皮等；叶类中药提供的是叶，如番泻叶等；全草类中药提供的是全株或地上部分等，如薄荷、藿香等。随着药源的扩大和产品的综合利用与开发，提高产品的附加值，药用部位有所增加，如人参除用根，其茎叶也可用于提取人参皂苷等成分。同一种药用植物，因栽培目的不同，产品器官也不相同。如种植栝楼时，如以果实入药要多栽雌株，产品为果实(瓜蒌)；如以根入药宜栽雄株，产品为根(天花粉)。有些药用植物可以多种器官入药，如莲的叶(荷叶)、叶柄(荷梗)、根茎节部(藕节)、种子(莲子)、花托(莲房)、雄蕊(莲须)等均是有经济价值的中药材，其经济产量就应该是这些药用器官产量的总和。

经济产量的形成以生物产量为物质基础，通常与生物产量的高低成正比，在一定的生物产量中，经济产量高低，取决于生物产量转化为经济产量的效率，这种转化效率称为经济系数，即经济产量与生物产量的比率(经济产量 / 生物产量)。经济系数的高低表明光合作用的有机物质转运到有主要经济价值器官中的能力，并不表明产量的高低，只有在提高生物产量的基础上，提高经济系数，才能达到提高经济产量的目的。一般来说，凡是以营养器官作为收获对象的(如根、根茎类药材)，其主产品的形成过程相对比较简单，经济系数较高，在 0.7~0.85 之间；以生殖器官作为收获对象的(如种子、果实)，其主产品形成过程要经历生殖器官的分化发育直到结实成熟，同化产物要经过复杂的转化和再合成过程，经济系数较低，在 0.3~0.5 之间。

药用植物与其他作物一样，经济产量的形成包括营养生长阶段和生殖生长阶段。前期光合同化产物主要用于营养体建成，为后期经济产品器官的发育和形成奠定物质基础；后期光合同化产物则主要用于生殖器官或贮藏器官的形成，即形成产量。因此，药用植物生长发育后期的光合同化量与经济产量的关系更为密切。在栽培上，保持后期有较大的绿叶面积和较强的光合能力，是提高其经济产量和经济系数的关键所在。

(二) 产量的构成因素

1. 药用植物的生育模式　药用植物产量是植物体在生长过程中利用光合作用器官将太阳能转化为化学能，将无机物转化为有机物，最后形成一定数量的有经济价值的产品的过程。

药用植物的个体和群体的生长(干物质积累)和繁殖(个体的增加)过程均按 Logistic 曲线的生长模式进行。干物质的积累过程可分为：缓慢生长期、指数增长期、直线增长期和减缓停滞期几个阶段。通常在药用植物生长期间，干物质的积累与其叶面积成正比，株体干物质的增长决定于初始干重、相对生长率(即干重增长系数)和生长时间的长短。这种关系可用指数方程表示：

$$W=W_{o}e^{Rt}$$

式中，W 为株体干重；W_o 为初始干重；R 为生长率；t 为时间；e 为自然对数的底数。

药用植物种类或品种不同，生态环境和栽培条件不同，其生长和干物质积累速度、各个阶段所经历的时间和干物质积累总量也各不相同。因此，选择优质的类型（品种）、适宜的生态环境条件、配套的综合栽培技术措施，可优化生长模式，促进干物量的积累。

2. 干物质的积累与分配　药用植物在生育期内通过绿色光合器官，将吸收的太阳能转化为化学能，将从周围环境中吸收的二氧化碳、水及矿质营养合成糖类，然后再进一步转化形成各种有机物，最后形成有经济价值的产品。因此，药用植物产量形成的全过程包括光合器官、吸收器官及产品器官的建成及产量内容物的形成、运输和积累。从物质生产的角度分析，药用植物产量实质上是通过光合作用直接和间接形成的，取决于光合产物的积累与分配。药用植物光合生产的能力与光合面积、光合时间及光合效率密切相关。光合面积，即叶片、茎、叶鞘及繁殖器官能够进行光合作用的绿色表面积。其中，绿叶面积是构成光合面积的主体；光合时间是指光合作用进行的时间；光合效率指的是单位时间、单位叶面积同化 CO_2 的毫克数或积累干物质的克数。一般来说，在适宜范围内光合面积越大、光合时间越长，光合效率就较高，就能获得较高的经济产量。

药用植物生长初期，植株较小，叶片和分蘖或分枝不断发生，并进行再生产。此期干物质积累量与叶面积成正比。随着植株的生长，叶面积的增大，净同化率因叶片相互荫蔽而下降，但由于单位土地面积上的叶面积总量大，群体干物质积累近于直线增长。此后，叶片逐渐衰老，功能减退，群体干物质积累速度减慢，同化物质由营养器官向生殖器官转运，当植株进入成熟期后生长停止，干物质积累亦停止。由于植物种类、生态环境和栽培条件不同，各个时期所经历的时间、干物质积累速度和积累总量均有所不同。

干物质的分配因物种、品种、生育时期及栽培条件而异。生育时期不同，干物质分配的中心也有所不同。以薏苡为例，拔节前以根、叶生长为主，叶片干重占全干重的 99%；拔节至抽穗期，生长中心是茎叶，其干重约占全干重的 90%；开花至成熟期，生长中心是穗粒，穗粒干物质积累量显著增加。

（三）提高药用植物产量的途径

Mason 等在 1928 年提出了植物产量的“源库”学说，从植物生理学角度分析，源指能够制造或输出有机物质的组织、器官或部位；库则是指接纳有机物质用于生长消耗或贮藏的组织、器官或部位。从有机同化物形成和贮存的角度看，源应当包括制造光合产物的器官——叶片和吸收水分与矿物质的根，根还能吸收 NH_4^+ 合成氨基酸，吸收 CO_2 形成苹果酸，向地上部输出合成的激素等；广义的库包括容纳和最终贮存同化物的块根、块茎、种子、果实等，也包括正在生长的需要同化物的组织或器官，如根、茎、叶、花、果实、种子等；狭义的库专指收获对象。流是指源库之间的有机同化物的运输能力。同一株植物，源和库是相对的，随着生育期的演进，源库的地位有时会发生变化，有时也可以相互替代，如起输导作用的器官可以暂时贮存和输出养料，兼具源库的双重作用。从生产上考虑，要获得优质高产必须要求库大、源足、流畅。

1. 满足库生长发育的条件　药用植物库的贮积能力取决于单位面积上产量容器的大小。如根及根茎类药材产量容器的容积取决于单位土地面积上根及根茎的数量和大小的上限值；种子果实类药材产量容器的容积决定于单位土地面积上的穗数、每穗实穗数和籽粒大小的上限值。在自然情况下，植物的源与库的大小和强度是协调的，源大的时候，必须建立相应的库，以提高贮积能力，达到增产的目的。

2. 协调同化物的分配植物体内同化物的分配方向总是由源到库。由于植物体本身存在许多源库，各个源库对同化物的运输分配存在差异。从生产角度来讲，应通过栽培技术措施（如修剪、摘顶等）使光合同化产物集中向有经济价值的库分配。如根及根茎类药材可采取摘蕾、打顶等措施，减少光合养分消耗。例如白术种下后，常从基部长出分蘖，影响主茎生长。抽薹开花，会过多消耗营养，生产中用除蘖、摘花薹方法，可使根茎增产 60% 左右。

3. 保证流畅植物同化物由源到库是由流完成的，如果流不畅，光合产物运输分配不到相应的库或分配受阻，经济产量也不会高。植物体中同化物运输的一个显著特点就是就近供应，同侧优先。因此，许多育种工作者都致力于矮化株型的研究。现代的矮化新良种经济系数已由原来的 30% 左右提高到 50%~55%。这与矮化品种源库较近，同化物分配输送较畅和输导组织发达有关。

二、光合作用与药用植物产量

（一）叶片的发生发展与干物质积累

叶片是植株光合作用的主要器官，是形成产量最活跃的因素。大田群体叶面积的大小一般以叶面积系数来表示（即叶面积与土地面积的比值），叶面积系数的大小直接影响植株对光能的捕获量。叶面积系数大，光能的捕获量就大。在一定范围内，生物产量的高低与叶面积系数成正比。叶面积系数过小，产量肯定不会高，但叶面积系数过大，又会造成株间光照条件的恶化，使叶片的光合效率降低，干物质积累减少。所以，叶面积系数过大或过小均不好，需要保持在一个合理的范围，这个范围要与肥水条件相适应。肥水供应不足时，叶面积系数不宜过大。在肥水较为充足时，叶面积系数过大会影响光照，这时应根据光照条件确定叶面积的大小，使植株能充分吸收利用光能，而株间光照又能满足药用植物本身的需要。确定叶面积系数大小的原则是根据肥水条件定低限，根据光照条件定高限。

在药用植物一生中，叶面积系数是不断变化的，在种植药用植物时，为了取得较高的产量，积累更多的干物质，叶面积系数要有一个适宜的发展过程。药用植物叶面积的发展过程一般分为上升期、稳定期和衰落期三个阶段。为提高产量，应尽量做到缩短上升期、延长稳定期、减缓衰落期，这样可使植株更好地利用光能来制造有机物质。在药用植株的生长初期，叶面积系数很小，增长进程很慢，生产中要注意选择大粒种子作为繁殖材料，并适当施用磷、钾种肥，以促进苗后叶的生长，叶面积在经过一个缓慢增长阶段后，便会进入快速增长期，此时形成的叶片对于生殖器官的良好发育和中药材产量的形成具有决定性作用，所以必须注意加强肥水管理，促进叶面积的发展和稳定。在植株叶面积达到最大值后，在一段时间内会保持不下降或变动微小，此阶段称为稳定期。稳定期叶片的产物绝大部分用于籽粒的形成，延长叶片的功能期（叶片大小定型至衰老的持续时间），就可以显著提高果实与种子类中药材的产量。稳定期保持时间的长短，主要取决于密度。多数药用植物在秋天进入叶面积的衰落期，此时正处于晴天多、光照足、温差大、水分适宜的环境中，药用植物的净同化率较高，多保持一些叶片面积就可以积累更多的干物质，为减缓叶片衰落，需要防止干旱、脱肥和病害侵染。

在药用植物栽培过程中，控制叶片面积的主要技术措施就是进行合理密植，即要根据当地的土质和肥沃程度、肥水和管理水平来确定种植密度，尽量合理扩大单位土地面积上的叶面积，以增加光合产量。如穿心莲在每亩（1 亩≈667m^2）种植株数分别为 4 480 株、6 800 株、9 000 株时，其每亩鲜草产量分别为 1 030kg、1 468kg、1 735kg，种植密度越大，产量越高。但也不能过密，否则植株瘦弱、倒伏，造成减产，如过去许多人参的种植密度保持在 60~80 株 /m^2，最密达 100 株 /m^2，种植过密，植株叶片相互遮掩，光合效率很低，参根支头小，单产低，将密度改为 30~40 株 /m^2 后，人参药材的产量与质量均有提高。

（二）叶片的光合能力与干物质积累

在叶面积达到一定的限度后，要想进一步提高产量，主要应从促进植株叶片的光合能力着手。影响叶片光合能力的因素包括内因和外因两个方面。

1. 内因

（1）药用植物的遗传特性：不同种类的药用植物，或同一物种、不同亚种的药用植物，光合作用能力强弱差异很大，可通过定向选育高光效品种达到增产的目的。

（2）叶片的状况：主要指叶片的着生角度及空间配置等，一般叶片小而直立、叶面积上下分布比较均匀的植株光合能力较强。生产中还可通过搭设支架、修剪整形等措施，调节药用植物各部分的空间配置，改善群体光照条件，提高植株的光合效率。另外，光合能力也与叶片的年龄和寿命有关，在日照强、肥水充足时，植株叶色浓绿、叶片的寿命较长，光合强度也较高。

（3）物质运转的库源关系：光合产物由源到库运转的途径、速度及数量，库的大小等，也会影响药用植物的光合强度，当光合产物运转迅速、库容量大时，光合强度即增加，反之就会减弱。

2. 外因

（1）光强度：光强度对光合强度的影响很大，生产中需要根据各种药用植物的需光特性进行适当调整，如人参属于喜光又怕强光的半阴性植物，在种植时原来均采用不透光不透雨的全荫棚，改用透光漏雨的双透棚后，植株接受到的光强度增加，人参药材的总产量与总皂苷含量均有较大提高。采用适当的种植方式和适当地畦向，亦能改善植株的透光条件，提高光能利用率，如种植薏苡、桔梗时，采用等距离播种法，利于植株枝叶充分受光，可显著提高中药材产量。其他如实行高矮药用植物间作、加大行距、缩小株距等，也能有效地改善光照条件。

（2）二氧化碳：在光照充足，肥水与温度适宜，光合作用旺盛期间，二氧化碳的亏缺通常是光合作用的主要限制因子，如能人工补充二氧化碳就能显著提高中药材产量。

（3）温度：在较强的光照及一般二氧化碳浓度下，光合强度在温度低时较小，随着温度的上升而增大，在某一特定温度下出现最大值，超过该温度后，随温度的上升又下降。不同的药用植物，其最适光合温度范围是不一样的。

（4）肥水：肥水充足可增加叶片面积，提高叶片光合能力。在药用植物叶肉内水分接近饱和状态时，光合作用最为旺盛，缺水就会导致光合能力快速下降。据测定，当水分亏缺达组织饱和水分的 10%~12% 时，光合作用便受影响，光合强度开始降低；当水分亏缺达 20% 时，光合作用显著受抑制。植株养分供应充足，光合能力就会增强，在肥料三要素中，以氮肥对光合作用的影响最大。

三、药用植物产量的潜力与人工调控

药用植物产量构成诸因素，是在植株生育过程中不同时期先后形成的。研究和掌握产量构成因素的形成过程和影响因子，就可以在生产过程中采取相应的技术措施来控制其发生、发展，从而大幅度提高生物产量和经济产量。

直根类中药材，如丹参、黄芪、防风、甘草等，为了提高其产量，首先就是要在控制合理密度的情况下，促进植株根系的生长和肥大，主要的技术措施有合理施用肥料和苗期控水。合理施肥可控制适宜的根冠比，苗期控水可促进根系下扎、增加根部长度，从而使中药材的产量能有较大幅度的提高。

花类中药材经济产量构成因素的形成与植株的发育关系密切。如金银花，其中药材产量取决于植株密度、植株年龄、生长状况以及修剪、施肥等措施的实施。新枝的质量或长度对中药材产量的形成也非常重要，只有在新枝长度达 4~5 对叶时才有开花的可能，越靠近植株顶部的枝条，开花时所要求的长度越小，而植株基部的徒长枝即使长度足够也很难结花，生产中需要根据这些特性对忍冬植株进行人工修剪，以促进多结花。当然，要提高孕育后花蕾的重量，还需要靠水肥措施的加强。总之，为了提高中药材产量，需要在忍冬植株不同的生育时期，抓住影响产量的主要因素及其形成条件的相互关系，采取相应的促进或控制措施。

任何一种药用植物，其产量构成因素的形成均有一定规律，研究和掌握这个规律，就可以采取相应的栽培管理措施，引导植株向有利于达到高产目标的方向发展。

第二节 药用植物产品品质形成

一、药用植物品质的内涵

药用植物的品质是指其产品中药材的品质，直接关系到中药品质及其临床疗效。评价药用植物的品质，一般采用两种指标：一是物理指标，主要是指产品的外观性状，如色泽（包括整体外观与断面）、质地、大小、整齐度和形状等。二是化学成分，主要指药用成分或活性成分的多少，以及有害物质如化学农药、有毒有害金属元素的含量等。

（一）评价药用植物品质的物理指标

1. 色泽　色泽是药材的外观性状之一，每种药材都有自己的色泽特征。许多药材本身含有天然色素成分，有些药效成分本身带有一定的色泽特征，如小檗碱、蒽醌苷、黄酮苷、花色苷和某些挥发油等都有各自的颜色。不同品质的药材采用同种工艺加工或相同品质的药材采用不同工艺加工，加工后的色泽，不论是整体药材外观色泽，还是断面色泽，都有一定的区别。所以，色泽是某些药效成分的外在表现形式或特征，也是区别药材品质好坏、加工工艺优劣的性状之一。如玄参以色黑为好，枸杞子以色红为好，黄柏以色黄为好，茜草以色红为好，红花以色泽鲜红、有油性者为佳。

2. 质地、大小与形状　药材的质地既包括质地构成，如肉质、木质、纤维质、革质和油质等，又包括药材的硬韧度，如体轻、质实、质坚、质硬、质韧、质柔韧（润）及质脆等。坚韧程度、粉质状况如何，是区别药材等级高低的特征性状。如苍术以断面朱砂点多为好，何首乌以断面有云锦样花纹为真品，黄芪以根坚实饱满、有顺纹裂皮为质量佳。

药材的大小通常用直径、长度等表示，绝大多数药材都是个大者为佳，个小者等级低下。个别药材（如平贝母）是有规定标准的，超过规定大小的平贝母列为二等。分析测定结果表明，二等平贝母生物碱含量偏低。

药材的形状是传统用药习惯遗留下来的商品性状，如整体的外观形状（块状、球形、纺锤形、心形、肾形、椭圆形、圆柱形及圆锥状等），纹理情况，有无抽沟、弯曲或卷曲、突起或凹陷等。

根据药材大小和形状进行等级划分是传统方法。随着中药材活性成分检测手段的进步，将药效成分与外观性状结合起来划分等级逐渐成为趋势，也更为科学。

（二）评价药用植物品质的内在因素

1. 化学成分　药用植物产品中的功效是由所含的有效成分或称活性成分作用的结果。有效成分含量、各种成分的比例等是衡量药用植物产品品质的主要指标。中药防病治病的物质基础是其所含化学成分，目前已明确的药用化学成分种类有：糖类、苷类、木质素类、萜类、挥发油、鞣质类、生物碱类、氨基酸、多肽、蛋白质和酶、脂质、有机酸类、树脂类、植物色素类及无机成分等。含有糖类和苷类成分的药材主要有苦杏仁、大黄、黄芩、甘草和洋地黄等。皂苷类成分是薯蓣、人参等含有的主要活性成分。强心苷类主要分布于玄参科、百合科、十字花科等，用来治疗心脏病。存在于麻黄中的麻黄碱则属于生物碱类，可以用来治疗哮喘。醌类化合物如胡桃醌具有抗菌、抗癌、镇静作用。香豆素类主要存在于芸香科、瑞香科等植物中，具有芳香气味。黄酮类主要分布在银杏科、菊科等，如水飞蓟素具有很强的保肝作用。萜类种类繁多，主要分布于高等植物腺体、油室和树脂道，如龙脑、青蒿素等。挥发油也称精油，多具芳香气味，如樟脑油、薄荷油。

药材中所含的药效成分因种类而异，有的含两种或三种，有的含多种；有些成分含量虽微，但生物活性很强。含有多种药效成分的药材，其中必有一种起主导作用，其他是辅助作用。每种药材所含成分的种类及其比例是该种药材特有药理作用的基础。因为许多同科、同属但不同种的药材，它们所含的成分种类相似或者相同，但是各类成分比例不同，因此在关注药效成分种类的同时还要看各个成分之间的比例关系。而药材的药效成分种类、比例、含量等都受环境条件的影响，是在特定的气候、土质、生态等环境条件下的代谢（含次生代谢）产物。有些药用植物的生境独特，因此形成了道地药材。在药用植物栽培中，尤其是引种栽培时，必须分析所引种药材与常用药材或道地药材在化学成分的种类、各类化学成分含量比例上有无差异。这也是衡量栽培或引种是否成功的一个重要标准。在药用植物栽培过程中，也可以通过补充营养元素等方法改善药用植物外源生长条件，从而提高有效成分含量，如加强磷、钾营养并创造潮湿环境，利于植物积累碳水化合物，从而产生更多的油脂、鞣质、树脂等化学成分。加强氮素营养并适当干旱可以促进植物体内蛋白质和氨基酸的积累，从而提高生物碱类化学成分的积累。药材中药用成分主要是植物的次生代谢产物，因此研究其生物合成过程及其与环境关系，对在药用植物栽培过程中控制有关成分的合成与积累具有指导意义。

2. 农药残留物与重金属等外源性有害物质　药用植物栽培过程中，不可避免地使用农药如杀虫剂、杀螨剂、杀菌剂、杀鼠剂及化学除草剂等，同时有许多药材传统加工方法中使用硫黄熏制，以及产地、土壤、大气或者水源、重金属污染等，都会给中药材生产带来安全隐患，因此规范农药的使用、检测农药残留或者重金属残留，在药用植物品质评价过程中尤其是进出口贸易中极为重要。如我国目前禁止使用农药甲胺磷、久效磷、甲基对硫磷、对硫磷、磷胺等高毒有机磷农药、甲拌磷、氧化乐果、甲基异硫磷、灭多威等 11 种高毒农药。同时无公害中药材生产应排除 As、Hg、Pb、Cr、Cd、Sn、Sb 和 Cu 等八种微量重金属元素污染。

二、次生代谢与药用植物产品品质

植物体内代谢活动分为初生代谢和次生代谢。发生在所有植物体内，涉及叶绿素、糖、氨基酸、脂肪酸、核酸等生命必需物质的代谢为初生代谢；发生在部分植物体内，涉及一些对植物生命非必需物质的代谢为次生代谢。植物次生代谢产物是植物类天然药物的主要来源，自然界许多珍贵药用植物的有效成分是其次生代谢产物。

次生代谢过程被认为是植物在长期进化中对生态环境适应的结果，它在处理植物与生态环境的关系中充当着重要的角色，对植物在其生态系统中的生存起重要作用，如抗虫、抗病、异株相克、吸引昆虫授粉、与共生微生物相互作用等。植物次生代谢产物在人类的生活中亦起着重要的作用，尤其在医药、轻工、化工、食品及农药等工业的发展中是必不可少的，其生物学作用和功能也越来越受到重视，在工农业生产和人们日常生活中具有广阔的应用前景。

药用植物次生代谢产物是指药用植物体内的一大类化合物，它们是细胞生命活动或植物生长发育正常运行的非必需的小分子化合物，其产生和分布通常有种属、器官、组织以及生长发育时期的特异性。药用植物次生代谢途径是高度分支的途径，这些途径在植物体内或细胞中并不全部开放，而是定位于某一器官、组织、细胞或细胞器中并受到独立的调控。

药用植物次生代谢产物种类繁多，结构迥异。这些次生代谢产物可分为苯丙素类、醌类、黄酮类、单宁类、类萜、甾体及其苷、生物碱七大类。根据次生产物的生源途径又可分为酚类化合物、类萜类化合物、含氮化合物（如生物碱）等三大类，据报道，每一大类的已知化合物都有数千种甚至数万种以上。

次生代谢产物在植物体内的产生及代谢是一个非常复杂的生化过程，药用植物所含次生代谢物含量的高低与遗传因素、生态因子以及人为因素有关。而这些因素造成了植物次生代谢物的差异性。主要有时空差异性、部位差异性、地域差异性以及种质、个体差异性。①时空差异性即是同一植物在不同生长时间同一部位同一次生代谢物含量不同，如：杜仲叶中绿原酸含量在 6 月较高，而在 5、7、8 月含量相对较低。因此，研究植物次生代谢物的时空差异性可以确定药材的最佳采收期。②部位差异性表现在同一植物不同部位所含次生代谢物的种类和含量会不同，如：厚朴花的不同部位厚朴酚及和厚朴酚的含量有明显差异。③不同药用植物的次生代谢产物的合成和积累经常在不同的部位，薄荷属植物次生代谢产物积累在油腺等特殊的结构中，青蒿中青蒿素的合成和贮藏均在腺体特异细胞器中进行。研究植物次生代谢物的部位差异性可以确定药材的入药部位。④地域差异性使不同地区的同种植物的次生代谢物种类和含量会有差异，如不同地区厚朴中微量元素以及酚类含量不同。地域差异性对药材的最佳产区的选择及道地药材确定有至关重要的作用。⑤种质、个体差异性使不同种质和不同个体的植物次生代谢物含量有差异，如不同种的厚朴酚类含量不同。

次生代谢产物是道地药材道地性的核心，道地药材正是因为具有次生代谢形成的独特的化学型而产生了优于种内其他居群中药材的良好疗效。黄璐琦等人提出，道地药材是长期适应逆境的产物，逆境（如干旱、严寒、伤害、高温、重金属等）能刺激植物次生代谢产物的积累和释放，促进道地药材的形成。药材的道地性是在经历了无数次环境胁迫中获得的。

为了使药用植物生长和次生代谢物积累的影响因素得到稳定，提高药材质量和产量，中药材生产质量管理规范（GAP）的基本准则中要求保持药用植物生长环境稳定，建立相对固定的中药材规范化的生产基地；选择适当的逆境栽培条件；适时采收等种植措施。

次生代谢产物决定植物的颜色、气味和味道，广泛参与植物的生长、发育、防御等生理过程，在植物生命活动过程中发挥着重要作用。次生代谢产物不仅有利于植物自身的生存，还与植物产品的品质密切相关，同时也是人类天然药物和工业原料的重要来源。

三、主要药效成分生源合成途径

植物在体内物质代谢过程中发生着不同的生物合成反应，且由不同的生物合成途径产生出结构千差万别的代谢产物。按成分的生物合成途径可分为初生代谢产物和次生代谢产物。

（一）初生代谢产物生物合成途径

初生代谢与植物的生长发育和繁衍直接相关，为植物的生存、生长、发育、繁殖提供能源和中间产物。绿色植物及藻类通过光合作用将水和二氧化碳合成为糖类，进一步通过不同的途径，产生腺苷三磷酸（ATP）、辅酶A（NADH）、丙酮酸、磷酸烯醇式丙酮酸（PEP）、4-磷酸赤藓糖、核糖等维持植物体生命活动不可缺少的物质。PEP与4-磷酸赤藓糖可进一步合成莽草酸；而丙酮酸经过氧化、脱羧后生成乙酰辅酶A，再进入三羧酸循环中，生成一系列的有机酸及丙二酸单酰辅酶A等，并通过固氮反应得到一系列的氨基酸，这些过程为初生代谢过程（图4-1）。

（二）次生代谢物生物合成途径

植物次生代谢产物的种类繁多，化学结构多种多样，但从生物合成途径看，次生代谢是从几个主要分支点与初生代谢相连接，初生代谢的一些关键产物是次生代谢的起始物。在次生代谢产物生物合成中，其生源途径有以下几种：①乙酸-丙二酸途径（产生脂肪酸类、酚类、蒽醌类等化合物）；②甲羟二戊酸途径（产生类萜化合物）；③桂皮酸途径（产生苯丙素类、香豆素类、木质素类及黄酮类化合物）；④氨基酸途径（产生生物碱成分）；⑤由以上几种途径组成的复合途径（生成结构较为复杂的天然化合物）。

1. 乙酸-丙二酸途径（acetate-malonate pathway，AA-MA途径） 以乙酰辅酶A、丙酰辅酶A、异丁酰辅酶A等为起始物，丙二酸单酰辅酶A起到延伸碳链的作用。这一途径主要生成脂肪酸类、酚类（苯丙烷途径也产生酚类）、蒽醌类等（图4-2）。

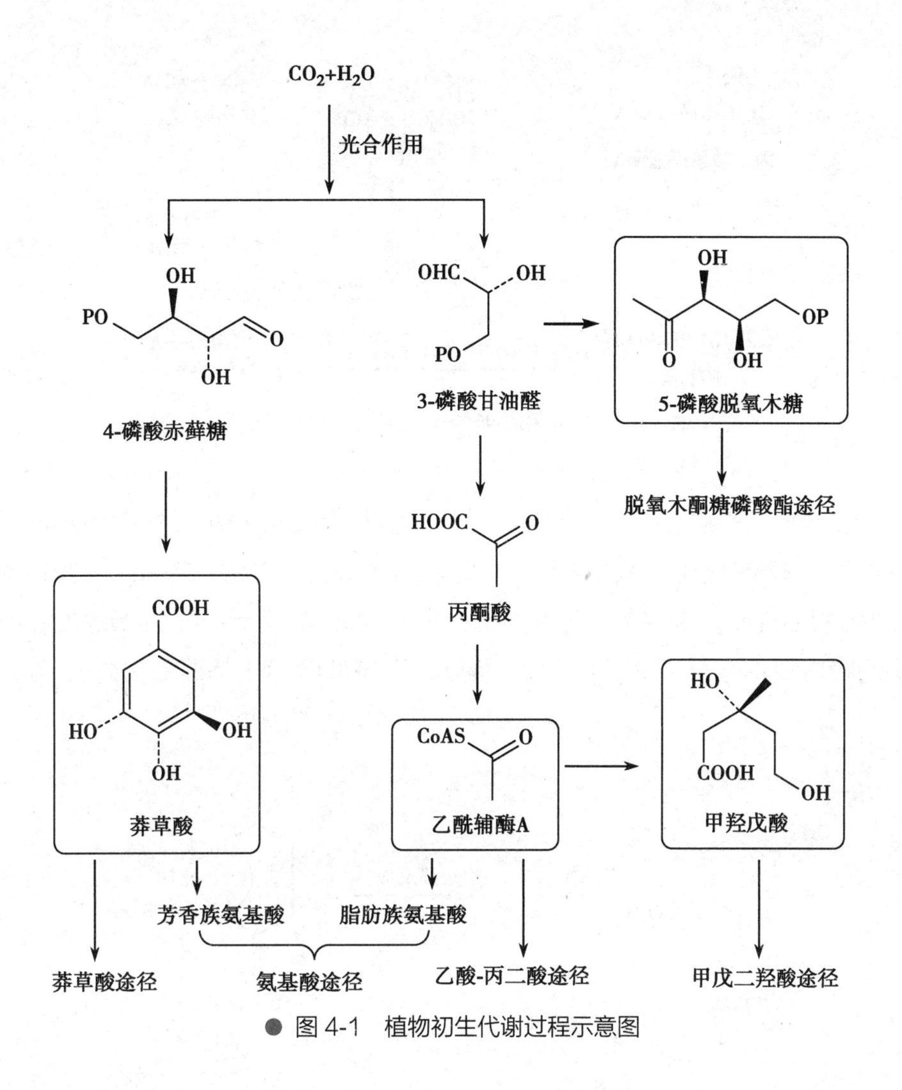

● 图 4-1　植物初生代谢过程示意图

$$\underset{\text{乙酰辅酶A}}{H_3C-\overset{O}{\overset{\|}{C}}-SCoA} \xrightarrow[\text{Claisen反应}]{CH_3COSCoA} \underset{\text{乙酰乙酰辅酶A}}{H_3C-\overset{O}{\overset{\|}{C}}-\overset{H_2}{C}-\overset{O}{\overset{\|}{C}}-SCoA} \xrightarrow[\text{Claisen反应}]{CH_3COSCoA} \underset{\text{多聚-}\beta\text{-酮酯}}{CH_3CO\left[\overset{H_2}{C}-\overset{O}{\overset{\|}{C}}\right]_n CH_2COSCoA}$$

● 图 4-2　乙酸 - 丙二酸途径

(1) 脂肪酸类：脂肪酸的生物合成是由脂肪酸合酶（fatty acid synthase）参与完成的酶催化反应过程。乙酰辅酶 A 和丙二酸单酰辅酶 A 自身并不能缩合，而是以硫酯键与酶结合形成复合物参加反应。丙二酸单酰辅酶 A 与酰基载体蛋白（ACP）结合产生丙二酸单酰 -ACP 复合物，乙酰辅酶 A 与酶结合生成硫酯，二者经 Claisen 反应生成乙酰 -ACP，然后消耗 NADPH，立体选择性还原生成相应的 β- 羟基酰基 -ACP，消除一分子水，生成（E）-α，β- 不饱和酰基 -ACP，DADPH 可进一步还原双键，生成饱和脂肪酰，碳链延长两个碳原子，脂肪酰 -ACP 重新进入反应体系，与丙二酸单酰 -ACP 进行缩合，经羰基还原、脱水、双键还原反应，循环一次，每次循环碳链延长两个碳原子，直到获得适宜长度的脂肪酰 -ACP。最后，硫酯酶催化分解脂肪酰 -ACP 复合物，释放出脂肪酰辅酶 A 或游离脂肪酸（图 4-3）。碳链的长度由硫酯酶的特异性决定。不饱和脂肪酸有多种生物合成方式，在大多数生物体中通过相应烷基酸去饱和作用生成。

(2) 酚类：脂肪酸生物合成中缩合反应和还原反应交替进行，生成不断延长的烃链。若合成过

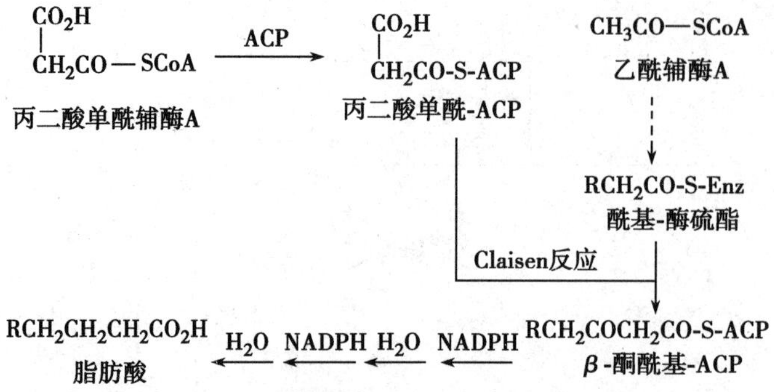

CO_2H | $CH_2CO—SCoA$ 丙二酸单酰辅酶A —ACP→ CO_2H | $CH_2CO\text{-}S\text{-}ACP$ 丙二酸单酰-ACP

$CH_3CO—SCoA$ 乙酰辅酶A → $RCH_2CO\text{-}S\text{-}Enz$ 酰基-酶硫酯

Claisen反应

$RCH_2COCH_2CO\text{-}S\text{-}ACP$ β-酮酰基-ACP —NADPH→ —H_2O→ —NADPH→ —H_2O→ $RCH_2CH_2CH_2CO_2H$ 脂肪酸

● 图 4-3　饱和脂肪酸类化合物生物合成途径

程中缺少还原步骤，则产物为多聚 -β- 酮链。由 1 个乙酸酯起始单位和 3 个丙二酸酯延伸单位缩合生成的多聚 -β- 酮酯，能通过 A、B 两种方式折叠。A 方式：α- 亚甲基离子化，与相隔 4 个碳原子的羰基发生羟醛缩合反应，羰基转化为季碳羟基并形成六元环，随后经脱水、烯醇化生成苔藓酸；B 方式：经分子内 Claisen 反应，断裂硫酯键并释放酶，生成环己三酮，烯醇化生成间三酚苯乙酮(图 4-4)。

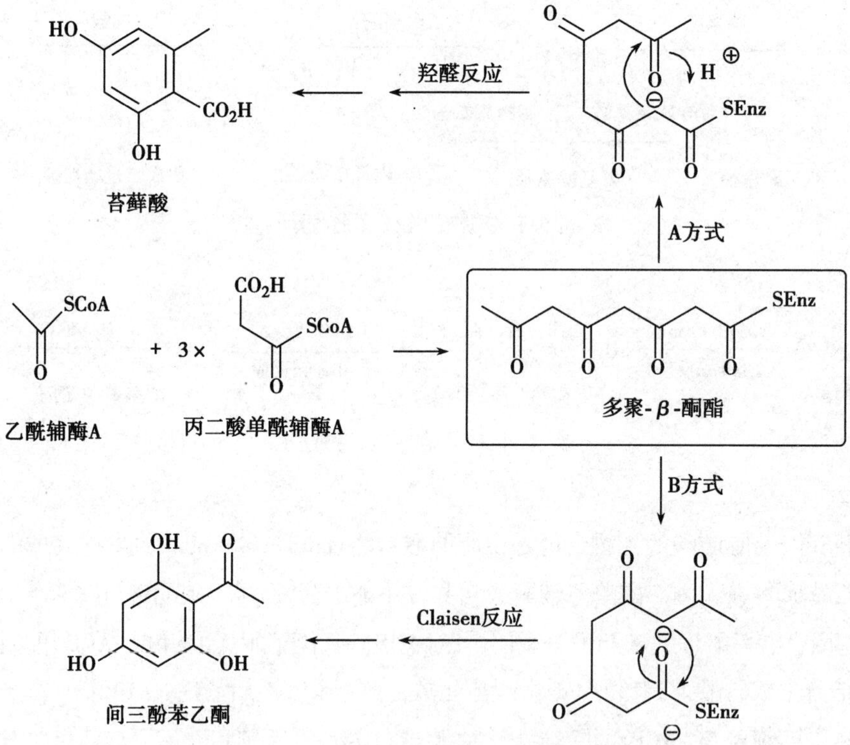

乙酰辅酶A + 3× 丙二酸单酰辅酶A → 多聚-β-酮酯

A方式 → 羟醛反应 → 苔藓酸

B方式 → Claisen反应 → 间三酚苯乙酮

● 图 4-4　乙酸途径生物合成的芳环系统

(3) 蒽醌类：许多天然蒽醌类化合物也是由乙酸途径生物合成获得。蒽醌结构骨架以及相关多环结构是按照最合理的反应顺序分步构建完成。聚酮链折叠后首先环合形成链中间环，然后分别构建另外两个环(图 4-5)。由莽草酸和异戊二烯单位合成的蒽醌类化合物结构中，氧化反应通常发生在一个芳环上，不具有间位氧化方式的特点。

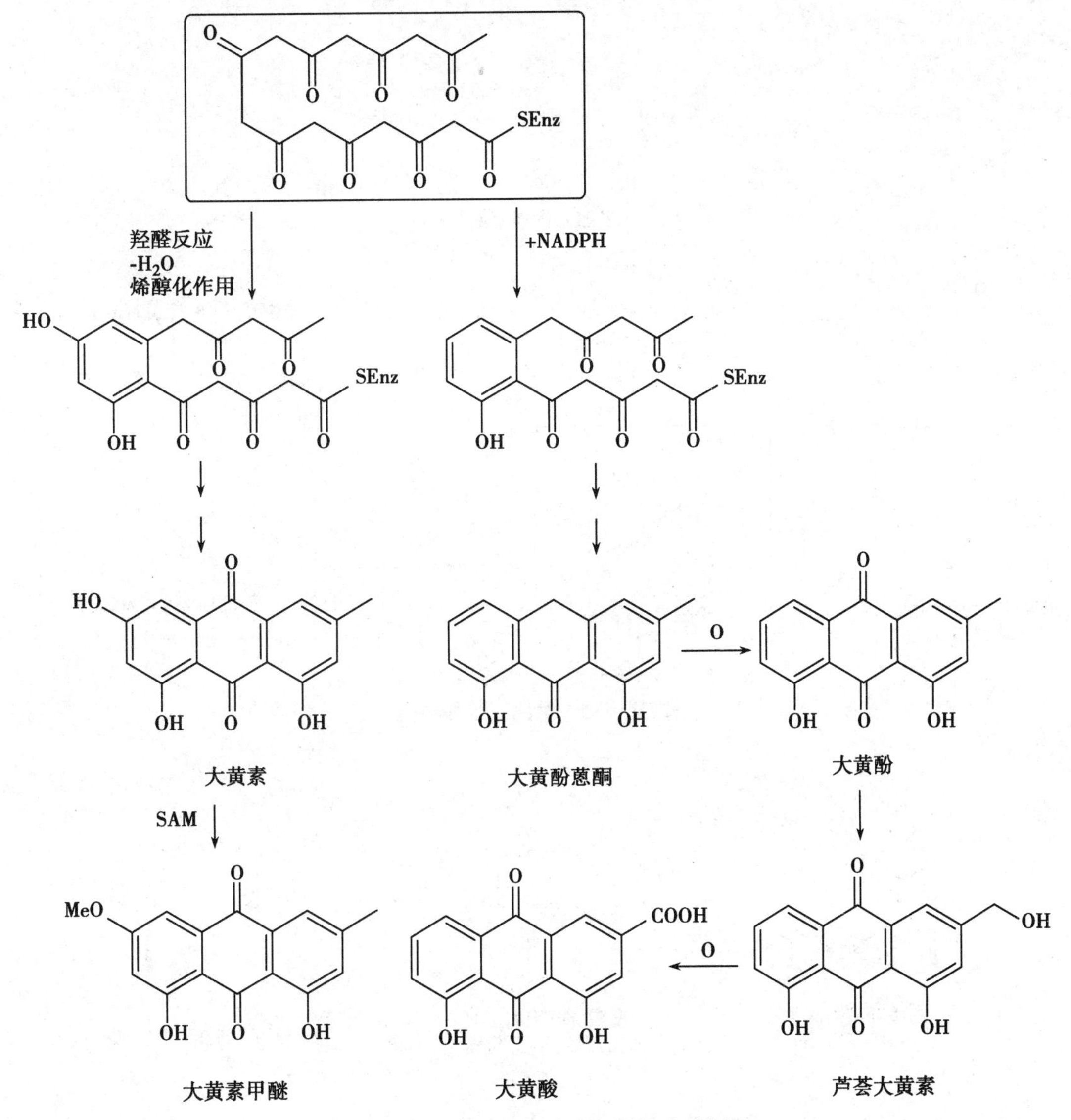

● 图 4-5　蒽酮和大黄素的生物合成过程

2. 甲戊二羟酸途径（mevalonic acid pathway，MVA 途径）　该途径由三分子乙酰辅酶 A 在细胞质内经生物合成产生甲羟戊酸（MVA），然后经由磷酸化、脱羧过程形成异戊二烯类化合物的基本骨架 IPP 和 DMAPP，再经过异戊烯基转移酶的催化缩合成非环式牻牛儿基焦磷酸（GPP）、法尼基焦磷酸（FPP）和牻牛儿基牻牛儿基焦磷酸（GGPP），然后经过多种类型的环化、稠合和重排，最后形成了具有典型代表的每一种结构骨架，再经过 ATP 或 NADPH 中间产物的氧化、缩合等变化，最后形成了植物体中成千上万种不同的萜类化合物的代谢产物（图 4-6）。倍半萜、三萜、甾类化合物等经过这一过程合成。

（1）倍半萜（C_{15}）类：在异戊二烯转移酶的催化下，焦磷酸香叶酯加上一个 C_5 的 IPP 单元使链进一步延长，生成倍半萜的合成前体，焦磷酸金合欢酯（farnesyl diphosphate，FPP）。正常的碳正离子反应可以解释大部分常见倍半萜结构骨架的生成。E，E- 香叶基阳离子首先形成一个六元环产生没药烷基阳离子，再发生 1，3- 氢迁移，最终生成紫穗槐 -4，11- 二烯，该化合物经过一定的氧化还原反应生成青蒿酸和二氢青蒿酸，经进一步非酶参与的反应，二氢青蒿酸可在植物正常的条件下发生氧介导的光氧化作用生成青蒿素（artemisinin）（图 4-7）。

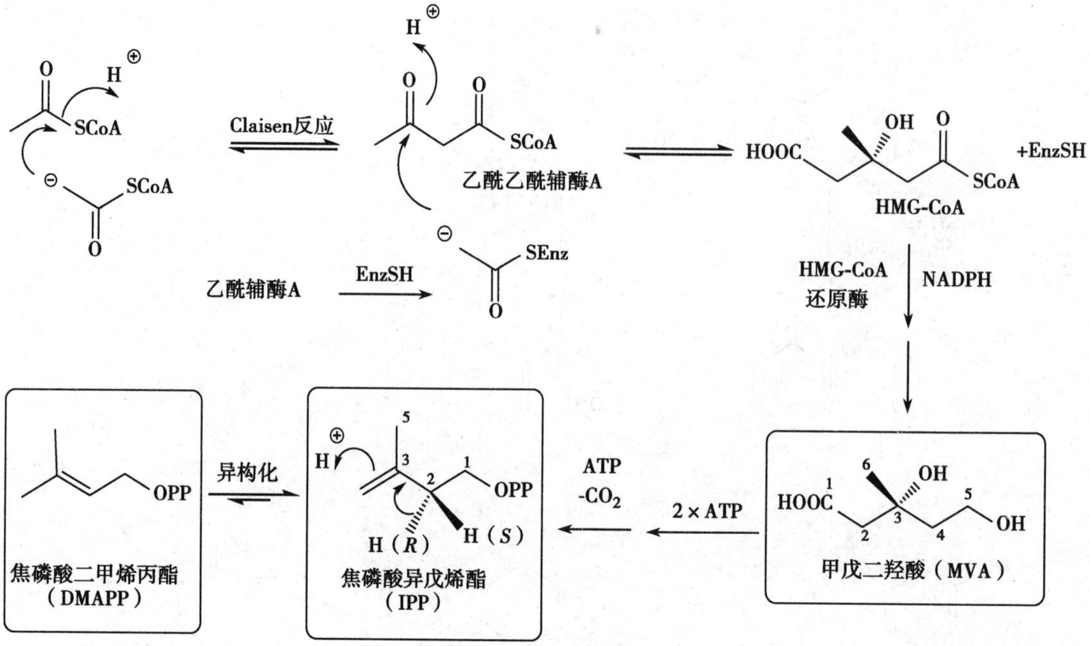

● 图 4-6 甲戊二羟酸途径

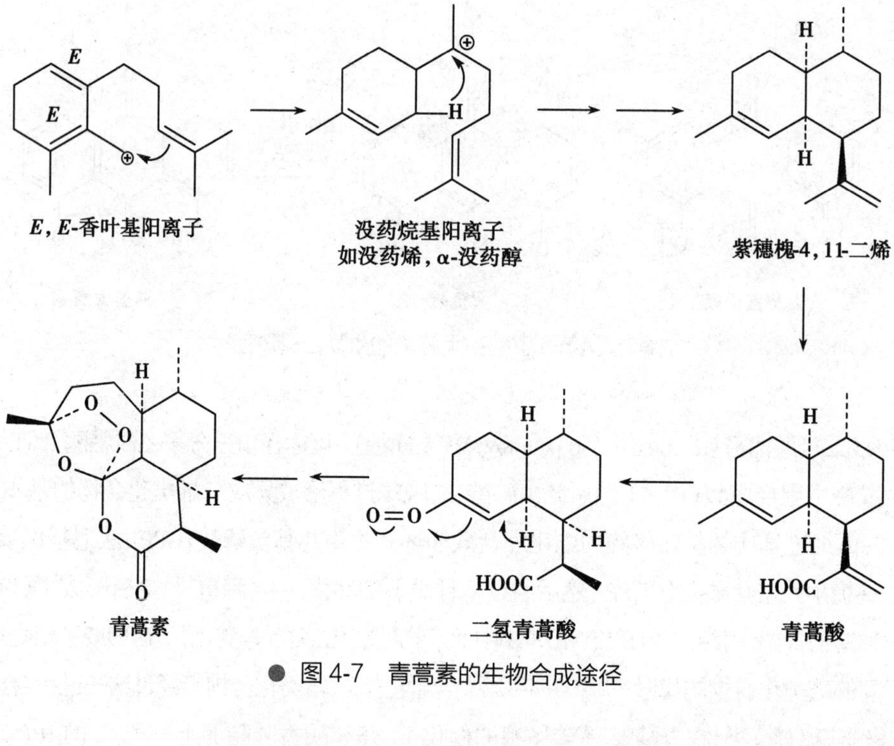

● 图 4-7 青蒿素的生物合成途径

(2) 三萜(C_{30})类:两个焦磷酸金合欢酯通过尾 - 尾相连的方式缩合生成角鲨烯(squalene),在 O_2 和 NADPH 等辅助因子参与下,黄素蛋白催化角鲨烯生成氧化角鲨烯,氧化角鲨烯在酶表面相应位置固定并适当折叠,再经一系列环化反应及连续的甲基以及氢的 Wagner-Meerwein 跃迁重排,就形成了多环三萜结构(图 4-8)。大部分三萜和甾醇结构中含有 C-3 位羟基,是由氧化角鲨烯的环氧化物开环转化而来。

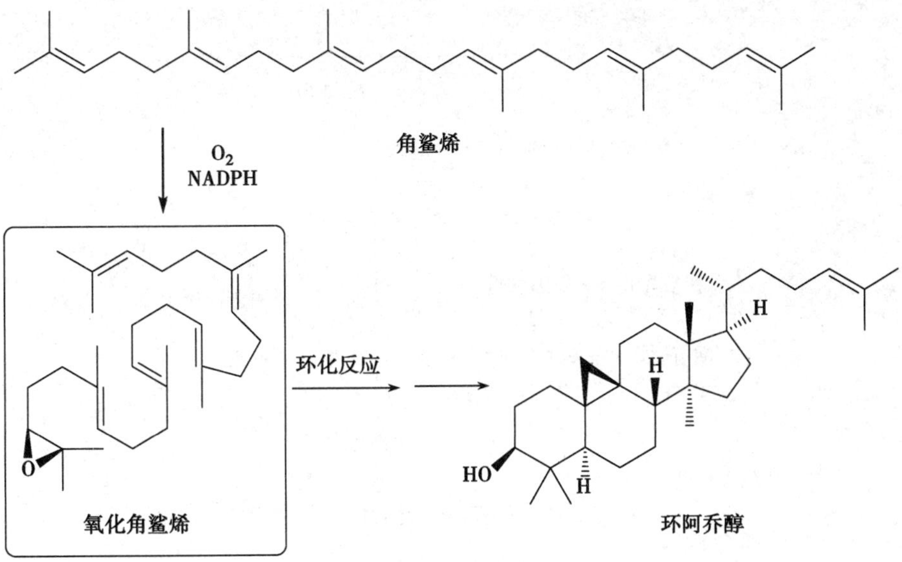

角鲨烯

O_2
NADPH

氧化角鲨烯

环化反应

环阿乔醇

● 图 4-8　环阿乔醇的生物合成途径

(3) 甾体皂苷类：甾体是结构被修饰的三萜，具有四环稠合结构，与三萜相比缺少 C-4 位和 C-14 位上的三个甲基。胆固醇具有甾体的基本骨架，甾体皂苷元螺环缩酮的结构是由胆固醇侧链经一系列的氧化过程生成的，包括 C-16 位和一个末端甲基的羟基化反应以及在 C-22 位生成羰基的反应，如薯蓣皂苷的生物合成途径（图 4-9）。

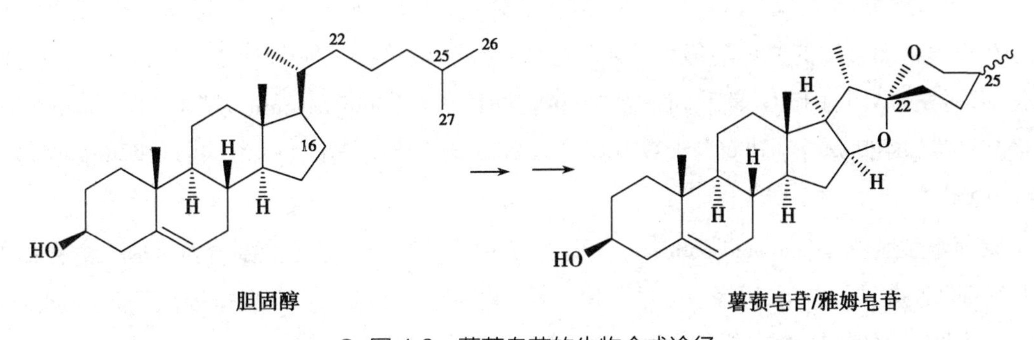

● 图 4-9　薯蓣皂苷的生物合成途径

3. 莽草酸途径（shikimic acid pathway）　莽草酸途径是一条初生代谢与次生代谢的共同途径，在植物体内，大多数酚类化合物由该途径合成。天然化合物中具有 C_6-C_3 骨架的苯丙素类、香豆素类、木脂素类、一些黄酮类化合物，均由苯丙氨酸经苯丙氨酸解氨酶（phenylalanine ammonialyase，PAL）脱氨后生成的反式肉桂酸得来，途径过程如图 4-10 所示。由分支酸产生的苯丙氨酸、酪氨酸和色氨酸也是生物碱的合成前体。

(1) 黄酮类和芪类：黄酮类和芪类化合物是以桂皮酰辅酶 A 为起始单元，引入 3 分子的丙二酸单酰辅酶 A 生成。3 个丙二酸单酰辅酶 A 和 1 个桂皮酰辅酶 A 单元在芪类合成酶或查耳酮合成酶催化下发生缩合反应，分别生成芪类（如白藜芦醇）或查耳酮类化合物。查耳酮是植物中普遍存在的各类黄酮类化合物的前体物质。大部分黄酮化合物均含有一个六元杂环，它由酚羟基亲核进攻不饱和酮发生 Michael 加成反应形成，产生黄烷酮（flavanone）（如柚皮素），该反应由酶催化，

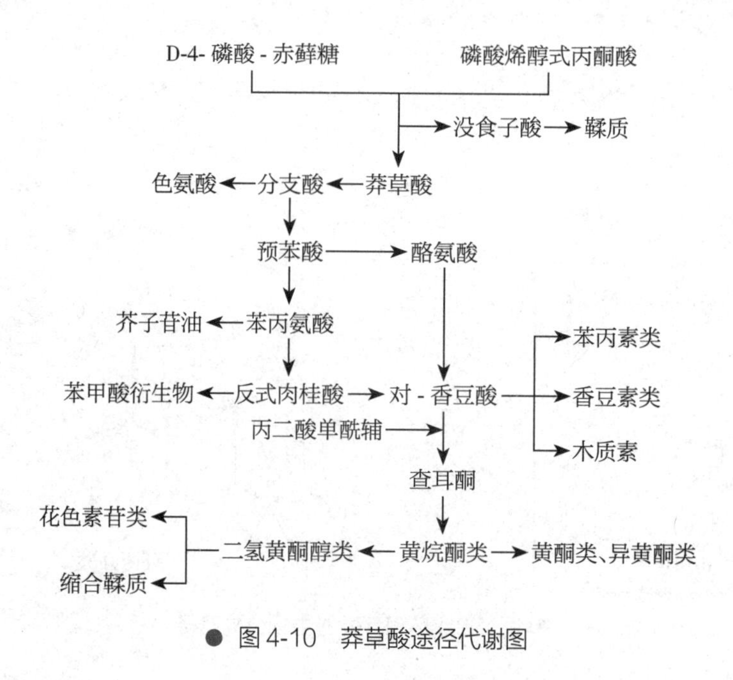

● 图 4-10　莽草酸途径代谢图

并立体专一性地生成一个黄烷酮对映体。诸如甘草素等黄酮类化合物，其结构中脱去一个羟基，导致乙酸途径来源的芳环是间苯二酚模式而非均苯三酚模式。黄烷酮化合物的基本骨架上发生改变可以生成如黄酮（flavones）、黄酮醇（flavonols）、花色素（anthocyanidins）和儿茶素等多种类型的化合物（图 4-11）。

（2）异黄酮类：异黄酮（isoflavonoids）构成了黄酮类化合物一个完全不同的亚类，其结构的差异在于莽草酸来源的芳环转移到了杂环碳的邻位。该重排过程由细胞色素 P450 依赖性酶催化，并需要 NADPH 和 O_2 辅助因子参与，黄烷酮甘草素（liquiritigenin）和柚皮素（naringenin）经羟基异黄酮中间体分别转变为大豆黄酮（daidzein）和染料木黄酮（genistein）等异黄酮类成分（图 4-12）。

4. 氨基酸途径（amino acid pathway）　天然产物中的生物碱类成分大部分为氨基酸途径生成。有些氨基酸脱羧成为胺类，再经过一系列化学反应（甲基化、氧化、还原、重排等）后即转变成为生物碱。并非所有的氨基酸都能转变成为生物碱。

大多数生物碱类成分由此途径生成。有些氨基酸，如鸟氨酸、赖氨酸、苯丙氨酸、酪氨酸及色氨酸（tryptophane）等，经脱羧成为胺类，再经过一系列化学反应（甲基化、氧化、还原、重排等）生成各种生物碱化合物。

（1）来源于鸟氨酸的生物碱类：L- 鸟氨酸（L-ornithine）是动物体内构成尿素循环部分的非蛋白质氨基酸，在精氨酸酶的催化下由 L- 精氨酸生成。在植物中，L- 鸟氨酸主要由 L- 谷氨酸生成。鸟氨酸为生物碱提供了一个 C_4N 结构单元的吡咯烷环体系，该 C_4N 结构单元也是托品烷生物碱的组成部分。

（2）来源于赖氨酸的生物碱：L- 赖氨酸是 L- 鸟氨酸的同系物，也是生物碱合成的前体，其生物合成途径与鸟氨酸衍化为相应生物碱类成分的过程相似。

（3）来源于烟酸的生物碱类：在尼古丁的合成过程中，来源于鸟氨酸的吡咯烷环可能以 N- 甲基 - 吡咯啉阳离子的形式取代烟酸中的羰基而连接到盐酸吡啶环上（图 4-13）。

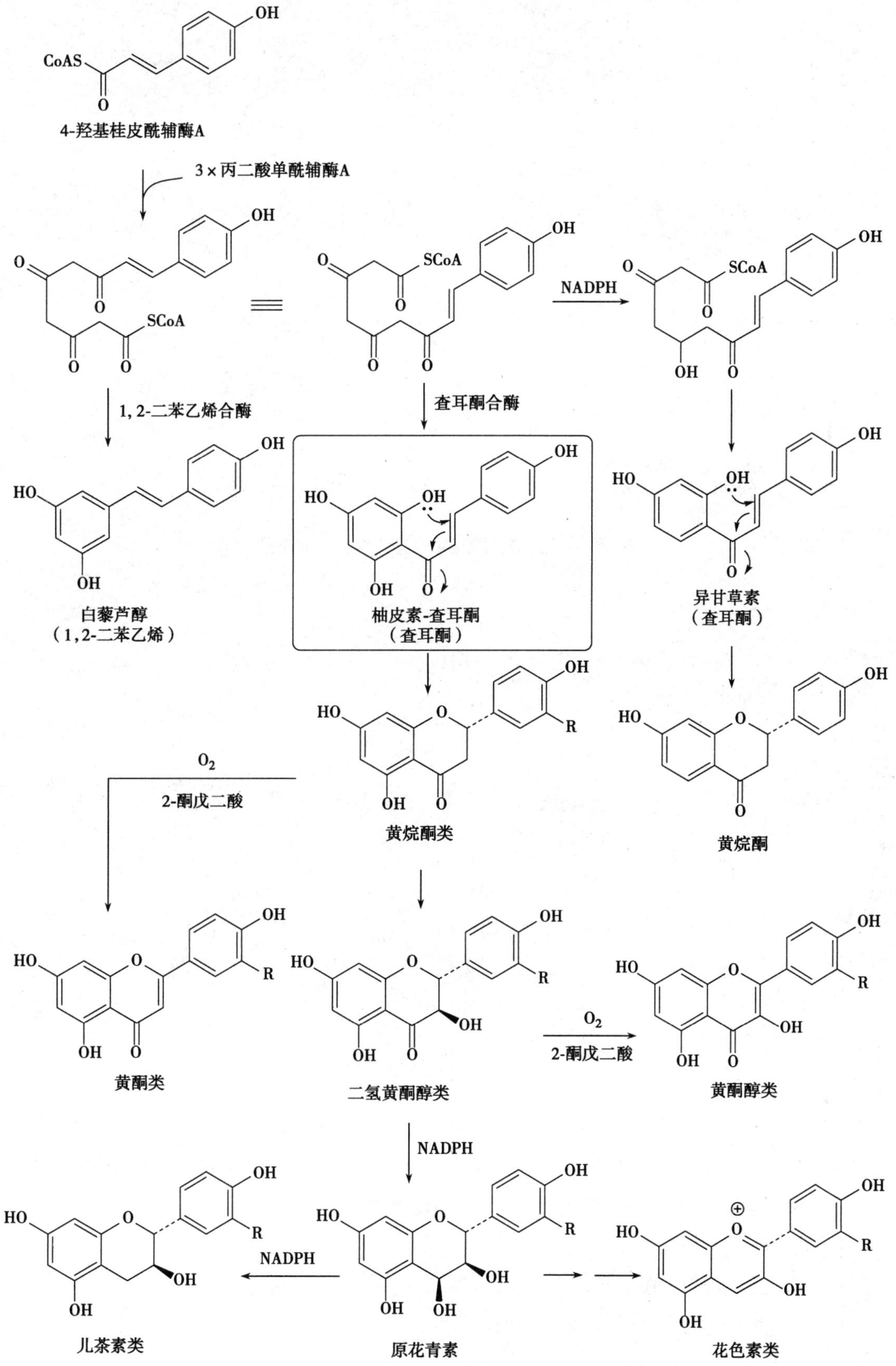

4-羟基桂皮酰辅酶A

3×丙二酸单酰辅酶A

NADPH

1,2-二苯乙烯合酶

查耳酮合酶

白藜芦醇
（1,2-二苯乙烯）

柚皮素-查耳酮
（查耳酮）

异甘草素
（查耳酮）

O_2

2-酮戊二酸

黄烷酮类

黄烷酮

黄酮类

二氢黄酮醇类

O_2

2-酮戊二酸

黄酮醇类

NADPH

NADPH

儿茶素类

原花青素

花色素类

图4-11 黄酮类和芪类化合物的生物合成途径

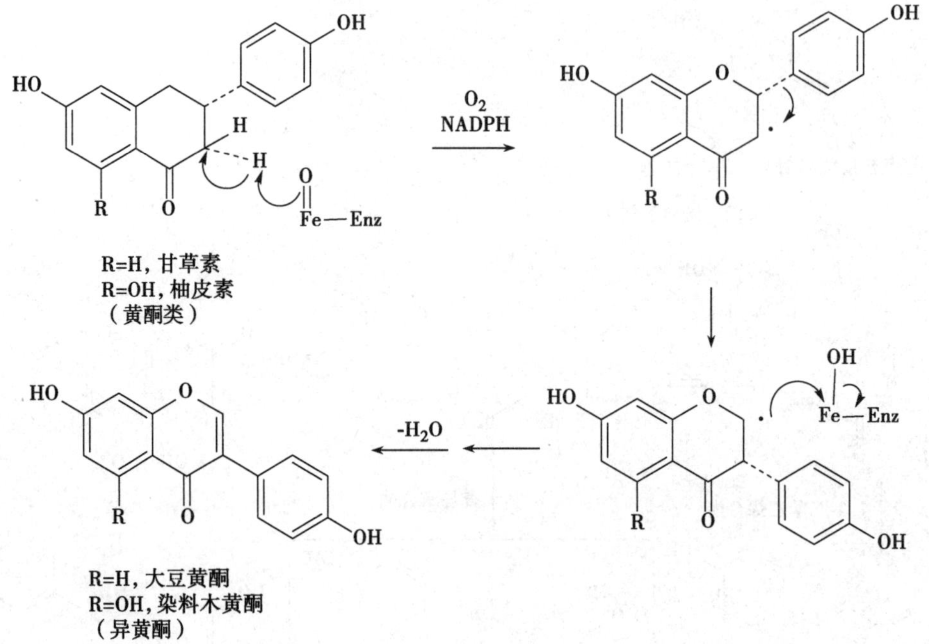

● 图 4-12 异黄酮类化合物的生物合成途径

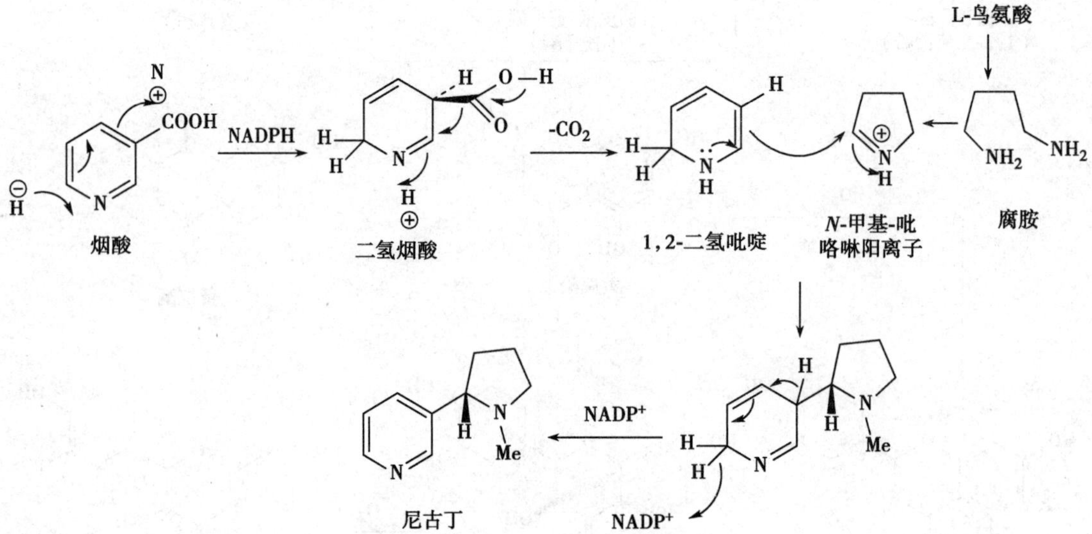

● 图 4-13 尼古丁的生物合成途径

5. 复合途径 由复合途径生成的化合物均由 2 个或 2 个以上不同的生物合成途径结合所生成，一般生成结构较为复杂的天然化合物。常见的复合途径有下列几种组合：

(1) 丙二酸 - 莽草酸途径。

(2) 丙二酸 - 甲羟戊酸途径。

(3) 氨基酸 - 甲羟戊酸途径。

(4) 氨基酸 - 丙二酸途径。

(5) 氨基酸 - 莽草酸途径。

综上所述，植物次生代谢产物的种类繁多，化学结构多种多样，但从它们的生源发生和生物合成途径看，它和初生代谢的关系与蛋白、脂肪、核酸与初生代谢的关系很相似，也是从几个主要分叉点与初生代谢相连接。次生代谢产物的生物合成和积累是个复杂的网络系统，合成过程中涉及大量的酶和关键基因的调控，以上的生物合成途径只是次生代谢物合成过程的框架式结构。

四、影响次生代谢产物合成与积累的主要因素

次生代谢是药用植物与环境相互作用的结果。自 1891 年 Kossel 提出植物次生代谢（secondary metabolism）的概念以来，人们对次生代谢的研究不断深入。次生代谢是药用植物在长期进化中与环境相互作用的结果。野生药用植物在生长发育中受气候、土壤、地形等环境因子和植物、动物等生物因子的影响，产生适应生态环境变化的反应，形成次生代谢特性。栽培的药用植物，在特定的生态环境条件下和特定的栽培措施下，形成了相应的次生代谢特点。同一药用植物在不同的生态环境和栽培措施下次生代谢不同，是中药材地道性形成的主要原因。

药用植物次生代谢产物种类多，按次生代谢产物的化学结构与发生，主要分为酚类、萜类和含氮化合物等类型。酚类物质广泛地存在于高等药用植物、苔藓、地钱和微生物中，主要包括黄酮类、简单酚类和醌类等。萜类化合物通常分为低等萜类和高等萜类，半萜、单萜及其简单含氧衍生物是挥发油的主要成分。含氮化合物主要有生物碱、胺类、非蛋白氨基酸、氰苷和芥子油苷，多具有防御作用。

药用植物次生代谢受到多种因素的影响。影响药用植物次生代谢的因子主要有生态因子和人为因子。生态因子包括气候、土壤、地形、生物等因子，人为因子主要是药用植物抚育与栽培中采取的生产管理措施。从直接影响药用植物次生代谢方面划分，可将影响药用植物次生代谢的因子分为气候因子、营养因子和生物因子。

1. 气候因子　气候因子主要通过影响药用植物次生代谢过程对药用植物次生代谢产生影响，影响药用植物次生代谢的气候因子主要有光照、温度、水分等。

（1）光照：光照是药用植物生长所必需的气候因子，在药用植物生长发育及初生代谢中起重要作用。光照强度、光照时间及光质等，在一定程度上可刺激药用植物体内次生代谢产物的合成和积累。

光照强度对不同药用植物次生代谢的作用不同。在一定范围内，光照强度的增加能够提高阳生药用植物次生代谢物质的含量，光照强度的降低能够提高阴生药用植物次生代谢产物的含量。忍冬为阳生药用植物，栽培在阳坡的忍冬其花（金银花）中绿原酸的含量高于阴坡。天竺葵为阴生植物，在全光照条件下，天竺葵叶片主要化学成分只有 8 种，而在全光照的 30%~45% 条件下，天竺葵叶片主要化学成分增加到 30 种。

光照时间对不同，药用植物次生代谢的影响不同。适当延长光照时间，能够提高长日照药用植物次生代谢物的含量；适当缩短光照时间，能够提高短日照药用植物次生代谢物的含量。产于河南、山东等道地产区金银花中的绿原酸和黄酮类化合物含量明显高于江苏等非道地产区，其主要原因是光照长短不同。短时期的遮荫使毛脉酸模根中白藜芦醇和白藜芦醇苷含量随着遮荫时间的增加而增加，较长时期的遮荫则使白藜芦醇和白藜芦醇苷含量降低。光照时间与药用植物生

长的纬度、坡向、季节有密切关系，在一定范围内，随纬度的升高，日照时间相应延长，对提高植物次生代谢物含量有积极的影响。

不同光质的能量不同，对药用植物次生代谢的作用也不同。黄光处理可以显著性提高二年生毛脉酸模中蒽醌类成分的含量；与自然光照射相比，增强 UV-B（波长为 280~315nm 的紫外线称为 UV-B 区）辐射处理，明显增加丹参叶片类黄酮物质含量、收获期丹参根部水溶性有效成分含量，迷迭香酸和丹酚酸 B 分别增加 6%~17% 和 3%~5%，脂溶性有效成分丹参酮Ⅰ、隐丹参酮和丹参酮$Ⅱ_A$分别降低 8%~10%、17%~18% 和 4%~8%。

阳生药用植物需要较好的光照条件下，才能形成药效成分；阴生药用植物在光照弱的环境才能形成药效成分。药用植物品种不同，生长发育要求的光照条件不同，药用植物栽培上应根据药用植物对光照条件的要求不同，采取相应的栽培措施满足药用植物次生代谢活动需要。

（2）温度：温度是药用植物次生代谢的重要气候因子之一，药用植物在一定的温度范围内才能进行正常的次生代谢。温度对不同药用植物次生代谢产物含量与积累的影响不同。药用植物不同，次生代谢途径、次生代谢关键酶不同，需要的温度不同。三七有效成分与气候生态因子的相关性分析得出，夏季温度较低的环境适宜多糖的累积；菘蓝经 4℃低温处理 24 小时能显著提高靛玉红含量；在正常生长的生态环境条件下，滇龙胆的龙胆苦苷含量受温度的影响较大，月平均温度与茎叶龙胆苦苷含量呈极显著负相关；长春花为耐高温药用植物，40℃的高温处理能够刺激长春花生成更多的文多灵、长春质碱和长春碱。

栽培上根据药用植物次生代谢对温度的要求，选择适宜的栽培环境，耐热的药用植物选择南方地区或低海拔地区栽培，耐寒的药用植物在北方地区或高海拔地区栽培，以满足其次生代谢对温度条件的要求。

（3）水分：水是药用植物生长必需的条件。药用植物的生长发育、代谢过程离不开水的供给，不同水分环境下的药用植物生长状况、次生代谢产物积累有着显著的差异。甘草为耐旱药用植物，生长在我国常年干旱的西北地区，其生长土壤水分含量低于 12% 时，土壤水分越低，甘草酸含量越高，土壤水分高于 12% 时，甘草酸含量却随土壤水分增高而下降。土壤相对含水量为 60%~80% 时，有利于西洋参总皂苷的积累，土壤相对含水量为 40% 或相对含水量为 100% 的情况下，西洋参总皂苷含量显著下降。薄荷从苗期至旺盛生长期需要充足的水分，开花期则要求较干的气候，若阴雨连绵可使薄荷油含量下降至正常量的 75% 左右。月降水量是影响三七总皂苷含量的关键因子之一，降水较多的环境对总苷、多糖和三七素的累积有抑制作用，但却有利于黄酮的累积，降水量较少的云南地区生长的三七总皂苷含量高、黄酮含量低，降水量较多的广西地区生长的三七总皂苷含量低、黄酮含量高。

栽培上根据药用植物次生代谢对水分条件的要求，选择适宜的栽培环境，耐旱的药用植物通常在我国西北干旱地区栽培，水分条件需求多的药用植物多选择在南方雨水较多的地区栽培。在栽培上，还可能通过生产管理措施调节土壤水分，以满足药用植物对水分条件的需要，实现优质高产。

气候因子对药用植物次生代谢产物的含量与积累有较大影响，药用植物栽培上根据药用植物次生代谢的要求选择适宜的气候条件进行栽培，并通过合理的栽培技术措施调节田间小气候，满足药用植物次生代谢产物合成与积累的要求。

2. 营养条件　营养是药用植物生长发育必需的条件，营养对药用植物生长发育及次生代谢有较大影响，充足的营养条件能够有效提高药用植物产量与次生代谢产物含量。

大量元素营养对药用植物次生代谢产物含量与积累有较大影响。氮、磷能提高药用植物酚类及萜类成分的含量与积累，钾能提高药用植物生物碱类化合物含量与积累。氮肥（N）施用量为 240kg/hm^2、磷肥（P_2O_5）施用量为 180kg/hm^2、钾肥（K_2O）施用量在 225kg/hm^2 以下，金银花（忍冬）绿原酸含量随着施肥量的增加而升高。氮肥（N）施用量为 120kg/hm^2，氮（N）：磷（P_2O_5）：钾（K_2O）比例保持在 3：2：2，广金钱草夏佛塔苷含量与积累量最高。氮磷配合施用可明显提高银杏叶总黄酮醇苷含量；氮磷钾对黄芪总皂苷含量影响作用不同，对皂苷含量的影响程度最大的是氮，其次是钾，磷的作用最小。

微量元素通过影响药用植物次生代谢相关酶活性，对药用植物次生代谢产物含量与积累产生影响。在冬凌草生长发育初期，叶面喷施浓度为 0.18% 的锌肥，有利于提高冬凌草有效成分含量，其中冬凌草甲素含量可达 0.54%、迷迭香酸含量可达 0.43%。化橘红幼果中的黄酮含量与生长土壤有效铜、有效硫含量呈显著正相关，适量施用铜、锰等微量营养元素可促进化橘红黄酮类成分的合成。在菊花种植上适量施用锌肥和硼肥，可显著提高菊花中总黄酮的含量。在四川青川柴胡产区，锌肥（硫酸锌 $ZnSO_4$）用量为 36.15g/hm^2，硼肥（硼砂 $Na_2B_4O_7$）用量为 343.05g/hm^2，钼肥[钼酸铵 $(NH_4)_6Mo_7O_{24}$]用量为 106.351 5g/hm^2，柴胡皂苷含量达到最高，柴胡皂苷 a、d 总量能够达到 1.23%。锰、铁、锌和硼等微量元素有利于丹参根中丹参素含量的增加，铁、锰、锌和铜等有利于丹参酮含量的增加。

药用植物生长发育过程中的养分主要来源于生产管理施肥与土壤。药用植物次生代谢需要的大量元素营养氮主要通过栽培管理中施肥提供，磷、钾一部分来源于土壤成土母质分解释放，一部分来源于生产管理中施肥。随着药用植物栽培技术研究的不断深入与药用植物产业化开发的需要，根据药用植物的需肥特性，开展药用植物配方施肥技术研究，以满足药用植物次生代谢产物合成与积累的需要，提高药材质量。药用植物次生代谢需要的微量元素养分大部分来源于土壤母质风化释放，近年随着药用植物次生代谢产物积累特性与营养研究的深入，微量元素肥料施用技术的研究与运用，有效提高了药用植物次生含量与积累水平，提高了药用植物栽培的技术水平。

3. 生物因子　药用植物在生长发育过程中受到生长环境内生物的影响，生物对药用植物次生代谢的影响，有的通过共生、寄生产生影响，有的通过化感作用产生影响。天麻与蜜环菌在长期进化中建立了共生关系，蜜环菌是天麻获取营养的桥梁，蜜环菌的生长情况直接影响到天麻中天麻素的含量。五倍子为漆树科植物盐肤木、青麸杨或红麸杨叶上的虫瘿，五倍子蚜的生长情况直接影响到五倍子药材的成分含量。从石斛根部分离出的真菌，对石斛药材成分含量的影响，真菌 MF23（*Mycena* sp.）可提高金钗石斛无菌苗的总生物碱、多糖的含量。猪苓药材的甾体化合物含量与积累，与其寄生的蜜环菌种类与生长情况直接相关。

通过药用植物栽培，采取适宜的栽培措施，满足影响药用植物次生代谢产物含量和积累的生物的生长需求，以提高药用植物药效成分含量。

五、道地药材适应性及品质形成机制

(一) 道地药材及其历史

道地药材是指经过中医临床长期优选出来的，在特定地域，通过特定生产过程所产的，较其他地区所产的同种药材品质佳、疗效好，具有较高知名度的药材。道地药材是中医药的精华之一，是历代医家防病治病最有力的武器，在中医药事业发展中具有举足轻重的地位，因此历代医家十分重视道地药材的研究和发展。

我国最早的本草专著《神农本草经》中就有了道地药材的概念，指出“土地所出，真伪新陈，并各有法”，具有朴素的生境观，很多药名冠以巴、秦、吴等产地的国名，如秦艽、吴茱萸、巴豆、巴戟天等，强调药材产地的重要性；《名医别录》开始标注药材产地，甚至土壤的性质，如地黄“生咸阳川泽黄土地者佳”，《本草经集注》对40多种药材明确以何处所产为第一、最胜、为佳、为良等，是现在道地药材确认的依据之一，体现了道地药材小生境观；《本草纲目》更是作者在长期实践的基础上，结合大量的文献考证，注重药材生长的水、土、气象条件，将药材分为上、中、下三品，每每以为胜、最胜、为上、为良、尤佳、最佳、为善、第一、为最、为冠、尤良、绝品等词目标示药材的最佳产地，体现了道地药材的整体观。与此同时，在各医学著作所载方剂中，要求药材“至诚修炼道地真药”（《普济方·膏药门》）、“凡药，须择其新鲜、真正道地者”（《脉证治方·补门》）、“上件具要道地”（《古今医统大全·药方通治风证诸剂》）、“俱择道地精新者”（《证治准绳·胎前门·求子》）、“药必躬自捡察，购买道地上品”（《证治心传·侍疾应知论》）等，“道地”一词在南宋以前即以表达优质之意，且已用于药材之前，至明代就更加普遍，终在明代戏剧《牡丹亭》中“道地药材”一词水到渠成，自然登场，体现了社会大众的认可和医药家的重视。

近代对道地药材的研究快速发展，20世纪50年代出版的《中药志》《中药材手册》《药材资料汇编》等，收集了老药工调查的结果，按照西怀类、川汉类、南广类、山浙类等收录药材，体现了道地药材区划的思想；1989年出版了第一部论述道地药材的专著《中国道地药材》，阐述了道地药材的形成、传统、栽培、产地加工、质量评价等内容，同年召开了第一届全国道地药材学术研讨会；1988年四川省中药研究所招收了以中药材道地性为研究方向的研究生，并获得首个有关道地药材的国家自然科学基金项目；国家在“九五”“十五”“十一五”期间通过“重大新药创制”科技重大专项、“973”计划、“863”计划、国家科技支撑计划、科技资源平台建设专项和国家自然科学基金等项目，支持了众多道地药材的研究与创新，在道地药材质量评价与鉴定、道地药材形成机制和理论研究等方面取得了一系列的重要成果。

(二) 道地药材形成的机制和特点

道地药材的“道”来源于古代行政区划，“地”是指药材的具体产地，“道地”即是货真价实、优质可靠的含义。道地药材的生物学内涵是同种异地异质，即产于特定地理环境条件下的某一群体药材质优效佳，即道地药材，该地点称为“道地产区”。

但是，“道地药材是怎样形成的”一直是道地药材研究中的关键问题之一，不少学者对此展开了系统深入的研究，取得了一定的成果。中药材的系统演化主要受到种质的遗传变异、生产环境饰变和人文作用等三大动力的推动，根据这三大动力对道地药材形成的贡献大小，可以将道地药材的形成分为生态环境主导型、生物物种主导型、生产技术主导型、人文传统主导型、多因子联袂决定型等5种类型。例如，冬虫夏草属于生态环境主导型，不同生态环境形成了川虫草、滇虫草和藏虫草；郁金属于生物物种主导型，不同的物种，形成了川郁金 *Curcuma phaeocaulis* Val.、温郁金 *Curcuma wenyujin* Y. H. Chen et C. Ling、桂郁金 *Curcuma kwangsiensis* S. G. Lee et C. F. Liang；岷当归属于生产技术主导型，高山育苗低山移栽和晾晒、堆闷、扎把、上架、熏烤等加工环节，共同形成了"岷归"色紫气香肥润、力柔善补的特点；"浙八味"主要是人文传统主导型；常德吴茱萸属于多因子联袂决定型。有专家从分子生物学的角度提出"药材道地性越明显，基因特化越明显""边缘效应促进道地性的形成"和"道地药材化学成分自适应特征"的道地药材形成的三个假说，赋予道地药材新的科学内涵。

道地药材具有明显的地理特性、特定的种质遗传、独特的质量标准、丰富的文化内涵和较高的经济价值。道地药材常被冠以产地或集散地的名称，形成各地自有的道地药材，如川广云贵、南北浙怀等；具有独特而严格的质量标准，如宁夏枸杞的粒大、色红、肉厚、籽少、味甜的性状特征。

（三）道地药材的变迁

道地药材的形成因素错综复杂，影响因素也在千变万化，道地药材也是在不断地发展和变化，道地药材与非道地药材并不是截然可分的。历史上道地药材就存在产地的不断变化，以地黄为例，《名医别录》记载"生咸阳川泽黄土地者佳"，《本草经集注》有"今以彭城干地黄最好"，《本草图经》有"以同州者上"，《本草纲目》有"今人唯以怀庆地黄为上"，至此，以河南怀庆为道地，称为"怀地黄"。来源也在不断地变化，以延胡索为例，唐宋时期以东北野生品为道地，考证为齿瓣延胡索 *Corydalis turtschaninovii* Bess.，《本草品汇精要》注明以江苏镇江产者为佳，《本草纲目》记载江苏茅山有延胡索栽培，其附图和文字描述应为延胡索 *Corydalis yuanhusuo* W. T. Wang，延胡索道地药材从东北南移至江浙，来源也由齿瓣延胡索变为延胡索，并由野生改为栽培。归纳起来主要有以下原因可使道地药材发生变化：

1. 种质变迁　古本草中收载的紫草均为硬紫草，来源于紫草 *Lithospermum erythrorhizon* Sieb. et Zucc.，而现在普遍使用软紫草，来源于新疆紫草 *Arnebia euchroma*（Royle.）Johnst.，类似还有枳实、续断、巴戟天、延胡索等。

2. 产区变化　人参最早道地产地为山西上党一带的"上党人参"，现在演化发展到东北长白山区的"东北人参"，这也是"上党人参"资源被过度利用导致濒危的典型事例。

3. 社会经济的变化引起的变迁　随着社会经济的发展，郊区农村的道地药材产地被工业开发等不断蚕食而变迁他乡，例如杭州的杭麦冬、成都双流的川郁金、广州的石牌藿香等，现在都难寻踪影。

复习思考题

1. 简述药用植物产量的内涵及其形成和影响的因素。
2. 药用植物产量包括哪些方面？产量的构成因素有哪些？

3. 简述药用植物品质的内涵及其形成和影响的因素。

4. 简述主要药效成分生源合成途径。

5. 简述道地药材形成的机制和特点。

第四章同步练习

第五章　药用植物栽培制度与土壤耕作

第五章课件

第一节　药用植物栽培制度

栽培制度又称种植制度，是指一个地区或生产单位的药用植物组成、配置、熟制和种植方式的综合。种植制度包括确定植物种类、种植数量、种植地点，即药用植物布局问题、复种或休闲问题、种植顺序安排问题、种植方式问题等，如复种、轮作等的使用。种植制度不是孤立的，而是在符合整个农业制度的前提下，根据药用植物自身的生产特点来进行规划和布局。而药用植物的具体栽培技术不同，它侧重于全面持续增产稳产技术体系与环节，涉及药用植物与气候、土壤及投入等方面的组合技术。

栽培制度的功能大体可分为宏观布局功能和技术功能。宏观布局功能是对一个单位（农户或地区）土地资源利用与种植业结构进行全面安排。技术功能是种植制度的主体，包括药用植物的因地种植，合理布局技术，复种技术，间套作立体种植技术，轮连作技术，农牧（种植养殖）结合技术，用地与养地结合技术，单元与区域种植制度设计与优化技术等。

药用植物栽培布局是指一个地区或生产单位种植药用植物结构与配置的总称。种植药用植物结构包括药用植物的种类、品种、面积比例等。配置是指药用植物在区域或田地上的分布，即解决种什么、种多少及种在哪里的问题。药用植物栽培布局应满足以下 4 个原则：满足需求原则；生态适应原则；高效可行原则；生态平衡原则。

一、复种

（一）复种及有关概念

1. 复种　复种指在同一田地上一年内接连种植两季或两季以上药用植物的种植方式。复种的方法有多种，可在上茬植物收获后，直接播种下茬植物，也可在上茬植物收获前将下茬植物套种在其株间或行间（套作）。此外，还可以用移栽等方法实现复种。根据一年内在同一田地上种植的植物季数，把一年种植两季植物称为一年两熟，如莲子 - 泽泻；一年种植三季植物称为一年三熟，如绿肥 - 早稻 - 泽泻；两年内种植三季植物，称为两年三熟，如莲子 - 川芎→中稻（符号“-”表示年内植物接茬播种，符号“→”表示年间植物接茬播种）。耕地复种程度的高低通常用复种指数来表示，即全年总收获面积占耕地面积的百分比。

耕地复种指数 =(全年种植植物总收获面积 ÷ 耕地面积)× 100%

2. 熟制　熟制是我国对耕地利用程度的一种表示方法，它以年为单位表示种植的季数。一年三熟、一年两熟、两年三熟、一年一熟、五年四熟等都称为熟制。其中，对年播种面积大于耕地面积的熟制，如前三种，统称为多熟制。

3. 休闲　休闲是指耕地在可种植物的季节只耕不种或不耕不种的方式。药用植物栽培中，对耕地进行休闲是一种恢复地力的技术措施，其目的主要是使耕地短暂休息，减少水分、养分的消耗，并蓄积雨水，消灭杂草，促进土壤潜在养分转化，以便为后作植物创造良好的土壤条件。

4. 撂荒　撂荒是指耕地(或荒地)开垦种植几年后，在较长时间内弃而不种，等地力恢复时再行开垦种植的一种土地使用方式。在生产中，当土地休闲年限在两年以上且占到整个轮作周期的1/3 以上时也称撂荒。

(二) 复种的条件

在药用植物栽培中，能否复种以及复种到什么程度主要由以下几个方面决定。

1. 热量条件　热量是决定能否复种的首要条件。复种所要求的热量指标是积温，它不仅是复种方式中各种药用植物本身所需条件之和，还应在此基础上有所增减。在前茬植物收获后再复播后茬植物，应加上农耗期的积温；套种应减去上、下茬植物伴生期间一种药用植物的积温；移栽则减去植物移栽前的积温。一般情况下，≥10℃活动积温在 2 500~3 600℃之间，只能复种或套种早熟植物；在 3 600~4 000℃之间，则可一年两熟，但应选择生育期短的早熟植物或采用套种、移栽的方法；在 4 000~5 000℃之间，可进行多种植物的一年两熟；5 000~6 500℃之间，可一年三熟；大于 6 500℃可一年三熟至四熟。

2. 水分条件　水分条件也是决定能否复种的重要条件。当热量能满足复种条件时，能否实行复种，就要看水分条件了，即热量是能否复种的首要条件，水分是能否复种的关键条件。如热带非洲热量充足，可一年三熟、四熟，但某些地区由于干旱，在没有灌溉条件下，复种受到很大的限制，因此只能一年一熟。此外，降水量、降水分配规律、地上地下水资源、蒸腾量、农田基本建设等都影响着复种。从降水量看，我国一般年降水量为 600mm 的地区虽然热量能满足一年两熟的要求，但水分则成为限制因子，只能一年一熟。

3. 营养条件　在光、热、水等条件具备的情况下，地力条件往往成为复种产量高低的主要影响因素，而且需要增加肥料才能保证多种多收。地力不足和施肥较少的条件下往往出现两季不如一季的现象。

4. 生产条件　复种主要是从时间上充分利用光热和地力的措施，需要在药用植物收获、播种的大忙季节，能在短时间内及时、保质保量地完成上季药用植物收获、下季药用植物播种以及田间管理工作，所以有无足够的劳力、畜力、肥料和机械化等生产条件以及栽培技术水平也是事关复种成败的重要因素。因此，自然条件相同时，当地生产条件、社会经济条件等承载力则是决定复种的主要依据。

5. 经济效益　除了上述自然、经济条件外，还必须有一套相适应的耕作栽培技术，以克服季节与劳力的矛盾，平衡各药用植物间热能、水分、肥料等的关系，如药用植物品种的组合，前后茬的搭配，种植方式(套种、育苗移栽)，促进早熟措施(免耕播栽、地膜覆盖、密植打顶，使用催熟剂)等。

复种是一种集约化的种植，高投入，高产出，所以经济效益也是决定能否复种的重要因素。只有产量高，经济效益也增长时，提高复种指数才有生命力。

（三）复种的方式

单独的药用植物复种的方式较少，药用植物一般与粮食作物、蔬菜等相结合而进行复种，即把药用植物作为一种作物搭配在复种组合之内。图 5-1、图 5-2 为我国长江流域几种复种组合参考图。

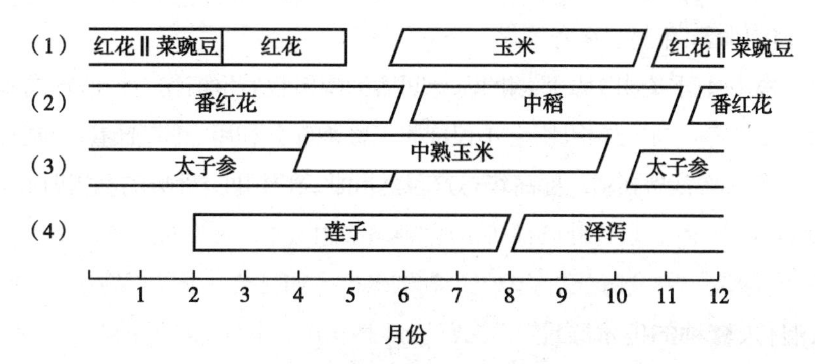

(1)红花‖菜豌豆 - 玉米;(2)番红花 - 中稻;(3)太子参 - 中熟玉米;(4)莲子 - 泽泻。

● 图 5-1 一年两熟制的各种复种组合

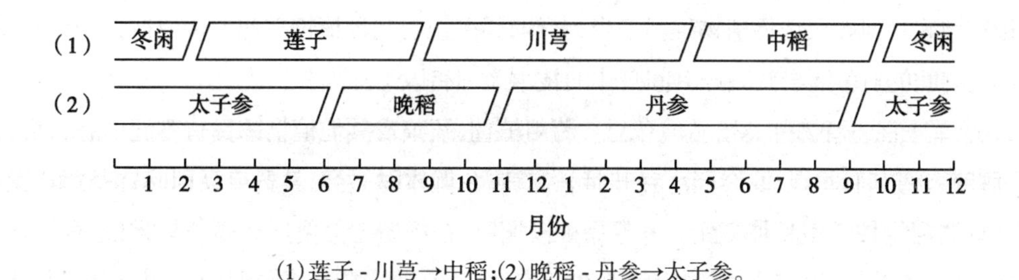

(1)莲子 - 川芎→中稻;(2)晚稻 - 丹参→太子参。

● 图 5-2 两年三熟复种组合

传统的粮药复种方式较多，如早稻 - 穿心莲 - 春粮。早稻在清明前按绿肥田标准播种，5 月上旬移栽大田，7 月上中旬收割。穿心莲于 5 月中下旬播种育苗，苗期掌握在 40~50 天，在有 3~4 对真叶时起苗。早稻收割后要及时翻整田块移栽，为了保证穿心莲的成活率，移栽后需进行浇水灌溉并经常保持田间湿润，若缺苗要及时补上，种植密度为 30cm × 40cm。穿心莲长到 9 月盛花期即可收割，此时正值春粮播种期，可种油菜、大小麦等粮油作物。

二、间作、混作与套种

（一）间作、混作与套种的相关概念

玉米间作白及

1. 间作　指在同一田地上同一生长期内，分行或分带相间种植两种以上药用植物的种植方式。比如玉米、高粱地里，可在行间种植穿心莲、菘蓝、半夏等。间作

使不同植物在田间构成人工复合群体。个体之间既有种内关系，又有种间关系。间作的植物播种期、收获期相同或不相同，但植物共处期长，其中至少有一种植物的共处期超过其全生育期的一半，间作是一种集约利用空间的种植方式。

2. 混作　指在同一块田地上，同季节或同时将两种或两种以上生育季节相近的植物按一定比例混合撒播或同行混播种植的方式。混作与间作都是由两种或两种以上生育季节相近的植物在田间构成复合群体，从而提高田间密度，充分利用空间，增加光能和土地利用率。两者只是配置形式不同，间作利用行间，混作利用株间。在生产上，有时把间作和混作结合起来。如玉米间大豆，玉米混小豆；玉米混大豆(小豆)，间种贝母；果树间小葱，果树混福寿草。

玄参、马铃薯、玉米套种模式

3. 套种　指在前季植物生长后期的株行间播种或移栽后季植物的种植方式，如甘蔗地上套种白术、沙参、玉竹等。与单作相比，它不仅能阶段性地充分利用空间，更重要的是能延后植物对生长季节的利用，提高复种指数，提高年总产量。因此，套作是一种集约利用时间和空间的种植方式。

(二) 间作、混作、套种的技术原理

间作、混作、套种是在人为调节下，充分利用不同药用植物之间的互利关系，减少竞争，组成合理的复合群体结构，使复合群体有较大的叶面积，以便延长光能利用时间或提高群体的光合效率，又有良好的通风透光条件和多种抗逆性，以便更好地适应不良的环境条件，充分利用光能和地力，保证稳产增收。但如果选择植物种类不当，套作时间过长，几种植物搭配比例或行株距不适宜，都会增加植物间的竞争而导致减产。间套作的技术原理有以下几点。

1. 选择适宜的植物种类和品种搭配　药用植物、蔬菜及其他植物都具有不同形态特征、生态和生理特性，将它们间作、混作、套作在一起构成复合群体时，为使其各自互利，减少竞争，就必须选择适宜的植物种类和品种搭配。考虑品种搭配时，在株型方面要选择高秆与矮秆、垂直叶与水平叶、圆叶与尖叶、深根与浅根植物搭配；在适应性方面，要选择喜光与耐阴、喜温与喜凉、耗氮与固氮等植物搭配；根系分泌物要互利无害，且要注意植物间的化感作用；在品种熟期上，间、套作中的主栽植物生育期可稍长些，副栽植物生育期要短些；在混作中生育期要求一致。总之，注意选择具有互相促进而较小抑制的植物(或品种)搭配，是间混套作成功与否的关键因素之一。

2. 建立合理的密度和田间结构　密度和田间结构是解决间套作中一系列植物矛盾，使复合群体发挥增产潜力的关键措施。间混套作时，植物要有主副之分，既要处理好同一植物个体间的矛盾，又要处理好各间混套作植物之间的矛盾，就其密度而言，通常情况下主要植物应占较大的比例，其密度可接近单作时密度，副栽植物占较小比例，密度小于单作，保证总的密度适当；既要通风、透光良好，又要尽可能提高叶面积指数。副作植物为套作前作时，一般要为后播主作植物留好空行，共处期越长，空行越多，土地利用率控制在单作的 70% 以下。后播主栽植物单独生长盛期的土地利用率应与单作时相近。在间作中，主栽植物应占有较大的播种面积和更大的利用空间，在早熟的副栽植物收获后，也可占有全田空间。高矮秆植物间作时，注意调整好两种植物的高度差与行比，原则是高要窄、矮要宽，即高秆植物行数要少，矮秆植物行数要多一些，使矮秆植物行的总宽度大致等于高秆植物的株高为宜。关于间混套作行向，对矮秆植物来说，东西行向比南北行

向接受日光的时间多。

3. 采用配套的栽培管理措施　在间混套作情况下，虽然已合理安排了田间结构，但仍有植物间争夺光、肥、水的矛盾。为确保丰收，必须提供充足的水分与养分，使间套作植物平衡生长。通常情况下，必须实行精耕细作，要根据植物、地块的情况增施肥料和合理灌水，也要依据栽培植物品种特性和种植方式调整好播种期，做好间苗、定苗、补苗、中耕除草等伴生期的管理。此外，还要区别植物的不同要求，分别进行追肥与田间管理，这样才能保证间套作植物都丰收。

（三）间作、混作、套作类型

间作、混作、套作是我国精耕细作的重要组成部分，全国各地都有本地的间作、混作、套作经验，其主要类型有：

1. 间、混作类型　间、混作类型很多，除常规药用植物与蔬菜间、混作类型外，还有粮药、菜药、果药、林药间、混作类型。粮药、菜药间、混作中的一类是在粮食作物和蔬菜间、混作中引入药用植物，如玉米 + 麦冬（桔梗、细辛、川芎）；一类是在药用植物的间、混作中引入粮食作物和蔬菜，如芍药（牡丹、山茱萸、枸杞）+ 豌豆（大豆、大蒜、莴苣），川乌 + 菠菜，杜仲（黄檗、诃子、安息香）+ 大豆（马铃薯、甘薯），巴戟天 + 山芋（山姜、花生、木薯）等。果药间作时，幼龄果树的行间可间种菘蓝、百合、长春花等；成龄果树内可间种喜阴矮秆药用植物，如辛夷、福寿草等。林药间作时，人工营造林幼树阶段可间种、混种龙胆、防风、补骨脂等，人工营造林成树阶段（天然次生林），可间、混种黄连、淫羊藿、天麻等。

例如，酒泉市移民区的甘草 - 红花 - 油葵高产高效立体栽培技术。甘草与多种生长发育不同的作物间作套种，由传统单一的平面种植结构变成了 3 种立体种植结构，形成复合群体，充分利用油葵、红花作物之间的季节差、位置差、阴阳差和养分差，使高、中、矮作物和早、中、晚熟品种形成优化组合方式，更加充分合理、经济有效地利用光、温、水、土等自然资源，从而达到增产增收的目的，使当地的资源优势转变成经济优势，走上了产业化发展之路。①能充分利用甘草、红花、油葵之间的共生关系，结合甘草生长习性和市场需求，探索出了甘草套种红花套种油葵，以短养长、优势互补、综合利用的高效合理搭配种植模式。②能充分改良新垦土地，使用激光平地技术和增施土壤改良剂，种植甘草、红花、油葵等适应性强、对气候土壤要求不严、耐旱、耐盐碱的农作物，能有效地改变盐碱地理化性状，降低盐碱度，实现改土增产的效果。③能充分利用高秆油葵、中秆红花与当年矮生的甘草合理搭配，形成多层采光的立体复合群体，利用垂直分布空间，增加复种指数，提高光能与土地的利用率，大幅度增加了经济效益。④能充分利用深根系与浅根系组合套种，根据甘草、红花、油葵的品种特性和营养，合理组合成具有多层利用土地、光能、空气和热量等的资源群体，达到增收增产的目的。甘草、红花、油葵的立体套种是现代农业科学种田的一种体现，能有效地解决药油争地矛盾，充分利用水肥、土地等自然资源，发挥边际效应和植物间的互利作用，达到药油双丰收的显著效果。

2. 套作类型　以棉为主的套作区，可用红花、王不留行、莨菪等代替小麦。以玉米为主的套作区，有玉米套作郁金、川乌套种玉米等。

例如，麦冬作为著名的川产道地药材，其栽培历史悠久，质量优，产量大，在麦冬类药材供应上占主导地位。四川省绵阳市三台县涪江河流域一带自古以来就是麦冬的道地产区，其产量占全国总产量的 60% 以上,出口量占全国总出口量的 80%。传统的粮经套作模式是麦冬套作玉米,这种套作模式在玉米收获至第 2 年麦冬采收之间土地无任何产出,严重造成土地浪费。为此,探索出了麦冬 - 玉米 - 豇豆这一高效立体种植模式。玉米收获后保留玉米秸秆作为秋播豇豆的支架,这样既节省搭豇豆支架的用工和材料费用,又增加了土地的产出,同时还能在酷暑之日为麦冬适当遮荫,是一项节约成本、省工、高效的粮经复合种植模式。

三、轮作与连作

(一) 轮作与连作相关概念

1. 轮作　轮作是在同一田地上有顺序地轮换种植不同植物的栽培方式。例如一年一熟条件下的白术→小麦→玉米的三年轮作,这是在年间进行的单一药用植物的轮作;也有年内的换茬,例如南方的绿肥 - 莲子 - 泽泻→油菜 - 水稻 - 泽泻→小麦 - 莲子 - 水稻轮作,这种轮作由不同的复种方式所组成,因此,也称为复种轮作。

2. 连作　连作是在同一土地上连年种植相同药用植物的种植方式。在同一田地上采用的同一种复种方式称为复种连作。

3. 茬口及茬口特性　茬口是植物在轮作中给后茬植物以种种影响的前茬植物及其茬地的泛称。茬口特性是栽培某一植物后土壤的生产性能,是在一定的气候、土壤条件下栽培植物本身的生物学特性及措施对土壤共同作用的结果。茬口是植物轮作换茬的基本依据。

(二) 轮作倒茬的作用

目前,在栽培的药用植物中,根类药用植物占 70% 左右,但存在着一个突出问题,即绝大多数根类药材“忌”连作,连作的结果使药材品质和产量均大幅下降。如玄参、当归、三七、人参、大黄、白术、地黄等。因此,应根据植物化感作用特性和茬口特性等来实行轮作倒茬。

轮作倒茬的主要作用有:

1. 减轻药用植物病、虫、草害

(1) 轮作能有效控制田间的害虫:害虫对寄主有着一定的选择性,它们在土壤中存活有一定年限。一些专食性或寡食性害虫,在轮作年限长的情况下,很难大量滋生危害。实行抗虫作物与感虫作物轮作,改变其生态环境和食物链构成,可减轻甚至消灭虫害。药用植物中细辛、续随子等有驱虫作用,把它们作为易遭虫害的药用植物的前作,可减少甚至避免病虫害发生。因此,通过与非寄主植物轮作可使线虫找不到寄主因饥饿而死,从而有效控制药用植物田间虫害。但是如果轮作作物选择不当,也会使某些病虫害加剧。

(2) 轮作可适当减少田间的杂草:连作使伴生杂草增多,如稻田里的稗草、麦田里的燕麦草等,这些杂草与其相应作物的生活型相似,甚至形态也相似,不易被清除。合理的作物轮作可以维持杂草群落和杂草种子库的生物多样性与稳定性,兼顾杂草控制和杂草生物多样性保护之间的平衡,实现农田经济效益和生态效益的有机统一。轮作作为一项重要的农业管理措施,可以通过多种因素的作用影响杂草群落和杂草种子库。种子杂草可以通过作物轮作和土壤管理的预防措施来控制。寄生性杂草,在连作后更易蔓延,而轮作则可以有效地消灭之。如白术、桔梗、柴胡、丹参等在栽培生长过程中常遭受菟丝子的侵害。菟丝子用吸器吸取植株体内的营养，致使植株生长衰弱，颜色变黄。田间已有混杂的菟丝子种子时应与禾本科作物轮作。此外，水旱轮作更容易防除杂草。

(3) 轮作可减轻田间的病害：现代研究表明，轮作可有效减轻药用植物田间的各类病害，且水旱轮作比一般轮作防治病虫草害效果更好。如将甘草种植区尽量选在高燥地，并与其他作物轮作倒茬能在很大程度上减轻甘草叶斑病的发生。白术与玉米、高粱、水稻等禾本科作物实行 3 年以上轮作，可有效减轻各种病害的危害程度，尤其是对根腐病、白绢病等土传病害的控制效果更为明显。实行轮作，轮作期 3 年以上可防治黄芪的根腐病；与禾本科作物轮作或水旱轮作可防治黄芪的白绢病；与禾谷类作物轮作 3~5 年可防治黄芪的红根病。与禾本科或豆种作物轮作，可有助于延胡索霜霉病的防治。油菜菌核病、烟草立枯病、小麦条斑病等的病菌，通过淹水 2~3 个月均能完全消灭。丹参、桔梗、黄芪等旱作药用植物如与水稻等轮作，能大大减少地下害虫和线虫病的危害。

2. 改善土壤理化性质，调节土壤肥力　轮作给土壤提供了较好的植物多样性，对其活性有较好的影响，有利于作物生长和农业生产。轮作对改善稻田的土壤理化性状，提高地力和肥效有特殊的意义。主要表现为：①能明显增加土壤非毛管孔隙，改善土壤通气条件，提高氧化还原电位，防止稻田土壤次生潜育化过程，消除土壤中有害物质（Mn^{2+}、Fe^{2+}、H_2S 及盐分等），促进有益微生物活动，从而提高地力和施肥效果；②水旱轮作在水旱季相互切换时，需要对耕层土壤进行松碎作用，降低土壤容重，同时也增大孔隙度和通气透水性，从而改善土壤结构；③使土壤矿物元素在不同外界条件下呈现出不同的活性状态，导致含量与比例的差异，从而对作物的吸收产生正面影响；④使有机质在旱作矿化与水作嫌氧分解之间相得益彰，形成良性循环；⑤此外，轮作可有效缓解土壤次生盐渍化，水作可调节土壤 pH，使酸化的土壤恢复到中性，从而减轻对作物的伤害。

例如，禾本科药用植物残留于土壤中的有机碳较多，而豆科药用植物由于具有固氮作用，使土壤中氮的含量较多，因此禾、豆轮作有利于调节土壤碳、氮平衡。密植植物根系对土壤穿插力强，土壤耕层疏松，如多年生豆科牧草的根系对土壤耕作下层有明显的疏松作用。

3. 有效缓解药用植物的化感自毒作用　合理的耕作制度可以减轻土壤中化感自毒物质含量，协调根际微生态平衡，轮作可有效避免化感自毒作用的危害。引起药用菊花连作障碍的因素主要有菊花分泌物的自毒作用等，进行轮作换茬对缓解菊花连作障碍均有一定的效果。人参不能重茬连作的诸多因素中，人参根分泌物和脱落物的某些自毒作用就是主要原因之一。细辛根系的辛辣分泌物，对老参地的人参残体分泌物及其土壤中的人参有害微生物有拮抗和减少、杀灭作用，相反有利于人参生长的微生物的活性和繁殖却得到加强，人参与细辛轮作对消除人参根系分泌物的自毒作用有着良好的促进效果。此外，对残根、残叶和残枝等有机质，水旱轮作可通过水季嫌氧分解和旱季矿化等方式来进行快速分解。例如将三七进行水旱轮作后的旱季土壤中，酚类或酚酸类自毒物质已全部消失或大量减少。

4. 合理利用农业资源　人类的耕种活动使得许多物种已濒临灭绝，物种越来越倾向于单一化，生态环境也遭到人类行为的破坏。轮作的土地有助于有机质增加，从而使土壤肥力得到提高，产量就能够增加，同时可以减少化肥和农药的施用量。根据植物的生理生态特性，在轮作中做好前后植物搭配，茬口衔接紧密，既有益于充分利用各种资源，又能错开农忙季节，做到不误农时和精细耕作。

国内外长期试验结果表明，在不增加投入的情况下，合理轮作比连作能有效地提高产量和收益。

（三）连作

1. 不同药用植物对连作的反应

连作和头茬地黄对比

（1）忌连作的药用植物：以玄参科的地黄，茄科的马铃薯，薯蓣科的山药、番茄、烟草，葫芦科的西瓜，亚麻科的亚麻等为典型代表。这类植物需要间隔五、六年以上才能再种植。

（2）耐短期种植的药用植物：甘薯、菘蓝、紫云英等药用植物面对连作的敏感性属于中等类型。这类药用植物在连作二、三年内受害较轻。

（3）耐连作的药用植物：这类药用植物有甘蔗、贝母、莲子、大麻等。水稻、棉花的耐连作程度最高，苋科的怀牛膝耐连作程度也较高。

2. 连作的应用

（1）连作应用的必要性：同一植物多年连作后常产生许多不良后果。但是，当前生产上许多栽培植物使用连作的现象相当普遍，这是由于以下原因。

1）社会需要决定连作：有些药用植物是人类生活必不可少的，经济需求量大，若不实行连作便满足不了全社会对这些药材的需求。

2）资源利用决定连作：为了充分利用当地优势资源，不可避免地出现最适宜种植地的药用植物连作栽培现象。

3）经济效益决定连作：有些不耐连作的药用植物，由于种植的经济效益高，于是采取了连作的方式。

（2）连作应用的可能性：某些植物有耐连作特性；新技术推广应用，其中化学技术的应用相当广泛；采用先进的植保技术，以新型的低毒高效的农药、除草剂进行土壤处理或茎秆叶处理，可有效地减轻病虫草的危害，而农业技术的应用，如进行合理的水分管理能减轻土壤毒素。

（四）茬口顺序与安排

1. 不同类型药用植物茬口特性

（1）抗病与易感病类植物：禾本科植物对土壤传染病虫害的抵抗力比茄科、葫芦科、豆科等植物强，前者比较耐连作，后者不宜连作。

（2）富氮与富碳耗氮类植物：富氮类植物主要是豆科植物，其中多年生豆科植物富氮作用最显著。禾谷类植物以土壤中吸收的 N 较多，并能固定大量 C 元素，有利于维持或增加土壤有机质。

（3）半养地药用植物：半养地药用植物主要有油菜、芝麻等药用植物。

（4）密植药用植物与中耕药用植物：密植药用植物如麦类、花生、大豆及多年生牧草，由于密度大，覆盖面积大，保持水土作用较好。中耕药用植物如玉米行距较大，覆盖度较小，经常中耕松土易引起土壤冲刷。

（5）休闲：休闲是药用植物轮作中一种特殊的茬口，是许多药用植物的好茬口。休闲在北方旱区意义重大，它是旱区药用植物高产、稳产的重要措施。

2. 茬口顺序的安排　生产上，茬口顺序安排要考虑前、后茬药用植物的病虫草害以及对耕地的用养关系。在安排药用植物茬口时应注意以下问题。

(1) 叶类、全草类药用植物:如薄荷、菘蓝、紫苏等,要求土壤肥沃,需氮肥较多,应选豆科植物或蔬菜作前作。

(2) 用小粒种子进行繁殖的药用植物:如党参、柴胡、白术等,播种覆土浅,易受草荒危害,应选豆科或收获期较早的中耕植物作前茬。

(3) 属于某些病害的寄主范围或是某些害虫的同类取食植物的药用植物:安排轮作时,必须错开此类茬口,如地黄与花生、大豆有相同的胞囊线虫,枸杞与马铃薯有相同的疫病,菊花、红花、牛蒡等易受蚜虫危害。

(4) 有些药用植物生长年限长,轮作周期长,可单独安排它们的轮作顺序,如大黄需轮作 5 年以上、黄连需轮作 7~10 年、三七需轮作 10 年左右、人参需轮作 20 年左右。

四、连作障碍

(一) 药用植物连作障碍概念

连作障碍(consecutive monoculture problems)是指同一块地连续多年种植同一作物或近源种作物时,即使在正常的栽培管理措施下,也会造成作物生长状况变差、产量降低、品质变劣、病虫害发生加剧的现象。在日本称为忌地现象、连作障害,欧美国家称之为再植病害(replant disease)或再植问题(replant problem),我国常称"重茬问题"。我国早在春秋战国时期就形成了土地连作制,在《齐民要术》已有连作障碍现象的记载,但直到 20 世纪 90 年代分子生态学和植物化感学科的形成,才真正开启了连作障碍的科学研究。连作障碍是世界普遍存在的栽培问题,目前已实现人工栽培的药用植物中,95% 以上具有连作障碍效应。随着药用植物规范化栽培的推进及种植面积不断扩大,连作障碍已成为药用植物栽培过程中的技术瓶颈。因此,预防和解决连作障碍的发生具有现实和深远的意义。连作障碍主要表现为植物不正常生长、产量下降、病虫害严重等。例如,川明参连作后植物长势差,根腐病严重,产量减少 40%~60%;丹参连作后植株矮小、根结线虫和根腐病严重,产量减少 50%~70%,部分地区甚至绝收;玄参连作一年减产 10%~20%,连作两年减产 30%~40%;人参连作后根腐病、疫病、立枯病、猝倒病、菌核病、黑斑病、细菌性软腐病等土传病害严重。可见,连作障碍的表现因植物种类的不同而不同,涉及植物生长发育的很多层面。

(二) 药用植物连作障碍的危害

连作障碍导致中药材的产量、品质明显下降,严重影响了我国中药产业的发展,已引起了我国政府部门和学术界的高度重视。据统计,约占 70% 的根类药材都存在不同程度的连作障碍。窦森教授研究发现,由于人参、西洋参是严重忌连作药用植物,人参栽种到 5~6 年后发病率急剧增加,而连作将会产生病害多、保苗率低、烧须严重、产量极低的现象。我国的栽参方式主要以伐林栽参为主,每年要毁掉森林 4 000 多公顷,对生态平衡造成了极大的破坏,老参地通常几十年不能重茬栽植。因此,老参地连作障碍问题成为一直困扰参业发展的重大技术难题。玄参是多年生草本植物,忌连作,玄参连作一年减产 10%~20%,连作两年减产 30%~40%,隔 3~4 年才能再种玄参,但人工栽培采用根芽繁殖,当年栽种当年采收,每年耕作数次,部分药农以追求短期效益,不惜毁林毁草开荒种玄参，既增加了种植成本，又造成水土严重流失，不利于退耕还林还草和天然林保护。另据云南三七研究所崔秀明研究员调查，三七生长环境特殊，种植区域受限，存在严重的连作障碍。三七一般要间隔 10 年左右才能重新种植，连作表现为植株基本全部死亡，缩短轮作年限则表现为发病严重和保苗率低等现象，致使产量低、质量差。每年由此造成的损失，高达总种植面积的 15%，年损失上千万元，这已成为影响地道产区云南省文山壮族苗族自治州三七产业可持续发展的重要制约因素。近 10 年来，随着中药农业生产的迅速发展，连作问题越来越突出。由此可见，连作障碍已成为一个广泛存在、危害严重的生产问题。

（三）药用连作障碍发生的原因

关于连作障碍发生的原因，Plenk、Decandole 等首先提出毒素学说，后经 Schrelner、Piockering 等研究，Molish 于 1937 年提出了作物间的“相克”现象，1939 年 Klvus 总结归纳了作物连作障碍的五大因子学说，以后的研究也普遍认为产生连作障碍的原因归纳为以下 5 个方面：土传真菌病害加重、线虫增多、化感作用、作物对营养元素的片面吸收和土壤理化性状恶化。目前有关作物连作障碍的研究主要集中在蔬菜、果树、大豆等植物上，对药用植物（地黄、苍术、丹参等）的研究虽有报道，但对其机制研究尚在探索中。现有的一些研究认为造成中药材连作障碍的主要原因集中于：土壤肥力下降、根系分泌物的自毒作用、病虫害加剧等三个方面。

特定的植物需求的矿质元素的种类和吸收比例具有特定的规律，尤其是对某些微量元素的要求比较高。同一种药用植物的长期连作，易造成土壤中某些元素的亏缺或失衡，若这些元素无法得到及时补充，将直接影响下茬的正常生长，造成植物抗逆性下降，最终导致产量和品质下降。然而，随着药用植物连作障碍越来越深入的研究，发现目前连作根际土壤中营养成分的亏缺并不是连作障碍形成的主导因子。比如，在生产实践中，遇到连作障碍时，对连作土地增补栽培植物的必需营养元素或肥料时，并未能有效缓解连作障碍。因此，连作同一种植物可能会造成土壤营养元素的缺失进而导致连作植物的生长发育受到影响，但这种影响可能只是连作众多影响因素中的辅助性因素，不是核心诱导因素，只是起到了推波助澜的角色。在不同药用植物中发现随着连作次数增多，病原菌增加，寄生型长蠕孢菌大量滋生，致使药用植物病害严重。比如，在地黄、丹参、西洋参等不同药用植物中均研究发现连作根际区系发生了明显变化：细菌数量大幅减少，真菌数量有所增加，种群发生了明显改变。因此，传统观点认为土壤病原菌持续增殖导致连作障碍发生，但驱动连作病原菌持续增殖原因还研究较少。近年来的研究发现，连作药用植物根际分泌化感自毒物质并诱导根际微生物群体失衡。通过分离不同连作年限药用植物根际土壤中化感自毒物质种类和辨别积累效应，发现药用植物根际化感自毒物质含量与连作年限具有典型的正相关，表明化感物质浓度与微生物变化趋势具有典型一致性。同时，通过化感自毒物质与药用植物的特异专化菌离体培养实验，证实了化感物质能够显著诱导病原真菌的增殖。

（四）药用连作障碍的消减与防控

连作障碍形成及加重发生的原因是复杂的，导致其发生的因素不是单一或孤立的，而是相互关联又相互影响的，是植物 - 土壤系统内多种因素综合作用的结果。这几项因素是互相制约的，各个因素皆可导致连作减产，不同作物产生的主导原因也不同。所以中药材生产中连作障碍的形成也是一个非常复杂的问题，涉及植物、土壤、微生物间的互作关系，并受其他环境因子的调控，所以产生的效应也是综合的。随着中药产业化的迅速发展，连作障碍已经成为限制不同药用植物生产的重要限制因素。目前提出连作障碍防治及消减方法，更多也是运用传统农业的方法以及生态学措施来规避和减轻连作危害，如生产上常常采用轮作、间作和套作栽培措施来减轻连作障碍；采用和选育抗连作品种（系）来对抗连作危害的育种学方法；采用补施或增施有益菌肥来改善根际微生态环境等生态学方法；此外，生产上还采用了土壤灭菌、抗重茬药物等措施来减缓连作障碍。但目前的大部分连作障碍的防治技术仍停留在治标不治本的层面上，只能减缓而不能根治。因此，在药用植物栽培过程中，需要更深层次对连作障碍发生机制进行深入研究，寻找连作障碍形成的关键因子，做到有的放矢地采取合理措施去消减连作障碍，才能为药用植物安全、有效和可持续性生产扫清障碍。

第二节　土壤耕作

土壤耕作是根据植物对土壤的要求和土壤特性，采用机械或非机械方法改善土壤耕层结构和理化性状，以达到提高肥力、消灭病虫杂草的目的而采取的一系列耕作措施。

一、土壤耕作的目的

1. 改善土壤结构　在药用植物生产过程中，由于自然降水、灌水、有机质的分解、人、畜、机械力等因素的影响，耕层上层 0~10cm 的土壤结构受到破坏，逐渐变为紧实无结构状态。但是由于根系活动和微生物作用，结构性能逐渐恢复，土壤下层受破坏轻，结构性能恢复好。通过耕翻等措施，使根层的土壤适度松碎，并形成良好的团粒结构，以便吸收和保持适量的水分和空气，促进种子发芽和根系生长。

2. 保水保肥　土壤栽培药用植物之后，地力会逐渐下降。为防止地力下降，通过耕作措施翻压将作物残茬以及肥料、农药等混合在土壤内以增加其效用。将过于疏松的土壤压实到疏密适度，以保持土壤水分并有利于根系发育。

3. 改良土壤　将质地不同的土壤彼此易位。例如将含盐碱较重的上层移到下层，或使上、中、下三层中的一层或两层易位以改良土质。

4. 创立适合药用植物生长发育的地表状态　如平作、起垄、作畦、筑埂等，以利于种植、灌溉、排水或减少土壤侵蚀。

5. 粉碎、消灭杂草和害虫　将杂草覆盖于土中，或使蛰居害虫暴露于地表面而死亡。

6. 清除田间的石块、灌木根或其他杂物。

二、土壤耕作的时间和方法

药材用地耕作的时间与方法要依据各地的气候和栽培植物特性来确定。

(一) 翻地

翻地

1. 深耕　药材用地总的来说都要求深耕，许多丰产经验表明深耕与丰产有密切关系。我国农民对加深耕层一向极为重视，并积累了丰富的经验，如"深耕细耙，旱涝不怕"，"耕地深一寸，强如施遍粪"等农谚，都反映了农民群众对深耕增产作用早有深刻的认识。

深耕增产并不是越深越好，实践证明在0~50cm范围内，作物产量随深度的增加而有不同程度的提高。超过这一范围，增产、平产、减产现象均有，而动力或劳力消耗则几倍地增加。就一般药用植物根系的分布来说，50%的根量集中在0~20cm范围内，80%的根量都集中在0~50cm范围内。这种现象可能与土壤空气中氧的含量由上而下逐渐减少，生育季节深层地温偏低有关。因为达到一定深度后，氧的含量少，温度低，有效养分缺乏，不利于根系的生长。深耕的深度因植物而异，如黄芪、甘草、牛膝、山药应超过一般耕翻深度，而平贝母、川贝母、半夏、漏斗菜、黄连等应低于一般深度。其他药用植物与一般作物耕地相近。

采用一般农具耕翻地，深度多在16~22cm，用机引有壁犁翻地，深度可达20~25cm，用松土铲进行深松土，深度可达30~35cm。

深耕时应注意以下几点：

(1) 不要一次把大量生土翻上来。因为底层生土有机质缺乏，养分少，物理性状差，有的还含有亚氧化物，翻上来对植物生长不利。一般要求熟土在上，不乱土层。机耕应逐年加深耕层，每年加深2~3cm为宜。有的地方是头年先深松，次年再深翻。

(2) 深耕应与施肥和土壤改良结合起来。为了药材的安全、有序、有效生产，人们常常向田地补施各种肥料，为提高肥效，使肥土相融，最好把施肥与深翻结合起来。另外翻砂压淤或翻淤压砂及黏土掺沙等改良土壤措施和深翻结合进行，省工省力，效果较好。

(3) 要注意耕性，不能湿耕，也不能干耕。要适合墒情耕作，尽量减少机车作业次数。

(4) 利于水土保持。药材用地多为坡地、荒地，坡地应横坡耕作，这样可以减缓径流速度，防止水土流失。

应当指出，深耕的良好作用不仅是当年有效，通常还可延续1年，深度达20~30cm，并结合施入基肥的地块，后效有2~3年。因此，深耕并不需要逐地逐年进行。深耕应视茬口情况而定，一般高粱、薏苡、麦田、黍、稷等茬口应深耕。

2. 翻地时期　全田耕翻要在前作收获后才能进行，其时间因地而异。我国东北、华北、西北等地，冬季寒冷，翻耕土地多在春、秋两季进行，即春耕或秋耕；长江以南各地，冬季温暖，许多药材长年均可栽培，一般是随收随耕，多数进行冬耕。

秋耕可使土壤经过冬季冰冻，质地疏松，既能增加土壤的吸水力，又能消灭土壤中的病源和虫源，还能提高春季土壤温度。北方秋耕多在植物收获后，土壤结冻前进行。各地经验认为，植物收获后尽快翻地利于积蓄秋墒，防止春旱。华北有个谚语，"白露耕地一碗油，秋分耕地半碗油，寒露耕地自打牛"。这说明秋耕时间早晚的效果差别很大。

北方的春耕是给已秋耕的地块耙地、镇压保墒和给未秋耕的地块补耕，为春播和秧苗定植作好准备。三北(东北、华北、西北)地区十年九春旱，为防止跑墒，上年秋翻的地块，多在土壤解冻5cm左右时，开始耙地。对于那些因前作收获太晚或因其他原因(畜力、动力不足、土地低洼积水、不宜秋耕等）没能秋耕的地块，第二年必须抓住时机适时早耕翻，早耕温度低，湿度大，易于保墒。适当浅耕（16~20cm），力争随耕随耙，必要时再进行耙耢和镇压作业，以减少对春播植物的影响。

南方冬耕也要求前作收获后及时耕翻，翻埋稻茬，浸泡半月至一月，临冬前再犁耙一次，耙后直接越冬或蓄水越冬。

（二）表土耕作

表土耕作包括耙地、耢地、镇压、起垄、开沟、作畦等作业。通常人们把翻地称为基本耕作，表土耕作看作是配合基本耕作的辅助性措施。表土耕作主要是改善耕翻后土体0~10cm耕层范围内的地面状况，使之符合播种或移栽的要求。

1. 耙地　通常采用圆盘耙、丁齿耙、弹簧耙等破碎土垡，平整地面，混拌肥料，耙碎根茬杂草，达到减少蒸发、抗旱保墒的目的。有些只需灭茬，不必耕翻的地块，采用耙地就可收到较好效果。

2. 耢地　又称耱地，其工具是由荆条等编制而成。耙后耕地可把耙沟耢平，兼有平土、碎土和轻压的作用，在地表构成厚2cm左右的疏松层，下面形成较紧实的耕层，这是北方干旱地区或轻质土壤常用的保墒措施。耢地常和耙地采用联合作业方式进行。

3. 镇压　镇压是常用的表土耕作措施，它可使过松的耕层适当紧实，减少水分损失；还可使播后的种子与土壤密接，有利于种子吸收水分，促进发芽和扎根；镇压可以消除耕层的大土块（特别是表层土块）和土壤悬浮，保证播种质量，使之出苗整齐健壮；另外，对防止作物徒长和弥合田间裂隙，也有一定的作用。

4. 作畦　作畦栽培是农业生产常见的形式。作畦目的主要是控制土壤中的含水量，便于灌溉和排水，改善土壤温度和通气条件。常见的有平畦、低畦、高畦三种。平畦畦面与通路相平，地面整平后不再筑成畦沟畦面，这样节省了畦沟用地，提高土地利用率，增加了单位面积的产量。一般在雨量均匀、不需经常灌溉的地区，或雨量均匀、排渗水良好的地块上采用。在多雨的地区或地下水位较高、排水不良的地方不宜采用。低畦是畦间走道比畦面高，畦面低于地面，便于蓄水灌溉。在雨量较少或种植需要经常灌溉植物时，多采用低畦。高畦是在降雨多、地下水位高或排水不良的地方，多采用的畦作方式。高畦畦面凸起，暴露在空气中的土壤面积大，水分蒸发量大，使耕层土壤中含水量适宜，地温较高，适合种植喜温的瓜类、茄果类和豆类（黄芪、甘草除外）药材。在土层较浅的地方种植人参、西洋参、三七、细辛等也采用高畦增加耕层厚度。在冷凉地方栽培根及根茎类药材时，最好也采用高畦，这样既提高了床温，又增长了主根长度。

通常畦宽：北方100~150cm，南方130~200cm。畦高多为15~22cm。

有关作畦畦向问题，各地也不尽一致，多数人认为畦的方向不同，可使药用植物受到不同强度的日光、风和热量，同时也影响水分条件。在坡地畦向有减缓径流水速，防止冲刷的作用。在多风地区，畦向与风向平行，有利于行间通风并可减轻风害，特别是高棵和搭架的药用植物。我国地处北半球，冬季日光入射角较大（杭州冬至日光入射角为53.5°），当畦栽植物行向与床向平行时，畦向以东西为好。夏季则以南北畦向为佳（因为入射角变小，杭州夏至为6.5°）。

5. 垄作　垄作栽培是我国劳动人民创造的，它是在耕层筑起垄台和垄沟，垄高20~30cm，垄距30~70cm。植物种在垄台上。垄作栽培在全国各地均有应用，在东北、内蒙古较为普遍。垄作栽培的地面呈波浪形起伏状，地表面积比平作增加

050202

起垄

25%~30%，增大了接纳太阳辐射量。白天垄温比平作高 2~3℃，夜间温度比平作低，所以，垄作土温的日较差大，有利于药用植物生育。垄作便于排水防涝，利于给植物基部培土，促进根系生长，提高抗倒伏能力，还可改善低洼地农田生态条件。

铺地膜

三、土壤的改良

土壤质地不同，对土壤的各种性状影响较大。不同药用植物要求的土壤条件有较大的差异，如甘草适宜在砂质土壤上种植。土壤质地过砂或过黏均不利于药用植物生长，可考虑采用各种有效方法对其加以改良。

（一）土壤质地的改良

1. 客土法　如果在砂地附近有黏土、胶泥土、河泥，可采用搬黏掺砂的办法；黏土地附近有砂土、河砂者可采取搬砂压淤的办法，逐年客土改良，使之达到三泥七砂或四泥六砂的壤土质地范围。但这种方法工程量大，造价高，不适于进行大面积的土壤质地改良。

2. 土层混合法　即通过翻淤压砂或翻砂压淤，如果砂土表层下不深处有淤泥层，黏土表层下不深处有砂土层，可采用深翻或“大揭盖”将砂、黏土层翻至表层，经耕、耙使上下砂黏掺混，改变其土质。一般冲积平原地区的土壤母质多具有不同的层次，可采用这种方法来进行表层土壤质地改良。但要求上下层土壤质地差异明显，且下伏土层不能过深，一般不宜超过 50cm，埋藏过深，使得翻压难度过大而难以进行。

3. 引洪淤积法　黄河或洪水中往往携带大量的泥沙沉积物，水流的速度不同，沉淀下来的颗粒组成也不同。我国黄河两岸的群众根据这个原理，常用来改良土壤质地，其方法是引富含泥沙的黄河水或洪水，将田间畦口开低，加快流速，则沉积物中砂粒较多，可以淤砂以改良黏质土壤；如果将田间畦口抬高，减慢洪水流速，则沉积物中沉积的细颗粒较多，可以达到改良砂质土壤的作用。每次漫砂漫淤不能超过 10cm，逐年进行，可使大面积的砂地或黏土得到改良。这种把洪水有控制地引入农田，使淤泥沉积于砂土表层的方法，既可增厚土层，改良质地，又能肥沃土壤，实质上也是一种客土法。另外，所携带的淤泥是冲蚀地表的肥土，含养料丰富，俗语谓之“一年洪水三年肥”。在靠近黄河中下游的河南新乡一带此法应用很广。

4. 培肥土壤，改良质地性状　土壤质地的不良生产性状不仅仅在于其颗粒组成，也与不同质地的土壤结构状况有关。通过改变不同质地土壤的结构，往往可以消除质地的不良生产性状。黏质土通过改良其结构状况也可以改变其生产性状。

大量施用有机肥不仅能增加土壤中的养分，而且能改善过砂或过黏土壤的不良性质，增强土壤保水、保肥性能。因为有机肥施入土壤中形成腐殖质，可增加砂土的黏结性和团聚性，降低黏土的黏结性，促进土壤中团粒结构的形成。因此，施用有机肥对砂土或黏土都有改良作用，它是一种常用的改良措施，其改良效果黏土大于砂土，因为腐殖质在黏土中容易累积，而在砂土中容易分解。施用有机肥提高土壤有机质含量，只是改变了土壤质地的不良性状，并没有改变矿质土壤颗粒的组成，所以，土壤质地类型不会发生改变。

在过砂或过黏不良质地的土壤上种植耐瘠薄的草本植物，特别是种植豆科绿肥如沙打旺、草木犀，翻入土中，既可增加土壤的有机质，也可改善土壤质地。

大面积的砂土或黏土短期内难以有效改变其质地状况，必须因地制宜，从选择优势作物、耕作和综合治理着手进行改良。如对于砂土，首先营造防护林，种树种草，防风固沙；其次选择宜种作物（喜温耐旱作物）；再次加强管理，如采取平畦宽垄、种子深播、播后镇压、早施肥、勤施肥、勤浇水、水肥少量多次等措施。对大面积的黏质土，根据水源条件种植水稻或水旱轮作，都可收到良好的效果。

（二）土壤结构的改良

土壤结构类型常因土壤种类而不同，即使在同种土壤中，不同的土层中土壤结构体的类型也有很大的差异。药用植物的生长、发育、高产和稳产需要有一个良好的土壤结构状况，以便保水保肥，及时通气排水，调节水气矛盾，协调肥水供应，并有利于根系在土体中穿插等。在生产实践中常采取的土壤结构改良的措施有：

1. 精耕细作　多施有机肥料耕作是调节土壤结构的重要措施。耕作结合施肥、中耕等措施，使表层土壤松散，虽然形成的小团粒是非水稳性的，但也会起到调节孔性的作用；增施有机肥料，做到土肥相融，不断增加土壤中的有机胶结物质，对促使水稳性团粒的形成具有重要意义。连年施用有机肥才能不断补充有机质的消耗和供给形成团粒结构的物质。

2. 合理的轮作倒茬　合理的轮作倒茬对恢复和培育团粒结构有良好的影响。一般来讲，一年生或多年生的禾本科或豆科作物生长健壮，根系发达，都能促进土壤团粒形成。近年来，一些国家推行的少耕法或免耕法的目的之一，就在于减少有机物质的消耗，改良土壤结构。实行药用植物与农作物、药用植物之间的轮作倒茬，对改良土壤结构、提高土壤肥力具有重要作用。

3. 合理灌溉、晒垡、冻垡　灌水方式对结构影响很大，大水漫灌冲击力大，容易破坏结构并使土壤板结；沟灌、喷灌或地下灌溉效果较好。灌后要适时中耕松土，防止板结，有助于恢复结构。

晒垡、冻垡充分利用干湿交替与冻融交替，既可促使土块散碎，又有利于胶体的凝聚和脱水。在此基础上进行精细整地，更能使土壤结构得到改善。

4. 施用石灰及石膏　在酸性土壤上施用石灰，碱性土壤上施用石膏，不仅能降低土壤的酸碱度，而且还有改良土壤结构的效果。其机制是石灰或石膏可以促进土壤胶体的凝聚，从而促进土壤团粒结构的形成。

5. 土壤结构改良剂的应用　近几十年来，一些国家研究并施用人工合成胶结物质，施用后可以促进土壤结构的形成，这种物质称为土壤结构改良剂。它是人工合成的一类高分子化合物，20世纪50年代初期在美国问世，先后研制生产出100多种人工结构改良剂，效果较好的有聚乙烯醇（PVA）、聚乙烯醛酸盐（PVAC）、二甲胺基乙基丙烯酸盐（DAEMAP）、聚丙烯酰胺（PAM）。它们能溶于水，施入土壤后与土粒相互作用，转变为不溶态并吸附在土粒表面，黏结土粒成为水稳性的团粒结构。我国应用较广泛的土壤结构改良剂是胡敏酸、树脂胶、藻糖酸等。

四、污染土壤的修复

土壤污染修复的目的在于降低土壤中污染物的浓度，固定土壤污染物，将污染物转化为毒性较低或无毒的物质，减少土壤污染物在生态系统中的转移途径，从而降低土壤污染物对环境、人体或其他生物体的危害。

1. 污染土壤修复的原则　根据土壤污染类型在选择土壤污染修复技术时，必须考虑修复的目的、社会经济状况、修复技术的可行性等方面。就修复的目的而言，有的是为了使污染土壤能够再安全地被农业利用，而有的则是限制土壤污染物对其他环境组分（如水体和大气等）的污染，而不考虑修复后能否被农业利用。不同修复目的可选择的修复技术不同，就社会经济状况而言，有的修复工作可以在充足的经费支撑下进行，此时可供选择的修复技术比较多；有的修复工作只能在有限的经费支撑下进行，此时可供选择的修复技术就有限。土壤是一个高度复杂的体系，任何修复方案都必须根据当地的实际情况而制定，不可完全照搬其他国家、地区和其他土壤的修复方案。因此，在选择修复技术和制定修复方案时应该考虑如下原则。

(1) 因地制宜原则：土壤污染修复技术的选择受到很多因素影响，包括环境条件、污染物来源和毒性、污染物目前和潜在的危害、土壤的物理化学性质、土地使用性质、修复的有效期、公众接受程度以及成本效益等。所以，在实际应用时要根据实际情况选择适宜的技术方法。

(2) 可行性原则：针对不同类型的污染土壤在选择修复方法时应考虑两方面可行性。经济可行性，应考虑污染地的实际情况和经济承担能力，花费不宜太高；技术可行性，所采用的技术必须可靠、可行，能达到预期的修复目的。

(3) 保护耕地原则：我国地少人多，耕地资源紧缺，选择修复技术时，应充分考虑土壤的二次污染和持续利用问题，避免处理后土壤完全丧失生产能力，如玻璃化技术、热处理技术和同化技术等。

2. 策略　针对受重金属、农药、石油、持久性有机污染物（POPs）等中轻度污染的农业土壤，应选择能大面积应用的、廉价的、环境友好的生物修复技术和物化稳定技术，实现边修复边生产，以保障农村生态环境、农业生产环境和农民居住环境安全；针对工业企业搬迁的化工、冶炼等各类重污染场地土壤，应选择原位或异位的物理、化学及其联合修复工程技术，选择土壤 - 地下水一体化修复技术与设备，形成系统的场地土壤修复标准和技术规范，以保障人居环境安全和人群健康；针对各类矿区及尾矿污染土壤，应着力选择能控制生态退化与污染物扩散的生物稳定与生态修复技术，将矿区边际土壤开发利用为植物固碳和生物能源生产的基地，以保障矿区及周边生态环境安全和饮用水源地安全。

3. 方法　目前，理论上可行的修复技术有物理修复技术、化学修复技术、微生物修复技术、植物修复技术和综合修复技术等几大类，部分修复技术已进入现场应用阶段，并取得了较好的效果。对污染土壤实施修复，阻断污染物进入食物链，防止对人体健康造成危害，促进土地资源保护和可持续发展具有重要意义。

物理修复技术是指通过对土壤物理性状和物理过程的调节或控制，使污染物在土壤中分离，转化为低毒或无毒物质的过程。

化学修复技术是运用化学制剂使土壤中污染物发生酸碱反应（或土壤 pH 调节）、氧化、还原、裂解、中和、沉淀、聚合、同化、玻璃质化等反应，使污染物从土壤中分离、降解转化成低毒或无毒的化学形态的技术。

微生物修复技术（bioremediation）是指利用天然存在的或特别培养的微生物在可调控的环境

条件下将有毒污染物转化为无毒物质的处理技术。微生物修复可以消除或减弱环境污染物的毒性，减少污染物对人类健康和生态系统的风险。

植物修复技术（phytoremediation）指利用植物及其根际微生物体系的吸收、挥发和转化、降解的作用机制来清除环境中污染物质的一项新兴污染环境治理技术。具体地说，就是利用植物本身特有的利用污染物、转化污染物，通过氧化-还原或水解作用，使污染物得以降解和脱毒的能力，利用植物根际特殊生态条件加速土壤微生物的生长，显著提高根际微环境中微生物的生物量和潜能，从而提高对土壤有机物的分解能力，以及利用某些植物特殊的积累与同化能力去除土壤中无机和有机污染物的能力，被统称为植物修复。

随着危害生态安全和人体健康的土壤污染问题日渐凸现，重金属、农药、持久性有机污染物和有机金属化合物等持久性有毒物质污染土壤的修复已成为土壤学界和环境学界的研究热点。发展适合的土壤污染与修复的风险评估理论与方法，以及发展能适合大规模应用的低成本污染土壤修复技术是当今国际性土壤修复研究和发展的趋势。

复习思考题

1. 阐述药用植物栽培制度的含义与内容。
2. 药用植物的种植方式包括哪几种？
3. 药用植物连作障碍的定义与主要的消减措施。
4. 根据实例阐述如何确定药用植物栽培中土壤耕作的时间和方法。

第五章同步练习

第六章　药用植物繁殖与良种繁育

第六章课件

繁殖是生物体产生和自身相似新个体以繁衍后代的过程，包括无性的营养繁殖和有性的种子繁殖。大部分药用植物栽培以种子繁殖为主。繁殖材料是药用植物栽培生产的物质基础，是将经过人为选择获得的优良种质经扩大繁殖后用于栽培的基础材料，包括种子和种苗，其质量将直接影响到中药材质量和产量。因此，培育品种纯正的种子或优质种苗既是药用植物栽培的基本任务，也是丰产、优质和高效栽培的先决条件。

第一节　药用植物的种质

一、药用植物种质的基本特性

药用植物种质是指药用植物自身存在的控制植物体生物性状和代谢过程，并能从亲代传递给后代的遗传物质总体。药用植物种质可以是一个群落、一株植物、植物器官（如根、茎、叶、花药、花粉、种子等），也可以是细胞、染色体乃至核酸片段等。

药用植物种质的基本特性主要体现在以下三个方面：①种质包含生物体的一切遗传物质，这些物质是生物体发育的原始要素，能控制整个生物体的发育，并具有繁殖能力。②种质所包含的遗传物质可以传递。种质可通过繁殖从一个世代传到下一个世代，是遗传性状的物质基础。一个生物体的种质中不仅包含有父母的遗传物质，而且还包含有祖父母、外祖父母及其祖先的遗传物质，从而后代既可表现其父母的遗传特征，也同时表现大量的变异，还可能出现其祖先的遗传特征。③种质决定药用植物的“种性”，植物分类学上的种就是一个特定的种质，它决定了各种植物的形态特征、生理特性、生态习性等。种质还是一种自然资源，其遗传多样性决定了某一物种种质资源的丰度。而同一物种内，生产上具有优良特性，如有效成分含量高、品质好、产量高、抗逆性强、适应性广等特性，同时遗传上稳定均一、能够人工繁殖，产生相同优良个体的材料，我们称为品种，也就是指优良种质。优良种质是药用植物生产的物质基础。一般是由育种家采用多种方法选育而成并通过种子公司生产推广的优良栽培品种，或者由生产基地通过长期的生产实践选育出的农家品种。如人参的大马牙、二马牙，地黄的金状元、白状元、小黑英，红花的花油兼用型品种花油二号，宁夏枸杞的丰产品种宁杞 7 号等。优良品种的选育离不开丰富多样的药用植物种质资源，这些种质资源包括药用植物栽培种、野生种以及人工创造的各种遗传材料等，是药用植物育种的物质基础。

药用植物优良种质根据存在形式分类，一般包括种子和种苗。不同种与品种的种子其形态结构常存在差异，种皮的特性与遗传、环境及本身的成熟度有关。种子的胚及胚乳一般不会受到生长环境的影响。休眠是药用植物种子常见的一种现象，产生休眠现象的原因很多，如胚休眠、种皮障碍、抑制物质的存在及环境因素的影响等，一些存在休眠现象的种子的种皮纹饰、裂隙等微观形态特征可以通过电镜观察。种子在适宜的条件下可以贮存，具有休眠特性的种子耐贮存，但繁殖前需要打破休眠。种苗通常具有生活力，不耐贮存，可以通过组织培养或者超低温冷冻贮存。

二、药用植物种质的收集与整理

优良品种的选育离不开多种多样的种质资源，因此收集、整理和保存具有丰富遗传多样性的种质资源是新品种选育的基础。种质资源收集主要有以下途径：

1. 深入实地调查，广泛搜集种质资源，如考察搜集、市场购买、交换资源等。

2. 通过有偿服务、通讯征集等方法从国家药用植物种质资源库（圃）征集科研用种质资源。

收集到种质资源以后，需要结合当地生产条件，对所收集种质资源进行鉴定和整理，一般需要对丰产性状如株高、干重、干鲜比等田间农艺性状以及抗病性、抗旱性等适应性进行田间实验，同时结合实验室检测对主要化学成分含量进行测定。然后筛选出优质资源用于育种改良和新品种选育。新品种的选育主要有以下几种途径：

1. 选择育种　选择自然界的突变类型，并将其突变固定下来，如选择优良芽变，培育新的优良无性系品种，利用无性系迅速固定优良性状和杂种优势。如红花檵木为金缕梅科檵木属檵木的变种，常绿灌木或小乔木，属于园林观赏植物，其花、根、叶可药用。由于其实生苗遗传稳定性不强，有 15.8% 返祖，会变为檵木，因此种子育苗在生产中很少应用。主要采用嫩梢枝条扦插育苗，1985 年湖南当地花农利用芽变枝条，经扦插繁殖，选育出一种叶片小而红润、夏季红叶返青期短、花色艳丽的品种，此为国内外选育出的第一个栽培品种。20 世纪 90 年代中期，随着栽培面积不断扩大，中心产区和长沙县花农利用自然变异材料，又选育出 30 个栽培品种。

2. 突变育种　人工创造突变，再通过突变后代的择优筛选，保留优良后代。如化学诱变育种、辐射诱变育种、激光诱变育种以及近几年大热的空间诱变育种。如藿香空间诱变育种研究表明，经过太空育种处理，子二代藿香挥发油成分发生了明显变化，爱草脑明显增加，胡薄荷酮和薄荷酮含量则明显减少。

3. 杂交育种或者回交育种　通过品种间杂交或者远缘杂交，引起不同品种基因与染色体的重排，在后代中再选择优良个体并通过世代选择固定优良性状。如韩宁林等对湖北不同群体间银杏 *Ginkgo biloba* L. 远距离花粉授粉，获得在叶产量、芽数、苗高和地茎粗等方面具有杂种优势的后代。刘玮等进行了丁香属（*Syringa* L.）植物的有性杂交试验，研究表明 18 个组合中有 5 个获得了杂种，同时发现后代结实率存在较大差异。王秋颖等对多个天麻 *Gastrodia elata* Bl. 品种进行多年正反交试验，培育出 4 个杂交品种，其中 3 个是高产品种，同时这些品种遗传稳定，箭麻个数和产量与双亲相比都有较大的提高。江苏海门用薄荷的两个品系 687 和 409 杂交育成新品种“海香一号”，鲜草亩产 3 000kg，精油薄荷脑含量可达 85% 以上。北京用地黄的不同品种杂交育成了“北京 1 号”和“北京 2 号”两个优良品种；大面积亩产平均鲜品 700~1 250kg，高产田达到 2 000kg，已经在北京大面积推广生产。河南用金状元作父本，白状元作母本，育成了“金白一号”地黄新品种，有优质高产、抗逆早熟和块茎集中等优点，产量比当地金状元、狮子头、北京一号等都高。宁夏以圆果枸杞为父本，小麻叶枸杞为母本，杂交选育出了生长快、果实大、产量高和抗性好的大麻叶枸杞。回交通常用来改良品种，通过优良亲本杂交后，选用亲本之一作为轮回亲本对杂交后代反复回交，直到获得稳定、纯合的优良品系。

三、药用植物的种质保存

种质资源的保存是利用天然或人工创造的适宜条件，使种质资源延续和不流失的人为方式，包括对植株、种子、花粉、营养体、分生组织和基因等遗传载体的保存。种质资源的保存方法主要有两大类，即原位保存和异位保存。原位保存指在原来的生态环境中，就地保存植物种质，如建立各种自然保护区或天然公园等途径来保护处于危险或受到威胁的植物，主要适用于群体较大的野生及近缘植物。对于收集来的种子种苗资源，常需要异位保存，才能保证其生活力和再生能力。主要包括建立中药资源种质圃、建立中药资源植物园、动物园或者家养家种基地，建立中药资源种质库以及利用组织培养或者超低温技术进行离体保存。下面对药用植物异位保存现状进行详细说明。

1. 保存在野生植物引种保存基地　目前中国已建成野生植物引种保存基地（包括植物园、树木园、各类种质圃）250 多个。其中国家级药用植物种质圃有 7 个，保存了药用植物种、变种或者野生近缘种大约 8 493 种，见表 6-1。

表 6-1　国家级药用植物种质圃

国家药用植物种质资源圃名称	保存的种、变种及野生近缘种数
海南药用植物种质资源圃	1 598 种
广西药用植物种质资源圃	2 903 种
云南药用植物种质资源圃	1 122 种
新疆药用植物种质资源圃	50 种
北京药用植物种质资源圃	1 806 种
宁夏枸杞种质资源圃	11 种
湖北药用植物种质资源圃	1 003 种
合计	8 493 种

各类植物园，有的属于中国科学院等各级科学研究机构，是以研究工作为主的综合性植物园；有的属于城市园林部门，是以园林研究或旅游观光为主的植物园；有的属于大专院校，是专用于教学和实习的植物园等。如中国科学院北京植物园引种栽培国内外各种植物 4 200 多种；武汉植物研究所将长江三峡库区内淹没的珍稀濒危植物物种（其中很多是药用植物）引种在宜昌市附近及其所内的种质资源圃内，进行异地保护，有效地保护了三峡库区内的珍稀植物物种。中国医学科学院在北京、云南、海南、广西建有 4 座药用植物园，总占地面积 200 多公顷，保存药用植物种质资源 4 000 多种，建立了较为完善的药用植物活体标本保存体系。另外，各大医药类高校或者药用

植物研究所也建有具有地方特色的药用植物园，如重庆市药用种植研究所药用植物园（重庆）、广州中医药大学药用植物园（广州）、广西壮族自治区药用植物园（南宁）、贵阳市药用植物园（贵阳）、中国药科大学药用植物园（南京）等。这些植物园或者种质圃很大程度收集并保护了当地的药用植物资源。

我国已建立了许多植物园或种质资源圃，保护了许多药用植物资源。如中国科学院西安植物园将秦岭大巴山区和陕西黄土高原的37种珍稀濒危植物移植到西安植物园，南京中山植物园从鄂西山区引种了一些珍稀植物，华南热带作物研究所成功引种沉香和海南龙血树，四川省实现了天麻、贝母、天冬、麝香等20多种药材野生变为家种家养，南方沿海地区成功引种了著名的南药如儿茶、千年健、诃子、苏木、肉桂、益智、芦荟、安息香、马钱子、砂仁、白豆蔻、血竭、槟榔等。

2. 保存在药用植物种质资源库　构建药用植物资源种质库一方面可以保存大量种质资源，避免优良种质资源的流失，同时也为新品种选育提供遗传资源，而且利于国际之间进行种质交换从而有利于开展国际间引种驯化。

药用植物种质库主要是利用现代化制冷空调技术，保持低温干燥的贮藏条件，植物种子经正常干燥脱水后贮于低温种质库中长期保存而维持其生活力。为了将新收集的和分散保存在全国各地的种质统一保存，通常需要构建国家种质库以集中保存种质。种子入库保存之前需要进行一系列前处理，如种子生活力检测、干燥和密封包装等，同时为种子创造低温干燥的贮存条件。国家种质库一般包括中期库、长期库和复份库。中期库也称工作库，温度维持在 -4℃ ± 2℃之间，主要提供科学研究和种质交换的供种。长期库的温度维持在 -18℃ ± 2℃之间，主要用于长期保存。复份库主要是为了防止战争或者天灾引起种质库破坏造成种质流失从而备份的种质库。种质库中保存的种质要定期繁殖更新以维持供种需要和满足永久保存。

2006年，国家财政部专项投资在中国医学科学院药用植物研究所内建设“国家药用植物种质资源库”，2007年完成并投入使用。国家药用植物种质资源库是国内第一个国家级药用植物种质资源库，也是全世界收集和保存药用植物种质资源最多的专业库，填补了我国及国际上药用植物种质资源系统保存的空白。国家药用植物种质资源库分为试验区、前处理区和保存区。保存区设有保存年限40~50年的长期库，保存年限25~30年的中期库，短期库，缓冲间及“双十五”干燥间（干燥间的温度15℃ ± 1℃，相对湿度15% ± 1%）。国家药用植物种质资源库具备目前种子体种质的最佳保存条件——温度 -18℃，相对湿度低于50%，根据理论推算，含水量为5%~7%的种子，在上述保存条件下，种子寿命可延长到50年以上。国家药用植物种质资源库为开放性平台，面向全国开展种质收集、保存工作，并为全国提供种质交换服务。目前国家药用植物种质资源库保存的种质达3万份近4 000种，是目前世界上保存药用植物种质资源最多的国家级种质库。保存的种质覆盖东北、华北、华东、西南、华南、内蒙古、西北、青藏高原八个中药资源分布区。

2007年，依托中国科学院昆明植物所，在昆明建成“中国西南野生生物种质资源库”。种质资源库主要包括植物种子库、植物离体种质库、DNA库、微生物种子库、动物种质库、信息中心和植物种质资源圃。目前，已采集了15 028份重要野生植物种质资源，完成3 000种10 129份种质资源的标准化整理，实现了710种1 764份种质资源的实物共享。其中包括弥勒苣苔、云南蓝果树、喜马拉雅红豆杉、云南金钱槭等重要珍稀濒危物种。同时中国西南野生生物种质资源库搭建了相关研究平台，建成了野生植物种质资源保护与收藏的支撑体系。积极开展了国际交流与合作，先后与英国皇家植物园 - 邱园“千年种子库”签署了关于野生植物种质资源保护和研究的合作协议，与世界混农林业中心（ICRAF）共同签署了树种种质资源保存的合作协议，为世界各国了解我国生物资源搭建了一个新的平台。

3. 利用组织培养与快速繁殖进行离休保存　组织培养是采用植物某一器官、组织、细胞或原生质体，通过人工无菌离体培养，产生愈伤组织，诱导分化成完整的植株或生产活性物质的一种技术方法。对于那些无性繁殖材料或者顽拗性种子特别适宜采用组织培养方法保存种质。

采用组织培养的方法可以快速繁殖药用植物，从而扩大种苗的供给，目前，我国用组织培养获得试管苗的药用植物有 200 多种，许多药用植物如当归、白及、党参、菊花、延胡索、浙贝母、番红花、龙胆、川芎、绞股蓝、人参、厚朴、枸杞、罗汉果、三七、西洋参、桔梗、半夏、怀地黄、玄参、云南萝芙木、景天、黄连等都可以实现人工繁殖。

采用组织培养的方法，不仅可以实现许多珍稀濒危中药材资源的人工繁殖，同时，结合超低温保存技术，对组织培养所需要的离体细胞、组织等也进行了很好的保存。如对中国红豆杉悬浮培养细胞进行超低温保存、对铁皮石斛原生质体进行玻璃化超低温保存、对金钗石斛原球茎进行超低温保存等研究都取得了显著成果。

四、药用植物种子种苗质量标准

种子种苗质量检验是指应用科学的方法对农业生产的种子种苗的品质和质量进行细致的检验、分析、鉴定，以判断其品质优劣的一门技术。它的最终目的是正确评定种子种苗的利用价值，并进行质量分析，为优质优价提供依据，减少损失，促进国内外种子种苗的贸易，从而协调生产者、经营者、使用者和管理部门的关系。种子种苗质量标准化是为了规范种子种苗市场，保证中药材质量而制定共同的可重复使用的规则。

药用植物种子种苗标准化包括药用植物良种生产、种子种苗生产、种子种苗质量分级、检验方法规程、包装、运输、贮存等一系列内容，其中种子种苗质量分级是基础内容。种子种苗质量标准化首先要求对种质和繁殖材料准确鉴定，并确定学名；要求建立良种繁育基地，并制定供应优良生产用种的计划，定期更新交换生产用种子；同时实行种子的生产和储运的检疫制度，并规定保存方法和时间，并且实行种子认证、种子证书等制度，从而逐步实现品种布局区域化、种子生产专业化、加工机械化和质量管理标准化。注意“道地药材”优良种质的保存、复壮及繁育工作，鼓励种质资源的引进、选育（配种）、推广应用。根据药用植物繁殖方式的不同，药用种了种苗质量标准包括种子质量标准和种苗质量标准。对于有性繁殖材料通常需要建立种子质量标准，而对于无性繁殖材料通常要遵从种苗质量标准。

（一）种子质量标准

种子检验规程是国家各级政府部门或企业颁布有关种子质量检验的方法、步骤、结果计算等的规定，具有统一性、可重复性、公众认可性和准确性。我国农作物种子检验规程的检测内容包括净度分析、发芽试验、真实性和品种纯度鉴定、水分测定、生活力的生化测定、重量测定、种子健康测定、包衣种子检验等。首先需要鉴定其真实性，即确定药用植物的种质基原，从而鉴定学名。学名确定为真实的种子，需要进行品质检验又称种子品质鉴定。药用植物种子品质（质量）包括品种品质和播种品质。种子检验就是应用科学的方法对生产上的种子品质进行细致的检验、分析、鉴定以判断其优劣的一种方法。种子检验包括田间检验和室内检验两部分。田间检验是在药用植物生长期内，到良种繁殖田内进行取样检验，检验项目以纯度为主，其次为异作物、杂草、病虫害等；室内检验是种子收获脱粒后到晒场、收购现场或仓库进行扦样检验，主要检测种子含水量、净度、千粒重、发芽率、发芽势和生活力。

1. 种子含水量　种子含水量是维持种子正常生活力的重要指标。种子生活力是指种子能够萌发的潜在能力或种胚具有的生命力。种子从发育成熟到丧失生活力所经历的时间，称为种子的寿命。种子的寿命因药用植物种类不同而有很大差异。热带植物的种子，如可可、芒果、肉桂等的种子，既不耐脱水干燥，也不耐零上低温，寿命往往很短，只有几天或几周，这类种子称为顽拗性种子。而大多数种子如黄芪、甘草等的种子，能耐脱水和零上低温甚至零下低温，寿命较长，被称为正常性种子。

对于大多数正常种子来说，含水量在14%~17%以内是比较安全的，可以贮存多年。含水量越低，越耐贮藏，含水量越高呼吸作用越强，温度也会升高，微生物活动加强，消耗掉贮存的养分，影响种子寿命直至丧失发芽能力。根据理论推算，含水量为5%~7%的种子，在-18℃，相对湿度低于50%的保存条件下，种子寿命可延长到50年以上。

种子含水量包括两部分，一部分为游离水，游离于细胞间隙，一部分为结合水，参与细胞构成。种子含水量的测定通常采用恒重法，其主要检测的是种子内的游离水，依据原理是种子烘干到一定程度，体内游离水完全挥发，种子相对干燥，因此重量不再减少。一般采用铝盒盛装在105℃烘干，先记住铝盒编号后先称量铝盒重量 W_0，再加入种子，称量总重量 W_1，盖子套在盒底敞开烘干后，再盖上盒盖称量总重量 W_2，种子含水量计算公式如下：

$$种子含水量=(W_1-W_2)/(W_1-W_0)\times 100\%$$

2. 种子净度　种子净度，又称种子清洁度，是纯净种子的质量占供检种子质量的百分比。净度是种子品质的重要指标之一，是计算播种量的必需条件。净度高，品质好，使用价值高；净度低，表明种子夹杂物多，不易贮藏。计算种子净度的公式如下：

$$种子净度=(纯净种子质量/供检种子质量)\times 100\%$$

3. 种子饱满度　衡量种子饱满度通常用千粒重来表示（以“g”为单位）。千粒重是种子品质的重要指标之一，也是计算播种量的依据。千粒重大的种子，饱满充实，贮藏的营养物质多，结构致密，能长出粗壮的苗株。

4. 种子发芽能力的鉴定　种子发芽能力可直接用发芽试验来鉴定，主要是鉴定种子的发芽率和发芽势。种子发芽率是指在适宜条件下，样本种子中发芽种子的百分数，用下式计算：

$$发芽率=(发芽种子粒数/供试种子粒数)\times 100\%$$

发芽势是指在适宜条件下，规定时间内发芽种子数占供试种子数的百分率。发芽势说明种子的发芽速度和发芽整齐度，表示种子生活力的强弱程度。

$$发芽势=(规定时间内发芽种子粒数/供试种子粒数)\times 100\%$$

5. 药用植物种子生活力的快速测定　种子生活力，是指种子发芽的潜在能力或种胚具有的生命力。药用植物种子寿命长短各异，为了在短时期内了解种子的品质，必须用快速方法来测定种子的生活力。药用植物种子生活力鉴定通常用红四氮唑(TTC)染色法、靛红染色法等。通常采用半粒法染色,将种子沿胚的中轴线切开成两半,每半都有半个胚,然后同一粒种子的一半用于TTC染色,另一半用于染料染色。染色结果可以互相对比。

(1) TTC染色法:2,3,5-氯化(或溴化)三苯基四氮唑简称红四氮唑或TTC,其染色原理是根据有生活力种子的胚细胞含有脱氢酶,具有脱氢还原作用,被种子吸收的氯化三苯基四氮唑参与了活细胞的还原作用,故染色。由此可根据胚的染色情况区分有生活力和无生活力的种子。一般采用0.5% TTC溶液浸没种子。

(2) 染料染色法:它的原理是根据苯胺染料(靛蓝、酸性苯胺红等)不能渗入活细胞的原生质,因此不染色,死细胞原生质则无此能力,故细胞被染成蓝色。根据染色部位和染色面积的比例大小来判断种子生活力,一般染色所使用的靛红溶液浓度为0.05%~0.1%,宜随配随用。染色时必须注意,种子染色后,要立即进行观察,以免褪色,剥去种皮时,不要损伤胚组织。

6. 种子纯度　纯度通常指品种类型一致的程度,是否均一性,它根据种子外观和内部状况来确定,如通过种子贮藏蛋白凝胶电泳谱带或者DNA指纹图谱来鉴别种子纯度。凡是一批种子混杂品种越少,均一性越高,谱带越一致,纯度越高。

以上指标中,发芽率和千粒重一般是最为重要的两个指标,如邵金凤等(2012年)对所搜集的48份不同产地川牛膝种子进行发芽率、千粒重、生活力、净度和含水量等指标的测定,利用K聚类分析的数学分级原理,将川牛膝种子分为3个等级,其中发芽率和千粒重作为分级的主要指标,生活力次之,净度和含水量是质量分级的参考指标。

(二) 种苗质量标准

种苗通常指用来繁殖的实生苗和根、根茎、组培苗、扦插苗等。与中药种子相比,种苗质量标准研究还相对较少。不同药用植物,种苗质量标准不尽相同,一般包括种苗检验规程研究、种苗分级研究、分级与生长发育关系研究。具体包括种苗真实性检验、净度分析、重量测定、芽数测量、长度或直径测量等。种苗杂质主要为砂土、残留及破损的部位。重量测定采用称重法。芽数测量测量其芽眼数和出芽数。直径测量采用普通直尺与游标卡尺来测量繁殖材料的长度和直径。然后根据质量检验测定数据进行聚类分析,从而对种苗进行分级,再对不同级别种苗的茎叶生长速度、光合效率、生物产量及有效成分含量等指标进行检测,从而验证种苗的分级是否合理。已知种苗质量标准中,以根类中药材最为丰富,其中人参种子种苗制定了国际标准,当归、党参、黄芩、秦艽、羌活种子种苗制定了地方标准。下面按种植材料来源进行分类对种苗质量标准进行举例说明。

1. 以实生苗作种苗的质量标准　这类种苗一般按照根粗、根长、根鲜重进行分级。如蒙古黄芪大苗根粗7~9mm,根长35~40cm,根鲜重6~8g;中苗根粗5~7mm,根长30~35cm,根鲜重4~6g;小苗根粗3~5mm,根长25~30cm,根鲜重2~4g。大苗出苗早,小苗后期生长好而中苗较差。因此原药生产宜采用小苗移栽,生产留种田应采用大苗移栽。又如苍术以去除须根的根茎重量作为种苗的主要分级指标,一级种苗单棵根茎重不低于10g,二级种苗单棵根茎重5.6~10g,三级种苗单棵根茎重1~5.6g。

2. 以根作种苗的质量标准　这类种苗一般以种苗鲜重、根长、根粗、芽长和芽数作为主要质量指标。然后采用聚类分析综合评价分级。如素花党参种苗质量标准:一级种苗单苗鲜重≥

14.1g，苗长≥24.0cm，苗根粗≥1.2cm；二级种苗单苗鲜重3.5~14.0g，苗长21.6~23.9cm，苗根粗0.7~1.1cm；三级种苗单苗鲜重1.9~3.4g，苗长13.5~21.5cm，根粗0.5~0.6cm。等级越高出苗率越高，植株生长发育愈佳，地下根产量愈高。规范化生产实践中应采用一、二级种苗。

3. 以根茎作种苗的质量标准　这类药材种苗一般以根长、芦头直径为分级指标，还要求芦头芽眼饱满，无病虫害和较大的机械损伤。如甘草种苗分级：一等种苗根长≥45cm，芦头直径≥8.0mm；二等种苗，35cm≤根长<45cm，6.0mm≤芦头直径<8.0mm。根长为甘草种苗质量分级的重要指标，种苗长度决定收获时药材的长度（根条长短），进而影响产量。

4. 以组培苗和扦插苗作种苗的质量标准　这类药用植物种苗一般以苗高、茎粗、节数、株数/丛等、芽点数指标为质量标准。如金钗石斛组培苗种苗分级：一级种苗的苗高不低于17cm，株数不低于3株；二级种苗的苗高不低于11cm，株数不低于2株；达不到二级种苗标准的为不合格种苗。对金钗石斛扦插苗种苗分级：一级种苗的苗高不低于12cm，芽点数不低于3；二级种苗的苗高不低于6cm，芽点数不低于2；达不到二级种苗标准的为不合格种苗。

第二节　药用植物营养繁殖

药用植物种类繁多，部分（如木本药用植物）在遗传性状上高度杂合，通过种子繁殖（seed propagation）无法保持亲本的经济性状，因此，生产中主要采用营养繁殖（vegetative propagation），即利用药用植物根、茎、叶等营养器官繁殖新个体。通过营养繁殖不仅可以保持母株的品种特性，而且由于新个体来源于成熟植株，可延续在母株上的生长发育节奏，因此开花结实较实生繁殖要早。尤其是利用嫁接繁殖的药用植物，是由优良砧木和接穗构成的砧穗共同体，可综合接穗、砧木的优点，使种苗产量高、品质优，并增强其对环境的适应能力。

药用植物营养繁殖方法大体可分为自根繁殖、嫁接繁殖。自根繁殖又分为分生繁殖、扦插繁殖、压条繁殖等。

一、自根繁殖

自根繁殖是利用药用植物营养器官的再生能力（细胞全能性），萌发新根或新芽而长成一个独立植株的繁殖方式。扦插、压条、分株、组织培养均属于自根繁殖，获得的苗木都有自己的根系，称为自根苗（own-rooted seedling）。自根苗一般没有主根，根系较浅，寿命较短，繁殖方法简便，应用广泛。

（一）分生繁殖

分生繁殖（ramet）是将植物体分生出来的幼小植物体（如吸芽、珠芽等）或者植物营养器官的一部分（如匍匐茎、变态茎等）与母株分离或分割，栽植后形成独立新个体的繁殖方法。该方法简便易行，成活率高，植株开花较早，可保持品种优良特性，但繁殖系数较低，易感染病害。根据繁殖材料的不同，又可分为分株繁殖、匍匐茎繁殖、

芦荟分生繁殖

吸芽繁殖、珠芽繁殖以及球茎、鳞茎、块茎等地下变态器官繁殖等。

1. 分株繁殖　分株繁殖是将根际或地下茎发生的不定芽或萌蘖切下栽植，形成独立植株的繁殖方法，在分生繁殖中应用最为普遍。适用于丛生性强或根上容易大量发生不定芽而长成根蘖苗的植物如菊花、牡丹、芍药、臭椿、紫荆等。

分株繁殖时，按植物特性及操作过程又可分为全分法和半分法两种。全分法是将母株连根全部挖出，从缝隙中将不定芽小心掰下或用消毒后的刀从母株上切下，分成若干株丛。半分法繁殖的植物一般萌蘖能力很强。分株时不必将母株全部挖出，只在母株的一侧把土挖出，露出根系，剪成带 1~3 个枝条的小株丛，下部带根，再进行移栽即可。

2. 匍匐茎繁殖　虎耳草、薄荷等植物，可从叶丛抽出节间较长的茎在地面匍匐生长，被称为“匍匐茎”或“走茎”。匍匐茎的节位向上能够长出叶簇和芽，向下能长出不定根形成幼小植株，从母株分离小植株另行栽植即可形成新株。这种繁殖方法称为匍匐茎繁殖。该法繁殖的植株存活率高，是薄荷大面积的栽培时常用的繁殖方法。

3. 吸芽繁殖　吸芽是部分植物根际或地上茎叶腋间自然发生的短缩、肥厚呈莲座状的短枝。在生长期间，吸芽能从母株地下茎节上抽生并发根，待生长一定高度后即可切离母株分植，芦荟、龙舌兰、黄花菜等均可用该法繁殖。菠萝的地上茎、叶腋间也能抽生吸芽，繁殖成新植株。

芦荟的吸芽

4. 珠芽、零余子繁殖　珠芽是卷丹、葱等植物叶腋或开花部位形成的小鳞茎。零余子则是薯蓣类植物生于叶腋间的小块茎。无论是珠芽还是零余子，脱离母株后在适宜条件下即可生根，发育成新植株，但这种繁殖方法得到的植株开花较晚。

百合的珠芽

5. 球茎、鳞茎、块茎等地下变态器官繁殖　很多药用植物具有变态的地下茎，如半夏、番红花的球茎，贝母、薤白的鳞茎，半夏、延胡索的块茎等，直接采用这些植物的地下种球来进行繁殖，即可获得新植株。

(二) 扦插繁殖

扦插繁殖(cuttage)是指截取枝、叶、根等营养器官的一部分，给予适宜的生长条件，使其再生不定根或不定芽，从而获得完整新植株的繁殖方法。用作繁殖的材料叫插穗或插条。扦插繁殖后代能保持原品种的优良特性，成苗快、开花早、繁殖材料充足，产苗量大，但寿命短、根系浅、抗性较差。

1. 扦插繁殖方法　根据扦插材料的不同，可分为枝插、叶插和根插。扦插繁殖在当前药用植物栽培生产中应用较为广泛，一般以枝插为主，根插次之，叶插应用较少。

(1) 枝插：可分为硬枝扦插和绿(嫩)枝扦插。

1) 硬枝扦插：落叶木本药用植物如忍冬、枸杞、连翘、桑树等常用的繁殖方式。具体扦插过程主要包括以下几步。

穗条采集：一般与冬季修剪相结合进行。在秋季落叶后至早春树液开始流动之前，从健壮母株上采集无病虫害、充分木质化的一、二年生枝条作为穗条。以母株中上部、向阳充实、芽体饱满的枝条为佳，也可采取母株基部的萌蘖。穗条采集后应低温贮藏，注意保湿，防止干燥失水。

截取插穗：截取枝条中下部带 2~4 个芽的枝段作为插穗。枝条梢头营养积累较少，不够充实，多弃之不用。一般乔木的插穗长度为15~20cm，灌木为10~15cm。生根慢的植物或干旱条件下插穗应稍长些，反之则可短些。

插穗上切口多为平口，距芽1cm左右，干旱地区可延长至2cm，以避免因上切口失水影响发芽。下切口一般距芽0.5cm左右，多剪成马耳形斜口，以增加插穗与土壤的接触，扩大吸收面积。

扦插：扦插苗床应疏松透气、排水良好。扦插前灌足水，并进行土壤消毒。扦插时要注意形态学上下端，不能倒插。扦插深度通常为插条的1/3~1/2，以地上部露1~2芽为好，干旱地区可将插穗全部埋入土中。插后踏实，以使下切口和土壤紧密接触（图6-1a）。对于生根较难的药用植物，扦插前常对插穗进行处理，以促进不定根的发生，常用措施是用适宜浓度的生长素类植物生长调节剂如萘乙酸（NAA）、吲哚丁酸（IBA）、吲哚乙酸（IAA）、ABT生根粉等处理插穗，如IBA 1 000~2 000mg/L速蘸插穗基部数秒或20~200mg/L浸泡插穗基部数小时。

插后管理：扦插后注意及时浇水，保持土壤湿润。在插穗愈合生根时期，应及时松土除草，使土壤疏松，通气良好。硬枝扦插一般在春秋二季进行，以春季最为常见，为保温保墒，可在苗床覆地膜，以促进插条生根。

2）绿枝扦插：草本、常绿、半常绿木本及难生根的落叶木本药用植物均可采用绿枝扦插的方式繁殖，如菊花、枳实、银杏等。绿枝扦插以当年生新梢为插穗，半木质化最佳，其他扦插过程与硬枝扦插类似。因插穗中营养物质贮存较少，所以一般顶部保留1~2片叶，以进行碳水化合物、激素、维生素等物质的合成，促进不定根的发生（图6-1b）。绿枝扦插在整个生长季都可进行，但在新梢生长处于缓慢时期到新梢停止生长之前进行为好。夏季扦插时应加盖遮阳网，定时或不定时对叶片喷雾，以保持湿度，防止叶片失水，提高成活率。

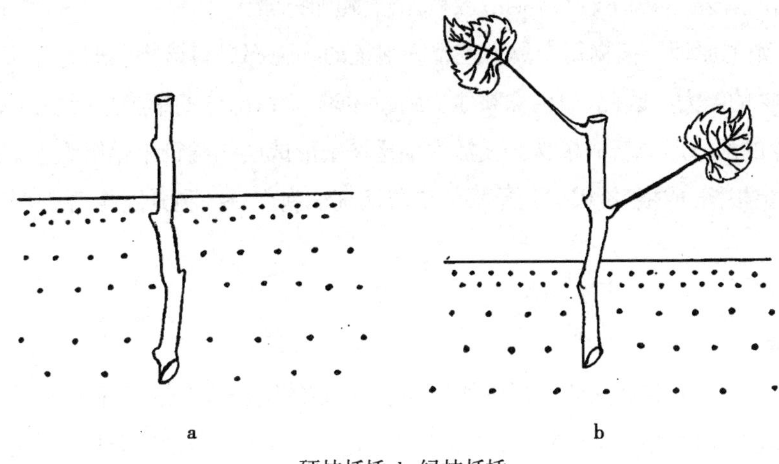

a. 硬枝扦插；b. 绿枝扦插。

● 图6-1 扦插

（2）根插：以根段作为插穗，利用根能形成不定芽的能力繁殖幼苗的方法即为根插。将粗为0.5~1cm的根剪成6~15cm根段，剪时注意放置方向，扦插时形态学上端（根尖方向）向下，不能倒插。根插一般在秋末剪根条，第二年春季扦插。可利用根插繁殖的植物有掌叶覆盆子、牡丹、芍药、补血草、核桃、枣树、文冠果等，丹参的根段繁殖也属于根插。

（3）叶插：以叶片或带叶柄叶片为插穗，可在叶柄、叶缘和叶脉处形成不定芽和不定根，最后形成新的独立个体的繁殖方法。叶插法适用于景天科、苦苣苔科、胡椒科等具粗壮的叶柄、叶脉或叶片肥厚的植物。

2. 促进扦插生根的方法

(1) 机械处理

1) 剥皮：对枝条木栓组织发达、较难发根的木本药用植物，将表皮木栓层剥去，可加强插穗吸水能力，促进发根。

2) 刻伤、环割、环剥：在插穗基部刻伤、环割或环剥，可阻止枝条上部的碳水化合物和激素向下运输，使养分更多截留在伤口附近，有助于不定根的发生。

(2) 黄化处理：扦插前一个月左右，用黑纸或黑塑料等将枝条包起进行暗处理。枝条在黑暗的条件下组织幼嫩，代谢活跃，可促进根原细胞的发育，扦插后容易生根。

(3) 加温催根处理：早春扦插往往会因地温不足而造成生根困难，可通过阳畦、酿热温床、火炕、电热温床等方式来提高插穗下端生根部位的温度，并保持适当的湿度，以提高扦插成活率。

(4) 水浸处理：扦插前，把插穗浸泡在水中处理数天，不但能使插穗吸足水分，还可降解插穗内的抑制物质，显著提高生根率。水浸插穗有条件的话最好用流水，用容器浸泡需每天早晚换水以保持清洁。

(5) 植物生长调节剂处理：对于较难生根的植物，可使用植物生长调节剂处理插穗以促进生根。生产上常用的生长调节剂有 ABT 生根粉、IBA、NAA、IAA 等。

1) 浸泡法：将插穗下切口 4~6cm 浸泡在生长调节剂溶液中 12~24 小时，取出后用清水冲洗再扦插。浸泡法使用的浓度较低，一般在 50~200mg/L。

2) 速蘸法：用浓度较高的生长调节剂溶液或与滑石粉或木炭粉混合后的生长调节剂粉剂（多用 1 000mg/L）快速浸蘸插穗下端（2~3cm）数秒，蘸后随即扦插。

3. 扦插繁殖的原理　植物每个具有完整细胞核的细胞都具有该物种的全部遗传信息，具备发育成完整植株的能力。因此，当植株整体受到破坏时，余留部分的细胞全能性可使其表现再生功能，长出缺少的部分形成新的植株。枝插生根是枝条形成层和维管束鞘组织先形成根原始体，继而发育成不定根，形成根系；根插则是根的皮层薄壁细胞恢复细胞分裂能力，形成不定芽，而后发育成茎叶。

（三）压条繁殖

压条繁殖（layerage）是将未脱离母株的枝、蔓在预定的发根部位进行环剥、刻伤等处理，然后将该部位就近埋入土中或用湿润的基质物包裹，待受伤部位长出新根后再与母株分离，形成独立新个体的繁殖方法。该方法具有操作简单、生根容易、成活率高等优点，繁殖后代生长快、开花早、产量高。但缺点是只能局限在母株附近进行，繁殖系数很低，有时还会对母株产生不利影响，因此不适合大规模生产经营。压条繁殖的原理与扦插相似，但更容易成功，因为枝条不与母株割离，可以由母体得到较充足的养分供应。常用压条繁殖方法根据埋条的状态、位置不同，可分为地面压条和空中压条。

1. 地面压条　地面压条应用非常普遍。根据操作方法又可分为普通压条、水平压条、波状压条、堆土压条。

(1) 普通压条：适用于近地面处有较多易弯曲枝条的植物，如无花果、腊梅等。将母株上近地面的一、二年生枝条弯曲后压埋入土穴中，深度8~20cm。用树杈或金属丝窝成U形向下将枝条卡住，以防反弹。穴的内侧应挖成斜面，外侧成垂直面，以引导枝梢垂直向上生长。埋入土中的部分可刻伤或环剥，或用生根粉等处理以促进生根。枝条先端露出土面，用竹竿固定，使其直立生长，覆以松软肥土并稍踏实。待生根后与母株分离，另行栽植。普通压条多在早春或晚秋进行，春季压条秋季切离，秋季压条，翌春切离（图6-2）。

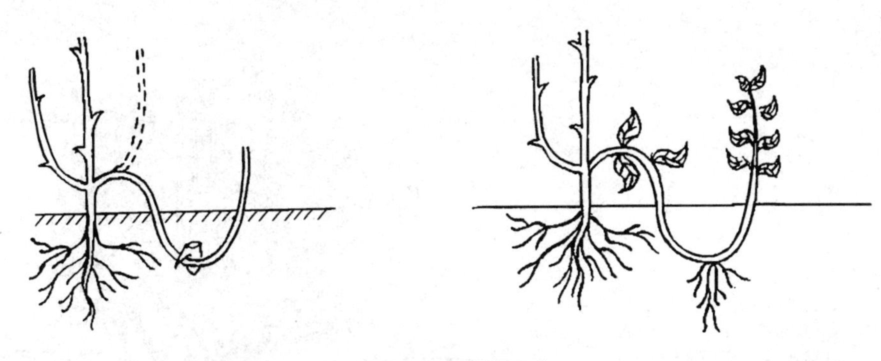

● 图6-2 普通压条

（2）水平压条：适于枝条较长且易生根的植物（如常春藤、凌霄、连翘、紫藤、桑等）。春季萌芽前在植株旁顺着枝条方向挖5~10cm浅沟，沟深不能太深，否则萌芽出土较难。按适当间隔刻伤枝条并水平压入沟内，除去枝条上向下生长的芽，两端用枝杈或铁丝固定，填土压埋。以后随着新梢的增高分次培土，一般2~3次。秋季落叶后分段剪离母株分植（图6-3）。

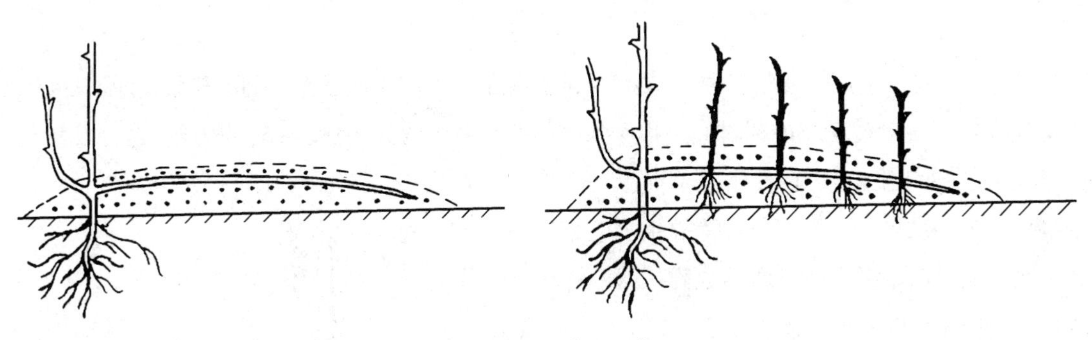

● 图6-3 水平压条

（3）波状压条：多用于枝条长、软的蔓性植物，如凌霄、忍冬等。将枝条弯曲于地面，割伤数处，之后将割伤处埋入土中，其他部位留在地上，整个枝条呈波浪状。待压入土中部分产生不定根，露在地面的芽抽生新枝后，分别与母株切割分离而成为独立的新植株（图6-4）。

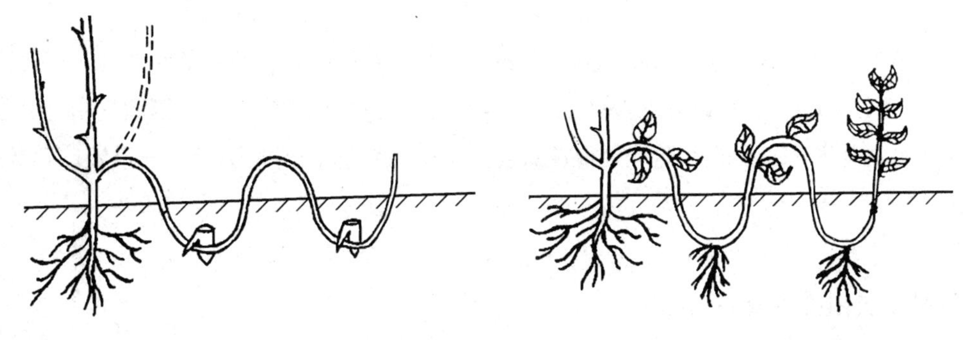

● 图6-4 波状压条

(4) 堆土压条：适用于丛生性较强、枝条硬度较大，不易弯曲压入土中的树种。如木瓜、石榴等。在冬季或早春对母株进行重剪，促进其萌发多个新梢（乔木一般于树干基部 5~6 芽处剪断，灌木可直接平茬）。待新梢木质化后，对其基部进行刻伤或环剥，并培土埋住基部。堆土时注意将各枝条排开，以免发根后根交错在一起。堆土后注意保持土壤湿润。新梢长高后进行第二次培土，两次总高度约为 30cm。堆土一段时间后，新梢基部产生不定根。一般在第二年春季挖出，与母株切离进行栽培（图 6-5）。

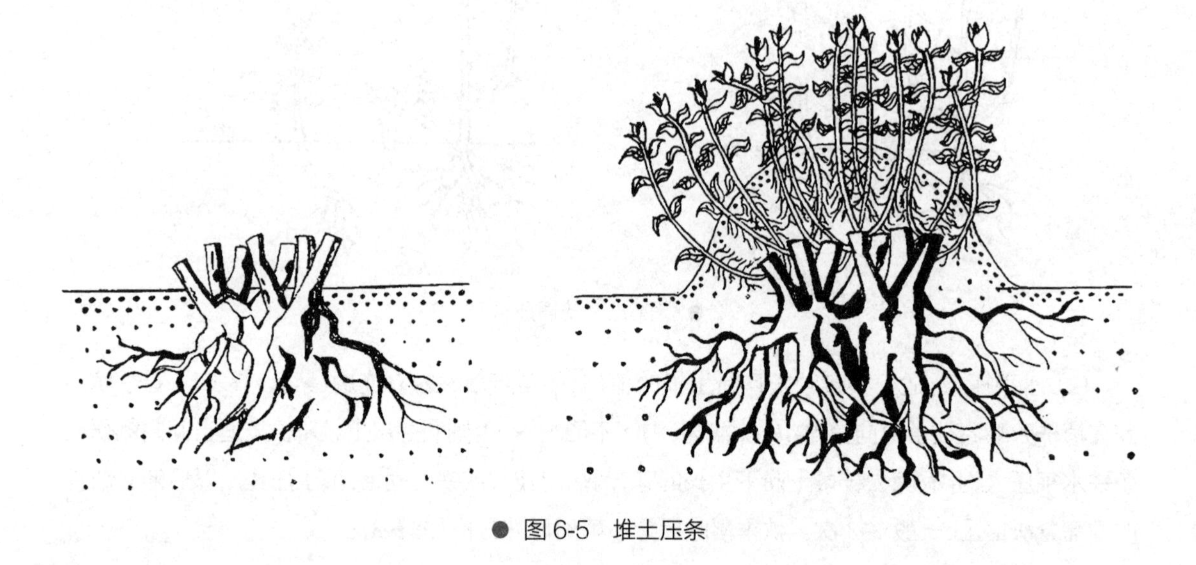

图 6-5　堆土压条

2. 空中压条　适用于枝条坚硬、不易弯曲或着生部位太高不能压到地面的枝条，以及扦插生根较为困难、不易产生萌蘖的树种。空中压条一年四季都可进行，但以 4~5 月最佳。选择发育充实、健壮的 1~3 年生枝条，在枝条基部向上 15~30cm 处刻伤或环剥，并在伤口涂抹生根粉等促发根试剂。用厚塑料袋卷成筒状或用对劈开的竹筒套在刻伤部位固定好，装入疏松、肥沃的土壤或苔藓、蛭石等基质完全把伤口部位包围起来，适量浇水，保持湿润，一般 2~3 个月后可在伤口部位发出新根（图 6-6）。根长达到 3~5cm 时即可切离母体，独立栽培。

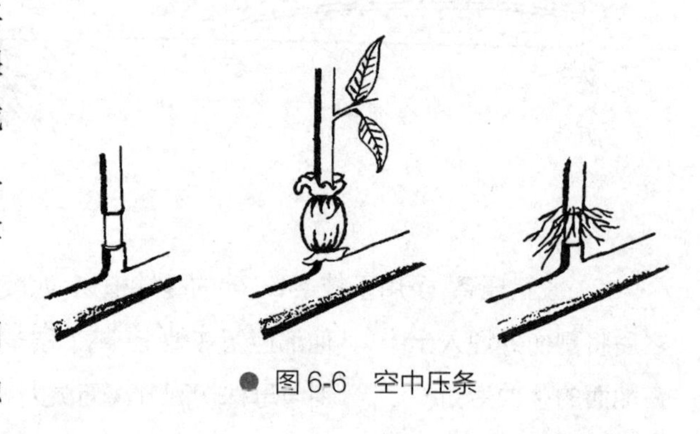

图 6-6　空中压条

3. 压条后管理　不定根的产生和生长需要一定的湿度和良好的通气条件。因此，不管采用哪种方法，在压条实施之后，都应该保持土壤或介质材料的适宜湿度，调节土壤通气和温度，适时浇水施肥，及时中耕除草。初始阶段还应注意埋入土中的枝条是否弹出地面，一旦发现要及时埋入土中。

（四）影响扦插和压条成活的因素

扦插繁殖与压条繁殖的原理相似，都是利用植物营养器官的再生能力繁殖新个体，因此，影响插条或压条成活的因素也基本相同，在此一并介绍。

1. 内部因素的影响

(1) 种类和品种：药用植物的种类和品种不同，其枝上发生不定根或根上发不定芽的难易不同。如玉兰、核桃、泡桐等发生不定根能力弱，欧李、菊花等则发根能力较强。

(2) 树龄、枝龄、枝条部位：一般情况下，母株的树龄越大，插穗或用于压条的枝条生根越难。枝龄多以1年生枝再生能力最强，但也有例外，如醋栗因为1年生枝条太细，营养储备太少，反而是2年生枝更易生根。枝条部位对插条和压条生根也有影响，如落叶植物夏秋季繁殖，以树体中上部枝条为宜；冬、春季繁殖则以枝条的中下部为好。

(3) 营养物质：无论是扦插还是压条繁殖，繁殖材料生根和发芽过程都需要消耗营养。因此，发育充实的枝条，营养物质比较丰富，扦插或压条更容易成活。

2. 外部因素的影响

(1) 温度：大多数植物扦插或压条时，白天气温20~25℃，夜温15℃左右，最利于生根。

(2) 湿度：扦插或压条期间，适时浇水，保持适宜的土壤湿度有利于发根，一般维持土壤最大持水量的60%~80%为宜。绿枝扦插时，条件允许的话还应进行喷雾，以减少叶面水分蒸腾，提高成活率。

(3) 通气条件：插穗或压条的枝条生根都需要氧气，一般以土壤中含15%以上的氧气且保有适当水分为宜。

(4) 光照：根的再生不直接需要光照，但嫩枝扦插及生长季压条则应在适宜强度的光照下进行，以利于叶片进行光合作用制造养分，促进生根。强光易引起插穗及枝条失水萎蔫，对成活不利，一般应给予适度遮荫。但在能够通过浇水和喷雾保证湿度，且光强不导致插穗或枝条过度蒸腾时则不需遮荫，以免影响碳同化或妨碍基质温度的上升，不利于根系的再生。

(5) 生根基质：理想的生根基质要求透水、透气性良好，pH适宜，不带有害的细菌和真菌。生产上常用的基质有砂壤土、蛭石、锯末等，疏松透气，有利于不定根的发生。

二、嫁接繁殖

将药用植物优良品种的枝或芽接在另一个植株个体的茎、根或枝上，并使之愈合成为新的独立植株，这种繁殖方法称为嫁接(graft)。嫁接用的枝或芽叫接穗，下部承受接穗的材料叫砧木。通过嫁接方法培育出来的幼苗，称为嫁接苗。

(一) 嫁接苗的特点

1. 保持接穗母本的优良经济性状。

2. 可以利用砧木抗性强的特性，增强品种的适应性，扩大栽培范围或降低生产成本。

3. 可利用砧木调节木本药用植物的生长状态，使树体矮化或乔化，以满足栽培上或消费上的不同需求。

4. 可利用高接更换优良新品种，快速获得经济收益。

5. 多数砧木可用种子繁殖，繁殖系数大，利于大面积推广。

（二）嫁接繁殖的原理

接穗与砧木的形成层由薄壁细胞组成，在受到切、削等伤害后，能恢复细胞分裂能力，形成愈伤组织。随着细胞分裂的进行，砧木和接穗愈伤组织的薄壁细胞逐渐充满二者之间的缝隙，并互相连接在一起。此时愈伤组织中新的形成层逐渐分化，向内产生新的木质部，向外形成新的韧皮部，砧穗即可通过新分化产生的维管组织连成一个整体，进行水分与营养物质的运输，成为独立的新个体。

（三）砧木和接穗的选择

1. 优良砧木的选择　选择优良砧木是嫁接繁殖的基础，直接关系到嫁接能否成功以及嫁接苗能否具有抗性强、高产、优质的特性。

(1) 与接穗有良好的亲和力，嫁接后植株生长旺盛。

(2) 抗逆性强，嫁接后接穗适应性能明显增强。

(3) 不影响接穗品种的产量与质量。

(4) 繁殖材料容易获得，易于大量繁殖。

(5) 具备某些特殊性状，如乔化、矮化等。

2. 接穗的选择、采集、贮藏与处理　选择品种纯正，具备丰产、优质的特性，无病虫害，生长健壮的植株作为母株。用作接穗的枝条应充实，饱满，以一年生外围枝条的中下部为佳。春季嫁接用的接穗最好结合冬剪之后窖藏，贮藏时注意保温、保湿、防冻，春季回暖后要控制萌发。夏季芽接用的接穗最好随剪随用，需贮藏时应放在阴凉处并保持适宜湿度。春季枝接嫁接前接穗需要封蜡保湿。具体做法是先根据需要将枝条剪成一定长度的枝段，用水浴熔蜡，温度控制在 90~100℃，用手捏住枝条下端，在熔好的蜡中速蘸，时间 1 秒，蘸蜡后的枝条单摆晾凉，以免互相粘连。

（四）嫁接繁殖方法

嫁接繁殖按所取材料可分为芽接、枝接、根接 3 种。

1. 芽接　以芽片为接穗的繁殖方法，称为芽接。该法嫁接速度快，成活率高，是常用的育苗方法。根据芽接方式，可分为“丁”字形芽接、嵌芽接、方块形芽接等，在此仅以最常用的“丁”字形芽接为例进行介绍。“丁”字形芽接因砧木的切口像一个“丁”字而得名，亦称“T”字形芽接。

“丁”字形芽接

(1) 不带木质部的“丁”字形芽接：通常在夏秋季节，砧木和接穗皮层易剥离时进行。接穗采下后，剪除叶片以减少水分蒸发，留 1cm 左右的叶柄，最好随采随用。

接穗的削切：在接穗芽的上方 0.5cm 处横切一刀，深达木质部；然后从芽下方 1.5~2cm 处，斜向上削一刀入木质部，深度依芽片需要的宽度而定，长度超过横切口处，捏住芽片横向推出，使盾形芽片剥离下来。

砧木处理：在砧木比较光滑处，先横切一刀深达木质部，宽度比芽片略宽；再在刀口中央向下竖切一刀，长度与芽片长相适应。

接合：用刀尖先拨撬起砧木纵切口一侧皮层，将芽片从该侧插入，再用刀尖拨开另一侧皮层，将芽片全部插入纵切口，按住芽片轻轻向下推动，使芽片完全插入砧木皮下，上端与横切口对齐密接，其他部分也与砧木紧密相贴。

绑缚：用塑料薄膜条包严，只露叶柄和芽（图6-7）。

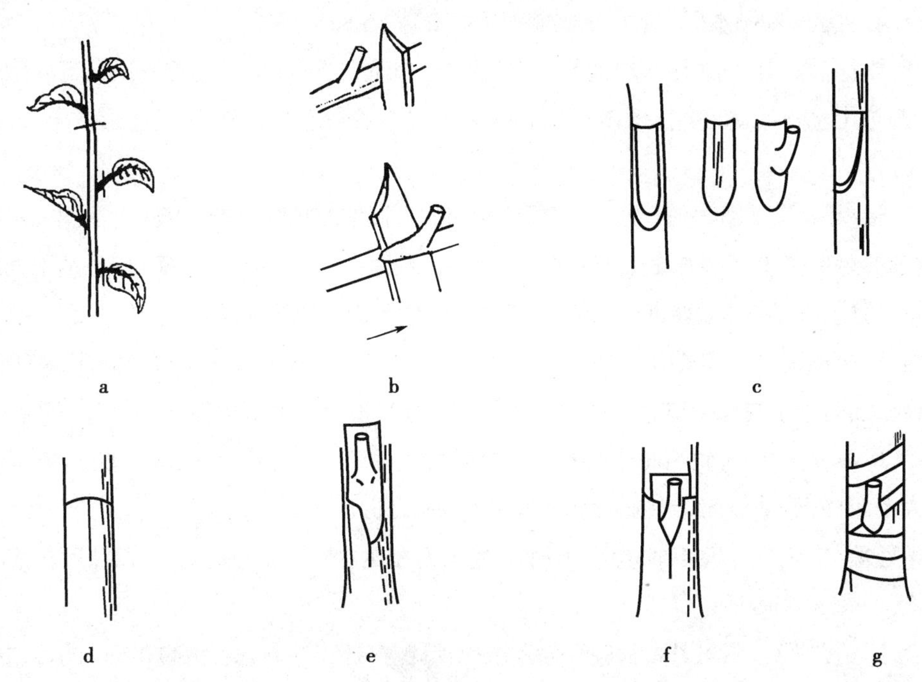

a. 接穗准备，将叶片剪掉，保留叶柄；b. 在芽的上方约0.5cm处横切一刀，然后从芽下方1.5~2cm处，斜向上削；c. 削好的芽片；d. 选定砧木枝条，先横切一刀，再纵切一刀；e. 将芽片先从一侧插入；f. 芽片全插入"T"字形切口；g. 绑缚。

● 图6-7 "T"字形芽接

(2) 带木质部的"丁"字形芽接：实质是单芽枝接。在接穗皮层剥离困难时期，或接穗节部不圆滑、不易剥取不带木质部的芽片或接穗枝皮太薄、不带木质部不易成活的情况下，可采用带木质部的"丁"字形芽接。嫁接过程与不带木质部的相近，唯有削芽片时下刀较重，直接将芽片带少量木质部切下。

2. 枝接 把一段枝条作为接穗接到砧木上的嫁接方法，称为枝接。该法成活率高，嫁接苗生长快，但技术不如芽接容易掌握，且接穗使用量大，要求砧木有一定的粗度。枝接季节多在惊蛰到谷雨前后，砧木芽开始萌动但尚未发芽前进行。常见的枝接方法有切接、劈接、腹接、插皮接和舌接等，在此仅介绍较常用的切接与劈接。

(1) 切接：是在砧木断面偏一侧垂直切开，插入接穗的嫁接方法，通常在砧木粗度较细时使用，适用于1~2cm粗的砧木的嫁接。

削接穗：接穗通常长5~8cm，带1~2对芽为宜。上切口在距上芽约1cm处，平切，蘸蜡。基部削成2个削面，大削面长3cm左右，削掉1/3以上的木质部，小削面在大削面反面，马蹄形，长度在1cm左右（约为大削面的1/3）。注意接穗不是先剪成段再削，而是先在基部削好削面后再行剪断，这样既方便手持枝条切削，又便于选择穗芽，保证嫁接苗质量。

砧木处理：在适宜嫁接的部位（一般距地面3~7cm）将砧木剪断。选择砧皮厚、较平滑的一侧，把砧木切面削平，垂直下切，切口深度稍短于接穗大削面。

接合：把接穗大削面贴紧砧木切伤面，插入砧木切口中。插入时操作要轻，务必使砧木和接穗两个切削面的形成层密切结合，并且尤其要注意将二者的切削面上绿色皮层与白色木质部之间的一条界线对齐，这样就可使形成层自然贴合，利于后期的成活。如接穗比砧木细，则应将接穗插在砧木的一侧，使这一侧砧木接穗的形成层能密切结合（图 6-8a）。

绑缚：接穗插好对齐后，用塑料薄膜带绑扎固定，同时封闭砧木切口，接穗顶端若没蘸蜡也要一并封起，防止水分蒸发。绑扎操作时应小心，不能使接合处有任何移动，防止形成层离位，影响成活。

（2）劈接：是从砧木断面垂直劈开，在劈口两端插入接穗的嫁接方法。该法削接穗技术要求较高，初学者不易掌握，但接穗削面长，与砧木形成层接触面积大，成活后结合牢固，多用于大树高接品种更新。劈接通常在休眠期进行，最好在砧木芽开始膨大时嫁接，成活率最高。

削接穗：接穗基部削成楔形，有两个对称削面，长 3~5cm。削面要求平直光滑，以利于跟砧木紧密结合。削时一手握稳接穗，另一只手用刀或剪斜切，推刀用力要均匀，否则会使削面不平滑。若未削平，可再补一两刀，使削面达到要求。接穗削好后，一侧比另一侧稍厚。如砧木过粗，嫁接时夹力太大，可以两侧厚一致或内侧稍厚，以防夹伤接合面。

砧木处理：将砧木在嫁接部位剪断削平。用劈刀在砧木中心垂直纵劈，劈口深度与接穗削面长度相近，一般 3~4cm。

接合：用劈刀把砧木劈口撬开，轻轻插入接穗，厚侧在外，薄侧在里，留约 0.5cm 的接穗削面在砧木外面，称为留白（露白）。留白可使砧穗结合部位表面光滑、愈合良好，不留则会导致砧穗间愈合组织生长受到限制，愈合后伤口附近形成瘤状结。接穗插入砧木时形成层一定要和砧木形成层对准，以利成活。较粗的砧木可以插 2 个接穗，一边一个（见图 6-8b）。

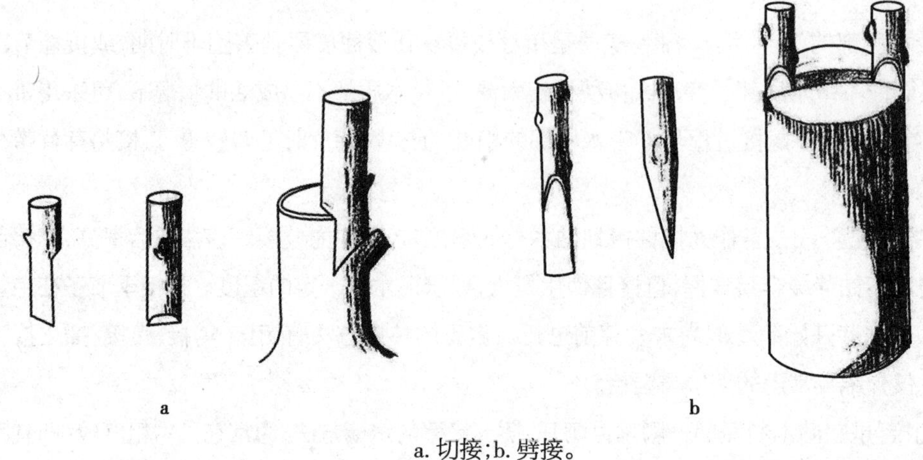

a. 切接；b. 劈接。

● 图6-8　枝接

绑缚：同切接。

3. 根接　以根系作砧木，在其上嫁接接穗的嫁接方法。用作砧木的根可以是整个根系或者是一个根段，接穗一般利用冬剪剪下的枝条，可用劈接、切接、腹接等方法嫁接。

（五）嫁接苗的管理

1. 芽接苗的管理

(1) 检查成活：芽接后15~20天检查成活。如叶柄已掉或一触即落，表明接芽已成活，如未接活再行补接。

(2) 防寒：秋季芽接的应在土壤结冻前培土防寒，培土要高出芽接部位，确保接芽安全越冬。

(3) 解除绑缚：正常情况下接后10~15天接芽与砧木产生愈合组织，即能成活，这时可以解绑。但接后如遇阴雨天气或气温较低，愈合组织生长慢，就应延迟解绑。

(4) 剪砧与除萌蘖：7月中旬以前的芽接，嫁接后可立即在接芽上方留1~2片叶剪砧，并反复抹除嫁接部位的萌蘖，以促进接芽尽快萌发。7月中旬以后嫁接的，嫁接后不宜剪砧，因为当年萌发抽出的新梢太短，也未充分木质化，待翌春树液流动萌发前再把砧木剪掉。

2. 枝接苗的管理　枝接苗管理较简单。当接穗发芽后，轻轻把培土扒开，只留一个生长旺盛新梢培养，多余的及早除去。如嫁接未成功，则在砧木上保留一个新梢，于夏秋再进行芽接补救。

3. 其他管理

(1) 及时中耕除草。

(2) 分期施肥灌水。

(3) 注意防治病虫害。

(六) 影响嫁接成活的因素

影响嫁接成活的因素主要有砧穗亲和力、砧穗质量、嫁接时的环境条件以及嫁接技术的优劣等。

1. 砧穗亲和力　亲和力是指砧木和接穗在内部组织结构、遗传和生理特性方面的相似性，以及二者经过嫁接能否愈合成活及正常生长、结实的能力，是嫁接成活的关键因子和基本条件。嫁接亲和力与砧穗间的亲缘关系密切相关，同种、同品种间亲和力最强，嫁接成活率高；同属异种间因植物种类而异，同科异属间则亲和力较差。

2. 砧穗质量　由于砧穗产生愈伤组织愈合成活的过程需要二者有充足的营养做保证，因此，砧穗质量对嫁接成活的影响较大，尤其是接穗质量更为重要，在取材时应选取充实、芽体饱满的枝芽做接穗，嫁接到健壮、生长发育良好的砧木上。

3. 其他因素

(1) 嫁接时期：嫁接成败与当时的土温、气温及砧木和接穗的活跃状态直接相关。

(2) 湿度：砧穗愈伤组织的形成需要一定的空气湿度，在其表面保持一层水膜可促进愈伤组织的大量形成。接穗也只能在适宜的湿度下才能保持其活力，因此，接口应绑严以保持湿度，解绑时间不可过早。

(3) 嫁接技术：熟练的嫁接技术是提高嫁接成活率的重要条件。生产上要求"平、齐、快、净、紧"，即砧木接穗削面要平，形成层要对齐，嫁接操作过程要快，砧穗削面要干净，不带毛刺或其他脏东西，绑缚要紧，要严。

(4) 伤流、树胶、单宁物质的影响：有些植物在春季根系开始活动后，地上部伤口处会产生伤流，直至展叶后才会停止，如罗汉果。在伤流期嫁接，会使伤口处细胞呼吸受抑制，影响愈伤组织的形成，降低成活率。另外有些植物如杏，嫁接时伤口会流出树胶；柿则会在削面上产生单宁，树胶与单宁也都会妨碍砧穗的愈合成活，因此应避免这些成分产生的时期嫁接或采取措施减少伤流、树胶、单宁的产生。

第三节 药用植物种子繁殖

种子繁殖又称有性繁殖，是大多数药用植物采用的繁殖方式。如三七、人参、肉苁蓉、党参等中药材大品种均采用种子繁殖开展药材生产，其优点是繁殖数量大、根系完整、生长健壮。缺点是一些通过异花授粉容易发生变异，不易保持原品种的优良特征。

一、种子采收与贮藏

（一）药用植物种子采收

种子的采收一般选择在种子成熟期，种子成熟（seed mathurity）是植物卵细胞受精以后种子发育过程的终结。种子成熟又包括形态成熟和生理成熟。形态成熟指当种子完成了种胚的发育过程，结束了营养物质的积累时，含水量降低，营养物质由易溶状态转化为难溶的脂肪、蛋白质和淀粉，种子本身的重量不再增加，或增加很少，呼吸作用微弱，种皮致密、坚实、抗性增强，进入休眠状态后耐贮藏。此时种子的外部形态完全呈现出成熟的特征，称之为形态成熟。生理成熟是指种子发育到一定大小，种子内部干物质积累到一定数量，种胚已具有发芽能力。一般情况下，种子的成熟过程是经过生理成熟再到形态成熟，但也有些种子形态成熟在先而生理成熟在后，又称为种子后熟作用。如：浙贝母、刺五加、三七、人参等。这类药用植物果实达到形态成熟时，种胚发育没有完成，种子采收后，经过贮藏和处理，种胚才能完成生理成熟。真正的成熟种子包括生理成熟和形态成熟两个方面。

在药用植物生产中，通常根据果实的成熟度来确定种子的采收，由于多数种子存在于果实中，如人参、重楼等，可以根据果皮颜色的变化来判断果实成熟度。如三七、西洋参果实成熟时果皮为红色，木瓜成熟时，果皮由绿色变为黄色。种子质量与药材生产密切相关，成熟度是种子质量的重要指标，对种子活力、发芽势、出苗率、种子耐藏性均有影响，因此，应采收充分成熟的种子。

（二）种子加工处理

新采集的种子一般都带有果皮，需要及时脱皮处理。如人参、三七、重楼等果实，采收后需要及时用人工或种子脱皮机进行脱皮处理。脱皮后的种子应放于阴凉干燥处风干贮藏；对易开裂的蒴果（桔梗、党参等）和荚果（决明、黄芪等）类种子可放在阳光下晒干；三七等对水分敏感的顽拗形种子脱皮清洗，晾干种子表面水分后，即需要用水分含量25%左右的河沙进行贮藏。部分药用植物如栝楼、丝瓜、宁夏枸杞、白芥等常以果实保存，播种前才脱粒。

060301

三七种子

（三）种子贮藏习性

多数药用植物种子采收后均需要贮藏一段时间才进行播种。所以，需要对种子贮藏习性进行了解。1973 年，Rorberts 提出以“正常型（orthodox seeds）”和“顽拗型（recalcitrant seeds）”来描述种子的贮藏性质。正常型种子在经过成熟干燥期以后以较低含水率从母株上脱落，而且通常能不受损害地被进一步干燥至 1%~5% 的含水量（超干燥贮藏）。顽拗型种子通常没有经过成熟干燥期，以相对较高的含水率从母株上脱落，来维持自然状态下最大的生活力，对低温和干燥具有极高的敏感性，很容易受到低温和脱水的伤害，种子的活力保持期很短，一般只有几周或几个月。

（四）种子的储存方法

在生产中，药用植物种子的储存方法十分重要。需要在了解植物种子贮藏习性的基础上，根据不同的药用植物种子特性、制定科学合理的种子储存措施，确保种子在播种时的种子活力。根据种子的性质，种子的贮藏方法一般分为干藏法和湿藏法。

1. 干藏法　干藏法指将干燥的种子贮藏于干燥的环境中的种子保存方法。一般正常型种子都采取此法，比如灯盏花、桔梗等。干藏法又可以分为普通干藏法、低温干藏法、密封干藏法等几种。普通干藏法一般适用于短期贮藏的种子，如丹参、半夏等。低温干藏法是将贮藏室的温度降至 0~5℃，相对湿度维持在 50%~60%，使种子充分干燥，种子寿命可保持一年以上，如白及、当归等采用低温贮藏种子效果良好。密封贮藏可以使种子在贮藏期间与外界空气隔绝，种子不受外界温度、湿度变化的影响，种子长期保持干燥状态，一般用于需长期贮藏，或因普通干藏和低温干藏易丧失发芽力的种子。

2. 湿藏法　湿藏法是将种子存放在一定湿润而又低温通气的环境中，使种子保持一定的含水量和通气条件，以保持种子的生命活力。此法适用于含水量高或休眠期长需要催芽的种子，此法除了经常保持湿润外，需要有良好的通气条件、适宜的低温，以防止种子堆发热，控制霉菌，抑制发芽。如三七、重楼等。

二、种子分级

种子分级是把某种药用植物种子根据其种子大小、活力、成熟度、净度、病虫危害情况等指标进行分类。种子分级有利于播种、生产管理、保障育苗出苗整齐、可有效提高种苗或药材的产量。

种子分级的依据是各种药用植物的种子质量标准。我国很多药材均制定了相关的种子质量标准，标准的类型包括国家标准、地方标准、团体标准和企业标准。部分大宗品种比如人参、三七、丹参等还制定了 ISO 国际标准。2018 年，中国科学院中药资源中心联合有关单位制定了中国中药学会 100 余项中药材种子种苗团体标准，这些标准的发布实施为中药材种子种苗质量标准分类提供了法律依据。

三、种子检验

种子检验是指利用科学、先进和标准的方法，对种子样品的质量进行检测、分析、鉴定，以判断其质量优劣的一种方法，是保证种子质量（种子品质）的重要环节。特别是把种子作为商品流通后，种子检验工作就显得更为重要，按照GAP要求，中药材生产基地的种子的生产、加工、销售全部过程的质量，均需对种子进行检验确定。

四、育苗地的选择与土壤整理

药用植物栽培中，多年生药用植物往往需要先用种子进行育苗，然后再进行移栽，如人参、重楼、三七、白及等。育苗地的选择与土壤整理是育苗生产中重要的环节。用作繁育种苗的地块，最好选择砂壤土、地形平整、土壤疏松、排灌便利的地块；在播种前，还需要对土壤进行耕作、翻晒，充分利用紫外线对土壤进行消毒，以消除土壤中的病菌，也可以结合土壤耕作，施用一定量的石灰等进行土壤消毒，防止病虫害的发作。连作障碍严重的药用植物如人参、三七、地黄等还有必要采用敌克松、代森铵等化学农药进行土壤处理，防止地下病害的传播。

五、底肥施用

为保证药用植物种子健康生长，培育健壮种苗，在种苗前，可以结合苗圃地的耕作使用一定量的有机肥作为底肥。底肥的施用量根据药用植物的种类、营养特征、土壤肥力等进行确定。

六、种子处理

药用植物在播种前，为保证种苗的质量、避免植物病害随种子传播，需要对种子进行适当的处理。种子处理包括种子精选、农药处理、种子包衣等方法。可根据不同的药用植物，选择不同的处理方法进行种子处理。种子处理的方法很多，但可归纳为下面三大类：

1. 化学物质处理　用化学药剂处理种子，必须根据种子的特性选择适宜的药剂和适当的浓度，严格掌握处理时间，可收到良好的效果。如明党参的种子在0.1%小苏打、0.1%溴化钾溶液中浸30分钟，捞起立即播种，一般发芽提早10~12天，发芽率提高10%左右。

2. 物理因素处理

（1）浸种：采用冷水、温水或冷、热水变温交替浸种，不仅能使种皮软化，增强透性，促进种子萌发；而且还能杀死种子内外所带病菌，防止病害传播。不同的种子，浸种的时间和水温亦不相同。如穿心莲种子在37℃温水中浸24小时，桑、鼠李等种子45℃温水浸24小时，均能显著促进发芽。

（2）晒种：晒种不仅能促进种子的后熟，提高种子发芽势和发芽率，还能防治病虫害。晒种时，最好能将种子薄薄地摊在竹席或竹匾上晒，如在水泥场地上晒种，应特别注意防止温度过高灼伤种子，丧失发芽力。晒种时要经常翻动种子，促使受热均匀。晒种时间的长短，要根据种子特性和温度高低而定。

（3）层积处理：层积法是打破种子休眠常用的方法，银杏、忍冬、黄连、吴茱萸等种子常用此法来促进后熟。先将种子与腐殖质土或清洁细沙（1∶3）充分拌和，装于花盆或小木箱内，存放阴凉处。如种子数量大，也可选干燥阴凉处挖坑，坑的大小视种子数量而定，先在坑底铺一层细沙，上放一层种子，再盖细沙，如此层积，在最上面覆盖一层细沙，使之稍高出地面即可。

(4) 机械损伤处理：利用破皮、搓擦等机械方法损伤种皮，使难透水、气的种皮破裂，增强透性，促进种子萌发。如杜仲采用剪破翅果，取出种仁直接播种，上面盖 1cm 左右沙土，在 4 月适温（平均气温 18~19℃）和保持土壤湿润的情况下，25~30 天出苗率可达 87.5%。种皮被有蜡质的种子，可先用细沙磨擦，使种皮略受损伤，浸种充分，发芽率显著提高。

3. 生物因素处理　主要是利用有些细菌肥料，能把土壤和空气中植物不能直接利用的元素，变成植物可吸收利用的养分的作用，以促进植物的生长发育。也可增加土壤有益微生物，常用的菌肥有根瘤菌剂、固氮菌剂、磷细菌剂和“5406”抗生菌肥等。如豆科植物决明、望江南等，用根瘤菌剂拌种后，一般可增产 10% 以上。

七、播种

（一）确定播种期

我国地域广阔，气候差异很大，北方药材与南方药材播种期差异巨大，需根据不同药用植物的生物学特性、生长发育规律和生长环境确定播种期。如人参、三七同为人参属植物，生长于南方的三七通常冬季 12 月至次年元月播种，而产于北方的人参则一般采用夏季播种。同一种药用植物，在不同地区播种期也不一样，如红花在南方宜秋播，而在北方则多春播。每一种药用植物在当地都有一个最适宜的播种期，在这个时期内播种，产量高、质量好。错过季节播种，产量和品质都会显著下降。

（二）制定合理的播种密度

合理密植是确保单位面积种苗产量质量的基础。其作用主要在于充分发挥土、肥、水、光、气、热的效能，通过调节药用植物单位面积内个体与群体之间的关系，使个体发育健壮，群体生长协调，达到优质高产的目的。不同的药用植物需要通过田间试验等方法，确定不同的播种密度。

（三）播种方法

药用植物种子的播种方法分直播和育苗移栽，直播即将种子直接播于大田生长直至收获。但有的药用植物种子极小，有的苗期需要特殊管理或生育期很长，应先在苗床育苗，然后移植大田，如毛地黄、人参、泽泻、杜仲、穿心莲等。育苗移栽可延长生育期，节省土地，便于精细管理和连接茬口。在播种操作上可分为点播（穴播）、条播和撒播，应根据各种药用植物的生物特性、土地情况和耕作方法等，选择适当的方法。一般苗床育苗以撒播、条播为好，田间直播则以点播、条播为宜。

八、苗田管理

药用植物种苗的田间管理与大田管理的管理要求基本相同，但由于种苗生长弱小、种植密度大、生长周期短，所以管理要更为精细。在水分管理、肥料施用、病虫害防治等方面均要依据不同药用植物的种苗生长特性和生长规律制定不同的管理措施，从而达到生产健康种苗的要求。

石斛种苗田间管理

九、种苗移栽

（一）选地与土壤整理

1. 选地　有的药用植物种苗栽培土壤要求与育苗对土壤要求无大的差异；有的药用植物则要求不同，在平原地区种植重点考虑土壤质地、土壤肥力、排灌情况、前茬作物等因素。我国药用植物大多数种植在山区或丘陵地带，在选地时除土壤质地、土壤肥力、排灌情况、前茬作物外，还应该关注种植地的坡度、朝向、交通状况、气候环境等条件。

选择适合的生态适宜区。每一种药用植物都有一定的生长适宜范围，形成了中药材的道地性。所以种植药用植物，首先必须要选择药用植物的最适宜区、适宜区种植。药用植物产量和质量的形成都与海拔、纬度、降雨量、太阳辐射、日照时间、无霜期、年平均温度等气候环境密切相关；药用植物种植地块应选择大气、水源无污染的环境，经过检测土壤符合国家二类土壤标准；一般选择中偏酸性砂壤土、排灌方便、交通便利的土壤。部分药材如三七、黄精、白及等要求具有一定坡度（不超过 15°）；选择有一定轮作年限的地块。大多数药用植物忌连作，不能选择连作地种植，前茬作物最好不要与栽培的药用植物同属或有相同的病原病虫害。少数生产期短的药用植物如灯盏花、菘蓝等可以采用不同季节作物轮作。红花的前茬作物以玉米、棉花、黄豆、花生、烤烟、水稻为好。

2. 土壤整理　土壤整理是药用植物大田栽培重要的生产环节，在药用植物种苗移栽前，一般提倡利用旋耕机等农业装备对种植土壤进行充分的破碎。在土壤整理时采取深耕错沟、日光暴晒等农业措施，可有效预防药用植物土传病害的传播。

3. 土壤处理　土传病害育种的药用植物，如生姜、地黄、三七等，在种苗移栽前，还需要采用一定的化学方法对土壤进行处理，以预防土传病害及地下害虫。

（二）开沟作畦

药用植物栽培中，开沟作畦是常见的方式。开沟作畦的目的有：①方便田间生产管理；②有利于在雨季排水，减少土壤含水量。实际生产中，往往根据药用植物的种类不同，开沟作畦的方式也多样。例如当归栽培采用高畦（顺坡）或高垅，畦宽 1.5~2.0m，高 30cm，畦间距离 30~40cm。

（三）种苗分级与检验

1. 种苗分级　移栽时应进行分级移栽。一般按照药用植物种苗分级标准进行分级，除去不合格种苗，选择合格种苗按级移栽。不同药用植物种苗分级不同，如三七种苗分级按质量分为三级，在规范化三七种植中要求只能使用一、二级种苗。

2. 种苗检验　种苗检验的作用与种子检验一致，但种苗检验的项目比种子检验少，主要是依据种苗标准，对种苗的大小重量、根系、种芽、病虫感染等指标进行检验。根据检验结果进行分级，作出合格种苗和不合格种苗的结论。

3. 种苗　药用植物种苗移栽时同样要对种苗进行必要的处理。种苗和种子一样，同样可能是病虫害病原微生物的携带者。一般在移栽时采用低毒高效的杀菌剂进行预防处理。常用的种苗处理剂有 58% 瑞毒霉锰锌可湿性粉剂，1.5% 多抗霉素可湿性粉剂处理 15~20 分钟后，取出，带药液移栽。

(四) 阴生药用植物的荫棚建造

许多药用植物比如人参、白及、重楼、三七、黄精、铁皮石斛、益智、砂仁等属于阴生植物，在栽培时必须人工搭建荫棚，保障药用植物的正常生长。

在建设荫棚前，需要对药用植物的光合特性、需光规律、荫棚透光度等进行研究。在此基础上，根据不同药用植物的特点，采用不同的方式建设。如人参栽培一般采用单透棚（透光不透雨）模式，而三七则采用双透棚（透光透雨）栽培。

(五) 施用底肥

药用植物移栽时需要施用一定量的底肥。底肥又称基肥，是在播种或移植前施用的肥料。它主要是供给植物整个生长期中所需要的养分，为作物生长发育创造良好的土壤条件，也有改良土壤、培肥地力的作用。作基肥施用的肥料大多是迟效性的肥料。如厩肥、堆肥、家畜粪等是最常用的基肥。底肥使用前，要经过充分发酵腐熟。需特别注意，按照《中药材生产质量管理规范》(GAP)要求，人的排泄物不能作为药用植物的有机肥使用。底肥的施肥量要因药用植物而异，如当归每亩施腐熟有机肥料 4 000~5 000kg，有机肥不足时，可用腐熟油渣 50~75kg，过磷酸钙 80kg。

(六) 移栽定植

1. 确定移栽期　根据不同药用植物的物候期要求，确定移栽期。例如当归的移栽期一般是 3 月下旬至 4 月上旬；麦冬移栽期四川为 4 月，浙江为 5 月；三七移栽期为冬季的 12 月至次年的 1 月。

2. 合理密植　药用植物栽培的目标是优质稳产，通过农业生产措施在保证质量的前提下获取稳定的产量。药用植物种类繁多，从草本植物、藤本植物、灌木到乔木都有，因而必须根据不同的药用植物，研究制定合理的种植密度。如当归的种植密度采用行距 40cm、株距 20cm，或行距 33cm、穴距 33cm，亩栽 6 000~7 000 株；麦冬的种植密度为行距 25cm，株距 15cm，每穴栽苗 9~10 株；杜仲按行株距 3m × 2m 挖穴栽培。

第四节　药用植物良种选育

品种(variety)是指在一定的自然和栽培条件下，人们根据生产需要选择培育出的经济性状及生物学特性符合人类要求、遗传上相对纯合稳定的植物群体。优良品种（良种）则是表现出高产、稳产、优质（有效成分含量高）、抗逆性强等一个或数个优良特性，深受生产者欢迎的品种。良种繁育是良种选育的继续，品种混杂、退化会严重影响中药材的产量和质量，针对混杂退化的原因，采用相应措施进行良种复壮是保障药用植物生产的重要措施。

一、良种选育、繁育的意义和作用

(一) 良种选育的意义

通过育种工作，可选育出经济性状整齐、遗传稳定、品质好、产量高的药用植物优良品种，是保障中药材质量优质稳定的基础，对整个中医药产业可持续发展具有非常重要的意义和作用：

1. 在不增加劳动力、肥料的情况下，提高单位面积产量。

2. 改进中药材品质，使其具有更好的外在及内在质量。

3. 良种具有较强的抗逆性，利于保持产量和品质的稳定。

4. 推动药用植物栽培生产从传统粗放型经营向现代集约化经营转变，改变传统中药材生产模式，提高中药农业的生产水平及经济效益。

5. 可更好地控制中药材的质量，为相关企业提供优质稳定的原料，促进企业的可持续发展。

（二）良种繁育的意义和作用

优良品种能够更好地利用栽培条件（水、肥、气、热等），抵御不良环境因素，在提高产量、改进品质、增强抗性等方面发挥着重要作用。良种繁育是品种选育工作的继续，在推广育种成果、发挥良种优良特性中发挥着重要作用。

1. 大量繁殖和推广良种　良种繁育的首要任务就是要迅速、大量地繁殖新选育出的良种，实现品种更新，逐步取代生产上使用的老品种。

2. 保持良种的纯度和种性　通过合理的繁育制度、严格的种子操作技术及种子检验制度，保持和提高良种的种性和纯度，确保种子的高质量，以便最大限度地发挥良种的增产作用。

二、良种选育的方法

良种是生产优良中药材的物质基础。随着社会需求的迅速增加及现代农业的发展，对药用植物品种提出了更高的要求：优质、高产、稳产、抗性强、成熟期短等。为实现上述育种目标，通常先进行种质资源的收集、评价，之后根据育种目标，灵活选择育种途径进行新品种的选育。常用育种方法包括引种、选择育种、杂交育种、回交育种、杂种优势利用、诱变育种、倍性育种、生物技术育种等。

（一）选择育种

根据育种目标，在现有的药用植物自然变异群体内，根据个体的表现性状，选择符合人类需要的优良个体，经选择及比较鉴定等手段而育成新品种的育种方法，称之为选择育种（selective breeding）。选择育种是常规育种的重要手段之一，利用的是现有群体中出现的自然变异，从中选择出符合生产需要的基因型并加以强化，无需人工创造变异。

1. 育种选择形式　选择是生物进化的动力，根据选择形式不同可分为自然选择（natural selection）和人工选择（artificial selection）。

（1）自然选择：自然选择是自然环境条件（如气候、土壤和生物因子等）对药用植物的选择作用。在漫长的进化过程中，把不利于药用植物生存与发展的变异淘汰掉，保留下来的都是对植物本身有利的变异，使其能更好地适应环境。

（2）人工选择：人工选择是通过一定的程序，将符合人类特定目标的植株选出，使其遗传性渐趋稳定，形成新品种。人工选择使群体向着对人类有利的方向发展，最终符合人类需求的个体或植株被保留下来，不符合的则被淘汰。

(3) 自然选择和人工选择在育种上的应用：在选择育种以及其他育种过程中，人工选择发挥着重要作用。但是，人工选择育成的品种也必须接受自然选择的检验。人工选择应在自然选择的基础上进行，只有能适应自然环境条件的品种，才能在生产上推广。

2. 选择育种的方法

(1) 单株选择法：根据育种目标，从原始群体（农家品种、地方品种或推广品种等）中选出一些优良的单株，分别编号，分别留种，下一代单独种植形成株系，同时种植原始群体和对照品种（当地同类优良品种），比较各株系的表现，鉴定各入选单株基因型优劣的选择法，称为单株选择法。从原始群体中只进行一次单株选择，经过比较、鉴定，即可育成新品种，称为一次单株选择法，自花授粉植物多可采用此法育成新品种。若在一次单株选择的后代中，当选优株的基因型仍是异质结合，遗传性状还不稳定，继续出现性状分离，则再在其中选择优良的变异单株，分别留种，分别种植，再次与对照进行比较鉴定，选优去劣。如此重复几次，直至性状整齐一致，选出优良新品种，这种选择方法为多次单株选择法。单株选择法家系清楚，能选出可遗传变异，有效淘汰劣变基因，但占用较多的土地，选择周期较长。

(2) 混合选择法：从原始群体中选择符合育种目标的优良单株混合留种、下一代混合播种在混选区内，以原始群体和对照品种作为对照进行比较鉴定的选择法，称为混合选择法。若经过一次选择所选群体的综合性状即优于原始群体和对照品种，表明选择育种成功，称为一次混合选择法。如果一次选择后的植株性状还不一致，则要在后代的群体中继续进行第二次混合选择，或连续进行几代混合选择，直至产量比较稳定、性状表现比较一致并胜过对照品种为止，这种选择方法称为多次混合选择法。混合选择法操作方便，占地面积较少，并能迅速从混杂群体中分离出优良的类型，并能为生产提供大量种子，多用于提纯复壮。

(3) 改良选择法：又可分为单株 - 混合选择法、混合 - 单株选择法、集团选择法等，均是单株选择法与混合选择法的综合应用，使选择过程更为高效、快捷、准确。

(二) 杂交育种

不同基因型植物的雌、雄配子相互结合而获得杂种的方法，称为杂交。杂交育种（cross breeding）是通过人工杂交技术，将两个或两个以上亲本的遗传物质实现交换和重组，使优良性状整合到一个后代个体中，再从分离的后代群体中，通过人工选择和比较鉴定，获得重组优良性状稳定的新品种的育种方法。根据进行杂交的亲本间亲缘关系的远近，杂交育种可分为近缘杂交和远缘杂交。近缘杂交是同一物种内品种或类型间的杂交，不存在杂交障碍，主要应用于选育新品种。远缘杂交则是不同种、属或亲缘关系更远的植物类型间进行的杂交，杂交难度大，存在不亲和性，主要应用于创造更丰富的变异类型。我国用于药材使用的药用植物不提倡远缘杂交。以下仅以近缘杂交进行介绍。

1. 杂交亲本的选择与选配　杂交亲本的选择与选配是指根据育种目标，选择符合要求的种质材料作为亲本，并将其进行适当组配，从而为杂交后代提供恰当而广泛的遗传基础，为杂交育种的成功创造必要条件。正确的选用亲本，是决定杂交育种成败的重要环节，对实现育种目标具有十分重要的作用。

(1) 亲本选择原则:①广泛搜集符合育种目标的种质材料,提供广泛而适宜的遗传基础,创造更多的选择机会;②了解目标性状的遗传基础和遗传规律,从大量原始材料中精选亲本;③选用具有尽可能多的优良性状的种质做亲本;④选用适应性强的地方品种做亲本。

(2) 亲本选配原则:①双亲都具有较多的优点,没有突出的缺点,在主要性状上的优缺点尽量互补;②亲本之一最好是能适应当地条件、综合性状较好的推广品种;③选择不同类型的或不同地理起源的亲本相配组,遗传差异大,杂交后代性状分离广,易于选出超越亲本和适应性比较强的新品种;④以具有最多优良性状的亲本作母本;⑤育种目标中的质量性状至少存在于双亲之一中;⑥选择一般配合力高的亲本相配。

2. 杂交育种程序

(1) 制订育种计划:根据育种目标选择杂交方式,了解亲本开花授粉生物学特性以及杂交数量和日程安排,物品、经济预算等。

(2) 杂交亲本的确定及栽培:依据亲本选择选配原则确定杂交亲本,培育健壮植株。

(3) 选择适宜的亲本授粉杂交技术:选定杂交用花;根据亲本特性,采用适合的方式调节花期或采集贮藏花粉;在母本雌蕊成熟之前去雄蕊并进行隔离,以避免与非计划内的品种杂交;授粉后加强管理,待杂交种子成熟时收获,妥善保存。

(4) 杂交后代的选择:选择、选配亲本和进行杂交只是杂交育种的开始,大量的工作是杂交后代的培育,以及根据育种目标对杂交后代进行选择和鉴定。对杂种后代的选择方法多采用系谱法(多次单株选择法)、混合选择法以及改良选择法。当性状稳定后,升级进行品种鉴定、区域试验及栽培示范,最后登记审定形成新品种。

3. 回交育种　双亲杂交后,其后代再与亲本之一进行杂交,称为回交(backcross)。用作回交的亲本称为轮回亲本;只在第一次杂交时应用的亲本称为非轮回亲本。一般轮回亲本是欲改良的对象,通常是在当地适应性强、综合性状好、经数年改良后仍有发展前途的品种,但存在个别缺点,而非轮回亲本正好可以改善轮回亲本的缺陷。回交育种的育种群体小,遗传变异易于选择控制,育成的品种可不经产量试验,直接在生产上试种;但费时费力,且只限于改良 1~2 个性状,不能获得重大突破。

回交育种过程如下:

(1) 轮回亲本与非轮回亲本杂交。

(2) 杂种一代(F1 代)与轮回亲本回交。

(3) 从回交后代中选择具有目标性状(非轮回亲本的优良性状)和综合性状良好(与轮回亲本相似)的植株与轮回亲本连续回交。

(4) 自交纯化,在自交过程中继续选择具有目标性状且综合性状良好的植株。

(5) 性状稳定后进行区域试验、生产试验等。

4. 杂种优势利用　杂种优势(heterosis)是指性状不同的亲本杂交产生的杂种一代,在生长势、生活力、繁殖力、抗逆性以及产量、品质等性状方面超越其双亲的现象。根据杂种优势的原理,通过育种手段选育的一代杂种,可显著提高多种农艺性状,尤以产量最为明显,因此在农业生产中得到了越来越广泛的应用。

(1) 亲本的选择与选配:杂种优势利用与杂交育种一样,都需要选择、选配亲本,进行有性杂交。亲本选择、选配原则与杂交育种基本相同，但需特别注意三点：①选配强优势的杂交组合，应选择亲缘关系远、性状差异大、优缺点互补、配合力好的品种或自交系作为亲本；②用做亲本的自交系的纯度要高，一代杂种需要年年制种，必须保证亲本遗传性状的稳定，才能保障种子质量稳定；③杂交过程简便易行、制种成本低。为达到这一目的，亲本的花期应尽量相近，父本花粉量大，母本丰产性好。

(2) 优势育种的程序：杂种优势利用的育种程序与常规杂交育种不同，杂交育种是“先杂后纯”，即先杂交，后选择基因型纯合的优良后代；而优势育种则是“先纯后杂”，因需要基因型纯合度高的亲本，在杂交前应先进行多代连续的人工强制自交和单株选择，直至形成基因型纯合、性状整齐一致的单株自交后代(即自交系)，方可杂交。具体过程如下：

1) 根据育种目标，收集基础材料，包括农家种、地方种和推广品种，以及人工创造材料等。

2) 在选定的基本材料内选择优良的单株分别进行自交，直到获得性状整齐稳定的优良自交系。

3) 测定自交系的配合力。

4) 根据遗传差异、性状互补性及配合力等，确定杂交组合。①双亲本身生产力差异大时，以高产者作母本；②双亲经济性状差异大时，以优良性状多者为母本，一般用当地丰产品种育成的自交系作母本，以具有某种特殊性状品种的自交系作父本；③繁殖力强的自交系作母本，以降低种子的生产成本；④选择具有苗期隐性性状的自交系作母本，以便在苗期淘汰非杂交株。

5) 比较各杂交组合的表现、择优进行生产试验和区域试验，登记审定新品种。

(三) 诱变育种

诱变育种(mutation breeding)是采用物理或化学方法，对植物某一器官或整个植株进行处理，诱发其遗传物质产生变异，然后按照育种目标在变异个体中鉴定和选择，培育成新品种或获得有利用价值的种质资源的育种方法。根据诱变因子的不同，可分为物理(辐射)诱变、化学诱变、激光诱变、空间诱变等。

1. 物理诱变(辐射)育种　利用放射性物质辐射诱发植物基因突变和染色体变异，即为辐射诱变。常见射线有X射线、γ射线、紫外线、β射线、α射线、中子等。辐射处理方法可分为内照射和外照射。内照射是用^{32}P、^{35}S等的溶液浸泡、涂抹、注射药用植物的种子、块根、鳞茎等，或施于土壤中让植物根系吸收。外照射则是利用X线机、原子能反应堆、紫外灯、钴照射源等各种辐射装置，照射待处理的种子、植株、花粉、离体营养器官等。

辐射剂量与诱变效果关系极大。随着剂量的增加，变异频率提高，但损伤也随之增大，若超过一定限度，会导致处理材料死亡。一般认为以稍低于半致死剂量作为辐射剂量较为合适。另外，不同植物，或同一植物的不同器官，以及不同发育阶段和不同的生理状态，对射线等的敏感性不同，应依据具体情况而进行调整。辐射处理后，依据育种目标，对后代进行选择鉴定，直至性状稳定，育成新品种。

2. 化学诱变育种　用化学诱变剂处理药用植物种子或其他器官，引起遗传物质变异，选择有益的变异类型，培育出新品种的方法，称为化学诱变育种。常用的化学诱变剂有烷化剂[如甲基磺酸乙酯(EMS)、硫酸二乙酯(DES)等]、核酸碱基类似物[5-溴尿嘧啶(5-BU)]、亚硝酸、叠氮化钠等。

化学诱变处理方法有浸渍法、涂抹或滴液法、注入法、熏蒸法、施入法等。化学诱变的诱变效果与诱变剂的理化特性、诱变材料的遗传类型及生理状态、诱变剂浓度和处理时间、处理温度、pH 等因素密切相关。诱变处理后，按照育种目标，对诱变群体进行选择。

3. 激光诱变、空间诱变是近年来新兴的诱变育种技术，激光诱变以激光为诱变剂，空间诱变则是将待处理材料送至太空接受宇宙辐射诱变后再返回地面。

（四）倍性育种

通过改变药用植物染色体的数量，产生变异个体，再选择优良变异个体培育新品种的育种方法，称为倍性育种，主要包括单倍体育种和多倍体育种。

1. 单倍体育种　单倍体（haploid）是指具有配子染色体组的个体。利用单倍体植株加倍、选择，培育成新品种的方法称为单倍体育种。产生单倍体途径有两个，既可自然发生，也可人工诱发。但自然界产生单倍体的频率极低，仅为 10^{-8}~10^{-5}，所以，单倍体主要依靠人工诱导的方式获得。

(1) 单倍体育种的意义：①克服杂种分离，缩短育种年限：单倍体只有一套染色体，经过染色体加倍便可获得纯合的二倍体，相当于同质结合的纯系。利用单倍体育种，一般可缩短育种年限 3~4 个世代。②提高对杂种后代的选择效率，节省劳力和用地：假定父母亲本只有 2 对基因不同，杂交后，其 F2 代出现纯显性个体的概率是 1/16；而杂种 F1 代的花药离体培养并加倍成纯合二倍体后，其纯显性个体出现的概率为 1/4，选择效率提高了 4 倍。③克服远缘杂种不育与杂种后代分离等所造成的困难：如马铃薯栽培品种（$2n$=48）与抗病的野生种杂交难以成功，但用栽培种的单倍体与野生种杂交，则选出了符合要求的优良个体。④单倍体植株的人工诱变率高：单倍体较易发生变异，且变异当代就能表现出来，便于早期识别和选择。⑤合成育种新材料：远缘杂交获得的 F1 产生单倍体后，再染色体加倍，可获得由双亲部分遗传物质组成的新材料。

(2) 单倍体育种程序：①诱导材料的选择：选择表现型优良个体的花粉或花药作为培养材料，诱导其分裂增殖，长出愈伤组织；②诱导愈伤组织分化，长成单倍体幼苗；③染色体加倍：对选择获得的单倍体用秋水仙碱或其他方法进行染色体加倍；④花粉植株二倍体后代的选育：对于获得的二倍体材料按常规育种方法进行性状的系统鉴定，从中选出符合育种目标的优良品系。

2. 多倍体育种　多倍体（po1yploid）是指体细胞中有 3 个或 3 个以上染色体组的植物个体，广泛存在于植物中。几组染色体全部来自同一物种的多倍体，称为同源多倍体（autopolyploid）；而由来自不同种、属的染色体组构成的多倍体称为异源多倍体（allopolyploid）。自然界存在的多倍体主要是异源多倍体，同源多倍体较少。

(1) 多倍体育种的意义：①多倍体在表现型上具有巨大型效应，可使产量增加；②多倍体的抗逆性增强：多倍体植物由于形体及生理特性等发生了变化，一般能适应不良的环境条件；③可克服远缘杂交不孕性、不实性。

(2) 多倍体的人工诱导：①物理因素诱导多倍体，包括温度剧变、机械创伤、电离辐射、非电离辐射等因素，均可引起染色体加倍；②化学因素诱导多倍体，利用包括秋水仙碱、富民隆等试剂处理药用植物正在分裂的组织、细胞，诱导染色体加倍产生多倍体，这也是目前最常用的多倍体诱导方法；③生物因素诱导多倍体，包括摘心、切伤、嫁接以及体细胞杂交等。

(3) 多倍体育种程序有①选用合适的二倍体原始材料。②采用合适的诱导方法:针对不同植物的特点,选用有效的诱导方法,高效率地诱导出多倍体。③适宜的倍性水平:各种植物各有适宜的倍性水平,应找到适宜倍性使优良性状得以表现。倍性过高,会带来不良后果。④多倍体群体的选育:依据育种目标,对诱导的多倍体材料进行选择鉴定。

(五) 生物技术育种

生物技术(biotechnology)是指人们以现代生命科学为基础,结合其他基础科学的科学原理,采用先进的科学技术手段,按照预先的设计改造生物体或加工生物原料,为人类生产出所需产品或达到某种目的。如植物组织培养技术以植物细胞全能性为基础,通过离体培养方式,可快速繁殖新发现的突变材料、远缘杂种、转基因植株等,从而使体细胞杂交、单倍体育种、无融合生殖技术等细胞工程育种技术体系以及苗木脱毒、快繁产业化日臻完善;分子育种利用控制目标性状的功能基因和调控元件,使植物育种可利用的资源由过去种间、亚种间、属间扩展到整个生物界;分子标记辅助育种可以有效提高目标性状改良的效率和准确性,实现了由表型选择到基因型选择的过渡。

1. 植物组织培养　植物组织培养(plant tissue culture)是指在无菌条件下,将离体的植物器官、组织、细胞或原生质体在人工配制的培养基上,给予适当条件进行培养,使其再生出完整植株或生产具有经济价值的其他产品的过程。根据起始培养材料(外植体)的不同,可分为组织培养、器官培养、胚和子房培养、花药和小孢子培养、植物细胞培养、原生质体培养等。目前,植物组织培养技术已经在远缘杂交种的选育、离体授粉和体外受精、合子胚培养、细胞、毛状根培养生产药用成分、脱毒苗生产等育种领域有了较多成功应用。

2. 植物细胞融合　在外力(诱导剂或促融合剂)作用下,两个或两个以上的植物异源原生质体相互接触,从而发生膜融合、胞质融合和核融合并形成杂种细胞的现象,称为植物细胞融合。细胞融合克服了远缘杂交中如杂交不亲和、不能正常结实等障碍,从而可以更广泛地组合各种植物的遗传性状,更有效地为改良培育新品种开辟了新途径。

植物细胞融合过程包括一系列相互依赖的步骤:原生质体制备,原生质体融合,杂种细胞选择,杂种细胞培养、杂种或胞质杂种植株的鉴定等。

3. 分子育种　分子育种是将人工分离和修饰过的外源基因导入植物基因组中并使其稳定表达,从而引起植物体性状发生可遗传的改变。通过该技术获得的植物称为转基因植物。近年来,转基因技术的快速发展加速了农业生产品种的更新换代及种植业结构的变革,正推动着新兴生物经济的形成。

分子育种包括目的基因的分离、载体构建、遗传转化、转化体筛选及鉴定等步骤。迄今为止,在抗虫、抗病毒、抗除草剂、抗病、品质改良等优新品种的选育中,分子育种发挥了非常重要的作用,一些品种已应用于生产。

4. 分子标记辅助育种　分子标记(molecular marker)是根据基因组 DNA 存在丰富的多态性而发展起来的可直接反映生物个体在 DNA 水平上的差异的一类新型的遗传标记,是最为可靠的遗传标记技术。分子标记辅助育种(molecular marker-assisted selection,MAS)是将分子标记运用于品种的选择、培育和鉴定中,使选种过程更加准确、快速的现代分子育种方法。其基本原理是利用与目标性状基因紧密连锁的分子标记进行间接选择，对目标性状在分子水平的选择，从而增加了选择的直观性和准确性，提高了育种效率。目前，MAS已在回交育种、MAS基因聚合、数量性状改良等育种领域应用，并取得了重要进展。

三、良种繁育的方法

良种繁育是良种选育工作的继续，是保障良种推广和长期发挥良种优势的重要措施。按照中华人民共和国国家标准(简称国标)《农作物种子检验规程真实性和品种纯度鉴定》GB/T 3543.5—1995，目前我国种子生产实行原原种(育种者种子)、原种和良种三级生产程序。

原原种：指育种者最初育成的遗传性状稳定、可用于繁殖原种的种子。

原种：指用原原种按技术操作规程繁殖的第一代至第三代种子。

良种(大田用种)：指原种按技术操作规程繁殖的，达到良种质量标准的第一至第二代种子，以及达到杂交种良种质量标准的杂交种一代种子。

(一) 原种生产

原种是指由原原种或由生产原种的单位生产出来的与该品种原有性状一致的种子。原种的标准为：①性状稳定，整齐一致，主要特征、特性符合原品种的典型性，纯度高。一般农作物纯度要求不小于99%，但药用植物育种及种子繁育起步较晚，目前还没有对纯度要求的具体数据标准，相信随着各方面不断发展完善，会逐渐向农作物标准看齐。②与原品种相比，由原种发育而成的植株生长势、抗逆性和生产力等都不降低，或略有提高。③种子质量好，充分成熟，籽粒饱满，发芽率高，无杂质及霉烂种子，不带检疫病虫害。

原种是繁殖良种的基础材料，因此，原种生产应有严格的程序和制度，以保障其纯度、典型性、生活力等符合要求。目前生产原种的方法主要有以下两种：

1. 原原种繁殖而来　由育种单位或育种者提供原原种，经专门种子场、原(良)种场或种子繁殖基地生产原种。

2. “三圃法”生产原种　育种单位没有保存原种的任务，在无原原种情况下，由生产单位自己生产原种。整个过程为：大田(单选)→株行圃(分行)→株系圃(比较)→原种圃(混繁)→生产繁殖原种。

(1) 株行圃(选种圃)：选择优良单株，建立选种圃。不同来源的种子分别种植一区，精心管理。收获前按原品种性状精选单株，收获后种子按株顺序编号保存。

(2) 株系圃：把第一年入选单株，一株一系种在株系圃中，并种植对照便于比较。选留与原品种的典型性相同、生育整齐的优良株系，淘汰与原品种不同的劣系。入选系按混合留种。

(3) 原种圃：对上年当选株系的混收种子作为原种加速繁殖。生长期注意去杂去劣，加强管理提高种子产量，扩大原种繁殖系数。

(二) 原种繁殖

由原原种或三圃法生产的原种往往不够生产良种用，因此需要进一步繁殖。原原种经一代繁育获得原种，原种繁育一次获得原种一代，繁育二次获得原种二代。在原种繁育时应设置隔离区，以确保品种纯度，防止混杂。

（三）良种繁殖

良种繁殖是指在种子田将原种进一步扩大繁殖，为生产提供大量优质种子。由于种子田生产良种要进行多年繁殖，因此每年都可留一部分优良植株的种子作为下一年种子田用种，免去每年都用原种的麻烦。良种常用的方法有一级种子田良种繁殖法和二级种子田良种繁殖法。一级种子田良种繁殖法是指种子田生产的优质种子用于下一季的种子田种植，剩下的大部分种子经去杂去劣后就直接用于大田生产。二级种子田良种繁殖法是指种子田生产的一部分优质种子用于下一季的种子田种植，另外大部分种子经去杂去劣，在二级种子田中再繁殖一代，之后再经去杂去劣后种植到大田。一般在种子数量还不够时采用二级种子田良种繁殖法，但用此法生产的种子质量相对较差。

四、良种复壮

（一）良种混杂退化的原因

优良品种投入生产后，往往会在播种、收获等环节混入同种植物的其他品种的种子，致使纯度降低，失掉原有的整齐一致的优良性状，产量降低、品质变差，即为品种混杂、退化现象。品种混杂退化的根本原因是缺乏完善的良种繁育制度，具体原因如下：

1. 机械混杂　在部分生产过程中，如播种、收获、运输、脱粒、贮藏等，由于操作不严格，人为地造成机械混杂。机械混杂后，进而还容易造成生物学混杂。

2. 生物学混杂　有性繁殖植物在开花期间，柱头上接受了外来花粉造成杂交，称为生物学混杂。生物学混杂使得遗传物质重组，品种变异，品种种性改变，造成品种退化，以异花授粉植物最为普遍。

3. 基因突变　任何植物在任何情况下都可能会发生自然突变，包括选择性细胞突变和体细胞突变。不利的基因突变会造成品种退化。

4. 长期的无性繁殖和近亲繁殖　一些长期无性繁殖的药用植物，子代一直使用亲代营养体繁殖，母株里的病毒、病菌等会给子代带来病害，致使品种生活力下降，造成品种退化。

5. 留种不科学　留种时由于不了解品种的特点，不能严格去杂去劣。或只顾眼前经济效益，繁殖器官过于弱小，不能长成壮苗。

6. 环境条件不适宜或栽培技术不配套　品种的优良性状是相对的，在一定的生态条件和栽培条件下才能充分表现出来。如果环境条件、栽培条件不适合，很容易引起品种的劣变退化。

（二）防止品种退化的措施

1. 严防机械混杂　合理轮作，不重茬栽培；播种、收获等易混杂环节严格管理。

2. 采取隔离措施　严格防止生物学混杂。

3. 改变生育条件和栽培条件　不盲目在不适合药用植物生长地区引种栽培，加强栽培管理，保障植株的健康生长。

4. 建立严格的种子繁育制度　根据植物特性建立完善的种子繁育制度，从播种到采收，制订具体的实施方案，以保证良种的纯度、质量。

5. 改变繁殖方式　长期无性繁殖的药用植物，定期更换繁殖部位和繁殖方法。如有性繁殖和无性繁殖相结合，百合鳞茎繁殖后改为珠芽繁殖，山药芽头繁殖改为零余子繁殖等。

6. 复壮更新　种子使用一段时间后，使用原原种或"三圃"法择优复壮。

第五节　药用植物引种驯化

植物引种驯化活动最早发生于7 000年前的新石器时代，主要指把外地或外国的某一种植物引到本地或本国栽培，经过一定时间的自然选择或人工选择，使外来植物适应本地自然环境和栽培条件，成为能满足生产需要的本地植物。包括将野生的变为家种和将外地栽培的植物引入本地栽培两个方面。

一、引种驯化的意义和任务

（一）引种驯化的意义

药用植物的引种驯化给人类带来的利益是多方面的，主要表现在以下几个方面：

1. 丰富本地药用植物资源种类。

2. 扩大栽培范围，保护珍稀濒危药用植物。

3. 发挥药用植物的优良特性，以良种代替劣种。

4. 有利于药用植物的保护性开发利用。

目前从国外引种成功的，如砂仁、槟榔、沉香、金鸡纳、颠茄、毛地黄等。在国内各省区相互引种驯化成功的道地药材以及变野生为家种的种类则更多，如过去产地集中的道地药材，现在已广泛引种推广的有云木香、地黄、红花、白芷、芍药、怀牛膝等；野生植物成为家种的有贝母、黄芪、天麻等。在积极保护药源、合理利用野生资源的同时，应大力开展引种驯化工作，对实现就地生产、就地供应、满足人民保健事业的需要、加速我国社会主义现代化建设具有重大意义。

（二）引种驯化的任务

1. 药用植物引种驯化的主要任务

（1）对搜集的稀有、珍贵和濒危的药用植物种类进行分类鉴定、评价、繁殖、栽培、保存、利用，引进来自国外从经济利益上看比较重要的经济作物，如地黄、当归、党参、贝母、黄连、石斛、血竭等。

（2）观察并记录引种的时间，研究药用植物在引种期间的生长发育普遍性规律，为研究植物引种栽培后在引种地生长环境的适应性及其遗传变异规律提供数据依据，同时为研究其功效的提高以及对如何提高植物产品质量等新技术的研究与实施应用提供了科学的理论技术指导。

(3) 引种驯化重要的药材，对国外原产的热带和亚热带药用植物，应积极地引种试种，以尽快地满足医疗用药的需要，如乳香、没药、大枫子、血竭、胖大海等。

2. 引种园的设计和利用　药用植物的引种工作一般在引种园内进行，故应有计划地予以设计，以便根据生产需要进行各项科学研究工作。

引种园的任务，主要有两类：一类是考察与鉴定引种栽培的药用植物在本地的生长发育情况及其适应性，这主要是通过观察记载，积累详细而正确的资料，以供制订推广栽培方法时参考。另一类是为了解决某一个或几个问题而进行深入研究，或进行良种培育。

二、引种驯化的步骤

（一）准备阶段

建立不同的引种评价体系，各种引种植物都有自身的一套生长模式及其适应的自然环境。由于新引种植物在该地区的表现形式与原产地有着很大的不同，通过人为干预，打破其地域性，建立驯化评价体系，对于植物的引种驯化有着重要意义。除此以外，还应从以下四个方面进行准备：

1. 调查原始资料　药用植物的种类繁多，各地名称不一，常有同名异物、同物异名的情况，给引种工作带来困难和损失。因此，在引种前必须进行详细的调查研究，根据国家发展中药材生产计划和当地药材生产与供求的关系，确定需要引种的种类，并加以准确的鉴定。除了这些还包括引种前的产地、气候、土壤调查等。

2. 建立引种档案　引种所必需的有关资料，应进行调查和收集，了解被引种的药用植物在原产地的海拔、地形、气候和土壤等自然条件，该植物的生物学和生态学特性，以及生长发育的相应阶段所要求的生态条件，对于栽培品种，还要详细了解该植物的选育历史、栽培技术、品种的主要性状、生长发育特性、群众反映以及引种成败的经验教训等。

3. 制订引种计划　引种计划的确定，必须根据调查研究所掌握的资料结合本地区实际情况，进行分析比较，并注意在引种过程中存在的主要问题，如南药北移的越冬问题、北药南植的过夏问题、野生变家种的性状变异问题等，经全面地分析考虑后，制订引种计划，提出引种的目的、要求、具体步骤、途径和措施等。

4. 做好引种准备　引种计划确定后，就应根据预定计划迅速做好繁殖材料、技术力量和必要的物质准备。在搜集材料时，应选择优良品种和优良种子，并进行检疫、发芽试验、品质检查和种子处理等工作，还应注意种子、种苗的运输和保管，广泛收集有关栽培技术的文献资料，以备查阅参考。

（二）试验阶段

引种驯化的田间试验，一般应先采用小区建立品种预试圃，然后大区试验，在多方面的反复试验中观察比较，将研究所得的良好结果应用于生产实践。田间试验前，必须制订试验计划，其主要内容包括：名称、项目、供试材料、方法、物候特性、试验地点和基本情况（包括地势、土壤、水利及前作等）、试验的设计、耕作、播种及田间管理措施、观察记载、试验年限和预期效果等。

在田间试验过程中，观察记录植物的特征性状，了解环境条件对植物生长发育的影响，只有详细地、认真地观察记载环境条件的任何变化，才能对试验结果作出正确地分析和结论，找出问题，以便进一步深入试验研究。

（三）繁殖推广

引种的药用植物经过试验研究，获得一定的成果，就可以进行试点推广。通常包括分区建立药用植物引种驯化试点，进行区域化栽培等内容。在试点栽培中要继续观察，反复试验，研究丰产技术。通过实践证明这种药用植物引种后，已能适应本地区的自然条件，在当地生产上确能起增产作用，即可扩大生产，进行推广。

三、引种驯化的方法

引种驯化方法是一个从简单到复杂、从低级到高级、从单学科向多学科综合应用的发展历程。引种驯化方法的改进，反映了植物引种驯化研究学术水平的渐进。

（一）直接引种法

是指从外地（或原产地）将药用植物直接引进栽培到引种地的方法。德国林学家慕尼黑大学教授玛依尔于 1906 年提出的气候相似论，即认为在相同的气候带内，或两地的气候条件相似，或植物本身适应性较强的条件下，可采用直接引种法，以下几种情况可采用此法：

1. 位于温带的哈尔滨直接引种暖温带河北、山西等地的银杏、枸杞等，能正常生长，安全越冬，因为暖温带和温带相连接，在气候带上，它是温带向亚温带的过渡带，直接引种比较容易成功。

2. 南方山地的药用植物引种到北方平原或由北方平原向南方山地引种，亦可采用直接引种法，如云木香从云南海拔 3 000m 的高山地区，直接引种到北京低海拔 50m 的地区；人参从东北海拔 800~1 000m 的地区，引种到四川南川金佛山海拔 1 700~2 100m 地区栽培，也获得成功。

3. 将地处亚热带高山的庐山植物园从日本、北美洲环境条件下引种亚热带山地植物获得成功。

4. 长江流域各省之间的气候条件相似，很多药用植物可直接引种。如四川从浙江引种白术、延胡索、杭菊花；江苏从河南引种怀地黄、怀牛膝，从浙江引种浙贝母、芍药等，均获成功，并有大面积生产。

5. 植物本身适应性较强，如南亚热带的穿心莲，越过中亚热带，直接引种到北亚热带地区，也能成功。

（二）间接引种（过渡引种）

采用特殊的栽培措施来解决那些不能适应新地理环境条件的植物引种驯化问题，就属于间接引种。这是经过驯化，使被引种植物产生新的适应性的引种方法。对于气候条件差异很大的地区之间，或适应性差的药用植物，宜采用此法引种。间接驯化引种主要有下列方法：

1. 实生苗的多世代选择　根据植物个体发育的理论，由种子产生实生苗可塑性大，在植物幼苗发育阶段，进行定向培育最容易动摇其遗传性，从而产生与新的生态条件相适应的遗传变异性，获得适应引种地区环境条件的新类型。例如毛地黄引种到北京，第一年播种出苗后，加以培育，对能自然越冬而留下的植株采种后，第二年再播种，如此反复进行，逐渐使它增强抗寒性而适应于当地的环境条件。

2. 逐步驯化法　就是将所要引种的种子，分阶段逐步移到所要引种的地区。有两种方法，一是将引种植物的实生苗从原产地分阶段逐步向新的地区移植，使植物逐步经受新环境条件的锻炼，动摇其遗传保守性，而获得新的适应性。另一种是将引种植物的种子分阶段播种到过渡地区，培育出下一代，连续播种几代，从中选出适应能力最强的植株，采收种子再向另一过渡地区种植。如把南药逐渐北移，可用种子逐步引种驯化，成功的可能性较大。但此法要经很长时间。此外，还可用无性杂交法、有性杂交法等进行引种驯化。

3. 重点驯化法　选择或人为创造植物适生生态环境，以满足引种植物生长发育的需要；或选择植物某一生育阶段，躲避恶劣的生态环境，应用生态学原理提高发芽率、成苗率等，以提高引种成功率。

还有改变植物生长节奏、改变植物的体态结构、选用遗传可塑性大的材料、采用嫁接技术等方法。

（三）引种驯化过程中的注意事项

1. 必须认真做好植物检疫工作，防止病虫害的传播。

2. 忌不顾中药材的区域特性盲目引种，仓促引进过程中易发生移植异化等问题，造成资源浪费与经济损失。

3. 引种时最好用种子繁殖实生苗，因实生苗的可塑性大、遗传保守性弱，容易接受新环境的影响而产生新的适应性。

4. 若从生长期长的地区引种到生长期短的地区，利用种子繁殖时要注意选择早熟品种，或进行温床育苗，延长植物的生长期。

5. 注意对种子和种苗的选择，不能从年龄太大、生长发育差、有病虫害的植株上采收种子。

6. 对有些发芽困难或容易丧失发芽力的种子，引种运输时应注意种子的保存（如用砂藏法），播种前应掌握种子的生理特性，采用适当的种子处理措施，促进发芽，如金鸡纳、细辛、五味子、黄连等。

7. 引种必须先行小面积试验研究，获得成功后才进行大面积的繁殖推广。

8. 引种过程一定要注意有害生物的入侵，以免造成目的地生长失控，泛滥成灾，破坏当地的生态平衡。

复习思考题

1. 对药用植物进行引种驯化过程中需要注意什么，为什么要注意这些方面？（阐明原因）

2. 试述良种繁育的方法。

3. 引起品种混杂退化的原因有哪些?

4. 良种繁育与良种选育的意义是什么?

5. 阐述药用植物种苗移栽的关键生产环节。

第六章同步练习

第七章　药用真菌培育技术

第七章课件

药用真菌是指含有生物活性成分，具有防病治病和保健功能的一类真菌。药用真菌在分类上多属于担子菌亚门和子囊菌亚门，其种类繁多，大小不同，形态各异。药用真菌的菌丝体、子实体、子座、菌核以及孢子含有生物活性成分，主要有多糖、苷类、萜类、生物碱、甾醇类、维生素、氨基酸、蛋白质等化合物及多种矿物质。

药用真菌使用历史悠久。《神农本草经》中就有青芝、赤芝、黄芝、白芝、黑芝、紫芝、茯苓、猪苓、雷丸、桑耳等菌类药名，古代本草记载的药用真菌有50多种。随着研究与运用的深入，药用真菌的品种不断增加，《中国药用真菌》（刘波著）记载药用菌172种，《中国药用真菌》（杨云鹏，岳德超著）记载药用真菌270余种。目前研究发现药用真菌400余种，其中常用的20多种，《中华人民共和国药典》（2015年版，一部）收载的有冬虫夏草、茯苓、雷丸、灵芝、猪苓及云芝6种药用真菌。

第一节　药用真菌培育研究概况

我国药用真菌使用历史悠久，在医药上的应用已有2 000多年的历史，在古代药用真菌用量小、野生资源较多，以采集野生药用真菌供给市场需要。药用真菌的人工培育及其研究始于20世纪60年代，随着药用真菌研究的深入与用途拓展，人工培育技术研究取得了较大发展。

一、药用真菌优良品种选育研究

药用真菌品种资源收集开发研究始于20世纪80年代。药用真菌野生资源收集保存与资源评价研究，主要开展了品种资源性状分类、遗传稳定性、质量性状、生产性能等方面研究，选育出药用真菌优良品种。进入21世纪后，通过有性繁殖，利用药用真菌孢子培育子实体，开展有性繁殖繁育品种资源，培育优良品种。目前已有灵芝、云芝、茯苓等药用真菌优良品种选育成功并投入生产，并根据药用真菌开发需要针对性地选育优良品种。

二、药用真菌培育环境研究

药用真菌培育环境研究，经历了设施培育环境研究、室外培育研究、野生环境培育研究3个研究阶段。

药用真菌设施培育环境研究主要根据药用真菌对环境条件的要求，利用闲置的人工设施和修建药用真菌生产设施，进行药用真菌培育环境研究，如通过闲置的防空洞、厂房进行药用真菌培育，研究人工控制下药用真菌需要的光、温、水、培育基质等培育环境条件，20 世纪 90 年代多采取设施环境培育灵芝、茶树菇、猴头等药用真菌。

室外环境培育主要研究自然环境下培育药用真菌的环境条件要求，如茯苓室外培育的选地、菌窖设施、菌窖周边排水等条件，目前生产集中、市场需求量大的茯苓、灵芝等多采取室外环境培育。

野生环境培育主要研究野生环境培育药用真菌的条件改造，如林间培育猪苓多采取野生环境进行仿野生培育，研究野生培育猪苓的树林类型、林间荫蔽度、排水沟渠设置等。

三、药用真菌培育技术研究

药用真菌培育技术

药用真菌培育技术直接影响药用真菌的产量与质量，包括药用真菌种源繁育技术、栽种技术、田间管理技术等。

1. 药用真菌种源繁育的三级制种法　三级制种法通过母种培育原种、原种培育栽培种，栽培种用于药用真菌栽培。药用真菌种源繁育技术研究主要集中在药用真菌母种的培育、保存与提纯复壮技术，药用真菌品种资源培育与保存的温度、湿度、光照及培育基质，以及药用真菌种源转接时间、转接技术等。

2. 药用真菌栽种技术研究　药用真菌栽种技术包括栽培方式、接种材料等。药用真菌栽培方式，主要有段木栽培、培养料袋培等形式。栽培原料对药用真菌产量、质量有不同程度的影响。已有研究表明，栎木、栲木、枫木等树种段木栽培的灵芝子实体、孢子粉产量最高；桑枝段栽种的灵芝子实体小、质地软，但孢子粉产量较高；以木屑为主、麸皮为辅形成的木糠料栽培的灵芝子实体、孢子粉产量都较低。

药用真菌接种的材料主要为子实体与菌种。子实体接种即是将药用真菌的子实体分成小块，接种到栽培料上。菌种接种是从培养瓶中取出菌种接种到培养料上。也有两种接种方法结合的接种方式，如茯苓栽培中先用菌种接菌后，当茯苓菌丝延伸至培养料内，并生长到一定阶段，再植入一块幼嫩的鲜菌核块，以此核块诱使培养料中的菌丝体进一步聚集、纽结，并吸纳、积累营养物质，形成个体较大的新生菌核，提高产量 30% 左右。

3. 药用真菌田间管理技术研究　药用真菌田间管理技术直接影响药用真菌产量，主要包括温度、湿度、光照等方面的管理。

药用真菌温度控制技术研究。主要研究药用真菌栽培过程中适宜温度范围及调整技术，如茯苓菌丝体生长的最适温度是 25~30℃，生产上采用春季 3~4 月栽种，夏季温度较高能够满足菌丝体生长的热量条件需要。

湿度对药用真菌子实体生长有较大影响，需要根据品种、气候进行湿度管理，如灵芝子实体生长的最适湿度条件是相对湿度 85%~95%，在灵芝子实体生长时期的高温季节，晴天每天喷水 2~4 次，阴天每天喷水 1~2 次，雨天不喷，以保证灵芝菇房相对湿度达到灵芝生长要求。

药用真菌生产上，根据品种及生长阶段对光照条件的要求，采取相应的管理措施，如云芝菌丝体生长阶段需要遮光培养、子实体生长需要散射光。段木栽培和培养料袋栽，将接种后的段木和料袋在黑暗环境培养，菌丝体长满段木和料袋后，将其埋入土中，让菌丝体在黑暗环境生长、子实体在散射光环境下生长。

药用真菌培育的生产管理，常根据管理的不同，分为菌丝体管理、子实体管理两个阶段，如灵芝接种后菌丝体培养阶段管理的光照、水分、温度等与子实体生长阶段管理有差异，生产上将两个生长阶段的菌袋或菌材置于不同的环境，实行分段管理。

四、药用真菌采收与加工技术研究

根据药用真菌品种、生产条件的差异，选择合理的采收时间与加工技术，以保证药用真菌的优质高产。

1. 药用真菌采收时间研究　药用真菌的采收时间研究主要通过采收时间对药用真菌质量与产量的影响，从而制定合理的采收时间。有研究表明茯苓接种后 2 个月左右新生菌核开始生长，菌核不断膨大，颜色由淡黄色逐步加深，至菌核表面出现裂纹、颜色变为褐色，菌核干物质量不再增加，此时是茯苓菌核采收的最适宜时间。在吉林延边，4 月培育的灵芝，到 8 月中旬灵芝子实体长到最大，到 9 月底子实体产量与外观性状没有显著变化，9 月中旬开始大量孢子从菌管中弹出，采收期试验研究表明 9 月上旬灵芝子实体颜色由白变黄再变红，菌盖周围一圈淡白色消失，孢子刚刚从菌管内弹出时采收的灵芝产量最高、质量最好。

2. 药用真菌加工技术研究　加工方法影响药用真菌的质量。药用真菌采收后要及时除去泥土、杂质、腐烂、虫蛀部位，尽快加工。药用真菌的加工主要是干燥，常用的干燥方式有晒干、烘干等。晒干方法简单易行，生产成本低，节约能源。但自然晒干干燥过程慢，时间长，易受气候影响。特别是遇到潮湿多雨的天气，干燥时间延长，会大大降低产品的品质。烘干法加工时间短、加工条件一致、药材质量较好，药用真菌烘干方法以炭火、电烤炉、微波或远红外线等热源及电风扇、抽风机等通风设备，将药用真菌烘干。药用真菌加工技术研究主要集中在加工方式与加工方法两个方面。

药用真菌加工方式主要进行了自然晒干与烘干对药用真菌质量影响的研究。如茯苓采收后静置→人工剥皮→人工切制→自然晒干的散户加工方式、茯苓熏蒸→人工剥皮→机械切制→热风烘干的企业加工方式与茯苓发汗→人工剥皮→机械切制→真空脉动干燥的改良加工方式，3 种加工方式以改良加工的成品率最高、药材外观质量最好。随着药用真菌产业化栽培的发展，产业化、规模化、智能化加工方式研究是药用真菌加工方式研究的重点。

药用真菌加工方法研究主要集中在加工过程条件控制对药材加工成品率、药材质量等方面影响的研究。如干燥温度对灵芝质量影响的研究表明，灵芝药材采收后经杀青处理，整个加工过程温度控制在 45~50℃，灵芝多糖、三萜及甾醇等活性成分的含量最高。随着人们对药用真菌健康保健作用认识的不断深入，药用真菌用途不断拓展，传统的药用真菌片、丁等形式已不能满足医药健康产业的需要，以不同粒径的干粉产品需求量不断增加，药用真菌加工方法的研究已拓展到精细产品的加工。如灵芝除药用的饮片加工外，已加工成袋泡茶、干粉颗粒剂、口服液、膏剂、酒剂等形式。

第二节 药用真菌的生活习性

一、药用真菌的形态结构

药用真菌孢子生长形成菌丝体，菌丝体生长形成子实体。药用真菌培育过程中，子实体生长的同时，菌丝体也在不断生长。菌丝体是药用真菌的营养器官，子实体是药用真菌的药用部分和有性繁殖场所。

菌丝体由菌丝组成。药用真菌的孢子在适宜的条件萌发成丝状，形成菌丝。菌丝由多细胞组成，细胞呈管状、壁薄、透明。菌丝的主要功能是分解基质、吸收营养，输送、贮存养分并进行无性繁殖。菌丝前端不断生长、分支，组成菌丝群，形成菌丝体。一些药用真菌的菌丝生长到某个阶段后菌丝缩合，形成绳索状的结构，称为菌索。菌丝生长近成熟，相邻的平行菌丝相互组结成束状，形成菌丝束。某些药用真菌的菌丝生长过程中形成块状、颗粒状或瘤状休眠体，称为菌核。

子实体是具有产生孢子能力的双核菌丝构成的肥大多肉组织，通常为药用真菌的药用部分。菌丝进一步形成菌丝束，菌丝束组结，逐步发育成盘状、颗粒状子实体原基。原基进一步分化出菌盖、菌褶、菌柄、菌环、菌托等，形成药用真菌的子实体。菌盖是药用真菌药用的主要部分，由角质层、菌肉和菌褶或菌管组成，其中菌褶或菌管是产生孢子的组织。

二、药用真菌的生活史

药用真菌从孢子萌发，经过菌丝生长、子实体生长到孢子形成，完成一个生活周期的生长发育过程。药用真菌孢子在一定的温度、湿度及适合的营养条件下萌发，不断生长形成菌丝体。按照药用真菌菌丝体的生长特性，分为初生菌丝体、二次菌丝体和三次菌丝体。

初生菌丝体是成熟子实体的孢子在适宜的条件下萌发形成的菌丝。初生菌丝体的菌丝纤细，初期为单核，以后产生隔膜，每个细胞都含有 1 个细胞核，又称为单核菌丝或一次菌丝。初生菌丝继续生长，两条初生菌丝接合发育成子实体。

次生菌丝体是遗传类型亲和的单核菌丝配对生长，形成双核菌丝，单核菌丝就变成次生菌丝体。双核菌丝生长发育形成子实体。

三次菌丝体为双核菌丝体进一步发育，形成菌索、菌核或子实体等组织分化了的双核菌丝体。

三、药用真菌的营养类型

药用真菌没有叶绿素，不能进行光合作用，都要不断从环境中摄取碳源、氮源、无机盐和维生素等营养物质，以满足生长需要。药用真菌的营养类型主要有腐生型、共生型和兼性寄生型等。

腐生型是从其他生物的残体、半分解的残体中获取营养的生活方式，如茯苓、灵芝。

共生型是从其他活的生物体摄取某些养料，同时也供给活生物体以养料的生活方式，如猪苓。

兼性寄生型是既能从其他生物的残体、半分解的残体摄取养分，又能寄生在活的生物体上的生活方式，如蜜环菌。

四、药用真菌生长的环境条件

药用真菌生长需要适宜的环境条件，主要包括温度、水分、空气、光照等。

1. 温度　药用真菌的孢子萌发、菌丝生长及子实体形成，以及所有生命活动都需要适宜的温度，不同药用真菌对温度的要求不同。药用真菌的菌丝体、子实体生长都有最低温度、最适温度和最高温度。猪苓在温度约10℃时，菌核开始萌动，15~20℃时生长最适，25~30℃菌丝停止生长进入短期休眠，低于8℃又进入冬季休眠期。根据子实体对温度的要求，将药用真菌分为低温型、中温型和高温型。

低温型：子实体分化的最高温度在24℃以下，最适温度20℃以下。如猪苓、桑黄等。

中温型：子实体分化的最高温度在28℃以下，最适温度20~24℃。如银耳、牛舌菌等。

高温型：子实体分化的最高温度在28℃以上，最适温度24℃以上。如灵芝、云芝等。

2. 水分与湿度　药用真菌生长发育的各个阶段都需要适宜的水分条件。多数药用真菌菌丝生长的培养料最适含水量为60%左右，子实体生长的培养料最适含水量为70%左右。

药用真菌不同品种和不同发育阶段要求的空气湿度有差异。一般的药用真菌，子实体分化阶段需要较高的空气湿度，最适的空气相对湿度为80%~90%，空气相对湿度低于60%时子实体的生长会停止，空气相对湿度低于40%时子实体分化停止。段木栽培茯苓，接种茯苓的段木含水为50%~60%时，茯苓菌丝生长快，分解纤维素能力强；结苓后土壤水分含量为25%~30%时，子实体生长迅速。

3. 酸碱度　药用真菌生长发育需要适宜的酸碱度，大多数药用真菌喜欢微酸性环境。适宜药用真菌菌丝生长的pH范围3~8，最适pH为5.5左右。大部分药用真菌菌丝在pH大于7.0时生长受阻，在pH大于8.0时生长停止。桑金钱菌在pH为7时菌丝生长速度快，pH低于4则基本不生长；灵芝在pH为4~8均可生长，当pH为5~6时，菌丝浓密，生长势旺盛。

4. 光照　药用真菌不同生长阶段对光照要求不同。大多数药用真菌菌丝生长不需要光照，有的药用真菌菌丝在直射光照射下老化。大多数药用真菌的子实体分化与生长需要散射光，适宜的光照条件能促进药用真菌的生长。灵芝在完全黑暗条件下菌丝生长速度快、长势好，在黑暗和白天交替培养条件下菌丝生长速度慢、长势差；灵芝的子实体生长需要散射光。

5. 空气　氧气和二氧化碳是药用真菌生长发育的重要生态因子。药用真菌不能直接利用二氧化碳，呼吸作用是吸收氧气、排出二氧化碳。药用真菌多为好气性真菌，空气中二氧化碳浓度增加影响药用真菌的呼吸作用，生长受到影响。如桑黄栽培中，出菇室早晚各通风5分钟改成早晚各通风20分钟，桑黄耳芽的生长加快。

第三节　药用真菌菌种分离与培养

菌种分离

一、菌种分离

菌种分离是指从健壮的药用菌材中分离得到纯菌种的过程，对于不同种类的真菌有不同的分离方法，可分为组织分离法和孢子分离法。

1. 组织分离法　组织分离法是利用菌菇中幼嫩的活组织，在无菌条件下接种在适宜其生长的培养基上，恢复生长成为没有组织分化的菌丝体，来获得纯菌种的方法。

(1) 子实体组织分离法：选肥厚、无病、幼嫩的种菇，用 0.1% 升汞或 70%~75% 乙醇进行表面消毒，然后用无菌水冲洗。从菌柄处撕开，用无菌刀在菌盖与菌柄交界处切取米粒大小的组织块，在无菌条件下迅速接入适当的培养基上，在适温培养箱中培养，数天后可长出新菌丝。为了保证获得的是纯菌种，要求一切操作必须严格进行无菌操作。

(2) 菌核组织分离法：少数子实体不发达的药用真菌，可利用菌核进行组织分离以获得纯菌种。操作方法与子实体分离法相同，只是切开的部位是菌核。

(3) 菌索分离法：对既不易长子实体，又不易形成菌核的种菇可用菌索分离，操作亦同子实体分离，但需注意选择菌索前端生长点部分。

2. 孢子分离法　孢子分离法是利用真菌的孢子，使其在无菌条件下弹射在适合生长的培养基上，萌发成菌丝体获得纯菌种的方法。

同一菌种经过四年以上栽培就会表现出某些退化现象，如子实体生长迟缓、长势弱、产量不高等，通过对有性繁殖所产生的孢子进行分离，得到母种再扩大培养是解决菌种退化的有效途径。

(1) 多孢分离法：真菌的有性孢子，都是由异性细胞核经核配后形成的，拥有双亲的遗传性，具变异性大、生命力强等特点。为避免异宗结合的菌菇发生单孢不孕现象，多采用此法。因为真菌的有性繁殖一般有两种类型：由同一个担孢子萌发的两条初生菌丝细胞间，通过自体结合能够产生有性孢子——担孢子的现象称同宗结合，是自交可孕的；由同一个担孢子萌发的初生菌丝细胞间不结合，只有两条不同性别的菌丝细胞间才能结合产生子实体的现象称异宗结合，为自交不孕的。

多孢分离首先选择优良子实体为分离材料，然后采集孢子，将收集孢子后的培养基置于 28~32℃适温培养 3~5 天，孢子即萌发成菌丝。多孢分离法无不孕现象，手续简便，但无法控制孢子间的交配。操作方法有以下几种：

1) 涂抹法：将接种针插入菌褶间，抹取成熟但尚未弹射的孢子，或使成熟的孢子散落在无菌玻璃珠上，再抹于培养基上。

2) 孢子印法：使大量孢子散落在无菌色纸或玻璃片上，形成孢子印或孢子堆，从中挑取部分移植于培养基上。

3) 空中孢子捕捉法：孢子弹射时可形成云雾状，将孢子云上方置培养基，使孢子飘落其上。

4) 弹射分离法：将分离材料置培养基上方，使孢子直接落到培养基上培养。具体操作分为钩悬法和贴附法2种。

①钩悬法：在孢子尚未弹射之前，将成熟子实体切成 $1cm^3$ 小块，用灭菌后的挂钩悬挂于试管内，待孢子成熟后弹射到培养基上。②贴附法：将 $1cm^3$ 的子实体小块贴附于试管壁上，待孢子成熟后弹射到培养基上。

(2) 单孢分离法：手法较复杂，普遍使用菌液连续稀释法。最大限度地降低孢子在无菌水中的分布密度，最终使每滴水中只含1~2个孢子，然后吸取孢子悬浮液滴在培养基上培养，选优良菌落纯化。此法对于异宗结合类型的真菌，无论菌丝如何生长永远不会形成子实体，所以不能用于生产，多用于杂交育种。

070302

菌种培养

二、菌种培养

药用真菌接种之前首先要进行菌种培养，菌种培养是将分离提纯得到的少量菌种扩大培养成足够用于生产的大批菌种的制种过程。目前生产上最常用的既经济、产量又稳定的方法是菌丝法。制作方法如下：

1. 一级菌种（母种）的培养　选择适当配方，按常规制成斜面培养基，选优良健壮成熟的种菇，在无菌条件下取一小块（黄豆粒大小）接于培养基上，置25~30℃下培养出菌丝，即得纯菌种。

2. 二级菌种（原种）培养　选适当配方，营养成分高于母种培养基，如木屑米糠培养基、棉子壳稻草培养基，使含水量在60%~65%拌匀（如果是用作段木栽培的原种，需拌入与其树种相同的木块），分装于菌种瓶内，装量2/3即可，中央按一小洞，高温灭菌1小时。从母种内挑取 $4\sim5mm^3$ 的小块放入培养基中央，置适温培养至菌丝长满瓶，即得二级菌种。

3. 三级菌种（栽培种）的扩大培养　选择适当的配方，营养再高于原种。如果是用作段木栽培的三级菌种，需将木块加大些，培养瓶需另备长度较高度为短的木棍，每瓶插入1~2支，制备方法同上。取原种长满菌丝的小块（或木块1~2片与混合物少许），接入瓶或袋内，培养至菌丝长满（或有特殊香气），可供接种。

制种后可接种在不同的培养基（如段木、代用料等）上大规模培养。

三、菌种保藏与复壮

菌种是重要的生物资源，是药用真菌生产与研究工作的基础，一个优良菌种如果保藏不善，就会引起生活力和遗传性状衰退、被杂菌污染或死亡，应采取科学的方法保藏与复壮。

1. 菌种保藏　菌种保藏的基本原理是根据真菌的生理生化特性，控制环境条件。主要是通过采用低温、干燥与缺氧的条件，使菌种的代谢活动处于不活泼的休眠状态，降低其新陈代谢，中止菌种的繁殖，以达到长期保持其优良性状的目的。保藏方法有以下几种。

(1) 斜面低温法：在斜面培养基上培养到菌丝旺盛生长时移放到4℃左右的冰箱中，经3~6个月转接一次，在使用前一两天置常温下活化转管。除草菇等高温型真菌外都可以使用这种方法（草菇需提高到10~15℃保藏）。为了延长保存时间，试管口处要用塑料薄膜包扎，以防培养基失水。如缺少冰箱设备时，可把母种试管用石蜡封口，再用塑料薄膜包封，沉放于清凉的井底保存。

(2) 麸曲木屑法：用麸皮加水拌匀，分装于小试管，厚约 1.5cm，疏松，常规灭菌，冷却后接入菌种培养至长好，室温下放入装有 $CaCl_2$ 的干燥器中干燥几天，20℃以下可保藏 1~2 年。也可用杂木屑按原种的培养基配制装入大号试管中，容量为管高的三分之二，擦净管口，塞紧棉塞，用牛皮纸包扎管口后高压灭菌，然后接入母种，在 25~28℃下培养，待长满菌丝后，立即移到低温干燥环境保存。这种方法保藏的效果好，能延长保存时间。

(3) 液体石蜡封藏法：在菌种的表面灌注无菌的液体石蜡，注入量以高出斜面 1cm 为宜，防止培养基水分蒸发及空气进入，直立放在低温干燥处保存 1~2 年。一般置于室温下保藏比放在冰箱内更好，若是保藏孢子，可将砂土装入小试管并经过严格灭菌后，再将无菌孢子拌入其中，用石蜡封口，放在干燥器中密封保存。使用液体石蜡保藏菌种时，只要用接种针从斜面上挑取少许菌体，放在新鲜的培养基上，经过培养即可应用，原种重新蜡封，继续保存。

(4) 冷冻干燥保藏法：采用真空、干燥、低温等手段，将菌种在低温下快速冷冻，并在低温下真空干燥，使细胞的结构成分、新陈代谢活动都处于相对静止状态而保存菌种。

另外还有沙土保藏法、液氮超低温保藏法、干孢子真空保藏法等。通常原种和栽培种培养好后，应立即用于扩接栽培种或栽培生产，不宜保存过久，时间越长，生活力越差，也越容易感染杂菌。若因特殊情况不能及时使用，原种瓶口用牛皮纸包好，置 4~14℃条件下可保藏一年左右。栽培种短期保存也可放于阴凉、干燥通风的室内，但种瓶不宜堆叠过高，以免堆内发热，加速菌丝老化。

2. 菌种的退化和复壮　菌种在生产保藏过程中，常因外界条件和内在因素的矛盾，造成某些形态和生理性能逐渐劣变的现象称为菌种衰退。菌种退化会导致菌丝体生长缓慢，对环境、杂菌等的抵抗力减弱，子实体形成期提前或推后，出菇次数不明显等现象。把已衰变退化的菌种，通过人为方法使其优良性状重新得到恢复的过程称菌种复壮。避免菌种退化和复壮的方法主要有以下四种。

(1) 更换培养基，防止老化：避免在单一培养基中多次传代，每隔一定时期，注意调换不同成分的培养基，调整、增加某种碳源、氮源或矿质元素等。

(2) 分批使用，防止机械损伤：经过分离提纯的母种，适当多贮存一些，妥善保藏，分次使用，转管次数不要过多，减少机械损伤，控制突变型在数量上取得优势的机会。

(3) 交替使用繁殖方式：菌种要定期进行复壮，有计划地把无性和有性繁殖的方法交替使用，组织分离最好每年进行一次，有性繁殖 3 年一次。

(4) 及时更新菌种：菌种不宜过长时间使用，淘汰已衰退的个体，选择有利于高产菌株的培养条件。

第四节　药用真菌的培育技术

一、药用真菌生产方式

药用真菌生产方式分为人工栽培与菌丝体发酵培养两大类，人工栽培常用的方法有：

(一) 段木栽培

药用真菌多为木腐生型，段木栽培就是模拟药用真菌在自然条件下的生态环境，将菌种人工接于一段枯木之上，诱使其长出子实体、菌核或菌索的一种方式。具体操作过程如下：

1. 选择场地　场地选择与真菌种类有关，如茯苓喜酸性砂壤并排水良好的南坡，灵芝、银耳选水源方便、遮荫潮湿、避风向南的场地。

2. 段木准备　选择树种尽量以野生状态下为准，其中以壳斗科植物为佳。选择营养丰富、水分适中时期砍伐，常以晚秋落叶后到第二年春树木萌发前为好。然后进行剃枝、锯段、干燥、钻孔等处理。

3. 接种　把已培养好的菌种（三级菌种即栽培种）接入段木组织中使之定植下来。接种前应严格检查段木组织是否枯死，水分状况是否适合，宜选择阴天接种。

4. 管理　保持栽培场地清洁。根据生产菌对光照、温湿度、空气的要求，通过搭棚、遮荫、加温、喷水等方法满足药用真菌各阶段的生长需要。

5. 杂菌污染与病虫害防治　段木栽培易受霉菌、线虫及白蚁危害。

(1) 霉菌：有青霉、曲霉、毛霉等，可争夺养分和生存空间，抑制培养菌的生长。防治方法有：培养基灭菌要彻底；严格检查菌种质量，适当加大接种量；及时销毁污染菌种。

(2) 线虫：从土壤或水中进入段木，蛀食生产菌基部，使上部得不到营养而腐烂。防治方法有：段木靠地面不宜太近，保持水源清洁；覆土材料最好进行消毒，并在地面上撒施石灰；隔离病区，停水使其干燥，并用 1% 的冰醋酸清洁处理烂穴，防止蔓延。

(3) 白蚁：蛀食段木，影响生产菌生长。防治方法：可用敌百虫诱杀或找出蚁室烧毁。

6. 采收　往往因菌类不同或菌种制作方式不同，从接种到采收所需时间及采收次数各异。如银耳接种后 40 天即可陆续采收多次；灵芝 4 个月收获，每年可收 2~3 次；"菌丝引"制种法栽培的茯苓，在温暖地区 8 个月左右，即当年 10~12 月就可第一次收获，至次年 3~4 月陆续采收。

7. 加工贮藏　收获的子实体菌类，摊薄晒干，未干前最好少翻动，防止破碎变形。阴雨天可在室内摊开晾干或用炭火、烤炉的加热设备烘干，初始温度一般 30~40℃，最后达 60~70℃，不要超过 80℃（木耳不能超过 40℃）。干燥后随即装入密封袋中，放干燥通风处贮藏，以防吸潮变质，如木耳、灵芝、银耳等。较大的菌核类可用"发汗"再阴干法，使菌核内外水分均匀散出而干燥，或是直接切片干燥，如茯苓、猪苓等。

(二) 瓶栽技术

瓶栽是利用玻璃或塑料瓶室内栽培药用真菌的一种方式。基本操作如下。

(1) 培养基制备：选用适宜的培养基，调匀备用。

(2) 装瓶：将培养基边装瓶边压实，装量为瓶高度的 2/3，松紧以瓶倒置、培养基不落下为宜，离瓶口 3~5cm 处用钢笔粗木棒在中央按一小洞，用耐高温薄膜封口扎紧（用瓶塞的按常规包装）。

(3) 灭菌：常规高压灭菌 45~60 分钟或间歇灭菌 3 天。

(4) 接种：在无菌条件下将三级菌种迅速接入培养基中央小洞内，塞上棉塞，置于 22~28℃培养室培养。

(5) 管理：室内相对湿度保持 70% 左右，后期可达 85%~90%，早晚适当通风，保持空气新鲜，控制温度、光照，待子实体长出后可去掉瓶塞。

(6) 杂菌污染与防治：青霉菌可隔绝氧气，抑制生产菌生长。毛霉、根霉、链孢霉等多污染培养基，与培养菌争夺养分和生存空间。

防治方法：选择新鲜、含水量适中的培养料，拌匀，当天配料当天分装灭菌，擦净容器上的培养料；选用生活力、抗逆性强的优良菌种，接种时严格无菌操作；创造菌种适宜的生长发育条件，在不影响生长的情况下尽量降低相对湿度；定期检查，及时剔除污染菌种；对污染轻的栽培瓶（袋）可用浓石灰水冲洗，或用 75% 的酒精注射污染处，控制病菌蔓延，后置低温处隔离培养。如污染严重，可将其深埋或烧毁，切忌到处乱扔或未经处理就脱袋摊晒。

(7) 采收加工：培养至有孢子散发时即可采收，采收时用手轻握菌柄，旋转菌瓶，整丛采下，不要损伤菌盖和菌柄。晒干或烘干，放置干燥通风处贮藏。

(三) 袋栽技术

袋栽也是室内栽培药用真菌的一种方式，是瓶栽技术的改良与发展，基本操作如下。

(1) 培养基制备：选用适宜培养基，调匀备用。

(2) 装袋：选用耐高温的不同规格的圆筒形聚丙烯或低压聚乙烯塑料袋（PP 袋），规格多种，一般为长 18~20cm、直径 10~12cm 或长 50cm、直径 12~30cm。可用人工装料也可机装，拌好的培养料当天必须装袋灭菌。装料后，在料中央打一个洞穴，然后用线绳扎口，扎成活结，灭菌后两端接种。也可先将一端扎紧，装料后将另一端镶入用硬塑料管制成的瓶口，以线绳扎紧瓶口，塞紧棉塞密封好，或在袋口套上套环，用棉塞、报纸(或牛皮纸)封口，然后进行灭菌接种。还可先将一端扎紧，装料后再将另一端密封，然后用直径 2cm 的打孔器，在袋的一侧，每隔 10cm 打一个深为 1.5cm 的接种口，再用 3cm 见方的药用胶布贴在口上，进行灭菌接种。

(3) 灭菌：常规高压灭菌 60~120 分钟或间歇灭菌 3 天。

(4) 接种：接种室要保持清洁卫生，用前彻底消毒。料袋温度降至 30℃以下时接种，可促进菌丝的萌发。接种时严格无菌操作，先除去三级菌种表层 1~2cm 的老化菌种，将菌种分成蚕豆大小迅速接入培养基，置于 22~28℃培养室培养。

(5) 管理：培养室要求干燥、干净、通风、避光，使用前用甲醛加高锰酸钾熏蒸消毒。接种后，为菌种萌发定植期，料温应低于室温 2~3℃，前 7 天要保持室温在 26~28℃，以利于菌种萌发定植；7 天后，袋温与室温基本相等，应将室温保持在 23~25℃；接种后 20 天左右，外部料面长满菌丝且生长旺盛，生理产热增多，袋温比室温往往高 3℃左右，此时应将室温调低至 22℃以下。

空气相对湿度不要超过 70%，后期可适当提高达 85%~90%，早晚适当通风，保持空气新鲜。控制光照，室内保持黑暗，可有微弱的散射光照，但不能有直射光照。每隔 7~10 天对菌袋全面检查一次，及时处理杂菌污染及其他发菌异常情况。一般接种后管理得当，40~50 天菌丝可完全发满，并生理成熟。

(6) 采收加工：子实体生长期间温度保持 22~26℃，空气相对湿度保持在 85%~95%。进行水分管理时，要防止水珠溅落在子实体上，以免造成腐烂或影响品质。湿度主要靠保持地面潮湿，空气中喷雾等方法维持，适当增加散射光照可使子实体粗壮、色泽加深、商品质量提高，培养至有孢子散发时即可采收。晒干或烘干，置干燥通风处贮藏，防虫蛀及鼠咬。

二、药用真菌培养常见的病害及其防治

随着药用真菌栽培规模的日益扩大，病害也日趋严重，在生产上往往会造成不同程度的减产和品质的下降，甚至绝收，严重影响了药材质量和药农的经济效益，成为生产中非常突出的问题。

药用真菌病害的防治较之其他作物更为困难，主要是因为其生长发育所需的环境条件本身有利于病害发生，而且杂菌往往发生在培养基质内，与菌丝体混合生长，防治措施不当，会两败俱伤。其次药用真菌是一种具有治疗、保健功能的食品，直接接触人体，需要选用高效、低毒和环保的防治剂，以避免对药用真菌本身和人体造成危害。因此，药用真菌病害的防治必须坚持"以防为主，防重于治"的原则，要努力改善栽培环境，减少和杜绝病害发生的机会，建立以生态防治为主、化学防治为辅的综合防治体系。

药用真菌的病害分为侵染性病害和非侵染性病害（生理性病害）两类。

1. 侵染性病害　侵染性病害也称传染性病害，主要包括竞争性杂菌、真菌性病害、细菌性病害和病毒性病害等，其中危害最严重的是竞争性杂菌。

(1) 竞争性杂菌：特点是污染培养基，在基质上与培养菌菌丝竞争生长，争夺养分和生存空间，并抑制培养菌菌丝的生长，导致菌种制作失败和栽培减产，甚至绝收，在生产上防止杂菌污染极为重要。

1) 主要竞争性杂菌的种类：①细菌类，如芽孢杆菌、假单胞杆菌、欧文杆菌等；②酵母菌类，如红酵母、橙色红酵母、黑酵母等；③放线菌类，如白色链霉菌、湿链霉菌、粉末链霉菌、诺卡菌等；④霉菌类，如青霉、木霉、曲霉、毛霉、根霉等。

2) 杂菌污染的主要原因：①瓶（袋）制作不当，如原材料受潮发霉、培养料含水量过大、装料太满或料袋扎口不紧等。②培养基灭菌不彻底，表现为瓶壁和袋壁上出现不规则的杂菌群落。多由于灭菌时间或压力不够，灭菌时装量过多或摆放不合理，或高压灭菌时冷空气没有排净等。③菌种带杂菌，表现为接种后，菌种块上或其周围污染杂菌，此类污染往往成批出现且杂菌种类比较一致。④接种操作中污染，此类污染常分散发生在菌种培养基表面，主要是由于接种场所消毒不彻底，或接种时无菌操作不严格。⑤培养过程中污染，灭菌时棉塞等封口材料受潮，或培养室环境不卫生、高温高湿等均可导致污染发生。⑥出菇期污染，出菇室环境不卫生，或高温高湿、通风不良，尤其是一次采收完成后料面清理不当，易发生杂菌污染。⑦破口污染，灭菌操作或运输过程中不小心，使容器破裂或出现微孔，或由于鼠害等使菌袋破损而造成污染。

(2) 防治方法：采取以防为主，综合防治。

1) 选择适宜地块栽培：选择地势较高、通风良好、水源清洁、远离禽畜舍等污染源的场所作菌种厂和栽培场地。

2) 把好培养基和栽培袋的制作关：选择新鲜、干燥、无霉变的培养料，用前暴晒 2~3 天；栽培袋料含水量要适宜，料要拌匀；及时装袋灭菌，当天配料要当天分装灭菌；并擦净容器上黏附的培养料。

3) 培养基灭菌要彻底：保证灭菌的压力和时间；装量不能太满，容器之间要有孔隙；高压灭菌时排放冷空气要完全。

4) 严格检查菌种质量，适当加大接种量：选用无病虫害、生活力强、抗逆性强的优良菌种。

5) 接种场所消毒要彻底，接种时严格无菌操作：灭过菌的料瓶（袋）应直接进入洁净的冷却室或接种室；接种动作要迅速准确，防止杂菌污染。

6) 做好培养室和出菇室的环境卫生，改善药用菌生长发育的环境条件：培养室和出菇室用前要严格消毒，培养过程中要加强通风换气，严防高温高湿。定期检查，发现污染及时处理。

7) 调整培养基的酸碱度：生料栽培时，为了抑制杂菌，可加入 1%~2% 的石灰来提高培养料的 pH。

2. 非侵染性病害　非侵染性病害又称生理性病害，在药用真菌菌丝和子实体的生长发育过程中，由于不良的环境条件，如物理、化学因素的刺激，使正常的生长发育受阻，产生各种异常现象。主要生理性病害及其防治方法如下。

(1) 菌丝徒长：有些药用真菌，如猴头菌等常出现菌丝徒长现象，表现为菌丝持续生长，密集成团，结成菌块或组成白色菌皮，难以形成子实体。

主要原因：一是由于栽培管理不当，如子实体发育时室温及 CO_2 浓度过高，通风不良，不利于子实体分化，引起菌丝徒长；二是培养料中含氮量偏高，菌丝进行大量营养生长，不能扭结出菇。

防治方法：培养料不应过熟、过湿；加强培养室通风，适当降温降湿，降低 CO_2 浓度，以抑制菌丝生长，促进子实体形成；选择适宜配方，并及时划破或挑去菌皮，多喷水并加大通风以促进子实体原基的形成。

(2) 菌丝萎缩：在栽培过程中，有时会出现菌丝、菇蕾，甚至子实体停止生长，逐渐萎缩、变干，最后死亡的现象。

主要原因：一是培养料配制或堆积发酵不当，造成营养缺乏或营养不合理；二是培养料湿度过大，引起缺氧，或培养料湿度过小；三是高温烧菌引起菌丝萎缩；四是虫害，覆土和培养料带入的害虫密度大时，会造成严重危害，使菌丝萎缩死亡。

防治方法：选用长势旺盛的菌种；严格配制培养料，对覆土进行消毒；合理调节培养料含水量和空气相对湿度，加强通风换气；发菌过程中，尤其是生料栽培时，要严防堆内高温。

(3) 子实体畸形变色：在灵芝、香菇等的栽培过程中，常常出现子实体菌盖局部或全部变为黄色、焦黄色或淡蓝色，生长受到抑制，后续生长表现为子实体形状不规则，如菌盖皱缩上翘，柄长盖小，子实体歪斜，或原基分化不好，形成菜花状、珊瑚状或鹿角状的畸形子实体。

主要原因：一是低温季节使用煤炉直接升温时，菇棚内 CO 浓度较高，子实体中毒而变色，菌盖变蓝后不易恢复；二是质量不好的塑料棚膜中光线不足，或有某些不明结构和成分的化学物质，被冷凝水析出后滴落在子实体上，往往以菌盖变为焦黄色居多；三是覆土颗粒太大，出菇部位低或覆土中机械损伤，喷雾器中的药物残留及外界某些有害气体的侵入等，也可导致该病发生。

防治方法：根据具体情况，找出病因并采取相应措施，创造最适宜子实体生长发育的环境条件；在生产过程中，不可乱用农药。

(4) 子实体死亡：指在无病虫害情况下，子实体变黄、萎缩、停止生长，最后死亡的现象。

主要原因：子实体过密，营养不足；培养室持续高温高湿，通风不良，氧气不足；覆土层缺水，幼菇无法生长；采收或其他管理操作不慎，造成机械损伤；或者使用农药不当，产生药害等均可引起子实体死亡。

防治方法：根据子实体死亡的原因，采取相应措施，如改善环境条件，正确使用农药等。

复习思考题

1. 什么是初生菌丝体、二次菌丝体和三次菌丝体?
2. 药用真菌的主要营养类型有哪些?
3. 药用真菌菌种分离的方法及主要区别是什么?
4. 药用真菌菌种提纯复壮的主要技术措施有哪些?
5. 分析药用真菌人工栽培方式的优势与劣势。
6. 简述药用真菌培养常见的病害及其防治。

第七章同步练习

第八章课件

第八章　药用植物栽培的田间管理

药用植物栽培从播种到收获的整个生长发育期间，在田间所进行的一系列技术管理措施，称为田间管理。田间管理是药材获得优质高产的重要措施，正如农谚说"三分种，七分管，十分收成才保险"。由于各种药用植物的生物学特性，以及药用部位的需求不同，其栽培管理工作差异很大，必须根据各种药用植物不同的生长发育特性，分别采取特殊的管理方法，如黄连、三七需遮荫，附子、白芍需修根，栝楼需设支架，白术、贝母需摘花等，以满足中药材对环境条件的功能要求，从而达到优质高产的目的。

田间管理既要充分满足药用植物生长发育中对温度、水分、光照、空气、养分的要求，又要综合利用各种有利因素，克服自然灾害，及时调节、控制植株的生长发育，以确保中药材优质高产。

第一节　常规田间管理措施

一、间苗与定苗

（一）间苗

根据药用植物最适密度要求而拔除多余幼苗的技术措施称为间苗。凡是用种子或块根、块茎繁殖的药材，出苗、出芽都较多，为避免幼苗、幼芽之间相互拥挤、遮蔽、争夺养分，需要适当拔除一部分过密、瘦弱和有病虫的幼苗或幼芽，选留壮苗和壮芽，确保幼苗、幼芽之间保持一定的营养面积。

间苗的原则：一是根据各种药用植物密度的要求，有计划选留壮苗，保证有足够的株数；二是根据不同苗期的生长情况适时间苗。间苗一般宜早不宜迟，以避免幼苗过于拥挤导致生长纤弱，发生倒伏和死亡。此外，幼苗生长过大，根系深扎土层，间苗困难，并易伤害附近植株。

间苗次数因品种而异，一般播种小粒种子，间苗次数可多些，如党参、木香等可间苗 2~3 次；播种大粒种子如薏苡等，间苗 1~2 次即可。进行点播的如牛膝，第一次间苗每穴先留 2~3 株幼苗，待幼苗稍长大后进行第二次间苗。

（二）定苗

最后一次间苗即为定苗。定苗后必须及时加强管理，才能达到苗齐、苗全、苗壮的目的，为药材优质高产打下良好的基础。

（三）补苗

播种之后，常常由于种子腐烂或病虫危害而导致缺窝现象，应该在间苗定苗的同时进行补苗工作。补苗所用幼苗最好是在播种时同时培育的幼苗，选择阴天带土移栽，并浇足定根水，提高所补幼苗的成活率。补苗不宜过迟，否则植株过大不易成活。若间出的苗不够补栽时，则需用种子补播。

二、中耕与除草

在药材生长过程中，对土壤进行浅层翻倒，使土壤疏松的操作称为中耕。中耕能疏松土壤，破除板结，减少地表蒸发，改善土壤的透水性及通气性，加强保墒，早春进行还可提高地温；在中耕时，可结合除蘖或切断一些浅根来控制植物生长。

除草是为了消灭杂草，减少水肥消耗，保持田间清洁，防止病虫害滋生和蔓延。除草一般与中耕、间苗、培土等结合进行。

中耕、除草多在植株封顶前，选择晴天或阴天进行。中耕深度视药用植物种类而定，浅根性植物宜浅，如紫菀、延胡索、射干、半夏等；深根性植物宜深，如白芷、牛膝、芍药、黄芪等。一般情况下，中耕深度为4~6cm。中耕的次数应根据当地气候、土壤和植物生长情况而定。苗期植株小，杂草容易生长，土壤也容易板结，中耕除草宜勤。成株期枝叶生长茂盛，自然抑制了杂草的生长，中耕除草次数宜少，以免损伤植株。天气干旱，土壤板结，中耕宜浅以利于保水；雨后或灌水后应及时中耕，避免土壤板结。

此外，许多根及根茎类药用植物，其地表层因受雨水冲刷，根部暴露在地表外，很容易受旱和受到损伤，故在中耕除草时应给植株培土。培土是将植株行间的土壤壅在植物根部。培土的作用主要有：保护植物安全越冬越夏（如菊花、浙贝母等）；防止植株倒伏（如射干）；避免根部外露，保护芽头（如玄参）；促进生根增产（如半夏、木香）；促进多结花蕾（如款冬）等。地下部分有向上生长习性的药用植物如玉竹、黄连、大黄等，若不适当培土将影响药材的产量和品质。培土的时间视植物种类而异，一、二年生药用植物在生长的中后期进行，多年生草本和木本药用植物，一般入冬前结合防冻进行。培土的方法视播种方法不同而异，条播的培土成梯形或三角形的“垄”；点播的及木本植物培土成圆锥形的“堆”；撒播和栽培密度大的将土撒布于株间。

三、施肥

土壤是植物养分的来源和贮存库，但其养分的含量有限，不能完全满足药用植物的生长需要。因此，必须人为地向土壤中补充各种养分，即进行施肥。肥料是药用植物生长发育不可缺少的养分，是植物的粮食，也是培肥土壤、改善植物营养环境的重要物质基础。

在中药材生产管理中，栽培技术是中心环节，而栽培技术的其中一个关键就是合理使用肥料，以确保中药材的绿色品质。农田施肥不但影响药材的产量、品质，还可能导致重金属等有害元素污染。因此，必须重视合理施肥，既要遵循施肥理论，又要讲究科学合理的施肥技术。

（一）合理施肥的原则

施肥应遵循的基本原则是：以农家肥为主，化肥为辅；基肥为主，配合追肥和种肥；迟效肥与速效肥合理搭配；氮、磷、钾肥为主，注意平衡施肥和微量元素肥料的施用。具体在施用时应注意以下事项：

1. 看作物施肥　施肥必须考虑植物的营养特性。如豆科植物可以少施或不施氮肥。氮能促进茎叶的生长，以茎叶或全草入药的药用植物，如绞股蓝等应多施氮肥才能获得高产。磷有促进根系生长和开花结果的作用，所以为了促进根系发育和禾本科植物的分蘖，可用少量速效磷肥拌种。以收获块根为药材和以种子为药材的药用植物，应适当增加磷肥的使用。钾有“壮秆”的作用，故密植田可适当增施钾肥，能促进茎秆粗壮，防止倒伏。前茬作物不同，施肥也不一样，如豆茬则可少施氮肥。

喜在碱性土壤上生长的药用植物，如枸杞、蔓荆子等，可施碱性肥料；喜在酸性土壤上生长的药用植物，如厚朴、栀子、贝母等，应施酸性肥料。

每一种作物在不同的生育期，对各种营养元素的需要不同，生育前期应多施氮肥促进茎叶生长；生育后期应多施磷、钾肥，以促进果实早熟、籽粒饱满。镁则在幼穗分化期供应。多年生药用植物在春季返青时要施肥，一年多次收获的药用植物在每次收获后都需要大量施肥。

2. 看地施肥　根据土壤养分状况、酸碱度等选用肥料种类。在缺乏有机质的土壤里，应多施有机肥。保肥保水力弱的砂性土，应多施半腐熟的堆肥、厩肥，追肥应少量多次，避免一次施用过多而流失。砂质土壤宜施黏性的肥料，如河泥或细土垫圈等。而黏性土壤含水多、空气少，应多施有机肥料，并浅施以加快分解。

土壤的酸碱性对肥料有很大影响。如骨粉、磷矿粉、钙肥、镁肥、磷肥等能溶于酸，不溶于水的肥料施入酸性土壤可以缓慢溶解，供作物吸收，若施入碱性土壤和石灰性土壤则无效。

冷性土壤宜施热性肥料，如东北的冷湿黏重的黑鳅土，施用马粪和炕土效果好；南方的下湿潮田，施用鸡粪效果好。

施肥前应该对土壤进行诊断，根据土壤中营养元素的短缺情况来制定施肥方案，即配方施肥。例如云南有些县缺锌就重点施锌肥；浙江有些地区缺硼就重点施硼肥；在缺钙的酸性土壤里，就必须在施厩肥的同时加施碱性的石灰。

3. 看天施肥　气温、降雨、湿度和光照等天气条件的差异，常影响土壤养分的分解和植物对养分的吸收利用。水分充足、光照好时，施肥效果更好。高温季节可多施肥，且追肥应少量多次。在低温、干燥的季节和地区，最好施用较腐熟的有机肥；在春季和秋季翻地时，施有机肥料作为基肥；在夏季作物生长旺盛时施化学肥料作为追肥。

4. 看肥施肥　应根据肥料的养分含量、形态、溶解度及其在土壤里的变化，采取不同的施肥技术。大多数的有机肥料，如厩肥、堆肥、绿肥，以及磷矿粉、骨粉等属于迟效性肥料，多作基肥使用。大多数的化肥以及腐熟牲畜粪尿等属于速效性肥料，一般作追肥施用。施用速效性肥料要注意适量、多次分施，如使用过量，常引起流失和烧苗，造成不必要的损失。

硫酸铵、尿素等氮素肥料，为了避免反硝化作用或转化为气体损失掉，最好施在深层。

肥料有酸碱性之分，通常酸性肥料如硫酸铵、过磷酸钙等只能在碱性土壤上施用，以免加重土壤的酸性；碱性肥料如碳酸氢铵、钙镁磷肥以及石灰等最好在酸性土壤上施用。

根外喷施的肥料最常用的是微量元素肥料，因植物对微量元素的需要量极少，且有些微量元素在土壤里常被转化为不易吸收的状态，故采用叶面喷施能起到事半功倍的效果。作物发生缺氮黄叶时也可根外喷施尿素，及时供应氮素。

5. 施肥不得造成土壤重金属元素的富积　施肥应多元化，比如施磷肥，除过磷酸钙等常用肥以外，可尽量多使用含磷量高的有机肥，如骨粉和腐熟鸡、鸭粪等。施用微量元素肥料时也特别要注意，不能过量施用，否则可能造成重金属污染。

（二）施肥的方式

施肥可分为基肥、种肥和追肥。药用植物在不同的生长发育阶段，需肥情况存在差异。且正确的施肥方式将使肥效得到充分发挥，在实际施肥过程中应加以注意。

1. 基肥　又称底肥，是播种前或移栽前施入土壤的肥料，能提供植物整个发育期所需养分。需要分解转化的迟效肥料包括有机肥或与有机肥搭配的磷钾肥，通常作为基肥使用。施基肥的方式有两种：一种是结合整地，在翻耕时将基肥埋于土壤中。另一种是在播种或幼苗栽植时施于定植穴底部或开沟埋肥。

2. 种肥　是指播种、定植时施于种子附近或与种子混播的肥料，常以浸种、拌种、浸根、蘸根和包种衣方式使用。主要是微量元素肥料、菌肥，如磷细菌肥料和氮磷钾三元复合肥料等。目的是保证种子萌发或移栽幼苗所需的养分。种衣通常由种子生产企业制作。

3. 追肥　追肥是指在植株生长发育期间施用的肥料，其目的是及时补充植株生长与发育所需要的营养。追肥的施用时间及次数，应根据土壤肥力、植物生长发育时期、植物喜肥与否而定。一般情况下，在幼苗期施一次苗肥；定苗后则在萌发期、花蕾开花前、果实采收后和休眠前进行。追肥以速效肥料为主，也可施用油枯或煮熟油菜籽等有机肥。

根据施肥的三种方式，在具体施肥时可分为两大类型：一类是土壤施肥，由作物根系吸收，包括基肥、种肥和土壤追肥，土壤施肥有表层施肥与深层施肥两种方法。另一类是根外追肥，在植物生长期中，将肥料施于植物地上部分，由茎叶吸收，称为叶面追肥。其优点是肥料用量少，效果好，能及时满足农作物对营养元素的需求。根外追肥一般将肥料稀释成溶液对植物喷洒，最常用于微量元素肥料的施用和短期补肥，但浓度稍高易灼伤叶片，必须严格控制为低浓度。为提高劳动效率，根外追肥常与生长调节剂结合使用。

（三）施肥的方法

1. 撒施　是指将肥料均匀地撒于土表，并结合犁耙把肥料翻入土中的施肥方法。撒施能将肥料均匀分布到土壤耕作层，有利于药用植物的根系早期吸收利用。

2. 沟施　在植物行间或近根处开沟，将肥料施入沟内，然后盖土。

3. 穴施　是先在土地上挖穴，将肥料施入穴中，然后盖土。

4. 浇施　是指将肥料溶于灌溉水中，并施入土壤内的施肥方法。

5. 洞施　在不能开沟施肥的地方，可采用打洞的方式将肥料施入土壤。肥料应选用专用缓释肥料或有机混合化肥。工具为土钻或机动螺旋钻，钻孔直径为5cm左右，深度为30~60cm。

6. 深层施肥　将肥料施于药用植物根系附近土层5~10cm深的施肥方法。此种方法肥料损失少，供肥稳而久。

7. 根外施肥　将肥料配成一定浓度的溶液，喷洒在植物茎叶上。此法须注意肥料的浓度、喷洒时间和方法等。

8. 环状施肥　在树木施肥前先挖好环状沟，沟外径应与冠幅相等，沟深、宽各 30~60cm，将肥料施入环状沟内覆土压实。

9. 放射状施肥　以树干为中心，向外开沟呈放射状，应根据植株大小确定施肥沟的宽度和深度，一般深、宽度各 30~60cm，将肥料施入沟内覆土压实。

四、灌溉与排水

药用植物生长所需的水分是通过根系从土壤中吸收的，若土壤中的水分不足，植物就会枯萎，轻则影响正常生长而减产，重则会导致植株死亡；若土壤中水分过量，则会使植株茎叶徒长，严重时使根系窒息而死亡。因此，在药用植物栽培过程中，需根据植物对水分的要求和土壤中的水分状况，做好灌溉与排水工作，从而确保植物正常生长发育。

（一）灌溉

1. 灌溉的原则　灌溉应根据植物的需水特性、不同的生长发育时期和当时当地的气候、土壤条件进行适时适量的合理灌溉。

(1) 根据植物的需水特性合理灌溉：耐旱植物一般不需要灌溉，如甘草、黄芪、麻黄等；喜湿植物若遇干旱应及时灌溉，如荆芥、薄荷等；水生植物常年不能缺水，如泽泻、莲花等。

(2) 根据植物不同的生长发育时期合理灌溉：苗期根系分布浅，抗旱能力差，宜多次少灌，控制用水量，促进根系发育和培育壮苗；植株封行后到旺盛生长阶段，耗水量增大，不能缺水，而此时多为酷暑高温天气，可采用少次多量、一次灌透的方法来满足植株的需水量；植物在花期对水量要求严格，水分过多易引起落花，水分过少则影响授粉和受精作用，故应适量灌水；果熟期一般不宜灌水，否则易引起落果。

(3) 根据不同季节合理灌溉：炎热和少雨的干旱季节应多灌水，多雨湿润季节则少灌或不灌水。

(4) 根据不同的土壤结构和保水力合理灌溉：灌水量、灌水次数以及灌水时间应根据土壤的结构和保水力而定。砂土吸收快但保水力差，黏重土吸收慢但保水力强。团粒结构的土壤吸水性和保水力都好，无团粒结构的土壤吸水性和保水力都差。

2. 灌溉时间　灌溉时间应根据植物生长发育情况和气候条件而定，需注意植物生理指标的变化适时灌溉。灌溉应在早晨或傍晚进行，不仅可以减少水分蒸发，而且不会因土壤温度变化过大而影响植株生长。

3. 灌溉量　实际生产中，灌溉量是由药农的实践经验而定的。而科学的灌溉量应是依据田间土壤的含水量、土层厚度、灌溉前最适的土壤水分下限等情况来决定的。灌水量可按下列公式计算：

$$M=100H(A-\mu)$$

式中:M 表示灌水量,H 表示土壤活动层的厚度(m),A 表示土壤层的最大持水量(%),μ 表示灌水前土壤的含水量。

4. 灌溉水质量　灌溉水质量应符合国家关于农田灌溉水质二级标准(GB 5084—2005)。灌溉水不能太凉,否则会影响根的代谢活动,降低吸水速度,妨碍根系发育。如灌溉水为凉水,则在灌溉前应另设蓄水池或引水迂回,使水温升高后再进行灌溉。

5. 灌溉方法

(1) 沟灌法:即在植物种植地上开挖灌水沟,将灌溉水直接引入行间、畦间或陇间,在流动的过程中主要借土壤毛细管作用从沟底和沟壁向周围渗透而湿润土壤;与此同时,在沟底也有重力作用浸润土壤。沟灌法的优点是土壤湿润均匀,水蒸发量和流失量较少;不会破坏土壤结构,土壤通气良好,有利于土壤中微生物的活动;便于操作,不需要特殊设施。沟灌法适用于条播、撒播或行距较宽的药用植物。

(2) 浇灌法:又称穴灌法。将水直接浇灌于植物穴中。灌水量以润湿植株根系周围的土壤即可。在水源缺乏或不利引水灌溉的地方,多采用此法。

(3) 喷灌法:即利用喷灌设备将灌溉水喷到空中成为细小水滴再落到地面上的灌溉方法。此法类似人工降雨,故常被农业生产广泛采用。其优点是①节约用水。相比于地面灌溉,一般可节约用水 20% 以上,对砂质土壤而言,可节约用水 60%~70%。②可降低对土壤结构的破坏程度,保持原有土壤的疏松状态。③可调节灌溉区的小气候,减少低温、高温、干旱的危害。④节省劳力,工作效率高。⑤对土地平整状况要求不高,地形复杂的山地亦可采用。缺点是需要有相应的设备,投资大。

(4) 滴灌法:指利用埋在地下或地表的小径塑料管道,将水以水滴或细小水流的形式缓慢地灌于植物根部的灌溉方法。此法是直接将水引到植物根部,水分分布均匀,不破坏土壤结构,相较于喷灌法,能节约用水 20%~50%,并能提高产量,是目前最为先进的灌溉方法,值得推广应用。

(二) 排水

在地下水位高、雨水过多或地势低洼的田间有积水时,应及时排除积水,以防植株烂根,影响怕涝的药用植物如丹参、白术、红花等的正常生长。排水的方法主要有两种:

1. 明沟排水　即在地表开排水沟进行排水。排水沟由总排水沟、主干沟和支排水沟构成。此法简单易行,为目前最常用的排水方法。缺点是排水沟占地多,沟壁易倒塌而造成淤塞和滋生杂草,导致排水不畅,且不利于机械化操作。

2. 暗沟排水　即在田间挖暗沟或在土中埋入管道排出田间积水。此法不占土地,便于机械化操作,但常需耗费较多的劳力和器材,目前在生成上较少采用。

第二节　特殊田间管理措施

一、植株调整

植株调整是对植株进行摘蕾、打杈、打顶、修剪、整枝、疏花、疏果等措施,控制营养生长、生殖生长，并协调其相互关系，以调节植株生长、发育的进程，使其有利于药用器官的形成。通过对植株进行修整，使植物体各器官布局更合理，充分利用光能和生长空间，从而达到优质高产的目的。

（一）打顶

以摘除植株顶芽的方式，破坏植物的顶端优势，抑制主茎生长，促进地下部分的生长，促进分枝。如菊花、红花等花类药材，通过打顶促进多分枝，增加花的数目，提高单株产量；乌头（附子）打顶并同时摘去侧芽，促进地下块根迅速膨大；薄荷适时打顶，可促进侧枝发育，增加茎叶产量。打顶的时间和长短视植物的种类和栽培目的而定，一般宜早不宜迟。

（二）摘蕾

摘除植株的花蕾，减少开花对养分的消耗，促进养分转移并供给根及根茎、块茎等地下器官的生长，提高药材的品质与产量。摘蕾的时间一般宜早不宜迟。摘蕾工作可分批进行，应选晴天，不宜在下雨或有露水时进行，以免引起伤口腐烂，感染病害，影响植株生长发育。不同药用植物种类摘蕾的要求不同，如玄参、牛膝常于现蕾前剪掉花序和顶尖；白术、云木香等则只摘去花蕾；丹参、黄芩等花期不一致且较长，摘蕾工作应分批进行。药用植株在栽培过程中，留种和药用部位为花、果实、种子的植株则不摘蕾或部分摘蕾。

（三）整枝

也称整形，运用修剪技术把树体整成某种丰产树形。整枝多运用于木本植物，整枝能使各级枝条分布合理，提高通风透光，减少病虫害。成形早，骨干牢固，便于管理。丰产树形的要求是：树冠矮，分枝角度开张，骨干枝少，结果枝多，内密外稀，波浪分布，叶厚度与间距适宜。常见的丰产树形有以下几种。

1. 主干疏层形　有明显的中央主干，干高1m，在主干上留6个主枝，分三层。第一层主枝3个，第二层主枝2个，第三层主枝1个。第一、二层间距1.1m左右，第二、三层间距0.9m左右，全树高3.5m左右。由于树冠成层形，树枝数目不多，树膛内通风透光好，能充分利用空间开花结果，故能丰产。

2. 丛状形　定干50cm，不留中央主干，只有4~5个主枝，主枝呈水平层次分布，全树高2m左右。这种树形树冠扩展，内膛通风透光好，利于优质高产。

3. 自然开心形　没有中央主干，只有3个错开斜生的主枝，树冠矮小，高2m左右。由于树冠比较开张，树膛内通风透光较上述两种树形为好，利于内膛结果，增加结果部位。这种树形比上述两种树形的单株产量一般高1~2倍。

（四）修剪

包括修枝和修根，通过各种修剪技术和方法对枝条或根进行剪除、整理，促使植株形成丰产形态并朝着有利方向生长，提高产量和质量。修枝主要用于木本植物，部分草本植物和藤本植物也修枝，如栝楼摘除主蔓；修根只在少数以根入药的植物中采用，修去过多的侧生块根，保证其主根生长肥大，以提高产量，如芍药、附子修去侧根，促进主根膨大。

木本药用植物修剪常用方法有短截、缩剪、疏剪、长放、曲枝、刻伤、除萌、疏梢、摘心、剪梢、扭梢、拿枝、环剥等。

1. 短截　也称短剪。即剪去一年生枝梢的一部分。短截能增加分枝，缩短枝轴，缩短养分运输距离，促进生长和更新复壮。短截可分为轻、中、重和极重短截，轻至剪除顶芽，重至基部留 1~2 个侧芽。短截对剪口下的芽有刺激作用，其中以剪口下第一芽受刺激作用最大，新梢生长势最强，离剪口越远受影响越小。

2. 缩剪　也称回缩。即多年生枝条短截。缩剪对剪口后部的枝条生长和潜伏芽萌发有促进作用，对母枝则具较强的削弱作用。

3. 疏剪　也称疏删。即将枝梢从基部疏除。疏剪可减少分枝，使树冠内光线增强。疏剪对母枝有较强的削弱作用，常用于调节骨干枝之间的均衡，强的多疏，弱的少疏或不疏剪。

4. 长放　也称甩放。即一年生长枝不剪，保留枝条顶芽，让顶芽发枝。进行适当的长放，有利于缓和树势，促进花芽分化形成和结果。

5. 曲枝　即改变枝梢方向，加大与地面垂直线的夹角，直至水平、下垂或向下。加大分枝角度和向下弯曲，可削弱顶端优势或使其下移，有利于近基枝更新复壮和使所抽新梢均匀，防止基部光秃。

6. 刻伤和多道环刻　即在芽、枝的上方或下方用刀横切皮层达木质部。发芽前后在芽、枝上方刻伤，可阻碍顶端生长素向下运输，能促进切口下的芽、枝萌发和生长。多道环刻能显著提高萌芽率。

7. 除萌和疏梢　抹除萌发芽或剪去嫩芽称为除萌，疏除过密新梢称为疏梢。选优去劣，除密留稀，节约养分，改善光照，提高枝梢质量。

8. 摘心和剪梢　摘心是摘除幼嫩的梢尖，剪梢则是去掉幼嫩的梢尖和部分成枝、叶。摘心与剪梢可削弱顶端生长，促进侧芽萌发和二次枝生长，增加分枝数；促进花芽形成，有利提早结果；提高坐果率。摘心和剪梢必须在急需养分调整的关键时期进行。

9. 扭梢　即在新梢基部处于半木质化时，从新梢基部扭转 180°，使木质部和韧皮部受伤而不折断，新梢呈扭曲状态。扭梢有促进花芽形成的作用。

10. 拿枝　即在新梢生长期用手从基部到顶部逐步使其弯曲，伤及木质部，响而不折。拿枝有利于旺梢停长，减弱秋梢生长势或提高萌发率。

11. 环剥　即将枝干韧皮部剥去一圈。环剥暂时中断了有机物质向下运输，促进地上部分糖类的积累。环剥具有抑制营养生长、促进花芽分化和提高坐果率的作用。

木本药用植物修剪可分为休眠期修剪和生长期修剪。休眠期修剪一般在秋冬落叶至春季芽萌发前进行，而常绿植物则从晚秋梢停止生长至春梢萌发前进行。休眠期树体内贮藏养分较充足，修剪后枝芽减少，有利于集中利用贮藏养分。生长期修剪一般于春季萌芽后至落叶树木秋冬落叶前进行，常绿树木则于晚秋梢停止生长前进行修剪。生长期修剪可细分为春季修剪、夏季修剪和秋季修剪。

二、覆盖与遮荫

(一) 覆盖

覆盖是利用覆盖物覆盖于地面或植株上的一种管理措施，常见覆盖物有稻草、树叶、秸秆、厩肥、土杂肥、草木灰、泥土、塑料薄膜或遮阳网等。覆盖可以调节土壤温度、湿度，防止杂草生长和表土板结，减少土壤水分蒸发，提高药材产量等。覆盖物的选择和覆盖时间、方式应根据药用植物生长发育时期及其对环境条件的要求而定。荆芥、紫苏、党参、丹参等种子细小的药用植物，播种覆土较薄，表土易干燥，或发芽时间较长的种子，土壤湿度变化对种子出苗率影响大，播种后需盖覆盖物，以保持土壤湿润，促进种子早发芽，保证全苗。有些药用植物在夏、秋高温季节需要用稻草或秸秆覆盖，才能保湿，安全越夏。如浙贝母留种地在夏、秋需秸秆覆盖才能越夏；栽培白术的夏季株间盖草；栽培三七的畦面上盖草或草木灰等。厚朴、黄皮、杜仲、山茱萸等木本药用植物，在幼苗生长阶段为保墒抗旱也需要覆盖；有些药用植物种植于土壤贫瘠的荒山、荒地上，水源条件较差，灌溉不便，在定植和抚育时，就地刈割杂草、树枝，铺在定植点周围，保持土壤湿润，能提高造林成活率，促进幼树生长发育。

近年，药用植物的栽培上，也可以用地膜覆盖，地膜覆盖能有效地改变土壤中的水、肥、气、热状况，创造相对稳定、优越的生产环境，促进植物生产发育，达到优质高产的目的。

（二）遮荫

遮荫是在药用植物栽培地上方设置遮蔽物，使植株不受直射的强光照射，防止地表温度过高，保持土壤湿润的一项措施。西洋参、半夏、人参、三七、白及等一些喜阴、怕强光的药用植物在栽培中需要采取遮荫措施，避免受高温和强光直射，保证其正常生长发育。丹参等药用植物在种子发芽及幼苗生长初期，遮荫以减少水分蒸发，避免高温和强光直射，以保证幼苗成活和生长。由于不同的药用植物对光照的反应不同，对荫蔽的程度要求不同，同种药用植物不同生育时期对光照的反应也不同，应根据植物种类及其发育时期的不同，采用适当的遮荫方法与措施。目前，遮荫的方法有搭设荫棚、间套作、林下栽培等。

1. 搭遮荫棚　生产上最常用的遮荫方法是搭设荫棚进行遮荫，通过遮荫棚调节光照强度，满足药用植物的生长发育需求。搭棚过程中应根据地形、地貌、气候和药用植物的生长习性来选择遮荫棚的高度、方向。用于搭棚的材料可因地制宜，就地取材，选择经济耐用、简便、成本低廉的材料。近些年，采用遮阳网代替荫棚进行遮荫，此法简单易行，经济实用。

2. 间套作　对喜湿润，不耐高温、干旱及强光，只需较小荫蔽就能正常生长的药用植物，可采用间套作进行遮荫。如半夏与玉米间作、麦冬与玉米间作、孩儿参留种地与早熟大豆套种、黄芪幼苗与油菜或小麦间作，均是利用高秆植株遮荫，减少了日光对矮秆药用植物的直接照射，给药用植物生长创造阴湿的环境条件，有利于生长发育，生产上都取得了较好的效果。

3. 林下栽培　一些药用植物对遮荫度要求不高，可以利用树木枝叶的遮荫，在林下种植。遮荫树木的品种和大小可根据药用植物所需的荫蔽程度进行选择，也可对树木采取间伐、疏枝等措施进行调节。如黄连、细辛、砂仁等药用植物在林下栽培均获得良好的效果。

三、搭架

栽培的藤本药用植物，当其生长到一定高度时，需要设立支架，以便牵引藤蔓上架，使枝条生长分布均匀，扩大叶片受光面积，提高光合作用效率，促进株间空气流通，降低湿度，减少病虫害的发生。

株型较大的药用藤本植物，如罗汉果、五味子、栝楼、绞股蓝等应搭设棚架，使茎藤均匀分布在棚架上，以便多开花结果；对于株形较小的，如党参、山药、蔓生百部、鸡骨草等，只需在株旁立竿作支柱牵引。

搭架是促进藤本药用植物增产的一项重要措施，搭架的藤本药用植物比伏地生长的产量增加一倍以上，有的甚至高达三倍。搭架要及时，过晚植株互相缠绕，不仅费工，而且不利其生长，影响产量。搭架要因地制宜，以简单方便为主，节约材料，降低生产成本。在实际生产中，为节约成本可以利用植物高度差结合间作模式进行，合理利用间作高秆植物，如山药 / 玉米间作模式，能充分利用光热资源，有利于山药块根的充分膨大。

四、人工辅助授粉

异花传粉往往容易受到环境条件的限制，得不到传粉的机会，如风媒传粉没有风，虫媒传粉因风大或气温低，而缺少足够昆虫飞出活动传粉等，从而降低传粉和受精的机会，影响到果实和种子的产量。人工辅助授粉可以大量增加柱头上的花粉粒数量，极大提高植物受精率。在生产上常采用人工辅助授粉或人工授粉的方法，以克服因条件不足而使传粉得不到保证的缺陷，以达到预期的产量。

有些植物因花构造特殊，造成授粉困难。砂仁花药隐生在大唇里，柱头高于花药，花粉粒彼此粘连不易散播，自然结实率一般只有 5%~6%，产量仅有 1.5~2.5kg/667m^2，采用人工辅助授粉的方法，使结实率提高到 40%~48%，产量提高到 15~25kg/667m^2。天麻花合蕊柱隐生于大唇瓣上方，花冠外轮与内轮花瓣合生成歪壶状花被筒，筒口小，大昆虫不能进出，花粉块状不易散落，高山区野生天麻昆虫传粉结实率 40% 左右，较低海拔种子园昆虫传粉结实率极低，一般在 10% 以下，通过人工授粉者结实率可达到 70% 以上。连翘、苍术等一般的药用植物通过人工辅助授粉也能将坐果率和产量提高 10%~20%。

人工辅助授粉及人工授粉方法因药用植物种类不同而不同。薏苡采用绳子振动植株上部，使花粉飞扬，以便于传粉。砂仁采用抹粉法（用手指抹下花粉涂入柱头孔中）和推拉法（用手指推或拉雄蕊，使花粉擦入柱头孔中）。天麻则需要用小镊子将花粉块夹放在柱头上。不同药用植物由于其生长发育的差异，均有其最适授粉时间及方法，必须准确掌握，才能取得理想的授粉效果。

五、逆境的防御

药用植物在栽培过程中，常会因播种过早或过晚，植株生长弱或遇到不良气候条件的侵袭，导致植株生长受到影响，轻则影响植株生长发育和产量形成，重则死亡，尤其是我国西北、东北和内蒙古等容易发生冷害、冻害的地区和我国华南易发生高温、大风的地区。因此，必须做好对这些恶劣环境的防御工作。

（一）抗寒防冻

由于冬季严寒的侵袭，低温会使药用植物的生长发育受到不同程度的伤害，尤其是越年生或多年生植物，致使幼苗死亡、植株冻伤、块根腐烂等。根据伤害的程度可分为冷害和冻害。抗寒防冻是为了避免或减轻冷空气的侵袭，提高土壤温度，减少地面夜间散热，加强近地层空气的对流，使植物免遭或减轻寒冻危害。抗寒防冻的主要措施有：

1. 选择抗寒品种　因地制宜，选择抗寒性强的品种进行栽培。

2. 调节播种期　根据药用植物不同生育时期抗寒能力的差异，适当提早或推迟播种期，可使苗期或花期避过低温危害。

3. 灌水　因为水的比热容大，冷却迟缓，灌水时能放出大量潜热，增大土壤的热容量和导热率，缓和气温下降，从而提高地面温度。灌水可提高地面温度2℃左右，越接近霜冻日期灌水，防冻效果越好。因此，掌握好灌水防冻的时间才能起到理想的效果。灌水是一项重要的防霜冻的措施。

4. 追肥　合理的施肥能促进植物的根系生长，促进植株生长健壮，提高对低温的抗性。为增强药用植物的抗寒能力，在低温前一个月左右适当追施，有利于植物安全越冬。

5. 覆盖、包扎与培土　可用稻草、麦秆或其他覆盖物进行覆盖防冻。对抗寒性差的木本植物，可用稻草等包扎苗木，并结合根际培土，以防冻害。

6. 改善小气候　根据预报，在冷空气到来前及时采取"熏烟法"或"遮盖法"等防霜措施，改善小气候条件，避免霜害的发生。

（二）高温的防御

夏季温度过高，蒸发量大，会导致土壤板结和大气干旱。高温干旱对药用植物的生长发育伤害很大。生产上可采用耐高温的品种、灌水降温、喷水增加空气湿度、覆盖遮荫等办法来降低高温的伤害。

（三）风害的预防

在我国西部及东南沿海，容易遭受大风的危害，严重时可导致植株折断死亡。栽培时尽量选用抗风品种，避免在风口位置栽培，适当密植，设置风障，从而起到预防风害的作用。

药用植物遭受危害后，应及时采取补救措施，力争减少损失。可采取扶苗、补苗、补种、改种、加强田间管理等措施。

六、植物生长调节物质及其应用

（一）植物生长调节物质的种类

植物生长调节物质是一些在低浓度下能调节植物生长发育的微量有机物。分为两大类：一类是存在于植物体内天然合成的，称植物激素；另一类则是通过人工合成且从外部施入植物体内，称植物生长调节剂。此外还有一些天然存在的生长活性物质和抑制物质。植物生长调节剂（plant growth regulators）是人工合成的有机化合物，具有促进、抑制或以其他方式改变植物某一生长过程的功能，是一类与植物激素具有相似生理和生物学效应的物质。已发现具有调控植物生长和发育功能的物质有生长素、赤霉素、细胞分裂素、乙烯、脱落酸、油菜素内酯、水杨酸、茉莉酸和多胺等，而作为植物生长调节剂被应用在农业生产中主要是前六大类，中药材生产的化学调控研究尚处于起步阶段，相关研究报道相对较少。

1. 生长素　生长素（auxin）化学名称是 3- 吲哚乙酸，大多集中在生长旺盛的部位。IAA 对植物生长的最明显作用是促进细胞的伸长和细胞壁结构的松弛。IAA 对植物生长的影响随着浓度的增加而增加，但达到一定的浓度就会引起明显的抑制作用。IAA 也可促进形成层活动，不定根形成，防止衰老，促进或延迟脱落，形成顶端优势，促进坐果和单性结实等作用。在药用植物栽培上，多用于扦插生根、疏花疏果、促进开花、防止采前落果、控制萌蘖枝的发生等。

2. 赤霉素　赤霉素（gibberellin，GA）又称“九二〇”，在植物体内天然存在的有 72 种，即 GA_{1-72}。赤霉素在生长旺盛的部位含量较高，如茎端、根尖和果实、种子。主要作用是刺激细胞伸长，对节间伸长有明显促进作用，促进效应随浓度的增加而增加，但达到一定的浓度后就不再增加，但无抑制作用；促进坐果，果实膨大，诱导单性结实；防止衰老，GA 不影响光合强度，但明显增加呼吸强度。在生产上，主要用于抑制花芽形成，打破休眠，促进幼苗生长，诱导单性结实，促进细胞分裂与组织分化，促进坐果等。

3. 细胞分裂素　细胞分裂素（cytokinins，CTK）也称细胞激动素，是一类嘌呤的衍生物。细胞分裂素广泛存在于高等植物、细菌、真菌、藻类中。高等植物的细胞分裂素主要分布于茎尖、根尖以及未成熟的种子和生长的果实等器官。主要作用是促进细胞分裂、增大，可促进芽的萌发，克服顶端优势，促进侧芽萌发，延缓蛋白质和叶绿素的降解，从而延迟衰老，可以促进花芽形成、坐果等。

4. 乙烯　乙烯（ethylene，ETH）广泛存在于植物的各种器官，正在成熟的果实和即将脱落的器官含量较高。干旱、水涝、低温、缺氧、机械损伤等逆境条件均可诱导乙烯的合成。乙烯最明显的生物学效应是三重反应(抑制茎的伸长生长，促进茎或根的增粗和改变向地性）以及偏上性反应(叶柄上部生长快而下部慢，使叶下垂，叶面反曲)。乙烯可以促进果实成熟、促进花芽形成、促进落叶、落花和落果，抑制营养生长。

5. 油菜素内酯　油菜素内酯（brassinolide，BR）又称芸苔素内酯，是一种天然植物激素，广泛存在于植物的花粉、种子、茎和叶等器官中。油菜素内酯具有 GA 和 CTK 的双重作用，促进伸长的效果显著，其作用浓度比生长素低几个数量级。油菜素内酯还能调节与生长有关的某些蛋白质的合成与代谢，实现对生长的控制；调节植物体内营养物质的分配，使处理部位以下的部分干重明显增加，而上部干重减少；影响核酸类物质的代谢，延缓植物离体细胞的衰老；能提高植物耐冷性。

6. 生长延缓剂和生长抑制剂　生长延缓剂（growth retardant）主要抑制梢顶端分生组织细胞分裂和伸长，它可被赤霉素所逆转。而生长抑制剂（growthinhibitor）则完全抑制新梢顶端分生组织生长，它不能被赤霉素所逆转。其效应主要有抑制营养生长，促进花芽形成，增加坐果，促进果实上色，提早成熟，适时开花和反季结果，提高抗旱性。

（二）植物生长调节剂的应用

植物生长调节剂通过调节与控制植物的生长发育，提高作物抗逆性，提高光合作用效率，改变光合产物的分配，达到提高产量、改善品质的目标。植物生长调节剂因具有用量小、效果明显、投入小、见效快等优点，故目前已广泛应用到植物栽培的各个环节，主要体现在以下几个方面。

1. 提高药用植物扦插成活率　扦插是药用植物栽培上常用繁殖方式之一，利用植物生长调节剂能促进插条生根，提高成活率。应用 NAA、IBA、ABT 等植物生长调节剂浸泡插条能够促进插条生根，有效提高扦插成活率。用 100mg/kg ABT_1 生根粉浸泡银杏插穗，成活率提高到 70%~80%；IBA 溶液浸泡山茱萸插条，能明显提早生根，成活率提高 20%；GA 100mg/L、NAA 150mg/L 和 IBA 150mg/L 能促进亚洲百合产生小鳞茎，小鳞茎发生率高达 100%。

2. 打破药用植物种子休眠　药用植物种子多具有休眠特性，使用植物生长调节剂可以促进种子萌发，提高发芽率和发芽整齐度。6-BA、IBA 能促进杜鹃兰原球茎的增殖；赤霉素或 6- 苄氨基腺嘌呤可以打破人参、西洋参、多花黄精等药用植物种子的休眠，使之提前出苗；用 GA_3 40mg/L+6-BA 20mg/L+IAA 5mg/L 浸种，滇丹参种子发芽率达 90.3%，而且种子发芽较快、发芽持续时间较短。

3. 促进生长、提高产量　植物生长调节剂可以调节植物各器官间营养物质的运输和分配，改变株型和群体结构，促进茎部粗壮与叶片肥厚，抑制营养生长和生殖生长，提高地下器官的产量，改善品质。乙烯利处理可有效提高广西莪术和桂郁金产量。膨大素对川麦冬块根的长度、直径及百粒重有显著的提高。矮壮素处理黄花乌头能使植株矮化，植株的倒伏率降低到 15.6%，500mg/L 矮壮素处理时黄花乌头子根数最多，产量提高 43.04%。1.6×10^{-4}mmol/L 的 BR 能提高白及假鳞茎的产量 15%~20%。番红花大田生产中，用 100mg/kg 的 GA_3 和 10mg/kg 的激动素处理 9~10g 的球茎 20 小时，能够显著提高花的产量 50% 以上。

4. 提高有效成分含量　施用植物生长促进剂和植物生长延缓剂，可以提高中药材有效成分的含量，改善药材品质。金钗石斛用 0.5~1.5mg/L 的赤霉素浸根后种植，可使石斛总生物碱和可溶性总糖含量显著增加。油菜素内酯、萘乙酸和茉莉酸甲酯喷施白及幼苗能使白及多糖含量增加 20% 以上。

5. 其他方面的应用　用乙烯利喷洒银杏，可以促进果实脱落。桔梗花期喷施乙烯利进行疏花疏果，提高产量。施加油菜素内酯可提高侧柏和沙棘的抗旱性。壮根灵、膨大素等调节剂能促进川麦冬、泽泻、牛膝、党参等植物的根、茎膨大，产量增加，但会降低中药材活性成分的含量，并且会造成大量植物生长物质或其分解产物残留在水分或土壤中，可能会对后茬栽培的作物产生不利影响。因此，在中药材的栽培中，需要根据实际的栽培目的，合理选择和适量使用植物生长调节剂。

复习思考题

1. 简述常规田间管理措施。
2. 简述特殊田间管理措施。

3. 简述植物生长调节物质及其应用。

4. 合理施肥的依据有哪些?

5. 整形修剪的原则是什么？修剪方法与作用有哪些?

第八章同步练习

第九章　药用植物病虫害及其防治

第九章课件

病虫害及其防治是药用植物栽培过程中的关键环节。病虫害不仅影响药用植物的生长发育，对中药材的产量与质量亦会有较大的影响。随着药用植物栽培面积不断扩大与栽培时间延长，病虫害的发生越来越严重，已经成为药用植物栽培技术中必须解决的问题。因此，加强药用植物栽培的规范化管理，采取有效的病虫害防治措施，是保证药用植物安全、优质、高效栽培的关键。

第一节　药用植物的病害

药用植物在生长发育过程中，由于致病因素（生物和非生物）的作用，其正常生理和生化功能受到干扰，生长与发育受到影响，在生理或组织结构上出现种种病理变化，表现出各种外观异常状态（病态）甚至死亡，最终引起产量和品质下降的现象，称为药用植物病害。

引起药用植物发病的生物因素和非生物因素统称为病原。由非生物因素如严寒、酷暑、旱涝等不利的环境因素或营养失衡等所致的病害，没有传染性，称为非侵染性病害或生理性病害。由生物因素如真菌、细菌、病毒等侵入植物体所致的病害，具有传染性，称为侵染性病害或寄生性病害。

在侵染性病害中，致病的寄生物称病原生物，简称病原物。其中真菌、细菌称病原菌。被侵染的药用植物称寄主。侵染性病害不仅取决于病原物的作用，而且与寄主的生理状态（如抗逆性）以及环境条件也有密切关系，药用植物侵染性病害的形成过程，实际上是寄主与病原物在外界条件影响下相互作用的过程。

一、药用植物病害的主要病原

（一）侵染性病原

药用植物的侵染性病原是病原生物。目前已知的药用植物病原生物有真菌、细菌、病毒、类菌原体、寄生性线虫及寄生性种子植物等。

1. 病原真菌　真菌在自然界分布极广，种类很多，已描述的有10余万种。在植物病害中，已知的药用植物病害大部分是由真菌引起的。真菌大多以孢子萌发后形成的芽管或以菌丝直接穿过寄主表皮层、自然孔口、伤口侵入。典型的过程是：孢子萌发产出芽管，芽管顶端与寄主表面接触时可以形成附着器，附着器分泌黏液，能将芽管固着在寄主表面，然后从附着器产生较细的侵染丝，直接穿透寄主表皮角质层侵入体内。

不同类群的植物病原形态、生物学特征和生活史不同，引起病害的发生规律和防治措施也不相同。较为常见的致病真菌有如下几种。

(1) 鞭毛菌亚门(mastigomycotina):营养体单细胞或为无隔丝状体。孢子、配子或其中一种是可以游动的。本亚门真菌中与药用植物病害关系最大的是卵菌纲，该纲中霜霉目中的霜霉属、腐霉属等几个属的真菌能引起人参、三七、延胡索、菘蓝、白芷等多种药用植物的霜霉病、猝倒病或疫病等，白锈菌属真菌可引起牛膝、菘蓝等药用植物的白锈病。

白芷霜霉病

(2) 接合菌亚门(zygomycotina):营养体为菌丝体，多数无隔膜。有性生殖形成接合孢子，无游动孢子。接合菌纲中毛霉目真菌常引起药用植物产品在贮藏期内腐烂，如根霉属的根霉菌可引起人参、百合、番木瓜、芍药等腐烂。

(3) 子囊菌亚门(ascomycotina):营养体多为有隔菌丝体，少数为单细胞，有性生殖形成子囊孢子。许多药用植物白粉病是由此类真菌引起的，如白粉菌属真菌可引起菊花、枸杞、黄芪、防风、川芎、大黄和黄连等的白粉病，单丝壳属真菌可引起红花、牛蒡、车前等的白粉病，叉丝单囊壳属真菌可引起山楂等的白粉病，叉丝壳属真菌可引起黄芪、接骨木、一叶萩等的白粉病，钩丝壳属真菌可引起黄连木、盐肤木、桑等木本药用植物的白粉病，球针壳属真菌可引起桑、猕猴桃等的白粉病，核盘菌属真菌可引起细辛、番红花、人参、红花、三七、延胡索等的菌核病。

枸杞白粉病

(4) 担子菌亚门(basidiomycotina):营养体为有隔菌丝体，有性生殖形成担孢子。该亚门为最高等的真菌，包含有多种药用植物致病菌。如引起黑粉病的有:黑粉菌属真菌寄生于薏苡、瞿麦;腥黑粉属真菌寄生于大黄、薏苡;轴黑粉属真菌寄生于拳参、白芷;团黑粉属真菌寄生于银莲花、薯蓣;叶黑粉属真菌寄生于毛茛、千里光。引起锈病的有:无柄锈菌属真菌寄生于大戟、连翘等;柱锈菌属真菌寄生于芍药、牡丹等;鞘锈菌属真菌寄生于紫菀、吴茱萸、党参、紫苏等;单孢锈菌属真菌寄生于乌头、黄芪、甘草、平贝母、何首乌等;柄锈菌属真菌寄生于欧当归、细辛、红花、山药、北沙参、大黄等;夏孢锈菌属真菌寄生于三七等。

高乌头黑粉病

欧当归锈病

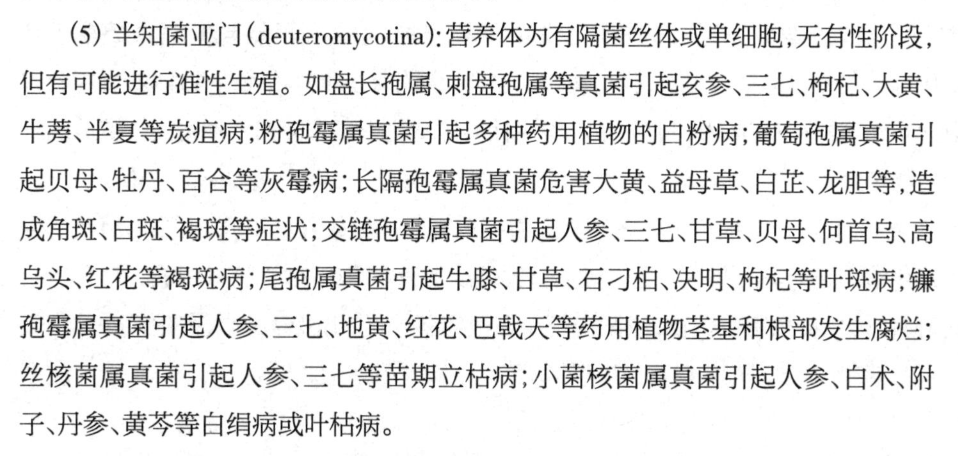

(5) 半知菌亚门(deuteromycotina):营养体为有隔菌丝体或单细胞，无有性阶段，但有可能进行准性生殖。如盘长孢属、刺盘孢属等真菌引起玄参、三七、枸杞、大黄、牛蒡、半夏等炭疽病;粉孢霉属真菌引起多种药用植物的白粉病;葡萄孢属真菌引起贝母、牡丹、百合等灰霉病;长隔孢霉属真菌危害大黄、益母草、白芷、龙胆等，造成角斑、白斑、褐斑等症状;交链孢霉属真菌引起人参、三七、甘草、贝母、何首乌、高乌头、红花等褐斑病;尾孢属真菌引起牛膝、甘草、石刁柏、决明、枸杞等叶斑病;镰孢霉属真菌引起人参、三七、地黄、红花、巴戟天等药用植物茎基和根部发生腐烂;丝核菌属真菌引起人参、三七等苗期立枯病;小菌核菌属真菌引起人参、白术、附子、丹参、黄芩等白绢病或叶枯病。

甘草褐斑病

高乌头褐斑病

2. 病原细菌　药用植物受病原细菌侵染后，常表现出叶斑、叶枯、叶烧、萎凋、软腐、肿瘤等症状。如浙贝母软腐病、佛手溃疡病、颠茄青枯病、菊花根癌病、百合细菌性软腐病、白芷细菌性角斑病、葛细菌性叶斑病等。细菌缺乏直接从寄主表皮角质层侵入的能力，以自然孔口、伤口侵入为主。但豆科植物的根瘤细菌比较特殊，可以侵入表面没有角质化的根毛细胞。

植物病原细菌属于原核生物界的有以下三类：①革兰氏染色反应阴性，好气性杆菌和球菌，其中与植物病害有关的有假单胞杆菌属、黄单胞杆菌属和野杆菌属；②革兰氏染色反应阴性，兼性厌气性杆菌，其中与植物病害有关的是欧氏杆菌属；③放线菌和类似生物，其中与植物病害有关的是棒状杆菌属。

白芷细菌性角斑病

3. 病原病毒、类菌原体　药用植物病毒病害的发生相当普遍，寄生性强、致病力大、传染性高，能改变寄主的正常代谢途径，使寄主细胞内合成的核蛋白质变为病毒的核蛋白质，所以受害植株一般在全株表现出系统性的病变。病毒性病害的常见症状有花叶、黄化、卷叶、缩顶、丛枝、矮化和畸形等。主要从伤口侵入，或由昆虫传播。例如人参、白术、天南星、红花、玉竹、地黄等均有病毒病害发生。病原病毒的基本特点是：①病原病毒属于非细胞生物，结构非常简单，主要由核酸及保护性蛋白质外壳组成。②病原病毒的基本形态为粒体，大部分病原病毒的粒体为球状、杆状、线状和弹状等。③病原病毒的主要成分是核酸和蛋白质，有的病原病毒还含有少量的糖蛋白和脂类。④病原病毒是一种严格的细胞内专性寄生物。作为一种分子寄生物，没有细胞结构，不像真菌那样具有复杂的繁殖器官，也不像细菌那样进行裂殖生长，而是分别合成核酸和蛋白质再组装成子代病毒粒体。

红花病毒病

近年来发现，许多过去认为是病毒引起的黄化、丛枝、皱缩等病症，其实它们的病原体并不是病毒，而是类菌原体。类菌原体侵染植物均为全株性，独特的症状是丛枝、花色变绿、矮化、畸形等。目前已发现 80 多种植物有这类病害。

4. 寄生线虫　药用植物普遍受到线虫的危害，线虫可穿刺和进入未损伤的植物细胞或组织，对植物造成一定的创伤。其中某些药用植物的根结线虫病和胞囊线虫病已成为生产上急需解决的重要问题。目前国内发现危害药用植物的线虫有：①根结线虫属，危害植株根部，形成根结，如人参、川芎、三七、丹参、牛膝等均易患根结线虫病；②胞囊线虫属，主要危害植株根部，形成丛根，地上部分黄化，发生严重的有地黄胞囊线虫病，决明等也受胞囊线虫的危害；③茎线虫属，危害植株地下茎、鳞茎等，如三七、浙贝母、延胡索等常受茎线虫的危害；④根腐线虫属，危害植株根部，引起根部损伤，如芍药、栝楼、益智、砂仁等就有根腐线虫病的发生。

5. 寄生性种子植物　少数高等植物由于缺少叶绿素或器官退化而不能自养，需要寄生于其他植物上才能生存。主要属于桑寄生科、旋花科和列当科，少数为玄参科和樟科等植物，其中桑寄生科超过总数之半，主要分布在热带和亚热带。寄生性种子植物由于摄取寄主植物的营养或缠绕寄主而使寄主植物发育不良，但有些寄生性种子植物如列当、菟丝子等有一定的药用价值。

按寄生的部位不同，可分为根寄生和茎寄生。根据对寄主的依赖程度不同，可分为绿色寄生植物和非绿色寄生植物两大类。菟丝子是一种典型的缠绕性草本寄生植物，无叶绿素，茎藤细长、丝状、黄色、无叶片，一旦接触寄生植物，便紧密缠绕在植物茎上，生出吸盘，穿入寄生植株茎内吸食营养，如穿心莲、菊花、丹参、黄芩、白术、桔梗等均可发生菟丝子寄生。

（二）非侵染性病原

药用植物的非侵染性病原主要是指不适宜的环境条件。药用植物生长发育所需要的理想条件很难齐备，当环境条件的不适宜或有害物质的浓度超过了它的适应范围时，正常的生理活动就受到干扰和破坏，从而引起生理性病害（即非侵染性病害）。由于环境因素的变化是连续的，生理性病害的诊断有时比较困难，通常多在田间呈大面积同时发生，病株在田间的分布比较均匀一致，病部表现症状的部位也有一定的规律。非侵染性病害包括：①植物自身遗传因子或先天性缺陷引起的遗传学病害或生理病害；②物理因素变化所致的病害，如大气温度过高或过低引起的灼伤或冻害，风、雨、电、雹等大气物理现象造成的病害，旱、涝等大气湿度与土壤水分过多、过少造成的病害，农事操作或栽培措施不当所致的病害等；③化学因子恶化所致的病害，如肥料供应过多或不足导致的缺素症或营养失调症，大气与土壤中有毒物质的污染与毒害造成的病害，农药及化学制品使用不当造成的病害等。

二、药用植物病害的症状

植物受病原生物侵染或不良环境因素影响后，在组织内部或外表显露出来的异常状态，称为症状（symptom）。根据症状在植物体上显示的部位，可将其分为内部症状和外部症状。内部症状是指植物受病原物侵染后细胞形态或组织结构发生的变化，其中有些需在光学和电子显微镜下才能辨别，如某些受害细胞或组织中出现的内含体、侵填体和胼胝质等。植物根茎部受真菌和细菌侵染后内部维管束常变褐坏死，也需剖开才能观察到。因此，内部症状具有隐蔽性和微观性。外部症状是肉眼或放大镜下可见的植物外部病态特征和植物罹病后的外观特征，是进行病害诊断的重要依据。外部症状通常又分为病状和病征。病状是指植物罹病后自身的外部异常状态；病征是指病原物在植物病部表面形成的结构（如真菌的营养体和繁殖体）。大多数真菌和细菌病害既有病状，又有明显病征，但也有些病害，如病毒、亚病毒、植原体和螺原体等所致的病害，由于这些病原物太小并存在于细胞内或韧皮部，外部无法观察到，故只见病状，不见病征。即使病征明显的病害，限于发展阶段和环境条件，有时也观察不到病征。

（一）病状类型

1. 变色　罹病植物的全株或部分失去正常的绿色或发生颜色变化，称之为变色。变色常常是病毒、类病毒、植原体和生理性病害等引起的病状。根据变色的均匀性不同，可分为均匀变色和不均匀变色。均匀变色包括：①褪绿，叶绿素合成受抑制，植株正常绿色均匀变淡；②黄化，叶绿素被破坏，叶色变黄；③红叶，叶绿素合成受抑制，而花青素合成过盛，叶色变红或紫红。不均匀变色包括：①花叶，植物叶片不均匀褪色，呈黄绿或黄白相间、界限分明；②斑驳，植物叶片深、浅绿相间，界限不分明。主脉和支脉为半透明状的称作明脉。

射干黄萎病

2. 坏死　植物细胞和组织受破坏而死亡，称为坏死。坏死时植物的细胞和组织基本保持原有轮廓。坏死可发生在植物根、茎、叶、果等各个部位，形状、大小和颜色均不同。植物叶片最常见的坏死是叶斑和叶枯。叶斑有的受叶脉限制，形成角斑；有的病斑上具有轮纹，称为轮斑或环斑；有的病斑呈长条状坏死，称为条纹或条斑；有的病斑上的坏死组织脱落后，形成穿孔。坏死可呈现不同颜色，根据颜色不同，有灰斑、黑斑、褐斑、轮纹等之分。叶枯是叶片上较大面积的枯死，轮廓不如叶斑明显。叶尖和叶缘枯死常称为叶烧。坏死可不断扩大或多个坏死相互融合，造成叶枯、枝枯、茎枯、穗枯、梢枯等。另外，有的病组织木栓化，病部表面隆起、粗糙，形成疮痂；有的茎干皮层坏死，病部凹陷，边缘木栓化，形成溃疡。幼苗茎基部坏死，导致地上部分迅速倒伏，称为猝倒。若地上部分枯死但不倒伏，称为立枯。

大黄轮纹病（坏死）

3. 腐烂　植物细胞和组织发生较大面积的消解和破坏称为腐烂。一般来说，腐烂与坏死的区别是植物细胞和组织原有轮廓不复存在。植物根、茎、花和果都可发生腐烂，尤其是幼根或多肉组织更易发生腐烂。若细胞消解较慢，腐烂组织中的水分能及时蒸发而消失，则表现为干腐；如果细胞消解较快，腐烂组织不能及时失水则称为湿腐；若细胞壁中间层先受到破坏，出现细胞离析，然后再发生细胞消解，则称为软腐。根据腐烂部位不同，可将腐烂分为根腐、基腐、茎腐、花腐、穗腐和果腐等。流胶是指枝干受害部位溢出胶状的细胞和组织分解物。

防风根腐病（腐烂）

4. 萎蔫　植物由于失水而导致枝叶萎垂的现象称为萎蔫。萎蔫有生理性和病理性之分。生理性萎蔫是由于土壤中含水量过少，或高温时过强的蒸腾作用而使植物暂时缺水，若及时给予供水，则植物可恢复正常，是暂时性萎蔫，是可逆的。病理性萎蔫是指植物根系吸水功能障碍（如根毛中毒）、导管输水功能障碍和导管输水组织坏死而导致细胞失去正常的膨压而凋萎的现象，此种凋萎出现后即使及时供水，也大多不能恢复，是永久性萎蔫，最终将导致植株死亡，是不可逆的，如由真菌或细菌所致的黄萎病、枯萎病和青枯病等。植物维管束受侵染（维管束病害）时，往往导致全株性凋萎。

5. 畸形　由于罹病组织或细胞生长受阻或过度增生而造成的外部形态异常称为畸形。植物发生抑制性病变，生长发育不良，可出现矮缩、矮化，或出现叶片皱缩、卷叶、蕨叶等病状。罹病组织或细胞也可以发生增生性病变，生长发育过度，病部膨大，形成瘤肿，或枝、根过度分枝，产生丛枝、发根，或植株变得高而细弱，形成徒长。此外，若植物部分花器官变成叶片状，不能正常开花结实，称为变叶。

（二）病征类型

1. 霉状物　是指病部形成的各种毛绒状的霉层，颜色、质地和结构变化较大，常见的有绵霉、霜霉、青霉、绿霉、黑霉、灰霉和赤霉等。

2. 粉状物　是指病部形成的白色或黑色粉层，分别是白粉病和黑粉病的病征。

3. 锈状物　是指病部表面形成小疱状突起，破裂后散出铁锈色的粉状物，是锈病的病征。

4. 颗粒状物　病部产生大小、形状及着生情况差异很大的颗粒状物。有的为似针尖大的黑色或褐色小粒点，不易与寄主组织分离，如真菌的子囊果或分生孢子果；有的为较大的颗粒，如真菌的菌核、线虫的胞囊等。

5. 索状物　是指罹病植物根部表面产生的紫色或深色菌丝索，即真菌的根状菌索。

6. 脓状物　潮湿条件下在病部产生淡黄褐色、胶黏状似露珠的脓状物，即菌脓，干燥后形成黄褐色的薄膜或胶粒。脓状物是细菌性病害特有的病征。

此外，还有膜状物（菌膜）、伞状物和蹄状物等类型。病征的有无、类型、大小和颜色对判断病原类型、诊断病害具有重要意义。

三、药用植物侵染性病害的发生和流行

（一）药用植物侵染性病害的发生

植物侵染性病害的发生是植物和病原相互作用的结果。在植物和病原相互作用的过程中，又无时无刻不受环境的影响，进而决定着病害的发生与否和程度。因而，植物、病原和环境构成了植物侵染性病害的三个基本要素。即植物侵染性病害的发生是植物与病原在外界环境条件影响下相互作用并导致植物生病的过程。

1. 植物　植物侵染性病害的发生首先必须具有感病植物的存在。大面积种植遗传上同质的单一品种和不适当的耕作制度、栽培措施，常常是导致植物侵染性病害发生的重要原因。寄主植物是指被某种病原物所寄生的植物。

2. 病原　病原是导致植物发生侵染性病害的根本原因。植物侵染性病害的发生须有病原的存在。从寄生性的角度看，病原物必须有能寄生的寄主植物；从致病性的角度看，病原物必须具有致病性。一种病原物不会也不能寄生所有的植物。一种病原物所能寄生的植物种的范围称为寄主范围。不同病原物的寄主范围差异很大，有的只有1~2种，有的则多至数百种，甚至上千种。

3. 环境因素　植物侵染性病害的发生，自始至终均受到环境条件的影响和制约。环境因素可分为气候、土壤、栽培等非生物因素，及人类、昆虫、其他动物及植物周围的微生物区系和植物体内的内生菌等生物因素。

环境因素可以直接影响侵染性病害病原物，促进或抑制其发生发展。大多数真菌性病害容易发生在高湿条件下，因高湿条件有利于孢子的萌发、侵入，而孢子的萌发、侵入是发病的必要条件。例如木瓜锈病容易发生在早春多雨季节，因为此时有利于锈病菌冬孢子角的吸水膨大、萌发，进而产生担孢子开始侵染，使木瓜植株发病；反之，如果早春干旱、降雨量小，就不易发病或发病轻微。

（二）药用植物侵染性病害的流行

植物病害流行是指在一定时期或者在一定地区大量发生，造成植物生产的严重损失。侵染性病害的流行与发生一样，同样必须具备病原物、寄主植物和环境三个基本要素。不同的是这三个基本要素均可导致植物群体严重发病。侵染性病害的流行是寄主植物群体和病原物群体在环境条件影响下相互作用的结果。

感病植物的数量和分布是决定病害能否流行和流行程度轻重的基本要素之一，病原物数量多、致病力强则易导致病害流行。在具备病原物和感病寄主的情况下，适宜的环境条件常常成为病害流行的主导因素，其中以气象条件影响较大，温度、湿度（雨、露、雾）、光照等与病害流行关系密切，因为病原物的繁殖、侵入和扩展都需要一定的温度和湿度。寄主植物的抗病能力也与气象条件有关。由于年份间温度的变化比湿度小，因而湿度更为重要。土壤条件对寄主植物和在土壤中活动的病原物影响较大，根部病害的流行常受土壤条件的制约。种植密度、肥水管理、品种搭配等栽培条件，对病害的流行也有一定影响。

（三）植物病害的侵染过程及侵染循环

1. 病害的侵染过程　侵染过程是指从病原物同寄主接触开始，到寄主呈现症状的整个过程，

也叫侵染程序，又称病程。病害的侵染过程是侵染性病害发生发展的最基本环节，既是病原物侵染致病的过程，也是寄主发生病变受害或同时发生种种抵抗反应的过程。包括 4 个阶段，即接触期、侵入期、潜育期和发病期，这几个阶段是连续进行的。

(1) 接触期：从病原物同寄主接触到开始萌发入侵称接触期。接触期的长短因病原物种类不同而异。病毒、植原体和类病毒的接触和侵入是同时完成的，细菌从接触到侵入几乎也是同时完成的，没有明显的接触期。

真菌接触期的长短不一，一般真菌的分生孢子寿命较短，同寄主接触后如不能在短期内萌发，则失去生命力；当条件适宜时，孢子在几小时内即可萌发侵染。在接触期，病原物在寄主体表的活动受外界环境条件、寄主的外渗物质、根周围和茎、叶表面微生物活动的影响。这些微生物与病原物之间产生明显的拮抗或刺激作用。因此，病原物同寄主植物接触并不一定都能导致侵染的发生。

(2) 侵入期：病原物接触植物后，从侵入植物到和寄主建立寄生关系为止的一段时间，称侵入期。这段时间的长短，各种病害不尽相同。病原物在侵入寄主体内的过程中，必须克服寄主的抵抗力才能侵入。植物病原物除极少数是外寄生以外，几乎都是内寄生的，因此，病害的发生都是从侵入开始的。不同的病原物侵入途径和条件不同，有直接侵入、自然孔口侵入、伤口侵入等。

1) 直接侵入：指病原物直接穿透表皮层和角质层侵入植物体内。大多数锈菌的担孢子都能钻透角质层而侵入；苗木立枯病菌可从未木质化的表皮组织穿透侵入；寄生性种子植物以胚根直接穿透枝干皮层；少数植物线虫从表皮直接侵入。

2) 自然孔口侵入：植物的许多自然孔口如气孔、皮孔、排水孔、柱头、蜜腺等，都可能是病原物侵入的通道。许多真菌和细菌都是从自然孔口侵入的，如锈菌的夏孢子、有些叶斑病的病原菌从气孔侵入；寄生性较强的细菌，如假单孢杆菌、黄单胞杆菌多从自然孔口侵入；少数线虫也从自然孔口侵入。

3) 伤口侵入：伤口的种类很多，如修枝伤、叶痕、虫伤、灼伤、冻伤及机械损伤等。病毒和植原体从伤口侵入；寄生性较弱的细菌如棒杆菌、野杆菌、欧氏杆菌等多从伤口侵入；许多兼生真菌也从伤口侵入；内寄生植物线虫多从植物的伤口和裂口侵入。

病原体侵入需要一定的外界条件。首先是湿度，即植物体表的水滴、水膜和空气湿度。细菌只有在水滴、水膜覆盖伤口或充润伤口时才能侵入。绝大多数真菌的孢子必须吸水才能萌发，雨、露、雾在植物体表形成水滴或水膜是它们侵入的首要条件。其次是温度，温度主要影响病原菌孢子萌发的速度和侵入的速度，真菌、细菌和线虫的侵入均受温度的影响和制约，尤其真菌明显。另外，光照和酸碱度对少数真菌孢子的萌发有正相关作用。一般真菌孢子萌发不需要光，少数需要光的刺激。许多真菌孢子在 pH 为 3~8 的范围内都能萌发，但以中性环境最好。

(3) 潜育期：病原物侵入完成到寄主症状显露为止的一段时间，称潜育期。潜育期是病原物在寄主体内吸收水分和养分，不断扩展、蔓延的时期，也是植物体对病原物的扩展产生一系列抵抗反应的时期。潜育期表面看来非常平静，其实是病程动态最复杂、病原物与寄主相互斗争最激烈的时期。病原物以其机械力量，特别是以其分泌的酶和毒素，克服寄主的层层防御，剥夺寄主的营养，致使寄主细胞和组织崩溃、原生质中毒死亡、营养恶化、呼吸失常、生长发育失调等一系列生理病变、组织病变和形态病变。

(4) 发病期：从寄主开始表现症状而发病，到症状停止发展为止的这一段时期，称发病期。症状有初期症状、典型症状和后期症状之分。

这一阶段由于寄主受到病原物的干扰和破坏，在生理上、组织上发生一系列的病理变化，继而表现在形态上，病部呈现典型的症状。植物病害症状出现后，病原物仍有一段或长或短的扩展时期。叶斑和枝干溃疡病斑都有不同程度扩大，病毒在寄主体内增殖和运转，病原细菌在病部出现菌脓，病原真菌或迟或早都会在病部产生繁殖体和孢子。植物病害症状停止发展后，寄主病部呈衰退状态或死亡，侵染过程停止。病原物繁殖体进行再侵染，病害继续蔓延扩展。

许多真菌和细菌病害随着症状的发展，在病部产生孢子（有性和无性）和菌脓，为再侵染或下一次侵染的来源。

2. 病害的侵染循环　病害的侵染循环是指病害从前一个生长季节开始发病，到下一个相同季节再度发病的过程，即病害发生发展的周年循环，包括病害的活动期和休止期。活动期由 1 次或多次病程继代发生组成，在活动期与休止期之间即活动期中各代病程之间由传播这一环节把它们连接起来。在病害休止期即病程原物的越冬、越夏，病原物或休止或腐生，或在其他植物上寄生。侵染循环主要包括病原物的越冬和越夏、传播、初侵染和再侵染三个环节。

（1）病原物的越冬和越夏：一年生作物收获后，田间已无寄主生长或越年生和多年生植物进入寒冷的冬季，病害侵染过程停止之时，便进入越冬、越夏阶段，即病害的休止期。病原物经过越冬或越夏到下一生长季节，就成为病害发生的初侵入源。病原物越冬、越夏的方式有休眠、腐生或寄生。越冬或越夏的场所有田间病株、繁殖材料、病株残体、土壤、肥料及一些传病介体中等，或与寄主共存，或脱离寄主而潜入土壤、肥料、病株残体、转主寄生、野生寄主中。

（2）病原物的传播：病原物在休眠场所度过寄主中断期后需通过种种传播途径转移到新的感病点继续为害。可分为主动传播和被动传播，前者是病原物自身活动引起的传播，如真菌孢子的弹射、线虫的蠕行等，后者是通过各种媒介将病原物进行传播，如气流、风力、雨水、昆虫、农事操作等。

（3）病原物的初侵染和再侵染：在作物生长季中，由度过了该药用植物病害休止期（越冬、越夏或腐生）的病原物引起的首代侵染，叫初侵染。引起初侵染的病原物来源称初侵染源。由初侵染病株上产生的病原物传播体，不经休止，立即传播到当年植株上再次引起的侵染，称再侵染，通过再侵染病害不断蔓延。根据再侵染的有无，可将侵染性病害分为两类。

1）单循环病害：每年只发生 1 代侵染或作物的一个生长季节中只发生 1 代侵染，无再侵染。

2）多循环病害：有初侵染、再侵染之分。再侵染代数多，相应病原物 1 年繁殖多代，且病程历时较短，寄主受侵染时间较长。多数病害属此类。多循环病害发生的轻重除了受侵染源数量多少的影响外，还要看气候条件影响再侵染发生的程度，后者作用更大。一般流行性病害多为多循环病害。

第二节　药用植物的虫害

危害药用植物的动物种类，主要以有害昆虫为最多，此外还有螨类、蜗牛、鼠类等。昆虫中的害虫不仅啃食药用植物各器官，而且还传播病原生物，对药用植物生产危害极大。昆虫中虽有很多属于害虫，但也有许多益虫，对待益虫应当加以利用和保护。因此，认识昆虫、研究昆虫、掌握其发生规律和防治技术，对实现药用植物的优质高效具有重要意义。

一、药用植物昆虫生物学

（一）昆虫的主要形态特征

昆虫属动物界节肢动物门（Arthropoda）昆虫纲（Insecta），其种类最多，分布广，适应性强，繁殖快。昆虫成虫的虫体由头、胸、腹三个体段构成，并着生不同的附属器官。

1. 头部　头部是昆虫的感觉和摄取食物中心，其上着生口器、触角、复眼和单眼等。由于食性和取食方式不同，成虫的口器变化很大，主要有咀嚼式口器害虫，如蝗虫、甲虫、蝼蛄、金龟子、地老虎、天牛、蛾蝶类幼虫、叶蜂幼虫及蝇类幼虫等，它们取食固体食物，危害根、茎、叶、花、果实和种子，造成机械性损伤，如缺刻、孔洞、折断、钻蛀茎秆、切断根部等。刺吸式口器害虫，如蚜虫、椿象、叶蝉和螨类等。它们是以针状口器刺入植物组织吸食食料，导致植物呈现萎缩、皱叶、卷叶、枯死斑、生长点脱落、虫瘿（受唾液刺激而形成）等。此外，还有虹吸式口器（如蛾蝶类）、舔吸式口器（蝇类）及嚼吸式口器（蜜蜂、熊蜂等）。了解有害昆虫的不同口器类型，既能从危害症状去辨别害虫种类，也能为药剂防治指导用药。咀嚼式口器的害虫可用胃毒剂、触杀剂及微生物农药进行防治；刺吸式口器的害虫是吸取植物汁液的，可选用触杀剂、内吸剂、熏蒸剂、生物制剂进行防治。

2. 胸部　胸部是昆虫的运动中心，分为前、中、后三节，着生足和翅。成虫一般有足 3 对，翅 2 对。常见翅的类型有膜翅、鞘翅、半鞘翅、鳞翅等。因此，翅的类型也是辨别昆虫种类的重要依据。

3. 腹部　腹部是昆虫的生殖和新陈代谢中心。一般分为 9~11 节，腹末附着外生殖器，腹部一般有气门 8 对，它是体躯两侧与体内气管相连的通道。熏蒸杀虫剂的有毒气体便是经气管进入虫体，使其中毒死亡的。而昆虫则可通过气门的关闭，来抵御外来有害气体或水溶物的侵害。

4. 体壁　昆虫的体壁由表皮层、真皮细胞层和基底膜三层构成。表皮层由外向内依次分为上表皮、外表皮和内表皮。上表皮是表皮中最薄的一层，含有非渗透性蜡质或类似物质，该层对防止昆虫体内水分蒸发和药剂侵害起着重要作用。通常昆虫体壁对药剂的抵抗力，随虫龄的增长而不断增强。一般，在杀虫药剂中多加入助溶剂或在粉剂中加入惰性粉，以此增强对脂肪和蜡质的溶解和破坏作用，提高药剂的杀虫效果。此外，乳剂因含溶解性强的油类，相比可湿性粉剂具有较高毒效。由此可见，针对昆虫的体壁构造，选用适宜药剂，对提高防治效果有重要意义。

（二）昆虫的生物学特性

昆虫生物学特性

昆虫的生物学特性包括了各个虫态的生活习性、发生规律等。昆虫的繁殖方式包括两性生殖（亦称有性生殖）、孤雌生殖（亦称单性生殖）、卵胎生和多胚生殖四种，其中两性生殖是昆虫的主要繁殖方式。

昆虫的个体发育由胚胎发育和胚后发育两个阶段完成;胚胎发育由卵受精开始到孵化为止,是在卵内完成的;胚后发育是由卵孵化成幼虫后至成虫性成熟为止的整个发育时期。

1. 卵　卵是一个大型细胞,表面被有一层坚硬的卵壳,其形状、大小、色泽、纹理皆因昆虫种类不同而异。昆虫的产卵场所多集中在土壤中(蝗虫、金龟子)、植物叶表(椿象)、花冠(白术术籽虫)或植物组织中(蝉)。掌握昆虫卵的形态、产卵场所、产卵方式,对识别害虫种类和适时防治有重要意义。

2. 孵化、生长和蜕皮　昆虫自卵产生至幼虫孵化的这段时期称为卵期。当虫卵完成胚胎发育之后,幼虫破壳而出,该过程称为孵化。幼虫经过不断取食可使虫体长大,但由于昆虫属外骨骼动物具有坚硬的体壁,生长到一定程度后会受体壁的限制而不能生长。因此,必须将旧表皮蜕去,才能继续生长,这种现象称为蜕皮。幼虫孵化后,称为一龄幼虫;第一次蜕皮后称为二龄幼虫,此后每完成一次蜕皮,虫龄增加一龄,最后一次蜕皮就变为蛹或成虫。幼虫最后停止取食,不再生长,称为老熟幼虫。昆虫蜕皮次数因种类而不同,大多数昆虫可蜕皮 4~6 次。幼虫的食量随龄期的增长而增加,多在高龄阶段进入暴食期。一般低龄虫,体壁幼嫩,食量小,抗药力差,最易防治。高龄虫不但食量大,危害重,抗药力也强,所以昆虫的最佳防治工作必须在低龄时进行。

3. 变态　昆虫从卵孵化至羽化为成虫的发育过程中,所经历的一系列形态变化现象称为变态。昆虫的变态类型分为不完全变态和完全变态。不完全变态的昆虫在个体发育过程中经过卵、若虫、成虫 3 个发育阶段(图 9-1)。成虫特征随幼虫生长发育而逐渐显现,两者在形态特征上差异不大,只是翅和性器官的发育程度有差别,其中昆虫的翅以翅芽的形式在体外发育。完全变态的昆虫在个体发育过程中要经过卵、幼虫、蛹、成虫 4 个发育阶段(图 9-2)。幼虫与成虫的形态、生活习性极不相同,老熟幼虫经最后一次蜕皮变为蛹,这一过程称化蛹。从化蛹到变为成虫所经历的时期,称为蛹期。昆虫种类不同,蛹的形态也不同,常见的类型有:围蛹、被蛹和离蛹 3 种。

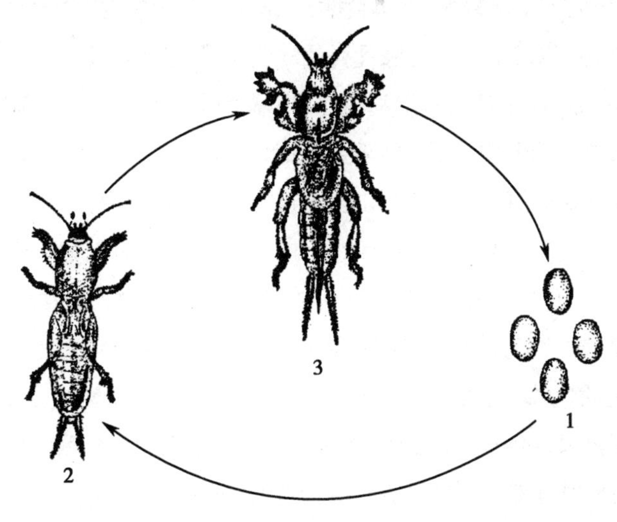

1. 卵;2. 若虫;3. 成虫。

● 图 9-1　不完全变态(非洲蝼蛄)

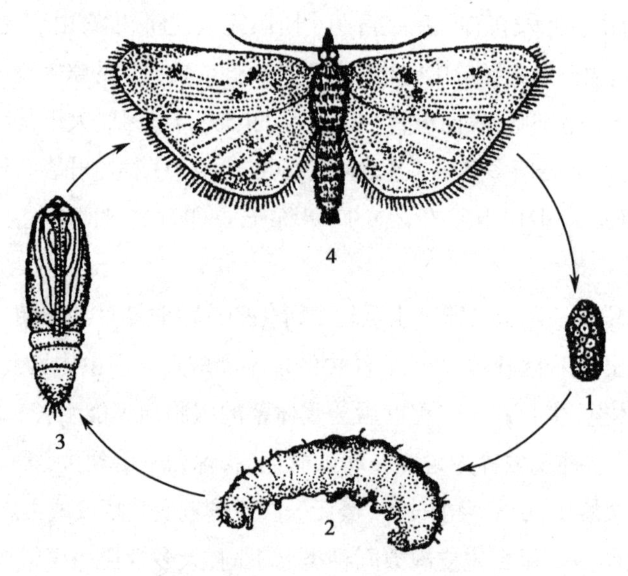

1. 卵;2. 幼虫;3. 蛹;4. 成虫。

● 图 9-2　完全变态(白术术籽虫)

(三)昆虫的习性和行为

昆虫种类繁多,习性各异。生产工作中,应根据不同虫种的生活习性制定防治措施。

昆虫的保护适应

1. 食性　昆虫在长期的进化过程中,形成了比较复杂的食性要求,按其取食种类可分为:①植食性,以植物为食料,如大多数药用植物害虫;②肉食性,以其他动物为食料,如赤眼蜂、步行虫、寄生蜂、食蚜瓢虫、蜻蜓等益虫;③腐食性,以动、植物的残体或排泄物为食料,如蝇、蛆、金龟子幼虫等;④杂食性,既吃植物性食物,又吃动物性食物的昆虫,如蟑螂。

植食性昆虫按取食范围又可分为:①单食性,只危害 1 种植物,如白术术籽虫、枸杞实蝇、山茱萸蛀果蛾等;②寡食性,能危害 1 科或近缘几科属的若干种植物,如菊天牛危害菊科植物,菜白蝶危害十字花科植物,黄凤蝶幼虫危害伞形科植物,柑橘潜叶蛾危害柑橘属植物;③多食性,能危害不同科属的多种植物,如小地老虎、大灰象、银纹夜蛾、蛴螬等。

2. 趋性　是指昆虫受某种外来刺激(如光、温度、化学物质、水等)的反应运动,这种运动有正负之分。昆虫受到刺激后,向刺激来源运动,称为正趋性;反之,回避刺激来源的运动,称为负趋性。利用昆虫的趋性在防治工作中是很有成效的,例如,利用金龟子、蛾类、蝼蛄等昆虫对光源的正趋光性,可设诱蛾灯诱杀;对负趋光性的地下害虫,如蜚蠊类等,则可用覆盖、堆草等方法进行诱杀;对喜食甜、酸或化学物质气味的害虫,如地老虎、黏虫等可用含毒糖醋液或毒饵诱杀;利用对温度的趋性,可以防治仓库害虫;对黄色有正趋性的蚜虫,则可用黄色板诱杀。

3. 假死性　有些害虫具有受到外界震动或惊扰时,随即身体蜷缩,静止不动或从原停留处掉落至地面假死的习性,称为假死性。如金龟子、叶甲、银纹夜蛾幼虫等,在防治上常利用这一习性将其震落捕杀。

4. 昆虫的保护适应　为避免敌害侵袭,昆虫具有一种保护适应,主要有以下几种:昆虫常以变化体色的方式与所栖息的环境相适应，称保护色，如夏季的蚱蜢为草绿色，秋季则为枯黄色。昆虫常模拟栖息场所周围物体或其他生物的形态，使敌害不易发现，称拟态，如金银花尺蠖幼虫在枝条上栖息成小枝状，枯叶蝶形似枯叶等。昆虫常具有特异形状或色彩，使敌害望之生畏不敢侵犯，如刺蛾、毒蛾等，这称为警戒色。

5. 休眠　昆虫在发育过程中，由于低温、酷热或食料不足等多种原因，虫体不食不动，暂时停止发育的现象，称为休眠。昆虫以休眠状态度过冬季或夏季，分别称为越冬或越夏。因此，昆虫的休眠阶段也是其一生中的薄弱环节，特别是在越冬阶段。许多害虫还存在集中越冬的现象，而越冬后的虫体又是下一季节虫害发生、发展的基础。因而科学地利用昆虫的休眠习性，调查越冬昆虫的分布范围、密度、潜藏场所和越冬期间的死亡率等，对开展冬季防虫，是行之有效的。

此外，害虫还有迁移、群集等习性，了解这些习性，亦可为制定防治措施提供依据。

二、药用植物虫害的发生与环境条件的关系

药用植物虫害的发生与环境条件有密切关系。环境条件可影响害虫种群数量在一定时间和空间上的分布变化，如危害范围、发生时期等。掌握两者之间的内在联系，并分析虫害发生与环境条件的相关性，对虫害防治具有重要意义。

害虫的发生与环境条件的关系主要有以下几个方面：

（一）气候因素

气候因素包括温度（热）、湿度（水）、光、气流（风）等，它们在自然界中相互影响，并共同作用于昆虫。

1. 温度　昆虫属于变温的动物，其体温主要取决于周围环境的温度。由此可见，温度对昆虫的影响是最为明显的。昆虫有效温区为 10~40℃，适宜温度为 22~30℃。当温度高于或低于有效温区，害虫就进入休眠状态，温度过高或过低时，害虫就要死亡。

2. 湿度　不同种类的昆虫或同种昆虫的不同生育期，对于湿度的要求不同。有的喜干燥，如飞虱、蚜虫之类；有的喜潮湿，如黏虫在 16~30℃范围内，湿度越大，产卵越多；当温度为 25℃，相对湿度为 90% 时，其产卵量比在相对湿度 40% 以下时多一倍。

此外，光、风等气候因子对害虫的发生也有一定的影响。光与温度常同时起作用，不易区分，光的波长、强度和光周期能显著影响害虫的趋性、滞育、行为等。风能影响环境温湿度和害虫栖息地的小气候，从而对害虫的生长发育产生影响。同时，风还可以影响某些害虫的迁飞、扩散及其他危害活动。

（二）生物因素

生物因素主要表现在害虫与其他生物的营养关系上，包括食物和天敌。害虫一方面需要取食其他动、植物作为自身的营养物质；另一方面它本身又是其他动物的营养对象，它们互相依赖，互相制约，表现出生物因子的复杂性。

昆虫自然生长发育过程中,常由于其他生物的捕食或寄生而死亡,这些生物称为昆虫的天敌。天敌的种类和数量是影响害虫消长的重要因素之一。天敌昆虫一般分为捕食性天敌(如螳螂、食蚜瓢虫、蜻蜓、蚂蚁等)和寄生性天敌(如白僵菌及赤眼蜂、茧蜂、姬蜂等)两种。

(三) 土壤因素

土壤是害虫的主要生活环境,大部分害虫都和土壤有着密切关系。有些害虫终生生活在土壤中,如蝼蛄;有的一个或几个虫期生活在土壤中,如黄芪食心虫、地老虎、金龟子幼虫等;还有个别的昆虫只是以某个虫期潜伏在土壤中越冬或者越夏。土壤的理化特性包括土壤结构、通气性、酸碱度和温湿度等,对害虫生长发育、繁殖和分布都有一定的影响。土壤质地对地下害虫影响也非常明显,如蝼蛄用齿耙状的前足在土层中活动,田间调查显示,在砂质壤土中蝼蛄数量多,危害重;而黏重土壤则不利其活动,危害轻。又如小地老虎则多分布在湿度较大的壤土中,蛴螬喜在腐殖质含量高的土壤中活动,金针虫多分布在酸性土壤中。

(四) 人为因素

人类的生产活动对昆虫的生长发育和繁殖有很大的影响,如合理灌溉、合理施肥、精细耕作、整枝修剪等各种栽培技术及田间防治工作,能改变昆虫的生活环境,并有效地抑制昆虫的发生和发展,从而降低发生概率。

第三节　药用植物病虫害的综合防治

一、药用植物病虫害的发生特点

药用植物病虫害的发生、发展与流行取决于寄主、病虫源及环境条件三者之间的相互关系,药用植物的生物学特性、栽培技术及其要求的生态条件有其特殊性,与一般农作物相比,有其自身的特点,主要表现为:

1. 道地药材产区病原、虫源积累,地方性病虫害明显　道地药材是由气候、土壤以及人们的栽培和加工习惯等因素形成的,其特点是栽培历史悠久,药材品种、质量、栽培、加工方法相对稳定。如东北的人参、云南的三七、宁夏的枸杞等。但由于长期的自然选择,适应于该地区环境条件及相应寄主的病原、虫源逐年积累,积累的某些特定的病原物,会直接危害这些道地药材的再生产。如东北地区人参锈腐病、云南三七根腐病、河南山茱萸蛀果蛾、宁夏枸杞瘿螨等。

2. 药用植物病虫害种类多样,单食性和寡食性害虫相对较多　药用植物包括草本、藤本、木本等,且栽培种类繁多,生长周期各异,栽培方式多样,致使药用植物的病虫害种类繁多、复杂。且每种植物含有特殊的化学成分,某些特殊害虫喜食这些植物或趋向于在这些植物上产卵,药用植物上单食性和寡食性害虫相对较多。例如白木香黄野螟、枸杞负泥虫、射干钻心虫、栝楼透翅蛾、马兜铃凤蝶、白术术籽虫、金银花尺蠖、山茱萸蛀果蛾及黄芪籽蜂等,它们只食一种或几种近缘植物。每种病虫害的防治方法各不相同,且在药用植物上常常发现新的虫种,大大增加了病虫害鉴别与防治的难度。因此，加强药用植物病虫害种类的调查研究，不仅是生产优质、高产药材的需要，也将有助于我国昆虫区系研究趋于更加完善。

3. 地下病虫害普遍发生，地下入药部位病虫危害严重　许多重要中药材的药用部位为根、块根、块茎和鳞茎等地下部分，既是营养成分积累的部位，又是药用部位，极易遭受在土壤中越冬或越夏的病原物及害虫的侵染危害，从而导致药材品质下降甚至死亡。由于地下部分病虫害发生隐蔽，病因复杂，常常在地上部分表现出明显症状时已造成损失，防治难度极大，防治不及时或不当常导致中药材品质下降甚至绝产，历来是植物病虫害防治中的难题。如丹参根腐病、三七根腐病、白术白绢病、地黄线虫病等，发病后经济损失惨重。

4. 无性繁殖材料是病虫害初侵染的重要来源　许多药用植物种子发芽困难，或用种子繁殖植株生长慢、年限长，故生产上习惯采用营养器官（根、茎、叶）或种苗等材料来进行无性繁殖新个体。例如贝母用种子繁殖需 5 年才能收获，而用鳞茎繁殖 1 年一收；地黄常用块根繁殖，植株生长整齐，产量高，且保持其纯系良种。由于这些繁殖材料多为植物根、块根、鳞茎等地下部分，常携带病菌、虫卵，是病虫害初侵染的重要来源，也是病虫害传播的重要途径。药材种子种苗频繁调运，加速了病虫传播蔓延。

5. 特殊栽培技术易致病害　药用植物栽培中有许多特殊要求的技术措施，如人参、当归的育苗定植，附子的修根，菘蓝的割叶，枸杞的整枝等。这些技术如处理得当，是防治病害、保证药材优质高产的重要措施，反之则成为病害新的传播途径，加重病害流行。

二、药用植物病虫害的防治策略

药用植物病虫害防治应采取综合防治的策略 IPM（integrated pest management），综合防治就是从生物与环境的整体观点出发，本着以“预防为主，综合治理”的指导思想和安全、有效、经济、简便的原则，因地制宜，合理运用农业、生物、化学、物理的方法及其他有效的生态手段，把病虫害危害控制在经济阈值以下，以达到提高经济效益、生态效益和社会效益的目的。主要应围绕以下几个方面进行：杜绝和铲除病虫害的来源；切断病虫的传播途径；提高和利用药用植物的抗病虫性；控制田间环境条件，使它有利于各类天敌繁衍及药用植物生长发育，而不利于病虫的发生发展；直接消灭病原和害虫，或直接给药用植物进行治疗。具体防治时，应根据实际情况，有机、灵活地运用各种防治手段，使其相互协调，取长补短，以达到理想的防治效果。

三、药用植物病虫害的综合防治措施

（一）植物检疫

又称法规防治，是依据国家制定的一系列检疫法规，对植物及其产品进行病虫害检验处理，防止检疫性有害生物通过人为传播并进一步扩散蔓延的一种植物保护措施。在引种、种苗调运过程中，应进行必要的检查，对带有危险性病虫害的种苗，应严禁输出或输入，同时采取有效措施消灭或封锁在本地区内，防止扩散蔓延。植物检疫的目的是利用立法和行政措施防止或延缓有害生物的人为传播，其基本属性为强制性和预防性。

（二）农业防治

农业防治是指在农田生态系统中，利用和改进耕作栽培技术，调节病原物害虫和寄主及环境之间的关系，创造有利于药用植物生长、不利于病虫害发生的环境条件，控制病虫害发生发展的方法。其特点是：无需为防治有害生物而增加额外成本；不杀伤自然天敌、不会造成有害生物产生抗药性以及污染环境等不良副作用；可随药用植物生产的不断进行而经常保持对有害生物的抑制，其效果具有累加性；一般具有预防作用。因此，农业防治是一项不增加开支、安全有效、简单易行的防治措施。

1. 改进耕作制度

（1）合理轮作：不同的药用植物有不同的病虫害，而各种病虫又有一定的寄主范围。因此，一种药用植物在同一块地上连作，就会使其病虫源在土中积累加重。对寄主范围狭窄、食性单一的有害生物，轮作可恶化其营养条件和生存环境，或切断其生命活动过程的某一环节。对一些土传病害和专性寄生或腐生性不强的病原物，如地黄枯萎病、栝楼根结线虫病、人参根肿病等，轮作是有效的防治方法之一。此外，轮作还能促进有拮抗作用的微生物活动，抑制病原物的生长、繁殖。通过合理轮作一方面能够确保农作物健康生长，有效提升抗病虫能力。另一方面可以降低由于食物条件发生恶化或者寄主减少，促使寄主性强以及寄主植物种类单一的害虫大量死亡。特别对那些病虫在土中寄居或休眠的药用植物，实行轮作尤为重要。如土传发生病害多的人参、西洋参不能连作，老参地不能再种参，否则病害严重；延胡索与水稻轮作数年，浙贝母与水稻隔年轮作，均可大大减轻菌核病和灰霉病的危害。

不过在进行轮作种植时，需要对寄主范围进行充分的考虑，同时考虑轮作模式。同科、同属植物或同为某些严重病虫害寄主的植物不能选为轮作物。一般药用植物的前作以禾本科植物为宜。烂根病严重的药用植物（如白术、玄参等）与禾本科作物进行水旱轮作4年以上，可减轻根腐病和白绢病的发生。如果轮作作物选择不当，会使某些病虫害加剧，如地黄和花生、珊瑚菜都有枯萎病和根线虫病，白术、附子、玄参等都有白绢病，它们彼此轮作将影响后茬作物。

（2）合理间作套种：间作套种是传统农业的精华，也可称为立体农业，是指在同一土地上按照一定的行、株距和占地的宽窄比例种植不同种类的农作物，是充分利用种植空间和资源的一种农业生产模式，能有效调控农业病虫害。通过间作的方式，可以创造有利于天敌繁殖，抑制害虫繁殖的环境条件，这样就能够对害虫寻找寄主的行为进行干扰，影响种群发育以及生存。如附子与玉米间作，可大大减轻附子根腐病的危害；大豆或花生间种蓖麻可杀死害虫降低虫口，因蓖麻可分泌特殊物质，减少金龟子对作物的危害；十字花科蔬菜间种莴苣、番茄或薄荷可驱避菜白蝶；小麦与棉花套种，由于小麦的屏障作用，不仅直接影响棉蚜迁入，而且棉田温度要比单作田低1℃左右，再加上麦行天敌的作用，苗蚜不用施药防治即可控制危害。

作物的间作套种模式：①植株高矮搭配；②对病虫害起到相互制约作用；③根系应深浅不一；④圆叶形作物宜与尖叶形作物套作；⑤主副作物成熟时间要错开；⑥枝叶类型宜一横一纵；⑦品种双方要一互一利；⑧耐阴作物宜与抗旱作物搭配；⑨结实部位以地上和地下相间为宜；⑩种植密度要一宽一窄；⑪缠绕型作物与秆型作物有机套作；⑫爬蔓型作物宜与直立型作物套作等。

（3）适当调控播种方式：调整播种方式主要是调整播种期和播种密度。某些病虫害常和药用植物某个生长发育阶段的物候期有着密切关系。害虫在为害农作物时往往体现出阶段性，对农作物生长过程中的某一个阶段有特别的喜好，并在此阶段繁殖大量的虫卵，而其他阶段则很少受到害虫的取食。因此，在不影响作物增产要求的情况下，适当提前或推迟播种期，将病虫发生期与作物的易受害期或危险期错开，可以避免或减轻病虫的危害。对于那些播种期伸缩范围较大、易受害期或危险期短的作物，以及食性专一、发生一致、危害期集中的害虫具有明显的防治效果，属于一种高效的病虫害防治措施。如春麦适当早播，可减少麦秆蝇产卵为害，减轻小麦皮蓟马的危害，而冬麦适当晚播，麦蚜的危害较轻；穿心莲在南方4~5月播种育苗易发生立枯病、枯萎病和疫病，若提前至2~3月初播种，则可避免或减轻这些病害的发生；红花适期早播，可以避过炭疽病和红花实蝇的危害；北方薏苡适期晚播，可以减轻黑粉病的发生；地黄适期育苗移栽，可以有效地防止斑枯病的发生；黄芪夏播，可以避免春季苗期害虫的危害。

播种密度主要通过影响农田作物层的环境小气候以及作物的生长发育而影响病虫害的发生。种植密度过大，影响透光，田间荫蔽，湿度较大，植物木质化速度慢，有利于大多数病害和喜阴好湿性虫害的发生。种植过稀，则植物分蘖、分枝较多，生育期不一致，增加病虫害的发生，尤其是杂草滋生。因此，合理密植不仅能充分利用土壤、阳光等自然资源，提高单产，也有利于抑制病、虫害的发生。

（4）科学施肥：肥料自身种类、使用数量、时间、方法等对病虫害的发生影响很大。一般来说，增施磷、钾肥，特别是钾肥可以增强植物的抗病性，偏施氮肥则抗病性降低。如水稻氮肥过多，就会增加褐飞虱发生；红花施用氮肥过多或偏晚，易造成植物贪青徒长，组织柔嫩，从而诱发炭疽病；白术施足有机肥，适当增施磷、钾肥，可减轻花叶病；延胡索后期施氮肥会造成霜霉病和菌核病的严重发生。使用厩肥或堆肥时，一定要腐熟，否则肥中残存的病菌、蛴螬等地下害虫的虫卵未被杀灭，容易造成苍蝇、蚊子以及金龟子等栖息与繁衍，易使地下害虫和某些病害加重。

2. 调整耕作方式

（1）休耕：休耕是让受损耕地休养生息而采取的一种措施，是将用地和养地结合起来，实现地力恢复、环境保护、有机农业的发展，也是耕作制度的一种类型或模式，有学者则将其作为一种土地储备方式。按照时间长短，休耕分为季休、年轮休和长休。按照实施主体的自主性，分为强制性休耕和自愿性休耕。也可按照休耕期间所采用的技术模式和休耕目的等进行类型划分。如目前中国主要在重金属污染区采用物理、化学和生物等措施进行治理式休耕；在地下水漏斗区采用以“一季休耕、一季雨养”模式为主线的措施进行恢复平衡式休耕；在生态严重退化区采用调整种植结构等方式进行生态保护式休耕等。通过休耕能够有效地保持土壤质量，减少病虫害的发生。在休耕过程中，因为大范围内种植一种或者多种不容易受到侵害的寄主植物，能够防止虫害感染，降低携带病毒（传毒昆虫）的作物连续出现，有效阻断病虫害的传播。

（2）深耕细作：深耕细作不仅能促进根系的发育，增强药用植物吸肥能力，使其生长健壮，增强抗病能力，还有直接杀灭病虫的作用。很多病原菌和害虫在土内越冬，因此，冬耕晒土可改变土壤理化性状，促使害虫死亡，或直接破坏害虫的越冬巢穴或改变栖息环境，减少越冬病虫源。耕耙除能直接破坏土壤中害虫巢穴和土室外，还能把表层内越冬的害虫翻进土层深处使其不易羽化出土，又可把蛰伏在土壤深处的害虫及病菌翻露在地面，经日光照射，鸟兽啄食等，达到直接消灭部分病虫、减少病虫害发生的目的。

（3）除草、修剪和清洁田园：田间杂草和药用植物收获后的残枝落叶常是病虫隐蔽及越冬场所，成为来年的病虫来源。因此，除草、修剪病虫枝叶和收获后清洁田园将病虫残枝和枯枝落叶进行烧毁或深埋处理，可大大减少病虫越冬基数，是防治病虫害的重要农业技术措施。

3. 诱集消灭虫害

(1) 色板诱杀：昆虫一般具有趋黄色、绿色习性，有的甚至有强烈的趋色性。色板诱杀是指利用这一习性诱捕害虫或诱集天敌昆虫捕食害虫的一种防治措施。使用色板诱杀害虫，是当前植物保护中较为有效的物理防治措施，不会对环境造成污染，也不会伤害非目标生物，还能对目标害虫进行长期不间断的诱杀，符合无公害、绿色中药材生产的标准要求。但在使用过程中，容易受到颜色、大小以及设置方向等因素影响。因此，应根据农田虫害的实际情况，合理选择粘虫板。

(2) 灯光诱杀：昆虫中的蛾类、半翅目、鞘翅目、直翅目、同翅目害虫，大都具有趋光性。灯光诱杀技术利用害虫的趋光性，设置诱虫器械或其他诱物，诱集捕杀害虫。不同的灯光可以诱杀不同的害虫，如高压汞灯能够诱杀蝼蛄以及地老虎等；黑光灯诱杀雌虫比例较大，且大部分未产卵，降低下代虫口密度的效果显著。灯光诱杀是一项重要的农林有害生物无公害防治技术，可诱集 15 目 100 多科 300 多种昆虫，其中多数是农林业害虫（益虫的比例不到 5%），不会影响昆虫的生态平衡。

4. 选育和利用抗病、虫品种　植物对病、虫的抗性是植物一种可遗传的生物学特性。通常在同一条件下，抗性品种受病、虫危害的程度较非抗性品种轻或不受害。选育和利用抗病、虫的品种往往可显著降低病、虫危害。不同品种的药用植物对病虫害抵抗能力往往差别很大。如阔叶矮秆型白术苞片较长，能盖住花蕾，可抵挡术籽虫产卵；有刺型红花比无刺型红花更能抗炭疽病和红花实蝇。同一品种内，单株之间抗病虫能力也有差异。为了提高品种的抗性，可在病虫害发生盛期，在田间选择比较抗病、抗虫的单株留种，并通过连年不断选择和培育，可以选育出抗病、虫能力较强的品种。

（三）生物防治

生物防治是利用生物或生物代谢产物以及通过生物技术获得的生物产物来控制有害物种群的发生和繁殖，以减轻其危害的方法。一般指利用有害生物的寄生性、捕食性和病原性天敌来消灭有害生物。这些生物产物或天敌一般对有害生物有选择性，且毒性大；而对高等动物则毒性小，不污染环境，效果持久，有预防性，已成为药用植物病虫害和杂草综合治理中的一项重要措施，也是解决中药材免受农药污染的有效途径。目前主要是采用以虫治虫、以微生物治病虫、以动植物治病虫、抗生素和交叉保护以及昆虫激素防治害虫等方法进行。

1. 以虫治虫　以虫治虫是利用自然界有益昆虫和人工释放的昆虫来控制害虫的危害，包括利用捕食性和寄生性两类天敌昆虫。以虫治虫是促进农业增产的一项有效措施，也是一种防止农作物免受害虫侵蚀的新方法。

(1) 利用捕食性昆虫防治害虫：主要有某些肉食瓢虫、螳螂蚜狮（草蜻蛉幼虫）、步行虫、食虫椿象（猎蝽等）、食蚜蝇、食蚜虻等。这些昆虫生活在一些害虫群体中，以捕食害虫为生，对抑制害虫数量起着关键作用，有利于保护生态的多样性以及减少农药的施用剂量和施药频率。且捕食性天敌对害虫的控制既节约了防治害虫的成本，又是一种可持续的良性发展。捕食性天敌昆虫的产卵量大，便于人们通过人工繁育技术进行适当繁殖。

(2) 利用寄生性昆虫防治害虫：主要有各种卵寄生蜂、幼虫和蛹的寄生蜂。例如寄生于菊花、金银花、玫瑰等天牛的管氏肿腿蜂、寄生于菘蓝青虫幼虫的茧蜂、寄生于马兜铃凤蝶蛹的凤蝶金小蜂、寄生于木通枯叶蛾卵的赤眼蜂等。这些天敌昆虫在自然界里存在于一些害虫群体中，对抑制这些害虫密度起到不可忽视的作用。大量繁殖天敌昆虫释放到田间可以有效地抑制害虫。

2. 以微生物治病虫　以微生物治虫主要包括利用细菌、真菌、病毒等昆虫病原微生物防治害虫。具有繁殖快，用量少，无残留，无公害，可与少量化学农药混合使用可以增效等优点。病原微生物有细菌、真菌、病毒、原生动物、立克次体、线虫等。尤以前三类居多，后两类极少，细菌的应用最广。

(1) 病原细菌：能使害虫致病的细菌多数属于苏芸金杆菌类 *Bacillus thuringiensis*（简称 Bt），如杀螟杆菌、青虫菌、苏云金杆菌等，均能产生伴孢晶体毒素，使昆虫得败血病死亡。现已有苏云金杆菌的各种制剂，有较广的杀虫谱，尤其对鳞翅目昆虫幼虫有特效，如对危害芸香科药材的桔黑黄凤蝶、危害十字花科药材的菜青虫以及危害木本药材的刺蛾等均有明显的防治效果。此外 Bt 作为基因工程的材料，用于抗虫植物品种选育，也取得成功。

(2) 病原真菌：主要有白僵菌、绿僵菌、拟青霉、轮枝孢等。目前应用较多的是白僵菌。白僵菌的分布范围很广，从海拔几米至两千多米的高山均发现过白僵菌的存在，寄生范围大，可侵入 6 个目 15 科 200 多种昆虫、螨类的虫体内大量繁殖，产生白僵素（非核糖体多肽类毒素）、卵孢霉素（苯醌类毒素）和草酸钙结晶，这些物质可引起昆虫中毒，打乱新陈代谢以致死亡。患病昆虫表现为运动呆滞、食欲减退、皮色无光，有些身体有褐斑、吐黄水，3~15 天后虫体僵硬死亡。

(3) 病原病毒：寄生于昆虫的病毒主要有核型多角体病毒（NPV）、质型多角体病毒（CPV）、颗粒体病毒（GV）等。患病昆虫可表现出行动迟缓、食欲减退、烦躁、横向肿大、皮肤易破、流出乳白色或其他颜色的脓液，有的有下痢，虫尸常倒挂在枝头等现象。病原病毒专化性较强，往往只寄生一种昆虫，不存在污染和公害问题。

3. 以植物治病虫　某些植物内含有对昆虫生长有抑制作用的物质，可不同程度地引起害虫表现出拒食、驱避、生长抑制等作用。以植物治虫，我国古代早有使用，如用菊科艾属的艾蒿茎、叶熏蚊蝇，一直流传至今。古罗马人在公元前 100 年已利用藜芦防治虫、鼠害。具有防治病虫害的植物主要有：楝科的一些植物，菊科的除虫菊、茼蒿、天名精、猪毛蒿、万寿菊等，以及雷公藤、苦皮藤、苦参、大蒜、辣蓼、黄杜鹃等。利用植物治病虫具有效果明显、对天敌安全、无药害、不易产生抗药性的特点，很有发展前景。

4. 以鸟治虫　鸟类中有 60% 以上是以昆虫为主要食料的。以鸟治虫，是综合防治森林虫害的内容之一，种类繁多的鸟类经常活动在森林、田园，大量啄食农林害虫，一窝家燕一夏能吃掉 6.5 万只蝗虫，啄木鸟一冬可将附近 80% 的树干害虫掏出来，这是人类使用农药所不易做到的。因此，保护鸟类、严禁捕鸟、人工招引以及人工驯化、通过建立自然保护区、创造良好的鸟类栖息环境等都是以鸟治虫的主要措施。

5. 抗生素和交叉保护作用在防治病虫害上的应用　抗生素，又称抗菌素，指微生物所产生的能抑制或杀死其他微生物（包括细菌、真菌、立克次体、病毒、支原体和衣原体等）的代谢产物或化学半合成法制造的相同或类似的物质。抗生素能抑制其他微生物的生长发育，甚至杀死其他微生物。

6. 性诱剂防治　昆虫的性诱剂是模拟自然界的昆虫性信息素，通过释放器释放到田间来诱杀异性害虫的仿生高科技产品。迄今已合成几十种昆虫性诱剂用于防治害虫。昆虫性诱剂是利用个体昆虫对性信息素产生反应而被杀，不会产生后代，故无抗性产生。具有专一性，对益虫、天敌不会造成危害。应用昆虫性诱剂可以降低农药使用量，选择最佳的喷施农药时间，降低农药和劳动力成本，解决农药残留问题，改善生态环境。如小地老虎性诱剂、橘小实蝇性诱剂、瓜实蝇性诱剂等。性诱剂在药用植物病、虫害研究方面的应用属于刚起步阶段。性诱剂防治害虫主要有2种方法。

(1) 诱捕法：又称诱杀法，是用性外激素或性诱剂直接防治害虫的方法。在防治区设置适当数量的性诱剂诱捕器，把田间出现的求偶交配的雄虫尽可能及时诱杀，降低交配率，从而降低子代幼虫密度，达到防治害虫的效果。

(2) 迷向法：又称干扰交配，是大田应用昆虫性诱剂防治害虫的重要方法。许多害虫是通过性外激素相互联系求偶交配的，如果能干扰破坏雄、雌昆虫之间的通讯联络，害虫就不能进行交配和繁殖后代，以此达到防治效果。

（四）化学防治法

化学防治法是指使用化学药剂（杀虫剂、杀菌剂、杀螨剂、杀鼠剂等）来防治病虫、杂草和鼠类的危害，一般采用浸种、拌种、毒饵、喷粉、喷雾和熏蒸等方法，其优点是作用快、效果好、应用方便，能在短期内消灭或控制大量发生的病虫害，受地区性或季节性限制比较小，是防治病虫害的常用方法，也是目前防治病虫害的重要手段，其他防治方法尚不能完全代替。但如果长期使用单一农药，害虫易产生抗药性，同时杀伤天敌，往往造成害虫猖獗；有机农药毒性较大，有残毒，易污染环境，影响人畜健康。尤其是药用植物大多数都是内服药品，农药残毒问题，必须严加注意，严格禁止使用毒性大或有残毒的药剂。对一些毒性小或易降解的农药，要严格掌握施药时期，防止污染植物。

（五）物理机械防治

物理机械防治是指根据害虫的生活习性和病虫害的发生规律，利用物理因子或机械作用对有害生物的生长、发育、繁殖等进行干扰，以防治植物病虫害的方法，称为物理机械防治法。物理因子包括光、电、声、温度、放射能、激光、红外线辐射等；机械作用包括人工扑打、阻隔法、使用简单的器具器械装置，直至应用现代化的器具设备等。这类防治方法可用于有害生物大量发生之前，或作为有害生物已经大量发生危害时的急救措施。如对活性不强，危害集中，或有假死性的大灰象虫甲、黄凤蝶幼虫等害虫，实行人工捕杀；对有趋光性的鳞翅目、鞘翅目及某些地下害虫等，利用扰火、诱蛾灯或黑光灯等诱杀，均属物理机械防治法。

人工捕杀地老虎幼虫

第四节　农药

凡具有防治植物病虫害，清除田间杂草以及调节植物生长等作用的药剂都称农用药剂，简称农药。农药的含义和范围，古代和近代、不同国家之间均存在差异。目前为止，在世界各国注册的农药品种已有 1 500 多种。传统的农药概念是以杀生为目标，但在其使用过程中出现的急性毒性、慢性毒性、对环境的不良反应和防除对象的抗药性越来越突出。因此，学习农药知识，对于合理使用农药、有效防治药用植物病虫害、获得优质高产的中药材，具有十分重要的意义。

一、农药的种类及其性质

（一）按原料来源分类

1. 化学农药　是人工合成生产的农药。广泛地运用在农业生产之中，具有调控农业生产的虫害，调节动植物生长等作用。可分为有机农药和无机农药两大类。

（1）有机农药：是由碳素化合物构成，主要以有机合成原料如苯、醇、脂肪酸、有机胺等制成，所以又称合成农药，是以有机氯、有机磷、有机氟、有机硫、有机铜等化合物为有效成分的一类农药。如敌百虫、多菌灵等。有机农药可以工业化生产，品种多，药效高，用途广，加工剂型及作用方式多样，目前占整个农药总量的 90% 以上，在农药发展中占有重要地位。但这类农药多数对人畜有害，且易产生残留，须慎重使用。

（2）无机农药：主要由天然矿质原料加工制成，又称矿物性农药。如砷酸钙、砷酸铅、石灰硫黄合剂、硫酸铜、杀菌剂波尔多液、杀虫剂石硫合剂、磷化铝等，有效成分都是无机化学物质。这类农药的特点是生产方式简便，化学性质稳定，不易分解，不溶于有机溶剂。但品种较少，作用较单一，药效低，且易发生药害，故使用受到一定限制，目前绝大多数品种已被有机合成农药所代替，但波尔多液、石灰、硫黄合剂等仍在广泛应用。

2. 生物源农药　生物源农药是指利用生物活体或其代谢产物对有害生物进行防治的一类制剂。生物源农药主要有微生物源农药、植物源农药、动物源农药、基因工程农药等，其中微生物源农药应用最为广泛。

（1）微生物源农药：是指能够用来杀虫、灭菌、除草及调节植物生长的微生物活体与其代谢产物。所含有效物质是细菌孢子、真菌孢子、病毒或抗生素。此类农药药效较高，选择性强，使用时不伤害天敌，对人畜无毒，对植物安全，长期使用不易产生抗药性，但应用范围不够广泛，作用较缓慢，往往受季节和环境因素等条件的限制。包括农用抗生素和活体微生物农药。农用抗生素是一种广泛应用、品种众多的微生物农药，它是由微生物产生的次级代谢产物，在低微浓度时即可抑制或杀灭作物的病、虫、草害或调节作物生长发育。如多抗霉素、阿维霉素、浏阳霉素、农抗 120、中生菌素、武夷菌素、宁南酶素、杀枯肽、灭瘟素、春雷霉素、井岗霉素等。活体微生物农药是指具农药活性的活体物。包括真菌剂（如绿僵菌、鲁保一号等）、细菌剂（如苏云金杆菌、乳状芽孢杆菌等）、拮抗菌剂（如“5406”、菜丰宁 B1 等）、线虫（如昆虫病原线虫等）、原虫（如微孢子原虫等）和病毒（如核多角体病毒、颗粒体病毒等）。我国常用的活体微生物农药是苏云金芽孢杆菌、绿僵菌、蜡蚧轮枝菌、球孢白僵菌、卵孢白僵菌和布氏白僵菌等，已商品化的虫霉制剂有毒力虫霉、杀蚜菌剂等。活体微生物农药具有无污染、不累积、对防治对象不产生抗性、对害虫天敌危害小等特点，但活体微生物农药在自然界中易分解，残效期短，药效的发挥受环境的影响较大等问题制约着其发展，这些问题可以通过剂型的改进得以解决。

(2) 植物源农药:是指利用植物有机体的全部或部分有机物质及其次生代谢物质加工而成的制剂,包括从植物中提取的活性成分、植物本身和按活性结构合成的化合物及衍生物。其有效成分是天然有机物,性能同有机农药相似。传统化学农药容易对环境造成严重污染,并随着食物链的传递,最终会对人体的健康造成各种各样的危害。安全无污染、环境友好型的植物源农药越来越受到重视。中国是植物资源大国,开发植物源农药具有得天独厚的优势。目前,已有多种植物源活性成分的农药取得登记并成功应用,如 2.5% 鱼藤酮乳油、0.5% 楝素乳油等。植物源农药具有低毒、低残留、环保友好、不易产生耐药性、对人畜安全、对植物无药害、可就地取材等优点。包括杀虫剂(如除虫菊、鱼藤酮、烟碱、藜芦碱、茴蒿素、植物油乳剂等),杀螨剂(松脂合剂等),杀菌剂(如大蒜素、香芹酚等),拒避剂(如印楝素、苦楝素、川楝素等)和增效剂(如芝麻素等)。

(3) 动物源农药:由动物资源开发的农药。包括动物毒素、昆虫激素、昆虫信息素(或昆虫外激素,如性信息素)和活体制剂(寄生性、捕食性的天敌动物)。

动物源农药主要分为两类:一种是直接利用人工繁殖培养的活动物体,如寄生蜂、草蛉、食虫食菌瓢虫及某些专食害草的昆虫,以杀死农作物上的病虫害;另一种是利用动物体的代谢物或其体内所含有的具有特殊功能的生物活性物质,如昆虫所产生的各种内、外激素,这些昆虫激素可以调节昆虫的各种生理过程,以此来杀死害虫,或使其丧失生殖能力、危害功能等。动物源农药具有低毒、高效、使用安全的特点,不仅具有强烈的触杀、胃毒、内吸传导作用,还有杀卵、熏蒸的作用。但是,目前对动物源农药,特别是激素类农药的研发相对比较薄弱,因此,从生产和应用的角度上看,动物源农药有着巨大的发展空间和前景。

(4) 基因工程农药:作为农业害虫和人类疾病媒介的昆虫可引起药用植物严重的病虫害,并对人类健康造成威胁。真菌是最常见的昆虫病原菌,已有 1 000 多种。真菌通常会引起流行病爆发,可使昆虫数量减少 90% 以上,如毛虫、蚜虫、甲虫甚至家蝇。基因工程结合对真菌致病机制和生态学的深入理解,通过增强真菌对环境胁迫的耐受性及其毒力,为提高真菌杀虫剂的功效和经济有效性提供了无数的机会。近年来,基因工程微生物的研究十分活跃,并先于抗病虫遗传工程植物进入了实用化阶段。美国 Mycogen 公司将 Bt 毒蛋白基因转入定殖在植物根部的萤光假单胞菌中,使杀虫作用可延长到两周以上,对小菜蛾的杀虫效果与化学农药相当,这种工程杀虫菌剂无污染环境的副作用,成为一种新型的微生物杀虫剂。

(二) 按用途和作用方式分类

1. 杀虫、杀螨剂　根据药剂进入害虫体内的途径,可分为触杀剂、胃毒剂、熏蒸剂和内吸剂等。

(1) 触杀剂:药剂通过体壁及气门进入害虫、害螨体内产生毒杀作用,如溴氰菊酯、辛硫磷、鱼藤等。

(2) 胃毒剂:药剂通过害虫取食,从害虫的消化系统进入体内产生毒杀作用,如敌百虫、杀虫双等。

(3) 熏蒸剂:药剂能在常温下气化为有毒气体,经害虫的呼吸系统进入体内产生毒杀作用,常呈气雾状态,可释放磷化氢气体杀死害虫。如磷化铝、磷化锌等。

(4) 内吸剂:将药剂施于植物的茎、叶、根部或种子,被其吸收而输导于整个植物体内,产生更毒的代谢产物，害虫取食植物后产生毒杀作用。如久效磷、乐果等。

(5) 拒食剂：药剂被害虫取食后，破坏害虫的正常生理功能，消除食欲，不能再取食，最后死于饥饿。

(6) 引诱剂：药剂以微量的气态分子引诱昆虫产生行为反应，将害虫引入一处，聚而杀之。其中又分食物引诱剂、性诱剂和产卵诱剂等。引诱剂本身无杀虫活性，需与杀虫剂结合使用。

(7) 不育剂：药剂进入害虫体内后，可直接干扰或破坏害虫的生殖系统，使细胞不能形成或性细胞不能结合，有的直接阻止受精卵内的胚胎发育，使幼虫或螨不能孵化，如扑虱灵、双甲脒等。

(8) 昆虫生长调节剂：药剂阻碍害虫的正常生理功能，阻止正常变态，使幼虫不能变蛹或蛹不能变成虫，形成没有生命力或不能繁殖的畸形个体。

2. 杀菌剂　是用于防治由各种病原微生物引起的植物病害的一类农药，一般指杀真菌剂。但国际上，通常是作为防治各类病原微生物的药剂的总称。根据药剂防病灭菌的作用，可分为以下三种主要类型。

(1) 保护剂：在植物感病前将药剂均匀喷洒在植物表面或周围环境，达到抑制病原孢子萌发或杀死萌发的病原孢子，以保护植物免受其害。保护途径有2种：一是消灭病害侵染源；二是将药剂施于寄主药用植物表面，以便病原菌无法侵入。目前使用的杀菌剂多为保护剂，如波尔多液、代森锌、绿乳铜、百菌清、硫酸制剂等。此类药剂在植株发病后使用往往效果较差。

(2) 治疗剂：治疗剂是指病原微生物已经侵入植物体内，但植物表现病症处于潜伏期。药物从植物表皮渗入植物组织内部，经输导、扩散后产生代谢物来杀死或抑制病原，使病株不再受害，并恢复健康，对药用植物的病害有治疗作用，如甲基托布津、多菌灵、春雷霉素、退菌特、福美双等。对病害的药剂治疗比药剂保护要困难得多。这是因为病菌侵入后，与植物发生了密切关系，增强了病菌对药剂的抵抗力。一般能杀死浸入病菌的剂量，往往对植物也会产生药害。因此，目前治疗剂的应用远不如保护剂广泛。

(3) 铲除剂：指植物感病后施药能直接杀死已侵入植物的病原物。具有这种铲除作用的药剂为铲除剂。如福美砷、五氯酚钠、石硫合剂等。

除上述药剂种类外，还有杀线虫剂、杀鼠剂、除草剂等。

二、农药使用原则

农药的合理使用应遵循经济、安全、有效、简便的原则，避免盲目施药、乱施药、滥施药，从综合治理的角度出发，运用生态学的观点来使用农药。农药的使用应掌握以下原则。

1. 对症下药　各种药剂都有一定性能及防治范围，即使是广谱性农药也不可能对所有的病虫害都有效。因此在施药前应正确诊断病虫害，掌握病虫害的发病规律，根据实际情况选择合适的农药品种、使用浓度及用量，切实做到对症下药，避免盲目用药。

2. 适时用药　在调查研究和预测预报的基础上，掌握病虫害的发生时期和发育进度及作物的生长阶段，选择合适的时间，抓住有利时机用药。这样既可节约用药，又可提高防治效果，且不易发生药害。防治病虫害时要注意气候条件及物候期。合适时间一般在病害暴发流行之前、害虫在未大量取食或钻蛀为害前的低龄阶段、病虫对药物最敏感的发育阶段、作物对病虫最敏感的生长阶段。

3. 科学施药　老式手动喷雾器“跑”“冒”“滴”“漏”现象严重，损耗高、效率低，严重影响防治效果，应选用新型的施药器械进行施药。在施药过程中，应严格按推荐用量使用，不能随意加大用药量。喷施农药时，对准靶标位置施药。如叶面害虫主要施药位置是茎叶部位，稻飞虱施药部位是植株的中下部，棉铃虫的施药部位是上部嫩绿部分。施药时间一般应避免晴热高温的中午及大风和下雨天气。喷药时，要设置“安全间隔期”，即在作物收获前的一定时间内禁止施药。

4. 交替使用　长期使用同一种农药，病虫害易产生耐药性，降低防治效果，如直播田长期单一使用稻杰，使稗草抗性极大。因此，应根据不同害虫、不同病害交替使用多种农药，尽量选用不同作用机制的农药进行轮回用药。

5. 合理混用农药　在农药使用过程中，为了改善单制剂的性能或需要同时防治多种病虫害，往往将不同的单剂混合在一起使用。可将 2 种或 2 种以上的对病虫害有不同作用机制的农药混合使用。如氰戊菊酯和马拉硫磷杀虫剂之间的混用，氰戊菊酯和马拉硫磷杀菌剂之间的混用，苄嘧磺隆和乙草胺除草剂之间的混用，吡虫啉和三唑酮杀虫剂和杀菌剂之间的混用等。一般认为农药混用可以扩大防治对象，减少用药次数，提高防治效果，延缓害虫抗药性的产生，节省劳动力，减少环境污染。但有些农药混用不当，反而会降低药效和产生药害。农药之间能否混用，主要取决于农药本身的化学性质，农药混合后它们之间不产生化学和物理变化，才可以混用。

6. 安全用药　安全用药包括防止人畜中毒、环境污染和植物药害。生产上应严格禁止使用剧毒、高毒、高残留或者具有三致（致癌、致畸、致突变）作用的农药，最后一次施药距采收间隔天数不得少于规定的日期，并应准确掌握用药量、讲究施药方法，注意天气变化，施药者还要做好防护措施并严格遵守农药使用规定。

三、农药的剂型及使用方法

农药有很多剂型与使用形态，相应地也有很多使用方法。合理使用农药，正确掌握使用原则和施药技术，才能获得良好的防治效果。

1. 农药剂型

(1) 粉剂：粉剂不易溶于水，一般不能加水喷雾，低浓度的粉剂供喷粉用，高浓度的粉剂用作配制毒土、毒饵、拌种和土壤处理等。粉剂使用方便，工效高，宜在早晚无风或风力微弱时使用。

(2) 可湿性粉剂：吸湿性强，加水后能分散或悬浮在水中。可作喷雾、毒饵和土壤处理等用。

(3) 可溶性粉剂（水溶剂）：可直接对水喷雾或泼浇。

(4) 乳剂（也称乳油）：乳剂加水后为乳化液，可用于喷雾、泼浇、拌种、浸种、毒土、涂茎等。

(5) 超低容量制剂（油剂）：是直接用来喷雾的药剂，是超低容量喷雾的专门配套农药，使用时不能加水。

(6) 颗粒剂和微粒剂：是用农药原药和填充剂制成颗粒的农药剂型，这种剂型不易产生药害。主要用于灌心叶、撒施、点施、拌种、沟施等。

(7) 缓释剂：缓释型农药，是指以天然、可生物降解的高分子化合物作为缓释材料，将一些内吸性杀虫剂、杀菌剂或生长调节剂与其复合，加工成具有缓慢释放性能的农药。使用时农药缓慢释放，可有效地延长药效期，减轻污染和毒性，用法一般同颗粒剂。

(8) 烟雾剂：烟雾剂是用农药原药、燃料、氧化剂、助燃剂等制成的细粉或锭状物。这种剂型农药受热汽化，又在空气中凝结成固体微粒，形成烟状。雾剂是含农药的小液滴分散在空气中，其液滴直径多在 0.1~50μm；烟剂是含农药的烟雾小粒子分散在空气中，其粒子直径多在 0.001~0.1μm。

2. 农药使用方法

(1) 喷撒法

1) 喷雾法：将药液用喷雾器喷洒防治病虫害的方法，是目前生产上应用最广的一种方法。适于喷雾的剂型有乳剂、可湿性粉剂、可溶性剂等。喷雾时要做到均匀，喷施量以植株充分湿润为度。喷雾时最好不要选择中午，以免发生药害和人体中毒现象。

2) 喷粉法：将药剂用喷粉器或其他器具撒布出去的方法称喷粉法，适用药剂为粉剂、微粒剂、粉粒剂。

(2) 熏蒸法：应用农药产生的有毒气体来消灭病虫害的方法。主要用于防治中药材仓库、室内、种苗及土壤中的病虫害。

(3) 毒饵法：利用毒饵来防治活动的杂食性害虫（如蝗虫、蝼蛄、地老虎等）。如敌百虫毒饵、磷化锌毒饵等。若在播种时，将含毒饵料施于地下则称为毒谷法。

(4) 种子（苗）处理法：主要分为拌种法和浸种法两种。应用农药的粉剂或液剂与种子搅拌均匀和以防除病虫害的方法称拌种法。将种子或种苗放在一定浓度的农药溶液中浸渍一段时间以防治病虫害的方法称浸种法。

(5) 土壤处理法：将农药的药液、粉剂或颗粒剂施于土壤中防治病虫害或杂草的方法。主要用于土壤消毒及防治土传病虫害。

(6) 烟雾法：是利用农药的烟剂或雾剂消灭病虫害的方法。目前烟雾法主要用于森林、仓库及温室等处病虫害的防治。

四、无公害农药的研究与应用

“无公害农药”的提出源于人们对农药公害的认识和对创制新农药的要求。随着人们健康和环保意识的加强，以及大量的高毒、高残留农药被相关法规及标准列为禁用对象后，无公害农药的研究和应用被广泛关注。

(一) 无公害农药的定义及特点

无公害农药主要是指有高度选择性，对有害生物防治效果优良，但对人畜、害物天敌及其他非靶标生物安全，在自然条件下容易降解而不会明显影响环境质量的农药。国外称之为生物合理农药（biorational pesticides）。其特点为用量少；防治效果好，一般杀虫效果 90% 以上，防病效果 80% 以上；对人畜及各种有益生物毒性小或无毒，半数至死量（LD_{50}）超过 500mg/kg；在外界环境中易于分解，不造成对环境及农产品污染。无公害农药可分为矿物农药、动物农药、微生物农药、植物性农药及化学合成农药五类。

（二）无公害农药的研究与应用

我国无公害农药的推广应用最先是从蔬菜上开始的。1989 年农业部绿色食品办公室成立，将无公害蔬菜纳入绿色食品的范畴。近年来无公害农药在药用植物病虫害防治上的研究与应用日渐增多。

1. 木霉菌的研究及应用　木霉菌属真菌门，广泛存在于不同环境条件下的土壤中。大多数木霉菌可产生多种对植物病原真菌、细菌及昆虫具有拮抗作用的生物活性物质，比如细胞壁降解酶类和次级代谢产物，并能提高农作物的抗逆性，促进植物生长，被广泛用于生物防治、生物肥料及土壤改良剂。木霉菌对多种植物病原真菌表现出强拮抗作用，受到世界上许多国家的重视。木霉菌作为普遍存在并具有丰富资源的拮抗微生物，在植物病害，尤其是在土壤传染病害的生物学防治上有重要的研究价值及广阔的应用前景。目前木霉属中应用较多的是哈茨木霉并已走向商品化。据报道哈茨木霉至少对 18 属 29 种病菌有拮抗作用。美国用哈茨木霉麸皮制剂在大田条件下施用可显著降低由立枯病菌引起的棉立枯病（60%），并提高出苗率。我国将其用于防治由白绢病菌引起的白术、菊花的白绢病及人参、西洋参的立枯病获得成功，用于防治由猝倒病菌引起的病害（如人参、儿茶、荆芥猝倒病等）也取得了初步成效。

2. 农抗 120 的研究及应用　农抗 120 是中国农科院生防所研制的一种农用嘧啶核苷类抗菌素，为刺孢吸水链霉北京变种的代谢产物，是我国目前应用开发时间最早、推广面积最大、应用作物最多、施用效果最好的优秀生物农药之一。具有高效、广谱、内吸强、缓抗性、无污染、无残留、无公害、毒性低、与环境相容性好、同自然相和谐等特点。试验表明它对人参疫病菌具有很强的抑制作用，在 PDA 培养基上，100μg/g 的浓度对疫病菌的抑制率为 100%，田间试验结果表明在人参、西洋参发病初期，应用 2% 农抗 120 水剂稀释 100 倍灌根或喷施，每隔 7~10 天施 1 次，连续 2 次，可减少烂根，提高存苗率。

3. 昆虫病原线虫的应用及研究　昆虫病原线虫（简称 EPN）是昆虫的专化性寄生天敌，一般专指斯氏线虫科（Steioertidae）和异小杆线虫科（Heterorhabditidae）两类。它们搜索寄主能力强，侵染致死有效性高，作用时间快，对哺乳动物无害且大规模生产相对简单，是一类重要的害虫生物防治因子，在害虫可持续治理中具有巨大的应用潜力。由于昆虫病原线虫消化道内携带共生菌，线虫进入昆虫血液后，共生菌从线虫体内释放出来，在昆虫血液内增殖，致使昆虫患败血病迅速死亡。昆虫病原线虫不耐高温，37℃以上就死亡，对人畜无害，不污染环境，分布广，是值得利用的生物防治资源。试验表明昆虫病原线虫对枸杞负泥虫、射干钻心虫、细胸金针虫等室内感染率均达 90% 以上，田间防治效果达 60% 左右。

4. 植物性农药的研究和利用　植物农药是指利用对其他植物的病虫害有毒的植物或其有效成分制成的农药，属生物农药范畴内的一个分支。具有对哺乳动物选择性毒性微弱、在环境中无持久性的残留、对防治对象的作用方式多种多样、病虫害不易产生抗性、生产条件温和、费用低等特性。但中草药的成分比较复杂，有效杀虫的分析和检测对很多植物来说很难准确确定，为此产品质量的检测除按有关标准检测外，还要进行生物测定，确保杀虫效果。利用植物有效成分创制农药，主要有 2 种形式：一是对植物原料的直接利用，从植物中提取、分离具有杀虫抗菌抗病毒功效的有效成分，以此为主体配制无公害植物源农药；二是从种类繁多的植物中，分离纯化具有农药活性的新物质，以此先导化合物为结构模板，进行结构的多级优化，创制高效低毒新农药。其中，后者应是植物农药今后发展的主流。中国有关植物源农药的研究内容涉及楝科、卫矛科、柏科、瑞香科、豆科、菊科等科属的多种植物，已有烟碱、苦参碱、楝素、茴蒿素和茶皂素等40余种植物源农药登记注册。现在生产上应用的主要有烟碱制剂、鱼藤制剂、苦参碱制剂、茴蒿素制剂、川楝素制剂等。当前最为重视的是楝科植物，其杀虫活性成分为四环三萜类物质，研究发现其活性成分可直接破坏昆虫表皮结构，引起昆虫外皮局部消融，破坏真皮细胞的产生。雷公藤、苦皮藤、除虫菊、黄杜鹃、了哥王等植物中也分离出杀虫效果优异的新化合物。有些植物性油类，如苦楝油、山苍子油、香茅油、肉桂油等，防治病虫害也有较好效果。

植物性农药具有类型多、性质特殊的特点，一般不易使害虫及病原微生物对其产生耐药性，极易和其他生物措施相协调，有利于综合防治。

复习思考题

1. 简述药用植物病虫害的发生特点。
2. 简述药用植物病虫害防治策略。
3. 何谓药用植物综合防治？
4. 什么是农业防治，有哪些措施？
5. 简述生物防治的防治方法。
6. 农药有哪些施用方法？
7. 农药的使用原则是什么？

第九章同步练习

第十章课件

第十章　中药材的采收、产地加工与贮藏

药用植物生长发育到一定阶段，入药部位已符合药用要求，产量与药效成分的动态积累已达到最佳程度，采用相关的技术进行采收、产地加工，就从具有全株性质的药用植物阶段进入了药用部位的中药材阶段。经过产地加工的中药材，只有进行合理的贮藏与包装，才能保证其质量源头的安全和有效。药用部位的采收、加工与贮藏过程的合理与否，对中药材的产量、品质和收获效率会产生重大影响。

第一节　中药材的采收

中药材的采收是控制中药材质量的一个重要环节，其包括通过一定的技术获得相关的药用部位，将其收集并运回的过程。药用植物的品种、栽培环境与栽培技术等均对中药材质量具有重要影响，但中药材的采收对中药材的产量、质量与收获效率具有直接的影响。

中药材的采收历来受到高度重视。唐代苏敬等修订的《新修本草》是世界上最早的药典，在其“本草”部分载有产地、采收等内容，指出“离其本土，则质同而效异；乖于采摘，乃物是而实非”。孙思邈在《千金翼方》中指出“夫药采取，不知时节，不以阴干曝干，虽有药名，终无药实。故不依时采取，与朽木不殊，虚费人功，卒无裨益”。宋代《本草图经》收载的每味药都有药图和注文两部分，注文内容中包括中药材的采收及加工内容。金元时期李东垣的《用药法象》中指出“凡诸草木昆虫，产之有地，根叶花实，采之有时；失其地则性味少异，失其时则性味不全”，强调了中药材的产地及采收时间对质量的影响。在民间流传有“春采茵陈夏采蒿，根茎药材春秋刨”“三月三，荠菜当灵丹”等之训，均说明了适时采收的重要性。因此，合理的采收不仅涉及中药材的采收时间，而且还涉及采收方法。

一、采收时间

一年生三七和三年生三七

要保证药材的质量，合理、适时采收是关键。不同药用植物的个体生长发育具有很大差异，其采收时间差异也很大。采收时间又包括采收期和生长年限两个方面。

（一）采收期

采收期是指药用植物的药用部位或器官已符合药用要求，达到采收中药材的适宜季节或时期。采收期一般是指一年内的某一具体时间，按月、旬来表示采收期。采收标准包括两方面：一是药用部位已达到中药材使用的成熟阶段，即达到药材所固有的色泽与形态特征标准；二是药用部位符合药用要求，即性味、功效、成分等已经达到应有的标准。这两个标准，有时是平行的，但有时又不是同步的。如薄荷花期收割挥发油产量高于蕾期，更高于营养期，头刀薄荷在7月下旬盛蕾期到初花期收割；二刀薄荷在10月下旬收割。

（二）生长年限

生长年限，是指播种后到采收所经历的年数。根据药用植物栽培的特点，药用植物采收年限可分为一年收获、两年收获、多年收获和连年收获四类。有些药用植物不到一定的生长年限，是没有药性的；有些药用植物的生长年限越长，药效成分积累越高；有些生长到一定时期达到最大值，以后逐渐降低。收获年限取决于三个主要因素：第一是药用植物本身特性，如木本植物或草本，一年或两年、多年生等。一般而言，木本植物比草本植物收获年限长，草本植物收获年限多与其生命周期一致。第二是环境因素的影响，同一种药用植物因南北气候或海拔高度的差异而采收年限不同。第三是药材品质的要求，根据药用要求，有的药用植物收获年限可短于该植物的生命周期。如黄连生长5~6年采收的产量最高，三七、人参分别于生长3年、6年采收经济效益和药用价值达到最佳状态。

100102

采收原则

二、采收原则的制定依据

采收期直接影响着药材的产量、品质和收获效率。确定药材的最佳采收期的原则，应充分考虑有效成分的积累情况与单位面积的产量，这样才能保证药材的质量和数量，取得最大的经济效益。药用植物种类较多，药用部位各不相同，有的用根、茎、叶、花，有的用果实、种子和种皮，有的则用植物的分泌物等，这些不同的药用部位，都有各自不同的成熟期，其中化学成分的含量除与环境因素有关外，也因植物的生长发育时期不同而有所不同。因此对药用植物的采收，需根据各个生育时期产量与包括活性成分含量在内的质量的变化，选择含活性成分最多、单位面积产量最高的时期进行采收。这是确定药材采收期的原则。当产量与质量变化不一致时，要以质量为准，以确定最佳的时间采收。

（一）采收期的确定

要确定最佳采收期，必须把有效成分的积累动态、消长关系与植物生长、发育阶段结合起来，综合考虑。这些指标有时是一致的，有时是不一致的。因此，必须根据具体情况加以分析研究，以确定适宜采收期。常见的有以下三种情况：

1. 药效成分的高峰期为适宜采收期　有效成分有一显著的高峰期，而药用部分的产量变化不显著，因此含量高峰期，即为适宜采收期。如玉竹最佳采收年限为3年生，最佳采收期为9月底。昭通乌天麻最佳采收期为11月到次年2月。

2. 产量高峰期为适宜采收期　在药用植物的生长期内，药效成分的含量在药用部位的含量比较恒定，无高峰期，而药用部位的产量有一高峰期，此时的产量高峰期，即为适宜采收期。大部分的以果实种子入药的药材都属这一类，均以果实种子充分成熟时采收为宜。如五味子，从9月中旬到10月中旬，产量和五味子醇甲的含量可基本保持不变，因此这段时间为最佳采收期。连翘青果采收期在8月下旬至9月上旬，加工成青翘；果实完熟采收期在9月下旬至10月上、中旬，可以加工成黄翘，俗称老翘。

3. 药用部位药效成分总含量最大时为适宜采收期　在药用植物的生长期内，药效成分含量最高峰与药用部位产量最高峰不一致时，要考虑药用部位有效成分的总含量。总含量最大时，即为适宜采收期。如铁皮石斛最佳采收期为冬季。红花夏季花由黄变红时，清晨乘露采收。

（二）药用植物采收的一般原则

药用植物因药用器官的不同，采收时应掌握以下一般原则：

1. 以根和根茎入药的药用植物　此类中药材一般以根及根茎结实、根条直顺、少分叉、粉性足的质量较好，宜在植物生长停止、花叶萎谢的休眠期，或在秋、冬季植物地上部分将枯萎时及初春发芽前采收，因为此时植物的有效成分集中于根及根茎中，药材品质好、产量高。多数根及根茎类药材于秋、冬季或早春进行采收，但春花夏熟的药用植物则多在夏季采集，如孩儿参、延胡索、浙贝母等。此外，少数药用植物须在抽薹开花前采收，如当归、川芎、白芷等，也有些药用植物在生长盛期采收，如麦冬、附子等。

2. 以叶入药的药用植物　叶类中药材品种宜在植株开花前或者果实未完全成熟时采收，此时植株已经完全长成，光合作用旺盛，有效成分含量最高，并且产量较大，如大青叶、紫苏叶、艾叶等。一旦植物进入开花结果时期，叶肉内的营养物质就会向花、果实转移，影响药材质量。少数品种需经霜后再采收，如桑叶等；有的品种一年中可采收数次，如枇杷叶、侧柏叶等；枇杷叶须落地后收集。

3. 全草入药的药用植物　全草入药的中药材应在植株生长最旺盛而将要开花前采收。如薄荷、穿心莲、鱼腥草、淫羊藿、仙鹤草、马鞭草、藿香、泽兰、半枝莲、佩兰、蒲公英、茵陈、淡竹叶、石斛等。但也有部分品种以开花后秋季采收，其有效成分含量最高。如麻黄、细辛、垂盆草、紫花地丁、金钱草、荆芥等。

4. 以皮部入药的药用植物　皮类中药材主要来源于木本植物的干皮、枝皮和根皮，少数来源于多年生草本药用植物，如白鲜皮。树皮宜在春末夏初进行采收，因此时植物处于生长旺盛阶段，体内水分、养料较多，形成层细胞分裂快，皮部与木质部易分离，剥皮容易，皮内含液汁多，且此时气温较高，易于干燥。但少数药材如肉桂，宜在秋、冬两季采收。根皮的采收宜在植物年生育周期的后期采收，多于秋季进行，如牡丹皮、远志、白鲜皮、地骨皮等。

5. 以花入药的药用植物　花类中药材大多在花蕾含苞待放时采收，质量较好，如花已盛开，则花易散瓣、破碎、失色、香气逸散，严重影响质量。如，金银花应在夏秋花蕾前头蓬大由青转黄时，丁香在秋季花蕾由绿转红时，辛夷在冬末春初花未开放时，玫瑰在春末夏初花将要开放时，槐米在夏季花蕾形成时，采收最适宜，其有效成分含量高、质量好。但也有部分花类中药材品种需在花朵开放时采收，如月季花在春夏季当花微开时，闹羊花在4~5月花开时，洋金花在春夏及花初开时，菊花在秋冬花盛开时，红花在夏季花由黄变红时等，为最适宜的采收期。

6. 以果实入药的药用植物　果实多在自然成熟或将近成熟时采收，如栀子、薏苡、花椒、木瓜等。有些种类药材要求果实成熟再经霜打后入药，如山茱萸、川楝子等；有的需在果实未成熟而绿果不再增长时采收，如枳实、青皮、乌梅等；果实成熟期不一致的随熟随采，如山楂、木瓜等；有的可在成熟或基本成熟时采收，如瓜蒌等。

7. 以种子入药的药用植物　种子类药材一般在果实充分成熟、籽粒饱满时采收。如决明子、续随子、水飞蓟等。蒴果类的种子，一般蒴果开裂前采收，如急性子、牵牛子等。成熟期不一致的，成熟即脱落的药材如补骨脂等，随熟随采。

8. 以茎木入药的药用植物　茎木类药材一般在秋冬季节落叶后初春萌芽前采收，如大血藤、鸡血藤等；一些大乔木，如苏木、降香、沉香等全年均可采收；与叶同用的槲寄生、忍冬藤等茎类药材在植物生长旺盛的花前期或盛花期采收。

9. 以菌、藻、孢粉类入药的药用植物　菌、藻、孢粉类药材的采收，情况不一，视物种生物特性而定。如麦角在寄主（黑麦等）收割前采收，生物碱含量高。茯苓以菌核入药，一般在立秋后采收质量较好，但在安徽产地也有在春季采收的。冬虫夏草每年4~6月积雪融化时采收。海藻、昆布在夏、秋季采捞。

10. 以树脂和汁液入药的药用植物　以树脂和汁液入药的，其采收时间随药用植物的种类及药用部位的不同而异，采收以凝结成块为准，随时收集。树脂类药材栽培年限较长，苏木、阿拉伯胶需5~6年，安息香需7~9年，儿茶、沉香需10年以上。

100103

采收方法

三、采收方法

药用植物因药用部位不同，为保证中药材的产量与质量，应采用不同的方法进行采收。常用的采收方法如下：

（一）人工采收

1. 挖掘法　适用于大多数的根及根茎类药材。选取雨后的晴天或阴天，在土壤较为湿润时，先将地上部分割去，然后将生长于土壤中的根及根茎类药材挖出，之后进行分拣。采挖时应注意保持根皮的完整性，避免损伤，影响药材的质量，如人参、三七、党参、知母等的采挖。一些全草类药材连根入药的药用植物，也采用挖掘法，如蒲公英、紫花地丁等。

2. 割取法　适用于收获成熟期较一致的全草、叶、花、果实和种子类药材。采用镰刀等工具对植物的地上部分或叶片部分直接进行割取，根据不同药用植物及入药部位的情况，齐地割下全株或只割取其花序或果穗；有的全草类一年两次或多次收获，在第一、二次收割时应留茬，以利萌发，提高后茬的产量，如薄荷、瞿麦等。花、果实、种子的收割，可根据具体情况齐地面割取全株，也可以只割取花序或果穗。

3. 摘取法　适用于成熟期不一致的叶、花、果实、种子类，需分批采摘的中药材，如金银花、丁香、菊花、红花、款冬花、山楂、枸杞等。摘取法是直接用手或辅以特定的工具直接从植物体上对药用部位进行摘取的方法。在进入采收期后，边成熟边采。采摘时，要注意保护植株，不要损伤未成熟部分，以免影响其继续生长发育，也不要遗漏，以免其过熟脱落或枯萎、衰老变质等。另外，有一些果实、种子个体大，或者枝条质脆易断，其成熟期虽较一致但不宜用击落法采收的，也可用本法收获，如佛手、连翘、栀子等。

4. 击落法　适用于树体高大的木本或藤本植物的果实、种子的收获，如胡桃等。击落法是用木棍或竹竿等敲击而采收药材的方法。击落时最好在其植物下垫上草席、布围等，方便收集并减轻损伤，同时也要尽量减少对植物体的损伤或其他危害。

5. 剥离法　适用于树皮或根皮入药的药用植物，如黄柏、厚朴、杜仲、牡丹皮等。剥取法是用特制的刀具剥取树皮或根皮类药材的方法，又称剥皮。皮类药材都采用剥取法。一般在茎的基部先环割一刀，接着在其上相应距离的高度处再环割一刀，然后在两环割处中间纵向割一刀。纵向割完后，就可沿纵向刀割处环剥，直至茎皮、根皮全部被剥离下为止。此段剥离后将树锯倒继续剥皮。近年试行活树剥取法，通常在活的树上环状剥取 1~3m 的树皮。其优点是剥皮处能在愈后长出新皮，3~4 年后又可再行剥皮，有利于保护自然资源。活树剥皮应选择气温较高的季节，连续几天无降雨，剥皮时不要损伤木质部，以利伤口愈合，促使新皮的再生。根皮的剥离方法有两种：一种是用刀顺根纵切根皮，将根皮剥离；另一种是用木棒轻轻敲打根部，使根皮与木质部分离，再抽去或剔除木质部，如牡丹皮、地骨皮等。

6. 割伤法　适用于以树脂类入药的药用植物，如安息香、松香、白胶香、漆树等。割伤法一般是在树干上凿 V 形伤口，让树脂从伤口渗出，流入下端安放的容器中，收集起来经过加工即成中药材。一般每次取汁的部位应该低于前一次取汁的部位，并要注意不同植物汁液的产量和质量在植物生长的各时期不同，以及一天内的早、中、晚及夜里都是不同的，如安息香多在 4~10 月，于树干上割成三角形切口，其汁顺切口流出凝固成香后采收。

7. 其他采收方法　藻类、菌类、地衣类、孢子类药材因各自不同的特点，应采用不同的方法进行采收，如冬虫夏草在夏初子实体出土孢子未发散时进行采挖；茯苓在 10 月下旬至 12 月初进行采收。以孢子入药的药材必须在成熟期及时采收，过迟则孢子飞散难于收集。

（二）机械采收

机械采收

中药材的采收除人工采收外，现已逐渐开始使用机械化进行操作，不过，各地、各品种的机械化采收程度是不一样的。利用机械进行采收能够显著提高工作效率、节省人力、降低成本。对于种植面积大、采收期间短的药用植物，通常希望采用机械采收。大多根据药材的特点采用不同的机械设备进行采收。

根及根茎类的药材，可以采用机械进行采挖，如拖拉机牵引耕犁，通过整个设备可以完成根茎的旋切分离、自动采挖、除杂质、自动收集于一体的工作，在采挖的过程中注意不伤及根皮即可。常用的有甘草采挖机、当归采挖机、柴胡收获机、黄芪收获机、黄芩收获机、丹参挖掘机等。

部分树皮类药材可以采用机械进行采收，常用机械设备有黄柏剥皮机、厚朴树干剥皮机等。

部分根皮类药材可以采用机械进行采挖，采挖后除去泥土、须根，趁鲜进行敲打以使木质部与皮层部分离以除去木心，如白鲜皮、牡丹皮开口剥皮抽芯机等。

全草类中药采用的机械采收设备有：薄荷收割机、益母草收割机等。

叶类药材可以采用机械采收，如银杏叶的机械采收，适用于大面积的采叶园。可采用往复式切割、螺旋式滚动和水平旋转式勾刀等切割式采叶机械进行作业。如往复式银杏叶切割机等。

花类药材可以采用机械采收，如红花的采收采用对辊式采收机，利用胶辊的弹性，减少花丝的损伤率。其他采摘设备有：菊花采收机、手提式金银花采摘机等。

果实类药材可以采用机械采收，如气吸振动式枸杞子采摘机、连翘果实采收机等。

部分种子类药材可以采用机械采收，如薏苡仁的采收，由于其种子的成熟期不一致，一般根据不同种子成熟期进行采收，当种子成熟度达 80% 时即可采用机械将果穗采下，收获后放置 3~4 天使未成熟种子成熟，再用脱粒机进行脱粒。

（三）化学采收

叶类、果实种子类和树脂类药材，采用传统采收方式采收效率较低，可以采用适宜的化学试剂进行处理后采收。如山楂的传统采收近年来部分产区用“乙烯利”进行催落，可在传统采收期前 7~9 天，选晴天喷施 0.1% 左右的乙烯利，3~4 天后果实即开始脱落，第 13 天时已成熟的果实即全部脱落，可比人工采打提高工效 7~8 倍。银杏叶除可采用人工采收或机械采收外，还可于采叶前 10~20 天，喷施浓度为 0.1% 的乙烯利，使其自然脱落后进行收集。安息香在割脂前，先进行乙烯利处理，于距离地面 9~12cm 的树干基部，在同一水平线上按等距离用小刀浅刮树皮 3 处，然后将 10% 的乙烯利油剂薄薄地在刮面上刷一层，刷药要在晴天进行，处理后 9~11 天，即可开割。乙烯利作为一种植物生长调节剂，用于植物生长过程中的疏花疏果的调节，而用于中药材的采收还需要进行相关的实验研究方可进行。

100201

中药材产地加工

第二节　中药材的产地加工

产地加工包含产地初加工和产地趁鲜加工。中药材产地初加工是指，根据药材的性质和贮藏、包装、销售、运输的要求，对药用植物在产地进行的初步的加工处理，制成品是中药材。产地趁鲜加工是指在产地用鲜活中药材进行切制等加工，制成品为中药原饮片。从以上定义可以看出，两者的共同点是“在产地对中药材进行加工”，不同点是：产地初加工是进行初步加工处理，通常不含切制等工序，而趁鲜加工则主要是在没有干燥等的处理前直接进行的切制等加工；初加工的成品是中药材，而趁鲜加工的成品是中药原饮片。一般而言，产地加工即指产地的初步加工，初加工与趁鲜加工并没有明显的界限。

一、产地加工的目的和任务

主要目的：改变药材质地，杀酶保苷，降低或消除药物的毒性或副作用，产生新的活性成分；防止霉烂腐败；便于干燥、贮藏、包装、销售和运输；保证药材的疗效及其安全性；便于药材的进一步加工炮制等处理。经过产地加工的中药材一般应达到形体完整、含水量适度、色泽好、香气散失少、不改变味道及有效成分破坏或损失少等要求。

主要任务：清除非药用部位、杂质、泥沙，确保药材的纯净度；按规定加工修整，分级；按用药要求，清除毒性或不良性味；干燥、包装成件，确保贮藏、销售和运输的便利和可靠性。

二、产地加工方法

由于中药材种类繁多，品种规模和地区用药习惯不同，加工方法也各不相同，现将一般常规中药初加工方法介绍如下：

1. 拣选　即药材采收后，清除杂质，除去残留枝叶、粗皮、须根和芦头等非药用部位，如麦冬、天花粉等。按大小进行分级，以便于加工，如人参、三七、川芎等（注：人参是需要保留芦头、须根的）。

2. 清洗　即将新鲜药材用河水、塘水、溪水或自来水洗净泥沙；亦有不水洗的，让其干燥后泥土自行脱落或在干燥过程中通过搓、撞除去的，如丹参、黄连等。黏土中种植出来的，一般需要水洗。砂壤土中种植出来的，往往只要把土抖去后用水轻轻一冲洗就行。

清洗有毒或及对人体皮肤有刺激性易导致过敏的药材时，应穿戴防护手套、筒靴，或先用菜籽油或生姜涂遍手脚，以防中毒或伤及皮肤。

3. 刮皮　药材采收后，对干燥后难以去皮的药材，应趁鲜刮去或撞去外皮，使药材外表光洁，防止变色，易于干燥，如山药、桔梗、半夏、芍药、牡丹皮等。有的药材需先蒸或放入沸水中烫后再去皮；有的药材熏或烫后尚需用凉水浸漂后晒干，如明党参、珊瑚等。

根据不同药材的特点，可分别采用手工去皮、工具去皮和机械去皮的方法。

4. 修制　就是运用修剪、切割、整形等方法，去除非药用部位及不合格部分，使药材整齐，便于捆扎，包装。修制工艺应根据药材的规格要求进行，有的需在干燥前完成，如切瓣，截短，抽心，除去芦头、须根、侧根等。有的则在干燥后完成，如除去残根、芽孢，切削不平滑部分等。

5. 蒸、烫　是指将鲜药材在蒸汽或沸水中进行时间长短不同的加热处理，目的是杀死细胞及酶，使蛋白质凝固，淀粉糊化，避免药材变色，减少有效成分的损失；促进内部水分渗出，利于干燥；使加工辅料易于向内渗透，达到加工要求；破坏药材中的有毒物质，降低或去除药物的毒性。

蒸是将药材盛于笼屉或甑中利用蒸汽进行的热处理，蒸的时间长短可根据具体药材品种来确定。如菊花蒸的时间短，天麻、红枣需蒸透，附片、熟地蒸的时间长。

烫是将药材置沸水中烫片刻，然后捞出晒干。西南地区将之习称为“潦”，如红梅需烫至颜色变红，红大戟、太子参等只需在沸水中略烫。药材经烫后，不仅容易干燥，而且可增加透明度，如天冬、川明参等。

6. 熏硫　部分药材为了保护产品的色泽或起到增白效果的一种传统加工方法，如山药、泽泻、白芷、银耳等需用硫黄熏蒸；熏硫还可加速干燥，防止霉烂和霉变。简易的硫黄熏蒸应在室内、熏硫柜、大缸等密闭的容器内进行，也可在较大的塑料封闭空间中进行。但因硫黄颗粒及其所含有毒杂质等残留在药材上影响药材品质，熏硫应适度为宜，不可过量，还要保持药材被熏的均匀性。2015年版《中华人民共和国药典》对中药材的二氧化硫残留量限度有要求，无硫工艺是未来发展的趋势。

7. 发汗　药材晾晒至半干后，堆积一处，用草席、麻袋等覆盖使之发汗闷热。此法可使药材内部水分向外渗透，当堆内空气含水量达到饱和，遇堆外低温，水汽就凝结成水珠附于药材表面，习称为“发汗”。发汗是加工中药材独特的工艺，它能有效地克服药材干燥过程中产生结壳，使药材内外干燥一致，加快干燥速度；使某些药材干燥后更显得油润、光泽，或气味更浓烈。如玄参、大黄、川贝等。

8. 干燥　除鲜用的药材外，绝大多数药材都要进行干燥。干燥后的药材，可以长期保存，并且便于贮藏、包装、销售、运输，满足医疗和保健用药的需要。目前，中药材的干燥方法有以下几种。

(1) 晒干法：亦称日晒法。是利用太阳辐射、热风、干燥空气等热源，使鲜药材的水分蒸发以达到干燥的方法。该法最简单、经济，应用较为广泛，但含挥发油者（薄荷、金银花等）、晒干易变色（黄连、红花等）及易爆裂者（郁金、白芍等）不宜采用此法。晾晒时，选择晴天，注意及时翻动。秋后夜间空气湿度大，应注意药材返潮。

(2) 阴干法：亦称摊晾法，即将药材置（挂）于通风的室内或大棚的阴凉处，利用流动的空气让药材达到自然干燥的方法。该法常用于含挥发油的药材以及易泛油、变质的药材，如党参、天冬、柏子仁、火麻仁等。通过阴干，可以使栝楼的果实从初步成熟变得完全成熟。

(3) 炕干法：将药材依先大后小分层置于炕床上，上面覆盖麻袋或草帘等，利用柴火加热干燥的方法。有大量蒸汽冒起时，要及时掀开麻袋或草帘，并注意上下翻动药材，直到炕干为止。该法适用于川芎、泽泻、桔梗等药材的干燥。

(4) 烘干法：该法使用烘房和干燥机，适合于量大面积、规模化种植的药材，此法效率高、省劳力、省费用，不受天气的限制，还可起到杀虫驱霉的效果，温度可控。依药材性质不同，干燥温度和时间各异。

(5) 远红外加热干燥法：干燥原理是将电能转变为远红外辐射能，被药材的分子吸收，产生共振，引起分子和原子的振动和转动，导致物体变热，经过热扩散、蒸发和化学变化，最终达到干燥的目的。

(6) 微波干燥法：微波干燥实际上是通过感应加热和介质加热，使中药材中的水分不同程度地吸收微波能量，并把它转变为热量从而达到干燥的目的。该法同时可杀灭微生物和霉菌，具有消毒作用，药材能达到卫生标准，防止贮藏中霉变生虫。

9. 其他方法　传统方法除上述几类外，还有其他方法。如厚朴采收后，在沸水中稍烫，重叠堆放发汗待内层变为紫褐色时，再蒸软刮去栓皮，然后卷成筒或双卷筒状，最后晒干或烘干；浙贝母要将鳞茎表皮擦去，加入蚌壳和石灰，吸出内部水分，才易干燥。

药材加工

一些药材的初加工还需要以上多种方法同时、交替或重复使用。

此外，中药材由于其自身特性，在采收、干燥后再进行炮制等加工，或难以切制（如钩藤、桑枝、桂枝、川木通、首乌藤、皂角刺等木质化的藤茎类中药材），或造成有效成分损失（如干姜、苦参、葛根、乌药等有效成分不稳定类中药材），或导致非药用部分难以分离（如茯苓、茯苓皮、山药等去皮类中药材），或不易干燥贮藏（如山楂、佛手、浙贝母等富含汁液类中药材），因此常需用鲜活中药材进行切制等加工，制成品为中药原饮片，称为中药材产地趁鲜加工。

中药材贮藏库的基本配件

第三节　中药材的贮藏与包装

中药材的贮藏，系指经过采收和初加工后置于仓库等临时或固定的建筑空间中，控制并提升药材的质量，避免药材变质的一个重要环节。包装，系指药材置于相对较小的、便于运输的有形口袋中的一个环节。从概念上讲，贮藏相当于大空间的包装，包装则是小空间的贮藏。

一、贮藏与包装环节药材的常见变质现象

中药材在贮藏与包装环节出现变质，有时是一种变质现象，有时是多种变质现象同时发生。要保证中药材的质量，一定要了解和控制主要的变质现象。

（一）虫蛀

虫蛀对药材的危害既有药材的减量引起的损失，也有虫体及其排泄物的污染，还会因污染引起进一步的霉变、酸败等变质现象。引起虫蛀的常见害虫有印度谷螟、皮蠹、象甲、烟脂虫等。印度谷螟具有广泛的食性，对瓜蒌、核桃仁、党参、玛咖等中药材的危害快速而又严重。害虫既有在植物生产过程中携带而来的，也有在初加工的环境中混进来的，还有在贮藏与包装环节来自于空间或其他药材的交叉危害。害虫的生活史往往包括卵、幼虫、蛹、成虫，阻止任何一个环节虽可防止其繁殖和危害，但是由于害虫往往因为个体小、通常钻入药材中，不易一次全部被杀灭，所以只要环境条件合适，虫害就会再次发生。一些成虫即使被灭活了，但依然会有虫卵排出，形成第二代的危害。易虫蛀的中药（一般含淀粉、蛋白质、脂肪油、糖类及蛇类或动物类等中药），同时也是霉菌的培养基。根及根茎类中药最易生虫的有独活、白芷、防风、川芎、藁本等；藤木类中药易生虫的有鸡血藤、海风藤、青风藤等；皮类一般有黄柏、椿皮、桑白皮等；花类中药易生虫的有款冬花、菊花、金银花等；果实及种子类中药易生虫的有金樱子、川楝子、无花果等；动物类药材有乌梢蛇、土鳖虫、蛤蚧等，藻菌类中药易生虫的药材有冬虫夏草、茯苓、灵芝、银耳等。

（二）变色

变色包括褪色和色泽加深两种现象。变色的原因：温度和湿度是主要因素；如温度上升到30℃以上，湿度70%以上，则药材变色速度会加快。氧化越快，变色速度也越快，所以在空气中贮藏药材变色快，日光常与湿度、氧化等因素结合起来，致药材发生变色，尤其是光线中的偏极光引起的变色更快，杀虫剂常使药材变色；如硫黄熏后，产生的二氧化硫遇水成亚硫酸，具有还原作用，可使药材褪色。易变色的中药一般含黄酮、苷类、蒽醌、鞣质类等成分，例如玫瑰花、月季花、梅花、腊梅花、菊花、玳玳花、红花、金银花、款冬花、莲须、槐花、莲子心、橘络、通草、麻黄、佛手片、枸杞子、大枣等。

（三）霉变

霉变常常是因为药材的水分含量较高，或者环境湿度较大引起的。在温度25℃左右、相对湿度高于85%、水分含量高于15%时，空气中的大量霉菌孢子散落在药材表面，即可使药材发生霉变和腐烂。霉变可使野葛中总黄酮、葛根素的含量快速下降，同时，霉变产生的黄曲霉毒素则对人体危害更大。霉变了的中药材，应该予以全部销毁。控制药材的水分含量是控制霉变的关键措施。凡含有糖类、黏液质、淀粉、蛋白质及油类的中药材一般易发霉，根及根茎类药材最易发霉的有牛

膝、天冬、玉竹等；果实种子类药材最易泛油及发霉的有柏子仁、胡桃仁、龙眼肉等；花类药材易发霉的有金银花、菊花、款冬花等；全草及叶子类药材较易发霉的有马齿苋、大蓟、小蓟、鹅不食草等；皮类、藤木类药材易发霉的有白鲜皮、桑寄生、椿白皮等；动物类药材：易发霉的有九香虫、刺猬皮、狗肾等。

（四）酸败

往往又被称为走油、泛油、泛酸。油样成分、油样物质从药材的内部泛出到药材表面的现象，通常称为走油、泛油。对于一些脂肪油含量较高的果实种子类药材来说，如瓜蒌、薏苡仁，脂肪油的成分氧化，引起酸值、羟值、过氧化值的上升，产生酸败的气味和酸的味道，通常称为泛酸、酸败。这两种现象往往同时发生。对于牛膝、百部等含糖量较高的药材来说，走油可以产生色泽的加深、酸值的上升、5-羟甲基糠醛含量的升高。

（五）挥散走气

含挥发性成分的药材，在贮藏与包装过程中会出现气味减弱、挥发油含量下降的现象，如薄荷、陈皮、小茴香。

（六）升华

一些固体药材不经过液体，直接变化成气体，并出现挥散走气的现象，如樟脑、冰片。

（七）潮解

潮解系指中药材在空气中吸收水分，使得表面逐渐变得潮湿、滑润，最后变成该物质的溶液，如粗盐、芒硝。

（八）熔化

熔化系指中药材在长期的贮藏过程中，吸收热量，从固态变成液态的过程，如石蜡。

（九）粘连

粘连系指中药材在长期的贮藏与包装过程中，因为挤压，相互粘接成块的现象，如枸杞、龙眼肉。

（十）自燃

一些含油脂的中药材，由于层层堆置重压，尤其是在夏天，堆放层内部因为热量散发不出，造成局部的温度增高，从而引起焦化或燃烧的现象，如柏子仁、菊花。

（十一）易燃

大多指燃点较低的中药材，如硫黄、干漆、松香、火硝、海金沙。

二、贮藏与包装环节影响药材变质的因素

（一）温度

适宜的温度是各种各类中药材在贮藏与包装环节控制质量的一个重要因素。较高的温度容易引起药材的物理和化学性质的改变，有助于微生物的繁殖和害虫的生长。温度过低，可使一些药材出现较快的变色现象，在骤降到冰点以下时，药材内的水分会凝结成冰，导致细胞壁及内容物受到不同程度的机械损伤。贮藏通常希望的是保持一定的恒温状态，骤升、骤降，都极易使药材自身产生较快的变化。在流通环节，对恒温的要求则更为严格。五味子、牡丹皮等药材的贮藏温度偏高还可使五味子甲素、五味子乙素、丹皮酚的含量下降明显。

（二）湿度

较高的湿度容易导致中药材的潮解、酸败。牛膝的泛油如果在比较干燥的条件下就可以得到控制。较高的湿度可以使中药材中含有的一些酶类物质活性升高，从而导致一些化学成分的转变和酶解，黄芩中黄芩苷含量的下降因素之一在于较高的湿度。过于干燥的湿度环境，可以使得大枣、龙眼肉等一些糖分较高的中药材产生变质。

（三）光照

光照时间过长或者强度过大，对红花、金银花等含有色素的药材，容易发生色泽的改变，有效成分的损失也较多。

（四）含水量

中药材的含水量不是越干越好。不同的中药材，含水量应控制在不同的范围内。通常对中药材的含水量要求是低于 14%，富含脂肪、蛋白质、糖类的中药材应控制在 11% 以下，富油性的种子类中药材可控制在 10% 以下。有些必须进行切制，或者需要进行炮制的中药材，过低的含水量往往生产不出理想形状的饮片。如何掌握一个合理的含水量范围，需要根据每个中药材的性质、贮藏与包装的时间以及后续加工的方式来决定。

（五）环境含氧量

高浓度的氧气环境容易导致中药材中一些化学成分的氧化，引起药材外观色泽的加深。富油性中药在较高的含氧环境下容易出现酸败现象，含有较多还原型化合物的中药材容易被氧化，进而出现色泽加深的现象。

（六）化学环境

牡丹皮与泽泻、花椒与海马、吴茱萸与蛤蚧等中药的对抗同贮，就是利用空间中化学环境的改变，起到防虫蛀、防变色的效果。在贮藏人参、西洋参等一些名贵中药材的密闭罐中喷雾乙醇，也是改变了贮藏空间的化学环境。

（七）包装材料

中药材的包装与包装材料的性质关系很大。对于果实种子类中药材，由于种子还处于“活的”呼吸状态，密闭的包装会造成种子的死亡，引起药材发热而变质。包装材料需要根据药材的性质、环境的条件进行选择。

（八）初加工方式

贮藏前的初加工条件和方式，对于贮藏与包装环节控制和提高中药材的质量具有非常重要的关系。

三、贮藏与包装环节经常采用的技术措施

（一）对抗同贮

在中药材的贮藏与包装环节，牡丹皮与泽泻、花椒与海马、吴茱萸与蛤蚧等中药的对抗同贮，是具有独特优势的传统技术。

（二）保鲜

芦根、生姜、藿香等新鲜药材，相比干燥的药材具有独特的临床疗效。但是这些鲜药因含有大量的水分，并含有丰富的营养物质，微生物极易萌生繁衍，致使药材霉烂，影响药材质量。因此，在进行保鲜处理的过程中，既可采用传统的一些独特技术，也可根据大批量药材的性质，添加适量的防腐剂，或采用真空包装，或低温贮藏等技术。

（三）低温

中药材采用低温贮藏是一种通常采用的常用技术，需要根据各种药材的性质，选取合理的温度范围。生姜、鲜地黄需要防冻。

通常采收后的鲜药材中含有多种酶类，这些酶在没有被破坏前都具有活性，它们都能在各自适宜的条件下，使相应的产物转变成另外的成分。有些药用成分被降解后，就降低了药效或失去药效，进而失去药用价值。如苷类酶解后会变成糖和苷元，而苷元的活性与苷不同。药材的产地加工可以杀死酶类，在夏天，瓜蒌等饮片，有些地区的药店不得不放置在冰箱中。

（四）低湿

容易发霉、腐烂、潮解的中药材，需要保持足够的干燥程度。相对湿度比较大的南方地区，尤其是黄梅季节，更要注意对湿度的控制。对于这些中药材的包装，则要求采用较厚的、密闭性强的包装材料。

（五）避光

对于具有鲜艳色泽、容易变色的药材，通常要求放置在地下仓库或较深的窑洞中，以避免光线的照射。

（六）气调

采用氮气、二氧化碳进行氧气的置换，保持较低的氧气浓度，可以起到防止中药材被氧化的作用，也可以防止霉变、色变现象的产生，阻止害虫的生长和繁殖。采用干冰（固体二氧化碳）进行包装，可以使瓜蒌、党参等容易虫蛀、变色的80多种中药材连续保持一个冬天和两个夏天不变质。

（七）真空包装

对于新鲜药材、容易霉变的药材，适合进行真空包装，真空包装的同时还可以加入干燥剂、脱氧剂、保鲜剂、防霉包。真空包装时，要根据药材的性质以及搬运过程中可能遇到的碰撞等因素，包装成一定的形状，以避免包装破损。

（八）在初加工的过程中进行有效的贮藏

在初加工的过程中进行有效的贮藏指的是，根据中药材的性质，在采收环节完成后，并在进行饮片加工前，进行贮藏以提高药材质量的技术。例如，尚未完全成熟的栝楼果实，在采收后编成辫，悬挂于阴凉通风处，直到来年5月可以提升果实和种子的成熟度，提高糖分的转化和累积，达到“糖味浓者为佳”的程度。对于这些果实种子类中药材，采收后进行合理的贮藏，保持种子足够长的生命活力，使其“活得更长”，既可以保持和提高中药材的质量，又可以起到防酸败的效果。龙眼肉、核桃等坚果类中药材更适合以果实的形式贮藏。

（九）防压

对于容易粘连、易碎的中药材，如蜂房、蝉蜕，每个包装不能太大，堆积时每层的厚度不宜过高，层间宜采用框架结构分层堆放，不能层层堆积。

（十）合理的堆垛

对于容易自燃、粘连、堆积容易产生热量的药材，如火麻仁、柏子仁、枸杞、蜂蜡，堆垛的每一层均不宜太高，也不宜过宽，要保持好通风散热的效果。另外，垛间距离的保持，不仅有利于机械化搬运作业、日常观察，而且有利于起到隔离的作用，防止药材之间的相互污染以及虫害、霉变的蔓延。

复习思考题

1. 简述药用植物采收的一般原则。
2. 药用植物的产地加工方法有哪些？
3. 贮藏与包装环节经常采用的技术措施有哪些？

第十章同步练习

第十一章　现代新技术在药用植物栽培中的应用

第十一章课件

现代农业是在现代工业和现代科学技术基础上发展起来的农业，是指多种现代高新技术集成的农业系统。现代农业技术的特点是将现代化工程技术、卫星遥感遥测技术、信息技术、计算机技术等进行集成化组装。农业实现了机械化、电气化，农业技术步入了科学化，预测和调控大自然的能力有所增强，农业劳动生产率有较大的提高。这样的农业，由工业提供和投入了大量的物质能量，如农业机械、农药、塑料薄膜、燃油、电力等。因此，现代农业也称工业化农业。

第一节　现代农业技术在药用植物栽培中的应用

一、精准农业管理技术

（一）精准农业概念及发展现状

精准农业（precision agriculture）又称为精确农业或精细农作，它的发展依托农业生态理论、农业工程技术理论、农业经济与管理理论。因此，一般将其定义为基于保护生境的原则，采用现代农业高科技技术，实现农业生产高产、优质、高效、环保和生态。我国发展精准农业的理念开始于 20 世纪 90 年代。自 1995 年起，国内对精准农业的相关研究有了初步认识，我国研究人员从 1998 年开始逐步发现国外精准农业技术对农业发展产生了有力的推动作用。伴随着我国对精准农业了解的不断深化，1999 年我国继续实施国际先进农业科学技术引进专项计划（948 计划），展开了精准农业技术系列研究，正式为构建我国精准农业体系打下基础。由于国内精准农业的发展比美国、加拿大等发达国家起步较晚，理论和相应的实践技术也不完善。目前，随着各种信息技术的发展，我国精准农业也相应取得了长足的进步。

（二）精准农业技术构成体系

精准农业管理技术需要即时采集时空变换所产生的数据变量，依据数据绘制出相关模型，以求更加精细、准确地管控田间种植情况，对精准农业区域适应性作出改进。精准农业主要由全球定位系统、农田信息采集系统、农田遥感监测系统、农田地理信息系统、农业专家系统、智能化农机具系统、环境监测系统、系统集成、网络化管理系统和培训系统等模块组成，并且基于这些模块，根据农业生产实践进行适当增减，实行精准农业不同领域的模块“即插即拔”的功能多样性组合。在这些不同的模块中，其核心模块是指通常所说的“3S”技术，包括遥感技术（remote sensing，RS）、全球定位系统(global positioning system,GPS)和地理信息系统(geographic information system,GIS)。这些技术的适用范围包括:药用植物资源普查及调查、动态实时监测、资源区划、资源品质及适生区研究、道地药材研究等。

(三)精准农业管理技术在药用植物栽培中的应用

1. 地理信息系统　信息系统属于计算机软件技术平台之一,可划分为数据信息系统、决策支持系统和空间信息系统,具备数据采集、分析、管理及显示等多种功能。其中,地理信息系统(GIS)是理论实践兼容的称谓。首先,GIS 是综合计算机科学、测绘遥感学、地理学、地图制图学等学科将空间信息分布差异进行描绘、储存、分析、显示的一种理论体系。同时,GIS 又是以空间地理分布数据与计算机技术为基础,通过数学、空间等分析方法建模,及时研究决策,适时为农业发展走向提供可利用信息的实践系统。正如世界首个预测药用植物最适生长区的系统(geographic information system for global medicinal plants,GMPGIS)源于我国的中国中医科学院中药研究所,该所收纳了世界气候、生态因子等影响因素,从而研发出该系统。GMPGIS 系统已用于檀香、地乌、补骨脂、广藿香、三七等药材的预测,比如研究员在野外、国内的主产区以及道地产区对三七取样分析,再对比不同生长区的相似性和差异性,发现国内外只有中国的最适生长区面积最大,集中于云南、广西等地。徐燃等在研究刺五加的全球适生区及影响其品质的生态因子时,同样采用 GMPGIS 软件以及冗余分析(redundancy analysis,RDA)对主要生态因子如年平均降水量、土壤类型、年平均日照、年平均温湿度等对刺五加的有效成分紫丁香苷含量的影响进行分析评估,认为关键因素是年平均温湿度、年平均降水量,该物质含量变化趋势与数值恰当的关键因素成正比。

2. 全球定位系统　全球定位系统(GPS)技术即将 GPS 卫星接收的信号转入地面监控站,监控站进行数据处理并反过来调控卫星,最终由用户设备接收、使用 GPS 信号。经 GPS 技术定位处理,可以获得药用植物在野外的分布位点、分布面积及生长环境等。如对叶百部、何首乌等属于我国药用植物广布种,在全国大部分省区均有分布,利用手持式 GPS 仪既可以定位、导航、测距,也可以定点标记,为后期资源普查储备数据。同时,GPS 技术也可辅助 GIS 技术对药用植物资源进行生态适宜性等级划分。如针对划分贵州省头花蓼生态适宜性等级,是立足 GPS 定位其坡度、坡向、海拔等地理因子进行的研究。在一定地域、规模条件的约束下也可以利用 GPS 等技术,如可以将具备 GPS 定位、RS 探测的无人机应用于仿野生栽培在岩壁上的铁皮石斛和大面积种植的白菊、青蒿等的精准灌溉、施药和产量估测中。同样,由于药用植物多为规模化种植,人工播种、采收等会浪费一定的人力、财力,具备 GPS 导航系统的变量播种机、联合收割机可用于如薏苡、荆芥播种以及决明子、麦芽前身大麦、根茎类药材太子参等收割,将大大提高药用植物生产效率。

3. 遥感技术　遥感(RS)技术指的是应用传感器远距离感知物体,记录、整理及分析物体反射或发射的电磁波数据,从而获得物体特性的现代探测技术。RS 技术运用十分多样,不仅可以单独使用,同时兼和 GPS、GIS 技术共同作用,也是全方位利用的选择。药用植物的可持续发展需要保护野生资源、人工引种栽培,特别需要注重珍稀药源保障。比如:借助“3S”基础技术,通过 RS、GIS 分析适生区的海拔、年平均温度、水分等生态因子,再由 GPS 进行验证,由此得出川辖地区内川西獐牙菜主要生长于甘孜县、小金县、康定县、马尔康市等地的结论。而且道地药材的产量、品质与当地生态环境紧密相关,所以应实时调节环境因子,将其控制在最佳范围内。譬如分布于西藏、四川等地的珍稀药材川西獐牙菜，其生长于山坡、水边、沼泽地等特定环境，对海拔、年平均温度、水分等要求较高。比如宁夏枸杞属宁夏道地药材，其产量与品质受典型病虫害枸杞木虱、白粉病、炭疽病等的影响，可采用具备近地高光谱遥感技术的美国 SVC GER1500 手持式光谱辐射仪等进行测定、分析光谱特征，从而实时动态监测并及早预防病虫害发生。在关注生长阶段的外部因子时，监测药用植物的长势也属于精准农业管理的一部分，可以使用叶面积仪、SPAD-502 叶绿素测定仪测定包括山茱萸、阔叶十大功劳、狭叶十大功劳、白及等在内的植物的叶面积指数、叶绿素含量，其中叶面积指数的大小可以作为植物群体生长状况的反映指标之一，并且在一定范围内与植物总产大小成正比，而叶绿素含量则可以体现植物对硝基的真实需求量，确保农户可以调控土壤氮肥含量，维持中药材种植的优良环境，这类指标对于管理药用植物生长具有参考价值。

我国精准农业总体上处在追赶世界精准农业发展态势，以引进国外设备和发展自我设备并进的状态。现主要存在设备精准度低、价格较高、应用范围小，南北地区地形差异大，国内多数土地规模小的问题。此外，我国不同研究机构缺乏精准农业研究专项专业的设置，导致精准农业专业相关人才较为空缺，亟需填补。目前大部分精准农业发展多集中于温室、养殖业、林业管理等具有受控特性的农业生产，而大田管理环境中精准农业研究相对较少。对于药用植物而言，大田常规农业上精准农业体系尚未在药用植物栽培中大面积应用，目前只有个别药材单个开展了若干精准农业的引入性实验，推广较少、区域小，相对于其他作物更少。因此，药用植物栽培中需要根据其特点，结合常规作物精准农业技术，针对性引入精准农业技术。

药用植物的质量保证对于中医药行业的安全有序起着决定性作用。处理好药用植物质量与供需问题，从源头强化药用植物规范化生产与流通，对于促进中药材产业绿色、健康、可持续发展至关重要。新型时代背景下，中药材的管控亟需与国际发展趋势同步，采用现代高科技技术，实现中药材有序、安全和有效生产。这就要求我们清楚现状，找准薄弱环节，将精准农业的理论与实际相结合进行分析探究，寻找出适宜我国药用植物栽培的有效措施，不断优化完善精准农业应用于药用植物栽培的模式，加快实现中药材供给侧改革。随着信息技术的“爆炸式”的发展，比如：现代 5S 技术、无人机集群技术等的相继出现，精准农业技术进化也愈发迅速。因此，可以说精准农业技术是一场方兴未艾的技术革命，它将颠覆人们对传统农业的认知。总之，精准农业是未来现代农业发展重要趋势之一，而对于药用植物而言，结合药用植物栽培特点，加速融入精准农业技术，将会为药用植物栽培技术发展提供新的方向。

二、设施栽培技术

设施栽培是栽培中利用设施条件，为作物创造适宜的生长条件或改善生产管理方法，获得优质高产的一种高效农业生产方式。设施栽培是设施农业的主要内容之一，是现代农业生产发展的一个方向。随着农业生产的发展与城镇化水平的提高，设施栽培应用的领域越来越广，必将推动药用植物栽培的发展与技术进步。

（一）药用植物保护地栽培

保护地栽培是指在气候、土壤等环境因子不适合作物生长的情况下，人为地创造一些保护设施，满足作物生长发育需要的一种栽培方式。保护地栽培可克服环境因子对药用植物生长的影响，也可利用保护地栽培延长药用植物生长期，以实现优质高产。保护地栽培有多种形式，根据保护地设施类型可分为简易设施栽培、大棚栽培和温室栽培等。

1. 简易设施栽培　简易设施主要包括温床、冷床、小拱棚覆盖和搭设遮荫网等形式。其结构简单，容易搭建，具有调节小范围气温与土温、光照等作用。如三七为喜阴药用植物，栽培上通过搭设遮阳网，将三七栽培地的透光率保持在8%~12%，实现三七的优质高产。云南玉龙县秦艽生产基地，通过黑色地膜覆盖，提高地温、保持土壤水分，以促进秦艽苗提早出苗，延长生长期。

2. 大棚栽培　大棚是一种利用塑料薄膜或碳化透光板材覆盖的简易拱形塑料温室。药用植物大棚栽培可有效控制棚内的光照、水分条件，具有防冻作用，在一定程度上能够提高棚内温度。如石斛大棚栽培，可搭设长度不超过40m、高度2m左右的大棚，在棚内开沟作畦，畦宽1.2~1.4m，畦沟、围沟高约25cm，沟沟相通，并有出水口；采用人工遮阳，遮阳率在60%~70%之间。在塑料大棚中栽种人参，生长物候期延长了，叶片、根重等指标有明显增高。

3. 温室栽培　温室栽培是指利用能够控制或部分控制植物生长环境的设施进行的栽培方式。温室栽培在一定程度上可控制栽培环境的光照、温度、水分等条件，满足栽培植物的生长需要。地区气候条件不同，温室调控的主要环境因子不同，北方地区更注重温室的增温、保温功能，南方地区除温度调节外还要求有一定的增光功能。因温室建设成本相对较高，多用作繁殖种源或栽培价值较高的药用植物。如在甘肃利用温室进行当归反季节育苗，即冬季在温室内培育当归种苗，缩短当归育苗周期、提高育苗效率、缓解劳动力压力、降低了当归早期抽薹率、取代了开垦生荒地育苗，产生了较好的经济与生态效益。

（二）无土栽培

无土栽培是在植物营养学研究基础上发展起来的一种新型栽培技术，它不用天然土壤，而完全用营养液满足植物生长的营养需要。无土栽培能有效调节植株地上部分和地下部分的生长发育条件，能充分利用水肥，减少资源浪费，并有利于农业生产自动化、机械化和工厂化，提高生产效率。

无土栽培一般在大棚内进行，通过栽培设施满足植物对水肥气热的需要。近年来，无土栽培正向自动化、智能化方向发展，通过智能叶片（传感器）和电脑程序自动调节水肥气热的供给。无土栽培成本较高、一次性投资大。无土栽培以往在花卉和蔬菜种植上运用较多，现在在一些药用植物栽培上也开始应用。随着社会经济的发展，无土栽培在药用植物栽培中的运用将会越来越广泛。

无土栽培的方式方法多种多样，根据植物根系是否需要基质固定分为无基质栽培和有基质栽培两大类。

1. 无基质栽培法

(1) 水培：水培是指植物根系直接与营养液接触，不用基质固定根系的栽培方法。最早的水培是将植物根系浸入营养液中生长，这种方式易出现缺氧现象，影响根系呼吸，严重时造成根腐烂死亡。目前采取营养液流动方式进行水培，在水培设施内让根系所在的营养液层不断循环流经植物根系，既保证不断供给植物水分和养分，又不断供给根系新鲜氧气。水培的栽培床一般用薄膜等制作成斜面，上面架设定植板，定植板上的孔洞用于固定植物，斜面下端流出的营养液回流到贮液槽而被循环利用。一般营养液减少 1/4 时则需补充营养液。栽培床的长度与营养液的流速、植物种类和密度有关，若栽培床过长，则斜面下段植物容易缺氧，生长不良，一般长度在 25m 以内。水培法由于营养液循环利用，易致病虫害大规模传播，带来巨大损失，因此需要采用物理或化学方法对营养液进行严格消毒。

(2) 气培：气培又称雾培，是将营养液压缩成气雾状而直接喷到作物的根系上，根系悬挂于容器的内部。通常是用聚丙烯泡沫塑料板，其上按一定距离钻孔，于孔中栽培作物。两块泡沫板斜搭成三角形，形成空间，供液管道在三角形空间内通过，向悬垂下来的根系上喷雾。一般每间隔 2~3 分钟喷雾几秒钟，营养液循环利用，同时保证作物根系有充足的氧气。但此方法所需设备费用较高，需要消耗大量电能，且不能停电，没有缓冲的余地，目前还只限于科学研究应用，未应用于大面积生产。

2. 有基质栽培法　有基质栽培法是将作物的根系固定在有机或无机的基质中，一般通过滴灌或喷灌方法供给植物生长需要的营养液。无机基质包括颗粒基质（沙、砾、膨胀陶粒、浮石等）、珍珠岩、蛭石、泡沫塑料（聚乙烯、聚丙烯、尿醛）等。有机基质包括泥炭、锯木屑、稻壳、树皮、棉籽皮、麦秆、稻草等。

栽培基质可以装入塑料袋、盆、桶内，或铺于栽培沟或槽内。基质栽培的营养液一般是不循环的，可以避免病害通过营养液的循环而传播。基质栽培缓冲能力强，不存在水分、养分与供氧之间的矛盾，且设备简单，所以投资少、成本低，是无土栽培中推广面积最大的一种方式。

为了减少无土栽培基质引起的病菌感染，要定期对无土栽培基质进行消毒，常用的消毒方法有蒸汽消毒、化学药剂消毒和太阳能消毒。

(1) 蒸汽消毒：在有条件的地方，将待消毒的栽培基质装入消毒箱，通入水蒸气消毒 1 小时以上。生产面积较大时，可将基质堆垛消毒，垛高 20cm 左右，长宽根据具体需要而定，全部用防高温、防水篷布盖上，通水蒸气后消毒 1 小时以上。

(2) 化学药剂消毒：常用的消毒药剂有福尔马林（40% 甲醛溶液）、氯化钴等。①福尔马林：一般将原液稀释 50 倍，用喷壶将基质均匀喷湿，覆盖塑料薄膜，经 24~26 小时后揭膜，再风干两周后使用。②氯化钴：熏蒸时的适宜温度为 15~20℃，消毒前先把基质堆放成高 30cm，长宽根据具体条件而定，在基质上每隔 30cm 打一个 10~15cm 深的孔，每孔注入氯化钴 5ml，随即将孔堵住。第一层打孔放药后，再在其上面同样地堆上一层基质，打孔放药。总共 2~3 层，然后盖上塑料薄膜，熏蒸 7~10 天后，去掉塑料薄膜，晾 7~8 天后即可使用。

(3) 太阳能消毒：太阳能是近年来在温室栽培中应用较普遍的一种廉价、安全、简单、实用的土壤消毒方法，同样也可以用来进行无土栽培基质的消毒。具体方法是：夏季高温季节，在温室或大棚中把基质堆成 20~25cm 高，长、宽视具体情况而定，堆垛的同时喷湿基质，使其含水量超过 80%，然后用塑料薄膜盖上基质堆。密闭温室或大棚，暴晒 10~15 天，消毒效果良好。

三、农业机械在药用植物栽培中的应用

农业机械是指在作物种植业和畜牧业生产过程中，以及农、畜产品初加工和处理过程中所使

用的各种机械。农业机械化的广泛运用大大地提高了农业生产效率、降低了农业生产成本，特别是规模化、集约化农业发展的今天，农业机械化在农业栽培生产中更显得尤为重要。由于中药收获目的的特殊性，要求中药栽培过程中一些管理措施也相应有所不同。因此，中药植物栽培管理过程往往略微区别于常规大田作物。随着大宗药材产区种植面积的不断扩大，中药现代农业生产也慢慢趋向规模化的栽培。因此，掌握中药栽培生产不同阶段以及合适的、不同类型的、特别的农业机械的使用技术，对于提升中药材的产量和质量均有意义。

（一）我国农业机械发展历程及种类

我国农业生产已经有几千年的历史，新中国成立以来，我国从国外引进了大批的拖拉机和作业农用机械，到第一个五年计划结束我国农用机械总动力已经达到 200 万 kW（千瓦），1980 年持续增长达到了 14 000 万 kW，我国已实现耕地面积的 40% 以上的农机推广。随着农业机械的发展，拥有的机械种类也越来越多样，包含了农、林、渔、牧、副的所有作业设备，在农业中常用的有耕地整地机械、播种施肥机械、田间管理机械、排灌机械等。

（二）农业机械在药用植物栽培中的应用

1. 在药用植物播前与播种过程中的应用　在药用植物播种前的整体措施主要包括耕地、耙地、平地、起垄、开沟等常见耕作环节，不同整地环节往往可以选择不同农业机械设备。同时，在耕地过程中往往在选择机械种类时，也会根据茬口种类、耕作层深度、播期等综合考虑整地细节和所需用机械种类。比如：藏红花与水稻轮作、曼陀罗与豆科植物轮作，在种完头茬农作物后需要利用旋耕机对其进行灭茬。旋耕机可调节其悬梁板高度、更换不同的旋耕刀片，利用动力装置带动刀片将留在土地内的作物残茬切断，以完成初步的耕作目的。在完成耕地作业后还需根据不同药用植物的生长环境进行整地作业，例如关防风、菘蓝等药用植物在栽培中需要起垄后栽培，需要利用原盘起垄机根据其栽种密度和种植深度进行起垄；山药的根部较深，种植前常采用链式开沟机进行开沟后才可移栽。

药用植物繁殖方式相较于大田作物更为复杂，其中，营养繁殖和种子繁殖比较常见。目前在药用植物播种中应用的机械有手推精量播种机械、小型机械化播种机械和大型播种机械等。由于不同的药用植物其种子大小、秧苗高度、播种株距都有所差异，应适当地对播种机的播种器、开沟器等进行适当技术改造。在东北山地进行甘草机械化种植过程中，采用开沟器进行开沟作业，在开沟前需对其开沟器进行调整令其开出行距 20cm 左右、深度 3cm 左右的沟渠，将处理后的种子均匀撒于沟内覆土镇压或用脚踏实。此外，智能播种技术目前在药用植物中也有一定应用。而播种机经过植入智能系统可以做到根据地理条件计算和调节播种轮转速来控制播种速度，利用传感系统感知土壤温湿度和种子特征后进行开沟和覆土作业。所有的智能化农业机械都具有 DGPS 系统，从而做到精准定位，也可以利用 GIS 对其所工作的作业目标进行具体分析，一旦偏离还可以及时反馈。

2. 在药用植物田间管理中的应用　药用植物在完成移栽和播种后还需根据实际环境和需求对其进行田间管理工作，主要内容包括建立保护措施、中耕除草、肥水灌溉、病虫害防治这四个方面。目前，在药用植物的不同栽培环节，已经广泛地应用了各种农业机械设备。

（1）建立保护措施：药用植物在我国北方特别是东北地区，因受到自然气候的影响而难以大面积露天种植，因此常常采用相应的保护措施，相应的农业机械也得到研发和改良。目前多采用人工温室、塑料大棚、塑料薄膜覆盖和风障等农业机械措施对茎叶等不耐受低温的药用植物进行保护，这些措施的实施可以令药用植物即使在不适合其生长发育的季节里，也可以摆脱自然气候条件的制约，达到正常生长的目的。比如，在黑龙江地区有大量的农户已经采用塑料大棚来栽种名贵中药材——灵芝，塑料大棚种植不仅减少了病虫害的发生，还可以通过调节温湿度来控制灵芝的生长状况，为整个地区带来可观的经济收益。地膜覆盖在北方药用植物栽培过程中应用也非常广泛，例如，主产于甘肃东南部的当归，在其栽培过程中一般选用单一性地膜覆盖机和旋耕地膜覆盖机，为栽种地区覆盖宽 70~80cm、厚 0.008cm 或 0.005cm 的超薄膜。人工温室等农业机械保护设施在北方的农作物与药用植物种植过程中已经得到了广泛的应用，对南方种植业而言，这种保护措施还没有进行大面积推广，只有少数对生长环境有特殊要求的作物有所应用。例如，分布于安徽、浙江和福建等地区的铁皮石斛在育苗过程中需要凉爽、温暖湿润和空气畅通的环境，因此常用的栽培方式之一便是温室大棚种植。

（2）在中耕与除草中的应用：中耕和除草措施是药用植物生长发育过程中所采取的两项重要栽培措施。中耕作业往往处在植物行间或株间的耕作表层，因此，对于中耕的机械往往区别于栽前的耕地与翻地机械。而采用何种中耕机械要根据各种药用植物根部的特性来进行选择，根部较深的需要深度中耕，根部匐于土表或较浅者需要浅耕。例如，由于牛膝、白芷、芍药和黄芪等药用植物主根部位较长深入土壤中，在其生长过程中常采用回转式中耕机进行适当的深耕；而射干、贝母、延胡索和半夏等药用植物其根系较多且主要分布于土壤表层，进行中耕时要小心，因此常采用锄铲式中耕机对其根系进行适当浅耕。

药用植物生长环境特殊，杂草容易丛生，并与其竞争生长所需的空间及养分，因此防除杂草是药用植物栽培过程中一项艰巨的田间管理工作。随着生态农业的发展更加推广机械除草方法，可以有效地保护药用植物的正常生长，为提高其品质与产量奠定基础。除草作业可以穿插在中耕作业中，也可以单独作业，例如，由于黄芪、黄芩、桔梗和牛膝等其栽培行距在 15~20cm 之间，行距较小，因此常常采用的是单、双犁小耘锄对其土壤进行疏松，进而可以在不破坏药用植物的基础上达到中耕除草保墒的目的；而知母、薏苡、菊花、芍药和木香等中药材在栽培中，其植株行距较大，需要使用比单、双犁小耘锄更大一些的机械，于是常采用三犁小耘锄进行除草作业，一人操作便可保质、保量、高效完成除草且中耕深度较深。

（3）在肥水管理中的应用：满足药用植物生育期肥水需要是提高药用植物产量和品质的基本条件，因此药用植物栽培田间肥水的管理是药用植物栽培过程中两个最为核心的栽培环节。药用植物种类不同，其灌水方式也存在较大差异，比如百合、党参以及畦田种植的草本中药材，在进行灌溉时常采用渠道畦式灌溉，需要利用开沟机械进行沟渠的挖掘和建造，依靠离心水泵抽送水源实现灌溉。而在我国水资源相对匮乏的地区，则需使用喷灌、渗灌和滴灌等节水灌溉方式。例如，在东北干旱地区灌溉方法极大地影响了当地人参的产量，因此当地研究人员研制出了采用地上输水管与地下渗水管相结合的分支结构，对人参进行渗灌并根据不同的生育阶段调整渗灌次数，结果发现，采用渗灌方式进行灌溉的人参浆果，其平均产量增加了 20%、种子平均单株产量也增加了 27% 左右。

药用植物栽培过程中，施肥措施常与灌溉、整地等措施相互结合，利用沟灌系统将肥料溶解于水中带入土壤、在翻地与旋耕时将其撒施入土壤、利用喷灌系统将溶解好的肥料喷施于植株叶面等方法。例如，广西地区的扶芳藤由于施肥等栽培技术无法满足生长需求，严重限制了其产量的增长和农民的收入。当地研究人员通过喷灌与沟灌等方式对扶芳藤供应氮磷钾肥，结果发现适宜比例的沟灌方式可以令扶芳藤每公顷收益增长将近 10%。

3. 在病虫害防治中的应用　利用无人机携带喷雾装置进行化学药剂的喷施。比如在防治芍药锈病、玄参斑枯病、红天蛾等病虫害时可利用无人机提早发现、及时防治。其中玄参在 4 月左右多发斑枯病，采用无人机探测技术及早发现发病叶片然后尽快和准确的找到病株，从而减少了病害的扩散范围，稳定了药材产量。这样的防治措施为农户带来了人均 2 000 元以上的收入增长。如今随着无人机技术的发展，不仅可以进行影像和图片的采集，也可以携带药剂、肥水等进行远程喷药灌溉等。例如加拿大的哥伦比亚省就已经研制出了可以背负喷雾器的无人机，主要为了防止木本药用植物云杉幼林内的卷叶蛾等虫害，由于云杉生长在地形复杂、人员出入不便利的山林地区，采用无人机进行药物喷洒不仅降低了人工劳动力，节约了成本并且减少了将近 80% 左右的卷叶蛾，避免了云杉幼林遭遇卷叶蛾虫害，稳定了产量和居民收入。

（三）在药用植物采收过程中的应用

采收是整个中药材生产过程中最后一个栽培环节，对于药用植物栽培而言，也是最为关键的环节，合适的采收期和有效的采收方法能有效保障中药材的品质和外观。药用植物收获产品器官的差异决定了收获方式的差异。目前，大部分根茎类药材的批量采收更受关注，相应研发的机械也较多。传统上根茎类中药材，均采用人工挖掘方式，费时、费力、效率低下，并且容易人为造成根茎部分损伤，而采用合适的机械挖掘，在保证药材品质的情况下，大幅度提高了挖掘效率。比如：甘肃省渭源县农机推广站，研制出了适用于根茎类中药材挖掘的专用机械 4YW-160 型中药材挖掘机。在实际采收中，相比人工挖掘，药材产量提高了 5%，质量提高了 24%，挖掘效率提高了 75 倍。例如：旱地多年生药用植物甘草，在收获时地上部位叶片基本处于枯萎状态，人工挖掘会造成漏挖、损伤现象，造成大量产量损失，为了提高挖净率、降低损伤率、争抢农时等，选取了拖拉机配套挖掘收获机进行作业，加深了挖掘深度、扩大了工作幅宽，进而将漏挖率与损伤率均控制在了 3% 以内。对于果实类药用植物的采收，也出现零星的机械化应用。沙棘采收机基本工作原理是利用外力使树体或树枝发生振动或振摇，从而使果实产生加速度，当果实的惯性力大于果实和果枝的连结力时，果实就在连结最弱处与果枝分离而掉落。在药用植物采收中，农业机械的应用才刚刚开始，特别是专用、智能化的采收机械仍然大量缺乏。结合药用植物药用部分的特殊性，研制合适的农业采收机械，对药用植物产量、质量和药性的改观将起到重要作用。

中国是一个农业大国，也是中医药的发源地，近年来中医药产业已经成为我国经济上新的增长点，中医药产业的发展推动了药用植物的广泛种植。对于各种药用植物的栽培，因其大部分生长环境特殊，栽培过程中常有人工作业耗费大量劳动力、劳动成本高、浪费过多、耽误农时等现象的发生。随着药用植物栽培技术的推广，在我国境内的种植面积也在不断增加，如何节省人力、提高生产效率、节约农时和稳产增产成为了令人关注的焦点。目前，我国药用栽培中机械化应用才刚刚起步，在播种、除草、采收、清洗、干燥等各个栽培环节仍大部分依赖手工操作。俗言“工欲善其事，必先利其器”。现代中药农业效率的提高，必须依靠先进的农业机械。因此，深入了解药用植物栽培技术的特点以及不同栽培药用植物栽培方式差异，因地制宜、因物而为的原则，做到合理地创制、引进和改造合适的农业机械对于现代中药农业发展具有重要的意义。

四、物联网技术在中药产业中的应用

（一）物联网技术的概念及其意义

物联网（internet of things）技术是指通过各种末端设备（devices）和设施（facilities），包括具备“内在智能”的传感器、信息传感设备、视频监控系统等，实时采集各种需要监控、连接、互动的物体或过程等信息，并与计算机、互联网技术相结合形成的一个巨大网络体系。其目的是实现物与物、物与人、所有的物品与网络的连接，便于识别、管理和控制。“物联网技术”的核心和基础是“互联网技术”，但其用户端延伸和扩展到了任何物品和物品之间，进行信息交换和通讯。物联网技术应用十分广泛，遍及智能交通、环境保护、环境监测、路灯照明管控、居民健康、农业栽培、水系监测、产品溯源等多个领域。

目前，我国农业包括中药材产业正处于从资源消耗型传统农业向规模精细节约现代农业发展的大跨越阶段，急需提供多元化现代农业产业服务，实现资源节约、环保、产品质量安全有效。以传感感知、智能处理为核心的农业物联网技术，将促进信息技术与现代中药种植管理、加工、制药发展的融合与升级。为此，基于物联网技术的新型中药材种植标准园、中药材种植科技示范园等规模化种植园区及产品溯源、技术咨询服务等，将成为新农民致富和中药材产品安全有效保障的最主要措施。

（二）物联网技术的组成

1. 按照架构分类　物联网可分为三层：感知层、网络层和应用层。感知层由各种传感器构成，包括温湿度传感器、二维码标签、RFID 标签和读写器、摄像头、红外线、GPS 等感知终端组成。感知层是物联网识别物体、采集信息的来源；网络层由各种网络，包括互联网、网络管理系统和云计算平台等组成，是整个物联网的中枢，负责传递和处理感知层获取的信息；应用层是物联网和用户的接口，它与行业需求相结合，实现物联网的智能应用。

2. 按照子系统类别分类　物联网可分为运营支撑系统、传感网络系统、业务应用系统、无线通信网等子系统，上述子系统组成有机统一的物联网整体。

（三）物联网技术在现代中药产业中的应用

现代中药产业物联网是针对现代中药产业的特点，借助于物联网和云计算信息处理技术，将感知、网络和应用三者结合，在药用植物种植、加工、贮藏和制药等方面进行远程智能监测、生产管理、安全追溯、网络营销和农技指导咨询等活动，提高产品的产量和质量。其在药用植物生产领域方面的具体应用如下：

1. 远程智能数据采集、监测系统　基于地上和地下信息采集点数据，建设药用植物农情远程智能监测系统，获得生产现场气候变化、土壤状况、植物生长情况、水肥使用、设备运行等实时数据，即对药用植物及其种苗的生理、生态信息包括径流、叶面温度、蒸腾量、苗情、墒情、土壤温湿度、土壤养分含量（N、P、K）、溶氧、pH、降水量、大气温度、空气湿度、风速、风向、气压、光照强度、CO_2浓度、病虫害情况、产地加工流程、工人生产及农机设备使用运行等信息的获取，实现即时与节水灌溉决策、在线营养诊断与科学施肥、主要药用植物病虫害预警与防治等科学管理。

2. 软件平台系统　农业物联网软件平台不纯粹是一个操作平台，而是一个庞大的管理体系，是用户在实现农业运营中使用的有形和无形相结合的控制系统。在这个平台上，用户能够充分发挥自己的管理思想、理念、方法，实现信息智能化监测和自动化操作，有效整合内外部资源，提高利用效率。

3. 标准生产管理系统　根据药用植物生产需求，在中心平台建立中药标准化生产管理流程，流程一经启动，平台将自动进行任务创建、分配与跟踪。工作人员可在手机上收到平台发布的任务指令，并按任务要求进行药用植物操作与工作汇报。同时，管理者亦能在平台中对工作人员进行任务派发与工作效率监督，随时随地了解园区生产情况。

例如在建立药用植物生产管理知识模型和药用植物生产智能决策系统的基础上，利用监测所获数据建立分析模型，进而智能控制自动加湿除湿、调控温室环境、自动喷滴灌实现节水灌溉、在线营养诊断与科学施肥、主要药用植物病虫害预警与防治等智能化管理，实现远程轻松监控、管理作业生产，从而保证动植物以最佳条件生长，获得最优品质。还有许多小型化、易用、轻便、多功效的设施耕作设备、育苗移栽机器人、药材收获机器人等也是备受关注的物联网应用。

4. 集成于智能中心平台的药用植物生产信息综合服务及中药产品质量溯源信息控制平台　中心平台可以集成构建药用植物生产信息综合服务中心、电子商务平台中心、中药生产各环节产品质量溯源信息控制中心等。药用植物大田生产及产地加工环节包括农情监测、生产决策、中药材产品质量安全管理、农机调度、加工、贮藏、运输、市场监测预警等；中药材炮制和成药生产及质量控制环节包括饮片炮制生产、中成药生产全过程及质量监督措施等，实现以追溯为核心的方式，保证中药材优质、安全。在产品安全溯源方面，中心平台可以帮助用户进行中药产品品牌管理，对每一份中药产品建立溯源档案。从生产投入物品到中药产品检测、认证、加工、配送等各环节信息的全记录管理，将相关信息自动添加到中药产品溯源档案；同时通过部署在生产现场的智能传感器、摄像机等物联网设备，平台可自动采集中药产品生长环境数据、生长期图片信息、实时视频等，丰富中药产品档案。平台利用一物一码技术（一次扫码后即无效，可实现有效防伪），将独立的防伪溯源信息生成独一无二的二维码、条形码及14位码，用户使用手机扫描相关代码，可快速以图片、文字、实时视频等方式，查看中药产品从田间生产、加工检测到包装物流的全程溯源信息。依托全国大型中药材电子交易批发市场，将中药材电子商务与中药材产品追溯系统深度融合，搭建中药产销服务信息平台，并实现中药产品生产、物流、配送、仓储、消费全过程信息的有效追溯。

5. 信息查询服务　用户使用手机或电脑登录系统后，可以实时查询各项环境参数、历史温湿度曲线、历史机电设备操作记录和照片等；查询农业政策、市场行情、供求信息、专家通告等，实现有针对性综合信息服务。系统平台汇聚了大量的农业专家资源，并搭建了涵盖药用动植物的中药学及农学知识库。用户可在云平台上通过各种方式向专家进行远程技术咨询和交流或自助咨询，获取专家远程或智能指导。

综上所述，物联网技术的应用前景广阔，将极大地推动中药产业的快速发展。

第二节　现代生物技术在药用植物栽培中的应用

现代生物技术（modern biotechnology）是以生命科学为基础，利用生物体系（个体、组织、细胞、基因）和生物工程原理，生产生物产品，培育生物新品种，或提供社会服务的综合性技术。现代生物技术的兴起为药用植物生产、研究和发展提供了新的机遇和研究手段，必将有力推动中药现代化。

一、药用植物组织培养及应用

植物组织培养（tissue culture）是指在人工控制的条件下，将植物体的任何一部分，或器官，或组织，或细胞，进行离体培养，使之发育形成完整的植物体。从活体植物体上切取用于进行培养的那部分无菌细胞、组织或器官叫作外植体。将外植体置于培养基上，使外植体中细胞进入分裂状态，这种由一个成熟细胞转变为分生状态的过程称为脱分化。外植体通常都是多细胞的，并且细胞类型不同，因此由不同外植体诱导形成的愈伤组织也常常是异质性的，其中不同类型细胞形成完整植株的再分化能力或再生能力有所不同。一个成熟的植物细胞经历了脱分化之后，即形成愈伤组织后，愈伤组织能再形成完整的植株，该过程叫作再分化。

植物组织培养是研究细胞、组织的生长、分化和植物器官形态建成规律的重要手段，也是生物工程技术一个极其重要的环节，它的发展促进了许多生物学基础学科的发展。

（一）植物组织培养分类

1. 体细胞组织培养

（1）愈伤组织培养：在自然界，植物体受机械损伤后可以诱导细胞开始分裂，从而在伤口处产生愈伤组织。事实上，愈伤组织是一团尚未分化、且无特定结构和功能、可以持续旺盛分裂的细胞团，是组织培养过程中常见的一种组织形态。愈伤组织培养，在理论研究上可以阐明植物细胞的全能性和形态发育的可塑性，还可以诱导产生不定芽或胚状体而形成植株。

一般而言，愈伤组织的形成大致要经历启动期、分裂期和分化期三个阶段。①启动期：又叫诱导期，是成熟组织在各种因素的诱导下细胞内蛋白质和核酸的合成代谢迅速加强的过程。②分裂期：细胞经过诱导期的准备后，细胞数目不断地增殖。其主要特征是：细胞数目迅速增加，结构疏松，缺少有组织特征的结构，一般呈透明状或浅颜色。③分化期：停止分裂的细胞发生生理代谢方面的变化，并出现形态和生理功能上的分化，直至出现分生组织的瘤状结构和维管组织。此时，细胞体积不再减小，呈现的颜色多种多样。旺盛的愈伤组织呈奶黄色或白色，有的呈浅绿色或绿色；

而老化的愈伤组织则呈黄色甚至褐色，分生能力明显减退。

（2）器官培养：是指以植物的根、茎、叶、花、果等器官为外植体的离体无菌培养，如根尖、茎尖、茎节、叶原基、叶片、叶柄、叶鞘、子叶、花瓣、雄蕊（花药、花丝）、胚珠、子房、果实等。器官培养对开展植物研究也是一种有效手段，例如植物根和根系生长快、代谢能力强、变异小，加之离体培养时不受微生物的干扰，使得其在研究根的营养吸收、生长和代谢的变化规律、器官分化、形态建成规律等方面具有重大的理论与实践意义。

2. 性细胞培养

（1）花药和花粉培养：花药培养属于器官培养。花粉是单倍体细胞，花粉培养与单细胞培养相似。花药和花粉培养都可以在培养过程中诱导单倍体细胞系和单倍体植株，这样可缩短育种周期，获得纯系。花粉培养就是将花粉从花药中分离出来进行培养。

（2）胚胎培养：是指对成熟的或未成熟的胚进行培养。包括植物的胚、胚胎组织、子房、胚珠和胚乳等进行离体培养，使其发育成完整植株。常用于研究胚胎发育过程及影响因素，如用试管受精或幼胚培养可获得种间或属间远缘杂种，用三倍体的胚乳细胞经器官发生途径可形成三倍体植株，这样植株可以形成无籽果实，对于品种选育来说是一个很好的育种途径。

3. 细胞培养　是在一定条件下，通过人工供给营养物质和生长因子，在无菌状态下使离体植物细胞生长繁殖的方法称为植物细胞培养。

（1）植物细胞悬浮培养：是指将离体的植物细胞悬浮在液体培养基中进行的无菌培养。在细胞悬浮培养过程中，细胞数目不断增长，其变化规律基本呈“S”形曲线。开始称延迟期，细胞很少分裂；接着细胞数目迅速增长，且增长的速率保持不变，称为指数生长期。而后，细胞数目加快增长，进入对数生长期。此时，细胞的增长速率逐渐减慢，称为减缓期。最终细胞的增长完全停止，称静止期。

（2）单细胞培养：是指从植物器官组织或愈伤组织中游离出的单个细胞的无菌培养。单个细胞培养的后代基因是一致的，可获得单细胞无性系，科学研究上多用于突变体选育，对于植物优良品种的纯化和改良有重大意义，但其难度比多细胞培养要大得多。

（3）植物细胞固定化培养：是将细胞包埋于惰性支持物的内部或表面，呈固定不动的状态。其前提是通过悬浮培养获得足够数量的细胞。细胞固定化培养具有更高的机械稳定性和产率、更长的生产期等特点。

4. 原生质体培养　原生质体是除去细胞壁的裸露细胞。原生质体培养是将去掉植物细胞壁后裸露的原生质体所进行的培养。原生质体可从培养的单细胞、愈伤组织和植物器官中获得。一般认为由叶肉组织分离的原生质体，遗传性较为一致。它易于摄取外来的遗传物质、细胞器以及病毒、细菌等，常应用于体细胞杂交或外源基因导入等方面的研究。

5. 细胞融合　两种异源（种、属间）的原生质体，在诱导剂诱发下相互接触，发生膜融合、胞质融合和核融合，形成杂种细胞并进一步发育成杂种植物体，称为细胞融合或细胞杂交，如取材为体细胞则称为体细胞杂交。细胞融合克服了种、属以上植物有性杂交不亲和性障碍，也为携带外源遗传物质（信息）的大分子渗入细胞创造了条件。它的意义在于打破了仅仅依赖有性杂交重组基因创造新种的界限，扩大了遗传物质的重组范围。

（二）植物组织培养的应用

1. 植物组织培养在中药科研中的应用　组织培养在品种改良、种质保存、品种创新等方面均有涉及，应用范围广泛，亦取得明显成效。

（1）药用植物良种选育方面：我国科研人员已成功利用人参、地黄、平贝母等进行花药培养，并获得再生植株。通过离体胚培养和杂种选育技术，已培育出一批抗性能力强的优质品系或中间材料，从而扩充了植物的基因库。通过体细胞的杂交技术，已对龙葵、曼陀罗、颠茄、明党参等筛选出优势种间杂种和种内杂种植株，创造了新的植物类型。

（2）药用植物种质保存方面：利用组织培养技术和超低温保存（液氮 -196℃）技术，使得药用植物种质材料及其种质库的建立工作取得了重要进展。超低温保存植物材料，既可以减少培养对象的继代次数，节省人力物力，也可以缓解培养对象因长期继代培养，而丧失形态建成能力的影响。

2. 植物组织培养对中药药效成分的研究与应用　通过组织培养产生药效成分等活性物质的开发应用，特别是药用植物发酵培养的工业化与产业化已成为当今世界生物工程技术的研究热点，并取得可喜成果。

二、药用植物的离体快繁与脱毒技术及应用

（一）组织培养应用于植物的离体快繁

植物组织培养应用于药用植物的离体快繁是目前应用最多、最广泛和最有成效的一种技术。其不受地区、气候的影响，比常规繁殖方法快数万倍到数百万倍，尤其是对于名贵品种、稀有种质、优良单株、濒危物种的繁殖推广具有重要意义。

1. 解决稀缺或急需药用植物良种的快速繁殖　为缓解某些新育成或新引进品种的市场紧缺现状，可用试管快繁来解决。如宁夏农林科学院枸杞研究所利用试管繁殖与嫩枝扦插相结合的繁殖方法培育枸杞新品种“宁夏 1 号”和“宁夏 2 号”苗木 100 多万株，加速了新品种的推广。

2. 实现杂种一代及基因工程植株的快速繁殖　我国在 20 世纪 80 年代培育出药用价值较高的杂种一代和转基因植株。如平贝母和伊贝母种间远缘杂交产生的后代繁殖力低，利用组织培养方法对杂交植株进行无性快繁，既可保持杂种一代的原有性状和杂种优势，又解决了杂种后代繁殖力低的问题。

3. 建立濒危植株的快速繁殖　试管繁殖对于珍稀濒危药用植物的资源保护、品种纯化和质量稳定具有十分重要的意义。我国已对珍稀濒危野生植物如铁皮石斛、川贝母、红豆杉等采取组织培养的手段建立起了无性繁殖系，有效地对这些物种进行了繁衍和保存。

（二）组织培养方法进行药用植物的脱毒研究

病毒是影响药用植物产量和质量的重要因素之一。当植物被病毒侵染后，常造成生长迟缓、品质变劣、产量大幅度降低。病毒病害与真菌和细菌病害不同，不能通过化学杀菌剂和杀菌素予以防治。科研人员发现植物的幼嫩组织中往往不存在病毒，如利用植物的茎尖脱毒，通过组织培养获得大量脱毒优良种苗以满足生产的需求。实验证明，丹参经茎尖培养脱毒后，破解了丹参因

病菌、重茬等导致的产量降低、品质下降、效益锐减的难题。

三、药用植物细胞悬浮培养与工业化生产

细胞培养具有能在控制的环境条件下产生有用的物质而不依赖于气候的变化或土壤条件，在无微生物和病虫害干扰的情况下，通过人工控制可对药用植物代谢进行合理调节以提高生产效率。

当前，利用植物细胞培养技术生产有价值的次生代谢物质，在植物生物技术中极有应用前景。许多重要的药用植物如紫草、人参、黄连、毛地黄、长春花、西洋参等细胞培养都取得成功，有些已实现工业化生产。

药用植物细胞培养主要步骤，介绍如下：

（一）细胞悬浮培养

1. 从愈伤组织获得细胞悬浮培养物　首先获得数量足够、疏松易碎的愈伤组织，在愈伤组织继代培养过程中筛选出单细胞和小的细胞集合体。一般挑选颗粒细小、疏松易碎、外观湿润、鲜艳的白色或淡黄色愈伤组织，经过几次继代和筛选，可用于诱导培养悬浮细胞系。诱导疏松易碎的愈伤组织的关键在于培养基的类型、激素的种类和浓度，以及外植体本身和附加的有机物。

由离体培养的愈伤组织分离单细胞不仅方法简便，而且广泛适用。其具体方法如下：

（1）将未分化、易散碎的愈伤组织转移到装有适当液体培养基的三角瓶中，然后将三角瓶置于水平摇床上以 80~100r/min 振荡培养，获得悬浮细胞液。

（2）用孔径约 200μm 的无菌网筛过滤，以除去大块细胞团，再以 4 000r/min 速度离心除去比单细胞小的残渣碎片，获得纯净的细胞悬浮液。

（3）用孔径 60~100μm 的无菌网筛过滤细胞悬浮液，再用孔径 20~30μm 的无菌网筛过滤，将滤液离心，除去细胞碎片。

（4）回收获得的单细胞，用液体培养基洗净，即可用于培养。

2. 悬浮培养物的继代培养　将培养物摇匀，静置片刻，用吸管吸取培养物，也可过滤收集小细胞团进行继代培养。转移培养时要注意细胞与细胞培养基的比例，以在 120r/min 条件下细胞可在培养液中浮起为宜。

（二）药用植物细胞培养的工业化生产

药用植物细胞培养的工业化生产，是指药用植物细胞在大容积的发酵罐中发酵培养，并获得各种药用植物细胞的生产方式。由于它不同于传统的大田生产，而是在工厂的发酵罐中进行，因此又称为药用植物发酵培养的工业化。

植物细胞培养工业化生产的关键技术，介绍如下：

1. 高产细胞系的筛选　高产细胞系的筛选需经历愈伤组织培养、悬浮培养及单细胞培养三个阶段。由于植物细胞培养物都是由许多活体细胞组成的，而且这些细胞在核型、结构和大小上

各不相同,其代谢方式、合成能力的差别也很大。因此,筛选生长速度快、次生代谢物合成能力高的细胞系是非常必要的。

高产细胞系筛选途径,如下:

(1) 将所得到的纯净细胞群,以一定的密度接种在1mm厚的薄层固体培养基上进行平板培养,使之形成细胞团,尽可能地使每个细胞团均来自一个单细胞,这种细胞团称为"细胞株"。

(2) 根据不同培养目的对"细胞株"进行鉴定和测定,从中选择高抗、高品质、高产,即对某种氨基酸、生物碱、酶类、萜类、类固醇、天然色素类合成能力强的"细胞株"。

2. 利用生物反应器进行细胞大量培养　生物反应器是利用酶或生物体所具有的特殊功能,在体外进行生物化学反应的装置系统,是实现生物技术产品工业化最重要的技术之一。

按照应用范围分为二种:一种是在发酵工业中使用的反应器,即发酵罐;另一种是以固定化酶或固定化细胞为催化剂进行化学反应的反应器,即酶反应器。目前用于植物大量培养的生物反应器有以下几种类型:搅拌式生物反应器、气升式生物反应器、膜反应器、鼓泡塔生物反应器、动物生物反应器、植物生物反应器等。20世纪70年代,植物细胞大量培养研究进入产业化阶段,其中日本、美国和德国的研究者,开展了不同类型植物细胞培养生物反应器的研制工作,极大地推动了植物细胞大量培养产业化进程。

(三) 药用植物细胞培养工业化生产的研究现状

1. 国外研究现状　国际上,利用愈伤组织和悬浮培养细胞获得植物次生代谢产物的研究始于20世纪50年代。德国的Pfizer公司、美国海军的Natick实验室以及英国的Leicester大学进行了烟草和蔬菜细胞的大量培养,此项研究有力推动了植物细胞大量培养的工业应用。据不完全统计,在药用植物组织培养和活性成分方面,开展的研究涉及400多种植物,估算可生产超过600余种活性成分。

20世纪80年代末,日本NittoDenko公司在20 000L的生物反应中实现了紫草和人参的大规模细胞培养,并从中获得紫草素和人参皂苷,首先作为天然食品添加剂进入市场,并用它制成了保健食品。随后,日本科研人员又从短叶红豆杉和东北豆杉中获得愈伤组织,筛选到的细胞培养物紫杉醇含量是天然植物中含量的10倍。

欧美在植物细胞培养的商业化方面则进展缓慢。1991年,Escagenetics股份有限公司获得培养香草细胞生产香草醛的美国专利技术,同时该公司也开展了生产紫杉醇的研究。California at Davis大学及Pennsylvania州立大学的研究者,利用栝楼的悬浮培养细胞及毛状根,生产具有抗癌及抗病毒活性核糖体蛋白。在德国,通过五步培养技术进行*Echinacea purpurea*细胞的培养,已成功生产免疫活性多糖,且其规模最大,达75 000L。

2. 国内研究现状　早在20世纪60年代,我国植物组织培养的先驱者之一罗士韦教授首先开展了药用植物人参的组织培养。从20世纪80年代年起,我国学者相继开展了紫草、新疆紫草、人参、三七、红豆杉、紫杉、银杏、红景天、水母雪莲和青蒿等资源植物的细胞大量培养的研究。如培养的紫草细胞中紫草宁含量占干重的14%,比天然紫草根中的含量高几倍。严海燕等建立了硬紫草高产细胞系,采用二步培养法,先在生长培养基上使愈伤组织快速生长,然后转入生产培养基中,进而大量合成可以用于研制化妆品且具有抗菌、抗病毒和抗肿瘤效果的紫草素。

四、药用植物基因工程技术及应用

植物基因工程(plant genetic engineering)是20世纪80年代以DNA重组技术为代表的分子生物学、微生物学、细胞和组织离体培养技术及遗传转化的发展而兴起的生物技术，是人类应用重组DNA技术、细胞组织培养技术或种质系统转化技术，有目的地将外源基因或DNA片段插入到受体植物基因组中并通过减数分裂获得新植株的技术。植物基因工程的目的是把外源目的基因转移并整合到受体基因组中，改变受体植物细胞遗传特性。

(一) 基因工程技术简介

1. 目的基因的分离和克隆方法　基因克隆首先要获取目的基因的完整DNA片段或者cDNA片段，并在受体上大量复制。基因克隆是整个基因工程或分子生物学的起点，不论是揭示某个基因的功能，还是要改变某个基因的功能，都必须首先将所要研究的基因克隆出来，在此基础上才能进行转化载体构建、植物转化与再生，最后对外源基因进行检测和分析。目前，常用的基因分离与克隆方法有功能克隆法、序列克隆法、图位克隆法、转座子标签法、基因表达系列分析等。

2. 植物遗传转化系统　外源基因导入到植物的主要目的是赋予植物新的产物或性状，使之成为新品种，其次是为了研究基因表达或用于基因作图和基因克隆。外源基因导入到植物有三个关键因素：一是要有适宜的基因包括目的基因、标记基因或报告基因和合适的选择条件；二是要有较完善的组织培养系统，植物细胞必须有效地再生成株；三是外源基因导入到植物的途径和方法，要求损失小、频率高且外源基因能稳定地整合到基因组上，才有可能实现目的基因的稳定遗传与正常的时空表达能力。根据转化方式，植物遗传转化系统分为直接转化、载体转化系统和种质系统转化。

3. 植物基因转化载体系统　携带外源基因进入受体细胞的工具叫载体(vector)。载体的设计和应用是基因工程的重要环节。目前用于植物基因工程的载体主要有6类：①细菌质粒载体，包括大肠埃希氏菌和枯草杆菌质粒载体。②λ和M13噬菌体衍生载体。③cosmid和phagemid载体。cosmid载体是一类由质粒和λ噬菌体cos尾巴构建的复合载体，phagemid载体是一类由噬菌体功能片段和质粒构建的复合载体。④酵母质粒载体。由酵母2μ质粒构建的酵母基因工程载体。⑤Ti质粒载体。⑥植物真核病毒载体。

4. 转基因植物的检测与鉴定　一般来说，检测筛选外源基因是否转化成功，首先是对报告基因进行检测筛选，必要时再进行目的基因的检测筛选。为获得真正的转基因植株，进行基因转化后的第一步工作是筛选转化细胞。在含有选择压力的培养基上诱导转化细胞分化，形成转化芽，再诱导芽生长、生根，形成转化植株。第二步是对转化植株进行分子生物学鉴定，通过Southern杂交证明外源基因在植物染色体上整合；通过原位杂交确定外源基因在染色体上整合的位点；通过Northern杂交证明外源基因在植物细胞内是否正常转录，生成特异的mRNA；通过“Western杂交”证明外源基因在植物细胞内转录及翻译成功，产生特异的蛋白质。第三步则是进行性状鉴定及外源基因的表达调控研究。转基因植物应具有外源基因编码的特异蛋白质影响代谢而产生的该植物原不具备的经济性状，这样才真正达到基因转化的目的。

(二) 基因工程技术在药用植物研究中的应用

通过基因工程技术对药用植物进行研究开发,能提高药用植物的抗逆性和病虫害抗性,改善药材品质、提高有效成分含量,高效表达和生产天然活性成分,培养出高于天然药物含量的新转基因药材,丰富植物资源,加速中药现代化进程等都具有重要意义。尽管药用植物遗传转化的研究起步较晚,但也取得了较大进展,主要集中在毛状根、冠瘿瘤和畸状茎的培养与应用方面。

1. 毛状根　Ri 质粒介导产生的植物毛状根培养系统是植物基因工程和细胞工程相结合的一项新技术,它利用发根农杆菌侵染宿主受伤部位的细胞并产生大量不定根,又称毛状根。毛状根是农杆菌质粒的一段 T-DNA 嵌入植物基因组中并产生表达的结果。因此,毛状根培养又被称为转基因器官培养。与传统的细胞培养技术相比,毛状根具有生长迅速、遗传性状稳定及激素自养型等特点,克服了植物细胞培养中对外源植物生长物质的依赖性,是生产次生代谢产物较理想的培养体系,近几十年来已发展成继细胞培养后又一新的培养系统。

目前国内外已在银杏、红豆杉、长春花、烟草、少花龙葵、何首乌、紫草、人参、曼陀罗、颠茄、毛地黄、绞股蓝、半边莲、罂粟、露水草、荞麦、桔梗、萝芙木、缬草、薯蓣、丹参、黄芪、决明、大黄、栝楼、黄连、甘草、野葛、茜草、万寿菊、童氏老鹳草和青蒿等 26 科 100 多种药用植物建立了毛状根培养系统。应用毛状根培养生产的许多重要药用次生代谢产物有生物碱类(如吲哚类生物碱、喹啉生物碱、莨菪烷生物碱、托品烷生物碱、喹嗪生物碱等)、苷类(如人参皂苷、甜菜苷等)、黄酮类、醌类(如紫草宁等)、噻吩、蒽醌以及蛋白质(如天花粉蛋白)等。

2. 冠瘿瘤和畸状茎　根癌农杆菌 Ti 质粒 T-DNA 片段(含 *tms* 基因、*tmr* 基因)通过根癌农杆菌感染植物并整合进入植物细胞的基因组中后,能够诱导冠瘿瘤组织和畸状茎的发生。由于冠瘿瘤具有激素自主性、增殖速率较常规细胞培养快等特点,利用冠瘿组织培养不仅能产生原植物根中合成的有效成分,而且还能产生原植物地上部分特别是叶中合成的成分,并且次生代谢产物合成的稳定性与能力较强,因此冠瘿瘤离体培养产生有用次生代谢产物有着广阔的开发前景。

目前,冠瘿瘤和畸状茎培养技术已被用在石刁柏、鬼针草、长春花、金鸡纳树、毛地黄、羽扁豆、柠檬留兰香、辣薄荷、丹参、短叶红豆杉、欧洲红豆杉等药用植物上生产次生产物。宋经元等利用诱导的丹参冠瘿瘤培养产生丹参酮,筛选出高产株系,丹参酮的含量已经超过生药的含量。Hank 等报道用根癌农杆菌 B0542 和 C58 感染成年短叶红豆杉和欧洲红豆杉幼茎切段,诱导出了可在不含植物激素培养基上快速生长的冠瘿瘤。

(三) 转基因植物的安全性评价

基因工程由于在稳定性及安全性方面尚存有疑问,使其在生产和商业上的应用推广受到了限制。转基因技术可能在以下几方面给人类和环境造成不良后果:①转基因植物逃逸演变为有害生物的可能性;②转基因植物是否会引起新的环境问题;③对作物起源中心和基因多样性中心的影响;④对生物多样性保护和可持续利用的影响;⑤对目标生物的影响;⑥基因漂流对生态环境和农业生产的影响。药用植物基因工程不但要考虑生态安全的问题,同时人们服用中草药治疗疾病、保健身体,这就要求还要考虑类似食品安全性评价,另一方面还要考虑药理学、毒理学、病理学等方面的安全性评价。

第三节　药用植物的生态种植

药用植物生态种植

一、生态农业的概念

生态农业是目前国际社会最先进的环境友好型种植模式。作为一个古老而崭新的概念，生态农业的内涵和外延尚不完全清晰，不同国家的不同学者对生态农业进行了描述，并提出了自然农法（natural farming）、有机农业（organic agriculture）、可持续农业（sustainable agriculture）、生物农业（biologicalagriculture）等类似概念。以生态学家马世俊为首的科学家认为，"生态农业"是生态工程的简称，以生态学和生态经济学原理为基础，现代科学技术与传统农业技术相结合，以社会、经济、生态效益为指标，应用生态系统的整体、协调、循环、再生原理，结合系统工程方法设计，通过生态与经济的良性循环农业生产，实现能量的多级利用和物质的循环再生，达到生态和经济发展的循环及经济、生态和社会效益的有机统一，使农业资源得到合理利用的新型农业生产技术体系。

作为把农业生产、农村经济发展和生态环境治理与保护及资源的培育与高效利用融为一体的具有生态合理性、功能良性循环的新型综合农业生产模式，生态农业具有以下基本特征：①追求生态平衡，合理利用自然资源，减少对生态环境的负面影响；②注重农、林、牧、副、渔全面发展，重视综合经济学；③不用或少用化肥、农药、生长调节剂，减少能源消耗，以较少的投入获得较多产出；④内部组成与结构复杂，形成良性循环，有较强的抵抗外界干扰的缓冲能力和较高的自我调节能力，有稳定和持续发展能力；⑤提倡使用固氮植物、作物轮作以及正确处理和使用农家肥料等技术，副产品循环可再利用，尽量减少废弃物输出，能自我维持。总体来看，生态农业在生态上低输入、能自我维持，在经济上有活力，在环境、伦理道德、审美、人文社会方面不引起大的或长远不可接受的变化。

作为生态强烈干预下的开发系统，农业生态系统具有明显地域性，受自然生态规律和社会经济规律的双重制约。生态农业应根据当地的自然和社会条件及历史，在因地制宜的基础上发展和推广适宜的栽培模式及技术。我国地域广阔，自然条件复杂，民族众多，文化习俗多样，即使在现代农业得到大规模发展的今天，传统生态农业在我国很多地方仍然是主流的农业生产方式。人口众多、水资源缺乏和生态环境脆弱，决定了我国既不能全面推行美国、加拿大等国的大规模机械化现代农业模式，也不能模仿日、韩等国依靠高补贴维护农户高收入的做法。因此，中国生态农业在强调系统整体功能的发挥和多元化发展，体现社会、经济、生态三大效益高效循环统一，重视传统农业技术和现代科技成果相结合的同时，表现出丰富的区域特色。

二、药用植物生态种植的模式

生态农业模式可被看作是用于发展农业生产的各种要素，包括自然、社会因素等的最佳组合，是具有一定结构和功能、效益的实体，是资源永续利用的具体方式，是生态学和经济学原理在开展农业生态建设中的具体运用，是一定尺度上农业可持续发展的农业生态过程的动态模型，该模型可作为样板进行借鉴和推广。我国大多数生态农业模式是在长期生产实践中总结提升的，成功的生态农业模型，可以为相似地区生态农业发展提供成功经验。不同的专家针对不同区域，从不同的角度因地制宜提出了不同的生态农业模式。中国生态农业的常见模式有①立体种养模式：指充分利用气候和地形地貌条件，使不同高度的光、温、水、气、热得到充分利用，如海南文昌的“胶-茶-鸡”复合模式、广东鹤山“林-果-草-鱼”复合模式；②物能（实物/功能）的多层次利用模式：包括以沼气、农副产品加工或生态旅游为纽带的不同形式；③“贸-工-农-加”综合经营模式：可以充分利用闲时劳动力，大大提高资源的利用率和生产效率，增加农产品的附加值，提高经济效益，较好地解决长期效益和短期效益的矛盾；④水陆交换的物质循环生态系统：典型的如“桑基鱼塘”，即池中养鱼、池埂种桑养蚕的综合养鱼方式；⑤多功能的污水自净工程系统等。

2002年，农业部向全国征集到了370种生态农业模式或技术体系，通过反复讨论，遴选了具有代表性的十大类型生态模式，并正式将这十大类型生态模式列为后期推广的重点。这十大典型模式和配套技术是：①北方“四位一体”生态模式及配套技术；②南方“猪-沼-果”生态模式及配套技术；③平原农林牧复合生态模式及配套技术；④草地生态恢复与持续利用生态模式及配套技术；⑤生态种植模式及配套技术；⑥生态畜牧业生产模式及配套技术；⑦生态渔业模式及配套技术；⑧丘陵山区小流域综合治理模式及配套技术；⑨设施生态农业模式及配套技术；⑩观光生态农业模式及配套技术。

三、药用植物生态种植发展思路及重点

生态农业实践的基本做法是：在对自然条件、资源状况和社会经济条件等进行调查研究的基础上，分析区域特征，确定对农业生产和社会发展的有利条件和限制因子，借鉴国内外生态种植的经验和教训，将现代先进的科学技术与实用有效的传统农业技术相结合，合理开发、综合利用农业资源，因地制宜地选择生态农业模式及配套技术，并进行推广应用。药用植物的生态农业的思路也大体如是。

据此，从科研的角度提出当前中药生态农业的重点任务，包括：①全国中药材生产格局分析及规划。在全国中药资源普查获得大量环境数据的基础上，完成中药材分布区划、产量区划、质量区划；参照大农业规划，分析中药材分布格局，制定我国现代中药农业规划，完成中药材种植分区。②区域中药农业典型特征提取。明确各区域优势特色中药材品种及其生产特点和规律，确认该优势与当地自然生态和社会生态的相关性，分析优势特色中药材品种中药农业生产和社会发展的有利条件和限制因子。③各区域典型中药材与根际土壤微生态互作规律及机制研究。在各类农业区划内选择代表中药材，开展典型中药材与根际土壤微生态互作规律研究；并运用土壤宏基因组、代谢组等现代技术研究中药材与根际土壤互作机制。④中药材生态种植技术研究。依据各区域中药农业特征及各类典型中药材的生理生态学特性，综合研究品种筛选、栽培物候期、播种密度、养分平衡、测土配方、立体栽培、间作套作、轮作、中药材与其他农林牧副产业的综合生产等各种实用技术。⑤中药生态种植模式的提取及固化。综合考虑土地利用布局、生态系统组分能量流、生物种群结构安排、食物链关系设计、品种选择等因素，在景观、生态系统、群落、种群、个体和基因等不同尺度不同生物层次总结、提炼并固化经济适用、高效低毒的中药生态农业模式，开展大田推广

应用。⑥中药生态农业理论研究。利用 TEEB（the economics of ecosystems and biodiversity）原理，分析各种生态农业模式及配套技术对提高中药材产量和质量、减少病虫害发生率、减少中药材生产中化肥和农药用量和保护生物多样性及生态系统服务功能的贡献，提出和完善中药生态农业的理论，并指导中药生态农业实践。

第四节　中药材生产的可追溯体系

中药材的质量影响到临床疗效与用药安全，其安全、有效、稳定和可控需要切实可行的技术体系来保证。中药材质量可追溯体系是通过信息记录、查询以及问题产品的溯源，实现中药材“从生产到消费”的全程质量追踪与监管。

一、中药材质量追溯体系建设的意义及作用

中药作为中华民族的传统用药，在现代临床中的应用日趋广泛，中药材的质量关系到临床用药的有效性和安全性，对我国中医药事业的快速发展具有重要的影响。在我国，中药材生产长期处于粗放式经营状态，从栽培种植、采收、炮制加工、包装、运输、贮藏到最终的市场销售，每个环节都面临着质量方面的安全隐患。建立中药材“从生产到消费”的质量可追溯体系，通过信息记录、查询和问题产品溯源，实现全过程质量跟踪与溯源，从而使中药材在整个行业流通中实现透明化管理，保证中药材的质量，增强消费者对企业的信任，对产品发展和推动我国中药现代化与国际化进程具有重要的作用。

二、产品质量追溯

（一）产品质量追溯制

质量追溯制就是在生产过程中，每完成一个工序或一项工作，都要记录其检验结果及存在问题，记录操作者及检验者的姓名、时间、地点及情况分析，在产品的适当部位做出相应的质量状态标志。这些记录与带标志的产品同步流转。需要时，很容易搞清责任者的姓名、时间和地点，职责分明，查处有据，这可以极大加强职工的责任感。

在全国范围内推广中药材追溯系统建设，主要目的是建立覆盖主要中药材品牌、中药材种植和养殖企业、中药材经营户和经营企业、饮片和中成药生产经营企业、医疗机构以及零售药店等交易主体参与到“来源可追溯、去向可查证、责任可追究”的中药材流通追溯体系。

（二）质量追溯管理办法

1. 批次管理法　根据零件、材料或特种工艺过程分别组成批次，记录批次号或序号，以及相应的工艺状态。在加工和组装过程中，要将批次号逐步依次传递或存档。

2. 日期管理法　对于连续性生产过程、工艺稳定、价格较低的产品，可采用记录日历日期来

追溯质量状态。

3. 连续序号管理法　这种方法就是根据连续序号追溯产品的质量档案。

（三）质量追溯系统的作用

质量追溯与生产执行系统帮助企业更实时、高效、准确、可靠实现生产过程和质量管理为目的，结合最新的条码自动识别技术、序列号管理思想、条码设备（条码打印机、条码阅读器、数据采集器等）有效收集管理对象在生产和物流作业环节的相关信息数据，跟踪管理对象在其生命周期中流转运动的全过程，使企业能够实现对采、销、生产中物资的追踪监控、产品质量追溯、销售窜货追踪、仓库自动化管理、生产现场管理和质量管理等目标，向客户提供一套全新的车间信息化管理系统。

三、中药材质量追溯

（一）中药材质量可追溯体系

中药材质量可追溯体系的概念最早是于2010年11月在第3届中医药现代化国际科技大会上提出的。2011年5月，商务部、国家中医药管理局、国家药监局关于追溯体系的试点批文正式下达，四川省成为第一个试点地区。2012年10月，国家多个部委联合颁布了《关于开展中药材流通追溯体系建设试点的通知》，将中药材质量可追溯体系的建设提升到了国家战略高度。

中药材追溯体系的建设原理：中药材的流通主要涉及四个环节，分别为种植、生产、流通和消费。追溯体系也围绕这四个环节展开建设。追溯体系的技术原理即通过物联网信息技术，在流通环节进行电子记录，让交易行为留下痕迹。然后，电子记录中的信息随着各个环节的交替而流转，最终随同药品到达消费者手中。其难点在于怎样把这项技术运用在长期处于粗放式经营、与行业发展速度脱节的中药材产业链上。以四川试点为例，在荷花池中药材批发市场，进入追溯体系的商家，每户会获得带有溯源功能的电子秤，以代替原来的普通秤。

1. 商家在进行交易时，要提供三个关键信息——责任人、商品和交易信息。这三个关键信息会通过电子秤形成一个二维码，并贴在中药材包装上。二维码会跟着这份中药材，从药材形态到饮片企业的饮片形态，再到医院的汤剂形态。从而实现中药“来源可知、去向可追、质量可查、责任可究”。

2. 通过电子秤形成二维码，并在后台数据库中留下记录。电子秤可以自动联网，自动传输商家所提供的信息。并可通过企业诚信体系来完成全过程的质量监控。

（二）中药材质量可追溯体系的构建

中药材质量可追溯体系是实现中药材从生产到销售的全程监管。

1. 系统框架　影响中药材质量的环节多，链条长，包括从中药材的产地环境、栽培种植、采收加工，到包装、运输、贮藏，再到最终的上市销售。建立中药材质量可追溯体系框架包括正向追踪和反向追溯两方面。其中系统的正向追踪由药材种植基地、检测机构和监督部门负责，对药材的生产管理过程、质量信息的记录和查询，通过编码标识技术、电子档案管理技术等进行。系统的反向追溯主要由监督部门和消费者进行，对药材质量的分析、判研以及对出现问题的反馈和溯源，通过质量安全溯源终端实现。

2. 数据库设计　中药材质量可追溯体系的建立依赖中药材质量数据库和数据库管理平台实现。数据库涉及4个方面的信息，包括产品信息、生产者信息、经营者信息和文件信息，见图11-1。

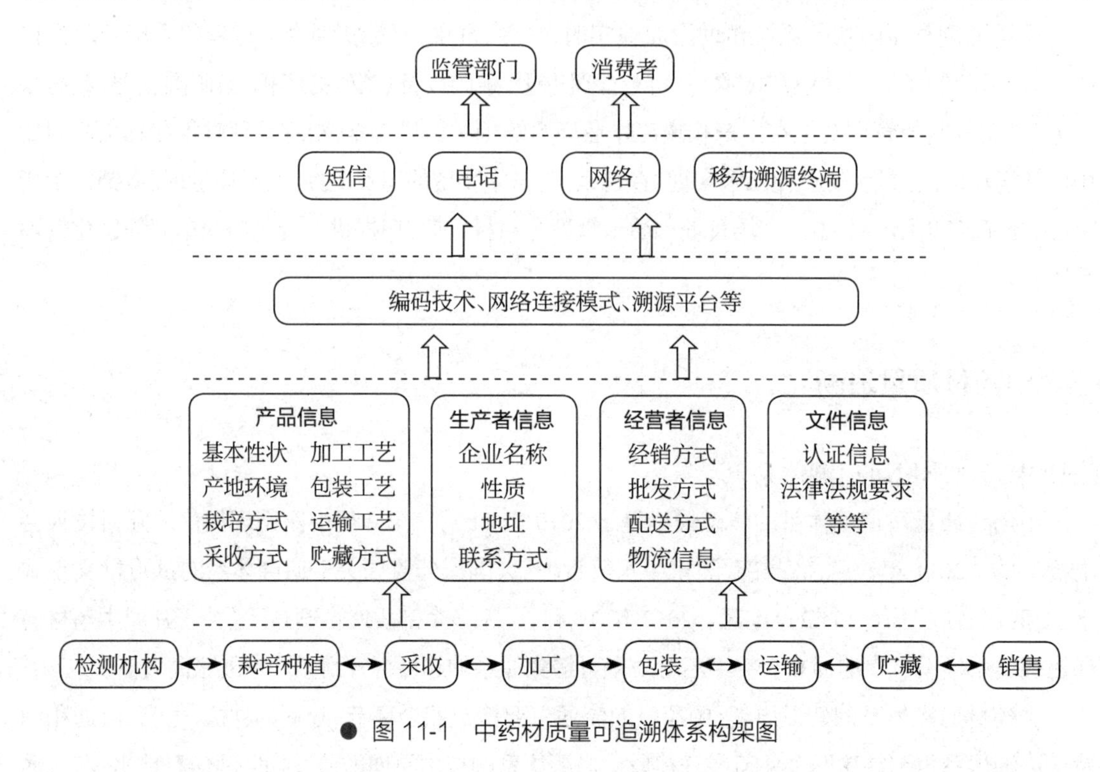

● 图11-1　中药材质量可追溯体系构架图

3. 功能设计　中药材质量可追溯体系的功能模式设计为4个模块，分别为信息采集、信息查询、系统设置、系统帮助。其中"信息采集"模块满足系统管理人员对中药材生产至销售全过程所有信息的录入与管理工作。"信息查询"模块根据采集的信息设置生产管理记录、采收记录、加工包装记录、运输贮藏等各环节的相关记录。"系统设置"模块主要针对系统用户的账号、密码进行管理等，以确保系统的安全性和有效性。"系统帮助"模块回答用户对系统的设计、适用范围、操作标准等方面的问题，帮助用户更好地操作本系统。

4. 关键技术　中药材质量可追溯体系的关键技术主要有编码技术、网络连接模式、溯源平台等。通过这些关键技术可实现通过多种追溯方式进行中药材质量的正向跟踪和反向追溯。

（三）中药材质量可追溯体系与GAP、GMP、GSP 的关系

中药材生产质量管理规范（GAP）是为了规范中药材生产，保证中药材质量，促进中药标准化、现代化而制定的管理规范，核心是为了保证中药材质量。药品生产质量管理规范（GMP）是当今各国普遍采用的药品生产全过程质量监督管理规范，是保证药品质量和用药安全的可靠措施，旨在建立高质量产品的质量保证体系。药品经营质量管理规范（GSP）是指在药品流通过程中，针对计划采购、购进验收、储存养护、销售和售后服务等环节制定的防止质量事故发生、保证药品符合质量标准的一套管理标准和规程，是连接药品从生产到消费的重要中间环节。做好药品流通环节追溯信息的记录，才能实现来源可追溯、去向可查证、责任可追究的追溯目的。

GAP、GMP与GSP三项管理规范涵盖了中药质量追溯的全过程。它既直接与药材种植基地和药材市场相关联，又通过销售环节与经销商、医院相联系，与中药材质量追溯密切相关，为中药产品进行质量追溯提供详细和可靠的追溯信息。

四、存在的问题及发展思路

近年来中药材、中药饮片制假售假、染色掺杂、增重、超范围经营事件层出不穷，给社会造成了较为恶劣的影响，市场普遍存在不同程度的以次充好、染色增重、掺杂使假、违法加工等问题十分严重。随着国民经济的发展和人民健康需要的进一步提高，中药材的需求量越来越大，一些贵重药材或者生长周期长的药材经常出现阶段性价格暴涨暴跌，从而引发制假售假、掺杂染色甚至将提取过的药渣处理后当原药材（饮片）卖的现象。

1. 从源头提高中药材质量　源头上加强管理是解决中药材质量的根本。中药材采购渠道早期是在农村集贸市场、药材集散地进行交易，在流通领域投入大量精力，做的都是事后工作，必须重视种植端的严控，包括种源、环境、管理、加工方式等。

2. 完善药品可溯源体系　中药饮片生产企业应严格执行供应商审计，其采购、出入库台账、票据等应做到及时、真实与完整。中药饮片企业内部应对中药材、辅料与药包材实施批号管理，实现按批号进行追踪。加强中药材、炮制用辅料和药包材的溯源管理。

3. 提升中药材流通现代化水平　通过中药材产品包装带有的电子标签，对中药材产地来源、生产加工、市场流通、药房使用等环节的有关信息进行电子登记，开展中药材流通追溯体系建设试点。

复习思考题

1. 简述精准农业的定义。
2. 物联网技术的组成有哪些？
3. 药用植物生态种植的特点有哪些？
4. 阐明构建中药材质量追溯体系的作用和意义。

第十一章同步练习

第十二章　常用药用植物的栽培技术

1. 人参

人参

人参 *Panax ginseng* C. A. Mey. 为五加科多年生草本植物，干燥根和根茎作人参入药。味甘、微苦，性微温；归脾、肺、心、肾经。具有大补元气、复脉固脱、补脾益肺、生津养血，安神益智的功效。用于体虚欲脱，肢冷脉微，脾虚食少，肺虚喘咳，津伤口渴，内热消渴，气血亏虚，久病虚羸，惊悸失眠，阳痿宫冷。主要成分为皂苷、挥发油，还含多种糖类、氨基酸、微量元素等。

人参是常用名贵中药材，原产于中国、朝鲜、俄罗斯，多生长在北纬 40°~45° 之间。我国人参栽培历史悠久，现主产于吉林、辽宁，黑龙江亦有大面积栽培。此外，在北京、河北、山西、山东、湖北、陕西、甘肃、浙江、江西、安徽、四川、广西、贵州、云南等地亦引种成功。以东北三省产量大，又以吉林长白山所产者质量最佳。

【生物学特性】

1. 生态习性　人参自然分布于北纬 40°~48°，东经 117°~137° 的区域内，多生于以红松为主的针阔混交林或杂木林中。对土壤要求严格，适于生长在排水良好、富含腐殖质的微酸性砂质壤土中，怕积水，忌干旱。年均气温为 4.2℃，1 月平均气温为 -18℃，年降雨量为 800~1 000mm，无霜期为 100~140 天。

(1) 对温度的适应：人参属温带植物，耐寒性强，可耐 -40℃低温，不耐高温，生长适温为 15~25℃，年积温为 2 000~3 000℃。种子发芽的适温为 12~15℃，最低温度为 4~6℃，最高温度为 30℃，温度过高易发生茎叶日灼或枯萎死亡；温度过低（-5℃以下）易受冻害。

(2) 对光照的适应：人参属阴性植物，喜斜射或散射光，忌强光直射，郁闭度为 0.5~0.8，光照强弱直接影响人参植株生长发育，以及商品药材的产量和质量。

(3) 对水分的适应：人参属于中生阴性植物，既不耐旱，又不耐涝。全生育期在土壤相对含水量 80% 的条件下，生育健壮，参根增重快，产量高，质量好；土壤水分不足 60% 时，参根多烧须；土壤水分过大（100%）时，易发生烂根。

(4) 对土壤的适应：人参多生于以红松为主的针阔混交林或杂木林中，对土壤要求较严，适生于排水良好、土层深厚、富含腐殖质、渗透性强的微酸性土壤中，坡度为 30° 左右，土壤 pH 为 4.5~4.8 时对人参生育最有利。忌连作。

2. 生长发育特性

(1) 种子及越冬芽的生育特性：人参种子属于胚后熟型，新采收的外观成熟种子虽外形、体积及营养物质的积累均完成，但种胚只是受精卵发育成的胚原基，需在适宜的条件下，经 90~120 天才能完成种胚形态后熟。在 0~5℃低温下经 50~60 天完成生理后熟胚才能正常发育。

人参每年只形成一个越冬芽，其生长发育是在 7 月地上茎叶基本停止生长时开始。有 4~7 个月的休眠期。

(2) 地上部分的生育特性：从播种出苗到开花结实需 3 年时间，一年生人参只有 1 枚三出复叶，二年生有 1 枚掌状复叶，三年生有 2 枚掌状复叶，四年生有 3 枚掌状复叶，五年生有 4 枚掌状复叶，六年生有 5 枚或 6 枚掌状复叶。六年生之后，即使参龄增长，叶数通常不再增加。

人参年生育期 120~180 天，5 月上旬至中旬出苗，5 月中旬至 6 月中旬为地上茎叶生长期，6 月上旬至中旬开花，整个花期为 10~15 天。果期为 6 月下旬至 8 月上中旬地上部分枯萎，通常平均气温降至 10℃以下时进入枯萎期，开始休眠。人参年生育期一般为 120~180 天，少则 100~110 天，多则 180 天以上。中温带往北纬度越高，年生育期越短，出苗期亦相应推迟，整个生育期随之缩短。

(3) 根的生育特性：一年生参根只生有幼主根和幼侧根；二年生有较大的主根和几条明显侧根，侧根上有许多须根；三年生以后侧根上再生出次生根，形成初生基本根系，并在根茎上长出不定根；五至六年生根系发育基本完全。七年生以上参根表皮木栓化，易染病烂根。在年生育期中，地上部分生长迅速，消耗养分多，根重减轻，开花结果时根重恢复到原重，果成熟后，根生长逐渐加快，采种后生长最快，后期逐渐减慢。

【栽培技术】

1. 品种类型　目前，人参已通过审定的品种有 3 个，即丰产型品种“吉参 1 号”、优质高产型品种“吉黄果参”及“边参 1 号”。根据根形不同，有大马牙、二马牙、长脖、圆膀圆芦等农家类型之分，其中大马牙生长快，产量高，总皂苷含量亦较高，但根形差；二马牙次之；长脖和圆膀圆芦根形好，但生长缓慢，产量低，总皂苷含量亦较低。

2. 选地与整地　人参的栽培方式主要有伐林栽参、林下栽参和农田栽参 3 种。伐林栽参，现面积逐渐减少。林下栽参是选择较稀疏林地，砍倒灌木、杂草，刨去树根，当年开垦整地，休闲 1 年栽参，此方式栽培的人参生长速度慢，产量也低。目前多采用农田栽参。林下栽参结合天然次生林更新，选择以柞、椴为主的阔叶混交林或针阔混交林，坡度为 15°~20°，郁闭度为 0.6 左右为宜。农田栽参多选择背风向阳、土层深厚、土质疏松、肥沃、排水良好的砂质壤土或壤土，前茬作物以禾谷类、豆类、石蒜科植物为好，忌烟草、麻、蔬菜等为前作。

选地后，在春、秋两季草木枯萎时，将场地上的乔木、灌木、杂草及石块等清除干净。在用地前一年，翻耕 15~20cm。山地多在前一年的夏、秋两季刨头遍，翌年 7 月或 9 月刨第二遍。农田或荒地从 5 月开始每半个月翻 1 次，每年最少翻 6~8 次。翻耕土地时，第一次每 667m^2(即每亩)施入 5% 辛硫磷 1kg，以消灭地下害虫；第二次每 667m^2 施入 50% 退菌特 3kg，以防病害。同时每 667m^2 施加 2 500~5 000kg 的混合肥。在播种或栽参前，将土垄刨开，打碎土垡。在播种和移栽前作畦，通常育苗床宽 1.0~1.2m、高 20~25m、作业道 1m。作畦时应合理确定畦面走向。若是平地栽参，一般采用东南阳(指参棚高的一面面向东南方向)；若是山地栽参，多顺山坡作畦，宜用东北阳。作畦时间：

春播一般在4月中下旬，秋播在10月中旬至结冰前。同时开好排水沟。

3. 繁殖方法　人参以种子繁殖，选育良种和选育大籽是培育壮苗的关键环节。

(1) 种子培育及采收：留种田要隔离种植，采用单透棚遮阴，三年生全部摘蕾，四至五年生留种，及时疏花疏果，每株保留25~30个果实。在种子成熟前1个月，土壤含水量应保持在50%左右。果实变为鲜红色时及时采摘，搓洗除去果皮及果肉。种子阴干或直接处理。

(2) 种子处理：上年采收种子（干籽）于6月上中旬进行，当年采收的鲜种（水籽）立即处理。干籽用冷水浸泡24小时，与3倍量砂土混拌（水籽直接与3倍量砂土混栽）。砂土为过筛的腐殖土2份和细沙1份混匀调湿而成。经3~4个月，种子裂口率达80%~90%，可秋播或移入窖内冷藏。

(3) 播种育苗：分春、夏、秋播。春播于4月下旬播催芽籽，当年可出苗。夏播于6月底至7月中旬播当年采收的水籽，翌春出苗。10月下旬秋播完成形态后熟的裂口籽，翌春出苗。

播种方法有点播、条播、撒播。生产中采用点播，株行距6cm×6cm、5cm×5cm或4cm× 4cm，每穴1~2粒种子。覆土3~5cm，用木板轻轻填压，并用秸秆或草覆盖。

4. 移栽与定植

(1) 栽培制度：多采用3∶3制（育苗3年，移栽3年）或2∶4制（育苗2年，移栽4年），6年采收。

(2) 移栽时间：分春栽、秋栽。春栽在4月下旬，要适时早栽。生产中多用秋栽，一般于10月中旬开始，到结冻前结束。

(3) 起苗与分级：起苗现起现栽，严防日晒风吹。选根呈乳白色、须芦完整、芽苞肥大、浆足、无病虫害、长12cm以上的大株作种栽（东北称“栽子”）。按参株芽苞饱满程度和大小进行分级，一般分为3级。栽植时分别移栽，单独管理。栽植前，参株用50%多菌灵500倍液浸泡10分钟消毒灭菌。

(4) 移栽密度与方法：应因地制宜、合理密植，通常2年生苗70株/m^2，3年生苗50~60株/m^2。常采用3种栽植方式①平栽：参苗在畦内平放或根芽略高；②斜栽：参苗与畦面夹角为30°；③立栽：参苗与畦面夹角为60°。

5. 田间管理

(1) 搭棚调光：荫棚一般分为3种。①全荫棚：用木板、苇帘、稻草帘或与油纸搭成既不透光又不透雨的荫棚，因成本高、质量低，现被逐步淘汰。②单透棚：为透光不透雨的荫棚，是将耐低温、防老化的PVC（无色农膜）夹于两片透光的草帘中间，草帘透度为2.4~6。我国人参主产区现多采用这种荫棚，可使人参单产提高40%~100%，总皂苷含量提高19%~43%。③双透棚：既透光又透雨的荫棚，在我国人参产区亦广泛应用。以上各荫棚样式均可分斜棚、脊棚、拱棚和平棚等形状。利用拱形棚，人参生长整齐，发育健壮，病虫害较少，人参支头增大，浆气充足，根系发达。荫棚棚架的高度视参龄大小而定。一般一至三年生参苗，搭设前檐高100~110cm、后檐高66~70cm的荫棚；三年生以上的参苗，搭设前檐高110~130cm、后檐高100~120cm的荫棚。荫棚每边要埋设立柱，间距为170~200cm，前后相对，上绑搭架杆，以便挂棚帘。

(2) 松土除草与扶苗培土：每年松土除草4~5次。育苗床只拔草不松土，每年3~4次。在床面上覆盖落叶或碎稻草可有效抑制杂草滋生。结合松土把伸出立柱外的参苗扶入棚内，同时要从床边取土覆在床面上，土厚平均每次约为1cm。

(3) 灌溉排水：在人参生育期，土壤水分宜保持在50%左右，应做到干旱季节及时浇水，多雨季节及时排涝。

(4) 追肥：一般于展叶期前后追肥，农田栽参地宜追混合肥料，一般每平方米施入腐熟厩肥5kg、豆饼0.25kg、过磷酸钙0.1kg及火土灰5kg。

(5) 摘蕾：不留种植株要及时摘除花蕾，摘蕾比不摘蕾参根增产10%。

(6) 秋后管理：在晚秋和早春采用覆土、覆落叶、盖草帘子防寒。冬季参棚不下帘，要把作业道上的积雪堆到床边、床面上，并盖匀，厚约15cm。秋末结冻前或春季化冻时，及时撤除床面积雪。冬季积雪融化的雪水不得浸入或浸过参床，要及时疏通排水沟。把倒塌、倾斜、不牢固、漏雨的参棚修好、修牢，错位帘子校正好。床土化透、越冬芽要萌动时，撤去床面上的落叶、帘子或覆土，用木耙将床面表土耧松。1%硫酸铜液，对棚盖、立柱、苗床、作业道、排水沟等进行全面消毒。

6. 病虫害及其防治

(1) 病害及其防治：人参病害有20余种，主要有黑斑病、锈腐病、疫病、立枯病、猝倒病等。

1) 黑斑病：由人参链格孢菌（*Alternaria alternata*）引起，是人参的主要病害，发病普遍，危害严重，是影响人参产量和质量的主要因素之一。6月初发生，7月中旬至下旬发病较重。病菌侵染芦头、茎、叶、果实及根部，致使叶片脱落，茎秆枯死，种子干瘪，参根腐烂。

2) 锈腐病：由锈腐柱孢菌（*Cylindrocarpon panacicola*）引起的的根病，发生最普遍。在整个生育期均可发生。5月下旬至7月为发病盛期，参龄越大，土壤湿度越大，发病越重。主要危害根、地下茎、芦头和越冬芽苞。根部感染后，初为褐色小点，后表皮破裂，病菌常从伤口侵入，最后造成参根全部腐烂。

3) 疫病：由恶疫霉菌（*Phytophthora cactorum*）引起的地上部和根部病害，是常见的主要病害之一。一般在6月上旬开始零星发生，7~8月在通透性差的参畦很快蔓延。发病初期叶片出现暗绿色水渍状大圆斑，不久全株叶片似热水烫样，凋萎下垂。根部被害时，病部呈黄褐色，水渍状，逐渐扩展，软化腐烂，内部组织呈现黄褐色不规则花纹，并有腥臭味。

4) 立枯病：由立枯丝核菌（*Rhizoctonia solani*）引起的苗期病害，发病比较普遍。5月底开始发生，6月上旬为盛期。参苗于茎基部呈褐色环状缢缩，倒伏死亡。

5) 猝倒病：由德巴利腐霉菌（*Pythium debaryanum*）引起，危害二年生以内的人参幼苗，使幼苗茎部自土面处向上下蔓延似热水烫状，呈褐色软腐，收缢变软后猝倒死亡。多于春季低温湿度大时易发生。

6) 炭疽病：由人参刺盘孢菌（*Colletotrichum panacicola*）引起，危害人参叶、茎和果实。病斑初期为暗绿色斑点，逐渐扩大呈黄褐色，中间黄白色，薄而透明，易破碎成空洞。

7) 菌核病：由人参核盘菌（*Sclerotinia schinseng*）引起的根病，主要危害四年生以上参根、芽苞和芦头。在早春低温期发病。根部受害后，内部组织松软，逐渐呈灰褐色软腐，并长出白色菌丝，最后只剩下根皮及纤维组织和黑色鼠屎状菌核。此病早期很难识别，前期地上几乎与健壮植株一样，当植株出现萎蔫时，地下参根则早已腐烂。

8) 日灼病：是一种常见的病害，因强光照射所致。日灼病常和黑斑病混在一起，严重影响人参产量。其病斑无一定形状，发病初期一般病斑呈黄白色，后变成黄褐色，变脆，最后叶子脱落。

上述病害的防治方法有，①农业综合防治：如选用疏松的土壤或砂质土壤；实行隔年整地；用充分腐熟的土壤栽参;倒土作畦时进行土壤消毒;催芽、播种或移栽前进行种子种苗消毒;发现病株立即拔出,集中深埋,在病区撒生石灰消毒;加强调光、防雨、防旱、防寒和肥水管理;秋季搞好田园卫生,消灭病原等。②化学防治:必须使用化学药剂时,应严格执行《中药材生产质量管理规范》规定,严禁使用高残毒农药;立枯病于幼苗出土后用50%多菌灵800倍液、15%立枯灵500倍液等浇灌;猝倒病于发病初期用瑞霉素、乙磷铝、甲霜灵锰锌500~800倍液喷洒;炭疽病于参苗半展叶期喷施50%多菌灵600倍液、75%百菌清500倍液、多抗菌素200mg/kg或展叶后喷代森铵800倍液;黑斑病于展叶初期喷洒多抗霉素200mg/kg、75%百菌清500倍液,进入雨季改喷25%阿米西大悬浮剂1 500倍液,或斑绝1 500倍液等;疫病与茎叶发病初期喷洒500倍瑞霉素、甲霜灵锰锌或全生育期喷120~160倍波尔多液;菌核病于出苗前喷1%硫酸铜,移栽松土时施用菌核利或多菌灵10~15g/m^2;锈腐病在移栽时每100kg床土中加入1kg哈茨木霉菌;根腐病于高温季节施棉隆25~30g/m^{2}等。

(2) 虫害及其防治:主要有金针虫、蝼蛄、蛴螬、地老虎、草地螟等。防治方法有,①清洁田园,将杂草、枯枝落叶集中烧毁;②人工捕杀或黑光灯诱杀;③整地时施20%美曲磷脂粉10~15g/m^2;④害虫发生时用800~1 000倍90%晶体美曲磷脂液浇灌。

(3) 鼠害及其防治:主要有花鼠、鼹鼠、野鼠。防治方法有,①用捕鼠器捕捉;②毒饵诱杀,用食盐、卤水各0.5kg,玉米2.5kg,加水煮成熟玉米即制成毒饵,把此毒饵撒于作业道上或参地周围。

【采收、加工与贮藏】

1. 采收　参根重量和皂苷含量随生长年限增长而增加,从生产经营效益出发,以六至七年生收获为宜。8月末至9月中旬,茎叶变黄后开始收获。收获前半个月拆除参棚,先收茎叶,起参时从参床一端开始挖或刨,深以不伤须根为度。边刨边拣,抖净泥土,整齐摆于筐或箱内,运回加工。

2. 产地加工　按加工方法和药效,人参可分为以下三大类。

(1) 生晒参:是鲜参经洗刷干燥而成,品种分生晒参(干生晒)、全须干参、白弯须、白混须、白尾参等。

(2) 红参:将鲜参经过洗刷、蒸制、干燥而成,品种有红参、全须红参、红直须、红弯须、红混须等。

(3) 糖参:将鲜参经过洗刷、排针、浸糖、干燥而成,品种有糖棒(糖参)、全须人参(白人参)、掐皮参、糖直须、糖弯须、糖参芦等。

此外还有:大力参(烫参),是将鲜参洗刷、炸参、干燥而成,性状近似生晒参;冻干参(活性参),是将鲜参经洗刷、冷冻干燥而成;保鲜人参(礼品参),是鲜人参经刷洗,用70%酒精消毒,再用塑料袋密封;另有少量鲜参蜜片(属糖参类)。

3. 贮藏　人参贮存于密封箱中,置于通风、干燥、阴凉处。注意保持干燥,控制温湿度及防虫。

【栽培过程中的关键环节】

1. 实行秋翻　风化土壤秋翻地是使土壤风化、有机质分解、灭虫卵、灭病菌的有效措施,要把所用地块在封冻前全部翻完,翻地深度在20~25cm为宜,以保证高床栽参。

2. 搭棚调光　人参为阴性植物,生长中需足够光照又怕强光直射,既需足够水分又怕暴晒雨淋。常用搭设荫棚来调节光照和水分供应。荫棚每边要埋设立柱，前后相对，上绑搭架杆，以便挂棚帘。

3. 增施肥料　改良土壤，增施有机质肥料，为人参生长提供营养物质，改良土壤理化性状，降低土壤容重，增加孔隙度，改变土壤板结现象。

4. 适时摘蕾　除留种人参每株留几个较大的花蕾外，其余应在现蕾开花前及时摘除，使养分集中于参根，提高参根的产量及质量。

2. 三七

三七

三七 *Panax notoginseng* (Burk.) F.H.Chen 为五加科人参属植物，又名田七、金不换，以根和根茎入药，主根俗称“头子”，根茎俗称“剪口”，药材名为三七。三七为我国名贵中药材，其味甘、微苦，性温；归肝、胃经。具有散瘀止血、消肿定痛的功效；主要用于咯血，吐血，衄血，便血，崩漏，外伤出血，胸腹刺痛，跌扑肿痛。三七主要活性成分为皂苷，目前已经从三七中分离到150余种单体皂苷，主要为人参皂苷和三七皂苷，还含有三七素、多糖、黄酮等多种化学成分。

三七为我国特有物种，主要分布在云南、广西。三七种植历史迄今已达400多年，广东、四川、湖南、河南、福建、浙江等省有少量栽培。我国95%以上的种植面积分布在云南14个地州市，云南文山是著名的三七道地产区，产量最大，质量最佳。

【生物学特性】

1. 生态习性　三七对生长环境要求极其特殊，种植区域主要分布在北回归线附近海拔1 000~2 000m区域，少部分地区如广西种植区最低海拔为300m，林下种植地海拔为60m，云南种植地最高海拔为2 400m。道地产区为文山壮族苗族自治州，属低纬度高原季风气候，年均气温15.8~19.3℃，年均降雨量992~1 329mm，年均日照1 492~2 092小时，无霜期273~353天，土壤大多是弱酸性至中性红壤土。

(1) 对温度的适应：三七属温带植物，不耐寒暑，最低忍受短期0℃左右低温。生育期最适气温20~25℃，土壤温度15~20℃；出苗期最适气温15~20℃，土壤温度10~15℃，零度以下持续低温会对三七苗产生冻害。温度低于5℃，种苗不会萌发；10℃萌发率为86.67%；15℃萌发率达最高，为93.33%；温度超过20℃，种苗萌发率开始下降；30℃萌发率为零；气温超过33℃，持续时间若较长，会对植株造成危害，造成生理性病害。

(2) 对水分的适应：三七对水分非常敏感。种子水分含量与活力密切相关，含水量一般应保留在60%左右；低于17%，如果持续超过15天，种子就会失去活力；种苗出苗最适土壤水分含量为20%~25%；植株生长最适土壤含水量为20%~30%，土壤水分含量过高或过低，根、茎、叶、花的生长和发育均受到抑制，叶片叶绿素含量和光合效率显著下降，但轻度干旱胁迫，有利于三七总皂苷的积累。

(3) 对光照的适应：三七属阴生植物，光照不仅影响产量，还影响质量。不同的生长阶段对光照的要求也不一样，一年生植株对光照的要求为自然光照的8%~12%，二年生植株对光照的要求为 12%~15%，三年生植株则为 15%~20%。长日照、低光强有利于优质三七的形成。

(4) 对土壤的适应：除酸白泥土和黏重土之外，其他土壤均可种植三七，但以土质疏松、排溉方便、中偏酸性的砂壤土为好。

2. 生长发育特性

(1) 根和根茎的生长：三七为多年生宿根性草本植物。种子萌发时先长根、后发芽。经过 1 年的生长形成鲜重 1.5~3g 的种苗，种苗移栽后生长 2 年采收，第一年主根及根茎生长缓慢，第二年生长加快。最快的生长时期在 4~8 月，8~10 月生长减慢，冬季生长基本停止。

(2) 茎叶的生长：播种后一般 60~90 天出苗，一年生种苗仅有 1 片掌状复叶，没有形成地上茎，6 月左右开始形成休眠芽。到冬季发育成粗 0.60cm、长 1.30cm 左右的成熟休眠芽，进入冬眠状态。种苗从休眠芽发育完全到萌发，约需 90 天。种苗休眠需要一定时间低温（<10℃）才能打破。移栽后 3~4 月种苗休眠芽萌发，生长形成茎叶，每年 1 个生长周期，2 年后采挖。1 个生长周期有营养生长和生殖生长 2 个生长高峰。4~6 月是营养器官的快速生长期，植株迅速增高，叶片快速生长；6~8 月，植株由营养生长转向生殖生长，茎叶生长减慢，到冬季逐步停止生长，部分茎叶出现枯萎。

(3) 花与果实的发育：移栽后的第一年（二年生三七）开始出现生殖生长。一般 6 月中旬出现花薹和花蕾并迅速生长，8 月初进入开花期，9~10 月进入结果期，11~12 月为果实成熟期。二年生植株花蕾较小，结果量较少，一般为 30~50 粒；三年生植株花蕾较大，结果量较大，一般为 80~120 粒。

(4) 种子特性：为顽拗形种子，具有胚后熟特性。果实成熟时，种子胚尚未发育，还要经过 45~60 天，胚才发育成熟，形成叶、胚轴及胚根。胚的发育要经过幼胚期、器官形成期、胚成熟期几个阶段。三七种子不耐贮藏，寿命仅为 3 个月左右。所以，一般当年 10~12 月采收，12 月至翌年 2 月前播种。

【栽培技术】

1. 品种类型　目前尚无品种之分，种植的是一个混杂群体。主根形态有团形（俗称“疙瘩七”）和长形（俗称“萝卜七”）2 种；茎秆颜色有紫茎和绿茎之分。

2. 选地与整地

(1) 选地：选择海拔 1 000~1 500m、土层较厚、排水良好、有一定坡度的砂壤土种植。

商品七生产基地：宜选择海拔 1 600~2 200m、向阳、背风、土质疏松、中偏微酸性（pH 为 6~7）的砂质壤土种植。忌连作，故在选地时不能选择 8 年内种过三七的地块，海拔较高、土壤有夜潮现象的地块轮作年限要 10 年以上。前作以玉米、烟草、黄姜或豆类为宜。

(2) 整地与土壤处理：在前作收获后要及时整地和土壤处理，有条件者可提前半年对种植地块进行多次翻晒，最少也要进行三犁三耙，充分利用阳光中的紫外线对土壤进行天然消毒处理。第一次翻犁时间为 10 月初，以后每隔 15 天翻犁 1 次，翻犁深度为 30cm。翻晒要求做到土壤充分破碎，以将各土层中的病菌及虫卵翻出土面，经阳光充分暴晒死亡，减少翌年病原及虫卵数量，减轻病虫发生。在整地时，每平方米可施用 75~100g 生石灰进行消毒处理。

(3) 荫棚建造：种植三七需要人工搭建荫棚，一般采用专用遮阳网。专用塑料遮阳网荫棚每

$667m^2$ 需要七叉(支撑杆)150~200 根,购买一定数量的铁丝和三七专用遮阳网,采用 2~3 层网搭建,透光度应在 10%~15% 的范围,再按 2.0m×2.4m 打点栽叉建棚。荫棚高度以距地面 1.8m 左右、距沟底 2m 左右为宜。园边用地马桩将压膜线拉紧固定,整个遮阳网面应拉紧。

(4) 作床:栽培三七时需要作床,以方便管理和排水灌溉。作床规格因地形而异,平地、缓坡地床高为 20~25cm,坡地床高为 15~20cm。床面宽一般为 160~170cm,畦沟宽 30~40cm。一般将床面做成板瓦形,床土做到下松上实,以提高土壤的通透性。

3. 繁殖方法　采用种子繁殖,第一年播种育苗,第二年移栽,第三年采收。

(1) 选种采种及保存:在长势良好、无病的种植园中挑选植株高大、茎秆粗壮、叶片厚实宽大的健壮植株作为留种株,精心管理。11 月中上旬开始分批采收果实,选择第一至第三批饱满、无病的果实留种,最好选用三年生植株留种。最后一批种子(俗称尾籽),发芽迟缓,生长势弱,抗病性较差,不宜留种。

成熟果实呈红色(俗称红籽),采收后应及时除去果梗(俗称花盘),采用去皮机脱去果皮,在阴凉处晾干种子表面水分,用含水量 25% 左右的湿沙保存。

(2) 种子处理及分级:生产用种子应籽粒饱满、大小均匀一致、胚芽发育完全、种子活力达到 95% 以上。播种前应将种子按照《中药材——三七种子种苗》(ISO 20408:2017)国际标准要求进行分级,除去不合格种子,选用 1~3 级种子分别用 50% 甲基托布津 1 000 倍液或 50% 代森锰锌 500 倍液浸种 30 分钟,捞出晾干后播种。

种子播前用 58% 瑞毒霉锰锌 +25% 叶枯宁可湿性粉剂 + 水(1∶1∶600)溶液浸泡 15~20 分钟,或用福叶混剂(50% 福美双可湿性粉剂 +25% 叶枯宁可湿性粉剂,按 1∶1 混合而成)按种子重量的 0.5% 拌种。播种密度为(4~5)cm×5cm,每 $667m^2$ 播种量 18 万 ~20 万粒。

(3) 播种时间:12 月中下旬至翌年 1 月中下旬。

(4) 播种方法:分为人工播种和机械播种。①人工播种,即在整好的畦面上按株距 4cm、行距 4~5cm 采用压穴器压穴,人工点播,穴深 1~2cm,每穴播种子 1 粒,覆细土或充分腐熟农家肥。②机械化播种,即采用专用播种机进行,调节好株行距,将处理好的种子置于播种机内播种。机械化播种打穴、播种、覆土一次完成,效率高、作业质量好。播种后盖一层草(俗称铺厢草)保湿,随即浇灌 1 次透水。每 $667m^2$ 播种量 18 万 ~20 万粒。

(5) 苗期管理:播种后 60~90 天开始出苗,出苗前需要定期浇水,保持土壤含水量在 25%~30%,直至雨季来临。出苗后每隔 7~10 天人工除草 1 次,保证床面及作业道清洁无杂草。严禁使用化学除草剂除草。

苗期一般追肥 2 次,第一次在 4~5 月出苗时,幼苗长出小叶展开时,每 $667m^2$ 施用腐熟农家肥 2 500kg,农家肥包括家畜粪便、油枯、骨粉,不包括人粪尿;第二次在 8~10 月,施用腐熟农家肥 2 000~2 500kg,视幼苗生长情况追施草木灰适量,必要时施用三七育苗专用肥 $10~15kg/667m^2$,还可辅以磷酸二氢钾适量作为根外追肥。

(6) 起苗:12 月下旬至翌年 1 月中下旬,移栽时即可起苗。选晴天将种苗挖起,抖掉泥土,剪去小叶。如土壤过于干燥板结,应浇 1 次透水后,隔 3 天再挖。起挖时应避免损伤种苗。有损伤、有病虫、弱小的种苗不能用作种栽。

(7) 种苗运输与保管:三七种苗不耐贮藏,采挖后必须及时移栽。来不及移栽的应该用通透工具装载，置于阴凉处，忌阳光暴晒。存放时间不能超过 3 天。运输时不得与有毒、有害物质混装。

(8) 种苗移栽：选择休眠芽饱满、主根粗壮、须根发达、无病虫害的种苗，按照《中药材——三七种子种苗》(ISO 20408:2017) 国际标准的种苗分级标准要求进行分级，然后移栽，不合格的种苗不能作为生产用种苗。移栽前可将种苗用 58% 瑞毒霉锰锌 500~800 倍液或 1.5% 多抗霉素 200ppm 溶液浸泡 15~20 分钟，取出带药液移栽。现一般采用人工打穴移栽，穴深 5~7cm，每穴放种苗 1 个，坡地芽统一向下，苗床边缘芽朝外，也可用三七移栽机进行机械化移栽。放完种苗后立即盖上一层细土，以见不到种苗为宜，盖土太浅易受冻害和干旱；盖土过深易造成发芽慢、出土困难的问题。移栽时的株行距为 10cm×12.5cm~10cm×15cm，种植 2.6 万 ~3.2 万株 /667m^2。各产区可根据土壤、种苗等级、气候环境、管理水平等适当调整种植密度。

4. 田间管理

(1) 调节荫棚透光度：荫棚透光度对三七植株生长和药材产量有重要影响。一年生种苗要求透光率 8%~12%，移栽后第一年透光率以 12%~15% 为宜，第二年透光率以 15%~20% 为好。出苗期、开花期、红果期等对光照的要求也不同，要根据生育期的不同，及时调整荫棚透光度。

(2) 摘除花蕾：6 月以后植株进入现蕾期，如不作为生产用留种植株，当花蕾生长到 3~5cm 时人工摘除，可使药材产量提高 30% 左右。

(3) 保持园内湿度：在 8~9 月开花期，留种田应保持空气湿度在 75%~85%，以利于开花授粉。若空气湿度不够，应进行人工喷水；湿度过大，则需打开园门进行调节。

(4) 杂草防除：发现杂草及时清除，并集中销毁。

(5) 水分管理：种苗移栽当天应浇水 1 次。雨季来临前视土壤墒情及时灌溉，确保土壤湿度在 25% 左右。雨季来临时及时排放田间积水。

(6) 合理追肥：二年生植株追肥以农家肥为主，按照少量多次原则进行操作。4~5 月出苗展叶后开始第一次追肥，每 2 个月追施 1 次，施肥时间掌握在上午植株叶片露水干后进行。每次撒施 1 500~2 000kg/667m^2 农家肥，可配合施用含钾量高的复合肥料，每次 10~15kg/667m^2。三年生不留种植株(俗称春七)追肥 3 次，留种植株(俗称冬七)追肥 4 次。施用 N∶P∶K 比例为 1∶2∶2 的复合肥，用肥量为 20kg/667m^2，拌细火土 1 500kg，混匀后撒施于畦面。第一次追肥为出苗展叶期；第二次追肥时间为 7 月中旬的现蕾期；第三次施肥时间为 8 月初；第四次施肥时间为 12 月果实采收后，宜施速效肥料。

5. 病虫害防治及农药残留控制

(1) 病害及其防治：三七病害有 20 多种。种苗以立枯病、猝倒病危害较大；二年生以上三七以根腐病、圆斑病、黑斑病、疫病等发生最为普遍，根结线虫病也有不同程度发生。

1) 立枯病：由立枯丝核菌(*Rhizoctonia solani*)引起的苗期真菌性病害，俗称"烂塘""干脚症""烂脚瘟"，使种子、种芽腐烂，造成不出苗或幼苗茎秆基部受害而折倒干枯死亡，严重时常常使一年生三七整厢倒苗死亡。发病率在 3%~5%，常常导致种苗损失高达 10%~20%。防治方法有，①合理轮作，轮作年限不低于 8 年。②选择排水透气性能好的砂壤土种植。③选留及使用健壮无病种子，播前采用 58% 瑞毒霉锰锌可湿性粉剂 300~500 倍液浸泡 15~20 分钟。④在播后及出苗期间合理控制土壤水分；遇阴雨天气多施草木灰，增加保温和抗病能力。⑤发现病株及时拔除，用

5% 石灰水或硫酸铜浇灌病区，每 7 天 1 次，连续 2~3 次。⑥发病期用 70% 甲基托布津 500 倍液或 50% 甲霜灵可湿性粉剂 400 倍液喷雾，每 7 天 1 次，连续 2~3 次。

2）根腐病：由腐镰孢菌（*Fusarium solani*）真菌和细菌复合浸染导致的地下部分病害，俗称鸡屎烂、臭七等，一年四季均可发生，6~8 月发病严重，生长年限越长、发病越严重，一般造成损失 5%~20%，严重时颗粒无收。该病主要是种苗及土壤带菌，成为翌年病害发生的初次侵染来源，与种植制度、种苗质量关系密切。发病症状表现为两种：一种是在地下茎与主根结合处出现褐色水渍状病变，继而呈角状向上蔓延，造成幼苗茎秆基部腐烂中空，植株地上部表现为急性萎蔫，在发病部位可看到白色菌浓，闻有臭味，俗称"绿臭"；另一种症状为地下部块根初期根部末端受害，以后逐渐向内部扩展，受害病根呈黄色干腐，常可见黄色纤维状或破麻袋片状的残留物，地上部分叶片发黄，俗称"黄臭"。防治方法有，①与玉米、烤烟等作物进行轮作，轮作年限以 5~8 年为宜。②选择土质疏松、土壤结构好的缓坡地种植，种植前用氯化钴 20~25kg/667m^2 进行土壤处理。③及时清除病残体及田间杂草，集中销毁。④合理施肥，增施钾肥和有机肥，不偏追施氮肥，不施用氨态氮肥。⑤播种、移栽前将种子或种苗用 70% 敌克松 +58% 瑞毒霉锰锌可湿性粉剂（1∶1）300~500 倍液浸泡 10~20 分钟后，带药播种、移栽；发病初期用 64% 杀毒矾 + 百菌清按可湿性粉剂（1∶1）300~500 倍液灌根。

3）三七黑斑病：由链格孢菌（*Aiterharia parax*）引起的真菌性病害。主要危害植株地上部分，各产区发生普遍，危害严重，常年发病率为 20%~35%，严重的高达 90% 以上。高温多湿多发病，侵染茎、复叶柄、花轴等部位，初呈椭圆形褐色病斑，病斑上下扩展凹陷，上生黑色霉状子实体，随即在病部折垂，病斑干瘪枯萎；叶片受害，多数在叶尖、叶缘和叶片中间产生近圆形或不规则水浸状褐色病斑，后期病斑中心色泽退淡；侵染果实表面产生不规则褐色水浸状病斑，果皮逐渐干缩，上生黑色霉状子实体。该病主要靠气流、雨水传播，故在暴风雨频繁季节容易流行。7~8 月为发病高峰。防治方法有，①选用和培育健壮无病种子、种苗。②与玉米、烤烟等作物进行轮作，轮作年限以 5~8 年为宜。③用 58% 瑞毒霉锰锌和多抗霉素按 1∶1 的比例配制成 500 倍液进行浸种 15~20 分钟，然后带药液播种、移栽。④加强田间管理，及时清除病残体及田间杂草。⑤增施钾肥和有机肥，不偏追施氮肥，不施用氨态氮肥。⑥用 58% 瑞毒霉锰锌可湿性粉剂 500 倍液或 50% 多抗霉素湿性粉剂 500 倍液喷雾。

4）三七圆斑病：由槭菌刺孢（*Mycocentrospora acerina*）引起的真菌病害，主要危害植株地上部。典型症状是叶片受害时，初期产生黄色小点，遇天气潮湿或连续阴雨时蔓延迅速，很快扩展形成圆形褐色病斑，产生明显轮纹，病健交界处具黄色晕圈，直径为 5~20mm，后期叶片从叶柄开始脱落。该病易于冬春季节在中海拔地区发生，夏秋季节则主要发生在海拔较高的冷凉地区，且危害甚重。一般 6 月开始发病，靠雨水传播，10 月后发病减轻。防治方法有，①合理施肥，增施钾肥，减少氮肥使用；②选用健康种子种苗；③加强田间管理，及时调整荫棚内温湿度；④采用 70% 代森锰锌可湿性粉剂 500 倍液或 65% 代森锌可湿性粉剂 500 倍液喷雾，每隔 7 天 1 次，连续 2~3 次。

(2) 虫害及其防治：常见虫害主要有地老虎、蚜虫、介壳虫、红蜘蛛、蛞蝓等。

1）小地老虎：小地老虎（*Agrotis ypsilon*）俗名"黑土蚕"。常从地面咬断幼苗茎秆基部，并拖入洞内继续咬食，造成苗床缺株。或咬食茎叶，造成折断或缺刻。每年发生 4~5 代，以老熟幼虫和蛹在土内越冬。成虫3月中下旬羽化，白天潜伏在土缝、枯叶下，晚上出来活动，有强趋光性和趋化性，嗜甜酸香气味。4月中旬至5月中旬发生严重，以后各代危害较轻。防治方法有，①出苗前用80%敌敌畏乳剂1 000倍液及40%乐果乳剂800倍液喷洒七园厢面、厢沟及园边；②发生期间，每天早上巡视七园，见有咬断或食伤植株，即在附近土里寻找捕杀；③幼虫较小时，喷洒80%敌敌畏1 000倍液。

2）蛞蝓：俗称"旱螺蛳""肉螺蛳""鼻涕虫""黏线虫""牛鼻子虫"等。发生普遍，主要危害植株地上各部。出苗后，食害幼嫩茎叶，重则幼苗被咬断吃光，轻则茎秆被食害成瘢痕，叶子成孔洞或残缺不全。防治方法有，①结合冬春管理，用1∶2∶200倍波尔多液均匀喷洒地表2~3次，并在种植地周围撒施石灰粉，防止蛞蝓进入园内；②发生时喷洒20倍茶枯液，或用蔬菜叶于傍晚撒在七园中，次日晨收集蛞蝓集中杀灭。

【采收、加工与贮藏】

1. 采收　栽培3年后采收，摘除花蕾后采收的俗称"春七"，一般10月开始采收；留种后采收的俗称"冬七"，采收时期是12月至翌年2月。人工采收或机械采收。采收时抖去泥土，装箩筐或麻袋运回加工。

2. 加工工艺流程　鲜三七分选-清洗-初次干燥-修剪-干燥-分级-检验-包装。

(1) 冲洗及分选：采挖后摘除地上茎叶，洗净泥土，剪去根茎、支根和须根，用洁净自来水清洗干净，水洗时间一般10分钟左右，过长会导致三七皂苷流失。

(2) 修剪：将摘去须根的三七干燥至开始发软，剪下侧根和根茎。

(3) 干燥及揉搓：暴晒或烘干1天，然后进行第一次揉搓，用力要轻，以免破皮，反复日晒、揉搓，使其紧实，直到含水量13%以下。烘干温度一般为50~60℃。

加工场地应平坦、周围无遮挡物，保证有充足的日照时间。摊晒前应彻底清扫摊晒场地，扫净杂物，保证场地干燥，特别是要去除场内含有重金属的杂物，避免在摊晒过程中受到污染。

3. 贮藏加工　好的三七应设专门的仓库进行贮藏，仓库应具备专门透风除湿设备，地面为混凝土，中间有专用货架，货架与墙壁的距离不得少于1m。离地面距离不得少于50cm。水分超过14%的三七不得入库；入库三七应有专人管理，每15天检查1次，必要时应定期进行翻晒。

【栽培过程中的关键环节】

1. 选择健康种子种苗　种子种苗的好坏直接关系到三七产量和质量，栽培时必须选择长势良好、无病的健壮一年生种苗和三年生植株留种。

2. 三七忌连作　栽培时不能选择8年内种过三七的地块，海拔较高、土壤有夜潮现象的地块轮作年限要10年以上。前作以玉米、烟草、黄姜或豆类为宜。

3. 适时调整荫棚透光度　种植三七的荫棚透光度应控制在12%~20%的范围。种苗和二年七要求透光度10%~15%，出苗后5~6月可以减掉一层网，三年七透光度可以调整到20%左右。调整的原则是：出苗期透光度小，开花期后逐步增加透光度。

4. 抗旱浇水与防涝排湿　在干旱、半干旱地区，三七移栽后应视墒情抗旱浇水，使土壤水分一直保持在25%左右。三七出苗后，水分或湿度过大不利于三七的正常生长而有利于各种病害的发生，出现水分过多时应及时排涝。

5. 适时摘除花蕾　不留种的三七应在7月中下旬三七花蕾生长到3~5cm时用人工将其摘除。

3. 掌叶大黄

掌叶大黄

掌叶大黄 *Rheum palmatum* L. 为蓼科大黄属多年生草本植物，其干燥根及根茎作大黄入药。大黄为中国主要出口药材之一。味苦，性寒；入胃、大肠、肝、心包经。具有泻下攻积，清热泻火，凉血解毒，逐瘀通经，利湿退黄的功能。用于实热积滞便秘，血热吐衄，目赤咽肿，痈肿疔疮，肠痈腹痛，瘀血经闭，产后瘀阻，跌打损伤，湿热痢疾，黄疸尿赤，淋证，水肿；外治烧烫伤。大黄的主要成分有蒽醌苷、双蒽酮苷、大黄鞣酸、脂肪酸、草酸钙、葡萄糖、果糖和淀粉等。

掌叶大黄主产于甘肃、青海、西藏和四川等地，多为栽培。

【生物学特性】

1. 生态习性　掌叶大黄生于我国西北及西南海拔2 000m左右的高山区，喜冷凉气候，耐寒，忌高温。栽培多在1 400m以上的地区。冬季最低气温为 −10℃以下，夏季气温不超过30℃，年雨量为500~1 000mm，无霜期150~180天。大黄对土壤要求较严，一般以土层深厚，富含腐殖质，排水良好的壤土或砂质壤土最好，黏重酸性土和低洼积水地区不宜栽种。忌连作，需经4~5年后再种。

(1) 对温度的适应：掌叶大黄耐寒怕热，冬天能耐负20℃以下的低温。植株生长的最适温度为1~25℃，生育期最适宜的温度为15~22℃，温度超过30℃，生长迟缓。根茎迅速膨大期的气温18~22℃；宿存根茎上的子芽，在2℃下开始萌动，8℃以上出苗较快；在湿度适宜时，种子在气温5℃时可发芽生长，12~18℃生长较快，2~3天即出苗，低于0℃或高于35℃，发芽受到抑制。产区年平均温度均在10℃以下，年极端最高温度不超过31℃，年极端最低温度在 −27℃。昼夜温差大时，肉质根生长快。

(2) 对水分的适应：掌叶大黄种子吸水达到自身重的100%~120%时，便可萌发。大黄叶子大而多，蒸腾较快，所以需要湿润的土壤条件。土壤干旱易生长不良，叶片小而黄，褶皱展不开，茎矮枝短。雨水多，气候潮湿，掌叶大黄易感病或烂根。

(3) 对光照的适应：掌叶大黄喜生长在无阳光直射、阴凉湿润的半阴半阳地。

(4) 对土壤的适应：掌叶大黄为深根性植物，主根可深入土层30~45cm，以排水良好、土层深厚的腐殖质土，或砂质壤土为佳，土壤pH为中性或微碱性；其次是较深的灰棕色土壤。不宜黏重土质或过于粗松的土地，否则块根长不肥大或根系分枝较多，品质疏松。

2. 生长发育特性

(1) 根及根茎的生长：掌叶大黄为直根系，大黄出苗后胚根发育成粗大的肉质根，幼苗期主根发育迅速，形态完整。3月播种的幼苗在11月上旬主根可长达约30cm。主根发育旺盛时期在9月下旬至11月上旬。移栽后主根生长点多被损坏，所以二年生与三年生大黄主根不发达，侧根则发育迅速，可多至7~8条。二年生与三年生大黄根系也是在秋天生长迅速，这是与其喜阴湿环境、怕高温的生理习性相适应的。

一年生大黄根茎几乎不生长，二年生大黄根茎生长也较慢，三年生大黄根茎生长非常迅速。第三年入秋后，根茎生长速度逐渐加快，甚至11月初，地上部枯萎后仍在生长。

(2) 茎叶的生长：掌叶大黄播种后一周左右出苗，一年生小苗叶片小而少，只有几枚基生叶，10月进入盛叶期。春播大黄叶片数较多，秋播的只有2~3片小叶，二年后叶片数目增多，变大。抽薹后每年都有基生叶和茎生叶长出，一般基生叶大，茎生叶较小，越往上越小。二年生以上的大黄，每年地温稳定在2℃以上时开始萌动，稳定在5~6℃以上便返青出苗，4~5月间，茎叶生长迅速，8~9月恢复快速生长，进入盛叶期，再次抽生基生叶。11月初地上枯萎，进入休眠期。

(3) 花与果实的发育：春播大黄第二年就能开花，夏、秋播大黄要到第三年才能开花结实，以后年年开花结实。5月下旬或6月初现蕾，开花时间多在8~13时，花朵从开放到萎蔫不超过51小时。6~7月为花期。7~8月为果期。

(4) 种子特性：种子成熟需50~60天，成熟过程中果皮颜色发生变化，由绿色、红色至褐色。6月下旬果实成熟，种子易脱落，所以当果序大部分种子变黑褐色时，剪下晒干脱粒。大黄种子无休眠性，一般贮藏条件下，发芽力可维持2年，新鲜种子比陈种子发芽率高，最好在当年或翌年播种，在室温下贮存2年后的种子发芽率为58%，超过3年发芽率明显下降。发芽的温度为1~30℃，最适温度为15~20℃，在此温度范围内48小时即可发芽。如温度低于2℃，需40~46天才能发芽；低于0℃或超过35℃，发芽受到抑制。大黄种子发芽对光的敏感性不强，在全光照和无光照条件下均可萌发；在适当的温度条件下，无光照条件下，可以促进种子萌发。因此，在育苗时应当在种子上覆盖一定厚度的细土。

【栽培技术】

1. 品种类型　大黄的品种甚多，从商品产地上区分，大黄品种主要分为以下三大类型。

(1) 西宁大黄：本品产于青海贵德、惶源、徨中等少数民族地区。山野自生，收采后，向西宁集散，故称西宁大黄。质地坚实，颜色鲜黄，有红筋起，切开实质呈黄白色，夹有赤褐色的槟榔和朱砂点，故亦称锦纹大黄；产地加工时，削成蛋形，商品又名蛋结大黄，品质最好。

(2) 汉中吉黄：本品产于陕西汉中一带，形长成块段，亦有纵剖成片者，颜色较西宁大黄为淡，内无锦纹，品质较次。

(3) 马蹄大黄：本品产于四川一带，个大而松，如马蹄形，质粗，色带茶黄而黯黑，内心空松如丝瓜络，品质最次。

2. 选地与整地　育苗地宜选在海拔1 800~2 500m、没有阳光直射、阴凉湿润的半阴半阳地、缓坡，坡度小于20°，无积水，要求土质疏松肥沃，肥力中等，没有石块，富含腐殖质的轮歇黑壤土荒地为好。前茬作物收获后进行选地，轮作周期3年以上，宜与豆科、禾本科作物轮作，或以党参、黄连为前作，严禁连作。

种子育苗地在播前一个月进行整地，清除选好地块内杂草、石块等杂物；施入草木灰100kg/667m^2，施入厩肥100kg/667m^2，结合深翻使土壤和肥料混合均匀，不仅要耙细，还要做成120cm宽的高畦。

一般产区直播地、子芽栽植地或育苗后移栽地块需要在前茬作物收获后进行整地，深翻，多不作畦，冬前耙细耙平，保墒过冬以备早春移栽，春季土壤解冻后，细耙一遍，以利保墒。结合最后一次翻耕整地施基肥，每 667m^2 施腐熟有机肥料 1 000~1 500kg，腐熟油渣 30~40kg，草木灰 300kg。

3. 繁殖方法　掌叶大黄主要采用种子繁殖，子芽繁殖为辅。种子繁殖又有直播和育苗移栽两种形式，播种期分春播和秋播。

(1) 选种采种：掌叶大黄品种易杂交变异，应选品种较纯的三年生植株作种株，选择典型纯正、植株叶色深绿，无皱叶，无病虫害危害，生长健壮的三年生的植株为留种株。于 5~6 月抽花茎时设立支架，7 月中旬部分种子呈黑褐色时及时收割，随时成熟随时采收。采集大黄种子成熟前，花序呈淡绿色，未开放的花色呈红色或淡紫红色，成熟时转为淡棕黄色。果翅张开呈三棱形、种胚膨大呈黑色。花序呈黄褐色为过熟或干枯种子，不宜做种。采收的种子晾晒 2~3 天，除去混杂物，净度达 95% 以上，待测定种子标准水分含量为(120±10) g/kg 时，将种子装入专用布袋保存。

(2) 种子处理：先将备好的种子进行暴晒 2~3 天，提高种子温度，增强发芽势力，消除依附病虫，减轻病虫危害。播前将种子放入温度为 18~20℃的水中浸种 6~8 小时，然后捞出种子用湿布覆盖，勤翻动，每天用清水冲洗 1~2 次。当有 1%~2% 的种子发芽时，稍晾即可播种。

(3) 播种时间：种子繁殖分春播和秋播，春播在清明前后地表解冻后即可播种，秋播在立秋前后地表封冻前进行。一般以秋播为好，因当年采收的种子发芽率高，春播和秋播播种方式相同。

(4) 播种

1) 种子繁殖：种子繁殖有直播和育苗移栽两种方式。种子直播多采用穴播。按行株距 70cm×50cm 开穴，穴深 3cm 左右，每穴播种 5~6 粒，覆土 2cm 左右，每公顷用种子 30~45kg。

2) 育苗移栽：在有些不适合采取直播种植的地区或者春季干旱的时候会采用育苗移栽的方式，包括苗床播种和根芽繁殖。其中苗床播种有条播和撒播两种。①条播：横畦开沟，沟距 25~30cm，播幅 10cm，深 3~5cm，种子均匀撒于沟内，每 667m^2 用种量 3~4kg。②撒播：将种子均匀撒在畦面，每隔 2~3cm 播 1 粒种子，播后盖细土，以盖没种子为度，最后畦面盖草，每 667m^2 用种量 3~4kg。根芽繁殖：收获 3 年生以上植株时，选择母株肥大、带芽和大形根的根茎纵切 3~5 块，切口外粘上草木灰随切随栽。按行株距 55cm×55cm 打塘，每塘放 1 根茎，覆土 6~7cm，踩实。根芽繁殖虽然费工，但生长较快，一般第 2 年即能开花，第 3 年即可收获。

(5) 苗期管理：出苗 30 天后进行间苗、补苗和除草。间苗遵循去弱留强，去小留大。除草做到“除早、除小、除了”，以改善生长环境，促进幼苗生长。结合间苗除草进行根部追肥，以磷二铵复合肥、油菜饼肥、草木灰为好。追施磷二铵复合肥 15~20kg/667m^2 为宜，同时预防苗期病虫害。

(6) 移栽：春季育的苗在翌年春分至清明期间移栽，秋季育的苗在翌年秋季移栽。当清明前幼苗刚开始萌动时，先从育苗畦内挖出药苗，选健壮苗，削去侧根及尾梢移栽。按株、行距均为 60cm 的规格挖穴，穴深 15~30cm，每穴栽 1 株，再覆土盖严芦头，并压实土壤，使根与土壤紧密结合。为了降低植株的抽薹率，移栽时可采取曲根定植，即将种苗根尖端向上弯曲成“L”形。

4. 田间管理

(1) 中耕除草：大黄栽后 1~2 年植株尚小，杂草容易滋生，除草中耕的次数宜多，至第 3 年植株生长健壮，能遮盖地面抑制杂草生长，每年中耕除草 2 次就可以。

(2) 追肥：大黄为耐肥植物，施肥是提高大黄产量的重要条件之一，而且能增强有效成分的含量,每年结合中耕除草都要追肥 2~3 次。一般在移栽时每公顷施草木灰 7 500~10 500kg,或人粪尿 3 000kg,堆肥 15 000~22 500kg。第二次于 7 月末每公顷施复合肥 150~225kg。第三次于秋末植株枯萎后,施用腐熟农家肥或土杂肥壅根防冻,若堆肥中加入磷肥效果更好。以后每年结合中耕除草施肥 2~3 次,每次施用桐枯 750~1 125kg 或人粪尿 15 000kg。第一、二年秋季每公顷施磷矿粉 450~600kg。

(3) 壅土防冻:大黄根块肥大,不断向上增长,故在每次中耕除草施肥时,结合壅土于植株四周,逐渐做成土堆状,既能促进块根生长,又利排水,若能与堆肥和垃圾壅植株四周,效果更好。在冬季叶片枯萎时,用泥土或藁草堆肥等覆盖 6~10cm 厚,防止根茎冻坏,引起腐烂。

(4) 摘蕾:大黄栽后的第 3 年就要抽薹开花,消耗大量养分,除留种者外在花薹刚刚抽出时要及时摘薹。摘薹时应选晴天进行,从根茎部摘去花薹,并用土盖住根头部分和踩实,防止雨水浸入空心花序茎中,引起根茎腐烂。

5. 病虫害及其防治

(1) 病害及其防治:大黄病害主要有:叶黑粉病、斑枯病(*Septoria* sp.)、轮纹病、根腐病等。

1) 大黄叶黑粉病:由黑楔孢黑粉菌(*Thecaphora schwarzmaniana*)引起的真菌病害。主要危害叶部的叶脉和叶柄。叶片受害后,叶片皱缩,病部组织变红褐色至紫黑色坏死,疤状。后期瘤肿破裂,散出黑粉,为病原菌的冬孢子。叶柄受害后,形成大小不等的瘤状隆起,排列成行,初呈黄绿色至紫红色,后变黄褐色。植株生长后期,病瘤破裂,散出黑粉。潮湿时,病斑开裂处,出现白色菌丝。严重时,病株叶片皱缩畸形,生长停滞,提前枯死,主要发生在大田栽培的二年生大黄上。

防治方法有,①加强栽培管理,选地势较高,排水良好的地方种植,注意秧苗田、大田和留种田要严格分开,避免连作和交互利用,及时清洁田园。②秧苗移栽前进行药剂处理。③土壤处理:每平方米用五氯硝基苯 3.748~5.997g,拌细土 60~70g,穴施后进行拌匀,然后进行栽植。④灌根处理:用 50% 多菌灵 600~800 倍液或 25% 粉锈宁 1 000 倍液灌根处理后移栽。

2) 大黄斑枯病:病原菌属有丝分裂真菌中的壳针孢属 *Septoria* sp.。幼苗、成株均受害,主要危害叶片。初期叶面产生近圆形、多角形、不规则形的中型病斑。严重时,整个叶片覆盖一层黑色颗粒状物。潮湿时,分生孢子器吸水释放出分生孢子,病斑表面覆盖一层厚厚的白色毛毡状物。

防治方法:于发病初期,每 7~10 天喷 1 次 1∶1∶100 的波尔多液,共喷 3~4 次。

3) 大黄轮纹病:病原菌属半知菌类球壳孢目壳二孢属(*Ascochytarhei* Ell. et Ev.)。受害叶片上产生近圆形病斑,边缘紫色,中央黄褐色,具同心轮纹,内密生黑褐色小点,发病严重时,病斑扩大连成片,可致叶片枯死。

防治方法有,①清除病残,减少菌源:大黄茎叶自然干枯后,把遗留在田间的枯茎、败叶集中烧毁,以减少越冬菌源,减轻翌年发病。②轮作:连作大黄的发病率高达 98%,而实行 3~5 年轮作者,发病率仅 10%。③发病初期喷施两次 15% 粉锈宁或 75% 百菌清 600~800 倍液。

4) 大黄根腐病:病原为镰刀菌(*Fusarium oxysporiums*)。发病部位主要在根的下部和中部,使局部或全部组织腐烂变黑,呈水渍状,与正常组织分界明显,易于剥离。地上部分叶部无明显症状,严重时会造成全株萎蔫死亡。

防治方法有，①轮作：选择箭舌豌豆、黑麦、油菜等前茬作物田和新开土地移栽大黄，可明显减轻病害，提高产量。②选择地势较高，排水良好的田块栽种。发病期间减少浇水，避免湿度过大和积水浸泡。③晒苗杀菌，在“立夏”前后移栽时，可以利用晴天将苗子茎叶去掉，在阳光下晒 1~2 小时，至表皮皱缩发柔，移栽后可明显提高防病和防抽薹效果。

(2) 虫害及其防治：药用大黄的主要虫害为酸模叶甲 *Gastrophysa atrocyanea* 和蛴螬（大栗鳃金龟，*Melolontha hirpocastanimongolica*）。

1) 酸模叶甲：酸模叶甲以成虫在寄主植物根际的土中越夏、过冬，翌年 4 月上旬成虫就开始出土取食。成虫嚼食叶肉，严重时嫩叶被害虫吃食后成片枯萎。

防治方法：①秋季深翻土地，同时对栽培地内的地面喷施 1 000 倍液的快通杀(1.2% 阿维·高氯乳液)；②播种、移栽前清除栽培地周边的酸模叶甲的寄主植物，并以 90% 敌百虫晶体 1 000 倍液喷洒地面，增加越冬成虫死亡率和减少其活动范围；③在每年 4 月上中旬药用大黄抽新芽时，喷施 1 000 倍液的严打（2.5% 高效氯氟氰菊酯微乳剂）或 1 000 倍液的快通杀，能有效地控制栽培地的虫口数；④在 4 月下旬酸模叶甲卵孵化期，浇灌 1 000 倍液的严打与人畜清肥混合液（比例 2∶1)，能有效抑制其卵孵化并杀死初孵幼虫；⑤在 5 月幼虫危害盛期，继续喷施 1 000 倍液的严打或 1 000 倍液的快通杀，能有效减少酸模叶甲的当代成虫羽化数，从而达到提前防治的效果。

2) 蛴螬：又名白地蚕，蛴螬以幼虫危害最为严重，主要取食和咬断药用大黄幼苗根系，尤其喜食一年生移栽幼苗的根茎。蛴螬一般聚集在距土表 5~20cm 处为害，严重时造成整个植株枯死。

防治方法：在 4 月上旬播种大黄的育苗期和移栽期可在地下注射 1 000 倍液的严打（2.5% α-氯氰菊酯微乳剂)，4 针 /m^2，深度 15cm；4 月下旬蛴螬卵孵化期应及时进行综合防治；在 5~7 月，每月浇灌 1 000 倍液的严打与人畜清肥混合液（比例 2∶1)，能显著减少栽培地的虫口数，达到防治目的。

【采收、加工】

1. 采收　一般定植后 2~3 年即可收获。栽培时间过久，根茎易被虫蛀，发生腐烂。收获于秋末冬初大黄叶片枯萎时进行，用锄头挖出根块，勿使受伤，除尽泥土，用刀削去地上部分，根块头部的顶芽必须全部挖掉，以防干燥期间产生糠心（即内部松弛变黑）。将鲜大黄用刀削去侧根，洗净泥土，晾干水气，用磁片刮去粗皮，运回加工。

2. 加工　大的纵切两半，长者横切成段，用细绳从尾部串起，挂在阴凉通风处阴干。削下的大黄侧根，径粗在 4cm 者，可将粗皮刮去，切成 10~13cm 的节，与大块大黄一起干燥。名“水根大黄”，亦一同供药用。

【栽培过程中的关键环节】

1. 忌水涝　大黄耐旱怕涝，因此除苗期干旱应浇水外，一般不必浇水，7~9 月雨季，应及时排除积水，防止烂根。

2. 合理施肥　大黄喜肥，播后应进行追肥 2~3 次 / 年，一般于 6 月中旬进行第一次追肥，结合中耕除草，追施腐熟有机肥，每次追肥均在根侧开沟施入。

3. 适时摘花薹　生长两年的大黄，于5月上中旬，从根茎部抽出花茎，除留种植株外，其余花茎应及时摘除。摘除花茎后用土盖住根头，踩实，防止切口灌入雨水使植株腐烂。

4. 川芎

川芎

川芎 *Ligusticum chuanxiong* Hort. 为伞形科藁本属植物，以干燥根茎入药，药材名为川芎。川芎为常用中药，其味辛，性温；归肝、胆、心包经。有活血行气，祛风止痛的功效。用于胸痹心痛，胸胁刺痛，跌扑肿痛，月经不调，经闭痛经，癥瘕腹痛，头痛，风湿痹痛等证。川芎主要含有挥发油、生物碱、酚酸类化合物等，如藁本内酯、洋川芎内酯、川芎嗪、阿魏酸等化学成分。

主产于四川都江堰市、彭州市和郫县等地。历史上栽培川芎主要集中在四川省都江堰市的徐渡、石羊及崇州的梓潼、观胜等乡，以后逐渐发展至彭州、温江、郫县、新都等地。此外，陕西、甘肃、湖南、湖北、云南、贵州等地也有栽培，但产量小。

【生物学特性】

1. 生态习性　川芎喜气候温和、雨量充沛、日照充足而又较湿润的环境。适合生长于海拔600~1 000m的坝区或丘陵。以年平均气温15℃左右，年降雨量700~1 400mm，平均相对湿度80%，无霜期300多天左右的气候环境为宜。川芎苓种培育阶段和贮藏期，要求冷凉的气候条件。川芎的全生育期为280~290天，通常8月栽种，半个月后齐苗，12月上旬，根茎物质积累最快。宜选择土层深厚、疏松肥沃、排水良好、有机质含量丰富、中性或微酸性的砂质壤土。喜有机肥，在施用一般农家肥料的基础上，加施氮肥能显著增产，配合施用磷、钾肥，能更多地提高产量。

(1) 对温度的适应：喜温。川芎适宜生态环境为亚热带湿润气候区，年均温15.2~15.7℃。最低温度不能低于-10℃，最高温度不能高于40℃。川芎的发叶、发根、幼苗生长、茎根膨大都要求较高温度。同化作用最适温度为20~30℃，当温度在10~15℃以下时，生长发育减慢。川芎栽种季节（8~9月），气温20.3~24.3℃，土温22.3~26℃，有利于苓种出芽生长。12月至翌年1月昼夜温差增大，有利于川芎茎叶中的同化物质向根茎转移，有利于物质积累。

(2) 对水分的适应：川芎前期喜湿，后期喜干。宜在雨量充沛、比较湿润的环境生长。川芎种植要求降雨量1 000mm以上。川芎栽种季节（8~9月），降水178~290mm，空气湿度大，平均84%，有利于苓种出芽生长。幼苗出土需水分充足，表土过干容易缺苗。高温季节若雨水多，地面积水，块茎极易感病腐烂。

(3) 对光照的适应：喜光。栽培地宜日照充足，要求年均日照830~1 350小时。但出苗阶段忌烈日暴晒，需盖草隐蔽，否则幼苗容易枯死。

(4) 对土壤的适应：种植川芎的土壤为紫色土、水稻土，以油砂土或夹砂土等中性或微酸性的砂质壤土栽培的川芎产量高、品质好。熟化度高、有机质丰富、微生物活跃、土体厚、结构良好、透水通气、全量养分丰富、速效养分适量、上下层差异明显、供肥力强、磷素含量高的土壤能为川芎优质高产奠定良好的物质基础。过砂或过于黏重的土壤都不适宜种植川芎。

(5) 对肥料的适应：川芎喜有机肥，对氮肥比较敏感，在施用农家肥的基础上，追施肥能显著提高产量，配施磷、钾肥效果好。

2. 生长发育特性

(1) 根的生长：川芎为须根系植物，其根具有吸收、贮藏功能。根在各生育期的作用不同，在苗期主要是吸收，在茎发生和生长期的前一段时间以吸收为主，后期还具有贮藏作用。倒苗期消耗部分干物质供越冬用。二次茎叶发生期，根在吸收养分的同时，也逐渐积累干物质。在抽茎期，根的吸收作用和贮藏作用逐渐增强，以适应地上部分快速生长。根茎膨大期，根除有较强的吸收功能外，还发挥了最大的贮藏作用。川芎根在苗期发生最快，以后的几个生育期发生缓慢。川芎根的长度在苗期增长快，其他各生育期增加缓慢。根重在倒苗前和根茎膨大期增长快。

(2) 茎的生长：丛生、直立、中空，节盘显著膨大。栽种时，作为无性繁殖材料，在川芎生长过程中起运输通道作用。川芎茎的发生在年前 9 月中旬至 11 月，第二年在 1 月中旬至 3 月底。茎的发生年前低于年后，茎的高度收获时达到最高。

栽种后 30 天以内，苓种通过自身贮藏的营养成分生根、出苗。30 天后，从 9 月中旬至 12 月中旬，川芎茎发生、生长快，单株茎数达到 8~13 个，茎高达 43~55cm，茎叶干重 15.3~19.1g；倒苗期，川芎地上部分全部枯死，至 2 月上旬川芎长出新茎；从第 210 天开始，根茎再一次迅速增长，到栽种后 270 天的 3 月上旬，川芎地上部分生长达到生育期的最高峰，茎数一般 17~25 个（最多有 40 个）、茎叶干重 27.8~33.4g、茎高 50~74cm。此后至收获，茎的生长保持动态平衡，干重增长少。

(3) 叶的生长：互生，2~3 回奇数羽状复叶。叶柄较长，叶柄基部扩大抱住茎，小叶 3~4 对，有柄，由下而上逐渐变短。叶片羽状深裂，裂片细小。在茎生长期及根茎膨大期，叶片数最多，一般可达 60 多片，收获时叶片最多的可达 100 片左右。在各生育期叶片数差异大。在茎发生和生长期、抽茎期的出叶速度最快。叶片一般完全展开后 35 天左右枯黄，在倒苗前长出的叶片大约 25 天开始枯黄，叶片的枯黄由叶尖向基部逐渐进行。从开始枯黄约 25 天后，整片叶全部枯干。

栽种后 2~3 天，从苓种基部长出第一片叶，20 天后叶片数达到每株 5~12 片，9 月底每株叶片数 7~10 片。发育 30 天时，每株叶片数 12~17 片，从栽种到发育 90 天，叶片发育速度加快，10 月至 12 月中旬，每株叶片数 50~65 片，达到头年生长量的高峰。此后进入越冬时期。2 月上旬植株开始发生新叶，随着气温逐渐回升，叶片数迅速增长，至 4 月地上部分生长量最大，单株叶片 54~75 片。

(4) 花的发育：复伞形花序，顶生或腋生，总苞片 3~6，线形；伞幅 7~20，不等长；小伞形花序有花 10~24 朵；小总苞片线形，略带紫色，被柔毛；萼齿不发育；花瓣白色，倒卵形至椭圆形，先端有短尖状突起，内曲；雄蕊 5，花药淡绿色；花柱 2，长 2~3cm，向下反曲。花期 7~8 月。

(5) 果实的发育：双悬果卵形，幼果两侧扁压，长 2~3cm，宽约 1mm；背棱槽内有油管 1~5 个，侧棱槽内有油管 2~3 个，合生面有油管 6~8 个。幼果期 9~10 月。

【栽培技术】

1. 品种类型　川芎主流商品有坝芎、山芎、芎苓子之分。培植在平坝田地上者，称为坝芎，以头个圆整、体质丰满、外呈黄褐色、切开内呈黄白色菊花心状为好货；种植在山区梯田者称为山芎，由于土质、肥料不及平坝，故其质地较坝芎松，外皮枯瘦，色灰黑，个头亦不圆整；芎苓子即川芎块茎上附生的苓子（川芎的种苗，又名川芎仔、小川芎等），多作香料或兽药，不作为药用，其特点为中央串穿有中空的地上茎。另外，在不到采收季节提前 1~2 个月采收者，称为乳芎，其品质甚次[注：山川芎现又指专门用以培养川芎种苗（苓子）后而过时收获的质次川芎，多在立秋前后采收]。

此外，其他地区栽培的川芎（类）商品还有：湖南茶陵和湖北襄樊、咸宁、阳新所产者为茶芎，特点是个头较圆细，表面色较浅，切面油点较少，气香稍淡；江西抚州所产为抚芎（亦有认为是川芎代用品），特点是表面色浅黄，棱角少，轮节环纹不明显，切面类白色，有的疏松有裂孔，色、香、味均淡；云南大理、下关及贵州所产者称为理芎，特点是色灰褐，粗糙，常见未去净之须根，切面油性少，味亦较淡。

2. 选地与整地

(1) 苓种培育地：选择海拔 1 000m 以上，气候阴凉的高山阳山，或半阴半阳的低山生荒地或黏壤土。栽前，除净杂草，开垦炼山，就地烧灰作基肥，挖松土壤 30cm 后，耙细整平，作成宽 1.5m 左右的畦。

(2) 大田栽植地：平坝地区栽培，前作多是早稻，早稻前茬最好是苕子、紫云英等绿肥。当早稻灌浆后，放干田水，收割后铲去稻桩，开沟作畦，畦宽约 1.6m，沟宽 30cm、深约 25cm，表土挖松整成鱼背形。最好每 667m^2 先用堆肥或厩肥 2 500kg 撒施畦面，挖土时使之与表土混匀。

3. 繁殖方法

(1) 培育苓种

1) 繁殖苓子：于 12 月下旬至翌年 1 月至 2 月上旬，将坝区川芎挖起，除去须根和泥土，然后运到海拔 1 000m 以上的山区培育“苓子”。于立春前，整平耙细畦面，抚芎按大、中、小分级栽种。分别按株行距：30cm×30cm、25cm×25cm、20cm×20cm 见方挖穴，穴深 67cm，每穴栽大的抚芎 1 个，小的 2 个，芽口向上，栽稳压实，然后，施堆肥或水肥，覆土填平穴面。

2) 育苗管理：3 月上旬出苗。齐苗后进行 1 次中耕除草，并结合进行疏苗；先扒开土壤，露出根茎顶端，选留粗细均匀、生长健壮的茎秆 8~10 根，其余的全部拔除。3 月下旬至 4 月底各中耕除草 1 次，中耕时宜浅锄，避免伤根。结合中耕除草追施 1 次有机肥，每次每 667m^2 施用腐熟粪水 2 500kg 和菜子饼 100kg。

3) 收获苓子：于 7 月中、下旬，当茎节盘显著膨大、略带紫色、茎秆呈花红色时，选阴天或晴天的早晨采挖。收挖后，剔除腐烂植株，选留健壮植株。除去叶片，割下根茎，称“山川芎”，亦可供药用。然后，将所收茎秆捆成小捆运往阴凉的山洞贮藏作繁殖材料。

4) 苓子的贮藏：苓子贮藏在山洞或阴凉的室内。贮藏时，先在地面上铺一层茅草，将茎秆交错堆放其上，再用茅草盖好。7~10 天上下翻动 1 次。立秋前取出，按节的大小，切成 3~4cm 长的短节，每节中间必须留有节盘 1 个，即成“苓子”。每 100kg“抚芎”，可产“苓子”200~250kg。然后，进行个选、分级，分别栽种。

(2) 大田种植

1) 选种及苓子处理：山地运回的苓种，放于阴凉干燥处摊开，放置约 1 周后，剔除有虫孔、节盘中空和节上无芽的芎苓子。将选好的苓子用 50% 多菌灵可湿性粉剂 500 倍液或 1∶150 倍大蒜液浸种 20 分钟，取出晾干，备用。

2) 栽种：于立秋前后进行，不得迟于 8 月底。过早，在高温影响下幼苗容易枯萎；过迟，气温已下降，对根茎生长不利。栽种应选晴天进行，当天栽完为好。栽前，将无芽或芽已损坏、茎节被虫咬过、节盘带虫或芽已萌发的苓子，一律剔除。然后，按苓子大小分级栽种。栽时，在畦面上横向开浅沟，行株距30~40cm，深3cm左右。然后，按株距17~20cm，将苓子斜放入沟内，芽头向上轻轻按紧，栽入不宜过深或过浅，外露一半在土表即可。同时，还要在行与行之间的两头各栽苓子两个，每隔10行的行间再栽1行苓子，以作补苗之用。栽后，用腐熟粪水或土杂肥混合堆肥覆盖苓子的节盘。最后，在畦面上盖1层稻草，以避免阳光直射和雨水冲刷。每667m^{2}用苓子30~40kg。主产区四川的药农多采用栽苓专用工具"菩耙子"栽种，速度快，质量好。

4. 田间管理

(1) 中耕除草：一般进行4次。第1次在8月下旬齐苗后，浅锄1次；间隔20天后进行第2次中耕除草，宜浅松土，切勿伤根；再隔20天进行第3次除草，此时正值地下根茎发育盛期，只拔除杂草，不宜中耕；第4次于翌年1月中、下旬当地上茎叶开始枯黄时进行，先清理田间枯萎茎叶，不行中耕除草，并在根标周围培土，以利根茎安全越冬。这次培土，产区药农称"薅冬药"。

(2) 施肥：川芎栽种后的当年和第2年，当地上茎叶生长旺盛，形成一定的营养面积，制造大量的干物质时，才能将养分输送到地下根茎，促其生长发育健壮。因此，在栽后的两个月内需集中追肥3次，可结合中耕除草进行。第1次每667m^{2}施用腐熟粪水1 000~1 500kg、腐熟饼肥25~50kg，加3倍水稀释，混合均匀穴施；第2次每667m^{2}用腐熟粪水1 500~2 000kg、腐熟饼肥30~50kg，兑2倍水稀释施入；第3次每667m^{2}先施入腐熟粪水2 000~2 500kg，兑1倍水稀释施入，过后用饼肥、火土灰、堆肥、腐熟粪水等500kg混合成干肥，于植旁穴施，施后覆土盖肥。时间在霜降以前为宜，过迟，有机肥不易分解，肥效不高。翌年1月"薅冬药"时，结合培土，再施1次干粪，2~3月返青后，再增施1次稀薄腐熟粪水，以促进生长发育，可提高产量。

5. 病虫害防治及农药残留控制

(1) 病害及其防治

1) 叶枯病 *Septoria* sp.：多在5~7月发生。危害叶片。发病时，叶部产生褐色、不规则的斑点，随后蔓延至全叶，致使全株叶片枯死。

防治方法：发病初期喷65%代森锌500倍液、50%退菌特1 000倍液或1∶1∶100波尔多液防治，每10天1次，连续3~4次。

2) 白粉病 *Erysiphe heraclei* DC.：7~10月发生，高温高湿时发病严重。主要危害叶片。发病初期，叶背和叶柄上出现灰白色的白粉，后期病部出现黑色小点，严重时使茎叶变黄枯死。

防治方法：①收获后清理田园，将残株病叶集中烧毁；②发病初期，用25%粉锈宁1 500倍液或50%托布津1 000倍液喷洒，每10天1次，连喷2~3次。

3) 根腐病 *Fusarium oxysporum* Schlecht.：在生长期和收获时发生。主要危害根部。发病根茎内部腐烂成黄褐色软腐状，有特殊的臭味，地上部分叶片逐渐变黄脱落。

防治方法：①在收获和选种时，剔除有病的"抚芎"和已腐烂的"苓子"，栽种前用50%多菌灵可湿性粉剂500~800倍液浸种20分钟；②注意排水，尤其是雨季，防止地面积水；③发生后立即拔除病株，集中烧毁，以防蔓延。

(2) 虫害及其防治

1) 川芎茎节蛾 *Epinotia leucantha* Meyrick：整个生育期危害茎、根状茎。以幼虫蛀入茎秆，咬食节盘，危害苓子，造成缺苗。严重时多半绝收。

防治方法:①在育芽和子芽贮藏期,喷80%敌百虫1 000~1 500倍液防治;②栽种前,用40%乐果乳油1 000倍液,浸泡苓子3小时后下种;③幼虫钻入前或钻入初期,用40%乐果乳油1 000倍液防治。

2) 蛴螬:为铜绿丽金龟 *Anomala corpulenta* Motschulsky 的幼虫。9~10月危害幼苗。

防治方法:①灯光诱杀;②人工捕杀;③用90%敌百虫晶体1 000~1 500倍液浇注根部周围土壤;④将石蒜鳞茎洗净捣碎,于追肥时,每挑腐熟粪水放3~4kg石蒜浸出液进行浇治。

3) 红蜘蛛 *Tetranychus cinnabarinus*(Boisduval):危害叶片。

防治方法:可用杀苏(每667m^2用Bt类30g+水50kg)、虫满威(阿维菌素)或苦参煎煮液(每667m^2用苦参5kg熬水浓缩成40kg液体)浸苓子;严重时可用20%螨死净2 500倍液喷施。

【采收、加工与贮藏】

1. 采收　平原地区在栽后第二年的5月下旬或6月上旬收获,山区在7月中旬收获。择晴天,挖出根茎,抖掉泥土,除去茎叶。在田间稍晒水气,运回及时干燥。

2. 产地加工　晒干或烘干均可。烘干时,火力不宜太大,每天翻烘一次,把半干块茎取出,用撞篼撞一次。续烘时,下层放新鲜的块茎,上层放半干的,待上层有部分全干后,再分上下层各撞一次,除尽泥土及须根,选出全干的,即为商品。未干的继续烘,直至全干为止。

川芎每667m^2生产干货150kg左右,高产可达300kg。折干率为30%~35%。

3. 贮藏　置阴凉干燥处保存,防蛀防霉变。

【栽培过程中的关键环节】

选择优良品系,生成上选正山系做种,且注意苓子分级;科学配方施肥,确保及时施肥。

丹参

5. 丹参

丹参 *Salvia miltiorrhiza* Bunge. 为唇形科多年生草本植物,又称血参、赤参、红根等,以干燥根及根茎入药,药材名为丹参。《神农本草经》将其列为上品。其味苦,性微寒;归心、肝二经。具有活血祛瘀、通经止痛、清心除烦、凉血消痈等功效,用于治疗胸痹心痛、脘腹胁痛、癥瘕积聚、热痹疼痛、心烦不眠、月经不调、痛经经闭、疮疡肿痛。

丹参主要含有脂溶性丹参酮类和水溶性丹酚酸类化学成分,其中脂溶性丹参酮类包括丹参酮Ⅰ、$Ⅱ_A$、$Ⅱ_B$、Ⅴ、Ⅵ,隐丹参酮,异丹参酮Ⅰ、Ⅱ、$Ⅱ_B$,异隐丹参酮等,有抗菌、抗炎、治疗冠心病等活性;水溶性酚酸类包括丹酚酸A、B、C、D、E、F、G,迷迭香酸,紫草酸B,丹参素,原儿茶酸,原儿茶醛和咖啡酸等,有改善微循环、抑制血小板凝聚、减少心肌损伤和抗氧化等活性。丹参为主要原料制成的中成药有丹参片、丹参口服液、丹参舒心胶囊、复方丹参片、复方丹参滴丸、复方丹参注射液等。

由于丹参疗效显著,临床用量不断增大,已成为大宗药材,市场供销两旺。丹参分布广,适应性强,国内大部分地区有分布和栽培。主产于四川中江、绵阳,江苏盐城、南通,山东临沂,安徽亳州、蒙城,陕西商州等地。随着人工栽培丹参面积的不断扩大,与之相关的理论研究逐渐增多,在引种栽培、繁殖方法、栽培模式、品质比较、组培快繁等方面的工作已取得很大进展。目前的研究热点集中在应用生物技术手段调控丹参次生代谢上，以保证和提高丹参品质。

【生物学特性】

1. 对环境条件的要求　分布范围广，适应性强，生于林缘坡地、沟边草丛、路旁等阳光充足、空气湿度大、较湿润的地方。性喜温和气候，较耐寒，可耐受 -15℃以上低温。生长最适温度为20~26℃，最适空气相对湿度为 80%。产区一般年平均气温 11~17℃，年降水量 500mm 以上。根部发达，长度可达 60~80cm，怕旱又忌涝，栽种地土壤酸碱度以微酸性到微碱性为宜。以地势向阳，土层深厚，中等肥沃，排水良好的砂质壤土为好。

2. 生长发育特性　种子在 18~22℃，15 天左右出苗，新种子出苗率 70%~80%，陈种子发芽率极低。根在地温 15~17℃时开始萌生不定芽，根条上段比下段发芽生根早。当 5cm 土层地温达到10℃时，开始返青，3~5 月为茎叶生长旺季，4~6 月枝叶茂盛，陆续开花结果。7 月之后根生长迅速，7~8 月茎秆中部以下叶部分或全部脱落，果后花序梗自行枯萎，花序基部及其下面一节的腋芽萌动并长出侧枝和新叶，同时又长出新的基生叶，此时新枝新叶能增加植物的光合作用，有利于根的生长。8 月中、下旬根系加速分支、膨大，此时应防止积水烂根，增加根系营养。10 月底至 11 月初，平均气温 10℃以下时，地上部分开始枯萎。丹参抗寒力较强，初次霜冻后叶仍保持绿色。温度降至 -5℃时茎叶在短期内仍能经受。气温在 -15℃左右，最大冻土深 43cm 左右时仍可安全越冬。

根中丹参酮类成分在皮部含量高，木质部含量极少，而皮越厚，丹参酮含量越低，说明丹参酮类成分主要分布在根的表面。其中，隐丹参酮集中分布在根表皮，含量比皮层或中柱高 10~40 倍，所以细根的含量比粗根约高 1 倍。因此，栽培上应采取相应措施，促使根系分支，增大根系表面积。

【栽培技术】

1. 品种类型　丹参原植物为丹参 *Salvia miltiorrhiza* Bunge.。迄今报道丹参有 2 个变种和 1 个变型，原变种 *S. miltiorrhiza* var. *miltiorrhiza*，单叶丹参 *S. miltiorrhiza* var. *charbommellii* 和白花丹参 *S. miltiorrhiza* f. *alba*。单叶丹参以叶片主要为单叶为特征，分布于河北、山西、陕西、河南和山东；白花丹参的花冠为白色或淡黄色，为山东特产。在药材性状上三者没有区别，在产地向来混同收购，白花丹参的脂溶性活性成分含量较原变种高。目前国内丹参单倍体育种、多倍体育种、辐射育种、太空育种等工作均有开展，并选育出了一些优良品种，如裕丹参、陕黄、大红袍、航天丹参、川丹参 1 号等。

2. 选地与整地

(1) 育苗地：选择地势高燥、土层深厚、方便排灌的地块。播种前深翻 2 次，每 667m^2 施用腐熟厩肥 1 000kg、磷酸二铵 10kg，耙平磨细，作成高 25cm、宽 1.2m 的畦，畦沟宽 30cm，四周开好排水沟。

(2) 种植地：选择地势向阳、土层深厚疏松、土质肥沃、排水良好的砂质壤土栽种。忌连作，可与小麦、玉米、葱头、大蒜、薏苡、蓖麻、夏枯草等作物或非根类中药材轮作，或在果园中套种。不适于与豆科或其他根类药材轮作。

前茬作物收割后，每 667m^2 施农家肥 1 500~2 000kg，深翻 30cm 以上，耙细整平后，作成宽80~130cm、高 25cm 的高畦，四周开好排水沟系，以利于排水。

3. 繁殖方法　分有种子繁殖、分根繁殖、扦插繁殖和芦头繁殖。

(1) 种子繁殖:可以大田直播,也可以育苗移栽,以育苗移栽多用。

1) 留种技术:丹参花期为5~8月,一般顶端花序先开花,种子先成熟,但花序基部及其下面一节的腋芽萌动并不断生出侧枝和新叶,这样不断有新的花序产生,种子的成熟时期也不一致,这就要求采收种子时应分批多次进行。6月花序变成褐色并开始枯萎,部分种子呈黑褐色时,即可采收。采收时将整个花序剪下,置通风阴凉处晾干,脱粒,即可秋播育苗,供春播用的种子应阴干贮藏,防止受潮发霉。

2) 大田直播:3月播种,采取条播或穴播,穴播行距30~40cm,株距20~30cm,穴内播种量5~10粒,覆土2~3cm。条播沟深3~4cm,覆土2~3cm;沟深1~1.3cm时,覆土0.7~1cm,播种量0.5kg/667m^2。如果遇干旱,播前浇透水再播种,半月左右即可出苗,苗高7cm时间苗。

3) 育苗移栽:丹参种子于6~7月间成熟,采摘后即可播种。在整好的畦上按行距25~30cm开沟,沟深1~2cm,将种子均匀地播入沟内,覆土以盖住种子为度,播后浇水,盖草保湿。用种量7.5kg/hm^2,15天左右可出苗。当苗高6~10cm时间苗,一般11月左右,即可移栽定植于大田。北方地区在3月中、下旬,用种子按行距30~40cm开沟条播育苗,种子细小,盖土宜浅,以见不到种子为宜,播后浇水,盖地膜保温,半个月后在地膜上打孔以助出苗,苗高6~10cm时间苗,5~6月可定植于大田。一般种子繁殖的生长期为16个月。

(2) 分根繁殖:又称根插。2~3月或11月上旬,选一年生健壮无病虫的新鲜粗壮色红的侧根,直径1cm左右,用枝剪剪成5~7cm长的根段,随栽随挖,边切边栽。老根、细根不能作种,老根作种易空心、须根多,细根作种生长不良、根条小、产量低。

在备好的栽植地上按行距30~40cm、株距20~30cm开穴,穴深3~5cm,穴内施入农家肥,1 500~2 000kg/667m^2。一般取根条中、上段萌发能力强的部分和新生根条,边切边栽,大头朝上,直立穴内,不可倒栽,每穴栽1~2段,盖1.5~2cm厚的土,压实,每667m^{2}需种根50~60kg。栽后50天左右出苗,为使提前出苗、延长生长期,可采用根段催芽,于11月底至12月初挖深25~27cm的沟槽,把剪好的根段铺入槽中,约6cm厚,盖土6cm,上面再放6cm厚的根段,再上盖10~12cm厚的土,略高出地面,防止积水,天旱时浇水,并经常检查以防霉烂。第二年3月底至4月初,根段上部都长出了白色芽,即可栽植大田。采用该法栽植,出苗快、齐,不抽薹,不开花,叶片肥大,根部充分生长,产量高。

(3) 扦插繁殖:南方于4~5月进行,北方于6~8月进行,剪取生长健壮的茎枝,截成17~20cm长的插穗,剪除下部叶片,上部留2~3片叶。在整好的畦内浇水灌透,按行距20cm、株距10cm开沟,将插穗斜插入土1/2~2/3,顺沟培土压实,搭矮棚遮荫,保持土壤湿润。一般20天左右便可生根,成苗率90%以上。待根长3cm时,便可定植于大田。也可以将剪下的带根枝条直接栽种。

(4) 芦头繁殖:3月上、中旬,选无病虫害的健壮植株,剪去地上部茎叶,留长为2~2.5cm的芦头并带心叶作种苗,按行株距(30~40)cm×(25~30)cm,挖3cm深的穴,每穴栽1~2株,芦头向上,覆土盖住芦头为度,浇水,40~45天(即4月中下旬)芦头即可生根发芽。

4. 田间管理

(1) 中耕除草:采用分根繁殖法种植的,常因盖土太厚,妨碍出苗,因此3~4月幼苗出土时要进行查苗。如果发现盖土太厚或表土板结,应将穴土挖开,以利出苗。丹参生育期内需进行3次中耕除草，第一次在苗高10~15cm时，浅耕以避免伤根；第二次在6月；第三次在7~8月。封垄后停止中耕。育苗地应拔草，以免伤苗。

(2) 合理施肥：丹参根系吸肥力很强，既可从土壤表层，也可从土壤深层吸收养料，所以一般中等肥力的土壤就可良好生长。当氮、磷、钾肥严重亏缺时，植株生长会表现出生理病态，生产中可适当多施基肥，配合追施氮肥。

移栽时作基肥的氮肥不能施用太多，一般N∶P=1∶1时产量可提高1倍。N∶P∶K=1∶2.5∶2可使丹参素和总丹参酮含量分别提高1/4和1/5。中期可追施适量氮肥，以利于茎叶生长。第一次除草后结合灌水或者降雨进行追肥，一般以氮肥为主，如施腐熟粪肥1 000~2 000kg/667m^2，以后配施磷、钾肥，如肥饼、过磷酸钙、硝酸钾等，第三次施肥于收获前2个月，应重施磷、钾肥，促进根系生长，每667m^{2}施肥饼50~75kg、过磷酸钙40kg，两者堆沤腐熟后挖窝施，施后覆土。此外，微量元素可提高丹参产量和活性成分含量，锰肥有利于丹参酮及丹参素的累积，硼肥有利于丹参产量增加。因此在丹参生长发育旺盛时期可施适量微肥。

(3) 排灌水：丹参出苗期和幼苗期需水量较大，要经常灌水以保持土壤湿润。丹参根系为肉质根，怕旱又怕涝，遇干旱应及时灌水。但遇到田间积水会造成烂根，因此需要及时疏通排水沟。

(4) 摘除花薹：除留种植株外，应及时摘除花薹以抑制生殖生长，减少养分消耗，从而促进根部生长发育。

(5) 剪老秆：留种植株在剪收种子后，茎叶枯黄，一般在6月下旬至7月上旬应齐地剪除枯萎老秆，以利基生叶重新长出，促进根部生长。

5. 病虫害防治及农药残留控制

(1) 病害及其防治：常见病害有根腐病、叶斑病、根结线虫病、菌核病等。

1) 根腐病：由真菌中一种半知菌引起，生病植株根部发黑腐烂，地上部分个别茎枝枯死，严重时全株死亡。防治方法有，①农业防治：若选择地势高的地块种植，雨季及时排除积水，严格选用健壮无病种苗，适当进行轮作等。②农药防治：发病初期用50%甲基托布津800~1 000倍液灌根，拔除病株并用石灰消毒病穴。

2) 叶斑病：为细菌性病害，主要危害叶片。一般在5月初发生，一直延续到秋末。初期叶片上生有圆形或不规则形深褐色病斑，严重时病斑扩大汇合，致使叶片枯死。防治方法有，①农业防治：如加强田间管理，实行轮作，冬季清园烧毁病残株，注意排水、降低田间湿度；②发病前喷1∶1∶(120~150)波尔多液，每7天喷1次，连喷2~3次，发病初期也可喷施50%多菌灵1 000倍液。

3) 根结线虫病：圆形动物门、线虫纲一种低等线形动物，寄生在丹参根部，促使须根上形成许多瘤状结节，引起地上部生长瘦弱，严重影响产量和品质。防治方法：①建立无病留种田，避免种根污染；②实施轮作倒茬；③选择地势高燥、无积水的地方种植；④用80%二溴氯丙烷2~3kg加水100kg，在栽种前15天开沟施入土中，并覆土进行土壤消毒，也可拌施辛硫磷粉剂2~3kg/667m^2。

4) 菌核病：为真菌性病害，发病植株茎基部、芽头及根茎部等部位逐渐腐烂，变成褐色，并在发病部位、附近土面及茎秆基部的内部生有黑色鼠粪状菌核和白色菌丝体，严重时植株枯萎死亡。

防治方法:①加强田间管理,及时疏沟排水;②实行水旱轮作;③发病初期及时拔除病株,并用50%氯硝胺0.5kg加石灰10kg,撒在病株茎基及周围土面,或用50%腐霉利1 000倍液浇灌。

(2) 虫害及其防治:常见虫害有蚜虫、银纹夜蛾、棉铃虫、蛴螬、地老虎金针虫等。

1) 蚜虫:主要危害叶及幼芽。防治方法为用50%杀螟松1 000~2 000倍液或40%乐果1 500~2 000倍液喷雾,每7天喷1次,连续2~3次。

2) 银纹夜蛾:以幼虫咬食叶片,夏、秋季发生。咬食叶片造成缺刻,严重时可把叶片吃光。防治方法为①冬季清园,烧毁田间枯枝落叶。②悬挂黑光灯诱杀成虫。③喷洒90%敌百虫500~800倍液,或杀灭菊酯2 000倍液,每7天喷1次消灭幼虫。

3) 棉铃虫:幼虫危害蕾、花、果,影响种子产量。防治方法为现蕾期喷洒50%辛硫磷乳油1 500倍液或50%西维因600倍液。

4) 蛴螬、地老虎:4~6月发生,幼虫在地下咬食丹参根部。防治方法为①撒毒饵诱杀或在上午10时人工捕捉;②用90%敌百虫1 000~1 500倍液浇灌根部。

5) 金针虫:主要有沟金针虫、甘薯金针虫、细胸金针虫,5~8月大量发生,使植株枯萎,防治方法同蛴螬。

此外,还有中国菟丝子的发生,生长期应及时铲除病株,清除菟丝子及其种子。

【采收、加工与贮藏】

1. 采收　栽培年限为3年时,酚酸类与丹参酮类成分含量较高,但年均亩产量以栽培年限为1年时最高,故山东等丹参主产地均采用育苗移栽方式,栽培年限保持为1年。

春栽丹参于当年10~11月地上部枯萎时或翌年春萌发前采挖。采挖时先将地上茎叶除去,深挖参根,防止挖断。亩产丹参鲜品一般在900~1 200kg,鲜干比为(3.1~4.1):1,即每667m^2生产丹参干品300kg左右。

2. 产地初加工　采收后的丹参可晒干,也可烘干。如需条丹参,可将直径0.8cm以上的根条切下,顺条理齐,暴晒,不时翻动,7~8成干时,扎成小把,再暴晒至干,装箱即成。如不分粗细,晒干去杂后装入麻袋者称"统丹参"。烘干以40~60℃为宜,低温烘干或者变温烘干可以提高活性成分含量和外观品质。

3. 药材质量标准　以长圆柱形,顺直,表面红棕色,外皮紧贴不易剥落,有纵皱纹,质硬而脆,易折断,断面坚实,略呈角质样,断面灰黄色或黄棕色,菊花纹理明显者为佳。气微,味微苦涩。干品水分含量不得过13.0%,总灰分不得过10.0%,酸不溶性灰分不得过3.0%,丹参酮II_A含量不得少于0.20%,丹酚酸B含量不得少于3.0%。

4. 包装与贮运

(1) 包装:包装前清除劣质品及杂质,再次检查是否已充分干燥,使用清洁卫生的编织袋、麻袋或纸箱包装,每件包装应注明品名、规格、产地、批号、包装日期、生产单位,并附有质量合格的标志。

(2) 贮藏:仓库应通风、干燥、避光,防止虫蛀、霉变、腐烂、泛油等现象发生,并定期检查。室温避光储存不宜超过24个月。

(3) 运输:批量运输时,不应与其他有毒、有害、易串味物质混装。运载容器应具有较好的通气性，以保持干燥，并应有防潮措施。

【栽培过程中的关键环节】

1. 选地整地注意事项　丹参是深根系作物，忌连作，怕旱忌涝，因此要轮作倒茬，至少两年轮作倒茬一次，选择非根类药材轮作，最好选玉米、小麦等禾本科做前茬。重施基肥后将土壤深翻，耙细整平后做高畦，并在四周挖好排水沟。

2. 种子种苗选择原则

(1) 种子繁殖：丹参种子细小，不耐储存，极易丧失生活力，因此种子繁殖需要选择当年新采收的比较饱满的种子，千粒重在 1.64g 左右，肉眼观察颜色越黑亮越好，发芽率大于 70%。播种后覆土要浅。

(2) 分根繁殖：注意选择一年生比较粗壮、粗度 1cm 左右侧根，剪取根上部位，进行极性标注，栽种时不可倒栽。

3. 病虫害防治注意事项　目前生产上主要的病害是根腐病和根结线虫病，为了获得无公害中药材，选留种子种苗时应该剔除带病带菌者，并对繁殖材料进行消毒处理，如用多菌灵预处理丹参根段可以预防根腐病。或者用二溴氯丙烷进行土壤消毒预防根结线虫病。同时应加强田间管理，提高丹参植株自身的抗病性和抗虫性。一旦发现病虫害，及时采取有效措施进行正确防治，将农药残留降到最低。

4. 采收加工注意事项　为了提高产量和有效成分含量应尽可能采取措施促进根系分支，可以栽种一年后于秋季地上部分枯萎时采挖，挖后晾晒或者烘干，然后根据根条粗细分级包装。

6. 太子参

太子参

太子参 *Pseudostellaria heterophylla*(Miq.)Pax 为石竹科多年生草本植物，以干燥块根入药，药材名太子参。始载于《本草从新》，因其根部白而细小，仿如稚嫩孩童，故此又名孩儿参、童参等。太子参味甘、微苦，性平；归脾、肺经。具有益气健脾、生津润肺之功效，用于脾虚体倦，食欲不振，病后虚弱，气阴不足，自汗口渴，肺燥干咳。

太子参含有糖类、苷类、环肽类、氨基酸、磷脂类等多种成分，临床运用中通常能达到益气不升提、生津不助湿、扶正不恋邪、补虚不峻猛的效果。

太子参主要分布于华东、青藏高原、华中、华北、东北地区，其主要产地有福建柘荣、福鼎、霞浦等县，贵州施秉、黄平县，辐射十六县市，安徽宣城市、亳州、黄山等皖南地区，山东、江苏、浙江、湖南、江西等省也有生产。随着太子参保健功能的开发问世，太子参的种植面积增加，现今形成了安徽宣城市、贵州施秉、福建柘荣三大主产区，太子参也成为了主产区的重要经济作物，影响着主产区的经济发展。近年来，太子参常规栽培体系、质量综合评价体系已基本建立，在药材等级标准化、化学成分、新品种选育等方面也已取得较大进展。由于太子参是忌连作作物，须隔 2~3 年轮作方可再种，因此连作障碍已成为制约太子参产业发展的重要因素。揭示太子参连作障碍发生机制，找出主要因素，提出防治措施是太子参产业化生产中亟待解决的难题。

【生物学特性】

1. 生长发育习性　太子参的生育期在135天左右，通常于当年11月下旬至12月下旬种植，翌年6月下旬至7月上旬进行采收。太子参2月上旬即可出苗，3月初进入现蕾期、开花期，能明显地看到花粉和柱头；地上部植株形成分支，叶面积增大；地下部根的数量和长度增加。4月中旬，块根增粗呈现纺锤形或胡萝卜形（品种间差异）。5月中旬，太子参进入生育后期，茎叶生长量接近最高峰，当温度高于30℃时停止生长并逐渐枯萎，地下新生的块根彼此分开，根的直径和重量增加，植株进入休眠越夏阶段。

2. 对环境条件的要求　太子参多野生于阴湿山坡的岩石缝隙和枯枝落叶层中，或是疏松、肥沃含有丰富腐殖质的砂壤土或黄壤土中。怕旱也怕涝，积水过多易造成块根腐烂，病害感染；怕炎热暴晒，气温高于30℃时，植株生长受到阻碍。但太子参耐寒，-20℃的气温下，块根也能安全越冬，因此温和湿润的气候更适宜它的生长。研究表明，太子参最适宜的生长环境为：最干旱时期月降水量在20~60mm之间；最暖季平均温在21.5~30.5℃之间、雨水充沛期间降水量350~1 200mm最适，土壤以不饱和薄层土、饱和黏磐土即黄棕壤、深色淋溶土即黄壤、黄红壤为佳。

【栽培技术】

1. 品种　随着人们对近年来太子参的药用价值的认识度不断提高，太子参的市场需求也不断增加，为消减太子参生产困境、提高太子参产量，近十几年来，不断有太子参新品种选育而成。目前太子参种植的品种有：福建柘参1号、2号、3号，贵州黔太子参1号，山东抗毒1号，安徽宣参1号等。其中柘参3号为柘参1号（二倍体）经过染色体加倍成四倍体选育而成，其生物性状与柘参1号相似，但其产量及抗病性等优于其他品种，目前在柘荣县已得到大面积推广。其他品种在叶形、根形等形态特征上存在一定差异（表12-1）。

表12-1　不同品种的形态特征比较

品种	株高/cm	叶形	块根	结实率	茎
柘参1号	10~13	卵形、全缘无波状	纺锤形	开花结果，含种数6~8粒	无分支
柘参2号	11~14	卵状、披针形全缘微波状	胡萝卜形	不开花结果	分支4~6个
黔太子参1号	10~20	宽卵形或卵状菱形	长纺锤形	开花结果，含种子6~19粒	分支5~8个
抗毒1号	15~21	上部叶片轮生状，长卵形；下部叶片匙形或倒披针形	长纺锤形	开花结果，内有种子7~8粒	有分支
宣参1号	13~20	卵形	细长纺锤形	蒴果瘦小，结实率低	分支能力强，株型紧凑

2. 选地整地

（1）选地：选择土层深厚、疏松、腐殖质丰富、肥沃的砂质壤土或黄壤土，坡度以0°~10°有良好排水条件的山坡旱地最适宜。同时，太子参忌连作，要求种参地 3 年以上未种植过太子参，前茬以荒地或前茬作物是水稻、豆类者为佳。

(2) 整地：太子参栽种前，首先需对耕作层进行深耕、晒垡，深耕至 20~30cm。同时，根据土壤肥力情况，施入充足基肥。此外，为了避免种植地中土病虫害对幼苗的影响，可以在播种前按 200ml/667m^2 50% 辛硫酸乳油和 10kg/667m^2 的混合泥粉混匀后，撒播于土壤表层，再用 500 倍液的 50% 多菌灵可湿性粉 2g/667m^2 的量喷施在土壤表面。然后将施入基肥或已经撒施药剂的表层土深翻于土层中，再用耕耙将土壤耙匀。紧接着将地整成宽 80~130cm、高 20~30cm 的瓦背形高畦，畦间间隔宽 20~30cm、深 25~30cm 排水沟，畦和排水沟的走向需与坡向保持一致，以利排水、防涝。

3. 选种与播种

(1) 繁殖方法：由于太子参蒴果成熟后种子自然开裂脱落，并且太子参种子的成熟期不一致，大面积收集成熟一致的种子较难。同时，太子参种子具有较强的休眠特性，破除休眠方法较为复杂，通常需要用沙藏等。因此，生产上多以块根进行无性繁殖。在种植太子参翌年的 6 月初，选择长势健壮、参体圆润肥壮、芽头饱满、长势一致、无病虫害的太子参块根作为目标种参并原地留种保存。在立冬前后进行采挖，保存半个月左右后进行栽种。

(2) 栽植方式：太子参在 11 月中下旬至 12 月下旬进行栽种较为适宜。栽种时，种参用量一般控制在 30~35kg/667m^2 范围内，实际生产中可以根据土壤肥力水平和播种方式的差异进行酌情增减。

太子参播种方法有穴播和条播 2 种方式。①穴播：用锄头在畦挖出 8~10cm 深的穴，行株距可以控制在(13~15)cm×(13~15)cm 范围内。②条播：用锄头、木棍或专业开沟器在已经做好的畦面上，沿着畦面方向，划出 12~15cm 宽、8~10cm 深的条沟，然后将种参定值于沟内。根据种参放入条沟的方式又可以分为平栽和竖栽 2 种方法。①平栽即将不同种参按照 5~7cm 的株距，首尾相接、平直地放入条沟内。②竖栽时将种参垂直地置入沟底，放置时芽头统一向着畦面方向，并做到“上齐下不齐”，以芽头离地表 5~7cm 为宜。竖栽由于空间占用较少，其播种量可以少于平栽。

4. 田间管理

(1) 水分管理：太子参怕干旱也怕涝，因此在生产上要特别注意水分管理，雨季要及时做到排水防涝，干旱季节要及时灌水。根据太子参种植地历年的天气情况，同时结合短期天气预报，做到在雨季到来前，检查参地畦沟、排水沟是否通畅，做到畦沟、边沟顺畅相接，确保雨季参地不积水，雨后若有积水及时排出，防止积水后遇到高温天气，导致块根腐烂死亡。在干旱季节，特别是在太子参苗期和膨大关键时期，如遇到参地土壤过于干燥，可以在傍晚浇水 1~2 次，保持土壤湿润，以免影响块根形成。

(2) 施肥管理

1) 基肥：种植前，将准备好的厩肥 1 500~2 000kg(或微生物有机肥 400kg) 与有机复合肥 100kg/667m^2 混合拌匀，均匀施于种植沟内，用松土略加覆盖，尽量避免与种参直接接触。由于追肥易对太子参的块根造成损伤，且肥料与种参直接接触，种参极易引发霉烂。因此太子参生产重施基肥为主、少量追肥为辅。

2) 追肥：太子参在生长季节施追肥与否以及追肥多少通常根据太子参的生长状况以及基肥的施入量来决定。如果参株长势较旺、叶片大而浓绿，可以不施追肥；如果参株长势较差、株型瘦弱、叶片发黄，可以结合中耕除草施加15~30kg/667m² 有机肥。

(3) 中耕除草：在3月上旬，幼苗出土后，中耕一次，用人工小锄浅锄，深度2~3cm，太子参苗期生长缓慢，苗体瘦弱，要做到见草即除、参地干净无草。3月至5月上旬，植株封行前，不中耕，杂草人工拔除；5月后，除大草外停止拔草，以免伤根影响块根生长。

5. 病虫害及其防治

(1) 病害及其防治：在生产上，太子参常见的病害主要有病毒病、叶斑病。目前，在不同产区，太子参病毒病是造成太子参品质和产量下降的主要病害。

1) 花叶病：太子参花叶病是一种典型的病毒病，其病原物为黄瓜花叶病毒（CMV）和马铃薯Y病毒(PVY)。一般在3月初开始发病，主要危害太子参叶片和茎，5月上旬达到发病高峰。发病时，叶片出现黄绿相间条纹，叶边缘枯缩卷曲，叶脉变黄变浅。严重时，幼苗全株叶片枯黄，顶芽坏死叶，无新叶抽出，直至全株干枯而死。由于发病植株的叶片光合系统遭受严重破坏，导致受害参株根系弱小，块根难以正常膨大，大部分为纤维状细根。防治方法：在种参选取上尽量使用脱毒种苗，耕作制度上实行轮作，播前实行严格土壤消毒，在田间管理上防治蚜虫带毒传播。

2) 叶斑病：太子参叶斑病的主要病原物为半知菌亚门真菌，主要危害太子参的叶片。一般4月初开始发病，5月中旬是危害高峰期。发病初期，叶片上会出现暗绿色小枯斑点，随着小枯斑逐渐扩大，继而合并成为灰白色或淡黄色病斑，并且病斑周围具有明显黄晕。发病后期，叶片枯萎甚至整株死亡。防治方法有，①农业综合防治：选用无病种苗参；旱地轮作倒茬3年以上，水旱轮作1年，避免使用连作地，以减少侵染源；合理密植；加强肥料管制，增加磷、钾肥，提高植株抗病力。②化学防治：发生初期，用10%世高水分散粒剂、25%咪鲜胺1 500倍液或仙生1 000倍液等连续喷2~3次（间隔7~10天）。交替使用农药，延缓病菌产生抗药性。

3) 根腐病：太子参根腐病病原物为半知菌亚门链孢霉菌属真菌，主要危害根部。5月初开始发病，5月中旬直至采收为发病高峰。特别在7~8月遇到高温高湿天气，发病较为严重。发病初期，太子参须根首先开始变褐腐烂，然后逐渐蔓延至主根，直至整个根系。病情继续加重至植株地下部分全根腐烂。由于根系系统的破坏，地上部分的茎和叶也紧接着受到严重影响，从下至上开始出现枯萎，直至全株枯衰而死。防治方法：①雨后及时疏沟排水；②栽种前，块根用25%多菌灵200倍液浸种10分钟，晾干后下种；③发病期用50%多菌灵800~1 000倍液，或50%甲基托布津1 000倍液浇灌病株。

4) 白绢病：白绢病的病原物为齐整小核菌属半知菌亚门无孢目小核菌属。在6月上旬至8月上旬为病发高峰期。该病发病部位最先出现在近地面的茎基部，发病后会造成叶片边缘向内卷曲干枯。在发病部位能够观察到一层白色绢丝状物。白绢病严重时会造成太子参根茎的病部出现大面积腐烂。防治方法：①与禾本科植物实行轮作；②在栽前或栽植时沟施氯硝胺处理土壤；③发现病株带土移出田块并销毁，病穴撒石灰粉消毒，四周邻近植株浇灌50%多菌灵或甲基托布津500~1 000倍液，50%氯硝胺200倍液控制病害。

(2) 虫害及其防治：太子参虫害主要有蛴螬、小地老虎、金针虫以及蝼蛄，危害的高峰期在7~8月，小地老虎在4~5月时也到达一次高峰。蝼蛄、小地老虎和金针虫危害幼苗和根；蝼蛄只危害幼苗，严重时导致幼苗死亡。防治方法：以桐子饼防治或制成毒饵诱杀。用麦麸、豆饼等50kg炒香，加90%敌百虫原药0.5kg，加水50kg制成毒饵，傍晚时每667m² 施22.5~30kg。

【采收、加工与贮藏】

1. 采收

(1) 采收时间:太子参采收要做到适时采收,过早采收,块根未成熟,产量和药用成分积累不够,过晚采收则容易造成浆汁溢出,遇暴雨易腐烂。一般在6月下旬采收,植株茎叶枯黄时,挖出观之根呈黄色,即可采收。因各地太子参产区气候差异,采收时间也会有所不同。

(2) 采收方法:收获时先除去地上部分茎叶,然后挖掘地下根部,挖掘时要做到小心细致,尽量保持参体完整。选择晴天,用小钉耙或锄头深挖13cm以上,细心翻土,挑拣出块根,挑拣过程结合检查,剔除异物、母块根及非药用部位。

2. 加工与炮制

(1) 加工:太子参加工主要包括生晒法和烘干法2种方法。

1) 生晒法:选择晴天,将采挖回的太子参鲜块根用洁净水清洗干净,薄摊于晒席上暴晒,晒至六、七成干时,揉搓除去须根,扬净,再暴晒至足干为止,即水分含量达9%~12%。

2) 烘干法:若遇阴雨天,将采收洗净后的太子参用烘干机烘干,此法适用于阴雨天,成本较高。

(2) 炮制:用清水洗净参体,搓去须根,晒干。或将参根置通风处干燥的室内摊晾1~2天,使根部失水变软后,再用清水洗净,投入100℃开水锅中,烫2~3分钟,取出立即晒干。

3. 贮藏　贮存于阴凉、通风、干燥处。一般将无病害、植株壮的苗留在原地,待种植前挖出作为种参。

【栽培过程中的关键环节】

1. 病虫害防治　太子参叶斑病爆发期短且面积广,严重影响太子参产量。叶斑病发病时间在4月中下旬到5月下旬(种植地区不同存在差异),如遇6月多雨气温在25~29℃波动的天气,将会引起叶斑病大量爆发。因此,生产上一般会在发病初期及时施用农药进行防治,同时密切关注天气,雨前进行防治。

2. 水肥管理　太子参怕旱也怕涝,雨季来临前确保参地排水沟排水顺畅,干旱季节需根据土壤墒情进行适当灌溉;太子参在进行整地时,需结合石灰或捂灰(又称火烧灰,是农家肥火烧土的一种)增加有效氮、磷、钾,改良土壤物理性状,同时消灭杂草和病虫害。

7. 天麻

天麻

天麻 *Gastrodia elata* Bl. 为兰科天麻属植物,以干燥块茎入药,药名为天麻。以赤箭之名始载于《神农本草经》,列为上品,以后历代医书均有记载,在我国已有2 000多年应用历史,是我国常用的名贵中药材。味甘,性平;归肝经。具有息风止痉、平抑肝阳、祛风通络的功效,用于小儿惊风,癫痫抽搐,破伤风,头痛眩晕,手足不遂,肢体麻木,风湿痹痛。主要含有天麻素、对羟基苯甲醇、天麻醚苷、香草醛、天麻羟胺、L-焦谷氨酸及豆甾醇等化学成分。

主要分布于热带、亚热带、温带及寒温带的山地,在马达加斯加、斯里兰卡、印度、澳大利亚、新西兰、日本、韩国、朝鲜、中国、俄罗斯远东地区等均有分布。目前天麻商品药材主要来自人工栽培，在我国主产于安徽、湖北、四川、云南、重庆、湖南、贵州、陕西、河南等地，其中以安徽、湖北、陕西、云南、贵州等省产量大。

【生物学特性】

1. 生态习性　天麻多生长在海拔 700~2 800m 的山区，年降水总量在 1 000~1 500mm，空气相对湿度在 80% 左右，土壤含水量在 40%~60%，夏季最高温度不超过 30℃，3 月地温一般在 13℃左右。山区雨水多、湿度大，有利于天麻生长。

(1) 对温度的适应：温度是影响天麻生长发育的首要因子。天麻性喜凉爽而湿润的气候环境。块茎常年潜居土中，主要依靠蜜环菌供给营养，温度对蜜环菌和天麻发育影响很大，怕高温、怕冻。块茎在地温 12~14℃时开始萌动，20~25℃时生长旺盛，30℃生长受到抑制。一年之内整个生长季总积温达 3 800℃左右。天麻在发育过程中，形成了低温生理休眠的特性，需要在低温条件下休眠越冬。秋末冬初，气温低于 15℃时，新生麻的生长速度减慢，进入冬季休眠。生长在土层中的天麻在地温 -3℃下可正常越冬，低于 -5℃会遭到冻害。种子在 15~28℃都能发芽，最适温度为 20~25℃，超过 30℃，种子萌发受到限制。

(2) 对水分的适应：天麻怕旱，怕积水，生长发育各阶段对土壤湿度要求不同。种子在萌发时要求土壤含水量在 60%~65%，箭麻抽薹开花时，土壤含水量在 50%~60%，空气相对湿度在 65%~75%；处于越冬休眠期时，土壤含水量应保持在 30%~40% 为宜。

(3) 对土壤的适应：天麻一般生长在土层深厚、富含腐殖质、疏松湿润的偏酸性砂质壤土中，最适 pH 为 5.5~6.0。野生天麻多生长在半阴半阳的易排水的坡地上。

(4) 地形、地势的选择：人工种植天麻，宜选择坡度在 5°~30° 的坡地种植，平地易积水，造成腐烂。

2. 生长发育特性

(1) 根茎的生长：天麻完成一个生长周期一般需要 3~4 年，无外源营养供给，种子不能发芽。种子成熟后，紫萁小菇或石斛小菇作为萌发菌侵入其中供给营养，种子迅速膨胀，将种皮胀开，形成原球茎。随后原球茎与蜜环菌建立共生关系，节间可长出侧芽，顶端可膨大形成顶芽。顶芽和侧芽进一步发育便可形成米麻和白麻。长度在 1cm 以下的小块茎以及多代无性繁殖长度在 2cm 以下的小块茎称米麻。进入冬季休眠期，米麻能够吸收营养形成白麻。种麻栽培当年以白麻、米麻越冬。第二年春季当地温达到 6~8℃时，蜜环菌开始生长，米麻、白麻被蜜环菌侵入后，继续生长发育。当地温升高到 14℃左右时，白麻生长锥开始萌动，分化出 1~1.5cm 长的营养繁殖茎，在其顶端分化出具有顶芽的箭麻。箭麻翌年抽薹开花，形成种子，进行有性繁殖。箭麻加工干燥后即为商品麻。白麻分化出的营养繁殖体可发生数个到几十个侧芽，这些芽生长形成新麻，原米麻、白麻逐渐衰老，变色，形成空壳，成为蜜环菌良好的培养基，称为母麻。入冬后（即 11 月至翌年 2 月）天麻进入休眠期，无论是米麻、白麻还是箭麻，都有 30~60 天的休眠期，只有经过低温休眠的天麻，来年才能正常生长、抽薹、开花、结果。

(2) 开花习性：箭麻一般于地温达到 12℃以上时便抽薹出土。抽薹后在 18~22℃下生长最快，地温 20℃左右开始开花，从抽薹到开花需 21~30 天，从开花到果实全部成熟需 27~35 天，当花期温度低于20℃或高于25℃时，则果实发育不良。

花期为3~6天，同一花序上常有数朵花同时开放，单株花序开放时间为7~15天；花为两性花，左右对称，为顶生总状花序，每株可开30~70朵花，多的可达100多朵。天麻一生中除了抽薹、开花、结果的60~70天，植株均露出地面，其他的生长发育过程都是在地表下进行。花期5~7月，果期6~8月。

【栽培技术】

1. 品种类型　在广泛野外调查的基础上，根据天麻花及花茎的颜色、块茎的形状和含水量不同等特点，结合人工栽培经验，将我国天麻分为5个变型。

(1) 原变型红天麻：植株较高大，常达1.5~2.0m。根茎较大，粗壮，长圆柱形或哑铃形，大者长达20.0cm，粗达5~6cm，含水量在85%左右，最大单重达1kg。花茎橙红色，花黄色而略带橙红色。果实呈椭圆形，肉红色。花期4~5月。主产于长江及黄河流域海拔500~1 500m的山区，遍及西南至东北大部地区。目前我国大部分地区栽培者多为此变型。

(2) 乌天麻：植株高大，高1.5~2.0m或更高。根状茎短粗，呈椭圆形至卵状椭圆形，节较密，大者长达15.0cm左右，粗达5.0~6.0cm，含水量常在70%以内，有时仅为60%，最大单重达800g。花茎灰棕色，带白色纵条纹，花蓝绿色。果实有棱，呈上粗下细的倒圆锥形。花期6~7月。在云南和贵州大方栽培的天麻多为此变型。

(3) 绿天麻：植株高1.0~1.5m。根状茎长椭圆形或倒圆锥形，节较密，节上鳞片状鞘多，含水量在70%左右，最大单重达700g。花茎淡蓝绿色，花淡蓝绿色至白色。果实呈椭圆形，蓝绿色。花期6~7月。主要产于西南及东北各省，常与乌天麻、红天麻混生。在各产区均为罕见，偶见栽培。

(4) 黄天麻：植株高1.2m左右。根状茎卵状长椭圆形，含水率在80%左右，最大单重达500g。茎淡黄色，幼时淡黄绿色。花淡黄色。花期4~5月。主产于云南东北部、贵州西部。栽培面积小。

(5) 松天麻：植株高1.0m左右。根状茎为梭形或圆柱形，含水量在90%以上。茎黄白色，花白色或淡黄色。花期4~5月。主要产于云南西北部。常生于松林下。因折干率低，未引种栽培。

2. 选地与整地　根据天麻喜凉爽湿润的特性，在海拔1 500m以上的高山地区，一般温度低，湿度大，宜选用无荫蔽的向阳山坡；在海拔1 000m以下的低山地区，一般温度较高而干燥，尤其在夏秋季，常出现连续高温干旱现象，宜选阴坡或半阴坡林间；在海拔1 000~1 500m的山区，其温、湿度介于高山区与低山区之间，宜选半阴半阳的疏林山坡。蜜环菌喜湿度较大的环境条件，一般常年要保持50%以上的湿度，但过于潮湿的积水地，也不利于其生长，特别是雨季，穴中长期积水，天麻会染病腐烂。因此，宜选砾土、砂质壤土、土层深厚、富含腐殖质、疏松肥沃、排水良好的生荒地为宜。

选好地块后，砍掉过密的杂树、竹林，将石渣、杂草清除干净，便可直接挖坑或开沟栽种。

3. 繁殖方法　天麻用种子和块茎都能繁殖。随着天麻有性育苗技术逐步成熟，生产上主要用种子繁殖为主，无论用哪种繁殖方法，首先均应培养菌材。

(1) 培育菌材：天麻的生长主要靠蜜环菌提供营养，因此须提前培养好优质菌材。

1) 蜜环菌的培养：纯菌种的分离（一级菌种的制备）是以蜜环菌菌索、子实体、带有蜜环菌的天麻或新鲜菌材为原料，在无菌条件下进行分离培养，获得纯化菌种。随后将纯化菌种培养成二级菌种用以培养菌材。蜜环菌 6~8℃开始生长，20~25℃生长最快，超过 30℃停止生长。

2）菌材的培养：菌材是天麻的营养来源，天麻依靠蜜环菌分解获得营养供自身生长、发育需要。因此，菌材培养的质量高低是决定天麻产量高低的关键。

长满蜜环菌菌丝体及菌索的木材统称为菌材。其中，直径较小、长度较短的主要作为菌种使用的菌材，习惯上称为菌枝；较粗、较长直接为天麻生长提供营养的菌材，习惯上称为菌棒。

菌材树种的选择及处理：适合作菌材的树木应坚实耐腐，如栓皮栎、青冈、野樱桃、花楸树、槲栎、板栗、法国梧桐、桃树、杨树、白桦等。菌棒选直径 5~13cm 的树枝、树干，锯成 20~70cm 的木段，然后用柴刀在木段的两面或三面，每隔 3~4cm 处破一个口，深至木质部，以利于蜜环菌菌丝的侵入及其形成的菌索伸出，破口的方式有鱼鳞口、蛤蟆口、长三角形口 3 种。菌枝选粗 2~3cm、长 20~25cm 的小木段，以备培养。

菌枝培养：一年四季都可进行培养，根据天麻的种植时间，一般 1 年培养 2 次，培养时间在培养菌材前 1~2 个月，最适时间在 4~6 月。根据生产需要，挖一定大小的坑，坑底先铺 1cm 厚的湿润树叶，然后摆放一层树枝，再放入菌种，在菌种上再放一层树枝，盖约 1cm 厚的一层沙土，可依次堆放 4~5 层，最后盖 15~20cm 厚的沙土，再盖一层树叶保湿即可。一般在 20~25℃时，1 个月左右即可培养好。

菌材（棒）的培养通常需要 3~6 个月，低海拔地区在 5~7 月进行，高海拔地区在 5 月以前进行。总之，要与冬季伴栽天麻相衔接。培养方法有活动菌床法和固定菌床法 2 种。

活动菌床培养方法：即所培养的菌材，将来在栽天麻时能随用随取的方法。培养方式主要有坑培、半坑培和堆培法，在室内也可采用箱培和砖池培。坑培就是将木材分层置于坑内培养，适用于低山和干旱地区；半坑培法就是在准备菌棒的地方挖一浅坑，将木材一半放坑内培养，另一半在坑上培养，该法适用于温度、湿度适中的地区；堆培法不需要挖坑，将木材直接放在地面培养，适宜温度较低的地区；箱培法或砖培法就是在箱子中或在砖砌成的池子中培育。具体做法：根据木材的数量，在准备培养菌棒的地方挖一定大小的坑。底部挖松土 3~5cm，并铺平，平行摆放一层木材（若为长枝段，相邻两根木材鱼鳞口相对摆放，间距 1~2cm；若为短枝段，则由多节组成一列，斜口相对，间距 1~2cm，每列间距也为 1~2cm）；在木材两头和鱼鳞口处放菌种或菌枝；用土将木材间的空隙填实以免杂菌感染，盖土至超过木材约 2cm，按同样的方法重复摆放数层，一般不超过 8 层，最后一层盖上 8~10cm 的土，浇透水 1 次，最后盖树叶或其他保温保湿材料。

固定菌材培养法：即所培养的菌材在栽天麻时留在原坑不动。培养菌材的坑就是将来栽天麻的坑，因此，要求按栽天麻标准挖坑。一般坑深 20~30cm，宽 40~50cm，长 60~70cm，以每坑固定培养 15~21 根菌材为宜。具体做法：在准备种天麻的地块，挖若干个长 60cm、宽 40cm、深 20~25cm 的坑，底部挖松 1~3cm，耙平使其与地面平行，平行摆放一层木材，若土壤为砂壤土且坑底有坡度，木材横放；若土壤为黏土且坑底有坡度，木材竖放，坑底没有坡度的，无论何种土壤，木材横放或竖放都可以。在木材两头和鱼鳞口处放菌种或菌枝，用土将木材间隙填实以免感染杂菌，盖土 8~10cm。最后盖树叶或其他保温保湿材料。

（2）天麻的繁殖方法：天麻繁殖分为无性繁殖和有性繁殖两种。无性繁殖是指用天麻的营养器官，即块茎做种进行繁殖，也称营养繁殖，主要是用天麻的初生块茎，即白麻、米麻做种，也可用次生块茎，即箭麻做种。用种子进行繁殖的方法称为有性繁殖，有性繁殖对解决天麻生产中存在的无性繁殖种质退化有十分重要的意义。有性繁殖产生的后代，通过无性繁殖的方法扩大种植，生产出商品天麻。

1）无性繁殖：采用白头麻作种，与蜜环菌菌材伴栽来培育商品麻（箭麻），简单方便，生长周期短，但繁殖系数低，存在严重的种质退化问题。一般做种的白麻不能超过3代。

栽培时间：可冬栽或春栽，一般在冬季11月至翌年早春3月前，天麻块茎尚处于休眠状态时栽种为最适期。长江流域冬季不是太寒冷，天麻可正常越冬，冬、春两季都可栽培。在不同海拔地区适宜的栽培时间略有不同。春栽一般在早春解冻后，越早越好。

麻种选择：用作无性繁殖种麻材料为米麻和白麻，选择标准为发育完好、色泽正常、芽嘴短、无破损、无病虫害，以有性繁殖1~3代米麻和白麻为好。

栽培方法：有固定菌材栽培方法和活动菌材栽培法两种，以固定菌材栽培法（又叫固定菌床栽培法）最好。种麻应摆在两棒之间靠近菌棒，种麻数量依大小而定，但要有一定间隔，棒两头应各放1~2个，大的米麻或小的白麻一般每穴栽种麻500g左右。米麻和白麻以分开栽培为好，栽培米麻的菌床，菌棒间距离应稍窄些，两棒相距1.5~2.0cm，在两棒之间均匀放米麻15~20个，每穴播种米麻100~150g。第一层栽后覆盖一层薄沙盖住蜜环菌菌材，再按上述方法栽第二层，最后覆沙10~15cm。所有覆盖要求实而不紧。

2）有性繁殖

场地选择：播种场地的选择与无性繁殖培养菌床和栽培天麻场地的条件基本相同，但种子发芽和幼嫩原球茎对干旱环境条件更加敏感，因此，应选择水源充足的场地。

菌材及菌床准备：预先培养的菌材与菌床都可用来接伴播天麻种子。选择培养时间短、菌索幼嫩、生长旺盛、菌丝已侵入木段皮层内的菌材，尤其是要用无杂菌感染的菌材、菌床播天麻种子。

播种期选择：种子在15~28℃之间都可发芽，因此播种期越早，萌发后的原球茎生长期就越长，接蜜环菌的概率和天麻产量越高。4~9月都可播种，播种期主要决定于种子的收获期。

播种量：1个天麻果中有万粒以上的种子，而萌发后只有少数原球茎被蜜环菌侵染获得营养生存下来。一般50cm×60cm的播种坑，播3~4个蒴果，种子用量0.3~0.4g。

播种深度：播种坑一般深25cm左右，顶部覆土5~8cm。在不同地区不同气候条件下，播种深度有差异。

菌叶拌种：按3~4个天麻蒴果（0.3~0.4g种子）拌播1袋萌发菌栽培种（可栽0.3~0.4m^2）。先将萌发菌栽培种撕成单片树叶或撕碎，放入拌种盆内，然后抖出蒴果里面种子，均匀撒在萌发菌菌叶上，拌匀。拌种工作应在室内或背风处进行。

播种方法：有上播和下播两种，一般采用下播式。①下播式：在播种坑底部薄薄铺放一层树叶，将拌好天麻种子的萌发菌掰成小块，均匀摆放在树叶上，并在萌发菌上平行或回字形摆放一层砍过鱼鳞口的新鲜菌材或菌棒，菌材间距4~6cm，在菌材间铺放一层切段的新鲜小树枝，在菌材（菌棒）两端及鱼鳞口处摆放蜜环菌栽培种，然后回填一层土或培养料盖好菌材，稍压实；依上述方法播种第二层天麻种子，在第二层菌材上覆盖顶土或培养料7~10cm，稍压实即可。②上播式：在雨水过多、湿度较大地区，或者高海拔低温地区，可采用上播式，播种一层天麻种子，以提高天麻种子的发芽率，促进天麻种苗生长。将播种穴底部整平，穴底挖松土层约2cm，铺放一层砍过鱼鳞口的新鲜菌材或菌棒，菌材间距2~3cm，用土将菌材的间隙填实，在菌材（菌棒）两端及鱼鳞口处摆放蜜环菌栽培种，然后在菌材上薄薄铺放一层树叶，将拌好天麻种子的萌发菌掰成小块，均匀摆放在树叶上，然后在萌发菌上均匀撒铺一层切段的新鲜小树枝，厚度约3cm，在小树枝上摆入少量蜜环菌栽培种，最后回填一层土，厚度为7~8cm，将覆土稍压实。在云南昭通天麻产区，海拔高，气温低，土壤湿度较大，多采用此法播种。

4. 田间管理

(1) 防冻：天麻越冬期间在土壤中可忍耐 -5~-3℃的低温，低于 -5℃就会受到冻害。冬季用稻草或树叶覆盖坑顶或畦面，或者加厚盖土层，到春天地温升高时再揭去覆盖物，可以起到良好的防冻作用。

(2) 防旱排涝：天麻与蜜环菌生长都需要土壤有足够湿度，春季一般田间土壤的含水量应保持在40%左右。6~8月，天麻生长旺盛，需水量增大，可使土壤含水量达到50%~60%。久旱，土壤湿度不够，要及时浇水，并盖草保湿。浇水应在早晨、傍晚进行。

土壤水分过多，对天麻和蜜环菌的生长会造成危害。雨季要注意排水，防止积水造成腐烂。9月下旬后，气温逐渐降低，天麻生长缓慢。但蜜环菌在6℃时仍可生长，这时水分大，蜜环菌生长旺盛，可侵染新生麻，引起麻体腐烂。因此，9~10月要特别注意防涝。

(3) 覆盖：天麻栽种后，应割草或用落叶进行覆盖，以减少水分蒸发，保持土壤湿润，冬季还可防冻，并可抑制杂草生长，防止雨水冲刷造成土壤板结。

(4) 控温：冬季可在菌床表面加盖落叶和塑料薄膜，或加厚覆土层，或增加日照时数，以保温；夏季在菌床表面覆盖树叶、杂草，搭遮荫棚或喷水，以降温。

(5) 防止践踏：在种植区域内人、畜容易到达的地方，应建防护栏，防止人、畜践踏，并注意防止山鼠、蚂蚁等危害。

5. 病虫害防治及农药残留控制

(1) 病害及其防治

1) 天麻块茎腐烂病：主要有黑腐病、褐腐病和锈腐病。防治方法为①选用周围病害少的场地，场地使用前要进行消毒处理。②加强田间管理，控制温度和湿度，做好防旱、防涝，保持坑内湿度稳定，抑制杂菌生长。③选择完整、无破损、色泽鲜的白麻作为种源，切忌将带病种麻栽培入坑。④严格选择菌材和菌床，有杂菌的菌种不能使用。⑤栽种时需要对辅料进行晾晒、消毒处理。⑥采用轮作，杂菌污染的地块不能再栽种天麻。

2) 疣孢霉病：菌棒被疣孢霉侵染后经10天左右，表面形成厚厚的白色绒状物，如棉絮将菌棒包裹，使新棒被隔离而不能接上蜜环菌。防治方法为①选用有性繁殖种麻，以增强其抗性和抗杂菌能力。②加强田间管理，控制温度和湿度，做好防旱、防涝，保持坑内湿度稳定。③覆土要取30cm以下的深层土，切勿取表土。

3) 杂菌侵染：侵染的杂菌主要有两种：一类为霉菌，包括木霉、根霉、黄霉、青霉、绿霉和毛霉等；另一类为以假性蜜环菌为主的杂菌。防治方法为充分满足蜜环菌所要求的环境条件，促进蜜环菌旺盛生长，使其在生态系统中占据优势地位，从而抑制杂菌生长。

4) 日灼病：主要发生在植株抽薹以后，由于遮阳不良、烈日照射花茎而引起。表现为植株花茎向阳面茎秆变黑，易感染霉菌，茎秆倒伏死亡。防治方法为在天麻抽薹以前搭好荫棚，防止灼伤。

(2) 虫害及其防治

1) 蝼蛄：咬食天麻块茎，造成损伤，易被病原菌侵染；使天麻蜜环菌菌索断裂，破坏天麻与蜜环菌的共生关系。防治方法为①利用成虫趋光性强的特性，放置黑光灯诱杀成虫；②将麦麸、豆饼等炒香，按照 1∶2 的比例加入 90% 敌百虫 30 倍液拌成毒谷或毒饵诱杀。

2）蛴螬：幼虫在天麻坑内啃食块茎，咬成空洞，并在菌材上蛀洞越冬，破坏菌材。主要有大黑鳃金龟、铜绿丽金龟等。防治方法为①在整地、栽种或采挖时，发现蛴螬人工逐个消灭；②夏天可在距离天麻栽培场地 50m 左右的地方，安装黑光灯诱杀成虫，减少其产卵数量，逐步减少生长繁殖数量；③在幼虫发生量大的地块，用 90% 敌百虫 800 倍液，或者 50% 辛硫磷乳油 700~800 倍液，在坑内和四壁浇灌。

3）介壳虫：主要群集于天麻块茎上为害，被害部位颜色加深，严重时块茎瘦小停止生长，有时在菌材上也可见到群集的粉蚧。防治方法为①发现天麻块茎或菌材上有粉蚧，如系个别穴发生，应将菌棒放在原穴中架火焚烧，白麻、米麻和箭麻一起水煮加工入药，不能与其他种麻混合，更不能作种麻用；②如果大部分栽穴都遭介壳虫危害，就应将天麻全部加工，所有菌棒烧毁处理，此块地也要停止种天麻，杜绝蔓延。

4）蚂蚁、白蚁：危害块茎和菌材，还啃食蜜环菌的菌索和菌丝，严重时块茎和菌材被食光。防治方法为① 5~6 月白蚁分群时，悬挂黑光灯诱杀。②用白蚁粉 50g 兑水 50L，或用 90% 敌百虫 800 倍液浸泡菌材 20 分钟。

【采收、加工与贮藏】

1. 留种

（1）选种：采挖时选择顶芽红润、饱满，无病虫害、无破伤、大小合适的箭麻，留作培养种子的种麻。

（2）保种：将挑选出的箭麻晾 1~2 天，去除部分水分，再集中贮藏，以备来年作种用。贮藏时，将箭麻按层次摆放于砖池、大瓦盆或木箱内。每层次之间用湿润砂土盖没，先用河砂铺底，上面每铺一层天麻，盖一层砂。贮藏温度应控制在 2~5℃。

2. 采收　在北方或高海拔地区，一般在 11 月上旬收获；南方及低海拔地区，在 11 月下旬至 12 月上旬收获，也可在第二年 3 月下旬前收获，用作种麻就可随收随种。立冬后至翌年立春前采收的天麻，称冬麻；立春后至立夏前采收的天麻，称春麻。

采收时主要靠人工采挖，一般在晴天进行。先除去表层的枯枝及腐烂树叶，再铲去覆盖土，待菌材出现时，轻轻掀起上层菌棒，然后再翻下层菌棒，小心将天麻取出，防止撞伤，然后向四周挖掘，以搜索更深土层中的天麻。将挖起的天麻按箭麻、种麻、米麻分开盛放，种麻作种，米麻继续培育，箭麻加工入药。

3. 加工

（1）清洗、分级：先洗净泥土和菌索，用硬毛刷刷去外皮，按大小分为不同等级。

（2）蒸煮：洗净后，按等级放入蒸笼或蒸锅中，猛火蒸 15~40 分钟，大者蒸 35~40 分钟，小者蒸 15~20 分钟，视天麻大小而定，蒸至透心。蒸透心的标准为：将天麻对光观察，里面没有暗块、黑心，通体透明。将蒸制好的天麻平铺，避免挤压，散净水汽，以利于干燥。

（3）干燥：蒸后要及时干燥，晒干、烘干均可。烘干初温在 50℃左右，待水气敞干之后，可升温至 60℃。当烘至七、八成干时，取出压扁整形，堆起来外用麻袋等物盖严，使之发汗 1~2 天，然后再烘至全部干燥。

(4) 贮藏：置通风干燥处保存，防蛀防霉变。

【栽培过程中的关键环节】

培育优质菌材；加强温度和水分管理；适时进行有性繁殖，以培育良种，防止种质退化。

8. 延胡索（元胡）

延胡索（元胡）

延胡索 *Corydalis yanhusuo* W. T. Wang 为罂粟科多年生草本植物，又称玄胡索、玄胡、元胡等，以干燥块茎入药，药材名延胡索（元胡）。延胡索为常用中药，其味辛、苦，性温；归肝、脾经。具有活血、行气、止痛的功效；用于胸胁、脘腹疼痛，胸痹心痛，经闭痛经，产后瘀阻，跌扑肿痛。延胡索主要含有延胡索乙素、延胡索甲素、原阿片碱、黄连碱、去氢紫堇碱、小檗碱、紫堇球碱、海罂粟碱、β- 高白屈菜碱、隐品碱等多种生物碱。

延胡索主要分布于浙江、江苏、安徽、湖北、湖南、四川等省，以栽培为主，主产于浙江东阳、磐安、千祥、永康、缙云，陕西汉中城固、勉县、洋县、西乡、平川，安徽宣城、桐城、宁国，江苏靖江、如东、泰县，四川开县及重庆等地，以浙江所产为地道药材，是著名的“浙八味”之一。20 世纪 70 年代，陕西城固县由浙江引种延胡索成功，开始大面积推广，经过近几十年的发展，延胡索种植加工逐渐成为城固县的主导产业，目前陕西汉中已取代浙江东阳成为延胡索的最大产区，有“中国元胡之乡”之称。

【生物学特性】

1. 生态习性　野生延胡索多生于荫蔽、潮湿山地或林缘草丛中，尤喜背阴山坡、石缝。性稍耐寒，喜温暖湿润环境，忌高温干旱，适宜种植在向阳、透水性好的丘陵、山谷和坡地。

(1) 对温度的适应：适宜生长在温和气候条件下，能耐寒。地下横走茎生长适宜温度为 6~10℃，出苗温度为 8~15℃，地上部分生长适宜温度为 10~16℃，14~18℃时地下块茎增长较快，日平均气温达 20℃时，叶尖出现焦点，22℃时中午叶片出现卷缩，傍晚后才恢复正常，24℃时叶片发生青枯，以致死亡。花芽发育适宜温度为 18~20℃，20~25℃开花，气温在 25~30℃时，地上部分开始枯萎倒苗，地下茎进入夏眠。浙江主产区平均气温一般在 17℃左右，1 月平均气温 3~3.5℃，4 月平均气温 16~18℃。日夜温差大，有利于物质积累和转化。生长后期突然出现高温，易造成减产。

(2) 对水分的适应：生长宜湿润环境，怕积水，也怕干旱，出苗期喜暖湿气候，较耐寒，土壤及空气干燥会影响出苗率。生长期间宜稍干燥，雨水均匀、土壤含水量在 40% 左右、空气相对湿度为 60%~80% 时，有利于生长。块茎膨大期忌连续阴雨及水涝。产区年降雨量一般为 1 350~1 500mm，1~4 月降雨量为 300~400mm，高或低于此对植株生长均不利。在 3 月下旬至 4 月中旬，降雨量大，下雨日多，多雾地湿，易发病。若遇干旱影响块茎膨大，亦容易造成减产。所以，在多雨季节要做好开沟排水，降低田间湿度。

(3) 对光照的适应：喜光照，早晨阳光照得早，下午阴得早，对生长发育有利。荫蔽度大，会使茎叶过长，影响光合作用，而过强的阳光对植株生长也不利。

(4) 对土壤的适应：根系较浅，集中分布在表土 5~20cm 内，表层土壤质地疏松利于块茎生长，过黏过砂的土壤均生长不良，pH 以 5~7 中性或微酸性为好。

2. 生长发育特性

(1) 块茎的生长：9 月下旬至 10 月初块茎有新须根生出，10 月上中旬地温 23~25℃时芽开始萌发，11 月上中旬芽突破鳞状苞片，沿着水平方向在地表下伸展，开始进入地下茎生长阶段。12 月中旬形成与芽头数目相等的地下茎。地下茎细长，茎端尖锐，稍膨起呈帽状，微红色，易折断。翌春 2 月初开始出苗，中下旬地下茎的茎节开始膨大，形成新块茎，即子块茎；3 月至 4 月下旬地下茎生长加快，茎节上的子块茎迅速增大，同时母块茎内部更新形成增大的新块茎，外皮脱落，5 月上旬停止生长，连结子块茎与母块茎之间的地下茎枯萎，而后彼此不再相连，新块茎生长完成。

(2) 茎叶的生长：1 月下旬至 2 月上旬，日平均气温达 4~5℃持续 3~5 天即可出苗，出苗适温为 7~9℃，幼苗稍耐寒。刚出苗时，叶呈淡紫色或淡黄绿色，叶片呈弓形弯曲，随后逐渐伸展成掌状，最后成平面叶。3 月下旬至 4 月上旬叶片生长最快，4 月中旬停止生长。地上部 4 月下旬至 5 月初完全枯死，整个地上部生长期为 90~100 天。

(3) 花与果实的发育：3 月上旬花初现，3 月下旬为盛花期，4 月上旬基本结束，大约持续 1 个月。沿花序自下而上逐步开放，每朵花的开放时间为 4~5 天，若无异花授粉，可保持 10 多天不萎。花朵从 8~16 时均有开放，以 10~14 时开花最多，高峰期在 10~12 时，开花数量占全天开花数量的 50% 左右。

(4) 种子特性：完全栽培类型的延胡索互相之间异花授粉不结实，若与野生类型种在一起，结实率可达 60% 左右。种子为胚未完全发育的休眠类型种子，脱离母体散出时，虽外表黑亮完整，但内部并无胚发育，需经长达 4~5 个月的层积处理才能分化出胚，并形成子叶和胚轴。其属于生理后熟型种子，在胚发育完全后必须经 5℃左右的低温处理 2 周左右才能萌发。

【栽培技术】

1. 品种类型　农家品种有小叶型、大叶型和混合型 3 个类型，其中小叶型块茎粒大，利于采收，但每株块茎总数少，产量低；大叶型单株块茎多，籽粒均匀，利于密植，在生产上应用较广，陕西城固、江苏靖江、安徽宣城等产区均为此品种。

2. 选地和整地　选择阳光充足、地势高且排水良好、表土层疏松、富含腐殖质的中性或微酸性砂质壤土。前作和后作一般为水稻、玉米、豆类或其他蔬菜，尤以水稻为宜。

延胡索为浅根系作物，前作收获后，视土壤肥力不同，每 667m^2 施有机肥 7 500~45 000kg 作基肥，播种前半个月播撒土壤调节剂(主要起杀菌除草作用)，人工翻耕 20~25cm，混埋肥料约 2 周后，三耕三耙，使表土充分疏松细碎，达到上松下紧。作畦高 10~25cm，沟宽 30~50cm，畦面分宽、窄两种：窄畦宽 50~60cm，利于排水，但土地利用率低；宽畦宽 80~130cm，畦面呈龟背形，可提高土地利用率。

忌单一连作，但可以复种连作或复种轮作，浙江、陕西一般与水稻复种连作(延胡索 - 水稻)，如果部分耕地水量不足，连作 1 年后多轮作其他旱地作物或荒废养地，间隔 1 年再种植延胡索。江苏一般与浙贝母、大豆复种轮作(大豆 - 延胡索→浙贝母)。

3. 繁殖方法　多采用块茎繁殖。

(1) 采种选种:一般自选自留子延胡索做种茎,不特殊育苗,基本没有退化现象。枯苗前选择植株生长健壮、无病害的地块作种源地,收获时选择当年新生子块茎留种,因母延胡索来年产量低,不宜作种。

(2) 种栽处理:自产自留种的产区普遍采用室内贮藏法,选用直径 1.0~1.5cm、外观饱满、无伤痕、无病虫害的种块茎,放在阴凉高燥处,上铺清洁细河砂 10~20cm,放入 1 层种茎,再加盖厚 7~10cm 的细砂土,湿沙埋藏 3 个月,贮藏期间每半月检查 1 次,发现块茎暴露,加盖湿润砂泥,及时翻堆剔除霉烂块茎,保持一定温湿度,以待下种。也可采用窖藏。

(3) 播种时间:9~10 月(阴历八月)下种,最迟不过立冬。宜早不宜迟,秋种过迟,生长期短,产量低。

(4) 播种方法:以宽畦条播为好,在整好的畦面上按行距 20cm 开沟,播幅 10cm,沟深 8~10cm 为宜,过浅所发新生块茎较小。然后按株距 5~6cm,将种茎芽头向上、两行错开排列栽入沟内,栽后覆细土 6~8cm。随即用第二行的沟土盖在第一行的种茎上,依次边开沟、边覆土,完毕后每 667m^2 施有机复合肥 1 500kg 作为追肥。每 667m^2 用种茎 50kg 左右。

4. 田间管理

(1) 中耕除草:延胡索系浅根作物,其根系、块茎多分布于表土层,不宜中耕,仅在 11 月中、下旬块茎生长初期,进行 1 次浅松表土和除草。翌春出苗后 1 周,杂草滋生时再使用 1 次除草剂,平时要勤拔草,一般进行 3 次,分别为 2、3、4 月。

(2) 追肥:浙江主产区的药农施肥原则是“施足基肥,重施腊肥,巧施苗肥,增施磷钾肥”。腊肥于 11 月下旬至 12 月上旬施入,先于畦面撒施饼肥或过磷酸钙 50kg/667m^2;然后再撒盖腐熟厩肥 2 000kg/667m^2。施后覆盖细土,过 3~5 天后,再浇施 1 次人畜粪水 1 000kg/667m^2,可促使地下茎多分枝并防冻保苗。苗肥于翌年 2 月上旬苗高 3cm 时施入,施用稀薄人畜粪约 1 500kg/667m^2。开花时追施复合肥料(圊肥)200kg/667m^2。

(3) 灌溉、排水:幼苗生长期若遇干旱天气,可于晚上进行沟灌,次日清晨排除积水。雨水过多时,要及时疏沟排水。采收前 1 周不要浇水。

(4) 覆盖:江苏、浙江产区冬季盖草保温,陕西产区冬季不盖草。

5. 病虫害及其防治

(1) 病害及其防治

1) 霜霉病:危害叶片,初期产生不规则褐色病斑,边缘不明显,在湿度大时,叶背产生白色霉层,发病茎叶很快变褐枯死。防治方法为①实行水旱轮作,轮作期2~3年以上;②种茎用1∶1∶100波尔多液浸 10~20 分钟,取出晾干后下种;③合理密植,改善田间通风透光条件,增强光合作用;④发病初期喷洒 5% 瑞毒霉 600~800 倍液,每 10~15 天喷 1 次,连续 2~3 次;⑤早春 2 月出苗后,经常到田间检查,一旦发现病株,立即拔除,病穴用 5% 石灰乳或 50% 托布津 300 倍液灌注消毒。

2) 菌核病:3 月中旬开始发病,4 月发病严重。先为近表土的茎产生黄褐色或深褐色的梭形病斑,湿度大时,茎基软腐,植株倒伏,土表布满白色棉絮状菌丝及大小不同的黑色鼠粪状的菌核。叶片受害后起初呈现水渍状椭圆形病斑,后变为青褐色,严重时叶成片枯死。防治方法为①实行水旱轮作；②雨后及时排水，降低田间湿度；③发现病株及时铲除，并用石灰粉消毒病区控制蔓延；④发病初期用 65% 代森锌 500 倍液或 50% 多菌灵可湿性粉剂 800 倍液，7~10 天喷雾一次，连续喷药 3~4 次。

(2) 虫害及其防治：主要虫害有地老虎、蛴螬等，用 90% 敌百虫 1 000~1 500 倍液灌穴。一般年份危害均较轻。

【采收、加工与贮藏】

1. 采收　于栽种后第二年 5 月地上茎叶枯萎后立即收获。不宜过早过迟，否则影响产量和质量。收挖时，先浅翻，边翻土边采收，采完后再深翻 1 次，拣净块茎，运回，置室内摊开晾干，不要堆积，以免腐烂。

2. 加工　置水中淘洗净泥土及表皮，沥干。按大小分级装入筐内，然后将块茎投入沸水中烫煮，大块茎煮 4~5 分钟；小块茎煮 2~3 分钟。一般一锅清水可连续煮 3 次，每次都要补充清水，当锅水变黄混浊时，调换清水。煮至块茎横切面呈黄色，中心还有如米粒大小白心时捞起，折干率高、质量好；若切面中心已无白点示已熟透，折干率低，表皮皱缩；若煮得过生，外观虽好，但易虫蛀变质。将煮过的块茎摊放于竹席、编织布或水泥地上暴晒，晒时要薄摊，经常翻动。晒 3~4 天后，收进室内“发汗”，使内部水分外渗，然后再晒至全干，吹去皮壳。近年来为防止成分损失，浙江产区已采用不用水煮而直接将块茎蒸后烘干。一般每 667m^2 生产鲜品 300~400kg，折干率约为 3∶1，即每平方米产延胡索干货 120~200kg。

3. 贮藏　贮存于通风干燥处，温度 18~20℃，相对湿度 40%，商品安全水分 9%~13%。本品易遭虫蛀，蛀蚀品表面可见针孔蛀孔。干燥不彻底或高温高湿季节，也可发生霉变。因此，贮藏期间应保持环境干燥，如发现霉变，应及时通风晾晒。仓虫严重时，用磷化铝、溴甲烷熏杀，有条件的地方，进行密封抽氧充氮(或二氧化碳)养护。

【栽培过程中的关键环节】

1. 忌母延胡索留种，忌水涝　因母块茎生长发育不旺盛，生产上不宜将母延胡索作种用。水涝产量低，易发生病害。

2. 不宜中耕除草　在立冬前后地下茎生长初期，可在表土轻轻松土拔草，不能过深，以免伤害地下茎。立春后出苗，不宜松土，要勤拔草。

3. 播种与采收　播种宜早不宜迟，产区经验为早下种胜施 1 次肥。在 5 月上中旬收获为好，折干率高，应及时运回室内摊开，不要堆积，以免发酵变质。

9. 白术

白术

白术 *Atractylodes macrocephalya* Koidz. 为菊科苍术属植物，又称于术、冬术、山精、山连、山姜、山蓟等，以干燥根茎入药，药材名白术。白术为常用中药，有“北参南术”之誉，其味苦、甘，性温；归脾、胃经。有健脾益气、燥湿利水、止汗、安胎的功效。用于脾虚食少、腹胀泄泻、痰饮眩悸、水肿、自汗、胎动不安。

白术主要含有挥发油，油中含苍术醇、苍术酮、白术内酯甲、白术内酯乙、3-β-乙酰氧基苍术酮、微量的3-β-羟基白术酮、杜松脑、白术内酯A、白术内酯B、倍半萜、芹烷二烯酮、羟基白术内酯及维生素A等化学成分。

主产于浙江、安徽、湖南、江西、湖北等地，江苏、福建、四川、贵州、河北、山东、陕西等地亦有栽培。浙江白术种植历史悠久、产量大，其中以磐安、新昌、东阳、天台、嵊州等地的产量高，质量佳，为著名的"浙八味"之一。湖南的种植历史虽然不长，但生产发展较快，产量较大。

【生物学特性】

1. 生态习性　白术生于山区、丘陵地带的山坡林边及灌木林中，喜温和凉爽、阳光充足的气候环境，怕高温多湿。由于其对土壤、气候条件要求不甚苛刻，所以适宜栽培的区域范围较大。道地产区为浙江磐安县、新昌县、天台县一带，海拔500~800m，年平均气温为17℃左右，年平均日照2 000小时，年平均降雨量1 500mm左右，无霜期200~260天，土壤大多呈弱酸性至中性。

(1) 对温度的适应：较耐寒，能忍受短期 -10℃左右的低温。白术地上部分植株生长适宜温度为20~25℃，地下部分根茎生长适宜温度为26~28℃。种子在15℃以上时开始萌发，18~21℃为发芽适宜温度，出苗后能忍耐短期霜冻。生长期内，日平均气温在30℃以下时，植株的生长速度随着气温升高而逐渐加快；气温在30℃以上时，植株地上部分生长受到抑制。

(2) 对水分的适应：白术种子吸水量达到种子质量的3~4倍时，才能萌动发芽。出苗期间，如天气干旱、土壤干燥，会影响出苗。白术生长期间对水分的要求比较严格，土壤含水量在30%~50%，空气相对湿度为75%~80%时，对生长有利。如遇连续阴雨，植株生长不良，病害也较严重。生长后期较耐旱，忌水涝。

(3) 对光照的适应：喜光，但在7~8月高温季节适当遮荫，有利于白术植株生长。

(4) 对土壤的适应：对土壤要求不太严格，在微酸、微碱的砂壤土或黏壤土上都能生长，但不同产地白术质量有差异。

2. 生长发育特性

(1) 根茎的生长：白术播种后第一年根茎生长缓慢，至枯苗时根茎小，称为种栽。种栽栽种期的早与迟对第二年根茎生长有一定的影响，冬季栽种的先生根，后发芽；春季栽种的先发芽后生根。前者根系入土深，抗逆性强；后者根系入土浅，抗逆性较差，死亡率也高。一般栽培两年收获。一年内根茎生长可分为三个阶段：①自5月中旬孕蕾初期至8月上中旬采蕾期间，为花蕾生长发育期，此时根茎发育较慢；②8月中下旬花蕾采摘后到10月中旬，根茎生长逐渐加快，平均每天增重达6.4%，尤以8月下旬至9月下旬根茎增长最快，这段时期如昼夜温差大，更有利于营养物质的积累，促进根茎膨大。③10月中旬以后根茎增长速度下降，12月以后生长停止，进入休眠期。

(2) 茎叶的生长：播种后一般10~15天出苗，幼苗生长缓慢，到冬季枯苗时，仅有丛生叶片，极少有抽茎、开花的植株。第二年返青后，植株茎叶生长开始加快，3~5月生长较快，茎叶茂盛，分枝较多，6~7月生长减慢，11月以后植株地上部分枯萎，进入休眠期。

(3) 花与果实的发育：播种当年植株开花较少，且果实不饱满，第二年开始大量开花结果。

5~6月开始现蕾，8~10月开花，花期长达4~5个月，10~11月果熟。白术为虫媒花，自然异交率高达95.1%。一般植株顶端着生的花蕾先开放，结籽多而饱满，侧枝的花蕾开花晚，结籽少而瘦小。

(4) 种子特性：当头状花序（也称蒲头）外壳变紫黑色，并开裂现出白茸时，即为种子成熟。一般一年生植株结的种子多不充实，发芽率较低，而二年生植株结的种子充实饱满，发芽率较高。白术种子寿命为1年，陈年种子生活力大大减弱，发芽率较低。

【栽培技术】

1. 品种类型　由于白术人工栽培的历史较长，在一些老产区品种退化、变异现象较为严重。因此，选育白术的优良品种、稳定药材质量是今后研究的主要方向之一。目前，生产上可利用的白术栽培类型有7个，其中大叶单叶型白术的株高、单叶片、分枝数和花蕾数都低于其他类型，而单个根茎鲜重、一级品率均高于其他类型，农艺性状表现良好。

2. 选地与整地　育苗地在平原地区宜选择土质疏松、肥力中等、排水良好、通风凉爽的砂壤土。土壤过于肥沃则幼苗生长过旺，当年开花，影响种栽的质量；在山区一般选择土层较厚、排水良好、有一定坡度的砂壤土地段种植，有条件的地方最好选用新垦荒地。移栽种植地的选择与育苗地相同，但对土壤肥力要求较高。白术忌连作，种过的地须间隔3年以上才能再种。不能与白菜、玄参、花生、甘薯、烟草等轮作，前作以禾本科植物为宜。

前作收获后要及时进行冬耕，既有利于土壤熟化，又可减轻杂草和病虫危害。翌春播种或移栽前再翻挖1次，结合土壤翻耕，施入基肥。育苗地一般每667m^2施堆肥或腐熟厩肥1 000~1 500kg；移栽地每667m^2施堆肥或腐熟厩肥2 500~4 000kg，可配施50kg过磷酸钙。将肥料撒于土壤表面，耕地时翻入土内。整地要细碎平整，南方多做成宽1.2m左右的高畦，畦长视地形而定，畦沟宽30cm左右，深30~50cm，畦面呈龟背形，便于排水。山区坡地要沿等高线整地，畦向要与坡向垂直，以免水土流失。

3. 繁殖方法　白术用种子繁殖，实际生产中多采用育苗移栽的方法，即第一年播种育苗，术栽贮藏越冬后移栽大田，第二年冬季收获产品。也有春季直播不经移栽，培养两年收获的，但产量不高，一般很少采用。

(1) 选种采种：宜选择茎秆较矮、叶片大、分枝少、花蕾大、无病虫害的健壮植株作为留种株。在现蕾期，每枝留顶端发育饱满的5~6个花蕾，其余全部摘除，使养分集中，保证种子发育良好。11月上中旬收集成熟的种子。采种要在晴天露水干后进行。雨天或露水未干采种，容易腐烂或生芽，影响种子品质。种子脱粒晒干后，扬去茸毛和瘪籽，置通风阴凉处贮藏备用。注意种子不能久晒，以免降低发芽率。隔年种子一般不用。

(2) 种子处理：生产用种子应选择色泽发亮、籽粒饱满、大小均匀一致的种子。将选好的种子先用25~30℃的温水浸泡12~24小时，再用50%多菌灵500倍液浸种30分钟，然后捞出放入湿布袋置室内，每天用温水冲淋1次，待胚根露白时即可播种。也可在播种前，将处理过的种子用50%甲基托布津1 000倍液或50%代森锰锌500倍液浸种3分钟，捞出晾干后播种。

(3) 播种时间：播种期因各地气候条件不同而略有差异。南方以3月下旬至4月上旬为好，北方以4月下旬为宜。过早播种易遭晚霜危害，过迟播种则由于温度较高，适宜生长时间短，幼苗长势较差，夏季易遭受病虫及杂草危害，种栽产量低。

(4) 播种方法：有条播、穴播和撒播三种。①条播：在整好的畦面上按行距15~20cm开沟，沟深3~5cm，播幅7~9cm，沟底要平，将种子均匀撒于沟内，上盖一层火土灰或草木灰以盖没种子为度，再施饼肥和过磷酸钙，覆土至畦平，稍加镇压。从白术生长过程中对养分的需求及病害较重的情况来分析，这种做法比较科学。在春旱比较严重的地区，畦面还应覆盖稻草，经常保持土壤湿润，以利出苗。播后约15天左右出苗，至冬季移栽前，每667m^{2}可培育出400kg左右的种栽。②穴播：在畦面上按株距5cm、行距15~20cm挖穴点播，穴深3~5cm，每穴播种子3粒左右，覆盖草木灰或火土灰，施饼肥和过磷酸钙，再盖细土至畦平。③撒播：将种子均匀撒于畦面，覆火土灰、饼肥，再盖细土，厚约3cm，然后再盖一层草保湿。每667m^{2}用种子5~8kg。

(5) 苗期管理：播种后10~15天开始出苗，出苗后及时除去盖草，并及时松土、除草、间苗。当苗高6~8cm时，按株距4~6cm定苗。苗期一般追肥两次，第一次在幼苗长出2~3片真叶时，施用腐熟的稀人畜粪水1 500kg/667m^2；第二次在7月，施用腐熟的人畜粪水2 000~2 500kg/667m^2。如遇天气干旱要及时浇水，并在行间盖草，以减少水分蒸发；雨季应及时疏沟排水，以防烂根。生长后期如出现抽薹，应及时剪去花蕾，以促进根茎生长。

(6) 起苗：在10月下旬至11月上旬，茎叶枯黄时即可起苗。选晴天将种苗挖起，抖掉泥土，剔除病弱苗和破损苗，剪去茎叶及尾部须根。修剪时切勿伤及主芽和根茎表皮，否则将严重影响产量和容易染病。在修剪的同时，应按大小分级，并剔除感病和破损根茎。将种栽摊放于阴凉通风处3天左右，待根茎表皮发白，水气晾干后进行贮藏。

(7) 种栽贮藏：因地区不同，种栽贮藏方法也有所不同。①砂藏：在南方多将根茎阴干1~2天后与河砂混合后贮存。具体作法：选通风凉爽的室内或干燥阴凉的地方，用砖或石头围成长方形的池子，先在底层铺3~4cm厚、干湿适中的细砂，上放12cm左右厚的种栽，再铺一层细砂，上面再放一层种栽，如此堆至约35cm高，最上面盖一层约8cm厚的细砂，并在堆上每隔60~100cm插一个草把，以利散热透气，防止腐烂。每隔15~30天要检查一次，发现腐烂根茎应及时挑出，需要时要进行翻堆，以防芽萌动增长，影响种栽质量。北方多采用坑藏法，具体做法：一般选背阴处挖一个深宽各约1m的坑，长度视种栽多少而定，最下面铺5cm厚的细砂，将种栽放坑内，约60cm厚，覆土5cm左右，随气温下降，逐渐加厚盖土，让其自然越冬，到第二年春天边挖边栽。②麻袋贮藏：把晾好的白术直接装入麻袋，然后在室内竖放排齐，周围和上面覆盖1层棉被保温即可。③就地越冬：在较温暖的地区也可不起苗，越冬前直接于田面培土覆草或盖薄膜，就地越冬。于12月至翌年2月边采挖边移栽。由于此法白术苗侧芽萌发多，耗养大，一般不采用。

(8) 移栽：应选顶芽饱满，须根发达，表皮光滑，顶端细长，尾部圆大，无病虫害的根茎作种栽。栽种时按大小分级，分开种植，以利出苗整齐，方便管理。为了减轻病害的发生，可将种栽用多菌灵或甲基托布津液消毒。南方一般选择在12月下旬至翌年2月下旬进行移栽，以早栽为好，植株根系发达，生长健壮。北方多在4月上中旬移栽，可采用秋季移栽的方法，能避免种栽贮藏期间，因管理不当造成的腐烂或病菌感染。在整好的栽植地上，按行距25~30cm或株距15~20cm挖穴，穴深5~7cm，每穴放种栽一个。也可开沟移栽。栽时芽头朝上，盖土以芽上3~4cm为宜，盖土太浅易受冻害，侧芽多，术形不好；盖土过深，发芽慢，出土困难，术形细长，质量也差。适当增加移栽密度有利于提高产量。一般用种栽 40~60kg/667m^2。如为冬栽，栽后可在地面覆草或加盖地膜，以利提早出苗。冬栽于春分出苗，春栽于清明出苗。

4. 田间管理

(1) 中耕除草：出苗后要勤除草、浅松土，保持田间无杂草。一般要进行 3~4 次。第一次松土除草，行间宜深锄，植株旁宜浅锄，以促进根系伸展，以后几次松土宜浅，以免伤根。中耕宜先深后浅，5 月中旬植株封行后只除草不中耕，杂草宜用手拔除。原则上做到田间无杂草，土壤不板结。雨后或露水未干时不宜除草，否则易感染病菌。

(2) 追肥：白术生育期长，对 N、P、K 的需求，一般每 667m^2 需要 N_2O_2 7.5kg(折合尿素 50~60kg)、P_2O_5 7.5~10kg(折合过磷酸钙 50~60kg)、K_2O 7.5~10kg(折合氯化钾 12.5~17.5kg)。栽种前除施足基肥外，还要追肥 3 次。第 1 次追肥在 4 月上旬幼苗基本出齐后进行，施腐熟人畜粪水 750kg/667m^2 左右；第 2 次在 5 月下旬至 6 月上旬，再追施 1 次人畜粪水 1 000~1 250kg/667m^2 或硫酸铵 10~12kg/667m^2(尿素则减半)；第 3 次在 7 月中旬至 8 月中旬，此时是根茎增长最快的时期，一般在摘蕾后 5~7 天，施腐熟饼肥 80~100kg/667m^2、人畜粪水 1 000~1 500kg/667m^2 和过磷酸钙 25~30kg/667m^2，以促进地下根茎生长。此外，在白术采收前约 40 天内，用 1% 过磷酸钙溶液或磷酸二氢钾喷施叶面，可提高产量，每 10 天喷 1 次，可喷 2~3 次。总之，施肥要掌握“施足基肥，早施苗肥，重施蕾肥”的原则。

P、K、B、Zn 等元素对白术都具有不同程度的增产效果，其中磷肥对白术营养生长的影响程度大于对产量的影响，而 K、B、Zn 对根茎的影响程度大于对营养生长的影响。Zn 为白术生长发育所必需的微量元素。

(3) 灌溉、排水：白术耐旱怕涝，土壤湿度过大容易感病，田间积水易导致死苗。因此，雨季要及时清理畦沟，排水防涝。8 月以后根茎迅速膨大，需充足水分，若遇过度干旱要及时浇水，保持田间湿润，以免影响产量和质量。

(4) 摘蕾：白术植株在 5~6 月开始现蕾，8~10 月开花，花期长达 4~5 个月。为了减少养分消耗，促使营养物质集中于根部，除留种植株外，应在现蕾开花前，选晴天分期分批摘除花蕾。一般在 7 月上中旬至 8 月上旬分 2~3 次摘完。摘蕾时，动作要轻，一手捏住茎秆，一手摘蕾，注意不要伤及茎叶，尽量保留小叶，不摇动根部。雨天或露水未干时不能摘，以防病害侵入。一般摘蕾比不摘蕾的能增产 30%~80%。

5. 病虫害防治及农药残留控制

(1) 病害及其防治

1) 立枯病 *Rhizoctonia solani* Kühn.：是白术苗期主要病害，病原物是一种半知菌。刚出土的小苗及移栽的小苗均会受害，常造成幼苗成片死亡，药农称其为“烂茎病”。受害苗茎基部初期呈水渍状暗褐色斑块，随后病斑很快蔓延，绕茎部坏死收缩成线状“铁丝茎”，病部黏附着小粒状的褐色菌核。植株地上部分萎蔫，倒伏死亡。在早春低温阴雨条件下的危害较重。连作时发病严重，病株率在 60%~90%。

防治方法：①与禾本科植物轮作 3 年以上。②选择砂壤土，避免病土育苗，在播种和移栽前用 50% 多菌灵 1~2kg/667m^2 进行土壤消毒。③苗期加强管理，雨后及时排水、松土，防止土壤湿度过大。④播前用种子重量 0.5% 的多菌灵拌种，出苗后用 50% 代森锰锌或 50% 甲基托布津 600~800

倍液喷雾预防。⑤发现病株及时拔除，用 5% 的石灰水浇灌病区，7 天 1 次，连续 3~4 次。⑥发病期用 50% 甲基托布津 800~1 000 倍液或 25% 瑞毒霉可湿性粉剂 400 倍液喷洒，7~10 天 1 次，连续 2~3 次，以控制其蔓延。

2）斑枯病 *Septoria atractylodis* Yu et Chen.：属真菌性病害，主要危害叶片。4 月下旬开始发病，6~8 月为发病盛期，雨季发病严重，病株率可达 45%~60%。发病初期可见叶片上产生黄绿色小斑点，多自叶尖及叶缘向内扩展，逐渐扩大后相互连接成多角形或不规则形病斑，布满全叶，病斑呈铁黑色，药农称为"铁叶病"。该病发生较普遍，叶片发病由下向上扩展，蔓延全株，致使植株成片枯死。

防治方法：①收获后彻底清洁田园，集中处理病株或残株落叶。②播种前用 50% 甲基托布津 1 000 倍液或 50% 代森锰锌 500 倍液浸泡种子 3 分钟。③选择地势高燥、排水良好的地块合理密植，降低田间湿度，在雨水或露水未干前不宜进行中耕除草等农事操作，以防病菌传播。④发病初期用 1∶1∶200 的波尔多液或 50% 多菌灵 600 倍液喷施，10 天喷 1 次，连续 3~4 次。

3）白绢病 *Sclerotium rolfsii* Sacc.：属真菌性病害，主要危害根茎，俗称"白糖烂"。多在 4 月下旬发生，6~8 月为发病盛期，高温多雨容易造成病害蔓延，病株率可达 35%~60%。受害根茎腐烂，病原菌的菌丝体密布根茎及周围的土表，并形成先为乳白色、后成茶褐色的油菜籽状菌核。根茎在干燥情况下形成"乱麻"状干腐，而在高温高湿时则形成"烂薯"状湿腐。植株逐渐萎蔫枯死。该病的初侵染来源是带菌的种子，发病初期以菌丝蔓延或菌核随水流传播进行再侵染。

防治方法：①加强田间管理，合理密植，与禾本科植物轮作。②选用无病种栽，并用 50% 退菌特 1 000 倍液浸栽 3~5 分钟，晾干后播种，栽植前用 25% 瑞毒霉颗粒剂 $1.5kg/667m^2$ 处理土壤。③发现病株拔除并烧毁，并用石灰消毒病穴，用 50% 多菌灵或 50% 甲基托布津 500~1 000 倍液浇灌病区。

4）根腐病 *Fusarium oxysporum* Schlecht.：属真菌性病害，主要危害地下部分，又称干腐病。一般 4 月中下旬开始发病，6~8 月为发病高峰期，8 月以后逐渐减轻。发病后，首先是细根变褐后腐烂，逐渐蔓延至根茎，并迅速蔓延到主茎，使整个维管束系统褐色病变，呈现褐黑色下陷腐烂斑，地上部萎蔫，根、茎切面可见维管束呈明显变色圈，后期根茎全部变海绵状黑褐色干腐，严重影响产量和质量。该病初侵染来源主要是带菌土壤。种子贮藏过程中受热使幼苗抗病力下降是病害发生的主要原因。当土壤积水、土质黏重、施用未腐熟的有机肥料以及有线虫和地下害虫危害等原因造成植株根系发育不良或产生伤口等情况下，极易遭受到病菌的侵染。

防治方法：①合理轮作，选择地势高燥、排灌良好的砂壤土种植。②加强田间管理，中耕时不能伤根系。③播种前用 50% 多菌灵浸种 5~8 分钟，捞出晾干后播种。④选用抗病品种。⑤发病初期用 50% 多菌灵或 70% 甲基托布津 800 倍液喷施 1~2 次。⑥及时防治地下害虫。

5）锈病 *Puccinia atractylodis* Syd.：主要危害叶片。一般 5 月上旬发病，5 月下旬至 6 月下旬为发病盛期，多雨高湿病害易流行。受害叶片初期产生黄褐色略隆起的小点，以后扩大为褐色梭形或近圆形，周围有黄绿色晕圈。叶背病斑处聚生黄色颗粒状物，破裂时散出大量的黄色或铁锈色粉末。

防治方法：①雨季及时排水，降低湿度，减少发病。②收获后集中处理残株落叶，减少来年侵染菌源。③发病初期用 97% 敌锈钠 300 倍液或 65% 代森锌 500 倍液喷施，7~10 天喷 1 次，连续 2~3 次。

(2) 虫害及其防治

1) 白术长管蚜 *Macrosiphum* sp.：又名腻虫、蜜虫，属同翅目蚜科害虫。以无翅蚜在菊科寄主植物上越冬。翌年 3 月以后，天气转暖产生有翅蚜，迁飞到白术上产生无翅胎生蚜为害。3 月始发，4~6 月危害严重，6 月以后气温升高、降雨多，术蚜数量则减少，至 8 月虫口又略有增加，随后因气候条件不适，产生有翅胎生蚜，迁飞到其他菊科植物上越冬。主要集中于白术嫩叶、新梢上吸取汁液，使植株枯萎，受害处常出现褐色小斑点，影响白术正常生长发育，严重的可造成减产 30%~50%。

防治方法：①铲除杂草，减少越冬虫害。②发生期可用 40% 乐果乳油 1 500 倍液、10% 吡虫啉 1 500 倍、3% 啶虫脒 1 500 倍液喷雾，7 天喷 1 次，各限用 1 次。

2) 白术术籽虫 *Homoeosoma* sp.：危害种子，属鳞翅目螟蛾科害虫，具专食性。8~11 月发生严重。以幼虫咬食花蕾底部的肉质花托，造成花蕾萎缩、下垂，还蛀食白术种子，影响留种。

防治方法：①冬季深翻土地，消灭越冬虫源。②实行水旱轮作；选育抗虫品种，如浙江选用大叶矮秆型白术。③成虫产卵前，白术初花期喷药保护，可喷 50% 敌敌畏 800 倍液或 40% 乐果 1 500~2 000 倍液，7~10 天喷 1 次，连续 3~4 次。

【采收、加工与贮藏】

1. 采收　在定植当年的 10 月下旬至 11 月上旬，当植株茎叶转枯变褐色时即可收获。采收过早，干物质还未充分积累，根茎鲜嫩，产量低，品质差，折干率也低；过晚采收则新芽萌发，根茎营养物质被消耗，影响品质。选晴天将植株挖起，抖去泥土，及时运回加工。白术药材的品质与采收时间密切相关。

2. 加工　加工方法有晒干和烘干两种。晒干的白术称生晒术，烘干的称烘术。

(1) 生晒术的加工：将采收运回的鲜白术，抖净泥土，剪去茎叶、须根，必要时用水洗净，置日光下晒干，一般需 15~20 天，日晒过程中经常翻动，直至干透为止。如遇阴雨天，要将白术摊放在阴凉干燥处。切勿堆积或袋装，以防霉烂。

(2) 烘术的加工：烘干时，最初火力可猛些，温度掌握在 100℃左右，待蒸汽上升、外皮发热时，将温度降至 60~70℃，每烘 2~3 小时上下翻动一次，在八成干时将根茎在室内堆放“发汗”5~6 天，使内部水分慢慢向外渗透，然后再烘 5~6 小时，又堆放“发汗”一周，最后烘干至翻动时发出清脆响声，表明已完全干燥。一般可产干品 200kg/667m^2 左右，最高可达 400kg/667m^2。

3. 贮藏　置阴凉干燥处保存，防蛀防霉变。

【栽培过程中的关键环节】

1. 忌灌溉，忌水涝　白术的种植区应建立好完善的排水系统，确保排水，雨季要达到雨停无积水的程度。积水易引起病害发生，灌溉过多会使白术长叶而烂根。

2. 合理施肥　基肥应多施有机肥，配合施用氮、磷、钾肥等化肥；按照“施足基肥，早施苗肥，重施摘蕾肥”的原则进行施肥，最后一次摘蕾后的施肥尤为关键。

3. 适时合理摘蕾　除留种的白术每株植株留 5~6 个较大的花蕾外，其余应在现蕾开花前，选晴天分期分批全部摘除花蕾。一般在 7 月上中旬至 8 月上旬分 2~3 次摘完。

10. 白芷

白芷

白芷 *Angelica dahurica*（Fisch. ex Hoffm.）Benth. et Hook. 为伞形科草本植物，以干燥根入药，药材名白芷。白芷为常用中药材，在古代很多文献中都有记载，始载于《神农本草经》，列为中品。白芷味辛，性温；归胃、大肠、肺经。具有解表散寒，祛风止痛，宣通鼻窍，燥湿止带，消肿排脓的功效。用于感冒头痛，眉棱骨痛，鼻塞流涕，鼻鼽，鼻渊，牙痛，带下，疮疡肿痛。白芷的主要化学成分有脂溶性与水溶性成分，主要为香豆素，含量为 0.211%~1.221%，其中主要有氧化前胡 0.06%~0.43%，欧前胡素 0.1%~0.83%，异欧前胡 0.05%~0.15% 等。白芷人工种植始于明代，现在白芷为人工栽培，主产于河北、河南、四川、浙江等省，其中河北安国栽培历史较为悠久，面积较大。

近年来，白芷的研究主要集中在规范化栽培技术、适宜收获期、干燥方法等方面。有研究表明，适时播种、控制水肥、摘花打顶等措施可以控制白芷早期抽薹；白芷经直接晒干或烘干，其香豆素含量较高。研究白芷品质稳定的控制技术、进一步改善初加工技术、提升药材品质，是今后栽培研究的热点。

【生物学特性】

1. 生态习性　白芷适应性很强，喜温暖湿润气候，怕热，耐寒性强。白芷是深根喜肥植物，宜种植在土层深厚、疏松肥沃、排水良好的砂质壤土地，在黏土、浅薄土中种植则主根小而分叉多，亦不宜在盐碱地栽培，不宜重茬。

白芷吸肥力强，是喜肥作物。施肥过多会使植株生长过旺，特别是苗期生长超过一定程度，常导致提前抽薹开花，因此苗期一定要严格控制肥水供应，一般不施或少施。5 月上旬以后开始施肥和浇水，此期白芷营养生长旺盛，气温高，光照又充足，需要吸收大量营养和水分。

2. 生长发育习性　播种过早，苗龄长，幼苗长得大，营养也充足，第二年抽薹率就高。播种过迟，气温下降，出苗和幼苗生长都很缓慢，致使冬前幼苗瘦弱，易受冻害，第二年虽抽薹率低或不抽薹，但产量也低。白芷种子寿命为一年，其种子在恒温下发芽率极低，在变温下发芽较好，以 10~30℃变温为佳，光有促进种子发芽的作用。

白芷正常的生长发育：秋季播种当年为苗期，第二年为营养生长期，至植株枯萎时收获；采种植株继续进入第三年的生殖生长：6~7 月抽薹开花，7~9 月果实成熟。因根里贮藏的营养大量消耗，木质化，不能药用。生产上常因种子、肥水等原因，也有部分植株于第二年就提前抽薹开花，导致根部腐烂空心，严重影响产量和品质。

【栽培技术】

1. 品种类型　生产上栽培的白芷，因地域主要有祁白芷、禹白芷、杭白芷和川白芷等。

2. 选地与整地　选地是指对土壤及前作的选择。一般棉花地、玉米地均适宜白芷种植。土壤以地势平坦，耕层深厚，土质疏松、肥沃，排水良好的砂土、砂壤土为宜。前茬作物收获后，及时翻耕，深度为30cm。晒垡后再翻一次，然后耙细整平，作宽100~200cm、高16~20cm的高畦，畦面应平整，畦沟宽26~33cm(排水差的地方用高畦)，土壤细碎。耕翻土地前，每667m^2施农家肥2 000~3 000kg，过磷酸钙50kg做基肥。

3. 繁殖方式　白芷用种子繁殖。成熟种子当年秋季发芽率为80%~86%。隔年种子发芽率很低，甚至不发芽。白芷不宜采用育苗移栽，移栽的根部侧根多，而主根生长不良，品质较差。

播种分为春播和秋播。春播于4月中、下旬进行，但产量和品质较差。通常采用秋播，适时播种是白芷高产优质的重要环节，应根据气候和土壤肥力而定。秋季气温高则迟播，反之则早播；土壤肥沃可适当迟播，相反则宜稍早。安国白芷基地适宜在8月下旬至9月初播种。过早播种，冬前幼苗生长过旺，第二年部分植株会提前抽薹开花，根部木质化或腐烂，不能作药用，从而影响产量。过迟则气温下降，影响发芽出苗，幼苗太小易受冻害。在整好的畦面上，按行距30cm开浅沟，深度1.5cm，将种子与细砂土混合，均匀地撒于沟内，覆土盖平，用锄顺行推一遍，压实，使种子与土壤紧密接触。播种量为1.5kg/667m^2。播后15~20天出苗。

4. 田间管理

(1) 间苗、定苗：白芷幼苗生长缓慢，播种当年一般不疏苗，第二年早春返青后，苗高5~7cm时，开始第一次间苗，间去过密的瘦弱苗。条播每隔约5cm留1株，穴播每穴留5~8株；第二次间苗每隔约10cm留一株或每穴留3~5株。清明前后苗高约15cm时定苗，条播者按株距12~15cm定苗；穴播者按每穴留壮苗3株，呈三角形错开，以利通风透光。同时除去特大苗，以防早抽薹。定苗时应将生长过旺，叶柄呈青白色的大苗拔除，以防止提早抽薹开花。

(2) 中耕除草：每次间苗时都应结合中耕除草。第一次苗高3cm时用手拔草，只浅松表土，不能过深，否则主根不向下扎，叉根多，影响品质。第二次待苗高6~10cm时除草，中耕稍深一些。第三次在定苗时，松土除草要彻底除尽杂草，以后植株长大封垄，不能再行中耕除草。

(3) 追肥：白芷喜肥，但一般春前少施或不施，以防苗期长势过旺，提前抽薹开花。封垄前追肥可配施磷钾肥，如过磷酸钙20~25kg，促使根部粗壮。封垄前追施钙镁磷肥25kg、氯化钾5kg，施后随即培土，可防止倒伏，促进生长。追肥次数和数量可依据植株的长势而定，若即将封垄时叶片颜色浅绿，植株生长不旺，可再追肥一次；若此时叶色浓绿，生长旺盛，则不再追肥。

(4) 排灌：白芷喜水，但怕积水。播种后，如土壤干旱应立即浇水，幼苗出土前保持畦面湿润，这样才利于出苗。苗期也应保持土壤湿润，以防出现黄叶，产生较多侧根。幼苗越冬前要浇透水一次。翌年春季以后可配合追肥灌水。如遇雨季田间积水，应及时开沟排水，以防积水烂根及病害发生。

(5) 拔除抽薹：苗播后第二年5月若有植株抽薹开花，应及时拔除。

5. 病虫害防治

(1) 斑枯病 *Septoria dearnessii* Ell. et Ev.：又叫白斑病，病原是真菌中的半知菌，主要危害叶部，病斑为多角形，病斑部硬脆。初期深绿色，后期为灰白色，上生黑色小点，即病原的分生孢子器。在白芷病叶上或留种株上越冬，来年由此而发病，分生孢子借风雨传播再次侵染。白芷一般5月发病，至收获均可感染，严重时造成叶片枯死。

防治方法：①在无病植株上留种，并选择远离发病的白芷地块种植。②白芷收获后，特别要将残留的根挖掘干净，集中处理，清除病残组织，集中烧毁，减少越冬菌源。③发病初期，摘除病叶，用 1∶1∶100 的波尔多液或用 65% 代森锌可湿性粉 400~500 倍液喷雾 1~2 次，能控制病情发展。

(2) 根结线虫病 *Meloidogyne hapla* Chitwood：病原感染植物的根部，形成大小不等的根结，根结上有许多小根分枝呈球状，根系变密，呈丛簇缠结在一起，在生长季危害根部十分严重。

防治方法：轮作是防治根结线虫病的主要措施之一；施用液体生物肥料加植物农药也可防治线虫病。

(3) 蚜虫 *Myzus persicae* Snlzer：属同翅目蚜科。以成虫、若虫危害嫩叶及顶部。若蚜、成蚜群集叶和嫩梢上刺吸汁液，叶片卷缩变黄，严重时生长缓慢，甚至枯萎死亡。白芷开花时，若虫、成蚜密集在花序为害。在叶背刺吸汁液的同时传播白芷病毒。随着蚜虫的大量发生，伴随着病毒流行，造成减产。

防治方法：①保持白芷田的土壤湿润，干旱地区适时灌水，可抑制蚜虫繁殖。②在蚜虫发生期可选用 40% 乐果 1 500~2 000 倍或 50% 杀虫螟松 1 000 倍，每 5~7 天用 1 次，连续 2~3 次。③清园，铲除白芷地周围的杂草，减少蚜虫迁入机会。④黄板诱蚜，利用有翅蚜对金盏黄色有较强趋性特点，选用 20cm×30cm 的薄板，涂金盏黄，外包透明塑料薄膜，涂凡士林黏捕蚜虫，将板插在田间，距地面 1m 处，即可捕蚜。

【采收、加工与贮藏】

1. 采收　春播白芷当年采收，10 月中下旬收获。秋播白芷第二年 9 月下旬叶片呈枯萎状态时采收。采收过早过迟，都会影响药材品质。

2. 加工

(1) 晒干：将主根上残留叶柄剪去，摘去侧根另行干燥；晒 1~2 天，再将主根依大、中、小三等级分别暴晒，反复多次，直至晒干。晒时切忌雨淋。

(2) 烘干：将主根上残留叶柄剪去，摘去侧根，35℃条件下烘至干燥。

3. 贮藏　置阴凉干燥处，防蛀。

【栽培过程中的关键环节】

1. 忌灌溉，忌水涝　白芷的种植区应建立好完善的排水系统，确保排水，雨季要达到雨停无积水的程度。积水易引起病害发生，灌溉过多会使白术长叶而烂根。

2. 适时合理摘花打顶　除留种的白芷外，其余应在现蕾开花前，选晴天分期分批全部摘除花蕾；除去顶端优势，促进侧根增重。

11. 半夏

半夏

半夏 *Pinellia ternata*（Thunb.）Breit. 为天南星科多年生草本植物，又称旱半夏、三叶半夏、三步跳、麻玉果等，以干燥块茎入药，药材名为半夏。味辛，性温；有毒。归脾、胃、肺经。具燥湿化痰，降逆止呕，消痞散结之功效。主要用于湿痰寒痰，咳喘痰多，痰饮眩悸，风痰眩晕，痰厥头痛，呕吐反胃，胸脘痞闷，梅核气；外治痈肿痰核。主要成分包括β-谷甾醇及其葡萄糖苷、黑尿酸及天冬氨酸、谷氨酸、精氨酸-β-氨基丁酸；儿茶醛为半夏辛辣刺激性物质，它不易溶于水，且遇高温后分解。生半夏入丸散时有毒副作用，经过炮制或水煎煮后毒副作用减少，目前市场上的产品以清半夏、姜半夏、法半夏三种饮片为主。

半夏野生资源主要分布于四川、湖北、河南、贵州、安徽，其次是江苏、山东、江西、浙江、湖南、云南等省区。20世纪80年代，多地展开了半夏野生变家种驯化研究，先后建成以地域闻名的“颖半夏”“赫章半夏”“息半夏”“襄半夏”“唐半夏”“潜半夏”“大方圆珠半夏”“西和半夏”“威宁半夏”等半夏栽植区。目前，半夏主要产于四川、湖北、河南、贵州、安徽、甘肃、浙江等。

【生物学特性】

1. 生态习性　半夏具有较宽生态幅，海拔2 500m以下的地带均有广泛分布，常见于溪边草坡，阴湿的荒滩、荒原、林下，以及玉米、小麦、高粱等旱地作物地里。

(1) 对温度的适应：半夏是耐寒、喜温暖、怕炎热的植物，生长适宜温度为15~27℃。当1~5cm的表土温度稳定在8~10℃时开始萌发，此后若表土温度又持续数天低于2℃，叶柄即在土中开始横生，并长出一代珠芽，低温持续时间越长，叶柄横生越长，地下珠芽长得越大。10~13℃时，半夏开始出苗，出苗速度随着气温的升高而加快，并出现珠芽。若温度在30℃以上其生长受到抑制，达35℃且无遮荫的条件下，地上部分相继枯萎、倒苗，产量降低。随着秋季气温降低至30℃以下，半夏将再次出苗，低于13℃，则苗枯越冬休眠。半夏地下块茎耐寒能力较强，0℃以下也能越冬，且不影响第二年的发芽能力。

(2) 对土壤的适应：半夏对土壤的要求不严，除盐碱土、砾土，以及过砂、过黏易积水之地不适宜种植外，其他土壤均可种植半夏，以湿润、肥沃、深厚、含水量在20%~40%、呈中性（pH为6~7.5）的砂质土壤为宜。半夏茎皮对重金属Hg、Cd的富集系数较高，但其生长状况与土壤中重金属及有害元素含量无显著相关性。

(3) 对光照的适应：半夏畏强光，忌烈日直射，耐阴而不喜阴。若光照达90 000lx，不采取遮光措施，半夏会全部倒苗。在适度遮光条件下，生长繁茂；若过度荫蔽，光照长期低于3 000lx的条件下，珠芽数量少，生长不良，植株枯黄瘦小，甚至难以生存；适度遮荫有利于产量的提高和花葶的形成；全荫蔽能延长生育期，但光合产物相对减少，产量不高。半夏在温度较低的情况下能够适应较强的光照。研究显示半荫区形成的半夏珠芽数量和母块茎增重均比无荫蔽区或全荫蔽区为好；在全光照下，半夏的蛋白质、鸟苷和生物碱含量较高，80%光照条件下，能产生较多还原糖和可溶性糖。

(4) 对湿度的适应：半夏喜湿润环境，喜水忌涝，不耐干旱。在生产实践中最突出的增产措施就是注意保持土壤湿润，在半夏整个生育期间，土壤含水量保持在20%~40%为宜。在长江以南地区，6月上旬至7月上旬，半夏生长尤其旺盛，主要原因之一是这段时间正处于梅雨季节，阴雨绵绵，不但减少了强烈光照，降低了夏季高温对半夏生长的影响，还保证有足够的水分，提高了土壤和空气的湿度。但土壤湿度也不能过高，否则会容易导致半夏烂根、烂茎，甚至倒苗死亡，块茎产量下降。

2. 生长发育特性　半夏生长发育可分为出苗期、旺长期、珠芽期、花果期和倒苗期。

从出苗至倒苗的天数计算，一般情况下，春季为50~60天，夏季为50~60天，秋季为45~60天。每年出苗2~3次：第一次为3月下旬至4月上旬，第二次在6月上、中旬，第三次在9月上、中旬。相应的倒苗期则分别发生在6月上旬、8月下旬、11月下旬。年生长期内表现出春、秋两个生长旺长期，大部分居群在5月有1个抽薹开花高峰期。珠芽萌生初期在4月初，萌生高峰期为4月中旬，成熟期为4月下旬至5月上旬，6~7月珠芽增殖数为最多，约占总数的50%以上；5~8月为半夏地下块茎生长期，此时其母茎与第1批珠芽膨大加快。半夏的花期一般在5~7月，能够开花的多是累积了一定养分的较大的植株。果期6~9月。

【栽培技术】

1. 选地与整地　选地应注意远离化工企业、垃圾处理场、冶金厂、生活污水排放处等易造成污染的地区。在山区栽培时，选择低山和岭地，坡度10°~30°的半阴半阳缓山坡；在平原地区种植，选择地势高、排灌方便的地块。选择土壤疏松肥沃、保水保肥，有机质含量在1.0%以上，中性偏酸（pH为4.5~7.5）的砂质土壤。要有一定光照条件的树林、果园种植，也可以与万寿竹、银杏、玉米、金银花、小麦、决明子等作物套种。

在10~11月，深翻土地20cm左右，除去石砾及杂草。每667m^{2}施入发酵过的厩肥或堆肥3 000~4 000kg、过磷酸钙50kg作基肥。播种前先浇一次透水，再耕翻1次，整细耙平，起宽1.3m的高畦，畦沟宽40cm，或浅耕后做成0.8~1.2m宽的平畦，畦埂宽30cm，高15cm。畦向以东西走向，长20~50m为宜，利于灌排。在种植前开好排水沟，以防雨季积水造成烂根。第二年4月中旬，在畦埂上种两行高秆作物，如玉米、向日葵等，为半夏遮荫，或是间作于1~5年生的幼年果树间。

2. 繁育方法　半夏有块茎繁殖、珠芽繁殖、种子繁殖三种方式，但种子和珠芽繁殖当年不能收获，用块茎繁殖当年能收获。所以块茎是繁殖的主要材料。

(1) 选种材：选择生长健壮、无病虫害的中小块茎作种材。中小种茎大多是新生组织，生命力强，发芽率高，出苗后，生长势旺。种茎选好后，将其拌以干湿适中的细沙土，贮藏于通风阴凉处，于当年冬季或翌年春季取出。在栽培前，对要播种的块茎进行筛选，不符合选种标准的要剔除。块茎可用5%草木灰液或50%多菌灵800倍液或75%的百菌清600倍液浸泡2小时，晾干备用。在早春5cm表土温度稳定在6~8℃时，用温床或火炕进行催芽，可提高产量。把种栽装于编织袋放在20℃的温室，保持15天左右，芽便能萌动，待到芽鞘发白时即可栽种。

(2) 播种：冬季应选择在地面下5cm，地温为3~8℃时播种；春季应选择在地面下5cm，地温为5~7℃时播种。在做好的畦内，按种栽大小不同做成不同规格的播种沟，如行距12~15cm，沟宽10cm，深5cm左右。将处理的块茎分级，其中的中种茎按3~5cm株距，小种茎2~3cm株距，芽头向上，交错排摆于沟内。中种茎种一行，小种茎交错种两行。播后上面施一层腐熟堆肥或厩肥、草土灰等混拌均匀而成的混合肥，厚5~10cm，最后盖土与畦面平，耧平，稍加压实。栽后盖上地膜(厚0.014mm的普通农用地膜，或厚0.008mm的高密度地膜)，地的宽度视畦的宽窄而定。盖膜时应使膜平整紧贴畦埂上，做到紧、平、严。

3. 田间管理

(1) 揭地膜：清明以后，待出苗达50%左右时，应揭去地膜。同时根据栽种深度，当年气候判断揭膜时间。若早晚温差大，午间温度过高会引起苗的灼烧，所以揭膜前，应先进行炼苗。在中午时从畦两头揭开膜通风散热，傍晚封上，连续几天后再全部揭去。揭膜后如表层土壤板结，应当采取适当的松土措施，如用铁钩轻轻划破土面。地膜揭开后洗净整理好，回收利用，坏的集中处理，不能让其留在地里，污染土壤和环境。

(2) 除草：除草是半夏种植取得成功的关键措施之一。半夏出苗之时也是杂草生长之时，条播半夏的行间可用较窄的锄头除草，与半夏苗生长较近的杂草则用拔除的方法，尽量避免伤根。要求除早、除小、除尽、不伤根，不让杂草影响半夏生长，应当根据杂草的生长情况具体确定除草次数和时间，一般2~3次。第一次在苗已大半出土后进行，在行间浅中耕一次，中耕宜浅不宜深，不超过5cm。第二次在倒苗后重新出苗时，再浅中耕一次。平时植株生长繁茂只能用手拔除杂草无法中耕。

(3) 灌水、排水：出苗前不宜再浇，以免降低地温。立夏前后，天气渐热，半夏生长加快，干旱无雨时，可根据情况适当浇水，浇水后及时松土。夏至前后，气温逐渐升高，干旱时，可7~10天浇水一次，经常保持栽培环境阴凉湿润，可延长半夏的生长期，推迟倒苗，利于光合作用，积累干物质。处暑后，气温开始降低，可适当减少浇水量，避免因田间积水，造成块根腐烂。

(4) 合理施肥：出苗的早期，应当多施氮肥。半夏出苗后，每667m^2可撒施尿素3~4kg催苗。一般生长期追肥4次：第一次于4月上旬齐苗后，每667m^2施入1 000kg腐熟的人畜粪水(1∶3)；第二次在5月下旬珠芽形成时，每667m^2施用人腐熟的畜粪水2 000kg，培土以盖住肥料和珠芽为度；第三次于8月倒苗后，当子半夏露出新芽，母半夏脱壳重新长出新根时，用腐熟的(1∶10)人畜粪水泼浇，每半月1次，直到秋后逐渐出苗；第四次于9月上旬，半夏齐苗时，每667m^2按腐熟饼肥25kg、过磷酸钙20kg、尿素10kg，与畦沟中细土混拌均匀，撒于土表。在每次倒苗后施用粪水肥。此外，收获前30天不得追施肥。

(5) 培土：在6~8月间，成熟的珠芽和种子陆续落于地上，此时要进行培土，从畦沟取细土均匀地撒在畦面上，厚1~2cm。追肥培土后无雨，应及时浇水。一般培土2次，使地面上的珠芽尽量埋起来，促进新株萌发。因半夏珠芽形成不断，培土应当根据情况而进行，应经常松土保墒。

(6) 摘除花蕾：半夏花期不一致，除留种外，务必及时摘除花蕾。此外，半夏繁殖力强，往往成为后茬作物的顽强杂草，不易清除，故必须经常摘除花蕾，减少后茬作物的杂草。

(7) 间作、套作：为了提高单位面积土地经济效益，可利用现有的遮荫条件，在林间或与农作物套作种植半夏。如在畦背上种植玉米、高粱等高秆作物或适时搭盖遮荫网，创造弱光、阴凉环境，减少倒苗现象。生产中半夏常与玉米、小麦、棉花、大豆、白及等间作或套作。

(8) 防倒苗：在生产中，除采取适当的蔽荫和喷灌水降低光照强度、气温和地温外，还可喷施植物呼吸抑制剂亚硫酸氢钠(0.01%)溶液，也可喷施0.01%亚硫酸氢钠和0.2%尿素或2%过磷酸钙混合液，以抑制呼吸作用，减少光合产能的消耗，进而延迟倒苗，缩短倒苗期，提高产量。

4. 病虫害防治及农药残留控制

(1) 病害及其防治

1) 叶斑病 *Phytophthora* sp.：主要危害叶片，多在初夏高温多雨季节发生。染病病叶皱缩扭曲，叶上出现不规则形的紫褐色斑点，轮廓不清，由淡绿变为黄绿，后变为淡褐色；染病后期病斑上生有许多小黑点，发病严重时，病斑布满全叶，使叶片卷曲焦枯而死。防治方法：拔除病株烧毁，并用石灰处理病株根穴；在发病初期喷1∶1∶120波尔多液或65%代森锌，或50%多菌灵800~1 000

倍液，或托布津 1 000 倍液喷洒，每隔 7~10 天 1 次，连续 2~3 次。

2）腐烂病 *Fusarium* sp. 或 *Phytophthora* sp.：主要危害地下块茎及整个植株，是半夏最常见的病害，多在高温多湿季节发生。染病后地下块茎腐烂，随即地上部分变黄倒苗死亡。防治方法：选择无病种进行栽培，并在种前用 5% 的草木灰溶液或 50% 的多菌灵 1 000 倍液浸种；雨季及大雨后及时疏沟排水；及时防治地下病害，可减轻病害；发病初期，拔除病珠后在穴处用 5% 石灰乳淋穴，防止病原蔓延。

3）病毒病：又名半夏病毒性缩叶病，简称缩叶病，主要危害全株，多在夏季、高温多雨季节发生，是半夏栽培种植中普遍发生的一种较为严重的病害。发病时，叶片上产生不规则的黄斑，叶片为花叶症状，皱缩、卷曲，直至枯死。此外，该病在鲜半夏的贮藏期间或运输途中会造成块茎大量腐烂，并危害半夏块茎加工的商品。防治方法：选择无病植株留种，并进行轮作，适当追施磷钾肥，增强抗病力；出苗后喷洒 1 次 40% 乐果 2 000 倍液或 10% 吡虫啉可湿性粉剂 1 000 倍液，每隔 5~7 天 1 次，连续 2~3 次；发现病株，立即拔除，集中烧毁深埋，病穴用 5% 石灰乳浇灌；或应用组织培养方法，培养无毒种苗。

4）炭疽病 *Bacillus anthracis*：主要危害叶片、叶柄、茎及果实。老叶从 4 月初开始发病，5~6 月间迅速发展，以梅雨季节发病较重。新叶多在 8 月发病。茎、叶柄、浆果染病产生浅褐色梭形凹陷斑，密生黑色小粒点，湿度大时分生孢子盘上聚集大量橙红色分生孢子。防治方法：选用抗病的优良品种；发病初期剪除病叶，及时烧毁，防止扩大；避免栽植过密及当头淋浇，并经常通风通光；发病前喷 1% 波尔多液或 27% 高脂膜乳剂 100~200 倍液保护；发病期间可选用 75% 百菌清 1 000 倍液、20% 三环唑 800 倍液，或 50% 炭疽福美 600 倍液轮换使用，每隔 7~10 天 1 次，连续多次，效果更好。

(2) 虫害及其防治：主要有红天蛾、芋双线天蛾、蚜虫、蛴螬等害虫，危害叶片、地下块茎及幼苗。可采用清除虫源，合理施肥，诱饵杀幼虫，用黑光灯杀成虫或药剂喷杀或参考其他病害的防治方法。

【采收、加工与贮藏】

1. 采收　块茎繁殖的于当年或第 2 年采收。采挖在白露前后，时间 8 月中下旬至 9 月初，叶片变黄而未变干以前采收，采收前至少有 1 周的晴天。采收前先拣出掉落在地上的珠芽，在阴天或者晴天，用小平铲或者小军工铲从畦的一端顺垄采挖，深度约 20cm（插入位置应低于半夏块茎分布最底层的分布土），连同半夏块茎和泥土一起铲出土表面，逐一细翻，小心挖取，避免损伤。

2. 加工

(1) 初加工：把采挖好的半夏搬运室内或者阴凉处，忌暴晒，进行堆放或者筐内盖好；放置时间越短为宜。将鲜半夏洗净泥沙，按直径大于 2.0cm，1.5~2.0cm，小于 1.5cm 进行分级。小于 1.5cm 可留作种。作为商品的种茎将其装入编织袋或其他容器内，先轻轻摔打几下，然后倒入清水中，反复揉搓，或将块茎放入筐内，在流水中用木棒撞击或用去皮机除去外皮。有条件的，可以使用去皮机去皮。洗净，取出晾晒，不断翻动，晚上收回，平摊于室内，反复再取出晒至全干。

(2) 半夏饮片的加工

1）清半夏：取净半夏，大小分开，用 8% 白矾水溶液浸泡，至内无干心，口尝微有麻舌感，取出，洗净，切厚片。每 100kg 半夏用白矾 20kg。

2）姜半夏：净半夏，大小分开，用清水浸泡至内无干心时，另取生姜切片煎汤，加白矾与半夏共煮透，取出。晾至半干，切薄片，干燥，筛去碎屑。每 100kg 半夏用生姜 15kg，白矾 8kg。煮制时间 2~3 小时，汁被吸尽为佳。

3）法半夏：取净半夏，大小分开，用清水浸泡至内无干心，取出，另取甘草适量，加水煎煮二次，合并煎液，倒入加适量水制成的石灰液中浸泡，每日搅拌 1~2 次，并保持浸液 pH 在 12 以上，至剖面黄色均匀，口尝微有麻舌感，取出。洗净，阴干或烘干。半夏每 100kg，用甘草 15kg，生石灰 10kg。

3. 贮藏　使用无污染、无破损、干燥洁净，并能防潮，对半夏质量无影响、可以回收或易于降解的轻质材料如麻袋、编织袋等包装。一般包装袋有 25kg、50kg 两种规格。产品包装以后，要保存在通风、干燥、无污染、阴凉的地方或专门仓库室温储存，控制适宜温、湿度。注意防日晒、雨淋、鼠害、虫蛀及有毒有害物质的污染，定期检查，发现霉烂等现象及时清理隔离。

【栽培过程中的关键环节】

1. 块茎的选择　选择生长健壮、无病虫害的中小块茎作种材。中小种茎生命力强，发芽率高，出苗后，生长势旺，是当前发展半夏生产的主要繁殖途径。

2. 田间管理

（1）水肥要适当及时：半夏喜湿怕旱，无论采用哪一种繁殖方法，在播前都应浇 1 次透水，少雨、多雨要及时灌水、排水。出苗的早期，应当多施氮肥，中后期则应当多施钾肥和磷肥。半夏出苗后，每 $667m^2$ 可撒施尿素 3~4kg 催苗，此后，在每次倒苗后施用粪水肥。此外，收获前 30 天不得追施肥。

（2）除草：第一次在苗已大半出土后进行，在行间浅中耕一次，中耕宜浅不宜深，不超过 5cm。第二次在倒苗后重新出苗时，再浅中耕一次。条播半夏的行间可用较窄的锄头除草，与半夏苗生长较近的杂草则用拔除的方法，植株生长繁茂只能用手拔除杂草，无法中耕。

（3）摘蕾：半夏花期不一致，除留种外，务必及时摘除花蕾，减少后茬作物的杂草。

（4）防“倒苗”：栽培中除采取适当荫蔽和喷灌降低光照强度、气温和地温外，还可以适量喷施植物呼吸抑制剂，如浓度 0.01% 亚硫酸钠溶液，也可喷施浓度 0.01% 亚硫酸氢钠和 0.2% 尿素及 2% 过磷酸钙混合液，以抑制植株呼吸作用，减少光合产物的消耗从而缩短倒苗期或减少倒苗次数达到增产目的。

3. 间作、套作　为了提高单位面积土地经济效益，可利用现有的遮荫条件，在林间或与农作物套作种植半夏。半夏种植 1 年后，就可进行轮作，适宜轮作期 2~3 年（除茄科等易感染根腐病）的作物。如在畦背上种植玉米、高粱等高秆作物。

12. 甘草

甘草

甘草 *Glycyrrhiza uralensis* Fisch. 为豆科甘草属多年生草本，又名乌拉尔甘草、甜草、甜根子等，以干燥根和根状茎入药，药材名为甘草。味甘，性平；归心、肺、脾、胃经。具补脾益气，清热解毒，祛痰止咳，缓急止痛，调和诸药之功效；用于治疗脾胃虚弱，倦怠乏力，心悸气短，咳嗽痰多，脘腹及四肢挛急疼痛，痈肿疮毒，还能缓解药物毒性、烈性。甘草是一种常用大宗药材，同时又是食品、香烟及其他轻工业产品的重要辅料。主要化学成分为甘草酸、甘草苷等三萜类化合物及黄酮类化合物。除甘草外，甘草属的胀果甘草 *G. inflata* Bat 和光果甘草 *G. glabra* L. 也与甘草同等使用。主产于内蒙古、甘肃、青海、宁夏、新疆等地。甘草的 3 种基源植物的栽培技术相近，现以甘草为例，介绍如下。

【生物学特性】

甘草为喜光植物。野生分布区年日照时数为 2 700~3 360 小时；年平均气温平均在 3.5~9.6℃之间，极端最低温度在 -43.5℃，极端最高温度在 47.6℃；降水量一般为 300mm，不少地区甚至在 100mm 以下；海拔在 500~900m。对土壤具有广泛的适应性，在栗钙土、灰钙土、黑垆土、石灰性草甸黑土、盐渍土上均可正常生长，但以含钙土壤最为适宜。土壤 pH 在 7.2~9.0 范围内均可生长，但以 8.0 左右较为适宜。具有一定的耐盐性，在总含盐量 0.08%~0.89% 范围内的土壤中均可生长。为深根性植物，适宜于土层深厚、排水良好、地下水位较低的砂质或砂壤质土，不宜在涝洼地和地上下水位高的土地上生长。

植株地上部分在秋末冬初枯萎，以根及根茎在土壤中越冬。翌年春天 4 月由根茎萌发新芽，5 月上中旬返青，6~7 月开花，8~9 月荚果成熟，9 月中下旬进入枯萎期。5~7 月，地上茎和地下根茎生长较快，但主根生长较慢，8~9 月地上部分生长缓慢，而主根生长较快。根茎萌发力强，在地表下呈水平状，以老株为中心向四周延伸。1 株甘草种植 3 年后，在远离母株 3~4m 处，仍然可见新的根蘖苗长出。土层深厚处的根长达 10m 以上，能充分吸收地下水，适应干旱条件。

【栽培技术】

1. 选地、整地　育苗地宜选择地势平坦、土层深厚、质地疏松、通透性良好、肥沃、地下水位较深、排水良好、交通便利的向阳坡地，且不受风沙危害并且有排灌条件的砂质壤土。播种前深翻土层 25~35cm，整平耙细，灌足底水。整地时适量施入复合肥或充分腐熟的农家肥，一般中等肥力的土壤施腐熟肥有机肥 2 000kg/667m^2 左右，也可施用磷酸二铵。华北、西北地区砂土地一般采用平畦，东北地区多采用高畦。种植地选择地势高燥、土层深厚、地下水位低、排水良好、pH 为 8~8.5 的砂土、砂壤土或轻壤土。整地方法同育苗地。

2. 繁殖方法　以种子繁殖为主，也可根茎繁殖。

(1) 种子繁殖

1) 采种：荚果完全成熟后采收，晒干，选取饱满、健壮种子留种。以褐绿色或墨（暗）绿色、净度达 98% 以上、发芽率达 85% 以上的种子为佳。

2) 种子处理：种子硬实率高，不经处理难以出苗。种子处理主要有机械碾磨和硫酸处理两种方式。机械碾磨是生产中常用的方法，适用于处理大量种子，一般采用砂轮碾磨机，操作简单、费用低。硫酸处理适合于少量种子，方法是每 1kg 种子加 30~40L 浓硫酸，混匀，不断搅拌。一定时间后及时用清水将硫酸冲洗净，晾干即可。播前 1 日，用 50% 辛硫磷乳液和 20% 多菌灵按种子重量的 2% 拌种（当种子显示有烧伤点时即可），以减少病虫害。

3) 直播：分春播、夏播和秋播。春播在 4 月中、下旬，夏播在 7~8 月，秋播在 9 月进行。播前 2~3 天，用 40~50℃温水将种子浸泡 12 小时，捞出后在干净的砖地上控水 8~12 小时，待种子有 1/3

裂口时即可播种。播时在畦面上按行距 30cm 开沟，深约 2cm，将种子撒入沟内，覆土，稍压。播种量为 1.5~2kg/667m^2。

4）育苗：多在春季（4~5 月）播种，方法同直播。播种量为 3~5kg/667m^2。

（2）根茎繁殖：采收时，将粗根及根茎入药，把没有损伤、直径在 0.5~0.8cm 的根茎剪成 10~15cm 长、带有 2~3 个芽眼的茎段。在整理好的田畦里按行距 30cm，开 15cm 深的沟，将剪好的茎段按株距 15cm 平放沟底，覆土压实即可。栽种时间为 4 月上旬或 10 月下旬。

3. 移栽与定植　移栽与定植于当年秋季或翌年春季进行。秋季移栽一般在 8 月末至 9 月初或 11 月初土壤封冻前，春季移栽一般在 4 月下旬至 5 月中下旬，华北地区秋栽比春栽产量高，东北地区宜春季移栽。在整理好的畦面上开宽 10cm 左右、深 8~12cm 的沟，沟间距 30cm，将幼苗水平摆入沟内，株距 20cm，覆土。

4. 田间管理

（1）间苗、定苗：当幼苗出现 2~3 片真叶时即可间苗，保持株距在 5cm 左右。当苗长出 3~4 片真叶或苗高达 6cm 左右时定苗，结合中耕除草间去密生苗，定苗株距以 20cm 为宜。667m^2 应保苗 3 万株 / 以上。

（2）中耕除草：齐苗后及时中耕除草，保持田间无杂草。播种当年以人工除草为主；第二年在杂草较多的地方可用草甘膦除草。在根部开始分蘖时，中耕除草次数不宜过多。中耕除草一般每年 3 次，第一次在 5 月下旬，除草深度在 5cm 左右；当植株长到 30cm 时进行第二次除草，且要结合施肥与灌溉，中耕深度在 15cm 左右；8 月中旬进行第三次除草。

（3）追肥：播前要施足底肥，以厩肥最好。每年生长期可于早春追施磷肥，因根具根瘤菌，有固氮作用，在第二、三年以后可少施氮肥。第一年追肥分别在幼苗长出 4~6 片、6~10 片、15 片真叶时进行，每次追施尿素 5~10kg/667m^2，第一次可稍多（5~15kg/667m^2）；第二年返青后可一次性追施磷酸二铵或尿素 10~20kg/667m^2；第三年在雨季时追施磷酸二铵 15kg/667m^2。每年秋末地上部分枯萎后，用 2 000kg/667m^2 腐熟农家肥覆盖畦面，以提高地温和土壤肥力。

（4）灌溉排水：干旱、半干旱地区的直播地和育苗地，在出苗前后要保持土壤湿润。幼苗期（3~6 月）结合除草、施肥，灌溉 3 次；幼苗出土 3~5cm 时灌第一水，苗高 7~10cm 时灌第二水，幼苗分枝期灌第三水。结合灌水追施尿素 5kg/667m^2。生长中期（7~8 月）结合除草、施肥，灌水 1~2 次。生长中、后期要保持适度干旱以利根系生长。有条件的地方在入冬前可灌 1 次封冻水。若土壤湿度过大根部易腐烂，如有积水应及时排出。第二年以后应逐年减少灌水量。降雨后应及时排出田间积水，防止因土壤含水率过高而诱发病害。入冬后灌足冬水，进入冬季管护期。

5. 病虫害防治及农药残留控制

（1）主要病害及防治方法

1）锈病：危害幼嫩叶片。防治方法：①选择未曾感染锈病、生长健壮的植株留种；②冬、春、秋季适时割去地上茎叶，减轻病害发生；③早春喷洒 20% 粉锈宁 1 500 倍液或 97% 敌锈钠 300 倍液 2~3 次；④及时拔除病残株并集中烧毁；⑤发病初期喷洒波美 0.3~0.4 度石硫合剂或 15% 可湿性除锈灵粉剂 300~500 倍液或 95% 敌锈钠 400 倍液。

2）褐斑病：主要危害叶片。防治方法：①冬季做好药园清洁工作，彻底烧毁病残组织，减少病菌来源；②发病初期及时摘除病叶，并喷 1∶1∶150 波尔多液或 65% 代森锌 500 倍液或 50% 甲基托布津 800~100 倍液，每隔 10 日喷 1 次，连续 3~4 次。

3）白粉病：主要危害叶片。防治方法：喷洒波美 0.1~0.3 度石硫合剂，或 50% 托布津可湿性粉剂 800 倍液，或 50% 代森铵 600 倍液，连喷 2~3 次。

（2）主要虫害及防治方法

1）甘草种子小蜂：危害种子。成虫在青果期的种皮下产卵，幼虫孵化后蛀食种子，并在种内化蛹，成虫羽化后，咬破种皮飞出。防治方法：清园，减少虫源；结荚期用 90% 晶体敌百虫 1 000 倍液喷雾；种子入仓期用 5% 辛硫磷粉剂拌种贮藏。

2）蚜虫：成虫及若虫危害嫩枝、叶、花、果。防治方法：利用瓢虫、草蛉等天敌控制；发生期可用飞虱宝（25% 可湿性粉剂）1 000~1 500 倍液，或赛蚜朗（10% 乳油）1 000~2 000 倍液，或蚜虱绝（25% 乳油）2 000~2 500 倍液喷洒全株，5~7 日后再喷 1 次。

3）叶甲：以蚧粗角萤叶甲、酸模叶甲为主要种类。成、幼虫主要取食叶。防治方法：在 5~6 月用 2.5% 敌百虫粉防治；越冬前清园、冬灌。

4）红蜘蛛：8 月左右发生，9 月左右危害严重，主要侵食叶片和花序。叶片被害后，叶色由绿变黄，最后枯萎。此虫多藏于叶背面。防治方法：用波美 0.2~0.5 度石硫合剂加米汤或面浆水喷洒。

【采收、加工与贮藏】

1. 采收　直播种植第四年，根茎繁殖第三年，育苗移栽第二年采收，在春、秋两季进行。秋季于地上部分枯萎时至封冻前采收，春季于植株萌发前进行。研究表明，我国西北干旱荒漠与半荒漠地区甘草的栽培周期为 3 年，最佳采收期为当年秋季。收挖宜在晴天进行，必须深挖，不可挖断或伤根皮。去残茎、泥土，忌水洗。

2. 加工　去掉泥土，晾晒几日后，用铡刀将芦头、根尾铡去称为条草。条草再分级、分等，长短理顺后晒至半干，捆成小把再晒至全干，含水量 14% 以下待售。芦头、毛根、尾打成捆，为毛草，待售。将挖回的鲜甘草切去芦头、侧根、毛根及腐烂变质或损伤严重部分，严格按等级要求切条，扎成小把、小垛，晾晒。5 周后起大垛，继续阴干。

3. 产品质量及要求　根呈圆柱形，长 25~100cm，直径 0.6~3.5cm。外皮松紧不一。表面红棕色或灰棕色，具显著的纵皱纹、沟纹、皮孔及稀疏的细根痕。质坚实，断面略显纤维性，黄白色，粉性，形成层环明显，射线放射状，有的有裂隙。根茎呈圆柱形，表面有芽痕，断面中部有髓。气微，味甜而特殊。干燥品甘草苷（$C_{21}H_{22}O_9$）含量不得少于 0.5%，甘草酸（$C_{42}H_{62}O_{16}$）含量不得少于 2.0%。

4. 贮藏　整理好的甘草垫上麻袋片，用细麻绳打捆，每捆 50kg。包装上标明品名、规格、批号、产地、生产日期。贮藏库应通风、干燥、避光，贮存时采用架式存放并防蛀，贮藏架与地面及墙壁保持 60~70cm 距离，以保证通风透气。定期抽检。运输工具要清洁，不能与有毒、有害物品混装。运输时要有通气设备，以保持干燥，遇阴雨天应严防受潮。

【栽培过程中的关键环节】

1. 种子处理　甘草种子硬实率高，不经处理难以出苗。种子处理主要有机械碾磨和硫酸处理两种方式。机械碾磨是生产中常用的方法，一般采用砂轮碾磨机，操作简单、费用低。硫酸处理适合于少量种子。

2. 合理施肥　播前要施足底肥，以厩肥最好。每年生长期可于早春追施磷肥，第二、三年以后可少施氮肥。每年秋末地上部分枯萎后，用腐熟农家肥覆盖畦面，以提高地温和土壤肥力。

3. 及时排灌　出苗前后要保持土壤湿润。幼苗期结合除草、施肥，灌溉3次；生长中期结合除草、施肥，灌水1~2次；生长中、后期要保持适度干旱以利根系生长。入冬前可灌1次封冻水。

若土壤湿度过大，根部易腐烂，如有积水应及时排出。第二年以后应逐年减少灌水量。

13. 百合

百合

百合为百合科百合属卷丹 *Lilium lancifolium* Thunb.、百合 *Lilium brownii* F. E. Brown var. *viridulum* Baker. 和细叶百合 *L. pumilum* DC.，入药部位为干燥肉质鳞叶，药材名为百合。我国是百合属植物的故乡，观赏、食用和药用百合的栽培历史十分悠久，是栽培百合最早的国家。百合始载于《神农本草经》，列为中品。味甘，性寒；归肺、心经。具有养阴润肺、清心安神的功效。用于阴虚燥咳，劳嗽咳血，虚烦惊悸，失眠多梦，精神恍惚。主要化学成分为秋水仙碱等多种生物碱及淀粉、蛋白质、脂肪等。

主要分布于湖南、四川、河南、江苏、浙江等地，全国各地均有种植。百合药材来源于多种植物，此处仅介绍百合的栽培技术。

【生物学特性】

1. 生态习性　喜凉爽，较耐寒，耐热力较差。一般生长温度在10~30℃，最合适生长的温度为15~25℃。生长要求湿润环境，怕干旱，不耐水涝。土壤湿度过高，易引起鳞茎腐烂甚至死亡。喜土层深厚、排水良好、肥沃、富含腐殖质的砂质壤土或壤土，黏重土壤不宜栽培。宜于酸性至微酸性土壤，稍耐碱性或石灰岩土，土壤 pH 在 5.5~6.5 为宜。宜与豆科或禾本科作物轮作，忌连作。属长日照植物，喜柔和光照和半阴，也能忍受短时间的强光照。但长期阴雨、光照不足，植株容易徒长，会引起花蕾脱落，开花数减少，“盲花”增多，影响质量。

2. 生长发育特性　百合为秋植球根植物，秋凉后生根，新芽萌发，但不长出，鳞茎以休眠状态在深土中越冬。春暖后由鳞茎中心迅速长出茎叶。生长过程中，以昼21~23℃、夜温15~17℃最为理想。气温低于10℃时，生长受到抑制，幼苗在气温低于3℃以下时易受冻害。6月上旬现蕾，7月上旬开花，花后高温休眠，2~10℃低温可解除。休眠花芽分化多在种球萌发后，与地上茎生长同时进行，适宜温度为11~13℃，果期8~10月。

【栽培技术】

1. 选地整地　选择肥沃、地势高爽、排水良好、土质疏松的砂壤地块栽培。前茬以豆类、瓜类或蔬菜地为好，每667m^2施有机肥3 000~4 000kg或复合肥100kg作基肥，施50~60kg石灰或50%地亚农0.6kg进行土壤消毒。精细整地后，作高畦，畦面宽3.5m左右，沟宽30~40cm，深

40~50cm。

2. 繁殖方法　无性繁殖和有性繁殖均可。

(1) 无性繁殖:分为鳞片繁殖、小鳞茎繁殖、珠芽繁殖、大鳞茎分株繁殖和鳞心繁殖,生产中主要采用前三种方法。

1) 鳞片繁殖:秋季采挖鳞茎,剥取里层鳞片,选健壮、肥大鳞片在 1∶500 多菌灵或克菌丹水溶液中浸 30 分钟,取出后晾干,基部向下,将 1/3~2/3 鳞片插入苗床中,株行距(3~4)cm×15cm,插后盖草遮荫保湿。约 20 天后,鳞片下端切口处便会形成 1~2 个小鳞茎。培育 2~3 年的鳞茎可重达 50g,每 667m^2 约需种鳞片 100kg,能移栽大田 1 公顷左右。

2) 小鳞茎繁殖:老鳞茎茎轴能长出多个新生小鳞茎,收集无病植株上的小鳞茎,消毒后按行株距 25cm×6cm 播种。培养 1 年后,一部分可达种茎标准(50g),较小者,继续培养 1 年再作种用。

3) 大鳞茎分株繁殖:大鳞茎是由数个(一般 3~5 个)围主茎轴带心的鳞茎聚合而成的鳞茎。收获时,挑选大鳞茎,用手掰开作种,第二年 8~10 月便可收获。

4) 鳞心繁殖:在对收获的鳞茎进行加工时,将鳞茎外部鳞片剥下作药用,剩下的直径在 3cm 以上的鳞心均可留作种用,随剥随栽,翌年 8~10 月收获。每 667m^2 需用种 300kg 以上。

(2) 有性繁殖:秋季将成熟的种籽采下。在苗床内播种,第二年秋季可产生小鳞茎。此法时间长,种性易变,生产上少用。

3. 移栽与定植　10 月中下旬,将上述繁殖方法所获得的小鳞茎去除枯皮,切除老根,排于室内摊晾数日,以促进鳞茎表层水分蒸发和伤口愈合。摊晾时间一般为 5~7 天,时间过长,鳞茎表层易发生褐变,影响鳞茎质量。栽种时,要选择抱合紧密、色白形正、无破损、无病虫害、重量达 25g 的鳞茎作种。一般用种量为 550kg/667m^2。临栽时,可用 50% 多菌灵或甲基托布津可湿性粉剂 1kg 加水 500 倍,或用 20% 生石灰水浸种 15~30 分钟,晾干后播种。也可将杀虫药加土拌匀后,撒在种茎上,然后再覆土。栽植前先按行距 23cm 开深 9~12cm 的沟,锄松沟底土,然后按株距 13cm 将种茎底部朝下插入土中,覆土厚度为种茎高度的 3 倍。

4. 田间管理

(1) 中耕除草:苗出齐后和 5 月间,各中耕除草 1 次,一般与施肥结合进行。宜浅锄,长至封行时,可不再中耕除草。

(2) 施肥:下种前施用基肥,每 667m^2 施人畜粪尿 3 000kg、复合肥 30kg。3 月下旬第一次追肥,每 667m^2 施三元素复合肥 30kg、尿素 15kg;4 月下旬第二次追肥,每 667m^2 施三元素复合肥 30kg、尿素 25kg;6 月中旬第三次追肥,每 667m^2 叶面喷施 0.2% 磷酸二氢钾和 0.1% 钼酸铵溶液 100kg。

(3) 灌溉排水:百合植株怕涝,春夏高温多雨,土壤易板结,极易引发病害,故要结合中耕除草和施肥,经常疏沟排水。如遇久旱无雨,应适度灌溉。

(4) 摘花蕾和珠芽:5 月下旬要去顶,并打珠芽,6~7 月孕蕾期间,及时摘除花蕾,以免养分的无效消耗,影响鳞茎生长。

(5) 盖草:出苗后,应铺盖稻草,可保熵和防杂草滋生,不使土壤板结,保持湿润,并可防止夏季高温而引起鳞茎腐烂。

5. 病虫害及其防治

(1) 病害及其防治

1) 枯萎病：多发生在植株中、上部叶片，严重时可致全株叶片逐渐干枯，整株枯死。防治方法：加强田间管理，雨后和灌水后及时排水；实行轮作；发病后用多菌灵兑水300倍喷雾防治，一般每隔10天喷1次，连续喷3~4次。

2) 立枯病：多发生于鳞茎及茎、叶。防治方法：播种前，将鳞茎浸于兑水50倍的福尔马林溶液中15分钟，或浸于20%石灰乳中10分钟，进行消毒；生长过程避免过多施用氮肥；发病期喷洒等量波尔多液；雨后及时排水，避免田间过于潮湿。

3) 鳞茎腐烂病：贮藏期中的鳞茎由于真菌感染而腐烂，受害部分表面呈褐色水浸状，变软而腐烂，最后表面产生白色霉层。防治方法：在贮藏前将鳞茎充分晾干，保持贮藏环境适度干燥和通风良好。

(2) 虫害及其防治

1) 蚜虫：常群集在嫩叶、花蕾上吸取汁液，使植株萎缩，生长不良，开花结实均受影响。防治方法：清洁田园，铲除田间杂草，减少越冬虫口；发生期间喷洒杀灭菊酯2 000倍液，或50%马拉硫磷1 000倍液。

2) 蛴螬：危害鳞茎、基生根。防治方法：施用充分腐熟的农家肥；每667m^{2}用90%晶体敌百虫100~150g，或50%辛硫磷乳油100g，拌细土15~20kg做成毒土撒施，也可用辛硫磷溶液灌根。

【采收、加工与贮藏】

1. 采收　移栽后第二年秋季，当植株茎叶枯萎时，选晴天挖取，除去茎叶，将大鳞茎做药用，小鳞茎作种栽。将大鳞茎剥离成片，按大、中、小分级，洗净泥土，沥干水滴，然后投入沸水烫煮一下，大片约10分钟，小片5~7分钟，捞出，在清水中漂去黏液，摊晒在席上，晒至全干。

2. 加工　百合加工有剥片、泡片和晒片三道程序。

剥片：在鳞茎基部横切一刀，使鳞片分开，将外片、中片和芯芽分开，用水洗净沥干。

泡片：水沸后，鳞片分类下锅，以不出水面为宜，火力均匀，5~10分钟待水变沸时，迅速捞出置清水中漂洗黏液再捞出。

晒片：将漂洗后鳞片摊在晒垫上，约经日晒二天，鳞片6成干时，再行翻晒直至全干。每100kg鳞片，可加工百合干35kg左右。

3. 贮藏　干燥后的鳞茎含有多糖及低聚糖，易受潮，应存放于清洁、阴凉、干燥、通风、无异味的专用仓库中，并防回潮、防虫蛀。以温度30℃以下，相对湿度70%~80%为宜。

商品百合以肉厚、色白、质坚、半透明者为佳品。

【栽培过程中的关键环节】

1. 叶面施肥　在百合生长的苗期、打顶期、珠芽收获期，用0.1%的钼酸铵进行叶面追肥，能增产13.63%。

2. 打顶与去珠芽　栽培过程中，适时打顶和去除珠芽，使养分充分供给鳞茎，减少养分消耗，促进鳞茎生长，提高产量。

3. 盖草　百合在出苗后覆盖稻草，生长迅速，苗株高而粗壮，须根数量增加，产量可增加 17%。

14. 当归

当归

当归 *Angelica sinensis*（Oliv.）Diels. 为伞形科多年生草本植物，以干燥的根入药，药材名为当归，又名秦归、云归、西当归、岷当归等。味甘、辛，性温；归肝、心、脾经。具有补血活血、调经止痛、润肠通便之功效。用于血虚萎黄，眩晕心悸，月经不调，经闭痛经，虚寒腹痛，风湿痹痛，跌扑损伤，痈疽疮疡，肠燥便秘。含挥发油、有机酸(如棕榈酸、烟酸)、氨基酸(包括 19 种氨基酸)、微量元素(23 种)、胆碱及维生素（维生素 B_{12}、维生素 A）等多类物质。

主产甘肃东南部，以岷县产量多，质量好，销往全国各地并大量出口，其次为云南、四川、陕西、湖北等省，均为栽培。距今已有一千多年的栽培历史。

【生物学特性】

1. 生态习性　当归为低温长日照作物，属喜阴湿、不耐干旱的植物类型。适宜在凉爽湿润、空气相对湿度大的自然环境生长。在海拔 1 800~2 500m 均可栽培。在低海拔地区栽培抽薹率高，不易越夏。当归对光照、温度、水分、土壤要求较严。

(1) 对温度的适应：当归是一种低温长日照类型的植物，必须通过 0~5℃的春化阶段和长于 12 小时日照的光照阶段，才能开花结果。而开花结果后植株的根木质化，有效成分很低，不能药用。因而生产中为了避免抽薹，第一年要求温度较低，一般在 12~16℃。当归生长的第二年，能耐较高的温度，气温达 10℃左右返青出苗，14~17℃生长旺盛，9 月平均气温降至 8~13℃时地上部生长停滞，但根部增长迅速，秋季收获肉质根药用。留种地第三年开花结果。当归耐寒性较强，冬眠期可耐受 -23℃的低温。

(2) 对水分的适应：水分对播种后出苗及幼苗的生长影响较大，是丰产的主要条件。雨量充足而均匀时，产量显著增多；雨量过大，土壤含水量超过 40%，容易罹病烂根。当归生长期相对湿度以 60% 为宜。

(3) 对光照的适应：当归苗期喜阴，怕强光照射，需盖草遮阳。因此产区都选东山坡或西山坡育苗。2 年生植株能耐强光，阳光充足，植株生长健壮。

(4) 对土壤的适应：当归要求土层深厚、疏松肥沃、排水良好、肥沃富含腐殖质的砂质壤土栽培，最好是黑油砂土。不宜在低洼积水或者易板结的黏土和贫瘠的砂质土栽种，忌连作。土壤酸碱度要求中性或微酸性。

2. 生长发育特性　当归全生育期可分为幼苗期、第一次返青、叶根生长期、第二次返青、抽薹开花期及种子成熟期六个阶段，历时 700 天左右，成药生长需 200 天左右。

(1) 根茎的生长：当归为多年生植物，一般栽培两年收获。第一年为营养生长阶段，形成肉质根后休眠；第二年抽薹开花，完成生殖生长。抽薹开花后，当归根木质化严重，不能入药，而一年生当归根瘦小，性状差。因此把春播育苗改为夏季（最好控制在 6 月中下旬）育苗、翌年移栽的办法，延长当归的营养生长期，它的个体发育要在3年内完成。采用夏育苗后，头两年为营养生长阶段，第三年为生殖生长阶段。第一年从出苗到植株枯萎前根粗约0.2 cm，单根平均鲜重0.3g左右。当归的根在第二年7月以前生长与膨大缓慢，但7月以后，气温为16~18℃时肉质根生长最快，8~13℃时有利于根膨大和物质积累。到第二次枯萎时，根长可达30~35 cm，直径可达3~4 cm。第三年当归从叶芽生长开始到抽薹前为第二次返青，根不再伸长膨大，但贮藏物质被大量消耗，根逐渐木质化并空心。

(2) 茎叶的生长：当归在日平均温度10~12℃时，播后5~6天发芽，15~20天出苗，日平均气温20~24℃时，播后4天就发芽，7~15天就出苗。第一年从出苗到植株枯萎前可长出3~5片真叶，平均株高7~10cm，第二年4月上旬，气温达到5~8℃时，移栽后的当归开始发芽，9~10℃时出苗，称返青，需要15天左右。返青后，当归在温度达到14℃后生长最快，8月上、中旬叶片伸展达到最大值，当温度低于8℃时，叶片停止生长并逐渐衰老直至枯萎。在第二次返青后当归利用根内储存的营养物质迅速生根发芽，随着茎的生长，茎出叶由下而上渐次展开。

(3) 花与果实的发育：第三年，当归完成第二次返青后，生长点开始茎节花序的分化，分化约30天后开始缓慢伸长，从茎的出现到果实膨大前这一时期为抽薹开花期，5月下旬抽薹现蕾，6月上旬开花，花期一个月左右。花落7~10天出现果实，果实逐渐灌浆膨大。

(4) 种子特性：当归花凋谢后7~10天后，即可见果实的生长，果实逐渐灌浆膨大，当种子内乳白色粉浆变硬后，复伞形花序开始弯曲，果实即成熟。

【栽培技术】

1. 品种类型　当归商品以产地主要划分为秦归及云归两种：秦归系主产于甘肃南部岷山山脉东支南北两麓之当归。云归系主产于云南西部之当归。甘肃省是全国当归种植面积最大的省份，尤以岷县栽培悠久，技术成熟。近年来培育出栽培种当归有"紫茎"和"绿茎"两种。"紫茎"当归在甘肃省道地产区岷县又称为"岷归1号"。"绿茎"又称为"岷归2号"。农艺性状表现为绿茎，具有高产、稳产、抗病虫能力强、早抽蔓率较低、抗逆性广的特点。"岷归2号"产量高、品质优、抗逆性强、耐寒。

2. 选地与整地　当归育苗选择阴凉肥湿的生荒地或熟地，高山选半阴半阳坡，低山选阳坡。土质疏松、结构良好，以壤土或砂壤土为佳，土质以黑土、黑油砂土为好，土壤以微酸性和中性为宜。最好在前一年的秋季选地、整地，使土壤充分风化。宜选平川地，前茬以小麦、烟草为好，忌重茬。选好地后进行整地，生荒地4~5月间开始翻地，先把灌木砍除，把草皮连土铲起，晒干堆起烧成熏土灰，均匀扬开。育苗前要进行多次深翻，施入基肥。每公顷施入腐熟厩肥52 500kg，均匀撒于地面，再浅翻一次，使土肥混合均匀，整平土地，按宽1m作畦，高约25cm，畦沟宽30~40cm作畦。当归育苗都采用带状高畦，以利排水。

当归为深根性植物，入土较深，喜肥，怕积水，忌连作。移栽地应选择土层深厚，质疏松肥沃，富含腐殖质，排水良好的荒地或休闲地。当归喜肥，一般结合深耕施入基肥，施厩肥5 000~8 000kg/667m^2、油渣100kg/667m^2。有条件的还可施适量的过磷酸钙或其他复合肥，翻后耙细，顺坡按高为25~30cm、畦间距为30~40cm作畦或起垄。

露地直播时，其整地要求与移栽地相同或再精耕细作些。

3. 繁殖方法　多为育苗移栽，但也有直播繁殖的。

（1）选种采种：以播种后第三年开花结实的当归留种。选采根体大，生长健壮，花期偏晚，种子成熟度适中、均一的种子作播种材料。在成熟前种子呈粉白色时适时采收。分批采收扎成小把，悬挂于室内通风干燥无烟处晾晒，经充分干燥后脱粒贮存备用。

（2）种子处理：选发芽良好的种子（发芽率达 70% 以上），播种前 3~4 天可先将种子用温水（30℃）浸种 24 小时，然后保湿催芽，种子露白时，就可均匀撒播。

（3）播种时间：播种的时间，应根据当地的地势、地形和气候特点而定。播期早，则苗龄长，早期抽薹率高；过晚则成活率低，生长期短，幼苗弱小。一般认为苗龄控制在 110 天以内，单根重量控制在 0.4g 左右为宜。目前甘肃产区多在 6 月上、中旬，云南是 6 月中、下旬。露地直播的在 8 月中旬前后。

（4）播种方法：当归播种分条播和撒播两种。撒播即在整平的畦面上，将种子均匀地撒入畦面，播种量可达 $10\sim15kg/667m^2$。加盖细肥土约 0.5cm，覆土后床面盖草（5cm 厚）保温。条播即在整好的畦面上，按行距 15~20cm 横畦开沟，沟深 3cm 左右，将种子均匀撒入沟内，覆土 1~2cm，整平畦面，盖草保湿遮光。

（5）苗期管理：播种后的苗床必须盖草保湿遮光，以利于种子萌发出苗。一般播后 10~15 天出苗。当种子待要出苗时，挑松盖草，并搭好控光棚架。当小苗出土时，将盖草大部撤出，搭在棚架上遮荫，透光度控制在 25%~33%。之后拔 2 次草，去除过密的弱苗。当归苗期一般不追肥，追肥促进小苗栽徒长，会提高早期抽薹率。

（6）起苗：于 10 月上、中旬，产区气温降到 5℃左右，地上叶片已枯萎时起苗。将挖出的苗抖掉一部分泥土，摘去残留叶片，保留 1cm 的叶柄。去除病、残、烂苗后，按大、中、小分开，捆成直径 5~6cm 的小把（每把约 100 株）。在阴凉通风、干燥处的细碎干土上（土层 5cm 厚），将苗子一把靠一把（头部外露）的斜向摆好，使其自然散失水分，根组织含水量达到 60%~65% 时，放入贮藏室贮存，切忌晾晒时间不能过长，以免苗栽失水过多。贮存方法主要有以下两种：

1）室内埋苗：放室内堆藏或室外窖藏，产区多在海拔高的地区，选一通风阴凉的房间，一层稍湿的生黄土，一层种栽，最好是须根朝里，头朝外。堆放 5~7 层，形成总高度 80cm 左右的梯形土堆，四周围 30cm 厚的黄土，上盖 10cm 厚的黄土即可。或选阴凉、高燥无水的地方挖窖用于窖藏。窖深 1m，宽 1m。窖底先铺一层 10cm 厚的细砂，然后铺放种栽一层，再铺一层细砂，反复堆放，当离窖口 20~30cm 时，上盖黄土封窖。窖顶呈龟背形。

2）冷冻贮苗：一般冷冻适宜温度为 -10℃左右。起苗后，经过晾苗装入冷藏筐内，筐底先垫上 7~10cm 厚的生干土，将苗平摆一层。苗间用干土填满，苗上有厚 1~2cm 的干土。然后再依此摆至近于满筐，筐周围用干土隔开，厚 5~10cm，避免苗直接接触筐壁，筐上盖 5~10cm 厚的干土，最后直接放入 -10℃冷藏室贮存，移栽前 2~3 天取出置自然条件下存放。或在筐周围不用隔土而直接装筐，但苗筐必须经过预冷处理，逐步降温（2℃，-2℃和 -6℃），方能进入冷藏室贮存，采用此法冷藏，取出时也应逐步升温解冻。冷冻贮苗可有效降低当归的早期抽薹率。

（7）移栽：移栽前精选根条顺、叉根少、完好无损和无病的苗子以备栽种。按苗子大小分四个等级：苗径在 0.5cm 以上的为一级苗，0.3~0.5cm 为二级苗，0.2~0.3cm 为三级苗，0.2cm 以下的为四级苗，其中 0.2~0.3cm 的为优质苗，栽后抽薹率低，产量高。

当归生产上一般为春栽，时间以清明前后为宜。过早，幼苗出土后易遭晚霜危害；过迟，种苗已萌动，容易伤芽，降低成活率。栽植方式分穴栽和沟栽。

穴栽：在整平耙细的栽植地上，按株行距30cm×40cm交错开穴，穴深10~15cm，每穴按品字形排列栽入大、中、小苗各一株，边覆土边压紧，覆土至半穴时，将种苗轻轻向上一提，使根系舒展，然后盖土至满穴，施入适量的火土灰或土杂肥，覆盖细土没过种苗根颈2~3cm即可。

沟栽：在整好的畦面上，横向开沟，沟距40cm、沟深15cm，按3~5cm的株距大中小相间摆于沟内。芽头低于畦面2cm，盖土2~3cm。

当归在移栽的同时，在地头或畦边栽植一些备用苗，以备缺苗补栽。

4. 田间管理

(1) 中耕除草：出苗初期，当归幼苗生长缓慢，而杂草生长相对较快，要及时除草。当苗高5cm时进行第一次中耕除草，要早锄浅锄。从出苗到封垄，应分期除草3~4次，当苗高15cm时进行第二次除草，要稍深一些。当苗高25cm进行第三次中耕除草。中耕要深，并结合培土。结合除草进行松土，以防土壤板结，改善土壤状况，促进根系发育。

(2) 追肥：当归整个生长期内需肥量较多，除施足底肥外，还应及时追肥。当归在5月下旬叶盛期前和7月中、下旬根增长期前有两个需肥高峰期。在5月下旬，以油渣和厩肥为主。若为厩肥，应配合适量氮肥以促进地上叶片充分发育，提高光合效率。在7月中下旬，以厩肥为主，配合适量磷钾肥，以促进根系发育，获得高产。最佳的当归施肥方案是每公顷施纯氮150kg左右，施纯磷100~150kg，N∶P以1∶(0.7~1)时增产效果最为明显。通常使用磷酸二氢钾、磷酸二铵和氮磷钾复合肥作追肥。

(3) 灌溉、排水：当归苗期干旱，降雨不足时，应适量浇水。雨水过多时要注意开沟排水，特别是在生长的后期，田间不能积水，否则会引起根腐病，造成烂根。

(4) 摘花薹：早期抽薹的植株，根部逐渐木质化，成为柴根，失去药用价值，且其生命力强，生长快，对水肥的消耗较大，对正常植株有较大影响，应及时拔除。药农经验认为高大、暗褐色的植株将来一定抽薹，应及时拔除，蓝绿色、生长矮小的植株不抽薹。

5. 病虫害防治及农药残留控制

(1) 病害及其防治：当归的主要病害有褐斑病 *Septoria* sp.、根腐病 *Fusarium* sp.、麻口病 *Ditylenchus destructor*、菌核病 *Sclerotinia* sp.、白粉病 *Erysiphe* sp. 等。

1) 褐斑病 *Septoria* sp.：病原是真菌中的一种半知菌。5月发生，7~8月严重。危害叶片。高温多湿易发病，初期叶面上产生褐色斑点，之后病斑扩大，外围有褪绿晕圈，边缘呈红褐色，中心灰白色，后期出现小黑点，严重时全株枯死。

防治方法：①冬季清园，烧毁病残株；②发病初期喷1∶1∶(120~150)波尔多液防治，7~10天喷一次，连续2~3次。

2) 根腐病 *Fusarium avenaceum* (Fr.) Sacc.：病原是真菌中的一种半知菌。主要危害根部，受害植株根尖和幼根呈水渍状，随后变黄脱落，主根呈锈黄色腐烂，最后仅剩下纤维状物；地上部枯黄死亡。

防治方法：①栽种前每公顷用70%五氯硝基苯15kg消毒；②与禾本科作物轮作；③雨后及时排出积水；④选用无病健壮种苗，并用65%可湿性代森锌600倍液浸种苗10分钟，晾干栽种；

⑤发病初期及时拔除病株，并用石灰消毒病穴，用 50% 多菌灵 1 000 倍液全面浇灌病区。

3）麻口病 *Ditylenchus destructor*：移栽后的 4 月中旬、6 月中旬、9 月上旬、11 月上旬为其发病高峰期，主要危害根部，地下害虫易引起发病。

防治方法：定期用广谱长效杀菌剂灌根，40% 多菌灵胶悬剂 250g/667m^2 或托布津 600g/667m^2 加水 2 250kg，每株灌稀释液 50g，5 月上旬、6 月中旬各灌 1 次。

4）菌核病 *Sclerotinia* sp.：病原为子囊菌亚门核盘菌属真菌，主要危害叶片和根，植株发病初期叶片开始变黄，后期整个植株萎蔫，叶柄组织腐烂破裂，湿度较大时内部可见黑色小颗粒，为病菌的菌核；根部发病严重的从当归头部开始腐烂，形成空腔，内生黑色菌核组织和部分腐生性生物。低温高湿条件下易发生，7~8 月危害较重。

防治方法：①不连作，多与玉米、小麦等禾谷类作物实行轮作。②在发病前半个月开始打药，约隔 10 天一次，连续 3~4 次。常用 1 000 倍的 50% 甲基托布津喷药。

5）白粉病 *Erysiphe* sp.：病原为子囊菌亚门独活白粉菌 *Erysiphe heraclei* DC.，叶片、花、茎秆均受害，主要发生于叶背。初期，叶片出现小型白色粉团，后扩大成片乃至叶背全部覆盖很厚的白粉层，叶正面发黄。发病严重时叶变细，呈畸形至枯死。后期白粉中产生小颗粒，即病原菌的有性阶段——闭囊壳。

防治方法：①播种前用福尔马林 500 倍液浸泡种子 5 分钟或闷种 2 小时；②及时拔除病株，集中烧毁；③轮作，避免连作，病初期，每隔 10 天左右喷洒 1 000 倍 50% 的甲基托布津或 500 倍 65% 的代森锌进行防治，连续 3~4 次；④加强田间管理，增强植株抗病能力。

(2) 虫害及其防治：当归虫害主要为种蝇、黄凤蝶、地老虎、桃粉蚜、蛴螬、蝼蛄等。

1）种蝇 *Delia platura*：属双翅目花蝇科。幼虫危害根茎。幼苗期，从地面咬孔进入根部为害，把根蛀空，引起腐烂而植株死亡。

防治方法：①施肥要用腐熟肥；②用 40% 乐果 1 500 倍液或 90% 敌百虫 1 000 倍液灌根。

2）黄凤蝶 *Papilio machaon*：鳞翅目凤蝶科，幼虫咬食叶片呈缺刻，甚至仅剩叶柄。

防治方法：幼虫较大，初期可人工捕杀；用 90% 敌百虫 800 倍液喷杀，7~10 天喷一次，连续 2~3 次。

3）桃粉蚜 *Hyalopterusarundimis*：同翅目，蚜科，危害新梢和嫩芽。

防治方法：40% 乐果乳油 1 000~1 500 倍液防治。

4）蛴螬 *Holotrichia diomphalia*、蝼蛄 *Gryllotalpaunispina*、地老虎 *Agrotis ypsilon*：危害根茎。

防治方法：①铲除田内外青草，堆成小堆，7~10 天换鲜草，用毒饵诱杀；②也可用 90% 晶体敌百虫 1 000~1 500 倍液灌窝或人工捕杀。

【采收、加工与贮藏】

1. 采收　于移栽当年(秋季直播在第二年)10 月下旬，地上部分开始枯萎时，割去地上部分(割叶时要留下叶柄 3~5cm)，在阳光下暴晒 3~5 天，加快成熟。挖起全根，抖净泥土，挑出病根，刮去残茎，置通风处晾晒。

2. 加工

(1) 晾晒：当归运回后，不能堆置，应放干燥通风处晾晒几日至根条柔软、残留叶柄干缩为止。

(2) 扎捆:当归根晾晒,按规格大小,将其侧根用手捋顺,切除残留叶柄,除去残留泥土,扎成小把,大的 2~3 支,小的 4~6 支,每把鲜重约 0.5kg。扎把时,用藤条或树皮从头至尾缠绕数圈,使其成一圆锥体。将扎好的当归堆放在烤筐内 5~6 层,总高度不超过 50cm。

(3) 熏干:当归干燥主要采用室内用湿草作燃料生烟烘熏,在设有多层棚架的烤房内,将扎捆堆放好当归的烤筐摆于烤架上,当归上棚后,即可开始熏烤。当归熏烤以暗火为好,忌用明火。熏烤要用慢火徐徐加热,使室内温度控制在 60~70℃,要定期停火回潮,上下翻堆,使干燥程度一致。熏烤 10~15 天后,待根把内外干燥一致,用手折断时清脆有声,表面赤红色,断面乳白色为好。当归加工时不可经太阳晒干或阴干。

为了保证加工质量,要经常检查室内温度,以防过高或过低,适宜的温度为 30~70℃。因当归加工是在冬季,此时室外较为寒冷,应特别注意由于停火过度和通气不良而形成冷棚,使室内温度急剧下降,水汽因受寒而凝固,结果会导致当归严重损失,因此应及时加火升温。当归的折干率因栽培方法和产地不同而异,一般鲜干比为 3∶1。

3. 贮藏 贮藏药材的仓库应通风、干燥、避光,必要时安装空调及除湿设备,并具有防鼠、虫、禽畜的措施。地面应整洁、无缝隙、易清洁。药材应存放在货架上,与墙壁保持足够距离,防止虫蛀、霉变、腐烂。

【栽培过程中的关键环节】

1. 忌水涝 当归苗期干旱,降雨不足时,应适量浇水。雨水过多时要注意开沟排水,特别是在生长的后期,田间不能积水,否则会引起根腐病,造成烂根。

2. 合理施肥 追肥:当归幼苗期不可多追氮肥,以免旺长,在 5 月下旬叶盛期前和 7 月中、下旬根增长期前有两个需肥高峰期,结合中耕除草追复合肥或厩肥。

3. 适时摘花薹 栽种时应选用不易抽薹的晚熟品种,采取各种农艺措施降低早期抽薹率,对出现提早抽薹的植株,应及时剪除,否则会降低药材品质,同时大量消耗水肥,对正常植株产生较大的影响,应摘早摘净。

15. 地黄

地黄

地黄 *Rehmannia glutinosa* Libosch 为玄参科地黄属多年生草本植物,别名酒壶花根、酒盅花根、蜜罐花根、山烟等,以其干燥块根入药,药材名为地黄。始载于《神农本草经》,被列为上品。依照炮制方法在药材上分为:鲜地黄、生地黄与熟地黄,同时其药性和功效也有较大的差异。鲜地黄味甘、苦,性寒;归心、肝、肾经;清热生津,凉血,止血。用于热病伤阴,舌绛烦渴,温毒发斑,吐血,衄血,咽喉肿痛。生地黄甘,寒;归心、肝、肾经。有清热凉血,养阴生津的功效。用于热入营血,温毒发斑,吐血衄血,热病伤阴,舌绛烦渴,津伤便秘,阴虚发热,骨蒸劳热,内热消渴。熟地黄甘,微温;归肝、肾经;功效为补血滋阴,益精填髓。用于血虚萎黄,心悸怔忡,月经不调,崩漏下血,肝肾阴虚,腰膝酸软,骨蒸潮热,盗汗遗精,内热消渴,眩晕,耳鸣,须发早白。我国栽培地黄历史至少有 1 000 多年,目前山东、河南、陕西等地均有大量生产,其他地区如河北、浙江、安徽、辽宁、江苏等省亦产,但面积较小，以“古怀庆府”（今河南温县、沁阳、武陟、孟县等地）一带的怀庆地黄栽培历史最长，为道地产区，系著名“四大怀药”之一。

地黄是大宗常用中药材，已成为我国重要的创汇产品之一。近年来，有关地黄规范化栽培和新品种选育，已取得较大进展，组培脱毒育苗技术也日臻成熟，但由于地黄连作障碍效应严重，收获后须在8~10年后方可再种，严重限制了道地产区地黄的生产与发展。而随着我国中药材需求量的增加，产区的发展与转移，地黄药材的药效品质受到影响。为了保证地黄现代化生产和区域经济的发展，地黄的质量控制和优质栽培技术是今后研究的主要方向。

【生物学特性】

1. 对环境条件的要求　地黄是喜光植物，在光照条件充足时生长迅速，种植时不宜靠近林缘或与高秆作物间作。地黄喜疏松、肥沃、排水良好的土壤，砂质土壤、冲积土、油砂土最为适宜。地黄对土壤的酸碱度要求不严，pH为6~8时均可适应。地黄根系少，吸水能力差，所以地黄既怕旱也怕涝。在地黄的栽培过程中，特别要注意水分管理与控制，防止田间水分不足或积水，以免引发根茎腐烂和加重病虫害。地黄对气候适应性较强，极端最高温度为38℃，极端最低温度为-7℃，在阳光充足、年平均气温15℃、无霜期150天左右的地区均可栽培。虽然地黄可以栽培的适应区间较为广泛，但地黄栽培环境的选择应该充分地考虑或遵循道地产区环境因子的构成，力争选取与道地产区生态因子较为契合的产区栽培地黄。

2. 生长发育习性　地黄为多年生药用植物，全生育期为140~180天。种植当年主要进行根茎叶生长，经过越冬后第二年开花结实；地黄种子很小，千粒重约0.19g，喜光，在黑暗条件下，即使温度、水分适宜也不发芽，且发芽率较低。在田间条件下，块根繁殖地黄于环境温度25~28℃时，经过7~15天即可出苗；在土壤湿度适宜时，大约10天即可出苗。日平均气温在20℃以上时发芽快，出苗齐；日平均气温在11~13℃时出苗需30~45天；日平均气温在8℃以下时，块根不萌发。地黄根系为地下块根，无主根，须根不发达，块根萌发一般先长芽后长根。地黄块根具有较强的萌蘖能力，但萌生幼芽的能力与地黄块根强壮程度、芽眼分布位置有关。

【栽培技术】

1. 品种　地黄属植物在我国有6个种，其中只有一个种供药用，供药用种有2个(栽培)变形，即怀庆地黄和苋桥地黄。地黄最早是野生，商品质量较怀庆地黄次，但耐寒、抗病，可作为耐寒抗病的杂交亲本，目前大面积栽培的主要是怀庆地黄，主要品种有：四齿毛、金状元、白状元、小黑英、“7681”、温85-5、北京1号、北京2号、“9302”、邢疙瘩、红薯王、“金九”(03-2)。

2. 选地、整地

(1) 选地：选择地势较高、不易积水、土层深厚疏松的砂壤土作为地黄的大面积种植地块较为适宜。地黄忌连作，所选地块最好十年内未曾种植过地黄。同时，注意绿豆等豆类、芝麻、萝卜和瓜类等不宜做地黄的前作或邻作，以防止发生红蜘蛛危害或感染、传播线虫病等。

(2) 深耕与施肥：在目标产区的秋季，深耕耕层至30cm，并在深耕的同时，充分施入腐熟的有机肥，一般生产上按照4 000kg/667m^2的量深施。于翌年3月中下旬，可以酌情增施饼肥150kg/667m^2。灌水后(视土壤水分含量酌情灌水)浅耕(约15cm)，并耙细整平做成畦，畦宽

120cm，高 15cm，间距 30cm，习惯垄作，垄宽 60cm，利于灌水和排水。

3. 播种与栽植

(1) 地黄繁殖方法：地黄的繁殖方法包括种子繁殖、块根繁殖、脱毒种苗繁殖和微块根繁殖。种子繁殖后代性状严重分离，不适于生产上大面积种植，一般种植繁殖更多用于种质复壮和品种选育。块根繁殖则是目前地黄生产上所采用的主要繁殖方式。因怀地黄的病毒病较为严重，生产上品种种植若干代后，产量和品质会逐渐下降，需要进行脱毒以恢复优良品种性状。

1) 种子繁殖：是在田间选择高产优质的单株，收集种子播在盆里或地里，先育一年苗，翌年再选取大而健壮的块根移到地里继续繁殖，第三年选择产量高而稳定的块根繁殖，如此连续数年去劣存优，可以获得优良品种，产量往往高于当地品种的 30%~40%。但种子繁殖后代不整齐，甚至混杂，加上后期多代的块根无性繁殖会出现退化现象，因此生产上不宜直接采用，仅在选种工作上应用。

2) 块根繁殖：一般选用中段 4~6cm、外皮新鲜、没有黑点的肉质块根留种繁殖。种栽来源有①窖藏种栽：是头年地黄收获时，选择良品无病虫害块根，在地窖里贮藏越冬的种栽。②大田留种：是头年地黄收获时，选留一部分不挖，留在田里越冬，翌春刨出作种栽。③倒栽：即头年春栽地黄，于当年 7 月下旬刨出，在别的地块上再按春栽方法栽植一次，秋季生长，于田间越冬，翌春再刨出作种栽。三种种栽，以倒栽的种栽最好，生活力最强，粗细较均匀，单位面积栽用量少。

3) 脱毒种苗繁殖：选择优良品种作为脱毒材料，取地黄茎顶部 2~3cm 的芽段，剪去较大叶片，消毒后在超净工作台内解剖镜下剥离茎尖培养，诱导茎尖苗，待苗长 3~4 片叶时移至营养钵内进行病毒检测，获得的脱毒苗通过切断快繁和丛生快繁获得脱毒试管苗，通过多代繁育应用于大田。良种繁殖田的种植栽培管理同普通怀地黄一样，但使用田块应为无病留种田。另外，脱毒怀地黄连续在生产上使用两年后应更换一次新种栽。

4) 微块根繁殖：通常以地黄试管苗的叶片作为外植体，先经生根诱导，后转接至诱导地黄试管块根的培养基中，生成试管块根。这种繁殖方法生产上应用较少，是一种具有潜力的种苗繁殖方法，但能否大规模应用于生产上还有待进一步研究。

(2) 栽植：地黄多在春节栽培，栽培产区不同，栽培时间略有差异。早地黄（或春地黄）在北京地区 4 月中旬移植；河南地区 4 月上旬栽植，晚地黄（或麦茬地黄）于 5 月下旬至 6 月上旬栽植。生产上一般选用地黄的块根作为繁殖材料，民间俗称“栽子”。具体操作方法为：在播前 2~3 天，将所选种栽掰成 3~4cm 的小段，用 50% 多菌灵 500~800 倍液浸种 15~20 分钟，捞出晾干后即可作为栽种材料，切忌将处理好的种栽置于阳光下暴晒。栽时按行距 30cm 开沟，沟内每隔 15~18cm 放 1 段块根（一般 6 000~8 000 段 /667m^2，20~30kg）。生产上，在适当密植条件下，能够显著提高产量，但密度不宜过大，一般控制在 6 000~7 000 株 /667m^2 较好，不同品种间有差异。种栽放好后，覆土 3~4.5cm，稍压实后浇透水。适宜温度下，一般栽后 15~20 天即可出苗。此外，生产上，一般在 7~8 月会进行一次“倒栽”，即：将已经膨大的块根挖出后，作为“栽子”，在种植地块重新进行栽入。倒栽能够显著地提高地黄的产量和质量。

4. 田间管理

(1) 间苗补苗：当幼苗长出 2~3 片叶，苗体高达 3~4cm 时，田间即可进行间苗。间苗时，要去除丛苗、弱苗，每穴留存 1 株壮苗即可。同时，要进行查苗、补苗工作，查看田间缺苗状况，如遇缺苗，做好标记，选择阴天的傍晚及时补栽，补栽苗根系要尽量做到带土起苗，补苗后根据土壤湿润情况，适当浇水，以利返苗。

(2) 中耕除草：地黄出苗后到田间封垄前，田间空白区域面积较大，极易旁生杂草，应进行除草工作。苗期根据土壤板结情况，结合除草进行中耕松土。生产上，一般松土 2~3 次，第一次结合间苗、补苗进行松土，由于苗小根浅，中耕时浅锄耕层，以防松动根；第二次在苗高 6~9cm 时，中耕深度可稍加深，要做到茎叶封行前无明显看见杂草。植株封行后，田间无明显外漏土地，此时地下块根开始迅速膨大，应该停止中耕，以免伤根，若田间仍有少量杂草，宜选用手工拔除。

(3) 摘蕾、去“串皮根”和打底叶：生产上，除专门用于繁殖种子的留种田和品种选育地块外，以收获块根为经济器官的田块，在生育期间应及时摘除花茎、花蕾和沿地面生长的“串皮根”，以减少养分消耗，促进块根生长。在当年 8 月，植株底叶会陆续变黄，发现时应及时从田间移除，并抛弃至地黄栽培田外，以免其田间腐烂滋生病菌。

(4) 排灌：地黄不同生长发育阶段，其对水分需求也存在着一定差异。种栽播种后发芽期间，土壤需要保持 15%~25% 含水量以保证种栽吸水萌发。地黄生育前期，根茎叶均生长较快，是植株建成的关键时期，需水量较大；块根膨大后，是营养充实的关键期，需水量较少，田间切忌积水。在地黄整个生育期间，尽量保持少量、多次的浇灌原则，保持地面湿润。要视土壤墒情和天气情况，做到适时、适量浇水。此外，对遇雨或浇后田间积水地黄，要及时排涝除水。地下块根膨大后期，应节制用水，尤其是多雨季节，田间不能积水，应及时疏沟排水，防止发生枯萎病导致块根腐烂。

(5) 追肥：地黄生长期长，喜肥。施肥应以长效肥为主，速效肥为辅。一般种植时施入充足基肥，根据生长发育状况，酌情进行追肥。此外，硼肥能明显提高地黄产量，改善品质，砂质缺硼土壤用硼砂拌土撒施作基肥，也可在 6 月下旬至 8 月中旬用 0.2% 特高硼溶液喷施。为提高地黄品质，宜多施用有机肥，也不宜多施或滥用化肥。

5. 病虫害及其防治

(1) 病害及其防治：地黄病害主要有枯萎病、斑枯病、轮纹病和黄斑病。

1) 枯萎病：最易发生在雨季(6~8 月)，特别是地块内排水不良，土壤湿度过大时发展最为严重。防治方法为①实行轮作，最好与禾本科植物轮作，忌与芝麻、豆类、菊花等作物连作；②选择无病种茎和浸种处理；③采用高垄种植，避免大水漫灌，雨季及时排水，保证田间无积水；④加强田间管理，增施磷、钾肥，提高植株抗病能力；⑤重在预防，在 5 月底至 8 月，用 70% 代森锰锌可湿粉剂或 58% 甲霜灵锰锌可湿粉剂 500 倍液喷雾，加大喷雾量，保证药液渗透到茎基部，间隔 10~15 天 1 次，连续喷 2~3 次。

2) 斑枯病和轮纹病：是地黄主要的叶部病害，常常混合发生。一般发生在 6~10 月，前者病斑多呈不规则形，无轮纹；后者病斑近圆形，有同心轮纹。防治方法为①地黄收获后，清除病叶，集中烧毁；②发病初期，用 70% 代森锰锌或 50% 多菌灵 600 倍液或 70% 甲基托布津 1 000 倍液喷洒防治。

3) 黄斑病：是由病毒引起的一种地黄叶部病害，种植脱毒种苗是比较有效的防治方法。

(2) 虫害及其防治：生产上地黄的虫害主要有地老虎、甜菜夜蛾、棉铃虫、斑须蝽、地黄蛱蝶和红蜘蛛等。防治方法为在地黄栽种时未进行土壤处理的地块，苗期要格外注意地下害虫，可用 80% 敌百虫可湿性粉剂 100g，加少量水拌炒过的麸皮 5kg，于傍晚撒施，可诱杀地老虎、蝼蛄；防治棉铃虫、斑须蝽、地黄蛱蝶和红蜘蛛，可用48%乐斯本1 000~2 000倍或50%辛硫磷1 000倍喷洒。此外，也可采用人工捕杀的方式减少害虫幼虫。

【采收、加工与贮藏】

1. 采收

(1) 地黄地上药用部位采收

1) 地黄花的采收：在地黄花期，摘蕾的同时进行采花作业，一般花朵收集后需在贮藏室或专门的晾晒场所阴干，避免阳光暴晒或直晒。

2) 地黄果实的采收：地黄的种子采收，一般在种植第二年的6月果实成熟期后进行采收，种子阴干控制在一定含水量后即可入药或贮藏。

(2) 地黄块根的采收：块根的采收期因品种、栽植期、生产区域不同而存在明显差异。一般在叶逐渐枯黄，茎发干、萎缩，苗心练顶，停止生长，根开始进入休眠期，嫩的地黄根变为红黄色时即可采收。收获时先割去地上植株，在畦的一端采挖，注意减少块根的损伤。一般浙江春地黄7月下旬起收，夏地黄在12月收获；广西春种地黄立秋前后采收；秋种地黄不在冬末初春采收；道地产区怀地黄的采收一般在10月上旬至11月上旬收获。鲜地黄不宜长时间存放，应及时加工。

2. 加工

(1) 鲜地黄除去芦头、须根及泥沙，直接鲜用。

(2) 生地加工：生地加工方法有烘干和晒干两种。

1) 晒干：将地黄块根泥土去净后，直接在太阳下晾晒一段时间，然后堆积在一起，热闷几天，再晒一次，晒到块根质地柔软、摸之干燥为止。秋冬阳光较弱，干燥速度缓慢，所晒产品油性较小，而且费时、费力。

2) 烘干：将块根按大、中、小分等级进行分拣，并分别装入焙干槽中(宽80~90cm，高60~70cm)，在其上盖麻袋、草席或其他遮盖保温物体，然后开始加热烘干。一般烘干过程中实行分段变温措施，最初烘干温度维持在55℃，烘2天后将温度升至60℃，后期再降到50℃。在烘制过程中，边烘、边翻动块根，以使槽内所有块根受热均匀。当观察受烘的块根呈现质地柔软、无硬芯特征时，取出码堆，进行“堆闷”(又称发汗)，直至根体发软变潮时，取出再烘至全干，一般需4~5天即可烘干。在地黄块根的整个烘干过程中，注意烘干温度不要超过70℃，以免块根炭化。当发现有80%地黄根体全部变软，其外表皮呈灰褐色或棕灰色、内部呈黑褐色时，需停止加热。一般加工过程中，4kg鲜地黄可以加工成1kg干地黄。

(3) 熟地加工：地黄洗净泥土，加入黄酒浸拌(每10kg生地用3kg黄酒)。浸拌后将其置入蒸锅内，开始加热蒸制，蒸到地黄内外黑润、无生芯，并具有特殊焦香气时，需停止加热。取出蒸好的生地放置在帘子上晒干，其即为熟地。

3. 包装、贮藏与运输

(1) 包装：干地黄用麻袋包装，每件40kg左右。包装要牢固、密封、防潮、能保护药材品质。干地黄需贮存于通风干燥处，适宜温度30℃以下，相对湿度70%~75%，商品安全水分14%~16%。在每件包装上，应注明品名、规格、产地、批号、包装日期、生产单位，并附有质量合格的标志。

(2) 贮藏：新采挖鲜地黄，需摊晾3~5天降低块根含水量，晾至根表皮稍干时，用较湿润的河沙埋藏贮存。冬季贮存温度应不低于5℃。如需将鲜地黄贮存地窖内时，晾晒时间可以减1天。一层沙一层地黄层级排放几层，高度不宜过高，一般控制在30~40cm，可以减少霉烂，延长贮藏期。此外，也可将地黄切成3cm长的饮片，均匀地放入瓷盘内，厚度约10cm。置烤房50~60℃干燥12小时，待冷却后，立即装入聚乙烯薄膜袋中，封口，外面再套一层纤维袋，密封保存。

(3) 运输：运输地黄的工具或容器，应具有良好的通气性，同时，注意保持运输环境较为干燥，配备有防潮或防雨措施，以免影响地黄品质和防止地黄块根发芽。

【栽培过程中的关键环节】

1. 选种和种栽处理　地黄的种子发芽率较低，生产上一般采用块根繁殖。播前选栽时，要选用生命力强、发芽率高、外表粗壮的当年新繁种栽为宜。选好种栽后需进一步小段切割和药剂浸泡或拌种处理作业，防止种栽在土中腐烂，导致出苗不齐。一般7~8月进行一次倒栽处理。

2. 田间水分管理　地黄怕旱也怕涝，地黄产区的群众经过长期实践，将地黄浇水原则概括为：出苗前一般不浇水，浇水要做到"三浇三不浇"原则。所谓"三浇"：施肥时浇；夏季暴雨后小浇，防止雨后天晴烈日暴晒；旱象严重时要勤浇。"三不浇"：天阴遇雨不浇；中午烈日下不浇；天不旱不浇。

16. 防风

防风

防风 *Saposhnikovia divaricata*（Turcz.）Schischk.，为伞形科防风属植物，以干燥根入药，药材名为防风。别名：关防风，西防风，旁风。味辛、甘，性微温；归膀胱、肝、脾经。具有祛风解表，胜湿止痛，止痉的功效。用于感冒头痛、风湿痹痛、风疹瘙痒、破伤风。主要含有升麻素苷（$C_{22}H_{28}O_{11}$）和5-*O*-甲基维斯阿米醇苷（$C_{22}H_{28}O_{10}$）等成分。

主产黑龙江、吉林、辽宁、内蒙古、河北、宁夏、甘肃、陕西、山西、山东等省区。生长于丘陵地带山坡草丛中或田边、路旁。为东北地区道地药材之一。

【生物学特性】

1. 生态习性　多年生草本植物，喜凉爽气候，耐寒，耐干旱。宜选阳光充足、土层深厚、排水良好的砂质壤土中栽培，不宜在酸性大、黏性重的土壤中栽培。

(1) 对温度的适应：防风是喜温植物。种子容易萌发，当温度在15~25℃时均可萌发，新鲜的种子发芽率在75%~80%，发芽的适宜温度为15℃，如果有足够的水分，10~15天即可出苗。防风耐寒性也较强。

(2) 对水分的适应：有较强的耐旱能力和耐盐碱性。

(3) 对光照的适应：喜阳光充足、凉爽的气候。

(4) 对土壤的适应：适宜砂质壤土，不适宜酸性强、黏性重的土壤。

2. 生长发育习性

(1) 根的生长：防风种子萌发后，胚根从果冠端伸出，由胚根发育成直根系。防风为深根植物，早春以地上茎叶生长为主，根部生长缓慢，夏季植株进入营养生长旺盛期，根部生长随着加快，长度增加。秋季以根部增粗生长为主，并且储存丰富的养分。

(2) 开花结果特性：人工栽培防风播种后的第一年只进行营养生长，莲座形态，叶丛生，不抽薹开花，田间可自然越冬。经过冬春季气候适宜时返青，植株生长迅速，并逐渐抽茎分枝，开花结实。防风的花为极端的雌、雄蕊异熟，雄蕊的发育早于雌蕊的发育，花药开裂散粉时，自花的花柱不具备授粉的条件，因此防风为异花传粉。开花之后进入结果期。果实成熟后裂开成二分果。含种子1枚。

(3) 种子发育及贮藏特性：防风种子寿命短，发芽能力较低。新鲜种子活力为75%~85%，发芽率为50%~68%，贮藏1年的种子，发芽率降为20%左右，贮藏2年的种子基本丧失发芽能力。因此一般隔年种子不能作种用。低温贮藏可提高发芽率。种子播种前需放在温水中浸泡18~24小时，使其充分吸水以利发芽。人工种植必须用当年新产种子，经过适当处理后方可播种。将带种子植株采收后放于阴凉处，后熟5~7天，然后晒干、脱粒，贮藏到阴凉干燥处备用。

【栽培技术】

1. 选地整地　一般应选地面干爽向阳、排水良好、土层深厚的地块，以生荒地或二荒地为好。种子田可用熟地。低洼地不宜种植。

整地前施足基肥，每667m^2施农家肥3 000~5 000kg，深耕细耙，作成高畦。高畦宽1.2m，高20~30cm，畦的长度视地块的具体长度而定。若为了采收种子，则以作垄为好，一般垄宽70cm。

2. 繁殖方法

(1) 种子繁殖：在春、夏、秋季均可进行。春播在3月下旬至5月中下旬，夏播在6月下旬至7月上旬，秋播在9~10月进行。播前将种子用清水浸泡一天后捞出，用湿布或麻袋盖住，保持湿润，种子开始萌发时播种。按行距30cm开沟条播，沟深2cm，将种子均匀播入沟内，覆土盖平，稍加镇压，盖草浇水或盖农膜，保持土壤湿润。用种子量1~2kg/667m^2。

(2) 根插繁殖：在秋季或早春，收获药材时，挖取粗为0.7cm以上的根条，截成3~5cm长的小段作为插条，按行距50cm、株距15cm，挖穴栽种，穴深6~8cm，每穴垂直或斜插一根插条，然后覆土3~5cm掩埋。栽种时要特别注意根的上端向上，不能倒栽。用根量为50kg/667m^2。或冬季将种根在大棚内按行株距10cm×5cm假植育苗，第二年早春有1~2片叶子时移栽，没有萌芽的种根不能种植。无性繁殖的出苗和保苗率较高。

3. 田间管理

(1) 间苗定苗：直播出苗后，当苗高5cm时，按株距7cm间苗，苗高10~15cm时，按13~16cm株距定苗。

(2) 移栽：在春季从育苗田中挖取一年生幼苗进行移栽。可以采取平栽和直栽法。平栽又称为卧栽。在畦田上开沟10~15cm，将根平放在沟内，株距为10~15cm，如果根过长，可以交叉排列，也可以挖深沟将根斜放，株距为10~15cm。

(3) 除草、培土：在生长期间，特别是6月以前，要进行多次除草，保持田间清洁。当植株封垄时，为了防止倒伏，保持通风透光，可以摘除部分老叶，然后在根部培土。进入冬季时可以结合畦田的清理，再次进行培土，便于顺利越冬。

(4) 追肥:每年6月上旬和8月下旬,各进行一次追肥,分别用腐熟的人粪尿、堆肥和过磷酸钙,开沟施于行间。

(5) 抽薹:在生长的第二年开花抽薹,影响根的生长,因为抽薹开花后,不但会消耗大量养分,同时根部会枯烂并木质化,不能生产出合乎质量的药材,即使采挖回来,也不能做药用,因此必须进行抽薹。抽薹的方法是在花茎刚刚长出 3~5cm 时,把花茎抽出。

(6) 排水:防风耐旱能力很强,因此一般不用进行灌溉,但应该注意排水。雨季过长,田间很容易积水,此时,如果不进行排水,土壤过湿,根极容易腐烂。

(7) 轮作栽培:不能连作,如果连续栽种,造成重茬,不但植株生长不良,而且根生长得也不好,产量也大大降低,因此应避免重茬。

4. 病虫害防治

(1) 病害及其防治

1) 根腐病 *Fusarium oxysporum* Schlecht.:高温多雨季节易发,根际腐烂,叶片枯萎,变黄枯死。防治方法:拔除病株,用 70% 五氯硝基粉剂拌草木灰(1∶10)施于根周围并覆土或撒石灰粉消毒病穴,注意开沟排水,降低田间湿度。

2) 白粉病 *Erysiphe polygoni* D.C.:夏秋季为害,叶片两边先出现白粉状物,后出现黑色小点,严重时使叶片脱落。防治方法:注意通风透光,增施磷钾肥,病期喷洒 50% 多菌灵 1 000 倍液,或 2%~5% 锈宁 1 000 倍液防治。

3) 斑枯病 *Septoria atractylodis* Yu et Chen.:主要危害叶片。病斑生在叶两面,圆形至近圆形,大小25mm,褐色,中央色稍浅,上生黑色小粒点,即病原菌分生孢子器。茎秆染病产生类似的症状。防治方法:入冬前清洁田园,烧掉病残体,减少菌源。发病初期喷洒36% 甲基硫菌悬浮剂600 倍液。

(2) 虫害及其防治

1) 黄粉蝶:幼虫咬食叶片、花蕾,5 月开始为害。防治方法:幼龄期用 90% 敌百虫 800 倍液喷治,每周一次,连续几次。

2) 黄翅茴香螟:现蕾开花期发生,幼虫在花蕾上结网,咬食花与果实。防治方法:在早晨或傍晚用 90% 敌百虫 800 倍液喷洒。

【采收、加工与贮藏】

1. 采收

(1) 根的采收:一般在 2~3 年采挖。耙荒平播的防风在生长 6~7 年后收获比较理想。收获时间为 10 月中旬至 11 月中旬,也可以在春季防风萌动前进行采挖。春季根插繁殖的防风,在水肥充足、生长茂盛的情况下,当年即可收获。秋季用根插繁殖的防风,一般在第二年的秋季进行采挖。

防风的根较深,而且根较脆,很容易被挖断,因此在采挖时,需从畦田的一端开深沟,按顺序进行采挖。挖掘工具可以用特制的齿长 20~30cm 的四股叉为好。

(2) 种子的采收:防风种子目前还没有形成品种,而且种子的来源也比较混乱。为了提高种子的质量,防风的生产田不能生产种子,因此应该建立种子田,在种子田中留种,进行良种繁育。

种子田应选择三年生健壮、无病的植株采集种子。为了保证种子籽粒饱满,提高种子的质量,种子田的田间管理应该更加认真和细致,同时可以在防风开花期间进行适当追施磷钾肥。

当9~10月防风的果实成熟后，从茎基部将防风的花茎割下，运回后，放在室内进行干燥，一般应以阴干为好。干燥后进行脱粒，用麻袋或胶丝袋装好，放在通风干燥处贮存。防风种子不宜在阳光下进行晾晒，以免降低种子的发芽率。新鲜的防风种子千粒重应在5g左右，发芽率应在50%~75%。贮藏1年以上的种子，发芽率明显降低，一般不宜再作为播种的种子。

2. 加工　春季或秋季采挖未抽花薹植株的根，栽培者种植2~3年后采挖，除去须根及泥沙，晒干。具体方法是在田间除去残留的茎叶和泥土，趁鲜切去芦头，进行分等晾晒。当晾晒至半干时，捆成1.2~2kg的小把，再晾晒几天，再紧一次把，待全部晾晒干燥后，即可成为商品。一般可以收获干品150~300kg/667m^2，折干率为25%。

3. 贮藏　置阴凉干燥处保存，防潮防蛀防霉变。

【栽培过程中的关键环节】

1. 忌水涝　防风种植地应选择向阳，砂壤土质，应建立完善的排水系统，确保排水。积水易引起病害发生，导致防风根部腐烂，植株枯萎而死亡。

2. 种子田留种　防风种子不要在大田留种，应建立防风种子田。种子田需要有足够株距和行距，因为防风抽薹后植株地上部分蓬松，植株直径在20~100cm之间，过度密植会影响种子成熟度。采收成熟种子后，及时挖除根部并进行清除，避免根部腐烂。

3. 适时抽薹　防风抽薹后，植株根部逐渐柴化而失去药效，所以必须注意防风抽薹时间，适时进行抽薹，提高防风产量。

17. 牛膝

牛膝

牛膝 *Achyranthes bidentata* Bl. 为苋科多年生草本植物，以干燥肉质根入药，药材名为牛膝，产于河南者称怀牛膝，其茎叶亦供药用。始载于《神农本草经》，列为上品，为传统常用中药材。牛膝味苦、甘、酸，性平；归肝、肾经。具有补肝肾，强筋骨，逐瘀通经，利尿通淋，引血下行功能。用于经闭，痛经，腰膝酸痛，筋骨无力，淋证，水肿，头痛眩晕，牙痛，口疮，吐血，衄血。主要化学成分为三萜皂苷、齐墩果酸、蜕皮甾酮、牛膝甾酮、豆甾烯醇、红苋甾酮等。

主产于河南省焦作市武陟县、温县、沁阳、博爱等地（古“怀庆府”一带），河北、山西、山东等省亦有引种栽培。以河南产质量最佳，产量最大，干货可达350~400kg/667m^2。

【生物学特性】

1. 生态习性　牛膝生长适应性较强，喜温和干燥的气候环境，不耐严寒。最适宜的温度为22~27℃，气温低至 -17℃，则植株大多数受冻死亡。牛膝为深根性植物，耐肥性强，喜土层深厚而透气性好的砂质壤土，并要求富含有机质，土壤肥沃。适宜生长于干燥、向阳、排水良好的砂质壤土中，要求土层深厚，土壤疏松肥沃，利于根生长；黏性板结土壤、涝洼盐碱地不适合种植。可连作，连作的牛膝其根皮光滑，须根和侧根少，主根较长，产量高。

2. 生长发育特性　牛膝年生长期为200~300天，人工栽培可控制生长期为130~140天。若生长期太长，植株花果增多，根部纤维多，易木质化而品质差。植株生长不繁茂，当年开花少，则主根粗壮，产量高，品质好。黏土和碱性土种植其根细短，分杈多，品质差。地势低洼，地下水位高，含水过多时，则长分杈多，不长独根，对生长发育不利。

(1) 根的生长：8 月以后根生长较快，进入 9 月，地上部植株发育成形，制造疏松充足的养分供地下根部生长，这一时期牛膝根部迅速向下生长、发粗。

(2) 茎叶的生长：牛膝的最佳播种期在夏收后的伏天，此时的日平均温度较高。幼苗生长比较缓慢，大约经过 30 天，当植株高度达到 20~30cm 时，进入快速发棵期。

(3) 花和果实的生长：经过 30 天左右植株高度可达 1m 左右，同时开始开花结实。

(4) 种子特性：牛膝种子，宜选培育 2~3 年(秋蔓籽)，主根粗大，上下均匀，侧根少，无病虫害的植株的种子，质量好，发芽率高，根分枝少。当年植株的种子(蔓籽)不饱满，不成熟，出苗率低，根分枝多。播种后，一般 4~5 天出苗，7~10 月为生长期，10 月下旬植株开始枯黄休眠。

【栽培技术】

1. 品种类型　在生产中牛膝的主要栽培品种有核桃纹、小疙瘩风筝棵、大疙瘩风筝棵、白牛膝等品种。目前除白牛膝外，其他 3 个品种均为产区种植的主要品种，产量、等级高，条形好。

(1) 核桃纹：棵型紧凑，主根匀称，芦头细小，中间粗，侧根少，外皮土黄色，肉白色；茎紫色，叶圆形，叶面多皱，叶脉分布似核桃纹。

(2) 小疙瘩风筝棵：棵型松散，根圆柱形，芦头细小，中部粗，侧根较多，主根粗长，外皮土黄色，断面白色。茎紫色有黄红色条纹，叶片椭圆形或卵状披针形，较平。

(3) 大疙瘩风筝棵：芦头粗大，主根粗壮，向下逐渐变细，中间不粗，形似猪尾。其余特征同小疙瘩风筝棵。

(4) 白牛膝：根圆柱形，芦头细小，中部粗，侧根少，主根均匀，根短，外皮、断面均白色。茎直立，四方形有棱，青色。单叶对生，有柄，叶片圆形或椭圆形，全缘，叶面深绿色。此品种在产区零星种植。

2. 选地和整地　宜选土层深厚、土质肥沃、富含腐殖质、土层深厚、排水良好、地下水位低、向阳的砂质壤土。牛膝对前作要求不严格，多选麦地、蔬菜地。前作收后休闲半年，翌年再种为宜，但不宜选在洼地或盐碱地种植。牛膝可与玉米、小麦间套作。10 月间播冬小麦，翌年 4 月下旬在麦埂上种两行早熟玉米，株距 60cm 交错栽种。6 月中旬收割小麦后，立即整地施肥种牛膝。因为该期昼夜温差较大，利于根类植物生长，虽然牛膝仅生长 120 天左右，却不影响其产量和质量。

生茬地在前作收后立即深翻地，因牛膝的根可深入土中 60~100cm，所以一般宜深翻。河南产区采用"三铣两净地"的方法，即是前两铣将土深掘，清出碎土后再将地挖一铣，这次把土弄松即可。翻地每次挖沟，宽 100cm，将一沟挖完后，再继续挖另一沟。挖沟时，常常在下面掏进 30cm 以上，将旁边的土劈下来，再清理一下即可，这样可以减少劳力。如此一沟一沟挖，地翻完后须浇大水，使土壤渗透下沉。熟地不必深翻，仅翻 30cm 左右，但也必须大水灌透。等稍干后，每 667m^2 施基肥(堆肥或厩肥)3 000~4 000kg，加入 25~40kg 过磷酸钙，然后把沟填平整好，浅耕 20cm 左右，耕后耙细、耙实，同时也就使肥料均匀，以利保肥保墒。土地整平后作畦 1m 左右，并使畦面土粒细小。

3. 繁殖方法　多采用种子繁殖。种子分秋子、蔓薹子。蔓薹子又可分为秋蔓薹子、老蔓薹子。实践表明，秋蔓薹子发芽率高，不易出现徒长现象，且产品主根粗长均匀，分杈少，产量高，品质较好。

(1) 采种：当年种植的牛膝所产的种子质量差，发芽率低。要选择核桃纹、风筝棵两品种的牛膝薹种植，所产的秋子最佳。

(2) 种子处理：播种前，将种子在凉水中浸泡24小时，然后捞出，稍晾，使其松散后播种。也有用套芽(即催芽，其方法类似生豆芽)的方法，生芽后播种。有时，播前将种子用20℃温水浸10~20小时，再捞出种子，待种子稍干能散开时，即可播种。

(3) 播种时间：播种时间不能过早，也不能过晚。过早播种，地上部分生长过快，则开花结籽多，根易分杈，纤维多，木质化，品质不好；过晚播种，植株矮小，发育不良，产量低。河南、四川两地宜在7月中、下旬播种，北京地区宜于5月下旬到6月初播种。无霜期长的地区，播种可稍晚，无霜期短的地区宜早播。若需要在当年生的植株采种，播种期应在4月中旬，这样其生长期长，子粒饱满，品质优良；若于6月或7月播种，植株所结的种子则不饱满，质量差。

4. 田间管理

(1) 间苗与除草：牛膝幼苗期，怕高温积水，应及时松土除草，并结合浅锄松土，将表土内的细根锄断，以利于主根生长；同时也可达到降温的效果。如果高温天气，尚应注意适当浇水1~2次，以降低地温，利于幼苗正常生长。大雨后，要及时排水，如果地湿又遇大雨，易使基部腐烂。苗高60cm左右时，应间苗一次。间苗时，应注意拔除过密、徒长、茎基部颜色不正常的苗和病苗、弱苗。

(2) 定苗：苗高17~20cm时，按株、行距13~20cm或株距13cm定苗。同时结合除草。

(3) 浇水与施肥：定苗后随即浇水1次，使幼苗直立生长。定苗后需追肥1次。河南主产区的经验是“7月苗，8月条”。因此追肥必须在7~8月内进行。8月初以后，根生长最快，此时应注意浇水，特别是天旱时，每10天要浇一次水，一直到霜降前，都要保持土壤湿润。在雨季应及时排水。并应在根际培土防止倒伏。如果植株叶子发黄，应及时追肥，可施稀薄人粪尿、饼肥或化肥(每667m^2可施过磷酸钙12kg、硫酸铵7.5kg)。

(4) 打顶：在植株高40cm以上，长势过旺时，应及时打顶，以防止抽薹开花，消耗营养。为控制抽薹开花，可根据植株情况连续几次适当打顶，但不可留枝过短，以免叶片过少而不利于根部营养积累，一般株高45cm左右为宜。

5. 病虫害防治及农药残留控制

(1) 病害及其防治

1) 白锈病 *Albugo achyranthis*(P. Henn.)Miyabe.：该病在春秋低温多雨时容易发生。主要危害叶片，在叶片背面引起白色苞状病斑，少隆起，外表光亮，破裂后散出粉状物，为病菌孢子囊，属真菌中一种藻状菌。防治方法：收获后清园，集中病株烧毁或深埋，以消灭或减少越冬菌源，发病初期喷1∶1∶120波尔多液或65%代森锌500倍液，每10~14天1次，连续2~3次。

2) 叶斑病 *Cercospora achyranthis* H. et. P. Syd.：该病7~8月发生。危害叶片，病斑黄色或黄褐色，严重时整个叶片变成灰褐色枯萎死亡。防治方法同白锈病防治法。

3) 根腐病 *Fusarium* sp.：在雨季或低洼积水处易发病。发病后叶片枯黄，生长停止，根部变褐色，水渍状，逐渐腐烂，最后枯死。防治方法：注意排水，并选择高燥的地块种植，忌连作。此外，防治可用根腐灵、代森锌或西瓜灵等杀菌剂。

(2) 虫害及其防治

1) 棉红蜘蛛 *Tetranychus telarius* L.:危害叶片。防治方法:清园,收挖前将地上部收割,处理病残体,以减少越冬基数;与棉田相隔较远距离种植;发生期用 40% 水胺硫磷 1 500 倍液或 20% 双甲脒乳油 1 000 倍液喷雾防治。

2) 银纹夜蛾 *Plusia agnata* Standinger:其幼虫咬食叶片,使叶片呈现孔洞或缺刻。防治方法:捕杀,或用 90% 敌百虫 800 倍液喷雾。此外,防治可用叶面喷施醚螨、先利、Bt 水溶液等高效低毒农药。

【采收、加工与贮藏】

1. 采收 霜降后,地上部分枯萎即可采收。过早收获则根不壮实,产量低;过晚收获则易木质化或受冻影响质量。采收时先割去地上部分,留茬口 3cm 左右,采收前轻浇一次水,再一层一层向下挖,挖掘时先从地的一端开沟,然后顺次采挖,要做到轻、慢、细,不要将根部损伤,要保持根部完整。

2. 加工 挖回的牛膝,先不洗涤,去净泥土和杂质,将地上部分捆成小把挂于室外晒架上,枯苗向上根条下垂,任其日晒风吹;新鲜牛膝怕雨怕冻,因此应早上晒晚上收。若受冻或淋雨,会变紫发黑,影响品质。应按粗细不同晾晒,晒 8~9 天至七成干时,取回堆放室内盖席。闷 2 天后,再晒干。

3. 贮藏 适宜温度 28℃以下,相对湿度 68%~75%,商品安全水分 11%~14%。夏季最好放在冷藏室,防止生虫、发霉、泛糖(油)。贮藏期应定期检查,消毒,保持环境卫生整洁,经常通风。商品存放一定时间后,要换堆,倒垛。有条件的地方可密封充氮降氧保护。

【栽培过程中的关键环节】

适宜播种期是牛膝栽培生产的关键。过早,地上生长不快,根易分杈并出现木质化,而且易提早开花消耗养分,影响产量和质量。过晚,生育期缩短,发育不良,产量降低。其次要选择优良品系、打顶结合施肥也是获得高产优质的主要措施。

18. 菘蓝

菘蓝

菘蓝 *Isatis indigotica* Fortune. 为十字花科二年生草本植物,又称草大青、靛青根、蓝靛根、大青根等,以干燥根或干燥叶入药,根药材名为板蓝根,叶药材名为大青叶。板蓝根为常用中药,有悠久的药用历史。味苦,性寒;归心、胃经。具有清热解毒,凉血利咽的功效。用于治疗温疫时毒,发热咽痛,温毒发斑,痄腮,烂喉丹痧,大头瘟疫,丹毒,痈肿。菘蓝根中主要含靛苷、靛红、靛蓝、色胺酮、3- 羟苯基喹唑酮、大黄素、β- 谷甾醇、γ- 谷甾醇、腺苷、尿苷、鸟嘌呤、表告依春及多种氨基酸等成分;叶中主要含靛蓝、靛玉红、菘蓝苷 B、芥子苷、腺苷及多种氨基酸等成分。

菘蓝原产于安徽、山西、河北、河南、陕西、内蒙古、江苏等地区,现主产于甘肃、黑龙江,大部分为栽培,甘肃和黑龙江两地种植历史不长,但发展迅速,目前产量占全国的 70% 左右。

【生物学特性】

1. 生态习性　菘蓝对气候和土壤适应性很强，耐严寒，喜温暖，但怕水渍，我国长江流域和广大北方地区均能正常生长。一般用种子直播繁殖，分春播、夏播、秋播。春播3月下旬至4月上旬，夏播5月下旬至6月上旬，秋播在8月下旬至9月中下旬。菘蓝正常生长发育过程需经过冬季低温阶段，才能开花结籽，故生产上利用该特性，采取春播或夏播，当年收割叶和根。春播或秋播均可第二年采收种子，但在黑龙江大庆地区，因冬季气温过低，不能安全越冬采收种子。

(1) 对温度的适应：较耐寒，能忍受短期 -20℃左右的低温。吸胀的菘蓝种子在15~30℃的条件下均能正常发芽，20℃为菘蓝种子萌发的最适温度，其发芽势和发芽率均较高，发芽速度快；低于10℃或高于35℃时，发芽率较低，发芽速度慢。菘蓝生产上播种应该在10cm地温稳定在15℃以上时播种，以20℃左右最佳，此时播种不仅出苗快，且出苗率高；低于10℃或高于30℃播种，均会降低出苗率。菘蓝地上部分植株生长适宜温度为20~25℃，地下根茎生长适宜温度为23~25℃。植株生长速度随气温升高而逐渐加快，气温在35℃以上时，植株地上部分生长受到抑制。

(2) 对水分的适应：较耐旱、怕涝。菘蓝种子吸水量达到种子质量的2倍时，才能萌动发芽。出苗期间，如天气干旱，土壤干燥，会影响出苗。菘蓝肉质根膨大期是对水养分需求最多的时期，应及时浇水，保持土壤湿润，防止肉质根中心柱木质化，要求土壤含水量保持在60%~80%。生长期间土壤水分过多，根系侧根多。如遇连续阴雨，植株生长不良，病害也较严重。忌水涝。

(3) 对光照的适应：喜光，充足的光照有利于菘蓝植株生长。

(4) 对土壤的适应：对土壤要求不太严格，pH为6.5~8.0的土壤都能适应，耐肥性较强，土壤肥沃和土层深厚有利于生长发育。宜种植于土层深厚、疏松肥沃、排水良好的砂质土壤上；不宜选择土质黏重以及低洼处种植。

2. 生长发育特性

(1) 根的生长：菘蓝正常的生育过程是9~10月播种萌发出土并展叶，越冬呈莲座状叶，翌年3月开始抽薹(茎)，3月下旬至4月上旬开花，5月至6月下旬为结果和种子成熟期，其生育周期为9~10个月。但开花后的植株根部由于品质下降，不能再作药用。生产上为利用其越年生当年不抽茎开花的特性，延长其生长时间，多在春季播种，当年秋季收割叶及挖取根，种植时间7~10个月，期间可收割1~2次叶片。菘蓝一年内根生长可分为3个阶段：①由出苗至6月中旬，为植株缓慢生长期，此时根发育较慢；②6月中下旬至8月中下旬，地上部迅速生长，根生长逐渐加快；③8月中下旬以后，地上生长基本停止，尤其是9月中旬后，地上部有机物大量向根部转移，地上干重急剧下降，根系干物质积累迅速增加，根快速膨大。

(2) 茎叶的生长：播种后一般7~10天出苗，春季温度低，幼苗生长缓慢，3~6天长1片叶；进入6月，随着温度升高，1~2天长出1片叶。当年菘蓝茎不伸长，仅有丛生叶片，极少有抽茎、开花的植株。生产种子的植株，第二年返青后，茎叶生长开始加快，3月中下旬为抽茎期，4月上中旬为开花期，4月下旬至5月下旬为结果和果实成熟期。叶片的功能期从下到上逐渐延长，基部叶片仅35天左右，中部叶片达50~60天，上部叶片直至种子成熟仍鲜绿。在初花前施用磷钾肥并配合适当氮肥，可促使叶片营养向生殖器官转移，有利于增蕾保花、提高种子产量。

(3) 花与果实的发育：播种当年植株不开花，越冬后第二年开始抽薹、大量开花结果。复总状花序生于枝端，花互生。同一株以主茎先开花，然后按“主茎→一级分枝→二级分枝→……”的顺序依次开放；同一花序的开花顺序为从下向上依次开放。果实发育(现蕾至果实成熟)需42天左右，主茎的种子发育速度最快，分枝上种子的发育速度随分枝级别的升高而依次延长。

(4) 种子特性：当果实外壳由绿色变紫黑色，光泽度好、发亮，即为种子成熟。种子寿命为1~2年，陈种子生活力大大减弱，发芽率较低。

【栽培技术】

1. 品种类型　由于菘蓝人工栽培历史较长，产区品种退化、当年抽薹现象较为严重。因此，选育优良品种、稳定药材质量是今后研究的主要方向之一。目前，生产上可利用的栽培类型有大叶板蓝根、小叶板蓝根、四倍体板蓝根等，其中小叶板蓝根药材产量、活性成分含量均较高，但不同生态区域适宜的品种类型存在差异。

2. 选地与整地　菘蓝是深根类植物，喜温凉环境，怕涝，宜选地势平坦、排水良好、疏松肥沃的砂质壤土及内陆平原和冲积土地种植，不宜选择低洼、积水、重黏土壤地块。播种前一般先深翻地20~30cm，砂地可稍浅，施足基肥。基肥种类以农家有机肥或商品有机肥为主，一般每667m^{2}施堆肥或腐熟厩肥2 000kg或商品有机肥100kg，可配施50kg复合肥。将肥料撒于土壤表面，耕地时翻入土内。整地要细碎平整，东北多起垄种植，做成宽30cm、高30cm的平垄，垄沟宽25~30cm。

3. 繁殖方法　采用种子繁殖。播种可分为春播、夏播、秋播，收获根的以春播为主，收获种子的以秋播为主。

(1) 选种采种：当留种田植株角果果皮变黑后，选晴天割下茎秆，运回晾晒。待果实干燥后进行脱粒，清除杂质，装袋，贮藏。要选用前一年采收的、种皮紫黑色的新种子，发芽率能保证在95%以上。不宜选择存放多年的种子，不仅发芽率低，而且容易当年开花，影响根的产量和质量。为提高种子发芽率，播种前要除去混在种子中的草屑和秕子。

(2) 播种时间：播种期因各地气候条件不同而略有差异。春播菘蓝，南方以4月上中旬为好，北方以4月下旬至5月上旬为宜。要求当地气温稳定在15℃以上时才可播种，有利于根系深扎，延长生长期。

(3) 播种方法：播种前1周要浇1次透水，以保证种子发芽生根所需要的水分。播种方法有条播和穴播两种。条播采用25cm行距，播种量2~3kg/667m^2；穴播采用行距25cm，株距10~15cm，每穴5~6粒，用种量为1.5~2.0kg/667m^2。播种深度为2~3cm，播种后再覆盖一层细土，覆土厚度在1cm左右。东北多种植于垄上，西北多平地覆盖地膜。留种田多秋播，9月中下旬播种，出苗后露地越冬；有的产区挖取板蓝根后，选择优良种根，移栽留种，两种方法均能收获优良种子。

(4) 苗期管理：种子播后一般7~10天就可出苗，15天可出齐苗。若覆膜种植，发现有种子出苗后就应及时挑破苗上的薄膜，有利于幼苗继续向上生长，避免膜下高温将幼苗烧死。通风孔洞大小以比幼苗略大为好。扎膜通风工作一直要持续到畦面上的苗都出齐为止。

4. 田间管理

(1) 查缺补苗：应适时查看出苗成活率，发现缺苗断垄，在4~5月及时选壮苗补苗，每穴补栽1株。4~5片真叶时，按株距6~8cm定苗。

(2) 中耕除草：出苗后要勤除草、浅松土，保持田间不板结、土壤疏松无杂草。一般要进行2~

3次。第一次松土除草，松土深度3~5cm。中耕宜先浅后深，植株封行后只除草不中耕，杂草宜用手拔除。原则上做到田间无杂草，土壤不板结。

(3) 灌水与排水：以自然降水为主，若遇持续干旱气候，有灌溉条件的地方可根据情况补灌2~3次，以地面不积水为宜。整个生长期间注意清理沟道，保持排水畅通，防止多雨季节受涝。忌积水，否则易发生烂根和病害。

(4) 追肥：割大青叶前20天追施尿素10~15kg/667m^2，一般为随水追肥。同时生长期间也可叶面喷施0.2%磷酸二氢钾溶液或1%尿素溶液，共施肥2~3次。

(5) 留种田管理：春播当年不能开花结籽。种子生产一般有两种方法：一是10月下旬采收板蓝根时，选择无病虫害、粗壮顺条的主根，移栽到采种圃，加强管理，翌年5月底至6月初种子成熟，选留饱满充实的种子供下一年繁殖用；二是在9月中下旬，选向阳、肥沃的地块播种，当年苗高可达20~30cm，越冬前充分施肥、浇水，促使幼苗生长，第二年返青后按行距25~30cm，株距10~15cm留苗，4月中下旬开花，5~6月可收获种子。

5. 病虫害防治及农药残留控制

(1) 病害及其防治

1) 霜霉病 *Peronospora isatidis*：属于真菌性病害，在7月上旬至8月中旬期间发生。温度高、湿度大时，在菘蓝叶面出现白色或灰白色霉状物，严重时叶片枯萎。霜霉病菌以菌丝体在寄主病残组织中越冬。田间植株发病后，在适宜的温、湿度条件下，于病部不断产生孢子囊，通过气流传播，造成重复侵染。菘蓝果荚发病严重，且苗期也经常有霜霉病危害。防治方法：①注意排水和通风透光；②收获后处理病残株，减少越冬菌源；③避免与十字花科等易感染霜霉病的作物连作或轮作；④发病初期喷洒75%百菌清可湿性粉剂800倍液、25%甲霜灵可湿性粉剂600倍液，喷药1~2次，间隔10天左右；⑤病害流行期用药剂防治，喷洒1∶1∶(200~300)波尔多液，或65%代森锌600倍液，或72%宝力克液剂800倍液。

2) 根腐病 *Fusarium oxysporum* Schlecht.：属真菌性病害，带菌土壤为重要侵染来源，主要危害地下部分。5月中下旬开始发生，6~7月为盛期。田间湿度大、气温高是病害发生的主要因素。若土壤湿度大，排水不良，气温在29~32℃时，易于发病，高坡地发病轻。耕作不善及地下害虫啃食造成根系伤口，可促使病原菌侵入，引起发病。被害根部呈黑褐色，随后根系维管束自下而上呈褐色病变，向上蔓延可达茎及叶柄。根的髓部发生湿腐，黑褐色，最后整个主根部分变成黑褐色的表皮壳。皮壳内呈乱麻状的木质化纤维。根部发病后，地上部分枝叶发生萎蔫，逐渐由外向内枯死。防治方法：①择土壤深厚的砂质壤土、地势略高、排水畅通的地块种植；②实行合理轮作；③合理施肥，适施氮肥，增施磷、钾肥，提高植株抗病力；④播种前用50%多菌灵浸种5~8分钟，捞出晾干后播种。⑤发病初期用50%多菌灵或70%甲基托布津800倍液喷施1~2次。

(2) 虫害及其防治

1) 蚜虫 *Macrosiphum* sp.：又名腻虫，属同翅目蚜科害虫。以桃蚜的成虫或若虫群集在幼苗、嫩叶、嫩茎和近地面叶上，以刺吸式口器吸食植物的汁液。由于蚜虫的繁殖力大，群集进行危害，造成叶片严重失水和营养不良，使叶面卷曲皱缩。此外，蚜虫还可传播多种病毒。在一年中，春季和秋季是蚜虫的大发生期，夏季发生较少。防治方法：①铲除杂草，减少越冬虫害。②在田间挂银灰色塑料条，铺银灰色地膜或插银灰色支架，利用蚜虫对银灰色的负趋性，趋避蚜虫。③发生期可用

40%乐果乳油1 500倍液、10%吡虫啉1 500倍、3%啶虫脒1 500倍液喷雾，7天喷1次，各限用1次。

2）菜粉蝶：菜粉蝶的幼虫为菜青虫，菜粉蝶为一年生发生多代害虫。菘蓝整个生长期受菜粉蝶幼虫（菜青虫）的危害最严重。2龄以前的幼虫啃食叶片，开始取食叶肉留下一层表皮，形成许多透明小孔，3龄以后将叶片咬成缺刻孔洞，严重时将全叶吃光仅留叶柄，致使植株枯死，造成缺苗，同时它还能传播其他病害。成虫白天活动，夜间、阴天和风雨天气则在生长茂密的植物上栖息不动，晴朗无风的白天中午前后活动最盛。菜粉蝶的发生受气温、降雨和天地因子的综合影响，因而虫口数量出现季节性的波动。其幼虫发生适温为16~31℃，相对湿度68%~80%。防治方法：①清除残株、枯叶，铲除杂草集中烧毁，以消灭越冬场所及部分越冬虫口。②保护天敌，在天敌发生期间应注意少用化学农药。③菜粉蝶产卵期寄生天敌有广赤眼蜂，幼虫寄生天敌主要有菜粉蝶线茧蜂、日本追寄蝇；蛹寄生天敌有蝶蛹金小蜂，其他还有少量的蛹被舞毒蛾黑疣姬蜂和广大腿小蜂寄生。捕食性天敌有花椿、黄蜂等。④发病期间喷洒苏芸金杆菌或BT乳剂或颗粒800~1 000倍液，或90%晶体敌百虫1 000~1 500倍液，或50%乳油马拉硫磷1 000~1 200倍液。

【采收、加工与贮藏】

1. 采收

(1) 大青叶：每年可收割2~3次。第一次品质最好，在6月中下旬选晴天收割；第二次在8月下旬收割，基部留茬2~3cm。第三次在板蓝根采收前1周进行。在土壤条件差、不便灌溉的地方只在10月中旬采收1次，防止夏季割叶后植株死亡。收割方法：一是贴地面割去芦头的一部分，此法新叶重新生长迟，易烂根，但发棵大；二是离地面3cm处割取。

(2) 板蓝根：最佳采收期为10月中下旬，一般掌握能在封冻前晾干即可。采挖应在晴天进行，用机械犁深松或人工采挖，必须深挖，以防把根弄断。

2. 加工

(1) 大青叶：割叶后立即晾晒，九成干时打捆，在通风处阴干。以叶大、干净、破碎少、色墨绿、无霉味者为佳。

(2) 板蓝根：去净芦头和泥土，置于地面晾晒，晒至干透。

3. 药材质量标准　板蓝根以条粗长，体实质肥，色白，粉性足为佳。按照2015年版《中华人民共和国药典》醇溶性浸出物测定法项下的热浸法测定，用45%乙醇作溶剂，醇溶性浸出物不得少于25.0%，(R,S)-告依春（C_5H_7NOS）不得少于0.020%。

4. 仓储运输　板蓝根和大青叶所使用的包装材料应为麻袋或无毒聚氯乙烯袋，麻袋或无毒聚氯乙烯袋的大小可根据购货商的要求而定，每件包装上应注明品名、规格、产地、批号、包装日期、生产单位，并附有质量合格的标志。

置于阴凉通风干燥处，并注意防潮、霉变、虫蛀。运输工具或容器应具有较好的通气性，以保持干燥，应有防潮措施，尽可能地缩短运输时间。

【栽培过程中的关键环节】

1. 忌水涝　菘蓝的种植区应有完善的排水系统，确保排水顺畅，雨季要达到雨停无积水，因积水易引起病害发生，土壤长期湿度大，会使板蓝根分杈多。

2. 适时播种　春播必须足墒播种，并保持土壤湿润，因为干种子吸足本身重量的 2 倍的水分后才能吸胀萌发；秋季不宜太晚播种，气温低于 20℃播种，易造成出苗不齐、越冬死亡。

3. 种子生产　种子生产多以秋季播种为主，在不影响春季作物生长的基础上，可充分利用耕地；菘蓝的花、种子和果实的发育速度均以主茎最快，分枝上的发育速度随分枝级别的升高而依次减慢，种子采收可分批进行；收获种子的菘蓝不能再作为药材使用。

19. 北细辛

北细辛

北细辛 *Asarum heterotropoides* Fr. Schmidt var. *mandshuricum*（Maxim）kitag. 为马兜铃科细辛属植物，以干燥根及根茎药用，药材名味细辛，又名辽细辛、细参、烟袋锅花、东北细辛等，属于最常应用的中药之一。此外，同属植物华细辛 *A. sieboldii* Miq. 和汉城细辛 *A. sieboldii* Miq. var. *seoulense* Nakai 也作细辛药用。细辛味辛，性温；归心、肺、肾经。具有解表散寒、祛风止痛、通窍、温肺化饮的功效。常用于治疗风寒感冒，头痛，牙痛，鼻塞流涕，鼻鼽，鼻渊，风寒湿痹，痰饮咳喘。带根全草主要含有甲基丁香酚、甲基胡椒酚、黄樟醚、β- 蒎烯、榄香脂素、优葛缕酮等挥发油成分。

北细辛主产于以辽宁为主的东北三省，栽培区域主要集中在辽宁抚顺、本溪、丹东和辽阳地区，吉林延边、通化地区，黑龙江五常、尚志、阿城、方正、延寿、宁安、七台河等地也有栽培。以辽宁产细辛产量高、质量佳，被称为“辽药六宝”之一。华细辛主产于陕西，主要栽培区域为陕西华阴、陇县、宁陕、奉皋、南郑等地。汉城细辛主产于辽宁、吉林，主要栽培于辽宁宽甸、凤城、桓仁及吉林通化、临江等地。

【生物学特性】

1. 生态习性　北细辛属于须根系喜阴植物，多生于灌木丛中或疏林下。种子在 20~24℃条件下，湿度适宜，46~57 天完成形态后熟，17~21℃萌发生根，生根后的种子在 4℃条件下放置 50 天后给予适宜条件即可萌发，在田间于地温 8℃开始萌动，10~12℃出苗，17℃开始开花，休眠期能耐 –40℃严寒。从播种到新种子形成需 6~7 年时间，以后年年开花结果。6~7 月播种当年不出苗，胚根在土壤中伸长，8 月中旬长出胚根，10 月下旬胚根长约 8cm，生有 1~3 条支根，当年胚芽不萌发出土，以幼根在土壤中越冬，第 2~4 年只长出 1 片真叶，第五年以后，多数为 2 片真叶，开始开花结实，每年 4 月下旬出苗，花期为 5 月中下旬，果期 5 月至 6 月中下旬，9 月下旬地上部分枯萎，随之进入休眠。

（1）对温度的适应：北细辛为阴性植物，野生于北温带林下，上有乔木、灌木及草本植物为其遮荫，长时期生长在这样的环境条件下，形成了喜阴凉的特性。人工栽培北细辛，当田间地温达 8℃时开始萌动，10~12℃时出苗，气温达 15℃以上生长迅速，17℃开始开花，最适宜的生长发育温度为 20~22℃。超过 26℃以上或低于 5℃时生长受到抑制。9 月下旬至 10 月上旬地上部分枯萎，随之进入冬季休眠。休眠期能耐 –40℃的严寒。

（2）对光照的适应：喜阴，输导组织不发达，叶片中叶绿素含量较多，尤以叶绿素 B 含量较高，能充分吸收光线。光照强时，叶片水分供应不足，光合强度反而下降。一般 6 月上旬前不怕自然光直射，6月中旬至9月中旬应适当遮荫，林下和山地栽培适宜郁闭度为50%~60%，农田栽培适宜郁闭度为60%。光照过弱产量及挥发油含量低，过强则叶片发黄，易灼伤叶片，以致全株死亡。

(3) 对水分的适应：北细辛吸水能力较弱。野生北细辛多生长在山中下部林荫湿润处。人工栽培北细辛，种子萌发时，土壤含水量以30%~40%为宜，生育期间怕积水，小苗怕干旱。不同土质种植北细辛对土壤水分要求也有所不同，土壤含水量与气温和光照强度有关，气温高、光照强度大，叶片蒸腾作用强，土壤容易缺水，应酌情灌溉。

(4) 对土壤的适应：野生北细辛多生于疏林下或荒山灌木草丛中，土壤多为有机质丰富的腐殖土。该种土壤理化性状好，有团粒结构，土壤中的固体、液体、气体三相容积比适当，通气、保水、保肥性能好。因此，利用林下或山地栽培北细辛，应选择排水良好、疏松肥沃的砂质壤土。在这样的土壤中栽培，芽苞大，每株叶片和须根数目多，生长健壮，产量高，质量好。

2. 生长发育习性　北细辛为多年生须根草本植物。从播种到新种子形成需5~6年时间，此后年年开花结实。6~7月，北细辛播种当年不出苗，胚根在土壤中伸长，于8月中旬长出胚根，10月下旬胚根达6~8cm，胚根上有2~4条次生根。当年胚芽不萌发出土，以幼根在土壤中越冬。翌年春季出苗，一年生小苗仅抽出2片子叶，不长真叶，秋季地上部子叶枯萎，地下宿根越冬。第2~4年只生长出1片真叶，真叶大小随年份增加而增大。第五年生以后多数为2片真叶，开始开花结实。一年中北细辛早春花、叶开放，5月地上植株基本长成，不再生长，地上茎叶折断，也不再抽出新叶。7月芽苞分化，到秋季形成完整的越冬芽。

(1) 种子

1) 寿命短：自然成熟的种子，在室温干燥条件下存放20天后发芽率为81%，40天为29%，60天为2%。由此可见北细辛种子采收后在室内干贮时，发芽率随贮藏期延长而逐渐降低。因此采种后应立即播种，如不能及时播种，可用湿沙埋藏(1份种子拌3~5份河沙)贮存，保存1~2个月后发芽率为90%以上。

2) 上胚轴具有休眠特性：自然成熟种子胚尚未完全成熟，种胚处于胚原基或心形胚初级阶段，因此播种后在适宜条件下也不能萌发，需要经过一定阶段完成后熟，解除胚轴休眠需要一个低温阶段，一般在0~5℃条件下，约需50天，就可完成胚轴休眠，此时种子在适宜条件下即可出苗。

(2) 芽苞的形成与休眠特性：北细辛的越冬芽每年都在7月分化完毕，8~9月长大，至地上植株枯萎时，着生在根茎上的芽苞内已具有翌年地上的各个器官雏形。芽苞具有休眠特性，将枯萎时带有芽苞的根栽培于室内，给予适宜的生长条件也不能出土，需要经过很长时间的低温才能打破其休眠。

(3) 开花：北细辛出苗后7~16天开始陆续开花，始花期至终花期需15天左右。一天中北细辛开花集中在11~17时，可占日开花数的70%~80%。开花适宜温度为20~25℃，温度低于6℃或高于28℃均不能开花。开花所需空气相对湿度为70%左右。

【栽培技术】

1. 选地与整地

(1) 林下栽培：林下栽培北细辛，是保护生态环境、实行林药兼作、进行立体开发的高效生产模式。林下栽培北细辛以选择北坡为宜，其次为东坡、西坡，南坡，除北坡外，其他坡向土壤瘠薄，易干旱和受缓阳冻害，一般不宜选用；树种以稀疏适度的阔叶林、针阔混交林或灌木林地为好；地块以坡度为20℃以下较坦缓地势、土壤pH为6.5左右、土层深厚、疏松肥沃的腐殖土最为适宜。地块选好后，间伐过密的林木，清除灌木、杂草、石块，进行翻耕，斜山或顺山作畦，畦宽根据地势和树间隙而定，但最宽不应超过1.5m，畦高15~20cm，作业道宽40~50cm，长度依地势而定，最好每隔50~60m长斜设1条缓冲排水沟，以免坡长水急冲力过大冲刷畦旁及畦面。

(2) 山地栽培：山地即为荒山坡地。利用山地栽培北细辛，最好选择北坡，东坡、西坡亦可。附近要有泉水或控山水源，方便浇水和打药用水。地块以坡度为20℃以下、地势较平坦、土层较厚、疏松肥沃的腐殖土或山地棕壤土为好。土壤瘠薄、沙性较大、易干旱的山地不宜选用。选好地后先清理场地，将地上植被清除，进行耕翻。山地开垦原则为沿山的下端向上开垦，每开垦50m左右留一条20m宽左右的植被隔离带，以防水土流失。整地后斜山或顺山作畦，畦宽一般为1.2~1.5m，畦高15~20cm，作业道宽50~60cm，畦长以便于排水为宜。

(3) 农田栽培：利用农田地栽培北细辛，要远离工业区，远离公路主干线200m以外，地块以排灌方便、土质疏松肥沃、pH约为6.5左右、前茬作物为豆类及砂壤土较好。低洼易涝地、易干旱的沙土地和盐碱地不宜选用。选地后进行耕翻，结合耕翻施入基肥，每667m^{2}施腐熟的农家厩肥3 000~5 000kg，做成宽1.2~1.5m的畦，畦高15~20cm，作业道宽60cm，长度因地势而定。

(4) 参后地栽培：参后地（也称老参地）栽培，既能充分利用土地，又能合理利用原有参棚架材，不仅省工省力，而且还可降低生产成本，并且北细辛的辛辣分泌物对老参的土壤中残留的有害于人参的微生物有抑制作用，土壤肥力明显提高，可缩短参后地再种人参的休闲年限。利用参后地栽培要注意：陡坡参后地不能种植，宜选缓坡和农田参后地种植；在人参收获时只将塑料和帘子撤下，参棚主架不动；起参后将参畦土复原、整细、耧平，待播种或移栽。

2. 繁殖方法　主要依靠种子繁殖，也可采用野生移栽、顶芽繁殖等方式。

(1) 种子直播：将采收的种子趁鲜直接播种，小苗生长到3~4年后，直接收获药材。

1) 采种：根据北细辛果实成熟期的特征，必须分批采收，防止果实成熟破裂。6月中下旬果实成熟，由红紫色变为粉白色或青白色时采收。采收的果实应在阴凉处放置2~3天，待果皮变软成粉状时，搓去果肉，用水将种子冲洗出来，吹干水或在阴凉处晾干，即可趁鲜播种。

2) 播种：北细辛种子寿命短，在室内干燥条件下，存放20天，发芽率就会显著下降。所以采收的种子要趁鲜播种，播期一般在7月上中旬，最迟不能晚于8月上中旬。播种方式有撒播和条播。鲜种用量：撒播8~10kg，条播6~8kg。

(2) 播种育苗：北细辛是多年生植物，生长发育周期长，一般林间播种6~8年才能大量开花结果。为合理利用土地，多采用育苗移栽，先播种育苗3年，然后移栽。育苗圃地的选地、整地、播种等措施与种子直播相同，只是播种量大。种子间距为1cm，第三年秋天起苗移栽。

3. 移栽定植

(1) 种子育苗移栽：10月起三年生北细辛苗，分大、中、小三类分别移栽定植。栽种时，横床开沟，行距15cm，沟深9~10cm，8~10cm摆苗，使须根舒展，覆土3~5cm。春天移栽，应在芽苞未萌动之前进行。如果移栽过晚，需大量浇水，并需较长时间缓苗。

(2) 根茎先端移栽：在北细辛采收作货的同时，将根茎先端连同须根取下作播种材料。一般根茎长2~3cm，其上有须根10条左右，芽苞1~2个。

4. 田间管理

(1) 中耕除草:移栽地块每年中耕除草 3 次左右,以提高床土温度及保水功能,行间松土要深些,3cm 左右。

(2) 施肥灌水:一般每年进行 2 次施肥,第一次在 5 月上中旬,第二次在 7 月中下旬,肥料以猪粪混拌过磷酸钙为好。缺雨干旱时注意灌水。

(3) 调节光照:北细辛虽然是喜阴植物,但生长发育期间仍需一定强度的光照,否则生长缓慢,产量低,病害多。一年及二年生植株抗光力弱,遮荫可大些,郁闭度 0.6~0.7 为宜。三年和四年生植株抗光能力增强,郁闭度 0.4 为宜。林间或林下栽培时,可适当疏整树冠。参地栽培时,可搭棚遮荫。

5. 追肥　要使北细辛获得高产,就得适时追肥,以保证其正常生长的营养供应。同时北细辛在一地生长多年,土壤肥力逐年减弱,因此每年都要追肥。除了在秋末压蒙头肥外,生长期间还需补肥。其方法是:在北细辛展叶时从行间开深 3cm 浅沟,施入充分腐熟的豆饼肥,每平方米沟施 0.2~0.3kg。也可追施速效性肥料,每平方米施磷酸二铵 0.1kg、尿素 0.1kg、过磷酸钙 0.2kg 等。多年生北细辛因须根盘结贯穿床内,可不开槽施肥,以免伤根。肥料直接撒在行间,用作业道土覆盖好。追肥后,床面行间覆盖 3cm 厚树叶。天旱土干要灌水,将水浇到覆盖物上,让其慢慢渗入土中。

6. 摘蕾　北细辛为阴性植物,输导组织不发达,植株矮小,叶片少,光合作用较其他阳性植物弱,干物质积累较慢,成龄植株在年发育过程中尚需将一部分营养运送到生殖器官中去,供其生长发育,致使产量和挥发油含量下降。因此,生产中必须建立留种田,生产田在现蕾期将花蕾摘除。据报道,摘蕾较不摘蕾增产 10% 以上,挥发油含量也较不摘蕾高。

7. 病虫害防治及农药残留控制

(1) 病害及其防治:主要病害有立枯病、疫病、锈病及菌核病等。

1) 立枯病:多发生在多年不移栽的块地,由于土壤湿度过大又板结,因此感病较重。防治方法:加强田间管理,适当加大通风透光,及时松土,保持土壤通气良好,多施磷钾肥,使植株生长健壮,增加抗病力;严重病区可用 1% 硫酸铜液消毒杀菌。

2) 疫病:在多雨、土壤湿度大,尤其是降雨集中、高温多湿时传播迅速。多侵害叶片、叶柄、茎,也侵害根部。病斑水清状,绿褐色,空气潮湿时发展很快,可使全叶萎蔫腐烂。防治方法:清除病残叶,实行轮作,注意通风排水,经常松土;发病初期喷施代森铵 600 倍液或 75% 百菌清 600 倍液防治。

3) 锈病:在雨多、湿度大情况下发病。叶上有黄褐色椭圆形病斑隆起,表皮破裂,散出黄褐色粉末,为病菌的夏孢子。秋末叶上形成黑色小疮斑,为病菌的冬孢子堆。防治方法:及时松土,改善土壤排水和通气条件,防止雨涝;发病初期喷 25% 粉诱宁 500 倍液防治。

4) 菌核病:以菌核在病根上过冬,是第二年的侵染来源。土壤化冻到出苗时为发病盛期,早春土壤低温多湿,易于发病,种植过密也有利于发病。主要侵害根部,病斑褐色,不正形,在蔓延时可长出白色菌丝层,以后形成黑色菌核。地上部分萎蔫,甚至死亡。病菌也可以危害叶、茎和果实。防治方法:早春适时早接床土,提高床土温度,减少湿度;发病初期喷 50% 速克灵 500~800 倍液或灌浇 50% 多菌灵 500 倍液。

(2) 虫害及其防治

1) 黑毛虫:为北细辛凤蝶的幼虫,一年发生 1 代,以蛹态越冬。4 月中旬开始羽化。卵成块产于北细辛叶部背面。幼虫于6月末至7月初陆续化蛹越冬,蛹多隐藏于落叶背面、茎秆叶片隐藏处。

咬食叶片，发生严重时全部被吃空，为北细辛的毁灭性虫害。防治方法：选用灭幼脲3号、BT乳剂或粉剂、青虫菌等喷雾防治。

2）小地老虎：咬食芽苞，截断叶柄及根茎。防治方法：每667m^{2}用1~1.5kg美曲膦酯粉撒施，也可用1 000倍的可湿性美曲膦酯液喷雾。

【采收、加工与贮藏】

1. 采收　采用种子高畦直接撒播的，生长3~4年即可采收；如果4年不收，由于植株过密，严重影响生长。育苗移栽块地，根据实生苗年限不同，采收时间略有不同。栽二年生苗，栽后生长3~4年即可采收；栽三年生苗，栽后2~3年即可采收。为收种子，可延迟至5~6年。野生苗移栽后3年即可收获，为采收种子可延至6年，生长7年以上，易得病害，且根扭结成板，无法收获。

野生北细辛习惯5~6月采收。而人工栽培北细辛，每年收获时期各地不同，但多以8月采收为宜，质量好，产量高。

2. 产地加工　将采收的北细辛摘除枯叶、黄叶，去净泥土，每10株捆一把，在通风阴凉处晾干。切忌用水洗或日晒，水洗后叶片发黑，根发白，暴晒后，降低气味，影响质量。

3. 贮藏　北细辛贮藏应有通风设备，要干燥、避光。贮藏库要有防鼠、防虫能力。长期存放时应定期抽查，防止虫蛀、霉变、腐烂或挥发等现象发生。

【栽培过程中的关键环节】

1. 合理密植　应适当加大栽植密度，使植株提前封垄，减少水分蒸发，降低土壤温度。一般以行距20cm、穴距15~20cm为宜。

2. 合理施肥　基肥应以鸡粪、猪粪等农家腐熟肥为主，后用20%过磷酸钙溶液喷施叶面，促进根茎粗壮，芽苞大而饱满。越冬前盖以腐殖酸铵为主的蒙头粪，可保障安全越冬。

3. 合理调节郁蔽度　一年及二年生植株抗光力弱，遮荫可大些，郁闭度为0.6~0.7为宜。三年和四年生抗光能力增强，郁闭度0.4为宜。林间或林下栽培时，可适当疏整树冠。参地栽培时，可搭棚遮荫。

20. 柴胡

柴胡

柴胡 *Bupleurum chinense* DC. 为伞形科柴胡属植物，以干燥根入药，药材名为柴胡。味辛、苦，性微寒；归肝、胆、肺经。具有疏散退热、疏肝解郁、升举阳气的功效。用于治疗感冒发热、寒热往来、胸胁胀痛、月经不调、子宫脱垂、脱肛。根部主要含柴胡皂苷类、挥发油、植物甾醇、香豆素、脂肪酸等成分，其中皂苷和挥发油为主要活性成分，柴胡皂苷a（$C_{42}H_{68}O_{13}$）、柴胡皂苷d（$C_{42}H_{68}O_{13}$）具有明显的药理活性。

柴胡是常用的中药材，植物来源比较复杂，市场混淆品较多，尤其要注意大叶柴胡有毒，不可当柴胡使用。主要分布于我国东北、华北、西北、华东各地，朝鲜、日本、俄罗斯也有分布。其药材在东北及河南、河北、陕西，内蒙古、山西、甘肃、山东等地区亦产。

【生物学特性】

1. 对环境的适应性

(1) 对温度的适应:喜温暖湿润气候,忌高温。种子最适发芽温度为15~22℃,在此温度下10~15天开始发芽,低于15℃发芽较慢,高于25℃则抑制发芽;耐寒。

(2) 对光照的适应:野生柴胡多生于向阳的荒山坡、小灌木丛、丘陵、林缘、林中地等,幼苗期怕强光直射。

(3) 对水分的适应:忌涝,有较强的耐旱特性。

(4) 对土壤的适应:在砂壤土和腐殖土上长势健壮,土壤pH为5.5~6.5。

2. 生长发育习性

(1) 根的生长:从播种到出苗一般需30天左右,出苗后进入营养生长期,此期持续30~60天,其间根开始生长,但增长缓慢。在抽薹孕蕾期根进入稳步快速增长期。开花结果至枯萎前,根生长最快,根重增加明显。

(2) 茎和叶的生长:一年生植株除个别情况外,均不抽茎,只有基生叶,10月中旬逐渐枯萎进入越冬休眠期。营养生长期,叶片数目和大小增长迅速。到抽茎孕蕾期,叶片数目增加较慢,但大小增加迅速。开花结果至枯萎之前,地上部增长量极小。

(3) 花的发育:人工栽培柴胡第一年只有很少植株开花,尚不能产种,第二年4月抽薹、开花,花期8~9月。

(4) 果实的发育:开花后结果,双悬果长圆状椭圆形,棕色,两侧略扁,分果有5条明显主棱,每棱槽油管3条,接合面有油管4条。果期9~10月。

(5) 种子特性:花谢后40天左右植株枯萎,种子成熟。种子扁平,近半圆形,边缘具翼,淡棕色。开花到种子成熟需要45~55天,成株年生长期185~210天。种子较小,长2.5~3.5mm,中心宽度0.7~1.2mm,厚度仅为1mm左右,外观性状差异较大,表面粗糙,黄褐色或褐色,胚较小,包藏在胚乳中。千粒重差距较大,一般为1.35~1.85g,优质种子千粒重可达1.9g以上。新采收种子具有胚后熟现象,在阴凉通风处存1个月后发芽率为60%~70%。若采收种子自然存放半个月转入5℃以下低温半个月,发芽率为70%~80%。贮存条件相同的种子,用水浸泡种子24小时,发芽率可提高10%~15%。种子贮存12个月后发芽率几乎为零,故生产上不能使用隔年种子。

【栽培技术】

1. 选地与整地　选择土质疏松肥沃的砂壤土或腐殖质丰富的土壤为种植地,要求地势较平或坡度<20°,有较好的排涝性能和灌溉水源。黄黏土、强砂土、低洼易涝地、易干旱的大坡度地,不宜种植。

选地后进行翻耕,深度25~30cm,清除石块等杂物,施充分腐熟的农家肥作基肥,用量为750~1 000kg/667m^2。耙平耙细,作畦,畦高20~25cm,畦宽1.2m。畦间留作业道宽25~30cm。

2. 繁殖方法　用种子繁殖,直播或育苗移栽,大面积生产采用直播。

(1) 直播:当年采收的种子秋播时无需任何处理,结合整地,即时播种。春播时将种子用30℃的温水浸泡24小时,中间更换1次水,用水浸种还可以除去漂浮的瘪粒、小果柄等杂质,同时也提高了种子纯净度。若用0.1%的高锰酸钾溶液浸种还可起到杀菌作用。湿沙层积法也能提高种子发芽率。

春播宜在3月下旬至4月上旬进行，秋播应在霜降前。播种时用耙子将畦面土层整平、耙细，按行距15~18cm开沟，深度2.5~3cm，播种时拌入2~3倍细湿沙，将种子均匀撒入沟内，覆土厚1.5~2cm，稍加镇压，浇透水，覆草保湿、保温。用种量为1.25~1.50kg/667m²。在小苗即将出土前撤去盖草，由初苗到齐苗需10~15天，播种后到出苗期间要保持土壤湿润，防止因干旱造成根芽干枯，灌溉应选择在气温较低的清晨进行，小苗出齐后要适当控制水量，避免徒长。苗期进行除草、间苗、补苗。当苗高10cm左右时，按株距15cm定苗。

(2) 育苗移栽

1) 温室育苗和室外拱膜育苗：温室育苗应在3月上旬进行，室外拱膜育苗应在3月下旬至4月中上旬进行。在苗床上作畦高5~6cm，畦面宽1~1.2m。行距10~15cm，条播，其他措施与直播相同。无论采用温室育苗还是室外育苗，均应保持土壤湿润，并且要有适宜的发芽温度，高温时注意通风。20天左右出苗。齐苗后，揭去覆盖物，加强田间管理，培育1年，翌年出圃移栽。

2) 移栽与定植：当小苗长出4~5片真叶或小苗高度在5~6cm时，按行距15~18cm，株距3~4cm，挖穴移栽，每穴栽苗1~2株。或按行距20cm横向开沟，沟深10cm，按株距15cm栽种。栽后覆土，浇足定根水。及时做好保墒保苗工作是高产的关键。

3. 田间管理

(1) 中耕除草：在苗高5~6cm时即开始除草，以后每月进行1次，直至封垄。

(2) 追肥：第一年施肥2次。第一次在5月下旬，以追施氮肥为主，以促进其生长发育。根部或叶面喷肥。根部追肥可用硫酸铵10~15kg/667m²，喷肥浓度0.3%~0.5%。第二次在8月上下旬进行，以磷、钾肥为主。可叶面喷施磷酸二氢钾，每周1次，连续3次，浓度0.3%~0.5%，或者使用1%~2%磷、钾肥的水溶液进行根部浇灌。

第二年返青前将防寒土撤下，同时撒施腐熟厩肥750~1 000kg/667m²，稍加灌溉。谷雨过后要进行松土除草。6月下旬、7月中旬再进行以磷、钾肥为主的叶面喷肥。

(3) 摘心除蕾：及时摘心除蕾是提高柴胡产量和品质的有效措施。一年生柴胡应及时对抽薹者进行摘心除蕾或拔除；二年生柴胡除作留种外，其余均应摘心除蕾，摘心除蕾宜在7~8月进行。

4. 病虫害及其防治

(1) 病害及其防治

1) 斑枯病 *Septoria atractylodis* Yu et Chen.：危害叶片，严重发病时，叶上病斑连成一片，导致叶片枯死。防治方法：①植株枯萎后清园，或烧或深埋，减少菌源；②合理施肥、灌水，雨天及时排水；③发病前喷施1∶1∶160波尔多液；④发病后喷洒40%代森锌1 000倍液，或50%多菌灵600倍液2~3次，每次间隔7~10天。

2) 白粉病 *Erysiphe polygoni* D.C.：发病初期叶面出现灰白色粉状病斑，后期出现黑色小颗粒，病情发展迅速，全叶布满白粉，逐渐枯死。防治方法：①及时拔除病株，集中烧毁；②实行轮作；③发病初期喷洒1 000倍50%甲基托布津溶液，或200倍80%多菌灵溶液，每隔10天左右1次，连续3~4次。

3) 根腐病 *Fusarium oxysporum* Schlecht.：发病初期个别支根和须根变褐腐烂，后逐渐向主根扩展，终至整个根系腐烂。地上叶片变褐至枯黄，最终整株死亡。防治方法：①移栽或定植时选择壮苗，剔除病株、弱苗；②移栽前，每 667m^2 用 50% 利克菌 1.3kg 拌土撒匀，或用 200 倍 65% 代森锌均匀喷洒；③及时拔除病株，集中烧毁；④病穴中施一撮石灰粉，并用 50% 退菌特 600~1 000 倍液或 50% 托布津 800~1 000 倍液全面喷洒病区，以防蔓延。

(2) 虫害及其防治

1) 蚜虫：主要是棉蚜和桃蚜，多危害茎梢，常密集成堆吸食内部汁液。防治方法：用 40% 乐果乳油 1 500~2 000 倍液喷雾，每 7 天 1 次。

2) 地老虎、蛴螬等：咬食植株根部，可用美曲膦酯拌毒饵诱杀或捕杀。

【采收、加工与贮藏】

1. 采收　柴胡播种后生长 1~2 年即可采收，一般在 8~9 月进行，果后期为最佳采收期。一年生根中柴胡总皂苷含量较高，为 1.57% 左右，二年生根中柴胡总皂苷含量为 1.19%。仅从活性成分看采收一年生的好，但考虑到二年生柴胡根的产量约是一年生的 2 倍，故采收二年生柴胡为宜。采挖时尽可能避免断根。

2. 加工　将挖出的根抖净泥土，剪去芦头和基生叶，晾晒 1~2 天，用小木棍敲打使残存泥土脱净，晒至八成干，用线绳捆扎成小把，每把根头部直径不超过 10cm，再晒干或烘干。烘干时的温度应控制在 60~70℃。也可切段晒干。折干率为 3.7∶1 左右。一般一年生植株产干根 40~90kg/667m^2，二年生植株产干根 80~150kg/667m^2。

3. 贮藏　置阴凉干燥处保存，防潮防蛀防霉变。

【栽培过程中的关键环节】

1. 种子选择　柴胡播种的种子一定要选择当年采收的种子，进行秋播，或者进行春播。种子存放不能超过一年。种子贮存 12 个月后发芽率几乎为零。

2. 忌水涝　柴胡种植地应选择向阳，砂壤土质，应建立完善的排水系统，确保排水。积水易引起病害发生，导致柴胡根部腐烂，植株枯萎而死亡。

21. 党参

党参

党参 *Codonopsis Pilosula*(Franch.)Nannf. 为桔梗科党参属植物，以根入药，药材名为党参。味甘，性平；归脾、肺经。具有健脾益肺，养血生津之功效。用于脾肺气虚、食少倦怠、咳嗽虚喘、气血不足、面色萎黄、心悸气短、津伤口渴、内热消渴。主要成分为三萜类化合物无羁萜、蒲公英萜醇乙酸酯、α-菠甾醇及其葡萄糖苷、苍术内酯、党参内酯、党参苷、多糖等。

主要分布于我国山西、陕西、甘肃、四川、云南、贵州、湖北、河南、内蒙古及东北等地区；主产于山西、河南等省，全国大部分地区均有栽培。古代以山西上党地区出产的党参为上品，习称“潞党参”。

【生物学特性】

1. 生态习性　党参分布于荒山灌木草丛中、林缘、林下及山坡路边，适宜生长于气候温和凉爽的环境，幼苗需荫蔽，成株喜阳光，怕高温，怕涝，抗寒性、抗旱性、适生性都很强。以土层深厚、地势稍高、富含腐殖质的砂质壤土种植为好，不宜在黏土、低洼地、盐碱地和连作地上种植。

2. 生长发育特性　党参为多年生植物，从种子播种到种子成熟一般需二年，二年以后年年开花结籽。一般3月底至4月初出苗，然后进入缓慢的苗期生长。从6月中旬至10月中旬，党参进入营养生长快速期，低海拔区种植的党参8~10月部分开花结籽，但质量不高，高海拔地区，一年生参苗不能开花，10月中、下旬地上部枯萎进入休眠期。8~9月为根系生长的旺盛季节，10月底进入休眠期。花期7~8月，果期9~10月。

【栽培技术】

1. 选地与整地

(1) 育苗地：宜选半阴半阳坡上，疏松肥沃的砂质壤土，水源条件好的，无地下害虫和宿根草的山坡地和二荒地，施厩肥或堆肥1 500~2 500kg/667m^2，然后翻耕、耙细、整平做平畦或高畦。

(2) 定植地：应选疏松肥沃的砂质壤土，每667m^{2}施厩肥或堆肥3 000~4 000kg，加过磷酸钙30~50kg，施后深耕25~30cm，耙细、整平作畦。四周开好排水沟。

2. 繁殖方法　常用种子繁殖，分直播和育苗移栽，以育苗移栽为好，这里仅介绍育苗移栽的方法。

(1) 种子处理：党参繁殖要用新种子，隔年种子发芽率很低，甚至无发芽能力。种子在温度10℃左右，湿度适宜的条件下开始萌发，最适发芽温度18~20℃。为了使种子早发芽，播种前把种子放在40~50℃温水中浸种，边搅拌边放入种子，搅拌水温和手温一样时停止，再浸5分钟；捞出种子，装入纱布袋中，用清水洗数次，再放在温度15~20℃室内砂堆上，每隔3~4小时用清水淋洗一次，一周左右种子裂口即播种。

(2) 播种育苗：春播3~4月，秋播9~10月。将种子掺细土后撒播或条播，多采用条播，行距10cm，用种量1kg/667m^2，播后覆细土，盖一层玉米秆或草。幼苗出土后逐渐揭除覆盖物。苗高5cm时，结合松土分次间苗(株距30cm)，春播苗于秋末或翌年早春移栽，秋播苗于翌年秋末移栽。

3. 移栽与定植　参苗生长一年后，于秋季或春季移栽。春季于3月中、下旬至4月上旬，秋季于10月中下旬进行。在整好的畦面上，按行距15~25cm，开深沟15~25cm，将参苗按株距6~10cm斜放于沟内，也可横卧摆栽。覆细土压条后，浇透定根水，上盖细土保墒。

4. 田间管理

(1) 中耕除草：出苗后应勤除杂草，特别是早春和苗期更要注意除草。一般除草常与松土结合进行。封行后停止中耕，见草则用手拔除。

(2) 追肥：在搭架前追施一次厩肥，施入量1 000~1 500kg/667m^2，结合松土除草施至沟里，也可在开花前根外追肥，以微量元素和磷肥为主，施磷酸铵溶液5kg/667m^2，喷于叶面。生长初期(5月下旬)追施人粪尿1 000~2 000kg/667m^2。

(3) 灌溉排水：移栽后要及时灌水，以防参苗干枯，保证出苗。成活后可以不灌或少灌水。雨季应及时排出积水，防止烂根。

(4) 搭架：当苗高 30cm 左右时设立支架，以使茎蔓顺架生长，架法可根据具体条件和习惯灵活选择，常用方法是用细竹竿每两垄搭成八字形架，目的是使通风透光，生长旺盛，提高抗病力，增加参根和种子的产量。

5. 病虫害及其防治

(1) 病害及其防治

1) 锈病：主要危害叶片，6~7 月发生严重，病叶背面略突起（夏孢子堆），严重时突起破裂，散出橙黄色的夏孢子，引起叶片早枯。防治方法：收获后清园，销毁地上部病残株；或发病初期喷 25% 粉锈宁 1 000~1 500 倍液或 90% 敌锈钠 400 倍液，每 7~10 天一次，连续喷 2~3 次。

2) 根腐病：主要危害地下须根和侧根，根呈现黑褐色，而后主根腐烂，植株枯萎死亡。防治方法：收获后清园，销毁地上部病残株；雨季及时排水；及时拔出病株，用石灰进行穴窝消毒；整地时进行土壤消毒，采取高畦种植；实行轮作；发病初期用 50% 托布津 2 000 倍液喷洒或灌根部，每 7~10 天 1 次，连续 2~3 次。

(2) 虫害及其防治：主要有地老虎、蛴螬、蝼蛄、红蜘蛛等害虫，危害地下根及咬断幼苗的茎。可采用诱饵杀幼虫，用黑光灯杀成虫或药剂喷杀或参考其他病害的防治方法。

【采收、加工与贮藏】

定植后当年秋季收获，也可第二年秋季收获，多在秋季地冻前采挖。将根挖出后，洗净泥土，按大小、长短、粗细分级，分别晾至三、四成干，用手或木板搓揉，使皮部与木质部紧贴，饱满柔软，然后再晒再搓，反复 3~4 次，至七、八成干时，捆成小把，晒干即成。

加工后的成品以木箱内衬防潮纸包装，每件 20kg 左右，置干燥通风处保存。贮藏期间注意防潮、防蛀，发现回软，应立即复晒干燥。

【栽培过程中的关键环节】

1. 选种和种子处理　党参的隔年种子发芽率较低，而新种子则发芽率较高，故播种时应采用新种子。同时，播种前应将种子进行温水浸泡催芽，以促使其早发芽。

2. 搭设支架　党参为缠绕藤本，在栽培过程中及时搭设支架使其缠绕向上生长，以利通风透光，生长旺盛、提高抗病能力，有利于提高产量。在留种田设立支架，能提高结实率，以获得充实饱满的种子。

22. 浙贝母

浙贝母

浙贝母 *Fritillaria thunbergii* Miq，为百合科贝母属植物，以干燥鳞茎入药，药材名为浙贝母。又名浙贝、象贝、土贝母、象贝母、大贝母、大贝。味苦，性寒；归肺、心经。有清热化痰止咳，解毒散结消痈之功效。可用于风热咳嗽，痰火咳嗽，肺痈，乳痈，瘰疬，疮毒。浙贝母主要含有含甾醇类生物碱贝母素甲，即浙贝母碱，贝母素乙、浙贝宁、浙贝酮、贝母辛、异浙贝母碱、浙贝母碱苷、浙贝宁苷、浙贝丙、胆碱、鄂贝乙素，还有多种二萜类化合物。

主产于江苏、浙江和湖南，国内浙江宁波专区有大量栽培，其他如江苏、湖南、湖北和四川等地，也有少量栽培。

【生物学特性】

浙贝母生于海拔较低的山丘荫蔽处或竹林下，喜温和湿润、阳光充足的环境。浙贝母鳞茎和种子均有休眠作用。鳞茎经从地上部枯萎开始进入休眠，经自然越夏到9月即可解除休眠。种子则经5~10℃ 2个月左右或经自然越冬也可解除休眠。因此生产上多采用秋播。种子发芽率一般在70%~80%。

(1) 对温度的适应：根的生长要求气温在7~25℃，25℃以上根生长受抑制。平均地温达6~7℃时出苗，地上部生长发育温度范围为4~30℃，在此范围内，生长速度随温度升高，生长加快。开花适温为22℃左右。–3℃时植株受冻，30℃以上植株顶部出现枯黄。鳞茎在地温10~25℃时能正常膨大，–6℃时将受冻，25℃以上时出现休眠。

(2) 对水分的适应：浙贝母生长需土壤湿润的环境，田块既不能积水，也不能过于干旱。从浙贝母不同生长发育阶段来看，从出苗到植株增高终止（2月初至4月初）需要水分最多，这时如缺水，茎叶生长不良，直接影响鳞茎膨大。浙江产区在此期间一般雨水充沛，无需灌溉。但遇干旱年份，应适当灌溉。灌溉时，当土壤被水渗透后，就要立即放水，一般只能浸水几小时。实验证明，如浸水一天以上就会导致茎叶枯黄，浸水时间过长会使植株死亡。浙贝母地雨后要及时排除积水，暴雨后及阴雨季要及时检查，开通排水沟，以防鳞茎腐烂。

(3) 对光照的适应：喜光，生产上多采用秋播。

(4) 对土壤的适应：浙贝母种植以阳光充足、土层深厚、肥沃、疏松、排水良好的微酸性或中性砂质壤土栽培为宜。土壤含水量25%最适宜生长，酸碱度以pH为5.5~7为宜。

【栽培技术】

1. 选地与整地　浙贝母种植宜选择土层深厚、疏松、含腐殖质丰富的砂质壤土，这类土壤一般多分布在近山沿溪河一带的冲积地，如传统产区浙江省宁波市鄞州区。除此以外，要求排水良好、阳光充足。种子田更要注意透水性好。在高海拔的山地，只要土质疏松、腐殖质多的砂土也可种植浙贝母，如浙江省磐安、东阳一带。

整地首先要做到有利于排水，并有利于农事操作。要求把土块打得越松越好。操作人员不能站在畦面上，以免压实土壤。浙贝母的根分布在18~27cm的耕作层内，一般可耕深度20~30cm。根据各地丰产经验，适当深耕，有一定的增产效果。

2. 繁殖方法　主要用鳞茎繁殖，也可用种子繁殖，但因生长年限长，结实率低，生产上较少采用。

(1) 选种采种：鳞茎繁殖，于9月中旬至10月上旬挖出自然越夏的种茎，选鳞片抱合紧密、芽头饱满、无病虫害者，按大小分级分别栽种。种植密度和深度视种茎大小而定，一般株距15~20cm，行距20cm。开浅沟条播，沟深6~8cm，沟底要平，覆土5~6cm。用种量因种茎大小而异，一般为用种茎500~600kg/1 000m^2。

(2) 种子处理：浙贝母植株地上部分5月中、下旬全株枯黄，种用鳞茎要到9月下旬至10月上旬才能栽种，因此，必须安全度过高温炎热的夏天。目前留种过夏的方法有3种。

室内过夏：种子田的植株枯萎后，将鳞茎起土，去掉破损和有病虫的鳞茎。在室内晾2~3天。然后一层沙一层鳞茎堆放在阴凉通风处，定时检查鳞茎干湿度，过干时适量淋水。

移地过夏：把挖出的鳞茎集中贮存，贮存地应选地势高、排水好、阴凉的地方，然后一层鳞茎一层土，铺3~4层，最上层盖土15~20cm。此法适合种用鳞茎较多时采用，同时可以减轻蛴螬的危害。

田间过夏：大量的种用鳞茎，不便于采用室内过夏和移地过夏时，可采用种子田不采挖过夏。种子田植株枯萎后，把残株清除干净，开好排水沟，把清沟的土加在畦面上，过夏的种子田可套种瓜类、豆类、蔬菜、甘薯等作物，套种作物必须在浙贝母种用鳞茎起土前收获。

(3) 播种时间：浙贝母一般在9月下旬到10月下旬栽种比较好，前后持续一个月左右。11月后下种就会因根系生长差，植株矮小，叶子小，二秆发育不良等造成减产。

(4) 播种方法：栽种方法有两种，一种用种耙栽种，另一种用长柄锄头栽种。砂性土一般采用种耙栽种。开下种沟应注意：①沟要开得直，这样来年起土时不会挖破鳞茎；②沟与沟之间距离均匀，使行距一致；③沟底平，保持栽种深度一致；④每行两边略开深些，可防止边土流失鳞茎暴露。

先在畦上开沟，沟距20cm，种子田沟深10~15cm，商品田沟深5~7cm，株距15cm，鳞茎芽头朝上。土壤砂性差，用长柄锄头栽种为宜，因种耙容易压实土壤。

(5) 苗期管理：种子田株行距密到15cm×16cm，来年种子田种茎就不足。据产地经验，以株距15cm、行距18~20cm，每667m^{2}种15 000~16 000株为宜。下种量400~500kg/667m^2；鳞茎大的，也有超过500kg/667m^{2}的。商品田250~300kg/667m^2。浙贝母生长期间需要氮肥和充足水分，中耕除草要尽早进行，在浙贝未出土前和植株生长前期较宜。

(6) 起苗：9月上旬至10月上旬，将种子地挖掘种鳞茎，按大小分级(表12-2)，生产上应以2号贝做种用，随挖随选随栽。低于三级标准的种鳞茎不能在生产上使用。

表12-2 浙贝母种鳞茎的质量标准

级别	净度/%	大小/(个/kg)	外观	内质	检疫对象
1	>95	40~80	鳞茎抱合紧密无破损、新鲜、无病虫斑	断面白色均匀	不得检出
2	90~95	81~120	鳞茎完整、新鲜、无病虫害斑		
3	90~95	121~280	新鲜、无病虫斑		

3. 田间管理

(1) 中耕除草：中耕除草要尽早进行，在浙贝未出土前和植株生长前期较宜。第一次2月上旬齐苗时浅锄一次；第二次2月下旬至3月下旬适当深锄；第三次4月上旬，注意避免损伤二秆。亦可与施肥结合起来。在施肥前要除一次草，使土壤疏松，肥料易吸收。苗高12~15cm抽薹，每隔15天除草一次，或者见草就拔，种子田5月中耕一次。

(2) 追肥：氮肥需求最大，氮肥缺乏，叶子变小而窄，向上竖起，植株变矮，茎内纤维增多，提前枯死，鳞茎瘦小。其次是钾肥。从浙贝母产区情况看，多施氮肥，增施钾肥，可提高产量。追肥分别在冬前、齐苗期和摘花期进行。尤其冬季施肥量要大，每 667m² 浅沟施人粪尿 2 500~3 000kg，饼肥 75~100kg，铺施厩肥 1 500~2 500kg；苗期每 667m² 施水肥 1 200~1 500kg 或硫酸铵 10~15kg；花期每 667m² 施水粪 1 500kg 或硫酸铵 15kg。

(3) 灌溉、排水：浙贝母生长需土壤湿润的环境，田块既不能积水，也不能过于干旱。从浙贝母不同生长发育阶段来看，从出苗到植株增高终止（2 月初至 4 月初）需要水分最多，这时如缺水，茎叶生长不良，直接影响鳞茎膨大。浙江产区在此期间一般雨水充沛，无需灌溉。但遇干旱年份，应适当灌溉。灌溉时，当土壤被水渗透后，就要立即放水，一般只能浸水几小时。实验证明，如浸水一天以上就会导致茎叶枯黄，浸水时间过长会使植株死亡。浙贝母地雨后要及时排出积水，暴雨后及阴雨季要及时检查，开通排水沟，以防鳞茎腐烂。

4. 病虫害防治及农药残留控制

(1) 病害及其防治

1) 软腐病：6~8 月鳞茎过夏期间发病，初为褐色水渍状，很快变成豆腐渣状或浆糊状腐烂，具酒酸臭味。防治方法：过夏期间开好排水沟；用 50% 苯骈咪唑 1 000 倍液浸种 15 分钟，晾干后下种，效果较好。

2) 干腐病：一般在鳞茎越夏保种时期，土壤干旱时发病严重，主要危害鳞茎基部。防治方法：选用健壮无病的鳞茎种子；越夏保种期间合理套作，以创造阴凉通风环境；发病种茎在栽种前用 50% 托布津 300~500 倍液浸种 10~20 分钟。

3) 灰霉病：又称“早枯”“青腐”。一般 3 月下旬至 4 月上旬发生，4 月中旬盛发。危害地上部。发病后，叶片上病斑淡褐色，长椭圆形或不规则形，边缘有水渍状环，湿度大时，出现灰色霉状物，茎部病斑灰色，花干缩不能开放，幼果呈暗绿色干枯。防治方法：实行轮作；增施氮、钾肥，增强抗病能力；防止积水降低田间湿度；发病前用 1∶1∶100 倍波尔多喷雾预防；清除残株病叶并烧毁；发病时用 50% 多菌灵 800 倍液或 50% 甲基托布津 1 000 倍液喷施。

4) 黑斑病：4 月上旬始发，尤以雨水多时严重，危害叶部。防治方法同灰霉病。

(2) 虫害及其防治：蛴螬为铜绿金龟子的幼虫。危害鳞茎，4 月中旬开始，过夏期间危害最盛。防治方法：进行水旱轮作；动机清除杂草，深翻土地；用灯诱杀成虫，如铜绿金龟子。

【采收、加工与贮藏】

1. 采收　种子地挖掘种鳞茎，按大小分级（表 12-2）。生产上应以 2 号贝做种用，随挖随选随栽。低于三级标准的种鳞茎，不能在生产上使用。

2. 留种　浙贝母开花后，一般结实率比较低，因此开花期间可采取疏花、喷磷、人工授粉等措施促进结实。果实在 5 月中、下旬陆续成熟，可将果实连同果茎一起摘下，捆扎成小束把，挂在阴凉通风处促使后熟，待果实干枯后，剥出种子干藏或湿砂贮藏，待秋播繁殖。

3. 贮藏　建立符合要求的专用仓库贮藏浙贝母药材。仓库内温度保持在 30℃以下，相对湿度以 50%~65% 为宜。贮藏期间商品安全水分应控制在 14% 以下。贮藏期间应保持环境清洁，发现受潮及轻度霉变、虫蛀，要及时晾晒或翻垛通风。

【栽培过程中的关键环节】

按浙贝母施肥时期可分为栽种肥、冬肥、苗肥、花肥等。

1. 栽种肥　最好施肥用经充分腐熟的厩肥等迟效肥或灰肥，每 667m^2 施 1 000~1 500kg 厩肥或 200~500kg 灰肥。因浙贝母早期根的生长、芽的分化等所需营养基本是靠种茎提供，早期需施肥量较少，栽种肥主要是供后期使用。灰肥用量不宜过多，超过 1 000kg/667m^2，就会因为碱性太重，不利生长。

2. 冬肥　对改良土壤、提高土温、保护芽的越冬都有作用。冬肥以迟效肥(如厩肥、饼肥)为主，也要适当搭配一些速效肥，如人尿等，以供浙贝母出苗时需要。冬肥 12 月 20 日左右施入，方法是用三角耙在畦面开浅沟，深 3~4cm，沟间距 20cm，沟内施入经过无害化处理的人粪尿，每 667m^2 地 1 000kg，再施饼肥 75~100kg，用土盖设沟，再在畦面上铺厩肥，约 2 000kg/667m^2。

3. 苗肥　在立春后(2 月上、中旬)苗基本出齐时施入，每 667m^2 施人粪尿 1 500kg 或硫酸铵 10~15kg，分两次施，相隔 10~15 天。苗肥要施得早，因这时母鳞茎养分已消耗一半，植株迅速长高，需施肥量很大。苗肥以速效氮肥为主。同样数量的苗肥分两次薄施，要比一次性施入效果好。这次肥料可以促使茎叶生长，延迟枯萎期，并为鳞茎迅速膨大提供充分养料。

4. 花肥　用速效肥，种类和数量与苗肥相似。施用时要看土壤肥力和浙贝母生长情况，种植密度大、生长茂盛的种子田，氮肥过多会引起灰霉病，造成植株迅速枯死而减产，可少施或不施。

23. 黄连

黄连

黄连 *Coptis chinensis* Franch. 为毛茛科黄连属植物，以干燥根茎入药，药材名为黄连，习称味连。黄连为常用中药，其味苦，性寒；归心、脾、胃、肝、胆、大肠经。有清热燥湿、泻火解毒的功效，用于湿热痞满，呕吐吞酸，泻痢，黄疸，高热神昏，心火亢盛，心烦不寐，心悸不宁，血热吐衄，目赤，牙痛，消渴，痈肿疔疮；外治湿疹，湿疮，耳道流脓等症。黄连主要含有小檗碱、黄连碱、巴马亭、药根碱等化学成分。

黄连主产于四川、湖北、重庆。

【生物学特性】

1. 生态习性　黄连喜亚热带中高山的凉爽、潮湿、土壤肥沃、冬少严寒、夏少酷暑的环境。忌强光和高温，需荫蔽度在 60%~80%，特别是苗期的耐光能力更弱，随苗龄的增长，其耐光能力逐渐增强。分布区域的气候条件一般为：年均气温 13~17℃，最冷月平均气温 5~10℃，最热月平均气温 20~26℃，无霜期 150 天以上，年降雨量 1 000~1 500mm，多雾潮湿，平均相对湿度 85% 左右。

(1) 对温度的适应：较耐寒，在 −10℃低温下都可正常越冬。在 3~4℃亦能生长，以 15~25℃生长迅速，低于 6℃或高于 35℃时生长缓慢，超过 38℃时植株易受高温伤害而死亡。7~8 月高温季节，植物在白天多呈休眠或半休眠状态，夜晚气温下降则恢复正常生长。早春如遇寒潮，易冻坏花薹和嫩叶，影响产量。叶芽的新叶在10℃以上生发，随温度的升高而加快；2~4℃时开始抽薹开花，在2.4~8.5℃之间，随气温升高而加快；散粉温度为8~13℃。在温度较高的低山区，幼苗期虽枝叶生长快，但根茎生长缓慢，且易感染病毒。

(2) 对水分的适应：黄连喜湿润，忌干旱，尤其适应较高的空气湿度。主产区常为多雾、多雨，夏季阵雨多，降雨频率大的地区，年降水量在1 300mm以上，大气相对湿度在80%~90%。黄连为浅根系植物，干旱后会严重影响植株生长，尤其是幼苗的根系细弱，更不耐旱，因而在苗期要保持土壤湿润。移栽宜在春季或夏初进行，注意荫蔽才能保证育苗成苗率和幼苗成活率。在干旱的育苗地上播种，种子很容易丧失发芽能力。但水分过多也不利于生长，低洼、含水量高的地块不宜种植。

(3) 对光照的适应：黄连为阴生植物，惧强光，喜弱光和散射光，其光饱和点只有全日照的20%左右。在强光直射下易萎蔫，叶片焦黄，发生灼伤，尤其是幼苗期。但在过于荫蔽的情况下，叶光合能力差，叶片柔弱，抗逆力差，根茎不充实，产量和品质均低。在生产上多采用搭棚遮荫或林下栽培，前期适光度为20%~40%。随着株龄增长，对光照强度适应性增强，可逐渐增加光照，加速光合作用，积累更多的干物质。到收获当年，可揭去全部遮荫物，让其在自然光照下生长。

(4) 对土壤的适应：对土壤要求严格，以表土疏松肥沃、土层深厚、排水和透气性良好、富含腐殖质的壤土或砂质壤土为佳，土壤pH以5~7为宜，过酸或过碱均不宜种植。

2. 生长发育特性　黄连为多年生浅根系草本植物，栽培5~7年后才能收获。栽后1~4年生长快，尤以3~4年根茎生长最快，第5年生长减缓，第6~7年生长衰退，叶片逐渐枯萎，叶片减少，须根脱落。

黄连幼苗生长速度缓慢，从出苗到长出1~2片真叶，需30~60天，生长1年后多数有3~4片真叶，株高3cm左右，生长良好的有4~5片真叶，株高约6cm。一年生黄连根茎尚未膨大，须根少，移栽的第二年主根茎开始膨大，基部分生出1~3个分枝。移栽后的第三年，在二年生黄连根茎分枝的基础上再分枝，此时有分枝4~8个，随着生长年限增加，至6~7年收获时根茎少则10余个，多则20~30个。根茎分枝的多少和长短与栽培条件相关，若覆土培土过厚，则分枝细而长，形成"过桥"，影响产量和质量。3~4年生黄连叶片数目增多，叶片面积增大，光合积累增多。

黄连植株花芽一般在头年的8~10月分化形成，分化成熟的顺序为花萼、雄蕊、花瓣及雌蕊。第二年1~2月抽薹，花期2~3月，果期4~5月。四年生植株所结种子量少且不饱满，发芽率低；五年生所结种子青嫩，发芽率也低；六、七年生所结种子质优，留种以六年生所结种子为好，其次为七年生，种子千粒重为1.1~1.4g。自然成熟的种子具有胚形态后熟和生理后熟特性，需在5~10℃冷藏6~9个月完成胚的形态后熟，胚分化安全，种子裂口，但播种仍不能发芽，须在0~5℃低温下1~3个月完成生理后熟阶段，才能正常发芽。

黄连具有叶芽和混合芽，叶芽生于根茎下部，混合芽生于根茎顶端。种子发芽出土后，胚茎形成最初的根茎，称峰头，秋季峰头顶端分化出叶芽，次春叶芽长细枝，顶端分化出混合芽，第三年春季混合芽抽薹开花，叶芽出土形成分枝，移栽后分枝又分化出混合芽，形成结节。黄连每年3~7月地上部分发育最旺盛，地下根茎生长相对缓慢，8月后根茎生长速度加快，9月混合芽和叶芽开始形成，11月芽苞长大。

【栽培技术】

1. 品种类型　黄连人工种植已有600多年历史，在长期的栽培过程中，因其为异花传粉植物，在栽培主产区的重庆，形成了7~8个类型，各类型间外观的主要区别在于叶缘、叶面、花被颜色等。其中重庆石柱黄连主要有如下栽培类型：

(1) 革大叶，叶缘具粗齿，叶面亮绿色，小叶片间及末回裂片间空隙呈线形，果实黄色或紫色。

(2) 革花叶，叶缘具锯齿，叶面深绿色，叶脉末端有黄色或白色斑，小裂片间及末回裂片间空隙较宽，花萼紫色，花瓣黄色，果缘具白色绒毛。

(3) 革细叶，叶面深绿色，叶脉在叶面显露，沿叶脉具稀疏黄褐色绒毛，小裂片间及末回裂片间空隙呈条状，花被淡紫色，少有绿色或黄色。

(4) 纸大叶，叶缘具粗齿，小裂片间及末回裂片间空隙呈线状，沿叶脉及小叶柄均有白色短绒毛，花被紫色，少有淡紫色或黄色。

(5) 肉纸叶，叶面有蜡质样光泽，黄绿色而嫩柔，叶脉在下面不明显，沿叶脉具黄褐色短柔毛，花被黄紫色，少有紫色或黄色。

(6) 纸花叶，叶面暗绿色，叶脉末端具黄色斑块，花萼紫色，花瓣黄色。

(7) 纸细叶，叶面暗绿色，沿叶脉密生白色短柔毛，小裂片宽度为小裂片间宽度的2倍以上，边缘具锐齿，花被暗紫色，果为暗紫色。

通过单株和小区试验研究，发现肉质叶和纸花叶比其他类型产量高，活性成分含量达到《中华人民共和国药典》标准，是生产中主要推广应用的两个类型。

2. 选地与整地

(1) 选地：黄连宜选择早晚有斜射光照的半阴半阳的早晚阳山种植，尤以早阳山为佳。对土壤的要求严格，应选用土层深厚、疏松，排水良好，表层腐殖质含量丰富，下层保水、保肥力较强的土壤。植被以杂木、油竹混交林为好，不宜选土壤瘠薄的松、杉、青冈林。pH为微酸性（pH为5.5~6.5）。最好选缓坡地，以利排水，但坡度不宜超过30°。不宜连作。

(2) 整地：施基肥4 000~6 000kg/667m²，浅耕10cm左右深，耙细整平。然后根据地形开沟，作畦。通常畦宽1.3~1.5cm，高15~17cm，畦沟宽20~30cm。

3. 繁殖方法　主要采用种子繁殖，亦可分株繁殖。

(1) 种子繁殖

1) 种子处理：黄连种子有胚后熟阶段，一般要低温贮藏9个月以上。常把种子与湿沙按1∶1比例贮藏于0~6℃冰箱中，注意保持沙子湿润。

2) 播种育苗：于10~11月用经贮藏的种子，与20~30倍的细腐殖质土或干细腐熟牛马粪拌匀撒播于畦面。撒播后盖0.5~1cm厚的干细腐熟牛马粪。冬季干旱地区还需要盖一层草保湿。翌年春雪化后，及时将覆盖物揭除，以利出苗。每667m² 播种量为2.5~3kg，一般能育成45万~46万株苗。播后第二年2月出苗，出苗后勤除草，3~4月幼苗长出2片真叶时，应以株距1cm间苗。当有 3 片真叶时可开始追肥，施硫酸铵 5~7.5kg/667m^2；6 月可追施饼肥 25kg/667m^2；11 月可追施干细腐熟厩肥 2 000kg/667m^2 左右。

3）移栽定植：出苗第二年春（2~3 月）即可移栽，按株行距 10cm×10cm，深 4~5cm 栽入，每穴一株，盖土压实。一般每 667m^2 栽苗 6 万余株。

（2）分株繁殖：选 3~4 年生健壮无病虫害的，匍匐茎的芽苞肥大饱满、笔尖形、紫红色，茎干以粗壮、紫红色、质地坚实而重的植株为好；选留根茎长 0.5~1cm 的苗作分株苗。拔苗时带芽、叶拔下。摘下的苗子每 40~50 根整齐地扎成一把，及时运到大田栽植，不能及时栽植的，宜放在屋内阴湿处。

4. 田间管理

（1）补苗：在移栽当年秋季和翌年春季各补苗 1 次。补苗用的黄连苗要求株高为 8cm 以上，有 6 片以上真叶的健壮大苗，以保证与其他苗生长一致。

（2）中耕除草：黄连地内极易生长杂草。移栽当年和翌年，做到除早、除小、除净。每年结合中耕除草 4~5 次；第三、四年每年除草 3~4 次；第五年除草 1 次。

（3）追肥、培土：黄连是喜肥植物，除施足基肥外，每年需大量追肥。前期应多施氮肥，后期以磷钾肥为主，并应年年培土，先薄后厚，逐年增加。秧苗移栽后 2~3 日内应施一次“加肥”，用稀薄猪粪水或腐熟饼肥水 500~1 000kg/667m^2 淋施。移栽当年 9~10 月，第 2~5 年春季 2~3 月间发新叶前或 5 月杀薹或采种后和第 2~4 年秋季 9~10 月，应各培土追肥 1 次。春季追肥每 667m^2 用腐熟粪水 1 000kg 或饼肥 50~100kg 加水 1 000kg；也可每 667m^2 用尿素 10kg 和过磷酸钙 20kg 与细土或细堆肥拌匀撒施，施后用细竹耙把附在叶片上的肥料扫落。秋季追肥以农家肥料为主，兼用草木灰、饼肥等，每次用量 1 500~2 000kg/667m^2。

（4）调节荫蔽度：适当的荫蔽是黄连生长的必要条件。随着黄连苗龄增长，应逐年减少荫蔽度，增加光照，抑制地上部分生长，促使养分向根茎转移，增加根茎产量。移栽当年需要 70%~80% 的荫蔽度；第二年起荫蔽度逐年减少 10% 左右，到第四年荫蔽度减少到 30%~50%，第五年调节到 20% 左右。

（5）摘除花薹：除计划留种外，自第二年起，在春季黄连抽薹时，应将花薹及时摘除，从而促进养分向根茎集中而增产。

5. 病虫害防治及农药残留控制

（1）病害及其防治

1）白绢病 *Sclerotium rolfsii* Sacc.：6~8 月高温多雨季节盛发。危害根茎、茎、叶。发病初期地上部分无明显症状。后期在根茎和近土表上形成茶褐色油菜籽大小的菌核。根茎和根的皮层及输导组织遭破坏，被害株顶梢凋萎、下垂，最后整株枯死。防治方法：①与禾本科作物轮作，不宜与感病的玄参、芍药等轮作；②拔除病株深埋或烧毁，用石灰粉消毒；③发病时可用 50% 石灰水浇灌，或用 50% 退菌特 500~1 000 倍液喷洒，每隔 7~10 天喷 1 次，连续喷 3~4 次。

2）白粉病 *Erysiphe polygoni* DC.：7~8 月为发病盛期。主要危害叶。由老叶发病，在叶背出现圆形或椭圆形黄褐色的小斑点，渐次扩大成大病斑；叶表面病斑褐色，逐渐长出白色粉末，于 7~8 月产生黑色小颗粒。白粉向新生叶蔓延，使叶片焦枯死亡。下部茎和根也逐渐腐烂。防治方法：①调节荫蔽度，适当增加光照，冬季清园，烧毁枯枝；②发病初期喷洒波美 0.2~0.3 度石硫合剂或

50% 甲基托布津 1∶1 000 倍液，每 7~10 天喷 1 次，连续喷 2~3 次。

3）炭疽病 *Colletotrichurm* sp.：4~6 月发病，温度在 25~30℃、相对湿度 80% 时易发此病。发病初期，在叶脉上产生褐色略下陷的小斑，病斑扩大后呈黑褐色，中部褐色，并有不规则轮纹，上面着生小黑点。叶柄部常出现深褐色水渍状病斑，后期略向内陷，造成枯柄叶。防治方法：①收获后清理园地，将残枝枯叶及杂草集中烧毁，消灭病原。②发病后立即摘除病叶，用施保功 50% 可湿性粉剂 1 500 倍液，或 75% 百菌清可湿性粉剂加水喷雾，7~10 天 1 次，连续 2 次。

(2) 虫害及其防治

1）蛞蝓 *Limacina* sp.：3~11 月发生，危害嫩叶，雨天危害较重。昼伏夜出，食叶片成缺刻。防治方法：①蔬菜毒饵诱杀；②棚桩附近及畦四周撒石灰粉。

2）非洲蝼蛄 *Gryllotalpa africana* 和铜绿丽金龟 *Anomala corpulenta*：幼虫咬食叶柄基部，严重时可将幼苗成片咬断。防治方法：①人工捕杀；②用 90% 敌百虫晶体 1 000~1 500 倍液浇注。

(3) 鸟兽害及其防治

1）鼷鼠 *Scaptochirus moschatus*：在黄连田中掘许多横孔道，影响移栽苗的成活及生长。防治方法：移栽后常检查，发现孔道即压实，并用磷化锌和玉米粉 1∶20 拌成毒饵，撒于田间洞口诱杀。

2）麂子 *Muntiacus reevesi*、锦鸡 *Chysolophus pictus*、野猪 *Sus scrofa*：麂子、锦鸡常于春季早晨吃叶和花薹；野猪常于冬、春季进入黄连地觅食，践踏或拱出连苗，危害严重。防治方法：拦好栅边阻碍其进入，并辅以人工捕杀或枪杀。

3）竹鼠 *Rhizomys sinensis*：在地内掘洞藏身、取食，危害根系，甚至将黄连翻出地面。防治方法：在其出入的洞口设套捕杀或用大量毒饵诱杀。

【采收、加工与贮藏】

1. 采收　黄连栽后第 5 年可收获，以 6 年者产量和有效成分均最理想。采收于 10~11 月进行。采挖前，先拆除围篱、边棚，用黄连抓子小心挖起全株，抖去泥沙，齐根茎剪去须根；齐芽苞剪去叶柄，即成鲜黄连。切忌水洗。雅连一般栽培 4~5 年采收。若长势旺，棚架好也可延至 5~6 年采收，以提高产量和质量。一般于立冬前后采收。云连种后第 4 年即可收获，但不全部挖，而是抽挖根茎粗壮的。

2. 加工　先将鲜黄连风干 1~2 天，再用柴草或无烟煤加温烘干。烘时先用小火慢慢加温，每隔半小时翻动一次，烘至小根茎干后，取出分大小档，再分别按大、小两批复烘至干，烘的火力应随干燥程度而减小。待干后，趁热取下放在竹制槽笼里来回推拉，或放在铁质撞桶里用力旋转、推撞，撞去泥沙、须根及残余叶柄。每 3~4kg 鲜黄连，可加工成 1kg 干连。一般每 667m^2 可收干连 100~200kg，高产可达 250~300kg。折干率 30% 左右。

3. 贮藏　置阴凉通风干燥处保存，防蛀防霉变。

【栽培过程中的关键环节】

掌握好栽种过程中遮荫度的调整，适时亮棚；科学配方施肥；合理培土。

24. 膜荚黄芪

膜荚黄芪

膜荚黄芪 *Astragalus membranaceus*（Fisch.）Bge. 为豆科多年生草本植物，干燥根作黄芪入药，原名黄耆，始载于《神农本草经》。此外，同属植物蒙古黄芪 *Astragalus membranaceus*（Fish.）Bge.var. *mongholicus*（Bge.）Hsiao 也作细辛药用。其味甘，性微温；归肺、脾经。有补气升阳，固表止汗，利水消肿，生津养血，行滞通痹，托毒排脓，敛疮生肌之功效。用于气虚乏力，食少便溏，中气下陷，久泻脱肛，便血崩漏，表虚自汗，气虚水肿，内热消渴，血虚萎黄，半身不遂，痹痛麻木，痈疽难溃，久溃不敛。由于黄芪药性温和，被称为"补气固表之圣药"，广泛应用于临床配方。黄芪主要成分有三萜皂苷、黄酮类化合物、多糖及微量元素和氨基酸等。三萜皂苷中以黄芪苷Ⅰ（黄芪甲苷）及黄芪苷Ⅱ为主，特别是黄芪甲苷常被用作黄芪药材质量控制的主要指标。蒙古黄芪分布于黑龙江、吉林、河北、山西、内蒙古等省区，膜荚黄芪分布于黑龙江、吉林、辽宁、河北、山东、山西、内蒙古、陕西、宁夏、甘肃、青海、新疆、四川和云南等省区。

近年来，黄芪研究报道主要集中在有效成分的药理作用研究和生物技术培养方面，对黄芪栽培技术的研究也比较多，但有关黄芪遗传多样性、品种选育、品质控制、需水需肥规律、病虫害防治、无公害栽培、科学采收加工、标准化操作规程等方面研究尚待进一步加强。

【生物学特性】

1. 生态环境　性喜凉爽，耐旱怕涝，宜选择土层深厚肥沃、透水排水性强的中性或微碱性的壤土及石灰性土壤种植，黏土和重盐碱地均不宜种植。野生多分布在海拔 800~1 300m 山区或半山区干旱向阳草地，或向阳林缘树丛间，土壤多为暗棕壤土。种子发芽时不喜高温，但需充足水分。幼苗怕强光，成株喜充足阳光。

2. 生长发育特性　从种子播种到新种子形成需 1~2 年。2 年以后每年都可开花结实，一般生长周期为 5~10 年。每年的生长发育可分为幼苗生长期、枯萎越冬期、返青期、孕蕾开花期、结果种熟期 5 个时期。根系深直，一年生和二年生幼苗根系主要是将吸收的水分和养分供给地上部分与其本身的生长发育。在生长过程中，植株叶面积逐渐扩大，光合作用增强，幼苗生长速度也显著加快。随着生长，根的吸收功能逐渐减弱，但贮藏功能增强，须根着生的位置也不断下移，主根变得肥大，一般不耐高湿和积水。对土壤要求不甚严格，但土壤质地和土层厚薄对根产量和质量有很大影响：土壤黏重，根生长缓慢且常畸形；土壤砂性大，根纤维木质化，粉质少；土层薄，根多横生，分枝多，呈鸡爪形，质量差。要获得优质高产的膜荚黄芪，以选择渗水性能好的砂壤土、冲积土为好。

【栽培技术】

1. 选地与整地　膜荚黄芪属于深根系植物，山地宜选排水好、背风向阳坡或荒地为好，平原地区则选地势高、排水良好、土层深厚、质地疏松、富含腐殖质、疏松而肥沃的砂壤土为好。地下水位高、土壤湿度大、土地黏紧、低洼易涝的黏土或土质瘠薄的砂砾土均不宜种植。疏松透气砂质壤土，有利于根系向下扎根，须根减少，可获得较高的品质和产量。可选择森林郁闭度在0.3以下、土层厚度在25cm以上的向阳疏林地进行林下栽培。

土地选好后，深耕，整地，常在秋末冬初或初春整地，但以秋季耕地为好。一般耕深30~45cm，结合翻地施入基肥，耕地前每667m^{2}施入优质土杂2 500~3 000kg，过磷酸钙20~30kg，磷酸二铵15~20kg。春季翻地要注意保墒，然后耙细整平，作畦或垄。畦高20cm，宽1m。

2. 繁殖方法　主要以种子直播和育苗移栽为主。

(1) 种子直播

1) 采种：膜荚黄芪属于异花授粉植物，难得到纯种自交系。所以一般选择豆荚宽大、种粒饱满的种子，但要注意采种的时期。同一株膜荚黄芪上种子的成熟迟早不同，因全熟时，果荚开裂，种子会自然落地，造成经济上的损失。栽培区果期一般在7~9月。

2) 种子处理：膜荚黄芪种子有硬实现象，为了缩短出苗时间、提高出苗率，在播种前要进行种子处理。一般采用的方法如下①硫酸处理：用90%的浓硫酸5ml/g，在30℃的条件下，处理种子2分钟，随后用清水将种子冲洗若干次，然后催芽。②机械处理：用砂磨机温汤浸种可提高膜荚黄芪硬实种子的发芽率，但生产上一般用温汤浸种结合砂磨法较可行。处理方法一是取种子置于容器中，加入适量开水，不断搅动约1分钟，然后加入冷水调水温至40℃，放置约2小时，将水倒出，种子加覆盖物焖8~10小时，待种子膨大或外皮破裂时，可趁雨后播种。二是将种子置于石碾上，尽量放厚些，待种子碾至外皮由棕黑色变为灰棕色时即可播种。

3) 播种：膜荚黄芪在春季、夏季(伏天)和秋季(近冬)均可播种。春播常在3~4月，即清明节前后。地温稳定在5~8℃时播种。春播时应注意适期抢墒早播，这对出苗保苗有利。一般播后15天左右可出苗。在春季较旱的地方多采用夏播，因6~7月雨水充足，气温高，播后易出苗(一般需7~8天)，土壤湿度大，利于幼苗的生长，也利于保苗；秋播(近冬)要注意播种时的地温，保证播后种子不萌发，而以休眠状态越冬，否则冬季的低温会冻死刚萌发出土的幼苗。膜荚黄芪的播种多采用穴播和条播的方法，其中穴播法比较好，因为此种方法保墒好，覆土也比较一致，镇压适度，有利于种子萌发和集中出苗。出苗后还可以相互遮光、保温。穴播时按20~25cm开穴，每穴播3~10粒种子，覆土1.5cm，然后踩平，播量约为1kg/667m^2。在需大面积播种的地方，也常采用条播的方法，按20~30cm [(30~40)cm×(15~20)cm]的行株距开沟，将种子均匀播于沟内，覆土1.5~2cm，之后用树条编织成的农具压一遍。播1.5kg/667m^{2}左右的种子。出苗后要及时进行松土除草、追肥、灌水等一系列常规管理。

(2) 育苗移栽：选择土壤肥沃，排灌方便、疏松的砂壤地育苗，要求土层深度在40cm以上。撒播或条播，条播行距15~20cm，播量在2kg/667m^{2}左右。

一般育苗1年后，当苗长至10~12cm高时，在初春或秋末选阴天或小雨天进行起苗移栽定植。移栽可分为春栽和秋栽。春栽在每年5月上中旬，秋栽在每年10月中下旬秋季土壤结冻之前。移栽时应边挖边栽，挖苗时注意不要伤根。一般要求边起苗边移栽，起苗要深挖，保证苗栽根系不被损伤，主根受伤后易形成鸡爪芪，从而影响商品质量。将挖起的根苗清选、分级。然后在准备好的定植地上，按行距40~50cm、深10~15cm开沟，将苗栽直放或斜放于沟内，按15~20cm的株距摆匀，覆土，灌水。移栽时要使根自然直放，以减少叉根。

3. 田间管理

(1) 定苗、间苗：不宜过早间苗，要在苗高 6~10cm、五出复叶出现后进行间、疏苗。当苗高在 15~20cm 时，条播按 21~33cm 株距定苗，穴播每穴留 1~2 株。缺垄断苗处可及时补苗。

(2) 松土除草：直播膜荚黄芪一般在幼苗出齐后，结合间苗进行一次中耕除草。这时的苗小，根系也扎得不深，以浅除为主。特别在地整得不平的地块，要防除草过深引起土壤透风过大，将小苗干死。在以后的生长过程中，一般看杂草的滋生情况除草 2~3 次。育苗田要及早进行人工除草，保持田间无杂草，地表层不板结。每年在植株封行前应进行 2~3 次除草，以保证植株生长不受影响。

(3) 追肥：为保证养分供给充足，整地时施入腐熟农家肥 2 000~2 500kg/667m^2 作为基肥。按主产区经验，定苗后，幼苗生长迅速，可追施氮肥和磷肥，每 667m^2 施硝酸铵或硫铵 15~17kg 或尿素 10~12kg，过磷酸钙 10kg，硫酸钾 6.6~8kg，能加速幼苗生长，提高药材产量。抽薹开花后，追施过磷酸钙 5kg/667m^2 左右，提高结实率和种子饱满度。施肥后及时浇水，切忌施肥距根太近，并且尽量少施氮肥，多施磷、钾肥，以提高根的产量和品质。

(4) 排灌水：膜荚黄芪虽耐旱，但在幼苗期和返青期需水较多，天旱时，有条件的地区应适量灌水。根茎肥大后，抗旱性相对增强，需水量也逐渐减少。应于雨季前挖好排水沟并清理干净，以保证栽植地块排水良好。阴雨过多时及时排水，以防土壤氧气不足而根体腐烂。临近收获期，最忌积涝。

(5) 打顶、摘蕾：膜荚黄芪当年移栽、当年开花结实，除留种外，应于开花前将花梗剪掉，以利于控制地上部分生长，减少养分消耗，将积累的营养物质尽可能多地运输到根部，增大产量。为了控制植株徒长，减少养分消耗，打顶一般在 6 月中下旬至 7 月中旬进行。

(6) 选留良种：选育良种是获得优质高产的基础。一般需要通过观察，在生产田中选留主根粗长、根的分枝性弱、粉性好的植株留种。采种要注意种子的成熟度，要适时分期采收。

4. 病虫害防治及农药残留控制

(1) 主要病害及其防治方法

1) 根腐病：栽植 2 年以上的植株易发此病，病株根内黑心，外部黑褐色并腐烂，严重时全株枯死。防治方法：①雨季及时排水；②耕松土加强土壤通气；③施肥时距离植株稍远，并且施后浇水稀释；④实行轮作，截断病原寄主；⑤在茎枝枯萎时，喷洒 60% 多菌灵 800 倍液。

2) 白粉病：主要危害膜荚黄芪的叶片，初期叶两面会生白色粉状斑，严重时整个叶片被一层白粉所覆盖，叶柄和茎部也有白粉，荚果和茎秆也会受害。被害植株往往早期落叶使产量受损。当空气相对湿度达到 50% 左右，温度达到约 20℃时，病害发生最为迅速。一般发病率在 10%~30%，严重的可达到 40% 以上。防治方法：①加强田间管理，合理密植，注意株间通风透光，可减少发病。②用 25% 粉剂 800 倍液或 50% 多菌灵可湿性粉剂 500~800 倍液喷雾，或用 75% 百菌清可湿性粉剂 500~600 倍液喷雾，每隔 7~10 天喷一次，连续喷 2~3 次；③实行轮作，切忌与豆科作物和易感染此病的作物连作；④施肥时注意氮、磷、钾肥的比例，防止植株徒长而导致抗病性降低。

3) 锈病：主要危害叶片，严重时会造成整株枯死。防治方法：①将病株提早剔除，集中销毁；②与其他作物轮作，截断病原；③用 80% 代森锰锌可湿性粉剂 600~800 倍液或敌锈钠喷洒防止锈病。

4) 紫纹羽病：主要危害根部，造成烂根。烂根的表面有紫色菌索交织成膜和菌核。地上部会自下而上黄萎，最后整株死亡。防治方法：①收获时清除病根，集中烧毁；②与禾本科作物轮作3~4 年；③拔除病株于田外烧毁，并在病穴中施石灰消毒，以防蔓延；④施石灰氮 20~ 25kg/667m^2 作基肥，或施 70% 五氯硝基苯 21kg/667m^2 进行土壤消毒。

(2) 主要虫害及其防治方法：虫害主要有食心虫和蚜虫。食心虫主要是内蒙黄芪籽蜂，主要危害种子，一般危害率达 10%~30%，严重者达到 40%~50%。蚜虫主要以槐蚜为主，多集中危害枝头幼嫩部分及花穗等。一般危害率高达 80%~90%，致使植株生长不良，造成落花、空荚等，从而严重影响种子和商品根的产量。

防治方法：①及时消除田内杂草，处理枯枝落叶，减少越冬虫源；②种子收获后可用1∶150 倍液的多菌灵拌种；③喷洒 1 000~1 500 倍 40% 乐果乳油，也可堆积烧毁严重虫害株清除虫源。

【采收、加工与贮藏】

1. 采收

(1) 采收年限

1) 种子采收：移栽后当年开花结果，即可采收种子。

2) 根的采收：移栽当年有些产地便挖根作药，但一般产地则打顶截枝，使根部饱满，种植 2 年或 3~4 年后采收根部。

(2) 采收时期：栽培膜荚黄芪一般 3~4 年可收获。年头过长内部易变成黑心甚至成为朽根，不能入药。春、秋均可采收，但在秋季枯萎后采收质量较好。

(3) 采收方法：采用挖掘的方式将根从土中挖出。挖时宜深刨，以防折断根部。

2. 产地加工　将根去净泥土，趁新鲜将芦头切去，去掉须根，置于烈日下暴晒或烘烤，至半成干时，搓滚使之顺直，捆成把，晒或烘至全干即可。

3. 质量与检测　产品以身条粗长、皱纹少、坚实无孔漏、内部鲜黄色者为上品。商品的安全水分为 10%~13%，浸出物不少于 17.0%，黄芪甲苷($C_{41}H_{68}O_{14}$)含量不少于 0.040%。

4. 包装、贮藏和运输

(1) 包装：用纸箱包装。

(2) 运输：在运输的过程中要通风。

(3) 贮藏：黄芪易遭受虫蛀和发霉，因此要贮于干燥通风处，一般温度在 30℃以下，相对湿度60%~70%。贮藏过程中要防潮、防霉、防虫蛀。应当定期检查，发现轻度霉变、虫蛀，要及时摊晒，严重者可用磷化铝甲烷熏杀，也可用密封抽氮进行保存。

【栽培过程中的关键环节】

1. 合理移栽　注意边挖边栽、自然直放，以防止伤根及减少叉根。首先，应边起苗边移栽，起苗要深挖，保证苗栽根系不被损伤，主根受伤后易形成鸡爪芪，从而影响商品质量。其次，移栽时要使根自然直放，以减少叉根的出现。

2. 合理施肥　整地时施腐熟的农家肥作为基肥。定苗后，追施氮肥和磷肥，能加速幼苗生长，提高药材产量。抽薹开花后，施过磷酸钙，可提高结实率和种子饱满度。施肥后及时浇水，切忌施肥距根太近。

3. 适时打顶、摘蕾　除留种外，应于开花前将花梗剪掉，从而控制地上部分生长，将积累的营养物质尽可能多地运输到根部，增大产量。为了控制植株徒长，减少养分消耗，打顶一般在6月中下旬至7月中旬进行。

25. 紫菀

紫菀

紫菀 *Aster tataricus* L. f. 为菊科多年生草本植物，以干燥的根及根茎入药，药材名为紫菀，又称“小辫”。其味辛、苦，性温；归肺经。具有润肺下气，消痰止咳的功效。用于痰多喘咳，新久咳嗽，劳嗽咳血。

据《中药志》载：“紫菀主产于河北、安徽等省，均为栽培。”安国所产紫菀，根粗且长，质柔韧。因其质地纯正，药效良好，畅销全国各地，故名“祁紫菀”。1999年，因该品地道纯正，疗效好，被河北省评为“优质产品”，列为安国新八大祁药之一。

【生物学特性】

1. 生态习性　多生长于山坡或河边草地。性喜温暖、湿润的气候，具有怕干旱、耐寒的特性。适宜在湿润、质地疏松、肥沃、排水良好的砂质壤土上生长。

2. 生长发育习性　紫菀生产上多采用春播。当地温10℃左右，播后18~25天侧芽开始萌动。初期紫菀生长慢；7月进入旺长期花薹逐渐抽出，进入营养生长与生殖生长并存的阶段；10月叶片开始枯萎，不定根等部位颜色变深；11月地面上冻前采收。

【栽培技术】

1. 选地与整地　一般选择砂性壤土，容易收获，不伤根，产量高。

2. 繁殖方法　紫菀系用近地面的细根繁殖，根长35cm左右。

春季栽种在春分至清明后，用锹挖出种根，再用剪刀将根剪成3~6cm长，随后在整好的土地上开沟，将剪好的种根(5~8根)作一丛放入沟内，深度7~10cm，行距34cm×34cm；也有于第1行株距34cm和第2行株距17cm处下种根，成三角形。小面积土地，用镐拉沟，植入种根，随后盖土，将地面弄平，做成畦，浇水，20天左右即出苗。出苗后做到勤除杂草，并浇第二次水，待苗成株后浇第三次。如天旱，地面干，则每5~6天浇水1次。

秋季栽种须在立冬前种下。紫菀的根能耐寒，不怕冻。种法如春种一样。秋种的苗株发育健壮。紫菀春种当年不开花，第2年秋才抽薹开紫红色的花，开花不长根，所以不等到它开花即可收获。种根要等到第2年春化冻后挖取，出苗多，根也好，红色，做春栽的种根最合适。种根用量15~20kg/667m^2。

3. 田间管理　出苗后浅松土、除草，结合松土每667m^{2}追施腐熟人畜粪水1 000~1 500kg；当苗高 7~9cm 时结合中耕每 $667m^2$ 追施腐熟人畜粪水 1 500kg；封行前结合中耕除草每 $667m^2$ 施腐熟堆肥 300kg、腐熟饼肥 50kg，于植株旁开沟施入，施后盖土。封行后若有杂草用手拔除。雨后或灌溉后及时疏沟排水，遇旱灌溉。发现抽薹及时剪除。

4. 病虫害防治

（1）斑枯病：危害叶片，但一般不太严重，对产量无明显影响。如病害较重，可用 1∶1∶120 波尔多液喷洒，每 7~10 天 1 次，连续 2~3 次。另外，也可增施磷肥，以提高抗病能力。

（2）蛴螬、地老虎：危害根茎和幼苗。防治方法：在耕地或开沟栽种时，每 $667m^2$ 施用 25% 敌百虫粉剂 1.5~2kg，掺适量砂土，翻耕入土壤中；或每 $667m^2$ 用鲜草、菜叶 30kg，切成长 3cm 小段，喷少量清水，加 2.5% 敌百虫粉剂 1~1.5kg，拌匀，做成毒饵，于傍晚撒施株间；危害严重的地块，用 700 倍液锌硫磷灌根；若发现苗被咬断，可进行人工捕捉。

【采收、加工与贮藏】

紫菀除预留种根外，都在第 1 年秋后叶发黄将干枯时挖根，此时挖取，分量重，收获高。挖出后除净泥土，趁鲜编成辫形，晒至全干即成。置阴凉干燥处，防潮。

【栽培过程中的关键环节】

1. 及时剪去花薹，防止出现争水争肥现象。
2. 合理中耕除草，防止杂草侵苗。

26. 新疆紫草

新疆紫草

新疆紫草 *Arnebia euchroma*（Royle）Johnst. 是紫草科紫草属多年生草本植物，以根入药，药材名为紫草，习称软紫草。味甘、咸，性寒。归心、肝经。具有清热凉血，活血解毒，透疹消斑的功能。用于血热毒盛，斑疹紫黑，麻疹不透，疮疡，湿疹，水火烫伤。紫草主要化学成分可分为脂溶性成分和水溶性成分。现代研究证明，紫草的有效成分主要为两大类：一类是脂溶性很强的萘醌类色素，包括紫草素、乙酰紫草素、β,β'- 二甲基丙烯酰阿卡宁、β- 羟基异戊酰阿卡宁、异戊酰紫草素、去氧紫草素等；另一类是水溶性成分，主要是紫草多糖；此外还含有酚酸类、生物碱类、苯酚及苯醌类、三萜酸及甾醇类、黄酮类等。

新疆紫草主要分布于我国新疆的天山南北坡，西藏西部与新疆接壤处亦有少量分布。由于天山山脉独特的自然生境，以及历史上受到人为影响较少等因素，使这里成为目前新疆紫草分布最为集中的地区。

【生物学特性】

1. 生态习性

（1）对温度、水分的适应：新疆紫草耐寒，忌高温，怕涝，喜冷凉湿润性气候类型。新疆紫草种子对萌发温度要求不高，在日平均气温 10.0℃以上即可发芽，在 15~30℃范围都能较好地萌发，但以 20~25℃的萌发率、发芽指数最高。种子萌发出苗需一定的土壤墒情，当土壤含水量在 20% 左右时种子出苗率明显提高。新疆紫草幼苗一般在 5~28℃均能正常生长，超过 28℃植株生长减缓并逐渐停止，当最高温度 >30℃植株开始萎蔫死亡，但在 –35℃左右的条件下也不会冻死，仍能保持生命力，因此，新疆紫草最适生长温度为 15~25℃。新疆紫草生长阶段对空气湿度有一定的要求，当空气相对湿度达到 60%~70% 时其地上分蘖增多，根系生长加速，所以选择地块时以凉爽、湿润且排水良好的地块为宜。

(2) 对光照的适应：新疆紫草喜光，野生植株多生于向阳坡地，人工栽培植株光照充足条件下产量也更高；但幼苗阶段需要一定的遮荫处理才能保证较高的成活率。育苗发现，不同强度的遮荫处理对新疆紫草实生苗的叶面积、成活率、地下生长量影响显著。30% 的遮荫处理能够同时满足增加生长量和提高成活率的要求，同时避免了叶片先端的日灼伤害。

(3) 对土壤的适应：新疆紫草对土壤要求严格，野生植株多生于向阳山坡的草地、草甸、洪积扇等土层深厚的肥沃土壤上，但砾石山坡、灌木丛间及林缘向阳处亦有少量分布。人工栽培以土壤 pH 在 6.5~7.5 时最适宜，尤以黑钙土、砂质壤土、草甸土种植为佳。

(4) 对海拔的适应：野生新疆紫草多分布于海拔 2 300~4 200m 的区域。人工栽培海拔在 1 800~3 000m 均可旺盛生长，但当海拔低于 1 600m 时成活困难且无法正常生长。

2. 生长发育特性

(1) 根的生长：新疆紫草从种子萌发出苗到产生新的种子，需要生长 2 年，第二年返青后植株逐渐由营养生长转为生殖生长阶段，开始抽薹开花结果。地下根随地上植株的增长亦随之伸长和增粗。主根粗壮直生，直径可达 2~3cm，根部自然分叉扭曲成绳索（或麻花）状，外皮暗紫红色。生产中多播种生长，2~3 年后采收其根加工入药。

(2) 茎叶的生长：新疆紫草第一年为营养生长阶段，植株高 10cm 左右，8~10 片叶互生。播种后一般 15~20 日出苗，幼苗生长缓慢，到冬季枯苗时，仅有丛生叶片，无抽茎、开花的植株。第二年返青后，植株茎叶生长开始加快，每年 4~6 月为其旺盛生长阶段，此阶段生长较快且产生若干分枝，茎叶茂盛，7~8 月生长减慢逐渐进入生殖生长阶段，抽薹开花，10 月以后植株地上部分枯萎，进入休眠期。

(3) 花与果实的发育：播种当年基本不开花，第二年开始大量开花结果。5~6 月开始现蕾，6~8 月开花，花期 2~3 个月，8 月中下旬至 9 月上旬果熟。新疆紫草具镰状聚伞花序，花多数，两性，雌蕊子房 4 裂，小坚果宽卵形，黑褐色。该种具典型的二型花柱现象即长花柱和短花柱两种花型，且 2 种植株在居群中近等值分布。虽然它们的花型不同，但营养器官在形态上相同，均属于自交不亲和类型，为虫媒传粉植物。新疆紫草的花芽分化一般在每年的 5 月上旬至 7 月初进行，至 8 月上旬，花各个部分在形态上已分化完全。新疆紫草不具有顶端生长，植株通过其茎基部的居间生长将花及叶带出地面。新疆紫草在自然条件下的结实率很低，平均只有 14% 左右，但每株成熟的新疆紫草植株可产生正常的小坚果 20~40 个，可以高效地扩大种群的数目和所占空间，极有利于种群的扩大，繁殖系数较高。

(4) 种子特性：新疆紫草小坚果宽卵形，灰褐色至黑褐色，长 0.24~0.49mm，宽 0.20~0.33mm，粗网纹和少数疣状突起，先端微尖，背面凸，腹面略平，中线隆起，着生面略呈三角形。种子千粒重 7.79~8.91g，种子净度为 47.4%~58.4%，种子含水量 0.22g 左右。研究发现，不同基质和外源激素对新疆紫草种子发芽及幼苗生长存在显著影响，其中河沙中和矮壮素处理效果最佳，发芽率可提高到70%左右且幼苗生长情况更好。

【栽培技术】

1. 选地与整地　以地势干燥、土层深厚、排水良好的中性或微酸性黑钙土或砂壤土为宜，不宜种植在盐碱、涝洼、黏重的土壤地段。更不宜靠近公路、厂矿等易受环境污染处种植。按照紫草的生长习性及对环境的要求去选择地段的同时，选地后及时翻耕，以秋翻为好，秋耕越深越好，秋耕应与清地、施基肥密切配合，秋耕深度 >30cm，深浅要一致，地表植物残株和肥料等应全部被土覆盖，以消灭越冬虫卵、病菌及杂草。耕行要直，耕后地表要平整，不漏耕，坡地翻耕时要沿等高线行走向坡下翻耕。入冬前灌足水为佳，播种前一般先耕 20cm 左右并旋松耙平，深耕细耙可以改善土壤理化性状，促使植株根系的生长，如土壤墒情不足，应先灌水后再耙。

施足基肥：基肥以农家肥为主。育苗地每 $0.01km^2$ 施厩肥或堆肥 3 000~4 500kg，然后翻耕、耙细、整平做平畦或高畦。定植地每 $0.01km^2$ 施充分腐熟的农家肥 2 250~3 750kg，撒匀翻入地内，播种前再深耕细耙。

作畦：可综合喷灌与滴灌的灌溉设计能力和土地坡度的走向等地形因素划分地块，形成条田，或依据地势与地块大小打埂分畦，每畦 $0.034\sim0.667hm^2$ 为宜。

2. 繁殖方法

(1) 选种采种：新疆紫草生产中多用种子繁殖。为了保证生产用种和紫草商品质量，应单独建立留种田，加强田间管理，进行疏花疏蕾，提高种子成熟度和千粒重，为生产提供优质种子种苗。播种用的种子，要选用籽粒饱满、无虫蛀，淡灰褐色、有光泽的小坚果为宜。去除不成熟的种子，种子要尽可能选用新种。种子田应于8月下旬至9月上旬开始采种。剪下果实成熟的果枝晒干后脱粒。再用风筛或清水漂洗，去掉杂质、泥土、瘪粒，晒干，收藏在通风、干燥阴凉处。种子不能与化肥、农药一起混藏。

(2) 种子处理：为促进种子早发芽，于翌年春季土壤化冻后取出种子用 30℃左右的温水浸泡24小时或 40~70℃的热水中浸泡 5~10 分钟，捞出控干水分后即可播种。播种时，在做好的畦面按行距 20~25cm 横向开沟，沟深 2.5~3cm，将种子均匀撒入沟内，覆土后稍加镇压，保持畦面湿润，春播后 15~20 日出苗，播种量为 $0.8\sim1.2kg/667m^2$。

(3) 播种时间：春秋播种均可。秋播，种子不需处理，于10月中下旬结冻前播种。翌春出苗早齐，且出苗率高；缺点是播种后需注意看管，防止人、畜践踏，影响出苗。一般生产上多采用春播，每年 4~5 月进行。

(4) 播种方法：分直播和育苗移栽，以育苗移栽为好。

育苗移栽播种育苗，首先将地整成低畦，翻地 50~70cm 深，打碎土块，将地整平，用镐头钩成 2.5~3cm 深的浅沟，沟距 15~20cm，施以粪肥或绿肥，然后播种。先将处理好的种子顺沟撒上，但不要过密，然后覆土 1~1.5cm 厚，并压紧，翌年春季即可发芽出土。幼苗出土后必须在畦上用遮荫网等物荫蔽强烈阳光，天旱时须浇水，保持土壤湿润。育苗移栽播量为 $5kg/667m^2$ 左右。

采用种子直播有垄播、畦播、平播 3 种。①垄播：在做好、压平的 40cm 垄上两侧距离垄底部 2/3 处开沟 5~10cm 宽、3cm 深，踩底格，将处理好的种子均匀条播，覆土 1~1.5cm 厚，踩上格，镇压。②畦播：在已做好耧平的高畦畦面上，以畦的横向，按20~25cm的行距开5~10cm宽、3cm深的沟，踩底格，同法播种，覆土1~1.5cm，踩上格。③平播：也可不做垄、畦，在合适地块平播，行距20~25cm，踩底格，同法播种，覆土1~1.5cm，镇压。三种播种方法播量所差无几，需种子1kg/667m^{2}左右。

(5) 苗期管理：当苗高达5~7cm时结合除草松土疏去过密苗，缺苗处在阴雨天或傍晚进行补苗，苗高7~10cm时结合浅耕，按株距8~10cm定苗。苗高10~15cm时和开花初期各浅耕1次；7月中下旬追尿素或磷酸二氢钾225~300kg/hm^2。雨季要注意排水，防止根腐病的发生，土壤干旱要适时浇水。

3. 移栽与定植　于秋季即每年10月上旬幼苗地上部枯萎后，或翌年4月上中旬顶芽萌动前进行移栽。横畦开沟，按行距20~25cm、深10cm、株距8~10cm移栽，栽后覆土压实，整平畦面。苗长至5~7cm(即4~5片叶)时便可移栽。移栽地须事先翻好，并施基肥，一般行距25cm，株距10cm。移栽最好在阴雨天或者下午进行，移栽后浇足水，成活率较高，如天旱，必须浇水，以免干死；如果条件允许移栽后最好用遮荫网遮荫2周左右，成活率可达到90%以上。根据移栽经验，苗小时(即4~5片叶)移栽成活率可达90%以上，苗大时(即6~8片叶)成活率降低至75%以下。移栽成活后须适时进行中耕除草，以促进植株的生长。移植当年即能采收种子，第2年即可挖根出售。以根自然分叉呈绳索(或麻花)状扭曲且粗长，韧皮部较厚、色暗或紫红者质量较好，条质细小瘦短者质量次之；细小的根，仍可栽上，留待来年长大再挖。

4. 田间管理

(1) 除草、松土、定苗：播种后15~20日出苗，苗期注意除草松土，中耕除草2~3次，保持田间无杂草。当苗出现4~5片叶时定苗，株间距离8~10cm，可留拐子苗。如有缺苗，可在阴雨天或下午4点后补苗并浇足水。

(2) 追肥：生育期间追肥两次。第一次在苗高10cm左右(8~10片叶)，即将开花时，每0.01km^{2}追150~225kg尿素，行间开沟施入后培土。第二次在7月中下旬，叶面喷施磷酸二氢钾800~1 200倍液(3%)。促进植株苗壮生长，种子和根高产。

(3) 水分管理：播种后至幼苗期，要保持畦面湿润。后期生长遇天气干旱，可适当浇水，山地无浇灌条件者可于行间盖草保湿。雨季注意排水，防止田间积水，以免烂根。

(4) 摘蕾打薹：当成株抽出花蕾时，应尽早摘除花蕾，使养分集中于根系，提高根的产量与质量。生产田于植株抽薹时及时将花茎摘除，减少养分向生殖器官转移，集中于根部生长，可提高产量和品质。

5. 病虫害及其防治

(1) 病害及其防治

1) 根腐病 *Fusarium solani*(Mart.)App. et Wollenw.：多发生在高温季节，由于土地低洼易涝，排水不良，导致真菌寄生，先由根尖及侧根部发黑，逐渐扩展到全根部腐烂，致使地上植株枯萎致死。根腐病病原有多个，但主要为 *Fusarium solani*(Mart.)App. et Wollenw.。被害植株地上部枝叶发黄，植株萎蔫枯死。地下部主根顶端或侧根首先罹病，然后渐渐向上蔓延。受害根部表面粗糙，呈水渍状腐烂，其肉质部红褐色。严重时，整个根系发黑溃烂，极易从土中拔起。土壤湿度较大时，在根部产生一层白毛。带菌的土壤和种苗是根腐病的主要初次侵染来源。病害常于5月下旬至6月初开始发病,7月以后严重发生,常导致植株成片枯死。防治方法:①整地时进行土壤消毒。②对带病种苗进行消毒后再播种或移栽。③选高燥地种植,雨季注意排水。④见有发病植株及早拔除立即烧毁,用石灰粉对病穴进行消毒或用1%硫酸亚铁水溶液浇灌病穴,以防扩大蔓延。

2) 叶斑病 *Cercospora achyranthis* H. et. P. Syd.:危害叶片,叶上形成不规则病斑。防治方法:①收获后清园,集中病株烧毁或深埋,以消灭或减少越冬菌源。②及时拔除病株。③发病初期喷1∶1∶120波尔多液或65%代森锌500倍液,每10~14日1次,连续2~3次。

3) 立枯病 *Rhizoctonia solani* Kühn.:多在苗期发生,发病中无絮状白霉,植株得病过程中不倒伏。防治方法:①播种前每667m^2用3kg 50%多菌灵处理土壤。②发现病株立即清除烧毁,病穴用5%石灰乳等消毒。③发病初期用50%多菌灵1 000倍液浇灌病区,浇深4~5cm。浇灌后,紫草叶用清水淋洗。④加强田间管理,保持苗床通风,避免土壤湿度过大。

4) 白粉病 *Erysiphe polygoni* D.C.:多发在高温、高湿情况,发病初期,叶面上出现灰白粉状霉层,严重时整个植株布满白粉层,植物逐渐萎缩枯死。防治措施:加强田间管理,合理密植,注意株间通风透光,可减少发病。施肥以有机肥为主,注意氮、磷、钾肥比例配合适当,不要偏施氮肥,以免植株徒长,导致抗病性降低。实行轮作,尤其不要与豆科植物和易感染此病的作物连作。生长期发病。药剂防治:①用25%粉锈宁可湿性粉剂800倍液或50%多菌灵可湿性粉剂500~800倍液喷雾。②用75%百菌清可湿性粉剂500~600倍液或30%固体石硫合剂150倍液喷雾。③50%硫黄悬浮剂200倍液或25%敌力脱乳油2 000~3 000倍液喷雾。④25%敌力脱乳油3 000倍液加15%三唑酮可湿性粉剂2 000倍液倍液喷雾。用以上任意一种杀菌剂或交替使用,每隔7~10日喷1次,连续喷3~4次,具有较好的防治效果。

(2) 虫害及其防治方法:紫草的虫害有蛴螬(为铜绿金龟子 *Anomala corpulenta* Motschulsky 的幼虫)、华北蝼蛄 *Grgllotal paunispina* Saussure.、地老虎 *Agrotis ypsilon* Rottemberg 等,可人工捕杀或用毒饵诱杀。防治方法:①施用的粪肥要充分腐熟,最好用高温堆肥。②灯光诱杀成虫,即在田间用黑光灯或马灯,或电灯进行诱杀,灯下放置盛水的容器,内装适量的水,水中滴少许煤油即可。③用75%辛硫磷乳油拌种,为种子量的0.1%。④田间发生期用90%敌百虫1 000倍液或75%辛硫磷乳油700倍液浇灌。⑤毒饵诱杀,用50%辛硫磷乳油50g,拌炒香的麦麸5kg加适量水或配成毒饵,在傍晚于田间或畦面诱杀。

【采收、加工与贮藏】

1. 采收加工　新疆紫草根据需要和长势可2~4年采收。定植后当年秋季收获,也可第二年秋季收获,多在秋季地冻前采挖。10月中下旬收根,选择连续晴天进行。割下地上茎叶后,用机械翻挖,人工或机器拣出根部,由越冬芽下部剪掉残茎,去掉泥土,忌用水洗,以免有效成分丧失。置阳光下晒干或微火炕干;晒至七分干时将根理直,扎成小把,晒至全干时装袋。产根干品可达200~250kg/667m^2。

2. 贮藏　置阴凉干燥处保存,防蛀防霉变。研究发现,当年采收的新疆紫草根中紫草素含量较高,质量较好。50~70℃的温度对紫草素影响很小,当温度超过80℃后,紫草素含量快速降低。在与紫草素有关的应用时应优先选择近期生产的新疆紫草,在药材的干燥、保存、提取和制剂等工艺过程中,应尽量避免高温。

【栽培过程中的关键环节】

1. 忌高温，怕水涝　新疆紫草喜凉爽湿润的环境气候，对海拔的要求严格，适宜种植在海拔1 600m以上且降雨较为充沛土层肥厚的草原、山间平原及河谷漫滩地带，夏季温度不宜过高，最高温不要超过30℃为宜，切忌在高温干旱地区种植。同时新疆紫草种植区应建立好完善的排水系统，确保排水，雨季要达到雨停无积水的程度。积水易引起病害发生，灌溉过多会使紫草积水而烂根。

2. 合理施肥　基肥应多施有机肥，配合施用氮、磷、钾肥等化肥；按照"施足基肥，早施苗肥，重施摘蕾肥"的原则进行施肥，最后一次摘蕾后的施肥尤为关键。

3. 适时合理摘蕾　除留种的紫草每株植株留3~5个较大的花蕾外，其余应在现蕾开花前，选晴天分期分批全部摘除花蕾。一般在5月上中旬至7月上旬分2~3次摘完。

27. 薯蓣

薯蓣

薯蓣 *Dioscorea opposite* Thunb. 为薯蓣科多年生缠绕草本植物，以干燥根茎入药，药材名为山药。始载于《神农本草经》。山药味甘，性平；归脾、肺、肾经。具有补脾养胃，生津益肺，补肾涩精的功效。用于脾虚食少，久泻不止，肺虚咳喘，肾虚遗精，带下，尿频，虚热消渴。麸炒山药补脾健胃，用于脾虚食少，泄泻便溏，白带过多。山药主要含有薯蓣皂苷、黏液质、糖蛋白、多酚氧化酶、维生素C、氨基酸、尿囊素、止权素、多巴胺和山药素Ⅰ等。

主产于河南温县、武陟等地和山西平遥、祁县，此外湖南、湖北、四川、河北、陕西、江苏、浙江、山东等地亦产。全国除西北、东北高寒地区外，其他各省均有栽培。但以河南省温县、武陟、博爱、沁阳市等地（古怀庆府）所产"怀山药"最为有名，为著名"四大怀药"之一。

【生物学特性】

1. 生态习性　薯蓣喜温暖、湿润、阳光充足的环境，耐寒。薯蓣为深根性植物，忌水涝，宜在排水良好、疏松肥沃的壤土中生长，不宜在黏重的土壤中种植。喜肥，忌连作（山药灰暗无光泽，病虫害严重，尽量轮作，最多连作3年）。

2. 生长发育特性

(1) 根系的生长：薯蓣出苗要求日平均地温13℃以上，并有足够的土壤湿度。种栽萌芽后，在下端长出多条粗根，着生在山药芦头处，开始横向辐射生长，而后大多集中在地下5~10cm处，每条根长约20cm，最深可达地下60~80cm。在新的根茎上会长出很多须根。根茎上端须根长，下段短且细。薯蓣根系不发达，且多分布在土壤浅层。如地上茎蔓匍匐在地面，其茎节处，也会长出多条不定根。

(2) 地上茎的生长：薯蓣地上茎有两种，一种攀援作用的茎蔓，是山药真正的茎；另外一种是地上茎的叶腋处生长的零余子，又称山药蛋，是一种变态茎、地上球状茎。

1) 地上蔓茎：薯蓣的地上茎蔓属草质藤本，蔓生，光滑无翼，断面圆形，有绿色或紫色中带绿色的条纹。蔓长3~4m，茎粗0.2~0.8cm。苗高20cm时，茎蔓节间拉长，并具有缠绕能力，这时要设立支架。开始只是 1 个主枝，随着叶片的生长，叶腋间生出腋芽，进而腋芽形成侧枝。

2）零余子：薯蓣在地上部叶腋间着生很多零余子。零余子呈椭圆形，长 1.0~2.5cm，直径 0.8~2.0cm，褐色或深褐色。在一般情况下，山药零余子生长在茎蔓的第 20 节以后，而且开始多发生在山药主茎或侧枝顶端向下第三节位的叶腋处。成熟的零余子，表皮粗糙，最外面一层是较干裂的木栓质表皮，里面是由木栓形成层形成的周皮。零余子中含有一种特殊的物质——山药素，是其他部分所没有的。山药素也只在零余子的皮中才有，具有很强的抑制生长和促进休眠效应。零余子虽是由地上腋芽变态而长成，但它必须经过层积才能萌发。在皮层成熟后，山药素含量最多；完全休眠的零余子，随着层积时间的延长含量减少。因此，刚采收的零余子，不宜当种用。

3）地下根茎的生长：种栽萌发后，首先生长不定芽，伸出地面长成茎叶。在这新生不久的地上茎基部，可以看到维管组织周围薄壁细胞在分裂，这就是根茎原基。根茎原基继续分裂，便分化出散生维管组织。在根茎的下端，始终保留着一定体积有强劲分生能力的细胞群，这就是薯蓣根茎的顶端分生组织。顶端分生组织经逐渐分化而成熟，先形成幼小根茎的表皮，表皮内有基本组织，基本组织中有散生维管束。小根茎长达 3~4cm 时，便可用肉眼清楚地看到褐色的新生山药。根茎的肥大完全靠分生组织细胞数量的增加和体积的不断增大来完成。研究表明，山药产量在密度一定时，主要靠根茎长度和粗度决定，而粗度增加并不明显，因而，根茎越长则产量越高。

4）花的特性：薯蓣雌雄异株，不同类型的雌雄株比例不同，了解花序的发育，对育种过程中解决花期不遇具有重要意义。

雄株雄花：雄株的叶腋，向上着生 2~5 个穗状花序，有白柔毛，每个花序有 15~20 朵雄花。雄花无梗，直径 2mm 左右。从上面看，基本上是圆形，花冠两层，萼片 3 枚，花瓣 3 片，互生，乳白色，向内卷曲。有 6 个雄蕊，中间有残留的子房痕迹。薯蓣的孕蕾开花期，正好是地下部块茎膨大初期。雄株花期较短，在我国北方 6~7 月开花（这一时期 30~60 天）。从第一朵小花开放，到最后一朵小花开放，大约 50 天。一般都在傍晚后开放，多在晴天开花。薯蓣根茎生长和开花的时间重叠，需要较多的营养。但由于雄株花期较短，养分需求比较集中，对地下茎的影响较小，产量和质量都比雌株的高。雄株的薯蓣皂苷元的含量明显高于雌株。

雌株雌花：雌株着生雌花，穗状花序，花序下垂，花枝较长，花朵较大，但花数较少，一个花序约有 10 个小花。雌花无梗，直径约 3mm，长约 5mm，呈三角形，花冠有花瓣和花萼各 3 片，互生，乳白色，向内卷。柱头先端，有 3 裂而后成为 2 裂，下面为绿色的长椭圆形子房。子房有 3 室，每室有两个胚珠。两性花，基本不结种子。雌花序由植株叶腋间分化而出，着生花序的叶腋一般只有一个花序，偶有一个叶腋间两个花序的。一个花序中从现蕾，开花到凋落，需 30~70 天。花期集中在 6~7 月。花朵在傍晚以后开放，晴天开放，雨天不开。

5）果实和种子：薯蓣的果实为蒴果，多卷曲。果实中种子多，每果含种子 4~8 粒，呈褐色或深褐色，圆形，具薄翅，扁平。饱满度很差，空秕率一般为 70%，高者在 90% 以上。千粒重一般为 6~7g。

【栽培技术】

1. 品种类型

（1）铁棍山药：原为河南地方传统栽培品种，为怀山药主栽品种。在河南省温县、沁阳、武陟等地种植较多。形状细长，质坚细腻，汁少粉多味甜，质量好，干燥率高，不耐涝，产量稍低。品种植株茎蔓右旋，黄绿色，圆而有棱，较细，成熟时微紫色，长2.5~3.0m，多分枝。叶片黄绿色，光润似涂蜡，基部戟形，缺刻小，先端渐尖，叶片基部互生，中上部对生或3叶互生，叶腋间着生零余子。块茎圆柱形，长60~80cm，最长可达1m，直径3cm，芦头细长，一般长20~30cm，表皮土黄或土褐色，光滑，密生须根，有紫红色不光泽斑，肉极细腻，质紧，粉足，久煮不散。药食兼用，是做山药干用最好的药材。可产鲜山药1 000kg/667m^2。挖沟栽培的适宜密度为4 000~4 500株/667m^2。

(2) 太谷山药：原为山西省太谷县地方品种，以后引种到河南、山东等地。该品种植株生长势中等，茎蔓绿色，长3~4m，圆形，有分枝。叶片绿色，基部戟形，缺刻中等，先端尖锐。叶脉7条，叶片互生，中上部对生。雄株叶片缺刻较小，前端稍长；雌株叶片缺刻较大。叶腋间着生零余子，形体小，产量低，直径1cm左右，椭圆形。块茎圆柱形，较细，长50~60cm，直径3~4cm，畸形较多，表皮黄褐色、较厚，密生须根，色深。肉极白，肉质细腻。品种优良，食、药兼用，以药用为主。加工损耗率较高，质脆易断，可产1 500~2 000kg/667m^2。

2. 选地、整地　宜选地势高燥、土层深厚、疏松肥沃、避风向阳、排水流畅、酸碱度适当的砂质土壤为好，土壤以中性为宜，要求上下土质一致，如下层有黏重土层和白沙岗土层，打沟时应彻底打碎，至少1~1.2m土层内不能有黏土、土砂粒等夹层。

冬季或前作收获后，深翻40~60cm，使之经冬熟化，第二年下种前，每667m^{2}施堆肥2 500~3 000kg，饼肥100kg，匀撒地面，同时施40%辛硫磷15kg/667m^2，作土壤消毒，然后耙平。南方雨水较多，于栽种前开宽1.3m高畦，以利排水，北方雨水少，在栽种时每栽完4~5行之后，随即造成10~15cm高的畦埂，以便排水。山药播种期，因各地气候条件不同而有差异。一般要求地表温度(距地表5cm)连续3日稳定在10~12℃后，即可播种。

3. 繁殖方法

(1) 芦头繁殖：秋末冬初采挖山药时，选择颈短粗壮，无分枝，无病虫害的山药，将上端有芽的一节，长15~20cm，取下作种。芦头剪下后，放在室内通风处，晾4~5天，使表面水汽蒸发，断面愈合收浆，然后进行河沙层积或蒙盖贮藏至第二年春栽种。芦头用量5 500~8 000个/667m^2。

(2) 珠芽繁殖：霜降前后(10月下旬)，薯蓣地上茎叶枯萎时，从叶腋间或拾起落在地下的零余子(珠芽)，晾2~3天后，放在室内贮藏，室温控制在5℃左右。第二年春，择土壤深厚的地块，深翻细整，整平，开1.3m宽的高畦。按行株距20cm×10cm开穴播种，穴深5~8cm，每穴播芽2~3粒。然后，施人畜粪水，盖火土灰，覆土与畦面平齐，播种后15~30天便可出苗，出苗后，注意浅耕和除草，可施2~3次人畜粪水催苗。

两种繁殖方法，生产上必须兼用，因薯蓣每株只有1个芦头，还有各种损耗，数量一年比一年减少；尤其是芦头在栽培中逐年变细变长，产量下降，不能再作为繁殖材料，需要用零余子繁殖的“栽子”来更换。零余子播种培育栽子要一年时间，但可获得大批繁殖材料。更重要的是，通过严格选用，可以复壮，提高山药产量。

4. 田间管理

(1) 松土除草：在苗高20~30cm时，进行一次浅锄松土；6月中旬及8月初再视苗情及杂草滋生情况进行中耕除草。中耕除草时，注意勿伤芦头、种栽及根茎和蔓。

(2) 施肥：薯蓣为喜肥植物，通常结合每次除草，施人畜粪水 2 000~2 500kg/667m^2；立秋前后，叶面喷施 0.3% 磷酸二氢钾液 2~3 次，以促进地下块茎的迅速膨大。尤其需要注意的是，薯蓣的吸收根系分布浅，发生早，呈水平方向伸展，施肥时应施入浅土层以供山药根系吸收。此外，追肥不能过晚，以防茎叶徒长，影响根茎产量。

(3) 搭支架：薯蓣为缠绕性植物。通常于藤苗长 20cm 左右即出苗 15~20 天时，选用竹竿、树枝等及时搭好"人"字形支架，引蔓向上攀缘；隔 7~8m 用粗竹竿或木棒加固，以防歪倒。搭架保证有足够的营养面积进行光合作用。

(4) 灌溉排水：适时适量灌溉，可使山药长得圆、大、长、上下均匀，否则会造成根部畸形生长或分杈，粗细不均，尖头，扇形，影响产量和质量。雨季应及时排水，防止畦内积水，造成根茎部腐烂。

5. 病虫害防治及农药残留控制

(1) 病害及其防治

1) 炭疽病 *Gloeosporium pestis* Massee.：7~8 月发生，危害茎叶，造成茎枯、落叶。其表现初期叶片发黄，叶片出现小斑点，最后茎枯叶落。防治方法：以防为主，做好轮作换栽。移栽前用 1∶1∶150 波尔多液浸种 10 分钟；发病后用 65% 代森锌可湿性粉剂 500 倍液或 50% 退菌特可湿性粉剂 800~1 000 倍液防治。

2) 白锈病 *Albugo achyranthis*(P.Henn.)Miyabe.：7~8 月发生，危害茎叶，茎叶上出现白色突起的小疙瘩，破裂，散出白色粉末，造成地上部枯萎。防治方法：及时排灌，防止地面积水；不与十字花科作物轮作；发病期喷 1∶1∶100 波尔多液或 65% 代森锌可湿性粉剂 800~1 000 倍液防治。

3) 根结线虫病 *Meloidogyne incognita* Chitwood：主要为短体线虫病，危害块根，使受害块根出现大小不等的小瘤，影响质量和产量。防治方法：避免在有线虫害发生的土地上栽种；播种前用 40% 甲基异硫磷 600 倍液浸种 48 小时；严格选择，淘汰感染线虫病的芦头和种栽。

(2) 虫害及其防治

1) 蓼叶蜂 *Blennocampa* sp.：幼虫灰黑色，为危害山药的一种专食性害虫，5~9 月密集山药叶背，蚕食叶片，吃光大部分叶片。防治方法：2% 敌杀死 3 000 倍液或 90% 晶体敌百虫 1 000 倍液防治。

2) 蛴螬 *Agrotis ypsilon* Rottemburg：为金龟子幼虫，咬食块根，使块根变成"牛筋山药"，煮不烂，味变苦。防治方法：灯光诱杀成虫；75% 辛硫磷乳油按种子重 0.1% 拌种；90% 晶体敌百虫 1 000 倍液或 75% 辛硫磷乳油 700 倍液浇灌。

【采收、加工与贮藏】

1. 采收　在山药栽种当年的 10 月底或 11 月初，当地上部分发黄枯死后，即可采收。山药收获的一般程序是：先将支架及茎蔓一齐拔起，抖落收集茎蔓上的零余子。对挂牌标示留种的植株单独摘取其零余子。

薯蓣的根茎较长，难以采收，如果采收技术不熟练，根茎破损率是很高的。华北地区采收长山药的方法是：从畦的一端开始，先挖出 60cm×60cm 的土坑来，人坐在坑沿，然后用特制的山药铲，沿着山药生长的地面上 10cm 处的两边侧根系，将根侧泥土铲出，一直铲到山药沟底见到根茎尖端为止，最后轻轻铲断其余细根，手握根茎的中上部，小心提出薯蓣根茎。一定要精细铲土，避免根茎的伤损和折断。随着机械化的发展，现在也有机械辅助采挖。

一般认为，收获薯蓣根茎晚一些为好，各地均应掌握在山药根茎膨大后期收获。薯蓣根茎可以留在地里，一直延至翌年 3~4 月采收。

2. 加工

(1) 毛山药：采回的根茎趁鲜洗净泥土，泡在水中，用竹刀等刮去外皮，使之成白色，然后晒干或烘干即可。

(2) 光山药：择肥大顺直的毛山药放水中浸泡 1~2 天，浸至无干心，捞出，闷透，用木板搓成圆柱状，两端切齐，成 20~30cm 的段，晒干。

(3) 山药片：除去外皮，趁鲜切厚片，干燥。

3. 贮藏　置于阴凉通风干燥处，并防潮，防霉变，防虫蛀。

【栽培过程中的关键环节】

1. 种苗　优良种苗的选择，是获得高产高质的关键因素。

2. 忌水涝　薯蓣的种植地块要达到雨停无积水的程度。积水易引起病害发生，灌溉过多会使薯蓣根腐烂。

3. 忌连作　薯蓣不能连作，因此需易地栽培，并建立适合的轮作制度。

28. 穿心莲

穿心莲

穿心莲 *Andrographis paniculata* (Burm. f.) Nees 为爵床科穿心莲属植物，穿心莲的干燥地上部分，又称一见喜、斩蛇草、苦胆草、苦草、四方莲、春莲夏柳等，以干燥全草入药，药材名为穿心莲。穿心莲为临床常用中药，是抗病毒的首选药物之一，有“中药抗菌素”之称，其味苦，性寒；归心、肺、大肠、膀胱经。具有清热解毒、凉血、消肿的功效。用于感冒发热、咽喉肿痛、口舌生疮、顿咳劳嗽、泄泻痢疾、热淋涩痛、痈肿疮疡、蛇虫咬伤等证。

穿心莲主要成分为穿心莲内酯类化合物和黄酮类化合物，全草中含量较高的二萜内酯类化合物有：穿心莲内酯、穿心莲新苷、14- 去氧穿心莲内酯、14- 去氧 -11，12- 二去氢穿心莲内酯、异穿心莲内酯、潘尼内酯，以及 14- 去氧穿心莲内酯苷、穿心莲内酯苷等。

穿心莲原产于菲律宾、印度、斯里兰卡、泰国等热带地区，20 世纪 50 年代引入我国广东、福建、海南等地栽培，后引种到陕西、北京、四川等地。目前广东、广西、福建、海南等地为我国穿心莲药材主产区，其中以广西贵港药材产量最大。广东是最早把穿心莲变为人工栽培的省区之一，穿心莲成为广东特产南药及“广药”品种之一。

【生物学特性】

1. 生态习性　穿心莲原产于南亚和东南亚等热带地区，具有“四喜二怕”的生态特点：即喜温、喜湿、喜光、喜肥、怕干旱、怕寒。穿心莲在原产地为多年生草本植物，在我国广东和广西及以北地区，因不能越冬，成为一年生植物。

（1）对温度的适应：喜暖，种子发芽温度在15~40℃，最适温度为28~30℃。苗期怕高温，超过35℃，烈日暴晒，会出现灼苗现象，故苗期应注意遮荫，降低温度。植株生长最适温度25~30℃，6~8月高温，植株生长迅速；气温在15~20℃时，生长缓慢，只开花不结实或不能开花；气温降至7~8℃时，生长停止，叶片变成紫红色；遇到霜冻或低温期较长时，植株全部枯死。在广东、福建和广西等南方地区，穿心莲可开花结果，其根茎可完全越冬，第二年可出芽，故可播种一年，收获两年。

（2）对水分的适应：喜湿，出苗期间，若遇天气干旱、土壤干燥，会影响出苗。穿心莲生长期间对水分的要求不严格，土壤含水量在60%~80%，空气相对湿度为75%~85%时，对生长有利。如遇连续阴雨，植株生长不良，容易死亡，忌水涝。

（3）对光照的适应：喜光，苗期强光容易灼伤，但在7~8月高温高湿，有利于植株生长。

（4）对土壤的适应：适宜在肥沃、疏松、排水良好、pH为5.6~7.5的微酸性或中性砂壤土或壤土中生长，而在贫瘠的沙土地或黏质土地上的植株则生长缓慢。

2. 生长发育特性

（1）茎叶的生长：播种后一般10~15天出苗，幼苗生长缓慢，整个生育期可以划分为：苗期、快速生长期、现蕾期、开花期和果实成熟期。以广东栽培地区为例，春季气温低，穿心莲苗期生长缓慢；进入夏季，气温上升，生长迅速。一般3月底播种，4月上中旬出苗，6月初移栽，6月中旬至8月下旬为穿心莲快速生长期，8月下旬至9月上旬为现蕾期，9月中旬为开花结果期，10月下旬为果实成熟期。

（2）花与果实的发育：播种当年植株开花、结果，9~11月，待荚果变紫色，果壳由绿转黄，种子由绿转黄部分呈紫色时，种子达到中度成熟，应及时分批采收。从发芽到开花仅需6个多月，在夏秋雨水充沛、冬季日照充足的南方地区，穿心莲才能正常开花结果；在我国长江以北地区栽培的穿心莲，因秋季气温低而不能开花，不能结果。

（3）种子特性：穿心莲种子细小、坚硬，种皮外面有一层蜡质，吸水慢，又含有抑制发芽物质，发芽困难。种子发芽率因成熟程度不同而有差异，种皮棕色的老熟种子，发芽率在95%以上；种皮褐色的中等成熟种子，发芽率在60%左右；而黄褐色的嫩种子，发芽率仅为5%左右。

【栽培技术】

1. 品种类型　保证种子为爵床科植物穿心莲 *Andrographis paniculata*（Burm. f.）Nees 的正品种子，以良种繁育基地或筛选后繁殖的种子为好。穿心莲主要存在大叶型和小叶型两种生态类型，生产上宜选择药用成分含量高、抗性强、产量高的大叶型品种作为栽培的种源。

2. 选地与整地　好的苗床是培育壮苗的基础和保证，苗床应选择向阳、肥沃、平坦、排灌方便、疏松的土壤，忌选碱性土壤。前作以施肥多的作物为好，忌与茄科作物（辣椒、茄子）轮作，以免感染黑茎病，宜与豆科作物、蔬菜、玉米等作物轮作。

穿心莲种子小，幼苗顶土能力差，育苗苗床整地要求精细，要深翻细耙。作高畦，畦宽1.2~1.5m，高10~15cm，排水沟深20cm。结合整地每亩施腐熟农家肥1 000kg和钙镁磷肥20kg，与畦土充分拌匀，并整细耙平踩实。同时，每667m^{2}可撒石灰100kg进行土壤消毒。

3. 繁殖方法　穿心莲用种子繁殖，实际生产中多采用育苗移栽的方法，即早春播种育苗、移栽，当年收获药材。在广东湛江等地，采用直播不经育苗移栽，当年也能收获。

(1) 选种采种：选择具有生长健壮、生命力强、株形优良、籽粒饱满的植株留种。田间生长畸形、徒长、患病、花弱无籽的穿心莲植株应拔除。留种田的穿心莲植株一般不打顶，在盛花期，对已不能成熟的花和花蕾，应摘除，以减少养分消耗，促使营养向生殖器官集中，从而提高种子的质量和产量。选晴天采收，用镰刀割取穿心莲果枝，采收的果荚应堆放在阴凉处后熟 3~5 天，晾晒，拣出杂质，剔除破损、腐烂变质部分，待果荚全部开裂后，用筛子筛去果皮，即得种子。将种子晒干透，晒至含水量 13% 以下，去杂质、筛选后装入布袋，挂在室内通风处贮存。

(2) 种子处理：生产用种子应选择色泽发亮、籽粒饱满、大小均匀一致的种子。将选好的种子先用 40~50℃的温水浸泡 24 小时，浸泡好的种子用布包好，揉搓，以蜡质层部分磨损，勿磨擦过度，以免损伤种子。生产上也有不经处理直接播种的，加大播种量也能有很好的出苗率。

(3) 播种方法：播种以晴天为宜，播种前先将苗床土壤喷水湿透，然后将处理过的穿心莲种子与细沙按 1∶10 的体积比例拌匀撒播于苗床上，再撒一薄层细土，以盖住种子为标准。上面再贴地覆盖一层薄膜或稻草，以保持土温和土壤湿度。每 667m^2 苗地播种量约 2.5kg，一般两周左右出苗。

(4) 苗期管理：出苗前应保持苗床湿润，不让表土干燥，因种子在苗床表面，如果干燥，刚出土的嫩芽因吸不到水分而萎缩，甚至干枯。可在上午 9~10 点，把薄膜或覆盖物揭开用喷壶在畦面洒水，一般少量多次，因苗床过湿易造成幼苗发黄、烂苗，严重时易感染猝倒病，导致幼苗成片死亡。播种 1 周后种子开始发芽，随着气温升高，要注意放风透气。在出苗 50%~70% 时，夜间最低温度达 20℃左右，可揭除薄膜或稻草覆盖物，对苗进行锻炼，并适当控制水分。中午温度高达 35℃以上时，要适当遮荫；幼苗有 4 片真叶时，中午就不必遮荫。一般在播后 7 天开始出苗，15 天左右齐苗。当苗高 6cm 左右时要剔除弱苗和过密苗。

苗期要勤除草，防止杂草争光、争水、争肥。苗期施肥应以尿素为主，复合肥为辅，结合浇水施用，每 50kg 水放 100g 尿素或 50g 尿素和 50g 复合肥，每 7~10 天结合浇水施用一次，以促进幼苗生长，使根系发育良好。苗高 6cm 时进行间苗，剔除弱苗和过密的苗。苗龄一般 1 个半月左右，长出 6~8 片真叶、苗高 10cm 左右时即可移栽。

(5) 起苗：一般在播种一个半月后，当苗高 10cm 左右，具有 6~8 片真叶时，可起苗移植。苗太小移栽存活率低，苗太大缓苗期长，生长慢，且影响分枝。移栽前一天苗床需浇水一次，以便起苗，幼苗适当带土，带土移栽易成活，子叶不能埋入土中，切忌捏成泥团。

(6) 移栽：移栽时间一般在雨水比较多的 5~6 月，以阴天、下雨天或傍晚移栽为好，最好不要在阳光强烈的天气移植。移栽畦要平整，表土细碎疏松，与春玉米等套作的地块，畦面要先松土，开穴。每穴栽苗 1~2 株，适当深栽，注意使苗根系舒展，压实表土，移栽后要浇一次定根水，以保证幼苗成活和发根生长。较贫瘠的地块按行株距 20cm×20cm 或 20cm×15cm 移栽，肥沃的地块按行株距 25cm×25cm 或 25cm×20cm 移栽。肥沃的土地要适当稀植，贫瘠的土地适当密植，合理密植才能保证穿心莲的产量。苗好是高产优质的前提和保障，移栽时，注意留大苗、壮苗，除去小苗、弱苗、病苗。

4. 田间管理

(1) 中耕除草：穿心莲苗期要勤除草、松土。缓苗后（直播苗高 10~15cm 时）应进行第一次中耕除草，中耕宜浅，避免伤根，影响生长。以后每隔 20~30 天中耕除草一次，中耕时可适当培土，当穿心莲高 30~40cm 时，结合松土，在植株基部适当培土，促进不定根生长，从而增强吸收水、肥的能力。穿心莲茎秆很脆，培土也可加固植株，以防被风刮倒。

除草方法为人工锄草或人工拔草，可适量选择合适的除草剂，以避免造成药害或药剂残留在根茎中，影响穿心莲的质量。

(2) 追肥：穿心莲喜大水大肥，在穿心莲生长期必须适时追肥。追肥以氮肥为主，磷钾肥为辅，宜勤施薄施，但要严禁使用硝态氮肥，整个生长期一般要求追肥不少于 3 次。移栽一周后（直播苗高 10~15cm 时）可施一次薄肥，每 667m^2 施尿素 4~5kg。在封行前，每隔 30 天追肥 1 次，每 667m^2 追施含氮高的复合肥 15~20kg 或尿素 10kg。封行后，结合喷灌或灌溉追施 1 次，每 667m^2 追肥复合肥约 20kg 或喷 0.2% 磷酸二氢钾 100g。

下雨前或下雨时不要施肥，因为雨前施肥易被雨水冲走，造成肥料损失。

(3) 灌溉、排水：幼苗移植后要及时浇水，这是保证成活的关键。移植后如无雨，7~10 天浇水一次，保持土面湿润；直播苗幼苗期应保持土壤湿润，但不能太湿，以免病虫害发生。在 6~8 月穿心莲生长期间，雨水多的季节要及时通沟排水，穿心莲受淹超过 1 天就会造成根部腐烂，植株死亡。

5. 病虫害防治及农药残留控制

(1) 病害及其防治：穿心莲的主要病害有立枯病、枯萎病等。

1) 立枯病 *Rhizoctonia solani* Kuehn.：俗称“烂秧”。是由真菌引起的，病菌在土壤内或病株残体上越冬，腐生性较强，能在土壤中长期存活。湿度大、浇水不当、播种过密、幼苗生长瘦弱等均可发生猝倒病，连作由于土壤带菌量积累较高而发病严重。穿心莲幼苗期，立枯病发生普遍，2 片真叶时危害严重，使幼苗茎基部发生收缩，幼苗出现灰白色菌丝，发病初期在苗床内零星发生，传播很快，一个晚上就会出现成片死亡。

防治方法：①首先要做到及时清沟排水，降低土壤湿度。苗床减少浇水，加强苗床四周通风，特别注意晚上和阴雨天的通风，降低土壤温度，增强光照。②土壤消毒，结合整地撒石灰 100kg/667m^2 进行土壤消毒。③加强田间管理，要及时除草、间苗、清除病苗。育苗田的杂草要及早清除，幼苗过密，要结合除草进行间苗，以促进幼苗茁壮成长，提高抗病力，发现病苗应立即拔除，防止交叉感染。④发现病株及时拔除，用 5% 的石灰水浇灌病区，7 天 1 次，连续 3~4 次。⑤发病期用 50% 甲基托布津 800~1 000 倍液或 25% 瑞毒霉可湿性粉剂 400 倍液喷洒，7~10 天 1 次，连续 2~3 次，以控制其蔓延。

2) 枯萎病 *Fusarium wilt*：该病是真菌中的镰刀菌引起的土传病害，可以通过种子带菌传播，主要侵害茎基部维管束，病菌在维管束内繁殖蔓延，通过堵塞维管束导管和分泌有毒物质毒害寄主细胞，破坏寄主正常吸收输导功能，使养分水分转运受阻。病菌也可以在土壤、肥料中越冬。条件适宜时形成初侵染，在病部产生分生孢子，通过浇水、雨水和土壤传播，从根茎部伤口侵入，并进行再侵染。在 6~10 月穿心莲苗期和成株都能发生。幼苗期环境潮湿时，在茎的基部和周围地表出现白色绵毛状菌丝体。一般局部发生，发病初期，植株顶端嫩叶发黄，下边叶仍然青绿，植株矮小，根及茎基部变黑，全株死亡。

防治方法：①实行 3 年以上轮作，有条件的最好进行水旱轮作或与禾本科作物、葱蒜类作物轮作。②土壤消毒，结合整地每667m^{2}撒石灰100kg进行土壤消毒。③种子消毒，可以通过温汤浸种和药剂消毒两种方式进行。温汤浸种为以40~50℃温水浸泡24小时；药剂消毒用种子重量0.5%的50%多菌灵可湿性粉剂拌种或40%甲醛300倍液浸种4小时，再用清水洗净，晾干。④加强肥水管理，严防大水漫灌。施用充分腐熟的有机肥，增施饼肥、氮磷肥与消石灰，增强植株抗病力，改善土壤理化性状。⑤药剂防治，发病初期可用多菌灵800~1 000倍液喷雾或灌根或用50%多菌灵可湿性粉剂500倍液喷药防治。田间发生死苗后应及时拔除病株，减少菌源残留在田里，并对邻近植株用以上药液淋浇或灌根。

(2) 虫害及其防治：穿心莲害虫以地下害虫为主，其中主要有蝼蛄、蛴螬、地老虎和金针虫等。这类害虫多昼伏土中，夜出地面活动，食性杂。常常造成缺苗、断垄，使药材质量下降，产量降低，严重影响药农种植药材的经济效益。防治方法有：

1) 清洁田园，头茬作物收获后，及时拣尽田间杂草，以减少害虫产卵和隐蔽的场所。在穿心莲出苗前或地老虎1~2龄的幼虫盛发期，及时除净田间杂草，减少幼虫早期食料。将杂草深埋或运出田外沤肥，消除产卵寄主。

2) 施用的有机肥要充分腐熟，最好经过高温堆沤腐熟，杀死虫卵。

3) 灌水灭虫，水源条件好的地区，在地老虎发生后及时灌水，可达到较好的防治效果。

4) 人工捕捉。清晨扒开新被害药苗周围或被害残留茎叶洞口的表土，捕捉害虫，集中处理。

5) 诱杀成虫：①黑光灯诱杀，金龟子、地老虎、蛴螬的成虫对黑光灯有强烈的趋向性，根据各地实际情况，在可能的条件下，于成虫盛发期置一些黑光灯进行诱杀，灯下放置盛虫的容器，内装适量的水，水中滴入少许煤油即可；②放置糖醋酒盆诱杀，用糖6份、醋3份、白酒1份，加90%敌百虫1份调匀装盆可诱杀地老虎等成虫；③毒饵诱杀，用炒香的麦麸、豆饼或切碎的新鲜草、菜诱杀蝼蛄、蛴螬、地老虎。一般在傍晚无雨天，在田间挖坑，施放毒饵，次日清晨收拾被诱杀的害虫集中处理。

【采收、加工与贮藏】

1. 采收　采收时间：穿心莲采收时间和药效关系密切，适时采收，能保证有效成分含量较高。穿心莲在现蕾至初花期药效成分含量最高，因此，穿心莲的最佳采收期为现蕾至初花期。全国各地产区因气候不一样，采收时间各异，在我国南方采收时间一般为9月中下旬。

采收方法：选晴天，在离地面约3cm处用镰刀割取地上部分。

2. 加工　收割的穿心莲鲜药材要及时运回晾晒场，不要放在种植地过夜，做到随收随运随晒，割取的穿心莲全草要去除根须、杂草、泥土等杂质，然后按头向上、尾向下的倒立竖直方式放在整洁干净的晒场上晾晒，晾晒过程中要经常翻动，晚上或雨天要用干净无污染的塑料薄膜盖起来。全草晒至七八成干时，打成小捆，再晾晒至全干（晒至茎秆发脆，若晒至全干打成小捆，叶易脱、易碎，叶不易收集，容易丢失，影响产量和质量）即可。全草以身干、色绿、叶多、无杂质、无霉变为优。

如果没有晒干，又遇到阴雨天应该摊开，不能堆积，否则发热变质，因为没有充分干燥的穿心莲或被雨水或雾水弄湿后，其堆闷发汗易变成黑色，影响药材的质量。

3. 贮藏　要求穿心莲全草，水分含量≤13%。置阴凉干燥处保存，防蛀防霉变。

【栽培过程中的关键环节】

1. 忌水涝　穿心莲的种植区应建立完善的排水系统，确保排水顺畅，雨季要达到雨停无积水的程度，积水易引起病害和死亡。

2. 合理施肥　基肥应多施有机肥，配合施用氮、磷、钾肥等化肥；按照“施足基肥，早施苗肥，分次追肥”的原则进行施肥，采收前一个月不要施肥。

3. 适时采收　适时采收才能保证有效成分含量较高。穿心莲的最佳采收期为现蕾至初花期，过早过晚采收药材，有效成分含量较低。不同产区采收期要根据当地物候和气候的实际情况确定。

铁皮石斛

29. 铁皮石斛

铁皮石斛 *Dendrobiumofficinale* Kimura et Migo 为兰科石斛属多年生附生草本植物，以干燥茎供药用，药材名为铁皮石斛。铁皮石斛味甘，性微寒；归胃、肾经；具有益胃生津、滋阴清热的功效。用于治疗热病津伤、口干烦渴、胃阴不足、食少干呕、病后虚热不退、阴虚火旺、骨蒸劳热、目暗不明、筋骨痿软。铁皮石斛主要含有多糖、生物碱、氨基酸、微量元素和菲类化合物等成分，具有增强机体免疫力、抗肿瘤、促进消化液分泌、抑制血小板凝集、降血脂、降血糖、抗氧化、抗衰老和退热止痛等药理活性。

铁皮石斛主要分布于安徽西南部的大别山地区，浙江东部的鄞县、天台、仙居，福建西部的宁化，广西西北部的天峨，四川，云南东南部的石屏、文山、麻栗坡、西畴等地。铁皮石斛生长环境特殊，规模化生产、优质高产技术缺乏是栽培上存在的主要问题。规模化生产的生产管理技术是铁皮石斛栽培研究方向。

【生物学特性】

1. 生态习性　生长于通风性好、透光而又不受日光直接照射的林下水旁、陡峭岩壁或古树上，根不入土。适宜生长温度 20~25℃，生长周期为 2~3 年，开花时间为 4~6 月，自然繁殖力极低，常规条件下很难繁殖。

(1) 对温度的适应：适宜在凉爽、湿润的环境中生长，通常生于海拔 1 600m 地区。不耐寒，幼苗 10℃以下容易受冻，在 18~30℃能够正常生长，生长最适温度为 15~20℃，休眠期最适温度为 16~18℃。

(2) 对水分的适应：忌干燥，怕积水。在新芽开始萌发至新根形成时需充足水分。过于潮湿时，如遇低温则容易引起腐烂。天晴干热时，除浇水外，要保持较高的空气湿度。冬季植株生长缓慢时期，可适当降低环境湿度。

(3) 对光照的适应：喜半阴半阳环境。整个生长期均需要适宜的荫蔽，夏秋季以遮光率 50% 为宜，冬春以遮光率 30% 为宜。旺盛生长季节，光照过强茎部会膨大、呈黄色，叶片黄绿色；光照不足生长受到影响。开花时期日照充足，开花数量多。

(4) 对土壤的适应：栽培基质宜选用排水好、透气的碎蕨根、水苔、木炭屑、碎瓦片、珍珠岩等，以碎蕨根和水苔为主。

2. 生长发育特性

(1) 根的生长：铁皮石斛根系属须根系，着生于茎基部。幼苗栽种后，茎基部长出多条须根，第一年须根 5~20 条、长度 15~25cm，在根生长条件好的环境须根长度可达 40cm。第二年春季，茎基部发新根 5~10 条。栽种 3 年以上的铁皮石斛须根 20~30 条，多的可达 40 条以上。栽种后第三年起，铁皮石斛发生 2 年以上的须根开始老化、枯死，植株的须根量维持在 25 根左右，栽种 5 年以上的植株，须根发生力减弱，须根量开始下降。

(2) 茎叶的生长：春季气温在 13~15℃时，二年生植株茎的基部腋芽萌发形成幼苗，幼苗生长形成茎。新生茎第一年高度 5~10cm，着生 3~5 片叶；第二年茎高度可达 10~20cm，叶片 5~8 片；第三年茎高度可达 15~30cm，叶片 10~15 片。

(3) 花与果实的发育：二年生植株茎部分开花，三年生植株茎都能正常开花。5 月中上旬，茎的顶端和上部节上长出花苞，15~20 天花苞基本长成进入开花期，盛花期 8~10 天。授粉后第二天花萼合拢，花瓣迅速萎蔫，4~5 天后子房开始膨大，果实成熟期为 180~200 天。

(4) 种子特性：果实为椭圆形蒴果，长 3~5cm，成熟时为黄绿色。成熟果实内含有种子，呈黄绿色，两端具翅，长约 0.2mm、宽约 0.04mm。

【栽培技术】

1. 品种类型　铁皮石斛分布较广，由于长期在不同的地理位置和生态环境下生长，种间变异较大。从外部形态到活性成分含量均会发生变化。外部形态上有宽叶红秆型、青秆型和窄叶型。宽叶红秆型的形态特征为：茎直立，圆柱形，粗壮，具多节；叶二列，纸质，厚实，矩圆状披针状或椭圆形，短宽，先端钝并且多数钩转，叶片正面深绿色，叶片背面灰绿色并有紫色斑点；基部下延为抱茎鞘，叶鞘常为紫色或具紫斑，老叶上缘与茎松离而张开，并且与节间留下 1 个环状铁青色的间隙。以云南广南地区野生铁皮石斛为代表，即俗称的“黑节草”。

2. 选地与整地　石斛类植物主要生长在半阴半阳的环境，空气湿度在 80% 以上，冬季气温在 0℃以上地区。野生铁皮石斛附生在树上或岩边石坎上。人工栽培铁皮石斛主要有树皮栽培、石缝与石块栽培和荫棚栽培 3 种方式。

(1) 树上栽培时，选择树皮厚、水分多、树冠茂密、树皮有纵裂沟槽的树种，如黄桷树、梨树、樟树等。用刀削去少量树皮，然后用竹钉 1~3 颗将苔藓钉在树皮上。

(2) 石缝与石块栽培时，应选择阴凉、湿润地区。利用石缝栽培，先在石缝上塞入小块苔藓；在石块上栽培，先在石块上栽种苔藓。

(3) 荫棚栽培时，用砖或石块垒成宽 40~50cm、高 20cm 的畦，将树皮、碎木屑、细沙或腐殖土、细沙、碎石混合成的基质填入畦内，整平。畦上搭设高 120~150cm 的遮荫棚或遮阳网。

3. 繁殖方法

(1) 种苗选择：可用分株繁殖与组培苗繁殖。

1) 分株繁殖：选择一年生或二年生色泽嫩绿的植株作种株。将植株挖出，除去老根，从丛生茎的基部切开，分切时尽量少伤根系。

2）组培苗繁殖：组培苗经 3 个月以上炼苗后进行移栽。选择苗高 3cm 以上、叶片 4~5 片、叶色嫩绿、须根长 3cm 以上、须根 4~5 条、根皮白色、无黑色根的驯化苗作种苗。

(2) 移栽：春季和秋季都可移栽，春季优于秋季。春季最佳移栽时间为 4 月中旬至 5 月下旬，这段时间气温在 12~25℃，空气湿度较大，移栽成活率高，生长时间较长。秋季移栽在 9 月中旬至 10 月下旬进行，移栽后做好抗寒防冻工作。

根据栽种方式确定相应密度。采取树表栽培、石缝栽培或石块栽培的，按照 9~10 株 /m^2 的密度栽种；荫棚栽培的，按照行距 20cm、株距 10cm 密度栽种，每窝栽种 1 株。

4. 田间管理

(1) 除草管理：铁皮石斛生长在温湿环境，苔藓或基质上会滋生杂草，影响植株生长。每年要除草 2 次，第一次在 3 月中旬至 4 月上旬进行，第二次在 11 月。在夏季高温季节不宜除草，以免影响植株正常生长。

(2) 施肥管理：多采取根外追肥。用 1% 尿素、1% 硫酸钾和 2% 过磷酸钙或 1% 尿素、0.5% 硫酸钾和 1% 磷酸二氢钾溶液喷洒植株，以喷湿叶片至开始滴液为度。在 4~10 月生长期，每月根外追肥 1 次。

(3) 水分管理：水分管理是铁皮石斛栽培过程中的关键环节之一。移栽至成活前，是铁皮石斛水分敏感时期，应将苔藓或基质含水量控制在 60%~70%，以手抓苔藓或基质有湿感但不滴水为宜；空气湿度保持在 90% 左右。移栽植株开始发生新根时，空气湿度保持在 70%~80%。夏秋高温季节以基质含水量在 40%~50% 为宜。11 月下旬至翌年 3 月下旬，植株进入越冬期，生长基本停止，植株对水分的要求很低，应将苔藓或基质含水量控制 30% 以内。

(4) 光照管理：铁皮石斛喜阴，生长需要散射光，应采取遮荫措施满足植株生长的光照需要。移栽苗返青期，要求 70% 左右的荫蔽度，强光暴晒易导致幼苗萎蔫，成活率低。生长期遮荫度以 60% 左右为宜。夏、秋季，是植株生长的关键时期，强光抑制茎尖生长，严重时茎生长停止。

(5) 温度管理：铁皮石斛适宜生长温度为 15~28℃。夏季温度高时，通过遮荫、喷雾降温、通风降温等方式，调节生长环境温度在适宜范围内，设施大棚需要加强通风散热。在越冬期，通过加厚遮阳棚、四周设置栅栏等方式，防止植株受到低温冷害影响。

(6) 翻蔸管理：栽种 5 年后，植株萌芽能力减弱、新根发生较少；栽种多年后，苔藓生长势降低或基质腐烂，易被病菌侵染，影响植株正常生长，需要进行翻蔸。将整个植株挖起，重新培植苔藓或更换新鲜基质；除去原来植株枯朽老根，分株栽种。

5. 病虫害及其防治

(1) 病害及其防治：主要病害有软腐病、黑斑病等。

1）软腐病：通常在高温高湿的环境中发生，由细菌感染引起，发生初期叶片出现暗绿色水浸状小斑点，斑点迅速扩大呈黄褐色软化腐烂状，严重时整株腐烂解体呈湿腐状。

防治方法：发病初期，用百菌清 1 000 倍液或 80% 甲基托布津可湿性粉剂 800 倍液喷雾。同时加强田间管理，注意通风透光和降低田间湿度。及时拔除感病严重的植株，并用广谱性抗菌剂对发病植株窝穴进行处理。

2）黑斑病：为真菌引起的病害，一般在 3~5 月发生。发病时嫩叶呈褐色斑点，病斑周围叶片变黄，逐渐扩散整叶片，老叶基本不被侵染，严重时黑斑在叶片上相互连成片，最后叶片枯萎脱落。

在温度高于25℃、相对湿度大于90%时，蔓延速度快。

防治方法：发病初期用50%多菌灵1 000倍液喷雾2~3次。

(2) 虫害及其防治：主要虫害有蜗牛、蛞蝓、石斛菲盾蚧、红蜘蛛等。

1) 蜗牛与蛞蝓：主要危害植株幼茎、嫩叶、花蕾等。

防治方法：用萝卜叶、嫩菜叶、豆叶、麸饼等食物放在开口的器皿内作为诱饵，夜间引诱蜗牛、蛞蝓，可用人工捕杀。也可用50%辛硫磷乳液0.5kg拌50kg萝卜叶、嫩菜叶或豆叶，于傍晚撒在田间诱杀。

2) 石斛菲盾蚧：寄生于植株叶片边缘或背面吸食汁液，5月下旬为孵化盛期。

防治方法：用40%乐果乳油1 000倍液或50%马拉硫磷1 000倍液喷雾。有条件的地方，可释放瓢虫等天敌进行防治。

3) 红蜘蛛：在气温高、天气干燥时，吸食植株叶片汁液，叶片形成皱纹状的白斑。

防治方法：清除周边环境的杂草或喷40%三氯杀螨醇800~1 000倍液。

【采收、加工与贮藏】

1. 采收　宜在冬末至春初采收。栽后2~3年，采收叶片开始衰老变黄、部分叶片脱落的茎。生长年限越长，茎数越多，单产越高。采收三年以上的株茎，留下二年内生的株茎，让其继续生长，加强水肥管理，待来年再采。

2. 加工　鲜用时，采后除去须根及杂质，另行保存。干用时，去根洗净，搓去薄膜状叶鞘，晒干或烘干；也可先置开水中略烫，再晒干或烘干。

枫斗加工：将长8cm左右的茎洗净晾干，用文火均匀炒至柔软，搓去叶鞘，趁热将茎扭成螺旋状或弹簧状，反复数次，最后晒干。

3. 贮藏　置阴凉干燥处，防潮。

【栽培过程中的关键环节】

1. 创造适宜的光照条件　铁皮石斛为喜阴植物，自然条件下多分布在茂密的树干、荫蔽背阳的山沟石壁上，栽培时应采取适宜措施调节田间光照强度，以满足植株生长发育需要。

2. 调节基质水分　铁皮石斛喜湿怕渍，生长过程中需要适宜的水分。受到干旱影响时，新发生地下根的老化加快、气生根生长停止，新生叶生长缓慢；水分过多时，植株生长也受到影响，根系生长慢，叶片变黄。栽培时应根据季节、植株生长发育时间，合理调节生长基质的水分与田间湿度。

30. 山茱萸

山茱萸

山茱萸 *Cornus officinalis* Sieb. et Zucc. 为山茱萸科植物，又称萸肉、枣皮、药枣、蜀枣等，以干燥成熟的果肉入药，药材名为山茱萸。山茱萸为常用中药，为六味地黄丸六味之一。其味酸、涩，性微温；归肝、肾经。有补益肝肾、收涩固脱的功效。用于治疗眩晕耳鸣、腰膝酸痛、阳痿遗精、遗尿尿频、崩漏带下、大汗虚脱、内热消渴。山茱萸主要含有山茱萸苷、熊果酸、皂苷、鞣质、没食子酸、苹果酸、没食子酸甲酯、白桦脂酸等化学成分。

山茱萸在我国主要分布于河南伏牛山、陕西秦岭和浙江天目山区的中低丘陵山区，主产于河南、陕西、浙江、安徽、四川等省。河南种植历史悠久、产量大，其中以西峡、内乡、栾川、嵩县等地的产量高，质量佳，为河南道地药材。

【生物学特性】

1. 生态习性　山茱萸适宜于温暖、湿润的地区生长，畏严寒。自然分布在33°~37° N、105°~135° E之间的亚热带与温带交接地带，在海拔200~1 400m均有分布，但以海拔600~1 200m生长发育最佳。其正常生长发育、开花结实要求平均温度为5~16℃。10℃以上的有效积温是4 500~5 000℃，全年无霜期190~280天。花芽萌发最适宜温度为10℃左右，如果温度低于4℃则受危害，花期遇冻害是山茱萸减产的主要原因。

山茱萸喜阳光，耐旱能力较强，能耐瘠薄，在土壤肥沃、湿润、深厚、疏松、排水良好的砂质壤土中生长良好。冬季严寒、土质黏重、低洼积水以及盐碱性强的地方不宜种植。

2. 生长发育特性　从播种出苗到开花结果一般需要7~10年。若采用嫁接苗繁殖，2~3年就能开花结果。山茱萸根据树龄可分为4个阶段：幼龄期（实生苗长出至第一次结果，一般为7~10年）、结果初期（第一次结果至大量结果，一般延续10年左右）、盛果期（大量结果至衰老以前，一般持续100年左右）、衰老期（植株衰老到死亡）。

(1) 根的生长：山茱萸是近浅根性树种，根系较大，侧根较粗而多，须根和根毛较发达。春季根系于枝叶萌发前开始生长，地上部落叶之后停止。增加土壤有机质有利于山茱萸的根系生长。

(2) 茎叶的生长：山茱萸叶芽萌芽能力强。枝条是从上年生枝的顶芽中抽生出来的，通常直接着生于上年生枝顶端，分枝对生，一般可达10个左右。其果枝有长果枝（30cm以上）、中果枝（10~30cm）、短果枝（10cm以下）3种类型。在不同树龄的结果树中，均以短果枝结果为主。

(3) 花与果实的发育：山茱萸的花芽为混合芽，在5月底至6月初开始分化，其分化过程可分为花序的形成阶段和花的形成阶段，各阶段需时1个多月；到8月花序基本分化完成。花蕾经过越冬于翌年春季开放，初花期一般在3月初。整个花期约1个月，此时日均气温应高于5℃。若在开花期遇到低温或雨雪天，则坐果率极低。山茱萸先花后叶，花期过后，叶一般在3月上旬展开，4月下旬初步形成，4月底叶的生长速度减慢，5月上旬停止生长。山茱萸果实生长期在4月上旬至10月中下旬，历时200余天。4月下旬至5月底是果实迅速生长期，是营养物质补充的阶段，干旱或养分不足将导致大量落果。

(4) 种子特性：山茱萸果实为核果，种子呈椭圆形，两端钝圆。种皮坚硬，内含透明的黏液树脂，影响种子萌发，且存在后熟现象。

【栽培技术】

1. 品种类型　生产中并没有形成真正的栽培品种，因有种内变异现象，在产区出现了较多栽培类型。按果实形状，可分圆柱形果型（石磙枣）、椭圆形果型（正青头枣）、长梨形果型（大米枣）、短梨形果型、长圆柱形果型（马牙枣）、短圆柱形果型（珍珠红）、纺锤形果型（小米枣）等；依据成熟期可分为八月红、笨米枣等；依据果实色泽可分为珍珠红、青头郎等类型。综合分析，一般认为圆柱形果型(石磙枣)、短圆柱形果型(珍珠红)为优质类型,长圆柱形果型(马牙枣)、长梨形果型(大米枣)等为中产保留型,纺锤形果型(小米枣)、笨米枣等为低产劣质型。

2. 选地与整地　育苗地宜选择背风向阳、光照良好的缓坡地或平地。以土层深厚、肥沃、疏松、湿润、排水良好的砂质壤土,中性或微酸性的地块为好,育苗地不宜重茬。在入冬前进行一次深耕,深30~40cm,耕后整细耙平。结合整地每667m^{2}可施充分腐熟的厩肥2 500~3 000kg作基肥。播种前,再进行一次整地作畦。北方地区多作平畦,南方多作高畦,均应挖好排水沟。

栽植地选择海拔200~1 200m,坡度不超过20°~30°,背风向阳的山坡或平地,以中性和偏酸性、具团粒结构、透气性佳、排水良好、富含腐殖质、较肥沃的土壤为最佳。高山、阴坡、光照不足、土壤黏重、排水不良等处不宜栽培。坡度小的地块全面耕翻;在坡度为25°以上的地段按坡面一定宽度沿等高线开垦即带垦。在坡度大、地形破碎的山地或石山区采用穴垦,其主要形式是鱼鳞坑整地。全面垦复后挖穴定植,穴径50cm左右,深30~50cm。挖松底土,每穴施土杂肥5~7kg,与底土混匀。土壤肥沃,水肥好,阳光充足条件下种植的山茱萸结果早,寿命长,单产高。

3. 繁殖方法　以种子繁殖为主,少数地区采用压条繁殖和嫁接繁殖。

(1) 种子繁殖

1) 采果、去果肉:选择生长旺盛、树势健壮、冠形丰满、抗逆性强的中龄树作为采种树,采集成熟、果大、核饱满、无病虫害的果实,微晒3~4天,待果皮柔软去皮肉后作种。

2) 种子处理:种皮坚硬,且存在后熟现象,发芽困难,须在育苗前进行处理。以砂贮催芽法为主,具体为:脱肉的种子经清水浸泡后,再用洗衣粉或碱液反复搓揉,并用清水反复冲洗至种子表皮发白,晾干。种子与沙分层交替贮藏催芽,第二年春播后覆盖薄膜育苗。另外可采用薄膜覆盖,以达到山茱萸种子早生快发的目的。还有浸沤法、腐蚀法。此外,还有把种子倒入猪圈进行沤制,第一年倒入,第二年或第三年早春扒出。据调查,这种方法发芽率达70%以上,但不规范。

3) 播种育苗:在春分前后,将已处理好的种子播入整好的育苗地。按25~30cm的行距开沟,沟深为3~5cm,把种子均匀撒播,覆土耧平,稍镇压,浇水覆膜或覆草。10天左右即可出苗,用种量30~40kg/667m^2。出苗后除膜或除去覆草,进行松土除草、追肥、灌溉、间苗、定苗等常规的苗期管理。间苗保留株距7cm。6~7月追肥2次,结合中耕每667m^{2}施尿素4kg或棉籽饼100kg,翻入土中浇水。苗高10~20cm时如遇干旱、强光天气要注意防旱遮荫。入冬前浇一次封冻水,在根部培施土杂肥,保幼苗安全越冬。幼苗培育2年,在“春分”前后移栽定植。阴天起苗,苗根带土,栽植前进行根系修剪并蘸泥浆,保护苗木不受损伤,根系不能暴晒和风吹,栽穴稍大,以利展根,埋土至苗株根际原有土痕时轻提苗木一下,使根系舒展,扶正填土踏实,浇定根水。

(2) 嫁接繁殖:采用嫁接苗栽植,可以提早结实。砧木宜选择实生苗,用芽接法(7~9月)和切接法(9~10月)均可。

(3) 压条繁殖:秋季采收后或春季萌芽前,选择生长健壮、病虫害少、结果又大又多、树龄10年左右的优良植株进行压条,将近地面处2~3年生枝条压入深15cm左右的坑中,在枝条入坑处用刀切割至木质部,然后盖土肥,压紧,枝条先端伸出地面,保持土壤湿润,压条成活后2年即可分离定植。

4. 田间管理

(1) 树盘覆草:山茱萸根系较浅,通过树盘覆盖可以减少地表蒸发,保持土壤水分,提高地温,有利于根系活动，从而促进山茱萸的新梢生长和花芽分化。还可延迟开花期，减轻冻害影响，提高坐果率和产量，减少降雨引起的树盘土壤冲刷，并能抑制杂草。树盘覆盖的材料可用地膜、稻草、麦秸、马粪及其他禾谷类秸秆等，覆盖的面积以超过树冠投影面积为宜。具体做法是将麦秸铡成长 20 cm 的小段，每树覆盖 20kg，厚度 10~15cm，并在其上星点式压土，以防风刮。

（2）追肥：追肥分土壤追肥和根外追肥（叶面喷肥）两种。土壤追肥在树盘土壤中施入，前期追施以氮素为主的速效性肥料，后期追肥则应以 N、P、K 为主，或 N、P 为主的复合肥为宜。幼树施肥一般在 4~6 月，结果树每年秋季采果前后于 9 月下旬至 11 月中旬注意有机肥与化肥配合施用。施肥方法采用环状施肥和放射状施肥。根外追肥在 4~7 月，每月对树体弱、结果量大的树进行 1~2 次叶面喷肥，用 0.5%~1% 尿素和 0.3%~0.5% 的磷酸二氢钾混合液进行叶片喷洒，以叶片的正反面都被溶液小滴沾湿为宜。

（3）疏花与灌溉：疏花量根据树冠大小、树势的强弱、花量多少确定，一般逐枝疏除 30% 的花序，即在果树上按 7~10cm 距离留 1~2 个花序，可达到连年丰产结果的目的，在小年则采取保果措施，即在 3 月盛花期喷 0.4% 硼砂和 0.4% 的尿素。山茱萸在定植后和成树开花、幼果期，或夏、秋两季遇天气干旱，要及时浇水保持土壤湿润，保证幼苗成活和防止落花落果造成的减产。

（4）整形与修剪：根据山茱萸短果枝及短果枝群结果为主、萌发力强、成枝力弱的特性和其自然生长习性，栽植后选择自然开心形、主干分层形及丛状形等丰产树形。通过整形修剪，可调整树体形态，提高光能利用率，调节山茱萸生长与结果、衰老与更新及树体各部分之间的平衡，达到早结果、多结果、稳产优质、延长经济收益的目的。

1）幼树的整形修剪：定植后第二年早春，当幼树株高达到 80~100cm 时，开始修剪。此时应以整形为主，修剪为辅。根据整形的要求，应尽快地培养好树冠的主枝、副主枝，加速分支，提高分支级数，缓和树势，为提早结果打下基础。根据山茱萸生长枝对修剪的反应，幼树应以疏剪（从基部剪除）为主，短截（剪去枝条的一部分）为辅。疏剪的枝条包括生长过旺、影响树形的徒长枝；骨干枝上直立生长的壮枝；过密枝以及纤细枝。

2）成树的整形修剪：结果期前期仍以整形为主，进入盛果期后，则以修剪为主。此时的生长枝要尽量保留，特别是树冠内膛抽生的生长枝更为宝贵。同时对这些生长枝进行轻短截，以促进分支，培养新的结果枝群，更新衰老的结果枝群。总之，生长枝的修剪，应以“轻短截为主，疏剪为辅”。山茱萸生长枝经数年连续长放不剪，其后部能形成多数结果枝群。但由于顶枝的不断向外延伸以及后部结果枝群的大量结果，整个侧枝逐渐衰老，其表现是顶芽抽生的枝条变短，后面的结果枝群开始死亡。这时侧枝应及时回缩，更新复壮，以免侧枝大量枯死，一般回缩到较强的分枝处。回缩的程度视侧枝本身的强弱而定：强者轻回缩，弱者重回缩。回缩之后，剪口附近的短枝长势转旺，整个侧枝又开始向外延伸。同时，侧枝的中、下部也常抽生较强的生长枝，可用来更新后面衰老的结果枝群。

3）老树的更新修剪：进入衰老期后，抗逆性差，容易被病虫害侵袭危害，导致山茱萸衰老死亡，须更新修剪。充分利用树冠内的徒长枝，将其轻剪长放培养成为树体内的骨干枝，促使徒长枝多抽中、短枝群，以补充内膛枝，形成立体结果。对于地上部分不能再生新枝的主枝或主干死亡而根际处新生蘖条，可锯除主枝主干，让新条成株更新。更新植株比同龄栽株要提早 2~4 年结果。

5. 病虫害防治及农药残留控制

(1) 病害及其防治

1) 炭疽病 *Colletotrichum gloeosporioides* Penz.:又名黑斑病、黑疤痢。主要危害果实和叶片。果实病斑初为棕红色小点,逐渐扩大成圆形或椭圆形黑色凹陷病斑,病斑边缘红褐色,外围有红色晕圈。叶片病斑初为红褐色小点,以后扩展成褐色圆形病斑,果炭疽病发病盛期为6~8月,叶炭疽病发病盛期为5~6月。多雨年份发病重,少雨年份发病轻。防治方法:病期少施氮肥,多施磷、钾肥,促株健壮,提高抗病力;选育优良品种;清除落叶、病僵果;发病初期用1∶2∶200波尔多液或50%多菌灵可湿性粉剂800倍液喷施。防治叶炭疽病第1次施药应在4月下旬,防治果炭疽病第1次施药应在5月中旬,10天左右喷1次,共施3~4次。

2) 角斑病 *Ramularia* sp.:危害叶片和果实。初期叶正面出现暗紫红色小斑,中期叶正面扩展成棕红色角斑,后期病部组织枯死,呈褐色角斑。果实发病,为锈褐色圆形小点,直径在1mm左右,病斑数量多时,连接成片,使果顶部分呈锈褐色。果实发病,仅侵害果皮,病斑不深入果肉。多在5月初田间出现病斑。7月为发病高峰期。湿度较大时易发生。防治方法:增施磷钾和农家肥,提高抗病力;5月树冠喷洒1∶2∶200波尔多液保护剂,每隔10~15天喷1次,连续3次,或者喷50%可湿性多菌灵800~1 000倍液。初病时喷75%百菌清可湿性粉剂500~800倍液2~3次,每7~10天喷1次。

此外,还发现灰色膏药病 *Septobasidium bogoriense* Pat.、白粉病 *Phyllactinia corylea*(Pers)Karst.、叶枯病 *Septoria chrysanthemella* Sacc.等,但在产区没有造成危害。

(2) 虫害及其防治

1) 蛀果蛾 *Asiacarposina conusvora* Yang:又名食枣虫、萸肉虫、药枣虫,河南叫“麦蛾虫”,浙江叫“米虫”。一年发生1代,8月下旬至9月初危害果实,一般1果1虫,少数1果2虫。以老熟幼虫入土结茧越冬,成虫具趋化性。防治方法:及时清除早期落果,果实成熟时,适时采收,可减少越冬虫口基数;在山茱萸蛀果蛾化蛹、羽化集中发生的8月中旬,喷洒40%乐果乳剂1 000倍液,每隔7天喷1次,连续喷2~3次。

2) 大蓑蛾 *Crytothelea variegata* Snellen:又名大袋蛾、皮虫、避债蛾、袋袋虫、布袋虫。幼虫以取食叶片为主,也可食害嫩枝和幼果。多发生在10~20年生山茱萸树上,尤以长江以南地区发生更为严重。1年发生1代,老熟幼虫悬吊在寄主枝条上的囊中越冬。防治方法:在冬季人工摘除虫囊;可选用青虫菌或Bt乳剂(孢子量100亿个/g以上)500倍液喷雾,效果亦好。

3) 尺蠖 *Boarmia eosaria* Leech:又名量尺虫、造桥虫、吊丝虫等。幼虫以叶为食。1年发生1代,以蛹在土内或土表层、石块缝内越冬,6~8月为羽化期,7月中、下旬为盛期,成虫喜在晚间活动,幼虫危害期长(7月上旬至10月上旬),达3个月左右。防治方法:开春后,在树干周围1m范围内挖土灭蛹;在幼虫发生初期喷2.5%的鱼藤精400~600倍液或90%敌百虫1 000倍液。

【采收、加工与贮藏】

1. 采收　一般为10~11月前后,当果皮呈鲜红色,便可采收。果实成熟时,枝条上已着生许多花芽,采收时,应动作轻巧,按束顺势往下采,以免影响来年产量。

2. 加工　目前产地加工一般要经过净选、软化、去核、干燥四个步骤。

(1) 净选：除去枝梗、果柄、虫蛀果等杂质。

(2) 软化：各产区由于习惯不同采取的软化方法也不同。常见的方法有以下 3 种。

1) 水煮法：将果实倒入沸水中，上下翻动 10 分钟左右至果实膨胀，用手挤压果核能很快滑出为好，捞出去核。

2) 水蒸法：将果实放入蒸笼上，上汽后蒸 5 分钟左右，以用手挤压果核能很快滑出为好，取下去核。

3) 火烘法：将果实放入竹笼，用文火烘至果膨胀变柔软时，以用手挤压果核能很快滑出为好，取出摊晾，去核。

(3) 去核：将软化好的山茱萸趁热挤去果核，一般采用人工挤去果核或用山萸肉脱皮机去核。

(4) 干燥：采用自然晒干或烘干。

3. 贮藏　宜贮存在阴凉干燥的室内，一般温度 26℃以下，相对湿度 70%~75%，商品安全水分 13%~16%。同时应防止老鼠等啮齿类动物的危害，并定期检查，既要防止受潮，但也不宜过分干燥，以免走油。

【栽培过程中的关键环节】

1. 整形修剪　整形修剪是山茱萸矮冠密植栽培措施的关键。

2. 病虫防治　科学地防治病虫害，是保证药材安全、可控的关键。

五味子

31. 五味子

五味子 *Schisandra chinensis* (Turcz.) Baill. 为木兰科五味子属多年生落叶木质藤本植物，果实入药，药材名为五味子，又名北五味子、山花椒等。味酸、甘，性温；归肺、心、肾经。具有收敛固涩，益气生津、补肾宁心的功能。主治久嗽虚喘，梦遗滑精，遗尿尿频，久泻不止，自汗盗汗，津伤口渴，内热消渴，心悸失眠。五味子中含有木脂素、挥发油及多糖等成分。北五味子是常用名贵地道中药材，主产于辽宁、吉林、黑龙江，其中辽宁产质量上乘，被称为"辽药六宝"之一。

【生物学特性】

1. 生态习性

(1) 对温度的适应：五味子为阴性植物，极耐寒，枝蔓可抗 -40℃低温，因此可露地栽培。在春季当日均温 5℃以上时可萌动，适宜生长温度为 25~28℃，生育期在 110 天以上，年需大于等于 10℃，有效活动积温 2 300℃。

(2) 对光照的适应：五味子喜湿润，喜光耐阴。幼苗在生长前期需要一定光照和湿润环境，忌烈日照射，长出 5~6 片真叶以后逐渐需要充足的光照。成龄植株在营养生长时期需要比较充足的光照，到开花结实时期需要更多光照和通风透光条件。

(3) 对水分的适应：五味子较耐旱，但不耐低洼水浸。由于五味子的浅根系特性，对水要求迫切，因此需充足的水源，满足一年内多次灌水的要求，水源不能污染，要符合国家农田灌溉水质标准，这是生产绿色五味子的必备条件之一。

（4）对土壤的适应：人工栽培可选择15℃以下缓坡及水位在1m以下的平地，以微酸性、疏松肥厚、富含腐殖质、透气性好，保水性及排水良好的壤土、砂壤土为好，有人将这种立地条件称为"低中高"。不适于涝洼地和重盐碱地栽植。

2. 生长发育特性

（1）根：五味子的根分为实生根和不定根。实生根指用种子繁育的苗，它的根为实生根；实生苗为主根系，由于侧根发达，其主根不明显。不定根是指用扦插和压条以及用横走茎繁育苗的根，这类苗的根系，由各级侧根、幼根组成，没有主根。五味子的根系由骨干根和须根构成，棕褐色，富于肉质。趋肥性较强，深施肥有利于引导根向纵深处伸展，增加抗旱能力。适宜五味子根系生长的温度为20~25℃，当土层温度在10℃以下时，根系几乎停止生长。

（2）茎：五味子为木质藤本植物，茎的特点是细长、柔软、不能独立，必须依附其他物体向上缠绕生长。地上部的茎从形态上可分为主干、主蔓、侧蔓、结果母枝和新梢，新梢又分为结果枝和发育枝。从地面发出的树干称为主干，主蔓是主干的分枝，侧蔓是主蔓的分枝。结果母枝长在侧蔓上，它是上一年成熟的新梢；从结果母枝上芽眼所抽生的新梢，带有果穗的称为结果枝，不带果穗的称为发育枝。从植株基部萌发的枝条称为萌蘖枝。五味子在根茎以下具有产生横走茎的特性，横走茎依赖母体营养生存发展，具有截留地上部养分的优先条件，这是对人工栽培不利的一面，因而清除横走茎就成为保证丰产稳产的有效措施。同时在实际生产中，也可利用产生横走茎的特性来繁育优良苗木，萌发出的基生枝可用来补充和更新主蔓。

五味子的茎较细弱，新梢生长到秋季落叶后至翌年萌芽之前称为1年生枝，根据1年生枝的长度可将其分为叶丛枝（5cm以下）、短枝（5.1~10cm）、中长枝（10.1~20cm）和长枝（20cm以上），一般长枝比短枝发育程度好。

（3）叶：五味子叶片椭圆形、卵形、宽倒卵形或圆形，是进行光合作用、制造有机养料的重要器官。不同光照条件对叶片的光合作用有着较为明显的影响，直接影响树体的生长发育。在实际生产中通常采用整形修剪等措施，改善架面的通风透光条件来增强叶片的光合作用能力，对于五味子的丰产稳产有重要意义。

（4）芽和花

1）芽：新梢的叶腋处多着生3个芽，中间为发育较好的主芽，两侧为较瘦弱的副芽。春天主芽萌发，副芽多不萌发。当主芽受到某种伤害时，可刺激副芽萌发。五味子的芽分为叶芽和花芽，叶芽发育较花芽瘦小，不饱满。花芽为混合花芽，休眠期前即已完成花性分化。

未萌发的主芽、副芽，随枝蔓的增粗包藏于皮层内，在一定的条件下可萌发，称为隐芽、休眠芽或潜伏芽。从隐芽萌发抽生的新梢一般较粗壮，多具徒长性。

2）花：五味子雌雄同株，花单性，通常有4~7朵花轮生于新梢基部。雌、雄花的比例因花芽分化的质量有所不同，花芽分化质量好雌花的比例就高，反之雄花比例高。

3）花芽分化：五味子的花芽分化始于7月初，到7月下旬以后，进入到花性分化阶段。良好的花芽分化是翌年产量的基础。影响花性分化的因素有很多，如与树体的营养、光照、温度、土壤含水量及内源激素水平有密切关系。

（5）果实：五味子的穗梗由花托伸长而成，小浆果螺旋状着生在穗梗上。五味子浆果形状有肾形、球形和豌豆形三种，以肾形果居多；不同株系间果穗长度、果穗重和果粒重差异明显。果实成熟时为红色，可分为粉红色、红色和深红色三种。另有人通过野生资源调查，还发现果实为白色、黑色和绿色的珍稀种质。

五味子的果实一般在7月下旬开始着色，8月末至9月上旬成熟。五味子果实进入成熟期以后，果实内的糖、酸和色价的含量逐渐增加，单宁的含量趋于平稳，粗蛋白、粗灰分、各种氨基酸和五味子甲、乙素含量呈现微弱的下降趋势，进入完熟后又呈上升趋势。

(6) 种子：五味子每个果实中含有1~2粒种子，种子椭圆状肾形，略扁，表面浅棕色或黄棕色，平滑而有光泽，种仁呈钩形白色，有油性，嚼之有花椒味道。种子千粒重17~25g，胚较小。种子千粒重变化呈单峰性，即7~8月上旬迅速上升，8月中旬至9月下旬基本保持不变。

种子为深休眠性，并易丧失发芽能力，其休眠的主要原因是胚未分化完全，形态发育不成熟。在5~15℃条件下贮藏，种子可顺利完成胚的分化。胚分化完成后在5~25℃条件下可促进种子萌发。

【栽培技术】

1. 品种类型　五味子的亲缘种类较多，有着较丰富的"基因资源"，而且五味子分布广泛，野生资源有较为丰富的变异，这些丰富的原始材料为育种工作提供了良好条件。目前已选育出一些品质、性状表现良好的单株，且已培育出五味子的栽培品种多个。

(1) 红珍珠：由中国农业科学院特产研究所选育而成，是我国第一个五味子新品种。该品种具有雌雄同株、树势强健、抗寒性强、萌芽率高等特点。每个果枝上着生5~6朵花，平均穗重12.5g，穗长8.2cm，粒重0.6g，成熟果深红色，有柠檬香气，适于作药用或酿酒、制果汁的原料。

(2) 红珍珠2号：由陕西杨凌金山农业科技有限责任公司研究而成，既可药用，又可鲜食。该品种具有早期丰产、适应性强、价值高等特点，适于在微酸性或偏中性的土壤中生长，喜水、肥，栽植第二年挂果，盛产期产量可达550~600kg/667m^{2}以上（干品）。

(3) 早红（优系）：枝蔓较坚硬，表面暗褐色。叶轮生，卵圆形，叶柄红色。该品系的优点是枝条的硬度大、开张、叶色较浓，有利于通风透光，光合效率高，抗病性强，果实早熟，树体积累养分充足，丰产稳定性好。

(4) 优红（优系）：枝蔓较柔软，表面黄褐色。叶轮生，卵圆形，叶柄淡红色。该品系具有抗病、丰产稳产的优点，缺点是枝蔓过于柔弱，下垂性强，树体通风透光性较差。

(5) 巨红（优系）：枝蔓较柔软，枝条下垂，表面黄褐色。叶轮生，卵圆形，叶柄红色。该品系的优点是果穗及果粒大，树势强，丰产稳定性好。

另外，辽宁凤城大梨树村经过长期培育选种，还筛选出了凤选一号、凤选二号、凤选三号和凤选四号四个优良株系。

2. 选地与整地　选疏松肥沃、排水良好的砂质壤土或林缘熟地，选好地后于秋冬季深翻土壤，清除树根、枯枝、石砾等杂物，并结合整地施入腐熟厩肥2 000~3 000kg/667m^2，深翻20~25cm，整平耙细，育苗地作宽1.2m、高15cm、长10~20m的高畦。移植地穴栽。

3. 繁殖方法　野生五味子除了种子繁殖外，主要靠地下横走茎繁殖。在人工栽培中主要用种子繁殖。亦可用压条和扦插繁殖，但成活率低。

(1) 种子繁殖

1) 种子的选择:五味子的种子最好在秋季收获期间进行穗选,选留果粒大、均匀一致、无病虫害的果穗作种用。单独晒干保管,放通风干燥处贮藏。

2) 种子处理 ①室外处理:秋季将选作种用的果实,搓去果肉取种子与2~3倍于种子的湿砂混匀,放入大小适宜、深0.5m的坑中,上面盖上10~15cm的细砂,再盖上稻草或草帘子,进行低温处理。翌年4~5月即可裂口播种。②室内处理:2~3月间,将湿砂低温处理的种子移入室内,装入木箱中进行砂藏处理,其温度保持在10~15℃之间,经2个月后,再置0~5℃处理1~2个月,当春季种子裂口即可播种。种子不能炕烘或火烤,最好阴干,种子一经干燥便丧失发芽能力。

3) 播种育苗:一般在5月上旬至6月中旬播种经过处理已裂口的种子。条播或散播,用种量5kg/667m^{2}左右。条播行距10cm,覆土1~2cm。每平方米播种量30g左右。也可在8月上旬至9月上旬播种当年鲜籽。播后搭0.6~0.8m高的棚架,上面用草帘或苇帘等遮荫,透光度40%,土壤干旱时浇水,使土壤湿度保持在30%~40%,待小苗长出2~3片真叶时可逐渐撤掉遮荫帘。并要经常除草松土,保持畦面无杂草。翌年春或秋季可移栽定植。

(2) 压条繁殖:早春植株萌动前,选生长健壮、无病虫害的茎蔓,将植株枝条外皮割伤部分埋入土中,经常浇水,保持土壤湿润,待枝条生出新根和新芽后,于晚秋或翌春剪断枝条与母枝分离,进行移栽定植。

(3) 扦插繁殖:于早春萌动前,剪取坚实健壮的枝条,截成12~15cm一段,截口要平,生物学下端用100ppm萘乙酸处理30分钟,稍晾干,斜插于苗床,行距12cm,株距6~10cm,搭棚遮荫,并经常浇水,促使生根成活,翌春移栽定植。

(4) 根茎繁殖:于早春萌动前,刨出母株周围横走根茎,截成6~10cm一段,每段上有1~2个芽,按行距12~15cm,株距10~12cm栽于苗床上,成活后,翌春萌动前移栽定植于大田。

4. 移栽定植 在选好的地上,于4月下旬或5月上旬移栽经不同繁殖方法培育出来的五味子种苗;也可在秋季叶发黄时移栽。按行株距120cm×50cm穴栽。为使行株距均匀可拉绳定穴(在穴的位置上作一标志),然后挖成深30~35cm、直径30cm的穴,每穴栽一株。栽时要使根系舒展,防止窝根与倒根,覆土至原根系入土深稍高一点即可。栽后踏实,灌足水,待水渗完后用土封穴。15天后进行查苗,未成活者补苗。秋栽者第二年春苗返青时查苗补苗。

5. 间作 移栽定植后的头两年,因植株矮小,可间种其他药材或矮秆作物,以提高土地利用率。

6. 田间管理

(1) 中耕除草:移栽后应经常松土除草,每年2~3次。第一次在春季幼苗出土后,当苗高5cm以上时,进行浅松土、勤除草。松土时勿伤根系,以免死苗。第二次7~8月开花后,此时杂草丛生,应及时除尽。松土时比前次较深,但勿伤根。第三次在秋末冬初,视杂草情况,可再除草一次。

(2) 灌排水:五味子喜湿润,要经常灌水,开花结果前需水量大,应保证水分的供给。雨季积水应及时排出。越冬前灌一次水有利越冬。

(3) 追肥:五味子喜肥,结合松土除草,可追肥2~3次,第一次在展叶期进行,第二次在开花后进行。每次施厩肥每株5~10kg,加过磷酸钙50g。在距根部30cm处开深15~20cm环形沟,施入追肥后覆土。

(4) 搭架:移植后第二年应搭架,可用木杆,最好用 10cm×10cm×250cm 水泥柱或角钢做立柱,2~3m 立一根。用 8 号铁线在立柱上部拉四横线,间距 30cm,将藤蔓用绑绳固定在横线上。然后按左旋引蔓上架,开始可用绳绑,之后可自然缠绕上架。

7. 剪枝　五味子的枝条春、夏、秋三季均可剪休。

(1) 春剪:一般在枝条萌发前进行。剪掉过密果枝和枯枝,剪后枝条疏密适度,互不干扰。超过立架的可去顶,使之矮化,促进侧枝生长。

(2) 夏剪:6 月中旬至 7 月中旬进行。主要剪掉茎生枝、膛枝、重叠枝、基部蘖生枝、病虫细软枝等。对过密的新生枝也应进行疏剪或剪短。

(3) 秋剪:在落叶后进行,主要剪掉夏剪后的基生枝和病虫枝。短枝开雄花,也应剪掉。

8. 病虫害防治及农药残留控制

(1) 病害及其防治

1) 根腐病 *Fusarium* sp.:病原是真菌中的一种半知菌。7~8 月发病,开始叶片萎蔫,几天后整株死亡。防治方法为选排水良好的地方种植,雨季及时排除田间积水;发病期用 50% 的多菌灵 500~1 000 倍液根际浇灌。

2) 叶枯病 *Septoria* sp.:病原是真菌中的一种半知菌。6~7 月发生,造成叶枯早期落果。防治方法为发病前用 1∶1∶120 波尔多液喷雾,每 7 天 1 次;发病初期可用 50% 的甲基托布津 1 000 倍液喷雾防治,喷药次数视病情而定。

3) 白粉病:此病易在高温高湿下发生,尤其是大棚栽培通风不良的情况下应提早预防。防治方法为在 5 月上、中旬用 20% 粉锈宁乳油 1 500 倍液喷洒,或用等量式波尔多液,或喷 50% 的甲基托布津 700~800 倍液,每隔 7~10 天喷洒 1 次。

4) 黑斑病:此病在大田发生于 6 月上旬,在大棚高温高湿条件下易发病。防治方法为每年 5 月上、中旬,用 10% 的甲安唑、粉锈安生,25% 的爱谱、扑海因进行防治,每隔 7~10 天喷洒 1 次。

(2) 虫害及其防治

1) 卷叶虫 *Cnaphalocrocis medinalis* Guenee:属鳞翅目卷叶蛾科。以幼虫为害,造成卷叶。防治方法为用 50% 锌硫磷乳油 1∶500 倍液喷雾。

2) 柳蝙蛾 *Phassus excrescens* Butler:属鳞翅目蝙蝠蛾科。又名疣纹蝙蝠蛾、东方蝙蝠蛾。以幼虫蛀食五味子的枝条,严重时引起地上部死亡。防治方法为采用药浸棉塞堵虫蛀孔道,能有效地防治柳蝙蛾危害。试验证明,采用 80% 敌敌畏 200 倍液浸的药塞防治效果最佳。

3) 红蜘蛛:在五味子的叶片上吹一口气,发现爬动,即说明有。防治方法为用阿维菌素 8 000 倍进行防治。

4) 食心虫:危害期大多在 5 月下旬至 8 月下旬,以危害五味子果穗为主。防治方法为用 50% 的辛硫磷 1 000 倍液进行防治。

【采收、加工与贮藏】

1. 留种技术　在留种田里,选 6 年生以上健壮植株,5~6 月开花和结果初期进行疏花、疏果、去小留大，促使果大、饱满，9 月上旬当果实呈鲜红色时及时采收，用清水浸泡至果肉涨起时搓去果肉，取出种子阴干或湿砂保藏留种用。

2. 采收

(1) 采收时间及年限：五味子生长 3 年后大量结果，即可采收。于秋季 9~10 月果实变软呈紫红色时采收。研究表明，8 月采收果实呈淡红或粉红色，挥发油含量低，质量差，9 月中旬，果实呈紫红色时采收品质好。

(2) 采收方法：于晴天上午露水消退后，用采收剪采收，放入筐内，运至加工场地加工，要防止挤压。

(3) 加工采收的药材要先去除杂质、烂果、病果及非药用部位，然后平铺在席上晾干，晾晒过程中要经常翻动，防止霉变。若遇阴雨天要用微火烘干，温度不能过高，一般在 35 ℃左右为宜。否则易变成焦粒。干至手攥成团有弹性，松手后能恢复原状为好。产量为每 667m^2 产干货 200kg 左右。折干率 25%~33%。

3. 贮藏　应置于通风良好、干燥、阴凉的库房中贮存，定期检查，因五味子果实内含较多糖分和树脂状物质，极易吸湿返潮，发热、发霉、变质，如发现问题应及时置室外晾晒防潮。严防潮湿、霉变、鼠害等。

【栽培过程中的关键环节】

1. 层积催芽处理　五味子的种子具有生理后熟特性，播种前必须进行层积处理。12 月中下旬至次年 1 月上中旬，先用清水浸泡种子。然后按 1∶3 的比例将湿种子与新鲜洁净细河沙混合，放室外保温层积处理 80~90 天。播种前半个月左右，把种子从层积湿沙中筛出，用凉水浸泡，待浸水的种子种皮裂开或露出胚根，才可播种。

2. 整形与修剪　五味子栽后管理过程中需整形与修剪枝条，整形与修剪的原则是：留强壮主蔓，确保合理利用空间；去老留少；留中长枝，去短枝和基生枝；去病弱、过密和衰老枝。

32. 宁夏枸杞

宁夏枸杞

宁夏枸杞 *Lycium barbarum* L. 为茄科枸杞属的植物，果实称枸杞子(Fructus Lycii)，药食同源，入药部位为干燥成熟果实，药材名为枸杞子。味甘，性平；归肝、肾经。具有滋补肝肾，益精明目的功效。用于虚劳精亏，腰膝酸痛，眩晕耳鸣，阳痿遗精，内热消渴，血虚萎黄，目昏不明。枸杞子中含有多种氨基酸，并含有甜菜碱、玉蜀黍黄素、酸浆果红素等特殊营养成分。宁夏枸杞根皮干燥后入药，药材名为地骨皮 Cortex Lycii，含甜菜碱和皂苷。

我国的枸杞子主要出产在宁夏、甘肃、陕西、河北、内蒙古、河南、新疆等省区，尤以宁夏平原出产的枸杞子品质最好。

【生物学特性】

1. 生态习性　宁夏枸杞具有较强的适应性，对温度、光照、土壤等条件的要求不太严格。

宁夏枸杞为中生阳性灌木，从主要分布区的气温看，年太阳总辐射量135~150kcal/cm^2，均气温5.6~12.6℃，日照150~174天的地方均可栽培。

(1) 对温度的适应：宁夏枸杞喜冷凉气候，耐寒力很强。当气温稳定为7℃左右时，种子即可萌发，幼苗可抵抗-3℃低温。春季根系在8~14℃生长迅速，夏季根系在20~23℃生长迅速。气温达6℃以上时，春芽开始萌动，开花期温度以16~23℃较好，结果期以20~25℃为宜。

(2) 对水分的适应：野生植株抗旱能力较强，栽培品种喜水浇、怕水涝，生长季节土壤含水量保持在20%~25%为宜。果期怕干旱。

(3) 对光照的适应：宁夏枸杞喜光，光照不足，植株发育不良，结果少；光照充分，则植株发育良好，结果多，产量高。

(4) 对土壤的适应：耐盐碱性强，0.2%以下的含盐量利于宁夏枸杞的高产。在壤土、砂壤土和冲积土上生长的宁夏枸杞产量高、质量好；过砂或过黏的土壤不加改良则不利于宁夏枸杞的生长。

2. 生长发育特性

(1) 根茎的生长：宁夏枸杞根系较发达，通常包括主根、侧根和须根3部分，宁夏枸杞的根系骨架由主根和侧根构成，在主、侧根上着生细小须根。在干旱地带，主根向下延伸得更深些。

(2) 茎叶的生长：宁夏枸杞的枝条和叶，有两次生长习性。每年4月上旬，休眠芽萌动放叶，4月中、下旬春梢开始生长，到6月中旬春梢生长停止。7月下旬至8月上旬，春叶脱落，8月上旬枝条再次放叶并抽生秋梢，9月中旬秋梢停止生长，10月下旬再次落叶，之后进入冬眠。

(3) 花与果实的发育：宁夏枸杞是两性花，其生长发育伴随茎、叶的二次生长，每年开花也有两次高峰。春季现蕾开花期是4月下旬至6月下旬，秋季现蕾开花多集中在9月上、中旬。

开花、结果时间随树龄不同而异，一般五年生以内的幼树，花果期稍晚，随着树龄的增加，花果期逐渐提前，产量也逐步提高。

(4) 果实和种子特性：浆果红色或在栽培类型中也有橙色，果皮肉质，多汁液，形状及大小因人工培育或植株年龄、生境的不同而多变，广椭圆状、矩圆状、卵状或近球状。种子常20余粒，倒卵状肾形或椭圆形，种子长约2mm。

【栽培技术】

1. 品种类型　宁夏枸杞在长期栽培过程中形成现状比较稳定，分布较为普遍的有大麻叶、小麻叶、宁夏1号和宁夏2号等12个品种。根据树形、枝形、叶形、果形，以及枝、叶、果的颜色等，将宁夏枸杞分成3个枝型、3个果型。

按照枝型划分，可分为硬条型、软条型和半软条型。

按照果型划分，主要根据果长和果径的比值大小来区分，比值大于2的划分为长果类；比值小于2的划分为短果类；比值小于1的划分为圆果类。

2. 选地与整地　育苗田以土壤肥沃、排灌方便的砂壤土为宜。育苗前，施足基肥，翻地25~30cm，做成1.0~1.5m宽的畦，等待播种。

定植地可选壤土、砂壤土或冲积土，要有充足的水源，以便灌溉。定植地多进行秋耕，翌春耙平后，按170~230cm距离挖穴，穴径40~50cm，深40cm，备好基肥，等待定植。

3. 繁殖方法　宁夏枸杞可用种子、扦插、分株、压条繁殖，田间生产以种子和扦插育苗为主。

（1）选种采种：种子的准备以大麻叶枸杞、宁杞1号和宁杞2号3个品种为最好。在采果季节，选择长势茁壮、无病虫害的地块，采摘鲜果，留作种子。采集后要单独晾晒，单独保管。

插穗应在品质优良的成年树体上采集，在春季树液流动后，萌芽放叶前，在母树树冠中上部，采集徒长枝和已木质化的生长健壮、无病虫害的枝条截成15~20cm长的插条，插条上端剪成平口，下端削成斜口，扎捆入窖，种条基部即剪口处培湿沙储存备用。

（2）种子处理：播前将干果在水中浸泡1~2天，搓除果皮和果肉，在清水中漂洗出种子，捞出稍晾干，然后与3份细沙拌匀，在20℃条件下催芽，待种子有30%露白时，再行播种。

插穗用生根激素1-萘乙酸和酒精作处理。首先，将生根激素1-萘乙酸溶解在酒精内，再将插穗入土生根部分放入稀释到15~20ppm的生根液中，浸泡深度3~4cm，浸泡时间为24小时。

（3）播种时间：种子育苗以春播为好，当年即可移栽定植。硬枝扦插育苗一般在春季的3月底至4月上旬。

（4）播种方法：种子育苗多用条播，按行距30~40cm开沟，将催芽后种子拌细土或细沙撒于沟内，覆土1cm左右。播后稍镇压并覆草保墒，播种量约为0.5kg/667m^2。

扦插苗将浸泡过的生根部分朝下，按行株距30cm×15cm斜插于苗床中，插穗露土高度为1~2cm。插完一行立即填土并将土踏实。

（5）苗期管理：播后7~10天出苗，待出苗时及时撤除覆草。当苗高3~6cm时间苗；苗高20~30cm时，按株距15cm定苗。结合间苗、定苗，及时拔除杂草。一般7月以前注意保持苗床湿润，以利幼苗生长，8月以后要降低土壤湿度，以利幼苗木质化。苗期一般追肥两次，每次施入尿素5~10kg/667m^2，视苗情配合适量磷、钾肥。幼苗的根部长出侧枝时及时抹除。苗木高约60cm时，剪掉主干枝，控制苗木生长高度，培养成有第一层侧枝的大苗，特级苗种。

扦插后3~4天即应浇透水，以后根据土壤干湿情况适当浇水，每次浇水后要及时松土保墒。其他管理方法同种子苗。

（6）起苗：春季解冻后或在7~8月定植前起苗。起苗时，做到主根完整，少伤侧根。起苗后立即放在阴凉处，做好定植前的处理再定植。起苗后要进行苗木的分级。①一级苗株高60cm以上，根茎粗0.8cm以上，侧根数5条以上，根长20cm以上。②二级苗株高50~60cm，根茎粗0.6~0.8cm，侧根数4~5条，根长15~20cm。③三级苗株高50cm以下，根茎粗0.4~0.6cm，侧根数2~3条，根长15~20cm。

（7）种栽贮藏：起苗后不能及时定植的苗木，挖15~20cm深的假植槽，将树苗根系朝下，逐一埋入土中，覆土踩实。假植应选择地势高、背阴的地方，最多保存半个月左右。

（8）移栽：苗木定植前要进行一次修剪。苗冠部位的枝条需剪短，促使成活后发新枝。挖苗时挖伤的根要剪平，以防止栽后腐烂，影响成活。剪掉越冬时枯干的枝条。修剪后，将1-萘乙酸溶解在酒精里，再稀释到15~20ppm。放入苗木浸泡12~24小时，随后移栽。

1）栽植时期：春栽或秋栽，以春栽为好。3月下旬至4月下旬栽植。

2）栽植密度：一般行距为250cm，株距为200cm，每公顷定植数为1 666~2 000株。

3）栽植方法：栽植前按行距要求定好栽植点，之后在各定植点上挖深30~40cm的穴，每穴施腐熟厩肥3~5kg，并与土壤充分混合。然后，将苗木栽于穴内，浇水保墒。栽植深度以苗木根茎与地面齐平为宜。

4. 田间管理

(1) 中耕除草:每次浇水后都要进行中耕除草。前两次中耕除草时宜浅松土,深度3~5cm,后期可深达10cm。

(2) 追肥:休眠期追肥以有机肥为主,单株追施圈肥等10~20kg,在10月中旬到11月中旬施入,可用对称开沟或开环状沟施肥,施肥深度20~25cm为宜。

生育期追肥多用速效性肥料尿素、过磷酸钙等。一般每年追肥2~3次,在6月下旬苗高7~10cm时第一次追肥,7月中旬苗高20~30cm时第二次追肥。

(3) 灌溉、排水:一至三年生的幼龄宁夏枸杞应适当少灌水,以利根系向土壤深层延伸。一般每年灌水5~6次。四年生以后,宁夏枸杞需水量适当增加,每年灌水次数为6~7次。一般幼果期,需水较多,此期不可缺水。在雨水较多的年份,可酌情减少灌水,并在积水时注意排水。

(4) 整形修剪:受品种、树龄、立地条件等的影响,树体大小、枝条着生部位以及长短各不相同,在培养树形的过程中,要因枝修剪,随树造型,本着培养巩固充实树形,早产、丰产、稳产为目的,按照"打横不打顺,清膛抽串条,密处行疏剪,缺空留油条,短截着地枝,旧梢换新梢"的方法,完成冠层结果枝更新,控制冠顶优势,调整生长与结果的关系。

5. 病虫害防治及农药残留控制

(1) 病害及其防治:宁夏枸杞病害有炭疽病(黑果病)*Glomerella cingulata*(Stonem)Spauld et Sch.、灰斑病 *Cercospora lycii* Ell. et Halst.、枸杞白粉病 *Arthrocladiella mougeotii*(Lév.)Vassilk. 和根腐病 *Fusarium* sp. 等。

1) 炭疽病:可危害嫩枝、叶、蕾、花、青果等。受害青果首先出现小黑点,然后黑点扩大成不规则的圆斑,进而使果变黑色。气候干燥时,果实缢缩;潮湿天气,黑果表面长出无数胶状橘红色小点。始发期在5月中旬至6月上旬,暴发期为7~8月。

防治方法:收获后及时剪去病枝、病果,清除树上和地面上病残果,集中深埋或烧毁。到6月第一次降雨前再次清除树体和地面上的病残果,减少初侵染源;发病初期喷洒75%百菌清可湿性粉剂600倍液或70%代森锰锌可湿性粉剂500倍液。隔10天左右1次,连续防治2~3次。

2) 灰斑病:主要危害叶片,在叶上病斑圆形或近圆形,中心部灰白色,边缘褐色;在叶背面多生有淡黑色的霉状物。

防治方法:选用宁夏枸杞良种,如宁杞1号。秋季落叶后及时清洁杞园,清除病叶和病果,集中深埋或烧毁;加强栽培管理,增施磷、钾肥,增强抗病力;进入6月开始喷洒70%代森锰锌可湿性粉剂500倍液或30%绿得保悬浮剂400倍液,隔10天左右1次,连续防治2~3次。采收前7天停止用药。

3) 枸杞白粉病:发生在宁夏枸杞叶片上,危害宁夏枸杞的叶梢和幼果,发病时间,每年的8~9月。严重时,叶片正面布满一层白粉。最后叶片逐渐变黄、变薄、脱落。

防治方法:在容易发病的地块,及早喷药预防;发病后,用粉锈宁1 000~1 200倍液进行喷药防治。喷药时一定要充足均匀。一般隔7~10天再喷1次,就可以有效控制白粉病。

4) 根腐病:是根部受害,初期根部发黑,逐渐腐烂;后期外皮脱落,只剩下木质部,最后导致全株枯萎死亡。6月中下旬发生,7~8月严重。

防治方法：在8月中下旬发病后，用70%代森锰锌30倍液，淋施病株根部，施药时扒开表土，直接淋到病根上最有效。每隔5~7天淋施1次，共淋施3~4次能有效地控制根腐病。在常发病的田块提倡轮作。

(2) 虫害及其防治：虫害有枸杞蚜虫 *Aphis* sp.、枸杞木虱 *Trioza* sp.、枸杞瘿螨 *Eriophyes* sp.、负泥虫 *Lema decempunctata* Scopoli、实蝇 *Neoceratitia asiatica*(Becker)等。

1) 枸杞蚜虫：枸杞蚜虫一年发生18~20代。以卵在宁夏枸杞枝条缝隙内越冬，翌年4月下旬日均温达14℃以上时，卵孵化，孤雌胎生，繁殖2~3代后即出现有翅胎生蚜，飞迁扩散危害。常群居在宁夏枸杞的顶梢、嫩芽、花蕾及青果等部位，使受害枝叶卷缩，幼蕾萎缩，生长停滞，落叶。

防治方法有，①农业防治：早春和晚秋清理修剪下来的残、枯、病、虫枝条连同园地周围的枯草落叶，集中于园外烧毁消灭虫源。②物理防治：在蚜虫暴发初期，使用黄色粘虫板捕杀有翅蚜虫，也可人工修剪或抹除带蚜虫的枝条。③化学防治：用25‰吡虫啉2 000倍药或40%毒死蜱667倍防治枸杞蚜虫。

2) 枸杞木虱：属同翅目木虱科。成虫或幼虫用刺吸口器危害叶片，造成营养不良。以成虫在树干的老皮缝下或残存的卷缩枯叶中越冬。成虫与若虫危害幼枝，使树势衰弱，早期落叶，受害严重时几乎全株遍布若虫及卵，外观一片枯黄。

防治方法为在成虫越冬期破坏其越冬场所，清理枯枝落叶，减少越冬成虫数量；春天成虫开始活动前，进行灌水或翻土，消灭部分虫源；在成、若虫高发期用药剂防治，用90%敌百虫结晶1 000倍液、25%扑虱灵乳油1 000~1 500倍液。

3) 枸杞瘿螨：属蜘蛛纲，螨目叶螨科。危害叶、果、枝梢造成虫瘿。枸杞瘿螨一年发生10代。主要危害叶片、花瓣、花蕾和幼果，被害部位呈紫色或黄色痣状虫瘿。

防治方法：不用有虫枝条扦插；摘除虫瘿带出园外集中处理；春季宁夏枸杞萌芽发叶时用40%乐果乳油1 000~1 500倍液或50%马拉硫磷乳油1 000~2 000倍液，每10天1次，连续3~4次。

4) 枸杞负泥虫：属鞘翅目叶甲科。其成虫和幼虫咬食叶片成缺刻或穿孔。一年发生3~5代。成虫、幼虫均危害叶片，尤以幼虫为甚，受害叶片呈不规则缺刻或穿孔，最后仅残存叶脉。

防治方法：忌与茄科作物间、套作；随时摘除虫果，集中烧埋；7~8月用80%敌百虫1 000倍液喷雾，每7~10天一次，连续3次。

5) 实蝇：实蝇属双翅目实蝇科。成虫产卵在果皮内，孵化后幼虫在果实内生长为害，被害果实表面呈现白斑以致畸形。

防治方法：进行土壤拌药，杀死越冬蛹和初羽化成虫于土中；结合采果摘除蛆果，集中深埋；成虫发生期喷90%敌百虫800倍液或40%乐果乳油1 500倍液防治。

【采收、加工与贮藏】

1. 采收

(1) 果实：晴天，田间无水气时采摘，采果时手要轻，一手扶果枝，一手轻捏果实摘下。采收时最好不带果把，更不能采下青果和叶片。由于红熟的时间不一致，采果期一般每隔6~7天采摘一次，直到采完为止。

(2) 根皮：以野生宁夏枸杞为主，春季采收为宜，此时浆气足，皮黄且厚易剥落，质量最好。一般都是直接将根从地内挖出，然后剥皮。

2. 加工

(1) 果实：宁夏枸杞鲜果不容易保存，一般都是被制成干果。宁夏枸杞鲜果表面含有一层蜡质层，制成干果前要先进行脱蜡，宁夏枸杞制干的方法有自然制干法和设施制干法两种。

1) 脱蜡：将采回的鲜果放入冷浸液中浸泡 1 分钟捞出、控干，倒在制干用的果栈上。

2) 自然制干法：需准备晒场和果栈，晾晒场地要求地面平坦，空旷通风，卫生条件好。宁夏枸杞鲜果脱蜡后，均匀铺开，厚度为 2~3cm。气温高，晾晒时间一般为 4~5 天；气温低，晾晒时间为 7~10 天。

3) 设施制干法：目前的制干设备主要有太阳能弓棚烘干和烘道烘干两种方法。

太阳能弓棚烘干：用塑料薄膜，搭建成吸收太阳能的弓式烘干室，宁夏枸杞鲜果脱蜡后，铺放在弓棚内晾晒烘。

烘道烘干：将鲜果经过脱蜡处理，均匀轻轻摊铺在果栈上，果栈再叠放在平板车上，把平板车和果栈推至烘道里，开动风机，把热风送入烘道进行烘干。

4) 去杂除水：宁夏枸杞制成干果之后，在加工厂内进行风力除柄，去掉叶柄等杂质。熏蒸杀菌之后进行水分测定。当果实含水量≤13% 时，按不同果粒的大小装入纸箱内，每箱内放入防虫药磷化铝，封闭箱口。

(2) 根皮：将挖出的根，洗净泥土，然后用刀切成 6~10cm 长的段，剥下根皮。也可用木棒敲打树根，使根皮与木质部分离，然后去掉木心。根皮晒干后即可入药。

3. 贮藏　置阴凉干燥处保存，防蛀防霉变。

【栽培过程中的关键环节】

1. 忌灌溉，忌水涝　宁夏枸杞的种植区应建立好完善的排水系统，雨季要达到雨停无积水的程度。

2. 合理施肥　基肥应多施有机肥，配合施用氮、磷、钾肥等化肥；按照“施足基肥，早施苗肥，重施花果肥”的原则进行施肥。

3. 整形修剪　目前生产中较为适宜的树形为单主干、两层一顶自然半圆形树形。

33. 吴茱萸

吴茱萸

吴茱萸 *Euodia rutaecarpa*(Juss.)Benth.、石虎 *Euodia rutaecarpa*(Juss.)Benth. var. *officinali*(Dode) Huang 或疏毛吴茱萸 *Euodia rutaecarpa*(Juss.)Benth. var. *bodinieri*(Dode)Huang 是芸香科植物，又名纯柚子、吴于、米辣子，以干燥近成熟果实入药，药材名为吴茱萸。吴茱萸味辛、苦，性热；有小毒；归肝、脾、胃、肾经。具有散寒止痛、降逆止呕、助阳止泻的功效。用于厥阴头痛，寒疝腹痛，寒湿脚气，经行腹痛，脘腹胀痛，呕吐吞酸，五更泄泻。

吴茱萸含有吲哚类、喹诺酮类、呋喃喹啉类等多种生物碱，柠檬苦素、吴茱萸苦素、吴茱萸内酸醇、黄柏酮等苦素类化学成分，吴茱萸烃和吴茱萸内酯为主的挥发油，美立弗林甲、美立弗林乙、多花茱萸羟基内酯等萜类化学成分，其中生物碱、苦素类化学成分为主要生物活性物质。

吴茱萸主要分布在秦岭以南的湖南、贵州、广西、江西、浙江、湖北、重庆、四川、广东、陕西等地。浙江缙云、安徽歙县、湖南新晃、江西瑞昌、陕西略阳、广西灵川等地有零星种植，广西柳城、重庆秀山、湖南武冈等地有小规模种植，江西樟树、湖北阳新、贵州余庆等地建立起吴茱萸生产基地，贵州所产的吴茱萸药材量大。吴茱萸的 3 种基源植物的栽培技术相近，现以吴茱萸为例，介绍如下。

【生物学特性】

1. 生态习性　吴茱萸喜温暖湿润环境，多分布在海拔 200~1 500m 的低山丘陵的林缘或疏林中，吴茱萸多栽培于海拔 1 000m 以下地区。江西樟树吴茱萸生产基地属亚热带季风气候，气候温润，年均气温 17.5℃，日照充足，全年日照率为 43%，雨量充沛，年降水量 1 564.9mm。贵州茱萸生产基地为亚热带湿润季风气候。平均海拔 800m，气候温和，年平均气温为 16.4℃，雨量充沛，年平均降水量为 1 056mm。

(1) 对温度的适应：吴茱萸喜温暖的气候条件，对低温天气比较敏感。日平均气温在 0℃以下吴茱萸生长停止，在 -5℃植株受到冻害。吴茱萸幼苗萌动要求最低气温 10℃，叶片生长最低气温为 13℃，生长最适温度为 20~30℃。

(2) 对水分的适应：吴茱萸喜湿润环境，怕土壤积水。吴茱萸不怕降水，能耐短时强降水，月降雨量在 100~200mm 的气候条件下生长良好。吴茱萸怕积涝，土壤滞水，根系生长受到影响，甚至造成根腐烂、植株死亡。吴茱萸怕干旱，特别是花果期干旱，对产量影响较大。

(3) 对光照的适应：吴茱萸不同生长时期对光照条件要求不同。吴茱萸幼苗喜阴，在透光率 30% 的光照条件下，植株的株高、地径和冠面积生长量最大。吴茱萸成年植株需要光照充足的环境，荫蔽影响植株的生长与开花结实。

(4) 对土壤的适应：吴茱萸对土壤要求不严，除过于黏重而干燥的死黄泥外，一般土壤均可栽培。以土质疏松、肥沃、排水良好的砂壤土栽培较好。

2. 生长发育特性

(1) 根的生长：吴茱萸主根发达，在适宜条件下生长量大，主根上发多数支根。吴茱萸根系年生长以前期发生新根为主，中期根系生长量大，后期根系生长减缓。春季 3 月开始发生新根，4~5 月新根不断发生与生长，6~7 月为根系旺盛生长期，9 月根系生长减缓，10 月上旬根系生长量不再增加。

(2) 茎叶的生长：吴茱萸为落叶小乔木，每年发生新枝与新叶。吴茱萸 3 月随着气温升高，萌发新梢，一年生枝条年生长量 30~50cm。随着一年生枝条的发生与生长，吴茱萸新生枝条上长出对生单叶，5 月下旬至 6 月上旬，吴茱萸叶片发生停止，6 月中下旬叶片生长量达到最大，11 月吴茱萸开始落叶，12 月中旬大部分叶片脱落。

(3) 果实的生长：吴茱萸栽种后 2~3 年开始试花结果。5 月下旬至 6 月上旬，在吴茱萸枝条的顶端长出聚伞圆锥花序，6 月中下旬陆续开花，8 月开花结束，逐步形成果实，9~11 月为果实成熟期。

(4) 种子特性：吴茱萸的花为单性花，多为雌雄同株，其开花特性影响其种子形成。吴茱萸同一花序中，雄花先开放，而且雄花开放的时间很短，很快便枯萎脱落，这一特性影响了种子的形成，多数不能形成种子，秋季果实由青红色转为紫红色，有少量果实开裂露出黑亮种子。

【栽培技术】

1. 品种类型　药材吴茱萸基原植物有多个植物种，在不同的生产区，品种有一定差异。人工栽培的吴茱萸主要在广东、广西及云南南部；浙江、江苏、江西栽种的多为石虎；广东北部、广西东北部、湖南西南部等地栽种多为疏毛吴茱萸；贵州、重庆产区栽种的多以石虎和疏毛吴茱萸为主。

2. 选地与整地　吴茱萸苗圃地宜选地势较平坦、半阴半阳、湿度较大、水源条件好、排灌方便的地块。土层要求深厚、土质疏松、肥沃的砂质土壤。冬季深翻，除去杂草、石块，秋季或春季育苗时，结合整地每 $667m^2$ 施入腐熟厩肥或土杂肥 2 500~3 000kg、复合肥 30kg 作基肥。整地时，将土壤耙平整细，然后开行道作床，床宽 1.2m，行道宽 40cm。

吴茱萸种植地宜选海拔 300~1 000m 地块。地选好后，清除杂草、灌木，集中沤制或烧毁作基肥用，然后全面翻耕地块，深度为 30cm 左右。坡地可沿等高线进行带状整地，带宽 70~80cm，深 20~25cm，保留带间斜坡上的植被以利于保持水土。

3. 繁殖方法　吴茱萸主要采用无性繁殖，常用的有伤根分株繁殖法、扦插繁殖法。扦插繁殖又分根插与枝插两种。

(1) 伤根分株繁殖法：吴茱萸分蘖能力较强，母株周围常抽生许多幼苗，若在母株根部进行人工损伤，更能促使多生幼苗。选四年生以上的母株，冬季或早春将树脚周围泥土挖开，在较粗的侧根上，用刀每隔 7~10cm 砍一伤口，然后施人畜粪水，再盖土一薄层土。1~2 个月后，便自伤口长出幼苗，生长迅速，一年可生长到 50cm 以上，便可定植。

(2) 扦插繁殖法

1) 作床：吴茱萸插条生根缓慢，不耐高温和干旱，需选半阴半阳的地块，较为阴凉而湿度较大的地方。苗床土壤要求肥沃疏松，排水良好。扦插前深翻土地，整细整平，作成宽 1.3m 的高畦。

2) 扦插：吴茱萸扦插育苗可采取枝插、根插、嫩枝带踵扦插 3 种主要方式。

枝插在 11 月至翌年 2 月，采集 1~2 年生枝条，剪成长 25~30cm 的插条。在畦上按行距 27cm 开横沟，深 15~20cm。每隔 10cm 左右竖放插条 1 根，枝条的生物学上端朝上，斜栽沟壁，覆盖细土、踏紧。插条先端露出土面约 10cm，以免泥污新叶，影响成活。插好后，先浇水，后将稿秆或稻草切成长 7~10cm 短节，散覆畦面，以不见土表为度，保持土壤湿度，并可减轻泥污新叶。

根插宜选树龄四年以上、生长旺盛的植株作母树，在 1~2 月，将树脚周围泥土挖开，取出径粗 1cm 以上的侧根，剪成长 17~20cm 的插条，插在畦上。行株距和扦插方法均与枝插相同。

嫩枝带踵扦插是将根插或伤根长出的幼苗分栽育苗。5 月上旬至 6 月上旬，当幼苗高 10cm 左右时，选阴雨天挖开泥土，除每丛留壮苗 1~2 株外，将多余的幼苗用小刀轻轻连根皮剥下，分为单株，将其基部叶片剪去。然后在畦上按行距 20cm，株距 15cm 开穴扦插，以入土 5cm 左右为合适。插后浇水，并用谷壳或细沙覆盖畦面，厚 1~2cm。此种幼苗应按生长高度分批剥取，随剥取随扦插，不能大小全部剥下扦插，以免苗过小不易成活。

3) 苗期管理：扦插后经常浇水，但浇水也不能过多，以免引起插条腐烂。枝插和根插的，在春季新芽萌动时，在畦上要搭设活动荫棚，高约 50cm，晚上和阴雨天揭开，晴天盖上，7 月以后方可揭除。嫩枝带踵扦插的，插后应及时搭棚，棚高约 30cm，约经 1 个月，幼苗生根后，方可揭开稍晒太阳，等苗高 25cm 以上时，可将棚拆去。各种扦插方法育苗，在苗高 20~25cm 时，进行施肥，每 667m^2 地施人畜粪水 600~1 000kg 或尿素 4~5kg，用肥不能过浓，以免伤苗。苗床上杂草应及时拔除。

(3) 移栽：吴茱萸在幼苗高 50cm 以上时，即可移栽。从落叶到春季萌芽前均可移栽，以早春定植较好，因春季温度逐渐升高，雨多土湿，较易成活。

在整理好的种植地，按行株距 2.5~3m 挖穴移栽。挖穴径约 50cm、深约 40cm，每穴施腐熟堆肥、土杂肥等 5~10kg，与穴土混匀即可栽植。栽后立即浇透定根水，移栽后若土干应再浇水 2~3 次。

4. 田间管理

(1) 中耕除草：吴茱萸不耐荒芜，应及时中耕除草。若有间作物，则可结合间作物中耕除草。春、夏季以松土除草为主；秋季吴茱萸叶片掉落后，清洁田园，除草培土。中耕时入土不宜过深，以免伤根。

(2) 施肥：吴茱萸成林前，每年施肥 3 次。春季，每株施粪水 3~5kg 或尿素 50g 兑水，开沟环施于植株周围。夏季，每株施腐熟的土杂肥 4~6kg 或复合肥 80g，开沟环施于植株周围。秋季，每株施腐熟的土杂肥 5~8kg，环施于植株周围后培土。

吴茱萸成林后，每年施肥 2 次。春季，每株施腐熟的土杂肥 10~12kg 或复合肥 100g，开沟环施于植株周围。秋季，每株施腐熟的土杂肥 15~20kg，环施于植株周围后培土。

(3) 修剪整形：整枝可保持一定株型，有利于开花结果，并可减少病虫害的发生，同时还可得到一部分插条，增加繁殖材料。幼树可在离地 80cm 左右处打顶，使侧枝向四面生长，老树应修成里疏外密，剪去重叠枝、下垂枝、虫枝、病枝、枯枝，保留枝梢肥大、芽苞椭圆形枝条。

吴茱萸生长到一定年限后，长势逐渐衰退，产量下降，且树干常被虫蛀空折断死亡，故可将老树砍去，保留株旁根生幼苗，加以管理更新。

(4) 间套作：刚移栽 1~2 年的吴茱萸林地，株间距离大，为了有效利用土地，增加经济收入，可在行株间间作其他药用植物或农作物。如叶用蔬菜、花生、大豆、益母草、丹参、桔梗、广金钱草等。

5. 病虫害及其防治

(1) 病害及其防治：吴茱萸生产上发生的病害主要有锈病、煤污病。

1) 锈病：锈病多在吴茱萸生长旺盛的 5~7 月发生。发病初期叶片上出现黄绿色近圆形边缘不明显的小点，发病后期叶背面有橙黄色微突起的小疮斑，以后病斑增多，以致叶片枯死。

防治方法：锈病发生时，发病初期用 25% 粉锈宁 1 500~2 000 倍液或 0.6% 石灰波尔多液等量式或 0.6% 石灰波尔多液半量式喷雾防治，将药液均匀喷湿叶片。每 10 天喷 1 次，连喷 2~3 次。

2) 煤污病：煤污病多在吴茱萸叶片受到蚜虫、蚧壳虫危害时发生。在被害处常会诱发不规则的黑褐色煤状斑，后期则于叶片或枝干上覆盖一层煤状物。

防治方法：在蚜虫、介壳虫发生期，喷 40% 乐果乳油 800~1 500 倍液，将药液均匀喷湿叶片，每 7 天喷洒 1 次，连续 2~3 次。煤病发生期喷 1：0.5：(150~200) 的波尔多液，将药液均匀喷湿叶片，每隔 10~14 天喷洒 1 次，连续喷 2~3 次。

(2) 虫害及其防治：吴茱萸生产上发生的虫害主要有褐天牛、红蜡介壳虫、凤蝶。

1) 褐天牛：褐天牛主要是幼虫蛀入树干，咬食木质部。褐天牛幼虫蛀食吴茱萸茎秆、枝条或树干后，出现虫孔，并伴有唾沫胶质物或木屑虫粪出现。受害轻则树势衰弱，重则全枝或全株死亡。

防治方法：用废纸或药棉浸 80% 敌敌畏乳油或 40% 乐果乳油 5~10 倍液，塞入有新鲜虫粪的虫孔内深处，再用黏土将洞孔堵塞毒杀幼虫。已受天牛危害而失去结果能力的植株，应及早砍伐并连根拔掉，以减少虫源。

2）红蜡介壳虫：红蜡介壳虫四季都可能危害吴茱萸。红蜡介壳虫多聚在枝、叶、花、果上，吸食植株汁液，使受害叶变黄，造成落叶、落花、落果，并分泌露蜜，诱发煤烟病，影响树势和产量。

防治方法：红蜡介壳虫盛孵期，用 25% 扑虱灵可湿性粉剂 800~1 000 倍液或 40% 乐果乳油 750~1 000 倍液进行喷雾，间隔 15 天施药 1 次，连续防治 2~3 次。春季叶未萌发前，用石硫合剂涂刷树干。

3）凤蝶：凤蝶幼虫危害吴茱萸嫩芽和叶片。凤蝶幼虫咬食吴茱萸幼芽、嫩叶，随着虫体的生长，取食量增大，可将大量叶片吃光而成秃枝，影响吴茱萸生长发育及开花结果。

防治方法：凤蝶幼虫低龄期，喷洒 90% 晶体敌百虫 1 000 倍液防治，每隔 5~7 天防治 1 次，连续防治 2~3 次。

【采收、加工与贮藏】

1. 采收　吴茱萸移栽后 2~3 年开始结果。8 月当果实由绿色变为黄绿色或稍带紫色时即可采收。选晴天上午有露水时采摘，可减少果实脱落。采时将果穗成串剪下或摘下，注意不要折断果枝，以免影响下一年开花结果。

2. 加工　果实采回后应及时摊晒，晚上收回摊开，切不可堆积发酵。连晒 7~10 天可全干。如遇雨天，可用火烤干，但温度不能超过 60℃，以免挥发油类损失，影响质量。晒或烤时经常翻动，使干燥一致。干后用手搓揉，使果实与果柄分离，然后筛去果柄即成。

3. 贮藏　贮藏期间应保持凉爽干燥，有条件的地方可将商品密封，抽氧充氮加以养护。

【栽培过程中的关键环节】

1. 防止土壤滞水　生产上，根据栽培环境的降雨、地形，采取相应的排水措施。坡度小、土壤质地偏重的地块，需开沟排水。雨季及时清理排水沟，防止田间积水。

2. 适时修剪　吴茱萸以果实入药，果实多少直接影响产量。吴茱萸主要是二年生的枝条顶端开花、结果，修剪整形时，除保持植株高矮适宜、枝条空间分布均匀外，应保留适量的二年生枝条，为高产优质创造条件和减少大小年的影响。

3. 及时防治病虫害　吴茱萸为芸香科植物，易发生病虫害，及时防治病虫害可保持植株健壮生长，同时可减缓植株老化，保持较好的生产能力。

34. 栀子

栀子

栀子 *Gardenia jasminoides* Ellis 为茜草科常绿灌木，又名黄栀子、红栀子、山栀子、黑板子、药栀、红枝子、山枝、枝子等，以干燥成熟果实供药用，药材名为栀子。其味苦，性寒；归心、肺、三焦经。具有泻火除烦、清热利湿、凉血解毒的功效；外用消肿止痛，用于热病心烦，湿热黄疸，淋证涩痛，血热吐衄，目赤肿痛，火毒疮疡；外治扭挫伤痛。栀子含有京尼平苷、栀子苷、羟异栀子苷、山栀子苷、栀子酮苷、栀子酸、龙胆二糖苷等多种环烯醚萜苷类化合物，藏红花素、藏红花酸等藏红花苷类链状化合物，槲皮素、芦丁、异槲皮苷等黄酮类化合物，以及绿原酸、甘露醇等化学成分。

栀子主产于江西、河南、四川、重庆等地，湖北、福建、湖南、广西、广东、云南、贵州等地也有栽培。江西栀子的栽培面积、产量最大，其中以樟树、丰城、新干、九江等地的产量最大。栀子野生资源分布较广，山东、江苏、安徽、浙江、江西、台湾、湖北、湖南、广东、香港、广西、海南、四川、贵州和云南、河北、陕西和甘肃有栽培。

【生物学特性】

1. 生态习性　栀子喜温暖气候，能耐旱，不耐寒，适宜生长在温带海拔 400~1 000m 的丘陵地区。栀子幼苗期需要一定程度的荫蔽，结果期以通风向阳为宜。栀子不耐严寒，地上部分易受到冻害。栀子主产区年平均降雨量 800~1 200mm，空气相对湿度 70%~85%，日照时数 900~1 500 小时，日照百分率 30%~40%，无霜期 280 天以上。

(1) 对温度的适应：栀子生长需要温暖环境，最适生长环境年平均气温 15℃以上，日均气温 10℃以上开始萌芽，15℃开始展叶，18℃以上花蕾开放，适宜生长温度为 15~25℃，最适生长温度为 20~25℃。栀子不耐寒，气温低于 10℃地上部分生长停止，气温低于 −5℃植株会受到不同程度冻害，气温低于 −10℃植株叶片脱落，植株受冻死亡。栀子不宜栽培在高温环境，温度高于 30℃，植株生长缓慢，出现落花落果。

(2) 对水分的适应：栀子种子萌发需要适宜的水分条件，种子含水量达到 40% 开始萌发，随着根、叶的长出，水分要求更高，长叶时种子水分含量在 80% 以上。栀子植株生长需要湿润气候，但忌积水，5~7 月开花坐果期间，如降雨较多，落花落果现象严重。栀子较耐旱，生产上选择排水良好的地块栽培。

(3) 对光照的适应：栀子不同生长时期对光照要求不同。栀子幼龄时较耐阴，在 30% 的荫蔽条件下生长良好，栀子结果期则喜光，如过阴，则生长纤弱，花芽减少，落果率提高，果实成熟期推迟，产量下降。

(4) 对土壤的适应：栀子对土壤的适应范围较广，在紫色土、红壤、黄壤、黏土上均能生长，但以土层深厚、质地疏松、排水透气良好的冲积土及砂质壤土栽培为好。栀子适宜栽培在微酸性或中性土壤上，微碱性及碱性土壤上易发生黄化病。

2. 生长发育特性

(1) 叶的生长：栀子一年可萌发展叶 3 次，展叶与枝梢生长同步进行。栀子一年中有两个落叶期，第一次在 4~5 月间，春梢长出新叶后，上年秋梢老叶自下而上逐渐脱落；第二次在 8~10 月。当年春、夏梢上的叶片脱落可达 90%。春、夏梢上的叶片较大，秋梢的叶片虽小但较厚。

(2) 茎的生长：栀子茎上着生芽，栀子芽分顶芽和腋芽，顶芽萌发力强，腋芽多为隐芽，萌发率低，但在主干根茎部的隐芽萌发力较强。3 月下旬开始萌发，从叶腋间开始萌发新枝，一部分老叶在此时脱落；栀子在春、夏、秋都能够长出新枝，春梢在 3 月中旬至 5 月中旬抽出，夏梢在 5

月中旬至8月上旬抽出，秋梢在8月中旬抽出；秋梢95%以上形成花芽，于翌年4月与叶片同时展现。

(3) 根的生长：根系的生长及在土壤中的分布特性与树龄有关。一年生植株生根明显，侧根多呈45°~60°角向土壤四周伸长；三年生植株侧根多达14条，生长比主根系发达，呈30°~40°角分布，其中75%的侧根分布在40cm以内的土层。当气温达12℃时，表层10cm以内的根系开始生长，适宜温度为20~25℃，土温越过30℃并且土壤含水量过低时根系活动趋于停止。根系的生长与地上部分枝叶的生长交错进行。一年当中，根系的生长有3个高峰期：第一高峰期在春梢停止生长后至夏梢抽发前，发根数量多，伸长较快；第二高峰期在夏梢抽发后，发根数量次之，伸长最快；第三个高峰期在秋梢停止生长后，发根数量较少，伸长也较慢。

(4) 花与果实的生长：栀子花期多在5~6月。单朵花从花瓣展开至凋萎需要经过120~150天。3月上旬现蕾、5月下旬开始开花、6月上旬盛花、6月下旬至7月中旬进入开花末期，随着开花时间的推移，花由白色逐渐变为黄棕色。群体从初花至中花约经55天，多集中于蕾后15天开放，开花多在18~22时之间。

栀子果期多在7~11月。果实的发育从开花到果熟约经150天，根据果实发育状态，分4个阶段：生理落果期、果实膨大期、果实着色期、果实成熟期。生理落果多在6月中下旬谢花后的幼果期，落果率达28.0%~41.5%。果实膨大期在7~8月，在此期间，果实迅速膨大。9月进入果实着色期、10月底至11月初。果实变为黄色至金黄色或黄红色时，就标志着果实完全成熟。果实的成熟，随产地气温不同而略有差异，产地气温越高，成熟期越早。由于栀子的花芽多形成在当年生的夏梢和秋梢的顶端，因此结果部位年年上移。

(5) 种子特性。栀子果实为蒴果，果实种子量大，种子小。栀子单个果实含有的种子可达300粒以上。栀子种子小，种子长3~4mm，宽2~2.3mm，厚0.9~1.2mm，千粒重3~3.6g。成熟的种子呈棕黑色，未完全成熟的种子为棕色或红棕色。经过较长时间贮存后，种子外部色泽会变为橙红色。栀子种果采收后宜在阴凉干燥处晾干，在阳光下暴晒影响种子发芽率。

【栽培技术】

1. 品种类型　栀子属在全球大约有250个种，我国有5个种，品种资源丰富。栀子栽培历史悠久，在长期的种植过程中，受到气候、栽培等的影响，栀子产生了变异，形成了不同的自然变异类型，各类型间植株叶片、果实形态、色泽及成熟期等都出现了明显差异。重庆、湖南、江西等栀子道地产区，都选出了不同性状的栀子品系或品种。

2. 选地与整地　栀子育苗地宜选择半阴半阳的地块。土壤以疏松、肥沃、透水通气良好的砂壤土或壤土为宜。播前深翻土地，施腐熟厩肥或土杂肥4 000kg/667m^2，耙细整平，作宽1.2m的厢，厢沟宽20cm、厢沟深15cm左右的苗床。

栀子种植地宜选择通风向阳、耕作层深厚、土壤肥沃、土质疏松、排灌方便的冲积壤土、紫色土、砾质土种植。要求土壤为微酸性或中性，碱性土壤不宜种植栀子。种植地选好后，清除杂草，集中沤制或烧毁作基肥用，然后全面翻耕地块，深度为30cm左右。坡地可沿等高线进行带状整地，带宽70~80cm，深20~25cm，保留带间斜坡上的植被以利于保持水土。

3. 繁殖方法　栀子可用种子、扦插、分株等方法繁殖，生产上以种子繁殖为主。

(1) 种子繁殖

1) 种子采集：秋季栀子采收时，选树势健壮、结果多且果实饱满、色泽鲜艳的植株留种。待果皮变成黄红色，果实充分成熟时采摘作种。果实采收后，装入布袋或网袋，置于通风干燥处晾干。

2) 种子处理：播种前将贮藏的果实取出，将果皮剥开，取出种子，放入清水中浸泡，并轻轻搓揉。捞除浮在水面上的种子与杂物，取下沉的饱满种子，放在通风处晾干水汽，随即播种。

3) 播种育苗：栀子可春播和秋播，以春播为佳。春播在2月下旬至3月中旬，秋播在9月下旬至10月中旬。在整好地的厢面上，按沟心距25~30cm开5~10cm的浅沟，再将种子均匀地播入沟内，然后盖细土或火土灰，盖上稻草或薄膜，保持土壤湿润。用种量2~3kg/667m^2。

4) 苗期管理：播种后1个月左右栀子种子开始出苗，出苗后除去薄膜或揭去盖草。幼苗生长期间及时除草，除草时注意不要弄伤栀子幼苗根系。6~8月为栀子苗生长旺盛期，每月进行一次追肥，每667m^{2}施稀粪水500kg或尿素5~8kg兑水500kg浇灌。苗5cm左右时，间去过密幼苗和弱小幼苗，使栀子苗株距保持在10cm左右。30cm以上苗就可移栽。

(2) 扦插繁殖：扦插繁殖春秋季均可进行。春季在3月上旬至4月上旬，秋季在10月。从生长健壮植株上采集扦插穗条，选择生长健壮、无病虫害的二年生枝条，剪成12~15cm长的插穗，按株行距10cm×15cm，将插穗长度的2/3斜插入苗床。成活后加强管理，培育1年即可定植。

(3) 分株繁殖：栀子根部萌蘖较多，在春季或秋季挖开表土，将母株根部周围15~20cm高的萌蘖苗，从母株相连处切割分离，然后按定植时的株行距栽种。

(4) 移栽：栀子可在春季和秋季移栽。春季在4~5月，秋季在9~11月。起苗后及时栽种，避免风吹日晒。栽种前，按株行距1m×1.5m挖穴，穴径和穴深各35cm。每穴施腐熟堆肥3~4kg，与泥土拌匀，上盖10cm细土，每穴栽苗1株，覆土压实，浇足定根水。定植1个月内，若土壤干燥，应浇水保苗。

4. 田间管理

(1) 中耕除草：定植后每年春、夏、冬季各中耕除草1次。春、夏季以除草为主，进行浅中耕。冬季除草中耕较深，并结合根际培土，以利于保温防冻。

(2) 追肥：中耕除草后进行追肥。春肥在3月底至4月初，每667m^{2}施粪水1 000kg或尿素8~10kg。夏肥在落花后施用，每667m^{2}施含磷钾为主的复合肥15~20kg。冬肥在采摘结束后，结合清洁田园进行，每667m^{2}施腐熟的堆肥1 500~2 000kg、过磷酸钙60~80kg、硫酸钾20~30kg，将磷钾肥与堆肥混合均匀后，应开沟环施，施后盖土。

(3) 整枝修剪：栀子幼树修剪以整形为主。移栽当年，植株生长至80~90cm高时，将主干离地面30~40cm范围内的萌动芽全部抹掉，仅留3~4个强壮侧枝向不同方向发展，作为主枝。第2年，夏梢抽发，每个主枝上再留3~4个侧枝，而后将树冠培育成圆伞状。为方便采收，树高控制在1.5~1.6m为宜。

结果树修剪以疏为主。宜在冬季或翌年春季发芽前20天，可结合除草、施肥、清园工作进行。修剪时，先抹去根茎部的萌芽和主干、主枝萌芽，后疏去冠内病虫、交叉、重叠、细弱、密生与徒长枝，使冠内枝条分布均匀、内疏外密，以利通风透光。

栀子培育成自然圆伞状，又经合理修剪后，增加了植株结果受光面积，能提高光能利用率，协调生长与结果和树体各部分之间的平衡，减少了树体养分消耗，有利于提高产量和栀子色素的含量，并有利于连年丰产稳产。

5. 病虫害及其防治　栀子病虫害是影响产量的重要因素，不同产地、不同环境和不同季节栀子病虫害发生情况不同。

(1) 病害及其防治：危害栀子的病害主要有褐斑病、缺铁性黄化病等。

1) 褐斑病：褐斑病危害栀子的叶片及嫩果。栀子褐斑病主要发生在5~8月。发病初期，在栀子叶尖和叶缘卷缩，叶、枝梢和嫩果上呈水渍状卷缩焦枯，随着病情发生，在栀子叶、果上呈灰白色小点或晕圈。病斑初期为黄绿色，以后变为褐色至深褐色，后期病斑中央部分坏死，变成白色，病部有开裂现象。栀子受害后，叶片失绿，变黄，变褐，导致落叶和早期落果。

防治方法：及时整枝修剪，以利通风透光，减少病原菌滋生。发病初期喷洒1∶1∶100的波尔多液或50%的托布津1 000~1 500倍液，以喷湿叶片为宜，每隔10天一次，连喷2~3次。

2) 缺铁性黄化病：缺铁性黄化是栀子种植在碱性土壤上发生的一种生理性病害。栀子发生缺铁性黄化时，新生叶组织变黄，叶脉颜色变浅，发病较重时，叶边缘焦枯。

防治方法：增施有机肥和生理酸性肥料，改造土壤性状，降低地下水位，促进根系发育。在栀子叶片发生与生长期，喷施0.2%~0.3%硫酸亚铁液，以喷湿栀子叶片有少量滴液为宜，或用1∶30硫酸亚铁水溶液灌注根部，每株灌注硫酸亚铁水溶液50~80ml。

(2) 虫害及其防治：栀子的虫害主要有栀子翼蛾、咖啡透翅蛾、介壳虫等。

1) 栀子翼蛾：栀子翼蛾危害主要发生在栀子嫩梢发生时期。栀子翼蛾的幼虫危害枝条和树干，蛀食木质部，形成直的隧道，使枝条枯萎，树势衰弱，以致整株死亡，同时也危害花蕾和果实，导致落花落果。栀子翼蛾为危险性害虫，具毁灭性危害。

防治方法：加强田间管理，修剪受害枝条，清洁田园，降低虫口基数。栀子翼蛾虫卵孵化期及幼虫危害期，用90%美曲膦酯1 000倍喷洒或用杀虫螟杆菌1∶100倍液喷雾，以喷湿叶片为宜。

2) 咖啡透翅蛾：咖啡透翅蛾主要危害栀子树梢、叶片。咖啡透翅蛾幼虫咬食栀子树梢、嫩叶和花蕾，危害重时将整株大部分嫩梢全部吃掉。

防治方法：咖啡透翅蛾虫卵孵化期及幼虫危害期，用20%杀灭菌酯1 500~2 000倍溶液或40%的乐果乳油1 000~1 500倍液喷洒，以喷湿叶片为宜。

3) 介壳虫：介壳虫危害栀子的叶片、树梢与树干。介壳虫吸取栀子叶片、枝梢及树干皮的汁液，造成叶片枯黄，植株枯死，并能诱发植株病害。

防治方法：用波美0.2~0.3度石硫合剂或40%乐果乳油1 000~1 500倍液喷洒防治，以喷湿叶片为宜。

【采收、加工与贮藏】

1. 采收　栀子定植后2~3年开始结果。栀果中含有的黄色素是在树上生长发育过程中形成的，采收后黄色素几乎不会因后熟而有所增加，应根据生产目的及时采收。作药材用时，在果皮由绿变为黄绿色时采收；作色素提取用时，在果皮变成浅黄色时采收；作种子用时，在果皮变成黄红色时采收。

栀子迟摘，则果过熟，干燥困难，加工后容易霉烂变色，降低利用价值与价格，也不利于树体养分积累和树体安全越冬。一般在10~11月采摘。

采收栀子时成熟一批采摘一批。采摘时将大小果一律采尽，不要摘大留小，否则会影响第二年发芽抽枝。选晴天露水干后或午后采摘，做到无露水采摘，雨天绝不采摘。

2. 加工　栀子采摘后，除留种外，立即加工，不可堆积，以免发霉腐烂。应除柄杂物，分级后倒入自制蒸汽锅炉上熏蒸 3 分钟后，将栀果放置干净晒场上暴晒 2~3 天，至 7 成干后，堆放阴凉通风处 3 天左右，待其内部水分散发，再放到太阳下晒干。

鲜果也可采取烘干处理，在烘干过程中温度不超过 50℃，注意轻轻翻动，勿损果皮和防止外干内湿或烘焦至果肉坚硬干燥为止。鲜果加工的成品率为 30%~33%。

3. 贮藏　贮藏于阴凉干燥处。贮存过程中应定期检查，防止霉变、虫蛀、腐烂等现象发生。

【栽培过程中的关键环节】

1. 选地　栀子易发生缺铁性黄化病，生产上宜选择中性、微酸性土壤，微碱性土壤与碱性土壤都会发生不同程度的缺铁性黄化病。发生缺铁性黄化病，植株不能进行正常的光合作用，植株生长势弱，影响产量与质量。

2. 适时修剪　栀子以果实入药，果实多少直接影响产量。栀子主要是二年生的枝条开花、结果，修剪整形时，除保持植株高矮适宜、枝条空间分布均匀外，应保留适量的二年生枝条，为高产优质创造条件和减少大小年的影响。

3. 加强生产管理，保证持续生产能力　栀子为多年生药材，通过合理施肥、科学修剪和及时防治病虫害，保证植株根系生长、新枝发生和延缓植株老化，保持持续结果能力。

35. 酸橙

酸橙

酸橙 *Citrus aurantium* L. 为芸香科植物，酸橙及其栽培变种的干燥未成熟果实入药，药材名为枳壳。味苦、辛、酸，性微寒；归脾、胃经。具理气宽中、行滞消胀之功效。用于胸胁气滞，胀满疼痛，食积不化，痰饮内停，脏器下垂。主要化学成分为橙皮苷、新橙皮苷、柚皮苷，并含挥发油。主要分布于我国长江流域的江西、四川、湖南等省。

【生物学特性】

1. 生态习性　酸橙多生于丘陵、低山地带及江河湖泊沿岸，适宜生长于阳光充足、温暖、湿润的气候环境。以年平均气温在 15℃以上为宜，生长最适温度为 20~25℃。降雨分布均匀，年降雨量 1 500mm 左右。性稍耐阴，但以向阳处生长较好，开花及幼果生长期，日照不足易引起落花落果。

酸橙以排水良好、疏松、湿润、土层深厚的微酸性至中性砂质壤土和冲积土种植为好。

2. 生长发育特性　酸橙结果年龄因种苗来源不同而异，一般无性繁殖苗 4~5 年可结果，种子实生苗需 8~10 年才能结果。结果期长达 50 年以上。枝梢在一年中可萌芽 3~4 次，有春梢、夏梢、秋梢和冬梢，其中以春、夏、秋梢发生为多。一年四季均可发生新叶，以春季最多，其次为夏季和秋季。花期 4~5 月，果熟期 11~12 月。

3. 种质特性　酸橙的栽培品系有臭橙、香橙、勒橙、鸡婆橙、芝麻花橙、柚子橙等。目前生产上常用的品系以臭橙和香橙为主，一般臭橙的质量明显优于其他栽培品系。

【栽培技术】

1. 选地与整地　苗床应选土层深厚、质地疏松、排水良好的壤土或砂壤土，且未培育过柑橘类苗木的地块。整地前施足基肥，深翻25~30cm，于播前耙平，做1.3m宽高畦。整地后进行土壤消毒，可用硫酸亚铁、生石灰等土壤消毒剂于播种或移栽前的7~10天左右进行床土消毒。

定植地选择阳光充足、排水良好、疏松、湿润、土层深厚的砂质壤土和冲积土为好。丘陵和山地应在定植前一年进行全面垦复。整细耙平，按行距3~4m，株距2~3m开穴，穴深50~60cm。每穴施20~30kg腐熟堆肥或厩肥作基肥。

2. 繁殖方法　以嫁接繁殖为主，也可高枝压条或种子繁殖。

(1) 嫁接繁殖：一般采用芽接和枝接（枝接成活相对较差）。砧木（带根的苗木）可选择本砧或者柑橘 *Citrus reticulata* Blanco。接穗采用已开花结果的酸橙优良品种臭橙的营养枝，选择生长旺盛、无病虫害的母树，剪取树冠外围中上部向阳处的一年生健壮枝梢做接穗。枝接以2~3月为好。芽接以7~9月为好。

嫁接成活后，在苗圃培育1年，当苗高40~50cm以上、茎干粗0.8cm以上时，可出圃定植。

(2) 高枝压条：在12月前后，选壮树上二至三年生的枝条，环切一条宽约1cm的缝，剥去树皮，并缴湿泥，外用稻草包好，每天或隔天浇水一次，半个多月可生根，壮树每树可接6~10枝，约2个月后切断，移栽于地里，5~6月定植。

(3) 种子繁殖：可冬播或春播，冬播采种应在种子成熟后随采随播，春播在3月下旬至4月上旬进行。播种时将选留的优良种子先用1%高锰酸钾浸5~10分钟，后用清水洗净后播种。多用条播，苗床按行距20cm横向开沟，沟深4~5cm，种子按株距4~6cm播入沟内。播后用火土灰和肥土盖种，以不见种子为度，床面再盖草。幼苗出土后及时揭去盖草。苗高10~15cm时，结合中耕除草，追施腐熟的人畜粪尿或尿素。培育1年即可定植。

3. 移栽与定植　可在10月下旬至11月上旬或者来年3月进行定植。起苗后苗木用钙镁磷肥拌黄泥浆沾根，也可在调泥浆时用GGR 30mg/L溶液以利生根成活。移栽时将苗木扶正入穴，当填土至一半时将幼苗向上稍提，使根系舒展，然后填土至满穴，用脚踏实，浇透定根水，表面再覆土。

4. 田间管理

(1) 中耕除草：一般每年中耕除草3~4次。以除去杂草、土不板结为原则。春夏宜浅锄，防止积水烂根。秋季适当深锄，以利保水防旱。冬季可结合施冬肥中耕1次。

(2) 追肥：施肥方法有盘施（环状施肥法）、沟施等，以盘施较为普遍。年施肥3次，以氮、磷、钾肥配合，农家肥与化肥相结合为原则。第1次在3月中旬，施春肥以利枝梢抽生和开花结果，每株施沤肥25kg，尿素0.5kg，开盘沟施后盖土。第2次在采果后，施保树肥以利恢复树势和花芽分化，利于越冬，每株施沤肥25~50kg或饼肥1kg。第3次结合防霜冻，每株堆塘泥或草皮、火土灰、猪牛粪50~100kg，培土护蔸，及时灌水防止冬旱，树干刷白[刷白剂按石灰：硫黄粉：水：食盐=10：1：60：(0.2~0.3)调配]。

(3) 排灌：4~6月雨水多，应及时排水，以防烂根，引起落叶落果、植株死亡；7~10月气温高，雨水少，应灌水防旱。

(4) 整形修剪：合理的整形修剪，能改善树冠内膛通风透光条件，调节生长和结果关系，减少病虫害危害，提高产量。

1) 幼年树的整形：在幼树树干高1m左右，短截中央主干，头一年选粗壮的3~4个枝条，培养成第一层骨干主枝；第二年再在第一层主枝50~60cm处留枝梢4~5个，培养成第二层骨干主枝；然后在其上70~75cm处选留5~6个枝梢，使之成为第三层骨干主枝，使幼树树冠成自然半圆形。

2) 成年树的修剪：应掌握强疏删、少短截、疏密留稀、去弱留强的原则。一般宜在早春进行，剪去枯枝、霉枝、病虫枝、丛生枝、下垂枝、衰老枝和徒长枝，培养预备枝。形成树体结构合理，冠形匀称，空间利用充分，通风透光良好的丰产树形。

3) 衰老树的修剪：以更新复壮为主，进行强度短截，删去细弱、弯曲的大枝，培育新梢，同时勤施肥松土，促使当年能抽生充实新梢，翌年可少量结果，第三年可逐渐恢复树势。

(5) 保花保果：在花谢3/4时和幼果期，以50mg/L赤霉素加0.5%尿素溶液进行根外追肥，还可喷施10mg/L的GCR生长调节剂加0.2%的磷酸二氢钾。当夏梢生长15cm左右时摘心。

5. 病虫害及其防治

(1) 病害及其防治

1) 疮痂病 *Sphaceloma fawcetti* Jenk：危害新梢、叶片、花果等幼嫩部分。果实在5月下旬至6月上、中旬发病最严重。防治方法：在春芽萌发前，喷0.5∶1∶100波尔多液一次。生理落花停止或花谢后再喷0.5∶1∶100波尔多液一次。

2) 溃疡病 *Xanthomonas citri*（Hasse）Dowson.：危害嫩叶、幼果和新梢。防治方法：严格检疫，选用无病苗木栽植；合理修剪，剪除病枝叶，集中烧毁；抽春梢或花蕾将现白时，以及谢花后，喷1∶1∶200波尔多液，每隔7天1次，连续喷2~3次；冬季至早春喷波美0.5~1度石硫合剂1~2次。

(2) 虫害及其防治

1) 星天牛 *Anoplophora chinensis* Forst.：一年一代，以幼虫在树干基部木质部蛀洞越冬，5~6月间羽化成虫，7~8月尚有少量成虫出现，产卵于树干基部，初孵幼虫在树干基部蛀食，逐步蛀入木质部，可见有虫粪自树干基部排出。防治方法：羽化期及时捕杀；用铁丝钩杀幼虫，后用80%敌敌畏等注入虫孔，用泥封口，毒杀幼虫。用白僵菌液（每毫升含活孢子1亿）从虫孔注入。树干涂石硫合剂或者刷白剂，防止成虫产卵及幼虫蛀食。

2) 潜叶蛾 *Phyllocnistis citrella* Stainton：危害嫩叶。防治方法：冬季清理枯枝落叶，消灭越冬蛹；夏、秋梢芽出现时，喷90%敌百虫500倍液（或喷阿维菌素500~800倍液），7天1次，连喷2~3次。

【采收、加工与贮藏】

1. 采收　在果实近成熟时采收。通常于小暑后5~6天采摘的酸橙品质好，折干率和产量都较高。选晴天露水干后，用带网罩钩杆采摘。

2. 加工　将采摘果实横剖两半，外果皮向上晒1~2天，以固定皮色。再翻转仰晒至6~7成干时，收回堆放一夜，使之发汗，再晒至全干即可。也可用烘干处理。

加工好的酸橙均以外皮绿色、果肉厚、质坚硬、香气浓者为最佳。

3. 贮藏　干燥的酸橙应置于室内高燥的地方贮藏，应有防潮设施。

【栽培过程中的关键环节】

1. 选择优良品系　目前在生产上臭橙的品质和产量明显优于香橙，故应选择臭橙进行栽培。

2. 科学配方施肥　应提倡多施有机肥，合理施用无机肥，以氮、磷、钾肥配合，农家肥与化学肥料相结合为原则，适当增施 0.5% 硼肥，可大大提高坐果率。

3. 适时整形修剪　整形修剪是提高枳壳产量和质量的重要措施之一。通过把握好幼年树的整形、成年树和衰老树的修剪这一重要环节，既可优化树势，又可避免病虫为害。

36. 栝楼

栝楼

栝楼 *Trichosanthes kirilowii* Maxim. 是葫芦科栝楼属植物，以干燥成熟果实、果皮、种子和干燥根入药，药材名分别为瓜蒌、瓜蒌皮、瓜蒌子、天花粉。同属植物双边栝楼 *T. rosthornii* Harms 的相应部位也具有相同的药用价值。一个植物的 4 个不同的部位被《中华人民共和国药典》收录为 4 个药，说明该植物的药用价值很高。瓜蒌子根据临床的需要，有炒瓜蒌子、蜜炙瓜蒌子、去除种壳后的瓜蒌仁、去除瓜蒌仁油脂后的瓜蒌仁霜等多个炮制品。瓜蒌甘、微苦，寒；归肺、胃、大肠经；具有清热涤痰、宽胸散结、润燥滑肠的功效；用于肺热咳嗽、痰浊黄稠、胸痹心痛、结胸痞满、乳痈、肺痈、肠痈、大便秘结；主要组方有瓜蒌薤白汤、瓜蒌薤白半夏汤、丹芎瓜蒌汤、乳康胶囊，是治疗胸痹、冠心病心绞痛等疾病的常用药物。瓜蒌子甘，寒；归肺、胃、大肠经；具有润肺化痰、滑肠通便的功效；用于燥咳痰黏、肠燥便秘；主要组方有止嗽化痰丸、润肺止嗽丸、清肺化痰丸、蛤蚧定喘丸。瓜蒌皮甘，寒；归肺、胃经；清热化痰、利气宽胸；用于痰热咳嗽、胸闷胁痛；主要组方有儿童清肺丸、丹蒌片、桂龙咳喘宁、橘红丸。天花粉甘、微苦，微寒；归肺、胃经；清热泻火、生津止渴、消肿排脓；用于热病烦渴、肺热燥咳、内热消渴、疮疡肿毒；主要组方有瓜蒌瞿麦丸、消渴丸、导赤丸、拨云退翳丸，是中医组方治疗消渴病的主要药物。十味消渴胶囊则同时使用了天花粉和瓜蒌。

栝楼各部分中主要含有油脂类、多糖类、甾醇类、黄酮及其苷类、三萜类及其苷类物质。瓜蒌、瓜蒌皮、瓜蒌子、天花粉不宜与川乌、附子、草乌同用。在临床付药方面，在我国南方地区，由于没有瓜蒌饮片，当中医开方瓜蒌时，通常采用子皮各半的形式付药。中医开方瓜蒌、栝楼往往没有太多区别，但是在江浙，尤其是受孟河医派影响的地方，当处方是瓜蒌或其子皮时，付的是栝楼的果实或其子皮；当处方是栝楼、括楼、栝蒌或其子皮时，付的则是同属植物王瓜 *T. cucumeroides*（Ser.）Maxim. 的果实或其子皮。在江浙皖一带种植并炒制的吊瓜子，不是栝楼，而是同属植物湖北栝楼 *T. hupehensis* C. Y. Cheng et Yueh，不得药用。栝楼与双边栝楼的栽培技术相近，现以栝楼为例，介绍如下。

【生物学特性】

1. 生态习性　栝楼产于华北、华东、中南、西南与陕西、甘肃。生于海拔 1 800m 以下的山坡林下、灌丛中、草地和村旁田边。因为传统中药瓜蒌和天花粉的药用植物，具有多年生的特性，在我国多地广为生长和栽培。分布于朝鲜、日本、越南和老挝。

(1) 对温度的适应：栝楼喜温暖气候，较耐寒，但寒冷地区根容易受冻。栝楼对温度适应性较强。当早春气温升到 10℃时，多年生老根开始萌芽生长；气温升到 25~35℃时，进入生长旺盛时期并开始开花挂果；当气温超过 38℃时，开花挂果锐减，秧蔓基本停止生长。如持续高温超过 40℃时，部分叶子出现枯焦。当气温回落到 25℃时又重新抽茎开花挂果。9 月气温下降到约 20℃时，开花挂果基本结束，仅少量雄花开放。

(2) 对光照的适应：栝楼喜阳光，能耐阴，野生栝楼在半遮荫的大树空隙中也能生长良好，但若光照不足 2 小时，挂果极少。日光照为 6 小时左右时，栝楼植株生长就可以基本正常，但果实糖化程度低。充足的阳光可促进栝楼果实籽粒饱满、正常成熟。盛花期如遇长阴雨天气、光照不足时，将会大幅减产。

(3) 对水分的适应：栝楼喜湿润气候，不耐旱，也怕涝。栝楼根系粗壮，须根极少，吸收水分几乎完全靠主根，因此需要土壤始终保持潮湿。又因栝楼在 3~7 月大量生出新茎，株覆盖面积 3~5m^2，在高温强光下，蒸腾作用加强，水分大量挥发，因此需要大量水分。出苗期及育苗期，土壤含水量约为 15%；抽蔓开花挂果期，土壤含水量约为 20%；当叶面积达到顶峰时，土壤含水量约为 25%。9~10 月气温偏低，土壤含水量约为 20%；冬季休眠期，土壤含水量约为 15%。

(4) 对土壤的适应：栝楼适宜种植区为丘陵、半丘陵和平原地区。土壤类型为土质肥沃疏松、透水通气良好、含细砂比率为 50% 以上的砂质壤土，土层深度要求在 50cm 以上，忌黏性较大的土壤。

2. 生长发育特性　栝楼为多年生植物。用种子繁殖时，当年多数植株不能开花挂果。采用根段繁殖时，当年就能开花结果。一年的生长发育可分为四个时期。一般于每年 4 月上、中旬出苗，至 6 月初为生长前期，这个时期茎叶生长缓慢。从 6 月开始至 8 月底为生长中期，地上部生长加速，6 月后陆续开花挂果。8 月底至 11 月茎叶枯萎为生长后期，茎叶生长趋势缓慢至停止，养分向果实或地下部运转，10 月上旬果熟。从茎叶枯死至次春发芽为休眠期，地下部分休眠越冬。年生育期为 170~200 天。

【栽培技术】

1. 品种类型　根据药用部位的不同，栝楼的雄株主要用于天花粉的生产，在瓜蒌的生产中为雌株授粉，株数占不到 5% 即可。栝楼的雌株兼作瓜蒌和天花粉的生产。目前全国培育的栝楼农家品种较多，根据药用部位的需求进行定向种植。天花粉的生产宜选用短藤的品种为佳，瓜蒌和瓜蒌子的生产既可选用长藤的品种搭架种植，也可选用较低成本的短藤品种。以当地的野生品种进行选育，是保持品种不退化的有效途径。

2. 选地与整地

(1) 选地：选择通风透光、土层深厚、疏松肥沃、排水良好、水源方便的砂质壤土地块，待用。

(2) 整地

1) 育苗田：施足农家肥，于秋末冬初进行深翻，耙细，翌年春季整平。

2) 大田：根据藤的长短以及搭架与否，确定行距为 1~5m。冬前深翻耙平，开深 50cm 以上、宽 40cm 的壕，以南北方向为宜。第二年开冻后，施足农家肥，再顺沟放水灌透；待 2~3 天地皮略干，划锄耧平，即可下种。每 667m^2 施用农家肥 5 000kg，过磷酸钙 50kg，氯化钾 20kg 等混合堆沤的肥料。

3. 繁殖方法　栝楼的繁殖分为有性繁殖和无性繁殖。种子繁殖属于有性繁殖，优点是可以大面积繁殖，缺点是变异大、雌雄比例不能控制、当年极少挂果。分根、压条、组培繁殖等属于无性繁殖，优点是变异小、雌雄比例可以控制。分根繁殖可以当年挂果。组培繁殖可以实现快速繁殖。

(1) 种子繁殖：一般 3 月上、中旬播种，早播可以覆盖地膜。

种子处理：取当年的新种子，与 3 倍细砂混拌均匀，播前置室内催芽 25~30 天，待大部分种子裂口时即可播种，可以早出苗，出苗整齐。

1) 直播：按 1.5~2m 穴距挖穴，穴的规格为 30cm×30cm×30cm。将基肥与土混合施入穴内，厚度约 15cm，盖上一层约 10cm 厚细土，每穴散开播入种子 5~6 粒，也可尖头朝下插入土中，再被细土厚 3~4cm，如土壤干燥，则需浇水。盖草保温保湿，8~15 天后便可出苗。出苗后揭草。如果土壤肥沃并施入充足基肥，则可以挖 4~6cm 穴播入。秋、冬季播种次春出苗。苗高 6m 左右进行间苗，每穴保留壮苗 2 株。

2) 育苗移栽：按行距 15cm，间隔 5cm 左右播 1 粒种子，待幼苗长出 2~3 片真叶时，即可移栽。

(2) 分根繁殖：选取直径 3~5cm，断面白色（断面有黄筋者为病根）的新鲜块根，切成 5~7cm 长的小段，切口上蘸取草木灰（拌入 50% 钙镁磷肥），再喷 0.5~1mg/L 植物激素 GA，稍干后栽种。

按上述种子直播方法挖穴施肥，每穴平放种根一段，浇透水后再盖细土，厚 2~4cm，用脚踏实。

(3) 压条繁殖：于 5~7 月间，将三至四年生的健壮藤蔓拉于地下，在茎节上压土，两个月左右被埋的节长出须根。将节剪断，加强管理，促发新枝。新枝形成的根在第二年统一进行种植。

4. 田间管理

(1) 种根出苗后管理：种根生根并出芽后，应进行疏芽，每株只适合留取健壮藤苗 3~5 根。

(2) 苗期管理：栽后如遇干旱，可离种根 10~15cm 处开沟浇水，地皮略干时划锄松土。每次施肥后在距植株 30cm 处作畦埂，放水浇灌。整个生长期，使土壤保持湿润。雨后及时排涝，防止积水。生长期间，除草宜勤，松土 2~3 次。第二年起，每年按需要进行疏芽。

(3) 搭架：对于藤蔓长于 4m 的长藤栝楼，搭架的方式较多，有人字形、T 字形、开字形、网格形，但务求结实，经得住沉重的果实的压拉以及风吹和雪压。网格形搭架在地上部分必须高于 2m，便于在网下进行施肥和采收等田间工作。栝楼的藤苗需要在人工的帮扶下才能爬上网架。对于藤长度不超过 4m 的短藤栝楼，不需要搭架。

(4) 中耕除草：在藤蔓遍及田间之前，要注意中耕，既能提高地温，加速生长，又可除去杂草，节省肥力。当藤蔓遍及田间后，杂草很难生长。

(5) 追肥：每年追肥 3 次。第一次追肥应在移栽的当年苗高 50cm 左右，或在以后每年茎蔓开始生长时。在距植株约 30cm 处，开沟环施腐熟的人粪尿、厩肥和饼肥，用量为 2 000kg/667m^2，随后盖土。第二次追肥宜在 6 月上中旬开花初期进行，用肥种类和施肥方法同第一次。第三次在冬前与越冬培土同时进行，用农家肥 1 500~2 000kg/667m^2。

(6) 排灌：栝楼喜潮湿怕干旱。每次追肥后，要浇透水 1 次。如遇连续干旱不雨，也要根据墒情适当增浇。如遇连阴雨，地块积水时应及时排水。

(7) 整枝：疏芽应在上架前进行，每株留 2~3 根粗壮的茎蔓，去掉其余分枝和腋芽。上架后要及时摘除疯叉、腋芽，剪去瘦弱和过密分枝，使茎蔓分布均匀，不重叠挤压。这样通风透光性好，又减少了养分消耗，减少病虫害，多开花、多结果。

(8) 剪藤打顶:在8月25日至9月10日期间,剪去栝楼植株的藤蔓的顶端。9月是栝楼植物顶端优势比较显著的时期,8月开花挂果的大量的幼果坐果后得不到阳光的照射,9月底至10月初采摘时达不到基本成熟的要求。此时,去除顶端优势,使栝楼的果实能够获得充足的营养,并得到足够的阳光照射,可使早期挂果的果实在采收期间果皮转变为淡黄色或黄色,并可使8月挂果的果实的果皮表面有白粉甚至转变成淡黄色或黄色。此方法可以极大地提高栝楼果实的成熟度,并提高瓜蒌的产量。

(9) 培土越冬:北方寒冷地区,上冻前在植株周围中耕,施入农家肥,并从离地面1m处剪断茎蔓,把留下的部分盘好,放在根上,用土埋好,形成高30cm左右的土堆。亦可覆盖玉米秆保暖过冬。南方栝楼应在冬季追肥后培土护根,以利植株来年生长旺盛。

5. 病虫害及其防治　栝楼在栽培生产过程中,主要虫害有透翅蛾、菱斑食植瓢虫;病害有炭疽病、根腐病、根结线虫病等。病虫害的发生,与种植地区有关。我国南部,以透翅蛾、瓜绢螟、斜纹夜蛾、瓜藤天牛、根结线虫病、根腐病为主;我国北部,以透翅蛾、炭疽病、菱斑食植瓢虫为主。生长年限越长,田间肥力越低,栝楼的抵抗能力下降,病虫害发生的种类越多,危害越严重。

(1) 透翅蛾:栝楼的常见虫害透翅蛾系鳞翅目透翅蛾科粗腿透翅蛾 *Melittia bombyliformis* Cramer。其为害特征表现为,7月下旬幼虫孵化后,在茎表面蛀食,在离地面1m左右侵入,其分泌的白色透明胶状物和排泄的粪便混在一起,黏附在虫体表面,蛀入茎后,逐步将茎吃空,并使茎部逐步膨大,形成虫瘿。

(2) 根腐病:病原菌为镰孢霉属尖镰孢 *Fusarium oxysporum* Schlecht. 和腐皮镰孢 *F. solani* (Mart.)Sacc。在田间的主要表现为,病株出苗偏晚,幼苗长势较弱,成株茎蔓纤细,叶片比健康叶片小,花少,结果率低,果实小,产量降低;地下块根发病时,先在块根上端发病,逐步向下端扩展,主要表现为维管束发黄,维管束周围的薄壁细胞受到损伤而变为褐色,严重者块根变褐腐烂。根腐病的发生随着栝楼栽培年限的延长而加重。

(3) 炭疽病:炭疽病由刺盘孢菌 *Colletotrichum orbiculare* (Berk. & Mont)Arx 侵染所致,其发病的最适温度在24℃左右。该病常年发生,8~9月是主要危害时期,其症状表现为叶片发病,首先出现水渍状斑点,逐渐扩大成不规则枯斑,病斑多时会互相融合形成不规则的大斑,病斑中部出现同心轮纹,严重时叶片全部枯死;果实发病,病斑首先出现水渍状斑点,后扩大成圆形凹陷,后期出现龟裂,重发病果失水缩成黑色僵果;果柄发病可迅速导致果实死亡,损失最大。

6. 留种技术

(1) 种根:可综合秋冬季采收天花粉时选留种根。选取生长健壮、无病虫害、结果2~5年的良种栝楼,挖取块根,室内砂藏或窖藏,防冻。也可以春季采挖。

(2) 种子:9~10月选果实饱满健康、皮色橙黄熟透的果实留种。如果以果实生产为目的,要在结实率高、果大皮厚品质好的植株上选瓜。挑出的瓜种可以吊在阴凉通风处,次春剖开果实取出种子。

【采收、加工与贮藏】

栝楼的不同部位生产不同的药材。在我国北方比较干燥的环境中,通常可以直接将整个的果实加工成瓜蒌,对于出现破损、腐烂的果实则剖开加工成瓜蒌皮和瓜蒌子。在我国南方地区,由于气候潮湿，直接加工瓜蒌是不现实的，通常将果实剖开加工成瓜蒌皮和瓜蒌子。

1. 瓜蒌子、瓜蒌皮　对以瓜蒌子为目的的生产，应在果实成熟后剖开栝楼果实，将果瓤堆放数天后淘洗出种子，晒干，分选除去不成熟的瘪子，以获得干燥的成熟种子作为瓜蒌子。在剖开并取出种子后，果皮可以在搭架上悬挂晾晒至黄色或橙黄色，在天气变化之前剪下果皮，晒干或阴干。如果采收的是整个的果实，通常将果实放置数天，在果皮稍软并呈黄色时从脐部纵向剖开，并将果皮的内部向上晾晒，以防止发霉。

2. 瓜蒌　对以瓜蒌为目的的生产，通常在国庆节期间统一进行采收，也可待果实成熟一批采收一批，但过晚有可能遭受雪害。采摘时，通常将果实带着 30cm 长的茎蔓剪下，编成辫子，使果实之间不挤靠在一起，先堆放 1~3 天，并用玉米秆等覆盖，之后将整个编藤悬挂于阴凉透风的专门房间内。整个操作过程要轻拿轻放，不能摇晃碰撞和挤压。通常在专门房间内放置到第二年的 5 月，剪取果实，另外堆放。也可在编藤后，至于阳光下，晒至金黄色后，悬挂于阴凉透风的专门房间内。在悬挂过程中，房间要保持通风和干燥，避免大风和雨雪的侵害。大批量的果实进行加工时，也可在空旷处搭建专门的瓜蒌干燥棚。这种加工方式称为后熟贮藏式加工。

3. 天花粉　天花粉一般于栽后第三年采挖，生长良好的可于第二年采收，以生长 5 年内者为佳。年限过长，品质会下降。雄株通常于 10 月下旬采挖。雌株果实摘完后挖取，也可在春季开冻后挖取。挖时沿根的方向深刨细挖，避免挖烂。去掉芦头，洗净泥土，除去外皮，切断或纵剖成瓣，干燥。

【栽培过程中的关键环节】

1. 授粉　栝楼是雌雄异株植物，生产瓜蒌的必然是雌株，一般需要种植 2%~5% 的雄株栝楼，以利于授粉挂果，多余的雄株没有太多的意义。

2. 搭架　栝楼为藤本植物，生长过程中需要充足的阳光。通过搭架，引苗上架，可使栝楼获得充分的光照，并通风透气，也便于修剪枝条。对于短藤的栝楼，可以省去搭架的人工和材料成本。

3. 剪藤打顶　通过剪藤打顶，去除顶端优势，不仅可以提高果实的成熟度，还可以提高果实的产量。

4. 病虫害防治　病虫害的发生不仅会造成栝楼的减产、低产，也会影响药材的质量。一旦发现病虫害，应及时采用物理或者化学方法处理，减轻病虫害程度，降低损失。病虫害的防治以防为主，以治为辅，以早发现早防治为关键。

5. 后熟贮藏式加工　后熟贮藏式加工是提高栝楼果实成熟度、提高瓜蒌质量的重要环节。对于小麦栝楼套种等现象，出现大量白籽白瓤，引起瓜蒌质量下降的现象具有重要的意义。

37. 槟榔

槟榔

槟榔 *Areca catechu* L. 为棕榈科槟榔属植物，又称槟榔子、大腹子、青仔等，主要以干燥成熟种子和果皮入药，药材名分别为槟榔和大腹皮。槟榔入药味苦、辛，性温；归胃、大肠经。具有杀虫，消积，行气，利水，截疟的功能；用于绦虫病，蛔虫病，姜片虫病，虫积腹痛，积滞泻痢，里急后重，水肿脚气，疟疾。大腹皮入药味辛，性微温；归脾、胃、大肠、小肠经；具有行气宽中，行水消肿的功效。用于湿阻气滞，脘腹胀闷，大便不爽，水肿胀满，脚气浮肿，小便不利。槟榔的主要有效成分为槟榔碱。

槟榔原产于马来西亚，目前主产于中非和东南亚，我国主产于海南、台湾等地，广东、广西、云南、福建也有种植。

【生物学特性】

1. 生态习性　槟榔常种植于海拔 0~1 000m 的低山谷底、岭脚坡麓，平原溪边地、农村房屋和道路周围的闲置地。温度是槟榔分布和产量的限制因子，其喜高温，年平均温度以 24~26℃最适宜，16℃就有落叶现象发生；喜多雨湿润气候，要求降水充足且分布均匀，忌积水。以年降雨量 1 700~2 200mm、空气相对湿度保持 80% 以上地区为宜。因生长阶段不同，槟榔对光照强度的需求有变化。幼苗期荫蔽度 50%~60% 为宜，成年树需要充足光照；槟榔喜肥沃、有机质丰富、排水良好、深厚的土壤。土层厚度以 100cm 以上最佳，次者为 80cm 以下风化母岩；传粉媒介以异花风媒为主，微风有利于花粉传播。但强热带低压和台风对槟榔生长极为不利。

2. 生长发育特性　槟榔为须根系，在一般条件下根系深 1~2m，但绝大部分在 50cm 的表土层内，根系的水平分布幅度随株龄而逐渐扩大；幼龄树的茎生长极慢，头 2~4 年主要是横向生长，形成大的茎基。其后茎部才露出地表，出现明显的叶痕；叶片生长季节性强，4~9 月为抽生期，常抽生 7 片叶，健壮植株可多达 7~10 片，衰老期则在 6 片以下，落叶数与新生叶片数基本相同；在开花结果方面，生长良好者在植后 4~5 年开花结果，每年 7~10 月后，下部叶片的叶鞘基部节上孕育花芽，至翌年 3~5 月，待叶鞘开裂叶片脱落即露出佛焰苞，苞片在 4~7 天后脱落露出花序。每株每年抽生 1~5 个花序。花序从开放至果实成熟约一年时间。果实产量高低随树龄而变化。一般自开花后第三年结果率才逐渐上升，20~30 龄树为盛产期，年产果达 400 个，超过 40 龄即进入衰老期。

【栽培技术】

1. 品种类型　槟榔种植历史悠久，虽然选育了较多品种，但其种质资源迄今尚不清楚。从果实外观上可将槟榔划分为长椭圆形、倒卵形、心脏形等；根据果实形状和果核大小可分为山槟榔和猪槟榔，前者果大核小味甘，后者果小核大味苦涩；根据花序和结果情况又可分为长蒂种与短蒂种。槟榔种质主要来自海南、泰国和越南，一般选用海南本地种中具有较强抗病虫害能力的种质。

2. 苗圃选地与整地　苗圃地宜选择土壤肥沃、土质疏松，经过 1~2 年轮作且无恶草（如白茅、香附子等）的熟地；或有机质含量丰富、质地疏松的新垦荒地。应尽量靠近定植区或交通便利、水源充足的地方。苗圃地应提早整地，便于土壤风化和消灭杂草。一般耕深 25~30cm，清除杂物。采用苗床育苗需起畦，畦高 15~20cm，畦宽 1~1.3m，长度随地形而定。畦的走向，平地宜南北走向，缓坡地形成水平畦。畦间距离 50~60cm。

3. 繁殖方法　槟榔种苗繁育主要采用种子繁殖。

(1) 选种采种：以 20~30 树龄生长健壮椭圆形或卵形的本地槟榔果为佳，同时注意选择饱满无裂痕、无病斑、金黄色、果皮薄、种仁重、大小均匀的果实。

(2) 种子处理：槟榔种子有后熟期，采收后应将其摊晒 5~7 天，果皮略干，使其完全成熟后再进行催芽。槟榔催芽方法有多种，其中经济实用、发芽率高的方法为堆积催芽法。将果实堆积成高 15cm、宽 80~100cm、长 2~3m 的果堆，盖上稻草至不露种子。及时淋水，保持湿润、日均温度 30~35℃、荫蔽和通风。约 10 天后，用水冲洗腐烂果皮，堆积盖上稻草淋水。经催芽 15~20 天，种子开始萌发，30 天达盛期，45 天左右结束。发芽期间，每天需剥开果蒂检查，如发现萌芽，即可取出育苗。

(3) 育苗：常用方式有营养袋育苗和苗床育苗。袋育苗移植大田，恢复生机快，成苗率高，有利于提早进入生产期。

1）营养袋育苗：用 30cm×25cm 的塑料袋，下部打 4 个孔。先装入 3/5 按 6：4 的表土和腐熟厩肥混合土。再把发芽的种子移入袋中，芽点向上，覆土超过种果 1cm，再盖上一薄层河沙。然后把塑料袋排列于苗畦上，在营养袋顶端盖草，淋水保持湿润。

2）苗床育苗：在已备耕的苗床上，按株行距 30cm×30cm 开小穴，施基肥（腐熟厩肥和过磷酸钙）。每穴播 1 粒发芽种子，覆土厚 2~3cm，盖上稻草淋湿苗床。幼苗每日淋水 1 次，苗床上空辅以遮阳网。待 5 片叶时，便可出圃定植。

(4) 苗期管理：在叶片开展后施第 1 次肥，以后每隔 30~40 天施一次肥。第 1 次可施用 1：10 的稀释人粪尿，或浓度为 1% 的尿素水溶液，以后随着苗木的增长逐渐提高施肥浓度。出圃前应配合施用少量钾肥。袋育苗较易受旱，应注意保持土壤湿润。人工荫蔽的苗圃，中后期应逐渐减少荫蔽度，至出圃前接近全光照。通过炼苗以提高种苗在大田的耐光和抗旱能力。

4. 园地建立

(1) 园地选择：槟榔园的建立，应根据槟榔的习性及其所需的环境条件，充分利用现有自然条件选择园地。

除地下高水位、易水淹或污染土地不能选用外，园区土地选用要求不严格。一般以 15° 以内的缓坡为宜。同时根据地形做好防风林的建设，在以往风大或台风必经之处营造防护林，可减轻热带低压和台风所造成的槟榔叶片损伤和落花落果及病害的流行，缓和寒害，减少土壤水分蒸发和提高林间空气的相对湿度，保持坡地水土。

(2) 园地建设

1）整地：选好地后，于雨季前砍山、烧山，翻地深 30~40cm，把树根挖净。在坡度超过 15° 的山地，需挖宽 1.5~2m，内倾 15°~20° 的环山行。内侧挖深、宽 25~30cm 的蓄水保水沟。一般行距 2.5~3m，株距 2~2.5m。植穴 80cm×80cm×60cm，穴施基肥再填回表土，每穴施腐熟厩肥 5~10kg。

2）定植：槟榔苗生长 1~2 年，高 50~60cm，5~6 片叶便可定植。海南以春季 2~3 月或秋季 8~10 月，云南以 5~6 月，温暖多雨时节的阴天定植。定植前 1~2 天浇透水。塑料袋育苗者定植时去除营养袋，盖草、淋足定根水，保持荫蔽和土壤湿润。挖苗时最好选择箭叶未抽出、未展开的苗，易于成活。注意不能损伤根系，带上球，并剪去部分老叶。一般定植 100~120 株 /667m^2 为宜。

5. 田间管理

(1) 荫蔽：定植后的 3~4 年，可在槟榔行间种植覆盖植物，以保护槟榔幼苗不受烈日暴晒，减少地面水分蒸发，防止土壤冲刷，抑制杂草生长，还可翻埋压青。间作物可选择速生绿肥（如山毛豆、猪屎豆或田菁）、经济作物（如药材）。

(2) 除草培土：幼龄期要勤除杂草松土，每年除草 3~4 次。定期培土可保护裸露老根，促进新根产生，增强根系对水分、养分的吸收。

(3) 施肥：分幼龄期和成龄期两个阶段。

槟榔幼龄期以营养生长为主，施肥以氮肥为主，每年施肥 3~4 次，可在除草后进行。每株每次施堆肥 5~10kg，磷肥 0.2~0.3kg，尿素 0.1kg 或人粪尿 5kg，植株旁边挖穴施下，盖土。种植第一年每株加施氯化钾 0.5kg。

成龄槟榔因同时营养生长和生殖生长，对钾元素需求较多，应合理施用钾肥。结果树每年施肥 3 次，第一次为花前肥，在 2 月花苞开放前施下，每株施入粪尿水 5~10kg，或硫酸铵 100g，氯化钾 150~200g；第二次为青果期肥，在 6~9 月施下，每株施绿肥或厩肥 15kg，并加入过磷酸钙 100g、或火烧土 5kg，氯化钾 100~150g，以促进幼果生长。第三次为入冬肥，在 11 月中旬施下，施用钾肥可促进冬季耐低温、耐干旱和增强光合作用的能力。每株可施用氯化钾 150g 或草木灰 1kg。磷肥由于其后效期长，可每隔 1~2 年施 1 次，每次 0.75~1.25kg，与有机肥混合施下。

(4) 灌溉排水：槟榔对水分要求较高，应避免干旱和积水。

6. 病虫害防治及农药残留控制

(1) 综合性病虫害及其防治

槟榔黄化病：导致海南槟榔黄化病的病因很复杂，植原体 *Phytoplasma* sp.、肥害、药害、水害、真菌、营养不良、虫害等均可引发叶片黄化，整株死亡，为一种毁灭性疾病。不同地区槟榔发生黄化的病因复杂，既有单一病因也有综合病因。根据发生特点可分为黄化型和束顶型。①黄化型：发病初期植株中下层叶片开始变黄，逐渐发展到整株叶片黄化，心叶变小，花穗枯萎；②束顶型：病株顶部叶片缩小，节间缩短，呈束顶状。

防治方法：①加强管理，增施有机肥以提高植株抗病力；②杜绝从槟榔黄化病区引种，及时清除焚毁病株；③目前尚无有效的防治药剂，可在槟榔抽生新叶期间，喷施 20% 速灭杀丁、2.5% 敌杀死等 1 500~2 000 倍药液。

(2) 病害及其防治：我国槟榔病害种类多达 40 余种，主要影响大的病害有槟榔炭疽病、槟榔细菌性条斑病、果穗枯萎病、叶点霉叶斑病、果腐病、芽腐病等，其他类型病害发生相对要少。各病害特点和防治方法如下。

1) 槟榔炭疽病 *Colletotrichum gloeosporioides* Penz.：危害叶片、花序和果实，产生粉红色孢子堆。病斑大，形状不规则，灰褐色、具轮纹，边缘环绕双褐线，其上密布小黑点，后期病组织破裂。小苗和成龄树均可发生。导致小苗叶色淡黄，严重者整株死亡。成龄树则花果脱落。

防治方法：①合理施肥以提高植株抗病力，同时苗圃合理通风透光，降低湿度；②及时清除病叶和病株；③可用 1% 波尔多液或 70% 甲基托布津可湿性粉剂 1 000 倍液或 80% 代森锌可湿性粉剂 800 倍液喷雾。

2) 槟榔细菌性条斑病 *Xanthomonas campestris* pv. *arecae*（Rao et Mohan）Dye.：主要危害叶片。病菌从伤口和自然孔口侵入。病斑初期呈细条状，褐色，水渍状，半透明，周围有明显黄晕。而后病斑沿叶脉扩展并汇合形成较宽(1~4mm)的长条斑，长度不一，甚至可延伸至整片小叶，穿透叶片。高湿条件下，病部溢出蜡黄色、液状菌脓，最后叶变褐枯死，重病株濒于死亡。

防治方法：①切断传染源，严格检查种苗，及时清除病死株并予以深埋或焚毁；②建立完整防护林网，防止台风雨迅速传播；③合理施肥，防止偏施氮肥；④发病初期，可选用 25% 绿乳铜 600 倍液、72% 农用链霉素 3 000 倍液、25% 青枯灵 600 倍液、30% 氧氯化铜 500 倍液等喷雾，每隔 7 天 1 次，共 2~3 次。

3）果穗枯萎病 *Colletotrichum gloeosporioides* Penz.：危害果穗和果实，造成干枯，养分供应中断，直接导致落果。感病果枝和果皮呈暗褐色枯萎；果实病斑灰褐色，散生大量小黑粒。

防治方法：同炭疽病。

4）叶点霉叶斑病 *Phyliosticta arecae* Diedecke.：危害叶片，病斑呈不规则形，大小不一，长度 2~35cm。病部边缘深褐色，中期灰褐色或灰白色，其上散生很多小黑点，后期病叶干枯。

防治方法：①加强田间管理，排除积水，增施肥料，清除落叶。②用 1% 波尔多液或 50% 托布津可湿性粉剂 1 000 倍液或 75% 百菌清可湿性粉剂 600~800 倍液喷雾，每隔 10~15 天喷 1 次。

5）槟榔果腐病、芽腐病 *Phytophthora meadii* McRae.：主要危害心叶、幼芽，整个果实生长期均可受害。病株心叶褪绿、卷曲，而后呈现不规形的红褐色斑块。幼芽腐烂或枯萎，有臭味；高湿条件下，病部有株红色的黏性小点，果实腐烂和青果大量脱落，脱落的果实表面长有绒毛状的白色菌丝体。

防治方法：①防止密植，保持槟榔园通风透气；②发病初期喷射 1% 波尔多液或 50% 多菌灵可湿性粉剂 1 000 倍液。

(3) 虫害及其防治：槟榔主要害虫为椰心叶甲和红脉穗螟，其特点和防治方法如下。

1）椰心叶甲 *Brontispa longissima*（Gestro）：属鞘翅目铁甲科害虫，主要危害未展开的幼嫩心叶，导致新叶枯萎、干枯和落花。

防治方法：①化学防治，常见药剂为椰甲清粉剂。将药包固定在槟榔心叶上，让药剂随水或人工淋水自然流到害虫危害部位以杀死害虫。②生物防治，应用绿僵菌防治较为经济，安全有效，但易受温度、湿度和气候影响；通过释放椰心叶甲寄生蜂（椰心叶甲啮小蜂）防治最安全有效。

2）红脉穗螟 *Tirathabarufivena* Walker.：属鳞翅目螟蛾科害虫。幼虫出现的第一个高峰期是 6 月下旬至 7 月，主要危害花穗。第二个高峰期为 9 月底至 10 月上旬，主要危害成龄果，引起严重落果。此外幼虫还钻食槟榔心叶，导致整株死亡。

防治方法：①冬季清理园地，焚毁枯叶，自开花及果实成熟前清除被虫蛀花及落果；对附近油棕或椰子园冬防以消灭越冬虫源。②在幼虫高峰期可喷雾 20% 速灭杀丁 8 000~10 000 倍液或 2.5% 敌杀死 10 000 倍液。

(4) 槟榔生理性缺钾“黄化病”：此病是由生理性缺钾导致病发。无明显中心病株，同时发现多片黄叶。严重时黄叶 3~4 片，个别植株全部黄化，脱落叶片未染任何病原菌。患病株花序瘦小，过早枯萎，雌花小而多败育，幼果脱落。植株正常生长严重受阻，产量剧减。

防治方法：①增施钾肥，配合施用氮、磷、镁肥（每株可施硫酸镁 5~10g）。②在酸性过强的土壤中施少量石灰以中和土壤；因过量施用相关肥料造成土壤碱化时，应采取综合措施改良土壤。③修建保水保肥工程，减少水土流失。

【采收、加工与贮藏】

1. 采收　槟榔采收一般分两个时期。首先，11~12 月采收青果加工成椰干。以采收长椭圆形或椭圆形，茎部带宿萼，剖开内有未成熟瘦长形种子的青果加工成槟干质量为佳。其次，3~6月采收熟果加工槟玉。以采收圆形或卵形橙黄或鲜红熟果，剖开内有饱满种子的成熟果实加工成槟玉质量为佳。

2. 加工

(1) 槟玉：传统方法将成熟果实晒1~2天，然后放在烤灶内用干柴火慢慢地烤干，7~10天取出待冷，用锤子敲开果皮取出种子，再晒1~2天即为槟玉。一般100kg鲜果可加工成槟玉17~19kg。

(2) 槟干：传统方法是将青果置于锅内加水煮沸约30分钟，捞出晾干，再将果实放置于烤灶内用湿柴文火烘烤。烤2~3天翻炒1次，连翻2次便可。8~10天用木棒从上面直插底层，如一插便入，说明底层已干，此时取出即成槟干。一般100kg鲜果可烤得20~25kg。现在多采用电烤箱或蒸汽生产较为环保。

(3) 大腹皮：将成熟果实纵剖成半，剥下果皮，晒干，打松干燥即得。

(4) 槟榔花：取尚未开放的雄花干燥而成。以土黄色或淡绿色为佳。

3. 贮藏　置通风干燥处保存，防蛀。

【栽培过程中的关键环节】

1. 忌干旱，忌水涝　槟榔的种植区应建立好完善的排水系统，确保排水和供水。

2. 合理施肥　基肥应多施有机肥，配合施用氮、磷、钾等化肥；按照"施足基肥，早施苗肥，合理果肥"的原则进行施肥。

3. 适时病虫害防治　做好病虫害防治是影响槟榔产量和质量的关键措施之一，应做到早预防，早治疗。

38. 红花

红花

红花 *Carthamus tinctorius* L. 为菊科红花属一年生草本植物，以干燥的管状花入药，药材名为红花。是传统药用、油用、饲用和工业用作物。其干燥的管状花是著名的常用药材红花，味辛，性温；归心、肝经；可活血通经、散瘀止痛；主治经闭、痛经、恶露不行、癥瘕痞块、胸痹心痛、瘀滞腹痛、胸胁刺痛、跌扑损伤、疮疡肿痛。种子药材名白平子、红蓝子，具有活血、解毒等功效。幼苗捣碎外敷可消肿，也可作为绿叶类蔬菜食用。红花的化学成分主要有黄酮类、聚炔类、生物碱类、醌式查耳酮类、木脂素类、亚精胺类、烷基二醇类、有机酸类、甾族类、甾醇类等化合物。

我国红花栽培最早可追溯到汉代，"张骞得种于西域"，然后引入内地，已有2 100多年历史。目前我国红花生产主要集中在新疆，其次为四川、云南、河南、河北、山东、浙江、江苏等省。在世界范围内，我国首先将红花入药使用。新疆、甘肃等西北地区土壤资源丰富，适宜发展油用红花，以种子制油为主。云南等西南地区适宜发展色素红花，以提取色素为主。药用红花以四川的"川红花"和河南的"卫红花"为道地。

【生物学特性】

1. 生态习性

(1) 对温度的适应:温度适应范围很宽,但极端炎热和寒冷则生长不利。种子在地温 4~6℃时即可发芽,10~20℃时 6~7 天出苗。最适发芽温度在 20℃左右,最适生长温度 20~25℃。一般 5℃以上积温达 2 000~2 900℃,15℃以上积温达 1 500~2 400℃,能满足红花生长发育需要。幼苗耐寒性强,可忍受 -10℃低温,但孕蕾开花期遭遇 10℃以下低温可导致不能结实。从分枝到开花结实阶段,要求较高的温度。通常通过控制播种期来控制红花生长期间的温度范围。

(2) 对水分的适应:抗旱怕涝,整个生长周期对水分都十分敏感。根系发达,能吸收土壤深层水分,同时枝叶具有很厚的蜡质层,可减少蒸腾作用消耗的水分。除萌发期和盛花期需要一定水分外,其他时期对水分要求较少。如果空气湿度过高,土壤湿度过大,则会引起病害的大面积发生。高温季节,田间短期积水可造成植株死亡。开花期遇雨水会导致花粉发育不良,果熟期遇雨水会导致种子发芽,进而影响红花产量。

(3) 对光照适应:红花是长日照植物,充分光照能够保障其开花结果和籽粒饱满。长日照有利于生殖生长,短日照有利于营养生长。在一定范围内,无论播种早晚,只要处于长日照条件,就能开花,日照时间越长,开花越早。秋季或早春播种,可保障苗期处于短日照条件,根繁叶茂,积累营养,生长后期处于较长的日照条件,保障生长发育良好,实现丰产丰收。

(4) 对土壤养分适应:对土壤养分的要求不甚严格,相对其他作物,对养分需求较少,在不同肥力的土壤上均可生长,山坡和荒地也可种植,但以地势较高、肥力中等、排渗水良好的壤土、砂壤土为宜,在降水量大、地下水位高、土质过分黏重的地区不太适宜,以有良好的耕作层和团粒结构、养分含量全面的中性或偏碱性土壤为佳。忌连作重茬,应与禾本科、豆科、薯类、蔬菜等作物实行 2~3 年的轮作倒茬。

2. 生长发育特性

(1) 莲座期:绝大多数红花品种在出苗以后其茎并不伸长,叶片紧贴于地面,状如荷花,该阶段称为莲座期。莲座期的长短是红花适应低温、短日照的一个特性,温度高低和日照长短是影响莲座期的最根本因素。温度高、日照长,莲座期则短,甚至消失;反之,莲座期则延长。

(2) 伸长期:莲座期后,植株进入快速生长的伸长阶段。伸长期的植株迅速长高,节间显著加长,对肥料和水分的需要开始增加。伸长期采用培土等措施,可以防止倒伏和避免病害发生,特别是根腐病的发生。

(3) 分枝期:在伸长阶段后期,植株顶端的几个叶腋分别长出侧芽,侧芽逐渐形成Ⅰ级分枝,第Ⅰ级分枝又可形成Ⅱ级分枝,依此类推。分枝的多少除受品种、密度等因素影响外,主要受水分和肥料的影响。分枝期植株生长迅速,叶面积迅速增加,对肥料和水分的需要量增大,应及时追肥并进行培土以促植株正常生长发育。

(4) 开花期:在分枝阶段后期,每一个枝条顶端均形成一个花蕾,花蕾逐渐成长为花球,在花球中的小花发育成熟后伸出内部总苞苞片,然后花瓣展开。当有 10% 的植株主茎上的花球开放时,植株即进入始花阶段。盛花期(全田 70%~80% 植株开花)要求有充足的土壤水分,但空气湿度和降雨量均不能大,否则会导致多种病虫害。开花期遇雨对授粉不利,影响开花结果。

(5) 种子成熟期:在完成受精作用后,花冠凋谢,进入种子成熟期。该时期对水分的需求量迅速减少,干燥的气候有利于种子发育。红花绝大多数品种的种子没有休眠期,成熟期如遇连阴雨则会引起花球中的种子发芽、发霉,影响种子的产量和品质。

【栽培技术】

1. 品种选用　根据当地气候条件、生产水平和品种特性,因地制宜选择适宜品种种植。一年两熟制秋播地区,茬口紧,应选择早熟、耐寒、优质、高产的品种,以便早收,不影响下季作物种植。一年一熟制春播地区,冻害极少发生,植株生长后期,干旱少雨,选用早熟、耐旱、抗病、优质、高产的品种。水肥条件好,土壤肥力高的地区,选用植株高大、直立型的品种。在肥力较差、土壤干旱、供水不足的地区,选用抗旱性强、耐贫瘠的稳产品种。注意选择和纯化选育生育正常、无刺、分枝多、果球大、抗病早熟适宜当地环境的品种种植,尤其是药用红花,盲目引种容易造成种质退化、药材品质差的后果。

2. 选地与整地　应选择地势较高、不易积水的地块种植,也可选择阳光充足的半阳坡或阳坡山地。红花适应能力较强,但以中性壤土或轻黏土、pH 在 6.5~8.5 的土壤为宜,沙性过大的土壤保水保肥能力相对较弱,土壤黏性过重或 pH≥8.5 的重盐碱地土壤结构致密、通气性差,会引起土壤板结,影响植株正常生长发育。

整地要求不高,前茬作物收获后立即进行机械耕翻,深度 20~25cm 为宜,耙耱整齐,达到土壤细、松、软、平的要求,保有适量水分。冬春干旱及半干旱地区雨量少,蒸发量大,注意抗旱保墒。肥力差、有机质不足的土壤,结合整地,施入基肥,基肥以有机肥为主,待翻耕时混入土壤,耙平土地后及时开沟、整墒、播种。平地种植应注意修建排水设施,确保雨季田间不积水。

3. 繁殖方式

(1) 种子处理:种子要求纯度高,整齐度好,籽粒饱满,无病菌感染和虫卵,发芽率在 95% 以上。播种前将种子摊薄 1~2cm 晾晒 1~2 天,使之受热均匀。必要时进行浸种催芽,用常温水浸种 10~12 小时,吸足水分后用 40~50℃的温水浸种 1~2 小时,捞出摊开至表面无水珠即可。药剂拌种和包衣种子不建议浸种催芽,可采取直播方式。秋播上冻前未出苗种子,次年早春气温回升,可以正常出苗。

(2) 播种时间:一般秋播或早春播种。一年两熟制地区及西南冬春干旱地区应秋播,秋播宜晚,适当晚播可避免冬季冻害发生,以 10 月下旬至 11 上旬,冬前小苗有 6~7 片真叶为宜。一年一熟制地区应春播,春播宜早,适当早播有利于植株营养生长,以 2 月底前播种为宜。

(3) 播种方式

1) 机械条播:条播以行距 30~40cm、深 3~5cm 开沟,将种子均匀撒入沟内,覆土 3cm 左右,稍加镇压。可用中药材专用播种机或者小麦播种机播种,调好行距、深度,开沟、播种、覆土、镇压一次性完成,适合大面积种植。机械条播的优点是植株分布均匀,覆土深浅一致,出苗整齐,后期通风透光条件较好,便于田间管理等,但要求整地精细,墒情好,才能保证播种质量。

2) 人工穴播:穴播行距(25~30)cm×(30~40)cm,播深 3~5cm,每穴放 4~5 粒种子,覆土镇压。人工穴播适合小面积种植,其优点是播种深浅一致,出苗齐全,在田间分布均匀,节省种子,但劳力花费较多。

3）人工撒播：人工撒播省工省时，但覆土深浅不一致，出苗不齐，后期通风透光条件差，管理不便，杂草较多，密度难以控制，适合地广人少、整地困难、播种季节紧张、缺乏劳力的地区。

4. 田间管理

（1）查苗、间苗与定苗：出苗后3~4叶时，进行查苗、补苗。若出现缺苗、烂苗，将种子催芽后及时补种或者结合间苗带土移栽，移栽时要尽量多带土，少伤根，在阴天或者晴天的下午进行，移栽后浇足水。查苗、补苗后要加强管理。春播红花，苗高10cm左右间苗，苗高20cm左右定苗。秋播红花，入冬前间苗，次年春天定苗。淘汰有病虫害和生长发育不良的幼苗，选择高矮相当、叶数一致、粗细一致的壮苗进行定苗。具体定苗数量根据土壤肥力、品种等因素而定，一般控制在1~1.5万株/667m^2。红花分枝特性随环境而变化，密植时，分枝少，头状花序少；稀植时，分枝增多，头状花序增加。

（2）中耕除草、追肥培土与摘尖打顶：春播红花一般要进行3次中耕除草，分别在莲座期、伸长期的初期和植株封垄前进行。秋播红花的苗期较长，应适当增加中耕除草的次数。苗期追肥应前轻后重，通常结合中耕除草进行，植株封垄后一般不再追肥。成株花序位于枝顶，重量较大，易倒伏，结合中耕除草进行培土。土壤肥沃、植株密度较小的地块，苗高1m左右时，可摘除顶尖，促进分枝增多，增加花蕾数量，提高红花生产能力。土壤瘠薄、植株过密的地块，不宜打顶。

5. 病虫草害防治与农药残留控制

（1）病害及其防治

1）红花根腐病：红花根腐病主要危害根部，先是侧根变黑，后扩展到主根，直至全部根系腐烂，茎叶变黄，全株枯死。整个生育期均可发生，尤其幼苗期和开花期发病严重。温度高、湿度大，病害重。防治方法：实行2~3年轮作倒茬，不重茬，保持排水良好，田间无积水；发现病株及时拔除、销毁，病株穴用生石灰或呋喃丹消毒；在病害常发区，用50%甲基托布津800倍液或根复特600倍液等灌根。

2）炭疽病：主要危害叶片，尤其是嫩梢。嫩梢发病，开始时产生水渍状褐色病斑，后病斑逐渐扩大呈凹陷，上有稍隆起的黑色小粒点，受害严重时梢部溢出绯红色黏液。叶片发病后，出现黄褐色、圆形或不规则形凹陷斑，发生严重时，叶片枯死。发病最适温度20~25℃，分布广、危害重，常造成大量减产，严重时可导致绝收。防治方法：发病初期用药剂防治，从出苗后就要注意田间检查，一旦发现有斑点的病苗应及时拔除带出田外销毁。用50%可湿性甲基托布津粉剂500~600倍液或65%代森锌400~500倍液喷洒，7~10天喷1次，连喷2~3次。

3）锈病：主要危害叶片和苞叶，初侵染源是土壤中、病残体中和种子表面的冬孢子。植株受害后，叶片表面出现褪绿斑，以后产生栗褐色疱状夏孢子堆，后期产生黑褐色疱状冬孢子，发病严重时病叶变黄、变枯。防治方法：发现病株及时清除；发病初期用50%粉锈宁400~600倍液或25%三唑酮1 000倍液喷雾，7~10天喷1次，连喷2~3次。

（2）虫害及其防治

1）蚜虫：以成虫或若虫在植株顶端叶片、茎尖、蕾芽幼嫩外刺吸汁液，严重时布满茎和叶片。危害部位多在植株上半部的主茎与侧枝上，常不形成卷叶，只见枝叶出现黄褐色微小斑点，严重时植株枯死。气温高、天气干燥是蚜虫的盛发阶段。蚜虫是红花主要害虫，其繁殖适温为22~26℃，相对湿度在70%~80%范围内。防治办法：及时拔除蚜株并销毁；危害初期，采取药剂点片防治，可用 0.3% 苦参碱乳剂 800~1 000 倍液或 50% 抗蚜威 1 000 倍液喷雾，危害较重时，可用 50% 抗蚜虫威可湿性粉剂 500 倍液喷雾，也可用马拉硫磷、菊酯类农药防治。有蚜株率达 30%~40% 时开始全田喷药防治，可选用 40% 乐果乳油 1 500 倍液，或 5% 吡虫啉乳油 2 000~3 000 倍液喷雾，间隔 10~15 天，视蚜虫发生情况，重复施药多次。

2）潜叶蝇：主要以幼虫潜入叶片，钻食叶肉，形成大量的灰白色蛀道，造成叶片早衰早落，危害较重。防治办法：加强栽培管理，及时剪除有虫叶并销毁；用 10% 吡虫啉 800~1 000 倍液喷雾。

(3) 草害及其防治：红花遭受草害不太严重，通常结合中耕即可达到防治草害的目的。红花苗期气温较低，田间杂草较少且生长缓慢，苗期中耕有利于疏松土壤、提高地温、减轻草害。伸长期植株生产迅速，在伸长期后期和封垄前进行中耕培土，可以消除草害，也有利于灌溉和防止倒伏。

(4) 农药残留控制：遵循“预防为主，综合防治”原则，禁止使用有机氯类农药，严禁将剧毒、高毒农药混合使用，力求少用化学农药。必须施用时，严格按照 GB/T 8321 农药使用准则要求，严格掌握用药量、用药时期，不可随意增加使用量，安全间隔期不得少于 30 天，确保农残达到国家标准。

【采收、加工与贮藏】

1. 采收

(1) 药材红花采收：以人工采收为主，目前尚未机械化采收。花冠开放、雄蕊开始枯萎、花色鲜红、油润时即可采摘，以盛花期清晨采摘为好。采收时间过早不易采摘，且严重影响产量和品质，花丝色泽暗淡、重量轻、油分含量少；采收过晚，花丝粘在一起，色黑无光泽，跑油严重，品质差。红花花期在 15~20 天，药材采收时间紧迫。

(2) 红花种子收获：采收花丝 2~3 周后，植株秆变黄、表皮稍微萎缩，叶片大部分干枯，呈褐色，籽粒变硬，即可收获种子。可采用普通谷物联合收割机收获种子，防止遇雨霉变。

2. 加工　采收药材红花不可搁置堆集，应及时在通风干燥场所摊开阴干，切忌在强光下长时间暴晒及高温烘烤。如遇阴雨天，可在 60℃以下烘干。加工标准是手握花序基本能成团，松手即散。干燥的花丝具有特异香气，味微苦，以花长、色鲜红，有韧性，不霉不黑，无杂质和柔软者为佳，杂质控制在 2% 以下。种子可在阳光下暴晒或烘干，精选去除杂质和秕瘪粒，达到入库标准后入库贮藏。

3. 贮藏

(1) 药材红花贮藏：注意防潮、防蛀、防异味，置阴凉干燥处贮藏。若发现药材红花受潮生虫，可进行烘干处理，但切忌用硫黄熏，也不可在烈日下暴晒，否则易褪色。药材红花贮藏安全水分 13% 以下。

(2) 种子贮藏：种子可以暴晒，去除杂物，做到籽粒干净、无破碎、不霉变、质量好，注意防热、防湿、防虫，水分降低到 12% 以下，在低温、干燥条件下贮藏。

【栽培过程中的关键环节】

合理灌溉是红花栽培中的一项关键技术。红花非常怕涝，对水十分敏感，一般不需灌溉，灌溉要慎之又慎。除在幼苗期低温条件下比较耐湿外，其余各个生育阶段均不耐湿，易诱发锈病、根腐病和枯萎病，注意田间不能积水。如遇严重干旱时适当灌溉，原则是“前促后控”，细流沟灌，少量多次，严禁大水漫灌和用水量偏大。完善田间排水设施，降雨后及时排水。

39. 忍冬

忍冬

忍冬 *Lonicera japonica* Thunb. 为忍冬科忍冬属植物，以干燥花蕾或带初开的花入药，药材名为金银花，亦名双花、二花、银花，为我国常用中药材之一，始载于《名医别录》，被列为上品。其味甘，性寒；归肺、心、胃经。具有清热解毒、疏散风热的功效。用于治疗痈肿疔疮、喉痹、丹毒、热毒血痢、风热感冒、温病发热。现代研究证明，金银花主要含有绿原酸、异绿原酸、环烯醚萜苷、木犀草素、木犀草素 -7-*O*-α-D- 葡萄糖苷、金丝桃苷、挥发油等成分，具有抗菌消炎、解热、保肝利胆、降血脂等药理活性。

忍冬分布区域很广，北起辽、吉，西至陕、甘，南达湘、赣，西南至云、贵，在北纬 22°~43°、东经 98°~130° 之间均有分布。在上述范围内，又以山东、河南两省的低山丘陵、平原滩地、沿海淤沙轻盐地带分布较广而集中。山东平邑、费县，河南封丘、新密，为忍冬的主要道地产区。此外，河北巨鹿、陕西商洛等地也有大面积种植。

【生物学特性】

1. 生态习性　忍冬原产我国，为温带及亚热带树种，适应性很强，喜阳、耐阴，耐寒性强，也耐干旱。对土壤要求不严，酸性、盐碱地均能生长，但以湿润、肥沃的深厚砂质壤土最好。根系繁密发达，萌蘖性强，茎蔓着地即能生根，固土保水性能良好。自然生长于山坡灌丛或疏林、乱石堆、山角路旁及村庄篱笆边，分布地海拔最高可达 1 500m，低洼积水处难以存活。日本和朝鲜等国家也有种植，在北美洲因其生命力旺盛，逸生为难除的田间杂草。

2. 生长发育特性　忍冬植株年生长发育大体可分为 6 个阶段，即萌芽期、新梢生长期、显蕾期、开花期、缓慢生长期和越冬期。在萌芽期，枝条茎节处出现米粒状芽体，逐渐膨大、伸长，芽尖端松弛，叶片伸展。日平均气温达到 16℃时进入新梢生长旺期，新梢叶腋露出总花梗和苞片，花蕾似米粒状。在显蕾期，花枝随着总花梗伸长，花蕾膨大。在人工栽培条件下，一年中从 5 月中旬至 9 月中旬能开 4 茬花，花期相对集中，第一、二茬花占总产花量的 70%，第三、四茬花花量较少。秋季进入缓慢生长期后，叶片逐渐脱落不再形成新枝，但在主干茎或主枝分节处出现大量的越冬芽，此期为贮藏营养回流期，当气温降至 5℃时，生长处于极缓慢状态，越冬芽变为红褐色，但部分叶片冬季不脱落。

忍冬植株耐寒性强，在 -10℃条件下，叶子不落，在 -20℃条件下能安全越冬，来年正常开花，5℃时植株就开始生长，随温度升高生长加快，20~30℃为最适生长温度，花芽分化最佳温度为 15℃，40℃以上只要有一定湿度也能存活。

忍冬植株根系发达，10 年生植株根平面分布直径可达 3~5m，深度 1.5~2m，主要根系分布在地下 0~15cm 处，根系在 4 月上旬至 8 月下旬生长最快。实生苗侧根发达，主根不明显；扦插苗须根庞大，没有主根。扦插苗的根先从茎节处生出且数量较多，节间和愈合组织处较少。

越冬芽形成的枝条为一级枝条，生长到一定程度顶端生长点停止分化，由一级枝条分化形成二级枝条，依次形成三级、四级枝条。枝条有花枝、生长枝、徒长枝之分。徒长枝多生于植株下半部，枝条粗大，叶子肥硕，消耗大量养分，极少形成花芽。

【栽培技术】

1. 品种类型　忍冬属植物共约200种，产于北美洲、欧洲、亚洲和非洲北部的温带和亚热带地区。中国有98种，广布于全国各省区，而以西南部种类最多。该属均为常绿或落叶直立灌木或矮灌木，其中许多种类可以药用，与金银花药效相近的物种有近20种，均可清热解毒。

忍冬已有近300年的大面积种植历史，经长期种植，其植株在生长发育习性、外部形态特征等方面发生了明显分化，形成了不同的农家品种，大体上可以划分为墩花系、中间系及秧花系三大品系。①墩花系表现为植株枝条相对较短，并比较直立，上端不相互缠绕，整个植株呈矮小丛生灌木状，叶片较为肥厚，茸毛较多，呈长椭圆形，色泽较淡，枝条上的花芽分化可达枝条顶部，花蕾比较集中；②中间系表现为植株生长较为旺盛，枝条相对较长，上端相互缠绕，整个植株株丛较为疏松，叶片肥大，色泽较深，花芽分化一般在枝条的中上部，不到达枝条顶端，顶端可以继续进行生长，花蕾较为肥大；③秧花系表现为植株枝条粗壮稀疏，不能直立生长，多匍匐地面或依附他物缠绕，整个植株不呈墩状，叶片薄但质硬粗糙，花蕾稀疏、细长，枝条顶端不着生花蕾。墩花系具有较好的丰产性能。目前已经选育出“亚特”“亚特立本”“亚特红”“九丰一号”等林木良种及“华金2号”“华金3号”等中草药良种，“华金6号”已获国家林业部植物新品种证书。上述品种的推广应用，使金银花药材产量与质量有了大幅度提高。

2. 选地与整地

(1) 育苗地：常采取扦插育苗。育苗时宜选择背风向阳、光照良好的缓坡地或平地。以土层深厚、疏松、肥沃、湿润、排水良好的砂质壤土，中性或微酸性和有水源灌溉方便的地块为好。选好地后，在入冬前深耕，结合整地每667m^{2}施充分腐熟厩肥2 500~3 000kg做基肥。在扦插前整地，作平畦，畦面宽1.5m。

(2) 种植地：金银花适应性强，一般土地均可种植。但宜选择平地或海拔200~500m、背风向阳的山坡种植。光照不足、土壤黏重、排水不良等处不宜种植。在平地或坡度小的地块按常规进行全面耕翻；如荒山、荒地坡度大，在改成梯地后再整地。在深翻土地的基础上，按株、行距(1.2~1.4)m×(1.5~1.7)m挖穴，穴径50cm左右，深30~50cm。挖松底土，每穴施土杂肥5~7kg，与底土混匀，待种。

3. 繁殖方法　采用播种、扦插、分株、压条等方式繁殖，在实际生产中多采用扦插。此处仅介绍扦插法。

(1) 扦插时间：春、夏、秋季均可扦插，但以春、秋季为宜。春插宜在新芽萌发前进行，秋插于8月上旬至10月上旬进行。扦插时宜选择雨后阴天进行，扦插后成活率较高，小苗生长发育良好。

(2) 扦插方法：于整好的育苗地上，按行距20cm开沟，沟深25cm左右，每隔3cm左右斜插入1根插条，插条长30cm左右，露出地面约15cm，然后填土盖平压实，栽后浇1遍透水。畦上可搭荫棚，或盖草遮荫，待插条生根后撤除遮盖物。若天气干旱，每隔2天要浇1次水，保持土壤湿润，半月左右即可生根发芽。

(3) 定植：插条在育苗地扦插成活后，属春季育苗的可于当年秋季移栽，秋季育苗的可于翌年早春移栽。移栽时，将种苗3~5棵栽于种植地上挖好的穴内，覆土压实，浇水，待水渗下后，培土保墒。

4. 田间管理

(1) 中耕除草：在定植成活后的前两年，每年中耕除草3~4次，第一次在植株春季萌芽展叶时，第二次在6月，第三次在7~8月，第四次于秋末冬初。中耕时，在植株根际周围宜浅，其他地方宜深，避免伤根。第三年以后，视杂草生长情况，可适当减少中耕除草次数。进入盛花期，每年春夏之交，需中耕除草1次，每3~4年深翻改土1次，结合深翻，增施有机肥，促使土壤熟化。

(2) 追肥：以有机肥料为主，配合使用无机肥料。有机肥料主要是圈肥、堆肥、绿肥、草木灰等土杂肥；无机肥料主要是氮磷钾复合肥等。可土壤追施，亦可叶面追施。土壤追施宜用有机肥料，配合施用无机肥料；叶面追施宜用无机肥料。土壤追施宜在冬季进行，叶面追施宜在每茬花蕾孕育之前进行。土壤追施时，在植株基部周围40cm处，开宽30cm、深30cm的环状沟，将肥料施入沟内与土混匀，然后覆土；叶面追施，将肥料溶解于水，稀释至适宜浓度，喷洒于植株叶面。一般每年追肥4次，分别在春季植株发芽后及一、二、三茬花采收后。

(3) 灌溉、排水：忍冬植株较为耐旱，一般情况下不需浇水，但天气过于干旱时要适当浇水。特别是在早春萌芽期间和初冬季节，适当浇水可有效地促进植株生长发育，提高药材产量。植株怕水淹，雨季要注意及时排水。

(4) 整形修剪：依据植株生长发育时期，将整形修剪分为休眠期修剪和生长期修剪。休眠期修剪在12月至翌年3月上旬进行；生长期修剪在5月至8月上旬进行。

依据植株生长年限，将整形修剪分为幼龄植株修剪、壮龄植株修剪和老龄植株修剪。①幼龄植株修剪：一年生至三年生为幼龄植株，修剪要在休眠期进行，以整形为主，重点培养好一、二、三级骨干枝。一年生植株选择健壮枝条1~3个，保留其下部3~5节，上部和其他枝条全部去除；二年生植株重点培养一级骨干枝，从中选取3~6个枝条，继续保留下部3~5节，剪去上部；三年生植株重点培养二级骨干枝，从一级骨干枝中选留8~15个，保留其基部3~5节，上部及其他枝条全部去除。②壮龄期植株修剪：3年以上、10年以下植株处于壮龄期，修剪的主要任务是选留健壮结花母枝及调整更新二、三级骨干枝，达到去弱留强、复壮株势、丰产稳产的目的。壮龄期植株修剪亦分为休眠期修剪和生长期修剪。休眠期修剪主要是疏除交叉枝、下垂枝、枯弱枝、病虫枝及不能结花的营养枝，对所有结花母枝进行短截，壮旺者要轻截，保留4~5节，中等者要重截，保留2~3节，做到枝枝均截，使结花母枝分布均匀。生长期修剪在每茬花的盛花期后进行，第一次在5月下旬修剪春梢，第二次在7月中旬修剪夏梢，第三次在8月中旬修剪秋梢。剪除全部无效枝，壮旺枝条留4~5节，中等枝条留2~3节短截。③老龄植株修剪：树龄10年以上的植株逐渐衰老，修剪时除留下足够结花母枝外，重在骨干枝更新复壮，以多生新枝。原则是疏截并重、抑前促后。

5. 病虫害防治及农药残留控制

(1) 病害及其防治

1) 忍冬褐斑病：主要危害叶片，严重时叶片提早枯黄脱落。防治方法：发病初期及时摘除病叶，将病枝落叶集中烧毁或深埋土中；雨后及时排出田间积水，清除杂草，保证通风透光；增施有机肥料，提高植株抗病能力；从6月下旬开始，每10~15天喷洒1次1∶1.5∶300的波尔多液或50%

多菌灵 800~1 000 倍液，连喷 2~3 次。

2）叶斑病：主要危害叶片，严重时叶片脱落。防治方法：清除病枝落叶，减少病源；及时排出积水；增施有机肥料，增强植株抗病能力；选用无病种苗；发病初期喷洒 50% 多菌灵可湿性粉剂 800 倍液，或 1∶1∶150 倍的波尔多液，10 天左右喷 1 次，连喷 2~3 次。

（2）虫害及其防治

1）胡萝卜微管蚜：以成虫和若虫密集于新梢和嫩叶的叶背吸取汁液，造成叶片与花蕾畸形，并导致煤烟病发生。防治方法：及时多次清理田间杂草与枯枝落叶；田间悬挂刷有不干胶的黄板进行诱蚜粘杀；保护和利用天敌；在树干下部刮环涂药；发生期间喷洒 40% 乐果乳油 800~1 000 倍液。

2）金银花尺蠖：蚕食叶片，严重时将整株叶片和花蕾吃光。防治方法：合理修剪消灭越冬蛹，人工捕杀幼虫；于 1~3 代产卵期间，田间释放松毛虫赤眼蜂；5~10 月，用青虫菌或苏云金杆菌 100 倍液喷雾；利用性信息素进行防治；在幼虫大量发生时，喷洒 80% 敌敌畏乳剂 2 000 倍液，或 90% 敌百虫 800~1 000 倍液。

3）咖啡虎天牛与中华锯花天牛：前者为蛀茎性害虫，后者主要蛀食根部，二者均严重影响植株生长发育，并常导致植株死亡。防治方法：结合冬剪将枝干老皮剥除，造成不利于成虫产卵的条件；发现虫蛀枯枝及时清除、烧毁；在初孵幼虫尚未蛀入木质部之前，喷洒 1 500 倍敌敌畏乳油溶液；人工饲养赤腹姬蜂与天牛肿腿蜂等天敌释放至大田。

4）柳干木蠹蛾、豹纹木蠹蛾：以幼虫在植株主干或枝条韧皮部钻蛀为害，致使树势衰弱，枝干易风折。防治方法：清理花墩，及时烧毁残叶虫枝；加强田间管理，促使植株生长健壮，提高抗虫力；对老龄植株及时更新；加强修剪，做到花墩内膛清、透光好；在幼虫孵化盛期用 50% 杀螟松乳油 1 000 倍液加 0.5% 煤油，喷洒枝干。

【采收、加工与贮藏】

1. 采收　5~10 月均可采收，宜选择晴天早晨进行。忍冬以花蕾入药，不同发育时期花蕾的重量及活性成分含量是不同的，随着花蕾发育程度提高，重量不断增加，绿原酸含量不断降低，挥发油含量逐渐升高。传统上以采摘含苞待放的大白期花蕾为宜，但根据金银花药材外观性状与活性成分收率进行评价，以花蕾由青转白的二白期采收最为适宜。

2. 产地加工　采收后的金银花需要及时干燥，干燥方法有多种，但不同干燥方法加工出的金银花药材质量有较大差异。山东产区多晒干，河南、河北产区多烘干。

以花未开放、色黄白、肥大者为佳。

3. 包装、贮藏与运输

（1）包装：包装前进行挑选除杂，拣出叶子、杂质、开放花等，用簸箕搧出尘土。然后按要求分等级装箱，装箱时加防潮纸密封。在每件包装上，应注明品名、规格、产地、批号、包装日期、生产单位，并附有质量合格的标志。

（2）贮藏：贮藏的关键是充分干燥，密封保存。金银花易吸湿受潮，特别在夏秋季节，空气相对湿度大时，含水量达 10% 以上就会发生霉变或虫蛀。适宜含水量为 5% 左右。

（3）运输：运输工具或容器需具有较好的通气性，以保持干燥，并应有防潮措施，同时不应与其他有毒、有害、有异味的物质拼装，并防止挤压。

【栽培过程中的关键技术】

1. 选择优良品系、品种　目前在主产区大面积种植的多是墩花系的农家品种，也有其他经选择育种形成的优良品种，如“华金6号”等。

2. 忌水涝，确保田间不积水　种植区应建立好完善的排水系统，确保排水及时，雨季要达到雨停无积水的程度。因此宜在山区丘陵地带种植，在平原种植时，必须挖好排水沟，雨后及时排水。

3. 及时防治蚜虫，降低农药残留　蚜虫发生时正值花芽发育期，如果喷洒农药就会直接污染花蕾，导致农药残留超标，因此应采取有效方法尽早尽快防治。

4. 适时整形修剪　适度、适时整形修剪能使树体有良好的立体结构，主次分明，各级枝组配备合理，有效增加植株结花枝及每枝上花蕾的数量，从而提高药材产量。

40. 菊花

菊花

菊花 *Chrysanthemum morifolium* Ramat. 为菊科菊属植物，以干燥头状花序入药，药材名为菊花，又称寿客、金英、黄华、秋菊、陶菊、日精、女华、延年、隐逸花等。菊花味甘、苦，性微寒；归肺、肝经。具有散风清热、平肝明目和清热解毒的功效，主治风热感冒、头痛眩晕、目赤肿痛、眼目昏花、疮痈肿毒等病症。菊花主要化学成分为挥发油，占0.1%~0.2%，挥发油中含有白菊醇(chrysol)、白菊酮(chrysantone)、dl-樟脑、β-3-蒈烯(β-3-carene)、桧烯(sabinene)及香草醇(carvol)等化合物。

菊花遍布中国各城镇与农村，菊花种植历史悠久，产地浙江桐乡的杭白菊和黄山脚下的黄山贡菊(徽州贡菊)比较有名。产于安徽亳州的亳菊、滁州的滁菊、四川中江的川菊、浙江德清的德菊、河南济源的怀菊花也有很好的药效。

【生物学特性】

1. 生态习性　菊花大多生于山坡草甸，喜凉爽、较耐寒。生长适温18~21℃，地下根茎耐旱，最忌积涝，喜地势高、土层深厚、富含腐殖质、疏松肥沃、排水良好的壤土。在微酸性至微碱性土壤中皆能生长。而以pH 6.2~6.7最好。为短日照植物，在每天14.5小时的长日照下进行营养生长，每天12小时以上的黑暗与10℃的夜温适于花芽发育。

(1) 对温度的适应：菊花适应性很强，分布地域广，生长适温为18~21℃，最高温度为32℃，最低温度为10℃。地下根茎可以耐 -10℃的低温，花期最低夜温为17℃。

(2) 对水分的适应：菊花属浅根系植物，生长过程需要适当的水分，菊花耐旱，但过于干旱也不利于菊花生长。但也不宜太湿，忌涝积水，在暴雨季节一定做好排水工作。

(3) 对光照的适应：菊花为短日照植物，秋菊在每天14.5小时的长日照情况下进行营养生长，每天日照12小时以下，夜气温下降到10℃左右，适于花芽分化。可用缩短或延长光照的方法来控制花期，使其四季开放。

(4) 对土壤的适应：菊花要求含腐殖质多、排水良好、透气性好的砂质壤土，对酸碱度要求不严。

2. 生长发育特性

(1) 休眠期：在低温、短日照及弱光条件下，菊花的地上部分枯死，进入休眠，形成冬芽。冬芽不经过一定的低温，节间不能伸长。从生理休眠开始到节间伸长的这段时间称为休眠期。

(2) 幼苗期：气温达到一定的高度，长日照条件促进幼苗打破休眠，开始生长发育，自休眠期打破到花芽分化这段时期为幼苗期。这一时期内只进行营养生长，花芽不分化。

(3) 感光期：从花芽开始发育到花芽不再受日照影响的这段时间称为感光期。部分夏菊品种属于中性类型，不受光照长短的影响。

(4) 成熟期：从花蕾着色到种子成熟叫成熟期，也叫开花期。这一时期内，过高或过低的温度都是开花的障碍因素，并影响到切花的质量。

【栽培技术】

1. 品种类型　菊花品种繁多，头状花序皆可入药，味甘、苦，性微寒，散风，清热解毒。这就是药菊。按头状花序干燥后形状大小，舌状花的长度，可把药菊分成 4 大类，即白花菊、滁菊花、贡菊花和杭菊花四类。

2. 选地与整地　菊花为浅根性植物。育苗地，应选择地势平坦、土层深厚、疏松肥沃和有水源灌溉方便的地方。于头年秋冬季深翻土地，使其风化疏松。在翌年春季进行扦插繁殖前，再结合整地施足基肥，浅耕 1 遍。然后做成宽 1.5m，长视地形而定的插床，四周开好大小排水沟，以利排水。栽植地，宜选择地势高燥、阳光充足、土质疏松、排水良好的地块，以砂质壤土为理想。

3. 繁殖方法　有营养繁殖与种子繁殖两法。营养繁殖包括扦插、分株、嫁接、压条及组织培养等。通常以扦插繁殖为主，其中又分芽插、嫩枝插、叶芽插。

(1) 营养繁殖

1) 芽插：在秋冬切取植株外部脚芽扦插。选芽的标准是距植株较远，芽头丰满。芽选好后，剥去下部叶片，按株距 3~4cm、行距 4~5cm，插于温室或大棚内的花盆或插床粗砂中，保持 7~8℃室温，春暖后栽于室外。嫩枝插：此法应用最广。多于 4~5 月扦插。截取嫩枝 8~10cm 作为插穗，插后善加管理。在 18~21℃的温度下，多数品种 3 周左右生根，约 4 周即可移苗上盆。

2) 地插：介质可用园土配上 1/3 的砻糠灰。在高床上搭芦帘棚遮荫。全光照的插床，如有自动喷雾设备，不需遮荫。叶芽插：从枝条上剪取 1 张带腋芽的叶片插之。此法仅用于繁殖珍稀品种。分株：一般在清明前后，把植株掘出，依根的自然形态带根分开，另植盆中。

3) 嫁接：为使菊花生长强健，用以做成“十样锦”或大立菊，可用黄蒿 *Artemisia annuaak* 或青蒿 *A. apiacea* 作砧木进行嫁接。秋末采蒿种，冬季在温室播种，或 3 月间在温床育苗，4 月下旬苗高 3~4cm 时移于盆中或田间，在晴天进行劈接。

4) 组织培养：用组织培养技术繁殖菊花，有用材料少、成苗量大、脱毒、去病及能保持品种优良特性等优点。培养基为 MS+6BA=(6- 苄基嘌呤)1mg/L+NAA(萘乙酸)0.2mg/L，pH=5.8。用菊花的茎尖(0.3~0.5mm)、嫩茎或花蕾(直径 9~10mm)，切成 0.5cm 的小段，接种。室温(26±1)℃，每日加光 8 小时(1 000~1 500lx)。经 1~2 个月后可诱导出愈伤组织。再过 1~2 个月，分化出绿色枝芽。

(2) 种子繁殖：春季室内播种，种子发芽的适宜温度为20~25℃，播种后15~20天出芽，播种苗当年可开花，但变异性较大，若要保证亲本的优良特征还是选择扦插、分株、嫁接、组织培养等方法繁殖。

4. 田间管理

(1) 中耕除草：菊苗栽植成活后至现蕾前要中耕除草4~5次。第1次在立夏后，宜浅松土，勿伤根系，除净杂草，避免草荒；第2次在芒种前后，此时杂草滋生，应及时除净，以免与药菊争夺养分；第3次在立秋前后；第4次在白露前；第5次在秋分前后进行。前2次宜浅不宜深，后3次宜深不宜浅。在后2次中耕除草后，应进行培土壅根，防止植株倒伏。

(2) 追肥：在菊花植株定植时，盆中要施足底肥。以后可隔10天施一次氮肥。立秋后自菊花孕蕾到现蕾时，可每周施一次稍浓一些的肥水；含苞待放时，再施一次浓肥水后，即暂停施肥。如果此时能给菊花施一次过磷酸钙或0.1%磷酸二氢钾溶液，则花可开得更鲜艳一些。

(3) 灌溉、排水：春季菊苗幼小，浇水宜少；夏季菊苗长大，天气炎热，蒸发量大，浇水要充足，可在清晨浇一次，傍晚再补浇一次，并要用喷水壶向菊花枝叶及周围地面喷水，以增加环境湿度；立秋前要适当控水、控肥，以防止植株窜高疯长。立秋后开花前，要加大浇水量并开始施肥，肥水逐渐加浓；冬季花枝基本停止生长，植株水分消耗量明显减少，蒸发量也小，须严格控制浇水。

(4) 摘蕾与疏蕾：当菊花植株长至10cm高时，即开始摘心。摘心时只留植株基部4~5片叶，上部叶片全部摘除。待长出5~6片新叶时，再将心摘去，使植株保留4~7个主枝，以后长出的枝、芽要及时摘除。摘心能使植株发生分枝，有效控制植株高度和株型。最后一次摘心时，要对菊花植株进行定型修剪，去掉过多枝、过旺及过弱枝，保留3~5个枝即可。9月现蕾时，要摘去植株下端的花蕾，每个分枝上只留顶端一个花蕾。

5. 病虫害防治及农药残留控制

(1) 病害及其防治

1) 白粉病症状：病变部位出现白色粉状物，多发于叶片、叶柄等处，有时幼茎、花柄、花芽也会受害。初发时，白粉主要在叶片正面，条件适宜时，全叶部满白色粉状物，后期则出现黑色小点，严重者，叶片枯萎卷缩，植株矮化，花瓣畸形或者不开。

防治方法：①及时清除病叶及病残体，集中烧毁。②在浇水时注意通风，降低湿度，合理施肥。③发病前，即4月中旬~8月中旬，用80%代森锰锌800倍液，和50%托布津可湿性粉800~1 000倍液交替喷洒，每月喷两次。④发病期，喷洒20%的粉锈宁600~800倍液，或者50%的多菌灵500倍液，5~7天喷一次，连喷2~3次。

2) 黑斑病症状：初期在叶片上面出现圆形或椭圆形大小不一的紫褐色病斑，然后颜色慢慢变成黑色到黑褐色，病斑直径2~10mm；后期病斑边缘为黑褐色，中心转为灰褐色至浅灰色，出现小黑点。防治方法：①发现病叶应该立即摘除；②大田菊实行二年以上轮作倒茬，盆栽菊则需每年更换新土；③扦插时选择健康母株做繁殖株，并用50%的甲基托布津1 000倍液或者80%代森锌600倍液浸泡1~2分钟；④冬季割除地面残留枝叶，集中烧毁，深翻土壤埋掉；⑤4月上旬，喷洒1%波尔多液或者80%的代森锌600~800倍液，防止病害发生；⑥发病期喷洒75%百菌清700倍液或者40%烯唑醇800~1 000倍液，每隔7~10天喷洒一次，连续喷洒3~4次。

3) 茎腐病症状：苗期染病，病苗基部初呈水泽状，后变成褐色，造成死苗。成株染病时，叶、芽、花逐渐萎蔫，主茎长久发绿，染病基部出现长条形皱缩状褐色斑，造成茎部枯萎，根部腐烂，使全株死亡。防治方法：①土壤和花盆要用2%~4%福尔马林或50%克菌丹进行消毒。②苗期避免强烈阳光直晒，控制浇水量，雨后及时排水。③控制种植密度，合理施肥，不过量施用氮肥。④管理中避免苗木受伤。⑤发现病株，及时拔除并烧毁。⑥根外追施0.1%的硫酸钾或100ppm硼酸可提高植株的抗病力。⑦发病期，36%甲基硫菌灵悬浮剂800倍液和40%多菌灵1 000倍液混配进行喷洒。⑧用50%甲基托布津和水按1∶10比例的混合液进行灌根，效果良好。

4）花叶病症状：病叶上出现大小不等、分布不均的坏死斑，严重者呈褐色枯斑，使整个叶片坏死脱落。防治方法：①不用带病毒的植株作为繁殖材料，从源头上切断病菌；②繁殖材料选好以后要进行热处理；③对操作工具进行消毒，避免植株受伤，铲除杂草等寄主；④彻底防治蚜虫、蓟马、叶蝉等传毒害虫，预防病毒的传播；⑤发现病株，及时拔除并烧毁；⑥忌栽植过密，使通风透光良好，培育壮苗，提高植株的抗病力；⑦利用茎尖培养清除病毒，这是目前较好的方法。

（2）虫害及其防治

1）叶枯线虫病：主要侵染叶片、花芽及花。线虫由叶表皮气孔钻入内部组织，受害叶子变为淡绿色，常带有淡黄色斑点，并逐渐变成黄褐色，叶片干枯变黑，引起早期脱落。受害严重时，花器呈畸形，常在花营期即枯萎。

防治方法：实行轮作或选用无线虫土壤；发现病株立即拔除，集中处理，然后用1 000倍40%乐果乳剂灌注土壤。

2）叶斑病：菊花最易发生各种叶斑病，如黑斑病、褐斑病、轮斑病、斑点病等，都是由真菌侵染所致。其中以褐斑病危害最重。

褐斑病又名斑枯病。发病初期，叶片上出现小的圆形黑点，后逐渐扩展呈近圆形病斑。病斑边缘为黑褐色，中央呈灰黑色，并生有黑色小点，严重时常多数病斑相连，使整叶枯焦。此病多从下部叶片开始发病，逐渐向上部蔓延。露地菊花，以9~10月发病最重。在雨水多、空气湿度大、多年连栽的条件下，发病严重。

防治方法：实行轮作，避免重茬。清洁园圃，彻底清除落叶，减少病菌来源；发病初期喷洒65%代森锌600倍液。

3）锈病：初发病时叶表出现淡黄色小斑点，随后膨大呈圆形突起，不久破裂，放出成堆的黄褐色粉末，随风飞散进行传播。菊花生长后期在叶表等处出现深褐或黑色椭圆形肿斑，破裂后生出栗褐色粉末。

防治方法：及时剪除病叶烧毁，以防蔓延；注意通风透光和合理施肥；生长季节喷160倍等量式波尔多液，发病后喷300倍敌锈钠。

4）白粉病：主要危害叶及茎。发病初期叶及茎部发现白色小斑点，后扩展成不规则形病斑，病斑上长出一层粉霜，使花、叶变形，严重影响观赏。

防治方法：及时清除病叶及其他病残体；发病初期喷施50%代森铵800~1 000倍液或25%粉锈宁2 000~2 500倍液；盆栽数量不多时可试喷大葱10倍液，此液能抑制白粉病菌蔓延。

5）病毒病：危害菊花的病毒种类较多，目前国外公开报道的就有近30种。我国上海、北京等地有关单位近年来对菊花轻花叶病毒等作了初步鉴定。此病毒表现为轻度花叶斑驳或无明显症状。通过桃蚜、汁液和插条等进行传播。

防治方法：发现病株及时拔除销毁；及时喷施 50% 西维因 500~700 倍液，消灭蚜虫等传毒昆虫。

【采收、加工与贮藏】

1. 采收　霜降至立冬为采收适期。一般以管状花（即花心）散开 2/3 时采收为宜。采菊花宜在晴天露水干后采收，不采露水花，否则容易腐烂、变质，加工后色逊，质量差。一般产干品 100~150kg/667m²。

2. 加工与贮藏　菊花品种繁多、各地加工方法不一，现介绍 3 种传统加工方法。

(1) 亳菊：在花盛开齐放、花瓣普遍洁白时连茎秆一起割取，然后扎成小把，倒挂在通风干燥处晾干。不能暴晒，否则香气差。当晾到 80% 成干时，即可将花摘下，置熏房内用硫黄熏蒸至白色。取出再薄摊晾晒 1 天，即可干燥。干后装入木箱，内衬牛皮纸防潮，一层亳菊一层白纸相间压实贮藏。

(2) 滁菊：采后阴干。再用硫黄熏白，取出晒至 60% 干时，用竹筛将花头筛成圆球形，晒至全干即成。晒时切忌用手翻动，只能用竹筷等轻轻翻晒。同样须用防潮箱篓贮藏。

(3) 贡菊：先将菊花薄摊于竹床上，置烘房内用无烟煤或木炭作燃料烘焙干燥。初烘时温度控制在 40~50℃之间。当第 1 轮菊花烘至 90% 干时，再转入温度 30~40℃，烘第 2 轮。当花色烘至象牙白时，即可将其从烘房内取出，置通风干燥处晾至全干即成商品。此法加工菊花，清香而又甘甜。花色鲜艳而又洁白，且挥发油损失甚少，较晒、熏、蒸等法加工质量好，没有硫化物污染，深受港澳及海外药商和消费者的欢迎。贡菊花包装亦很有讲究：每 0.5kg 压成宽 15cm、长 20cm、厚 6cm 的长方形“菊花砖”。再用几层牛皮纸防潮包装，装入木箱或竹篓内。

【栽培过程中的关键环节】

在菊花培育过程中，其主要技术环节是：盆土配制、母本留种、养殖、上盆定植、水肥管理、摘心抹芽除蕾等方面。

1. 盆土配制　盆栽菊花的土壤要求土质疏松，腐殖质丰富。菊花最忌连年栽在原地或使用栽过菊花的老盆土，因为连作会导致土壤理化性质的恶化，对菊花生长不利。所以每年都要准备新的培养土。

2. 母本留种　为了保留和发展不同的菊花品种，在开花期就要一一登记，造册编号。于 11 月中旬选择向阳背风的地方作畦深栽，随即浇灌定根水，栽后 3~4 天施一次液肥并铺盖糖灰，剪去地上部花枝和老干。若冬天干旱，要注意及时浇水。来年 3 月可扒开糖灰，进行中耕除草，施肥 2~3 次，以促进萌芽。4 月初，摘去正头，通常每丛留种 3 株。

3. 养殖　菊花的养殖方法有扦插、分株、嫁接、播种等，一般以扦插为主。菊花扦插，4 月上旬清明后即可开始，分期分批，一直可延续到 7 月上旬，一般矮品种早插，高品种迟插。在没有生根以前，应勤喷水，生根以后，浇水可适当减少。扦插后，3~4 周可生根，生根后即可分栽上盆。

4. 上盆定植　选择晴天或阴天进行。扦插苗移植时摘心一次。盆底垫粗粒土，上面再填培养土。定植后，勤除杂草，保持盆面土壤疏松。

5. 水肥管理　菊花刚上盆时，要少浇水，成活后，视土壤干湿程度和天气情况决定浇水量。

施肥要注意适量，一般每半月施稀薄人粪液肥一次，高温或过分干燥时不宜施肥。9月初菊花孕蕾时换盆一次，以抑制徒长，促进花蕾发育。换盆时，除去部分宿土，添些肥土，此后可逐步增加肥料的浓度，3~5天施浓肥一次，促使花蕾迅速膨大。施肥时，切勿沾染菊叶，以防叶焦枯落。

6. 摘心、抹芽、除蕾　摘心的主要目的是为了达到预定的开花头数，同时也可以防止植株生长过高。一般标本菊摘心3~4次，大立菊摘心5~6次，悬崖菊要不断摘心。植株较高的摘心次数多，生长缓慢的摘心次数可减少。摘心要适时，一般在5片叶子时摘去顶端3枚嫩叶，摘心过迟茎干木质化，摘心分叉处容易断裂倒伏。立秋后停止摘心，以后在新枝的叶腋间还会不断萌发新芽，这些新芽新梢要随时抹掉。正常情况下，9月下旬至10月上旬陆续出现花蕾，可根据培育要求进行疏蕾和保蕾。

番红花

41. 番红花

番红花 *Crocus sativus* L. 又称藏红花、西红花，是一种鸢尾科番红花属的多年生花卉，以其花的干燥柱头入药，药材名为西红花。西红花味甘，性平；归心、肝经。具有活血化瘀、凉血解毒、解郁安神的功效。用于经闭癥瘕、产后瘀阻、温毒发斑、忧郁痞闷、惊悸发狂。西红花主要成分是苦藏花素，着色物质为藏花素。其化学成分含番红花苷、番红花苦苷、番红花酸二甲酯、α-番红花酸、番红花醛、挥发油等。其柱头含多种胡萝卜素类化合物，含量约2%，其中分离得番红花苷-1、番红花苷-2、番红花苷-3、番红花苷-4、反式和顺式番红花二甲酯、α-胡萝卜素，β-胡萝卜素、α-番红花酸、玉米黄质、番茄红素、番红花苦苷。另含挥发油，油中主要含番红花醛，为番红花苦苷的分解产物，其次含桉油精、蒎烯等。

番红花原产欧洲南部，中国各地常见栽培。一般认为番红花原产于地中海地区、小亚细亚和伊朗，并认为由蒙古远征军传入中国。收载于《本草纲目》。我国栽培番红花已有近60年的历史，主要分布浙江、江苏、上海、河南、新疆等地。浙江省是我国番红花栽培大省与主产区，但全国番红花所产药材远远不能满足市场要求。

【生物学特性】

1. 生态习性　番红花原产欧洲南部，我国各地常见栽培。为秋植球根花卉，喜冷凉湿润和半阴环境，较耐寒，宜排水良好、腐殖质丰富的砂壤土，pH 5.5~6.5。球茎夏季休眠，秋季发根、萌叶。10月下旬开花，花朵日开夜闭。

(1) 对温度的适应：番红花对温度十分敏感，但在不同的生长发育阶段对温度的要求不尽相同。在大田栽培期，它需要的最适温度为2~19℃，如遇-15℃的低温情况，必须采取防寒措施，以确保安全越冬；春末夏初如遇23℃以上的高温，则要采取遮阳措施，以延长生长时间，增加球茎重量。花芽分化期最适温度为24~27℃之间，过高或过低均不利于花芽的分化；叶芽、花芽的发育还要求有"低-高-低"的变温刺激。前期，较低一点的温度有利于叶原始体的形成；中期，略高的温度则能促进花原始体的产生；在后期，花器官的生长又要求有较低的环境温度。开花期的最适温度是15~18℃，环境温度在5℃以下时花朵不容易开放，过高的温度会抑制幼花的生长。

番红花耐寒性较强。有专家研究，番红花在-7℃的低温下仍能正常生长，但在低于-10℃的气温条件下植株生长不良。在整个植株生长期对温度的要求是2~19℃,最高气温超过25℃时,地上部分枯萎。如果夏季高温出现较迟,加上适当遮荫,注意灌溉,就能够适当延长番红花植株的生长发育时间,培育更多优质球茎。

(2) 对水分的适应:番红花在移栽到大田后,需要保持土壤湿润,有利于球茎的根系和叶片的生长;在次年3~4月新球茎膨大期,对水分的要求更大,此阶段如土壤水分不充足,新球茎的增大增重将会受到严重影响。番红花球茎在室内开花时,要求室内空气的相对湿度保持在80%左右。如果湿度太低,开花数量减少;如果湿度过大又会使球茎发根,造成根的枯黄损伤。

(3) 对光照的适应:充足的光照是番红花生长发育不可缺少的条件,在长光照和适宜的温度下,能促进新球茎的形成和种球的发育生长,因此,尽可能选择向阳坡地和农田种植番红花,以保证种球健壮发育。

(4) 对土壤的适应:番红花喜欢生长在土层深厚、透水良好、肥力充足的砂质壤土;在肥力不足的土壤上生长较差,在球茎膨大前对肥料需求量较大,在迅速膨大期后对肥料的要求较低,故追肥期不能晚于栽种后次年的2月中旬。

2. 生长发育特性

(1) 萌芽前期:种球从上架起,室内以少光、阴暗为主,门窗挂草帘或深色窗帘,室内最高温度不能超过30℃,相对湿度保持在60%左右。采用门窗夜开日关等措施,保持室内气温较低,以利于花芽分化。

(2) 球茎萌芽至开花期管理:种茎8月下旬至9月下旬开始萌芽,当芽长3cm时,室内光线要逐步放亮;但应避免直射光的照射。根据芽的长度调控室内光线强弱,即芽过长要增加室内亮度,过短则减弱光线亮度。开花期室温应保持在15~18℃,相对湿度保持85%以上。

(3) 采花和抹侧芽:番红花花期集中,盛花期为10月下旬至11月上旬,此时气温往往偏低,达不到开花室温的要求。如室内温度过低,可在早上8~9时后,将匾移至室外阳光下,边采花边抹侧芽。根据球茎个体大小合理留芽,保留顶芽1~3个,摘除其余侧芽。开花时室内要求明亮,若光线不足,要用人工照明的方法增强室内亮度,促使开花正常。当天开放的花当天采收,每天11时前采花最佳。

【栽培技术】

1. 选地与整地　选择土壤疏松肥沃、排灌方便、地下水位低的水稻田,土壤pH在5.5~6.5之间。前作严禁使用甲黄隆、苄黄隆等除草剂,以免药害导致球茎腐烂。根据番红花对环境条件的要求,宜选择避风向阳、冬季较温暖、光照充足的田块种植。施肥后通过耕翻整地,实现全耕层基施。整细耙平按南北向挖沟建畦,土地要耕细整平,沟系配套,沟深10cm,沟宽40cm,畦宽1.7m,畦呈龟背形。

2. 繁殖方法　番红花以球茎繁殖为主。成熟球茎有多个主、侧芽,花后从叶丛基部膨大形成新球茎。每年8~9月将新球茎挖出栽种,当年可开花。种子繁殖需栽培3~4年才能开花。

(1) 分球繁殖:一般在8~9月进行,成熟球茎有多个主、侧芽,花后从叶丛基部膨大形成新球茎,夏季地上部枯萎后,挖出球茎,分级,阴干,贮藏。而种植时间早则有利于形成壮苗。每个成熟球茎都有数个主芽和侧芽。种植时应将8g以上的大球与小球分开种植。小球茎重量在8g以下的当年不能开花，需继续培养1年。盆栽宜在10月间选球茎重量在20g左右的春花种，上内径15cm的花盆，每盆可栽5~6个球。栽后先放室外养护。约两周后生根，移入室内光照充足、空气清新湿润处，元旦前后即可开花。花后应即摘去残花，以免养分消耗，并追施1~2次以磷钾为主的复合化肥溶液，促进球根生长壮实。继续正常养护，至入夏地上部分枯黄，将球茎取出阴干后贮藏。

(2) 播种繁殖：由于番红花不易结籽，需通过人工授粉后才能得到种子。待种子成熟后，随收随播种于露地苗床或盆内。种子播种密度不能过大，以稀些为好，因为植株需长球，一般2年内不能起挖，从种子播种到植株开花，往往要经3~4年的时间。

(3) 播种时间：番红花播种是在落花后进行，最佳播种期为11月15日~11月20日，但番红花终花期却在11月20日前后，所以要坚持"时到不等花"的原则，不误农时，争取适时早播，如有余花未开，采取先播种后在田间采花的办法，达到早苗早发、壮苗越冬。

(4) 播种方法

1) 露地法：先下种后采花。种植期一般在8~10月，宜早不宜迟。早下种，球茎先发根后发芽，早出苗，有利植株生长发育。迟下种则先发芽后发根，迟出苗，幼苗生长较差。球茎按大、中、小三级分档种植，以利管理。小号球茎行距10~15cm，株距5cm左右，深5cm；中号球茎行距10~15cm，株距5~10cm，深10cm；大号球茎行距15cm，株距10~15cm，深10cm。下种时在畦内横开下种沟，将球茎主芽向上，轻压入沟内，盖土后浇水，次日再覆土1~2cm，以防干裂板结。

2) 室内法：番红花的花芽分化和孕蕾开花均在室内完成。5月中旬前后，番红花地上部分枯萎后，挖出球茎，齐顶端剪掉残叶，去除母球茎残体，随即移入室内，按大小分级，放入室内的匾架上。不需要埋土，将球茎芽嘴向上，平排放在匾内，球茎之间略有间隙即可。匾长1m，宽0.6m，高10~15cm，用竹木制均可。匾架高8~10层，每层高30~35cm。室内温度在8月上旬以前控制在31℃以下，以24~29℃为宜，有利于花芽和叶芽分化。相对湿度保持在80%以上。8月中旬以后，气温下降，一般不用采取降温措施。番红花开花适宜温度为15~18℃。从10月上旬末，室内最好保持15~18℃。10月下旬至11月上旬开花，将花采摘完毕，及时除去侧芽。20g以上的球茎在顶部留2~4个主芽，20克以下的留1~2个主芽，其余的全部去掉，然后将球茎栽入大田。这种方法的优点是花期集中，便于采花，省工省时，占地时间短，病害也少。缺点是球茎下种时间太晚，影响植株生长，不利于球茎的肥大。

(5) 苗期管理：为确保植株能开花多而旺，当发现植株上侧芽太多时，可将部分小芽掰去，以保证主芽能多开花、开大花；在番红花的生长发育过程中，一定要及时排去积水，特别是秋雨绵绵的季节更不能忽视，否则很容易形成苗床积水，致使球茎腐烂，造成不应有的经济损失；若遇秋旱，还应给苗床松土浇水，保持土壤湿润为宜。齐苗后用小竹刀插入土中，剔除植株外圈的小侧芽，每株保留中央2~4丛较大叶丛，以利次年增收大球茎。在2~4月球茎膨大迅速，应及时松土、除草。

(6) 起苗与贮藏：4月下旬至5月上旬，番红花地上部分枝叶逐渐变黄，便可用铁耙从畦的一端小心起挖。挖出后，除去枝叶残根，在田间晾晒两天，再收贮室内。收贮时要按照健病、完损、大小标准进行分株，分门别类贮存。贮藏室要少光、阴凉、通风，地面最好是泥土地，室内要保持干燥。一般球茎可增重3~5倍，1次引种100kg球茎种植667m^{2}番红花，每667m^{2}收球茎600~1 000kg。

3. 田间管理

(1) 中耕除草：番红花球茎种入田间后一个月左右就可见到畦床杂草生出，数量不多时及时手工拔除，到次年初球茎膨大期应进行一次全面松土除草，防止土壤板结，促进球茎肥大。松土除草应在3月底前完成，4月后不再中耕除草，此时生长的田间杂草对番红花有遮荫保湿、促进其后期生长的作用。

(2) 灌溉排水：番红花球茎种植后，要及时进行灌溉浇水，防止干旱对其生长造成影响。一般在种入田间后的20天浇水一次，以利球茎出苗；在入冬前再浇水一次，由于水的热容和热导率大，浇水后可增大土壤的热容及热导率，防止球茎受冻；在翌年3~4月，如遇干旱，还应及时灌水。若遇大雨或久雨，田间有积水则要及时疏沟排水，防止球茎腐烂，减少水灾损失。

(3) 科学追肥：番红花除了施足基肥外，还要及时追施促苗肥，加速球茎的增大生长。在球茎种下后，在畦面铺施一层腐熟的厩肥，再用畦沟土覆盖，可以保持土温提高防冻效果。栽后15天左右，每667m^2用稀释20%清水的人畜粪便100kg浇施，有利于番红花新根生长和返青。次年2月初，当球茎开始膨大生长时，每667m^2施入腐熟的人畜粪尿2 000kg；在2月底，用0.2%的磷酸二氢钾溶液进行根外追肥，每667m^2用量为50kg，每10天一次，连喷2~3次，可促进球茎的膨大。

(4) 抹除侧芽：番红花球茎很像大蒜头，栽种时就可分辨出主芽和侧芽，一般情况只有主芽会开花，侧芽只能生长小球茎而不会开花。因此，在生产中往往在栽种时就抹除侧芽，以保证主芽的增长增重。但在生长过程母球还会不断地分化出小球茎，管理中必须不断地进行抹芽，以确保母球生长发育所需的营养来源，培育更多大球茎。

据报道，在番红花球茎的休眠期和生长期用一定浓度的赤霉素(GA)进行处理，不但能促进球茎的生长，而且可以促进开花，提高产量。在10月球茎的生长期，用0.01%的赤霉素溶液喷洒叶面1~2次，能增加叶的宽度，使叶子更加浓绿。在6~7月球茎的休眠期，用0.01%的赤霉素溶液浸球茎24小时后，捞起阴干，可促使植株多开花，一般可增产10%以上。

4. 病虫害防治及农药残留控制

(1) 腐败病

1) 发病期：一般出苗后就开始发生，2~3月加重发生。

2) 病状与病症：叶鞘基部渐呈红褐色，后使抽出的叶尖发黄，以致全叶发黄；地下球茎的病区变为褐色，须根呈淡褐色或紫黑色，后期断裂脱落；球茎收获贮藏期呈暗褐色或暗色，并出现污白色浆状物，成为烂球。

3) 病理防治：采取轮作种植，选种时去除病球；播种前用5%石灰水浸种20分钟，再用清水冲洗后播种；控制氮化肥的施用，防治植株过分嫩绿；改善田间小气候，严防雨后积水，发现病株及时拔除。

4) 药剂防治：苗期用50%叶枯净1 000倍液或75%百菌清500倍液喷雾，每7天喷1次，连续2~3次。发病后可用5%退菌特800倍液浇灌。

(2) 腐烂病

1) 发病期：一般易在排水不良和地下害虫发生严重的情况下发生，于苗期发病，后期加重发生。

2) 病状与病症：受害后叶片发黄，球茎先发黑后腐烂，留下空壳。

3) 防治方法：施用的有机肥必须沤化发酵，充分腐熟。播种前每公顷施石灰粉1 500kg或五氯硝基苯22.5kg，翻入土内消毒，排出田间积水，加强地下害虫的防治，可用50%辛硫磷1 000倍液浇灌。生长期用50%退菌特1 500倍液或50%甲基托布津1 000倍液浇灌。

(3) 蚜虫防治:蚜虫侵入后,叶片卷曲,植株萎缩,生长不良,常会出现淡黄色条纹花叶和杂斑,植株生长出现畸形等病毒病症状,可选用 10% 吡虫啉可湿性粉剂 1 500 倍液喷雾防治。

【采收、加工与贮藏】

1. 采收　在正常情况下,番红花球茎可在 5 月下旬收获,但应视球茎成熟度而定。叶片正常变淡,逐渐转黄,至 5 月中旬整丛植株地上部分呈黄色,至 5 月下旬进入正常的收获期,此时应及时采收。

选晴天土壤呈半干旱时用双齿或多齿耙挖起球茎,去除泥和残茎叶并薄摊畦面,然后运回室内;薄摊在阴凉、干燥、通风的地面上,高度不超过 10cm;视叶片枯黄程度及田地干湿程度,分批起获,枯黄早的、重的、田地湿重的先挖,反之,延后挖;要注意避免长途运输和长时间堆放对球茎可能造成的伤害后果;要注意长期下雨后应待天晴地较干后再挖,否则挖回的球茎被泥土包裹得严重,湿度大,易带病菌,球茎腐烂率高,损失加重。

2. 加工　番红花的加工一般是在 50~60℃条件下烘 4 小时左右即可烘干,也可以将采下的花柱及柱头平摊在白纸上晒干。以烘干的质量为好,晒干的质量较差,颜色较暗。烘或晒不能太干,否则花柱及柱头容易破碎。

3. 包装与贮藏　干燥前期根据番红花的量,温度控制在 80~100℃,每干燥半小时温度下降 10℃,当温度下降到 50℃时,再恒温干燥 1 小时,烘好后放塑料袋包装。

贮藏在干燥的容器内,密闭、置于阴凉干燥处,避光保存。最好是将番红花贮藏在干燥的玻璃瓶内,拧紧瓶盖并用蜡密封后,放于冰箱冷藏室保存。或者采用塑料袋包装,置冷库中保存。

【栽培过程中的关键环节】

1. 苗圃选择　根据番红花对环境条件的要求,宜选择避风向阳、冬季较温暖、光照充足的田块种植。

2. 室内培育开花　此阶段球茎要经过休眠、花芽分化、萌芽、开花等时期,是获得产品、提高经济效益的重要阶段。

3. 水分管理　土壤干旱或积水都会影响番红花根系生长和养分吸收,故在播种后的冬培期要求达到土壤不发白、不积水的湿润标准。

4. 及时摘除侧芽　在球茎开花采收后和植株出苗后分别进行。采用小竹刀插入土内,轻轻剔除植株外的小侧芽,每株只留下 2~4 个较大的叶丛。这样可以增大球茎,为第二年增产打下基础。

42. 黄檗

黄檗

黄檗 *Phellodendron amurense* Rupr. 为芸香科植物,以干燥的树皮入药,药材名为关黄柏,又名黄檗、黄菠萝。味苦,性寒;归肾、膀胱经。具有清热燥湿,泻火除蒸,解毒疗疮的功效。主治湿热泻痢,黄疸尿赤,带下阴痒,热淋涩痛,脚气痿躄,骨蒸劳热,盗汗,遗精,疮疡肿毒,湿疹湿疮。关黄柏含盐酸小檗碱($C_{20}H_{17}NO_4 \cdot HCl$)、盐酸巴马汀($C_{21}H_{21}NO_4 \cdot HCl$)等多种生物碱,还有黄柏酮、黄柏内酯等。

黄檗主产于东北三省,为东北道地药材之一,主要分布于小兴安岭、张广才岭、长白山山脉。黄檗生长于深山、河边、溪水旁。黄檗是国家重点保护资源。因黄檗既可药用,又可做木材使用,人工栽培黄檗具有可观的经济效益和广泛的社会效益,正是目前退耕还林及房前屋后栽植树木的首选品种之一。

【生物学特性】

1. 植物学特征　落叶乔木,高 10~25m。树皮淡黄褐色或淡灰色,木栓层厚而软,有规则深纵沟裂。叶对生,羽状复叶,小叶 5~13cm,卵形或卵状披针形,长 5~12cm,宽 3~4.5cm,边缘具细锯齿或波状,有缘毛,上面暗绿色,下面苍白色。圆锥花序顶生,雌雄异株,花小而多,黄绿色。浆果状核果球形,紫黑色,有香气。花期 5~6 月,果期 9~11 月。

2. 生态习性　黄檗为阳性树种,适应性较强,分布于温带、暖温带山地,具有较强的耐寒抗风能力。适宜腐殖质含量较多的土壤,土层黏重瘠薄的土壤不适宜栽种。

3. 生长发育特性　黄檗种子具有休眠特性,低温层积 2~3 个月能打破休眠。苗期稍能耐荫,成年树喜阳光、喜湿润环境。

【栽培技术】

1. 选地整地　选地势比较平坦、排灌方便、肥沃湿润的地方,每 667m² 施农家肥 3 000kg 作基肥,深翻 20~25cm,充分细碎整平后,作成 1.2~1.5m 宽的畦。

2. 繁殖方法

(1) 种子繁殖:春播或秋播。春播宜早不宜晚,一般在 3 月上、中旬,播前用 40℃温水浸种 1 天,然后进行低温或冷冻层积处理 50~60 天,待种子裂口后,按行距 30cm 开沟条播。播后覆土,耧平稍加镇压、浇水。秋播在 11~12 月进行,播前 20 天湿润种子至种皮变软后播种。每 667m² 用种 2~3kg。一般 4~5 月出苗,培育 1~2 年后,当苗高 40~70cm 时,即可移栽。在冬季落叶后至翌年新芽萌动前,将幼苗带土挖出,剪去根部下端过长部分,每穴栽 1 株,填土一半时,将树苗轻轻往上提,使根部舒展后再填土至平,踏实,浇水。

(2) 分根繁殖:在休眠期间,选择直径 1cm 左右的嫩根,窖藏至翌年春,解冻后扒出,截成 15~20cm 长的小段,斜插于土中,上端不能露出地面,插后浇水。也可随刨随插。1 年后即可成苗移栽。

3. 田间管理

(1) 间苗定苗:苗齐后应拔除弱苗和过密苗。一般在苗高 7~10cm 时,按株距 3~4cm 间苗,苗高 17~20cm 时,按株距 7~10cm 定苗。

(2) 中耕除草:一般在播种后至出苗前,除草 1 次,出苗后至郁闭前,中耕除草 2 次。定植当年和生长后 2 年内,每年夏秋两季,应中耕除草 2~3 次,3~4 年后,树已长大,只需每隔 2~3 年,在夏季中耕除草 1 次,疏松土层,并将杂草翻入土内。

(3) 追肥:育苗期,结合间苗中耕除草应追肥 2~3 次,每次每 667m² 施入畜粪水 2 000~

3 000kg，夏季在封行前也可追施1次。定植后，于每年入冬前施1次农家肥，每株沟施10~15kg。

(4) 排灌：播种后出苗期间及定植半月以内，应经常浇水，以保持土壤湿润，夏季高温也应及时浇水降温，以利幼苗生长。郁闭后，可适当少浇或不浇。多雨积水时应及时排出，以防烂根。

4. 病虫害及其防治

(1) 锈病：5~6月始发，危害叶片。防治方法：发病初期用敌锈钠400倍液或25%粉锈宁700倍液喷雾。

(2) 花椒凤蝶：5~8月发生，危害幼苗叶片。防治方法：利用天敌，即寄生蜂抑制凤蝶发生；在幼龄期，用90%敌百虫800倍液喷施。此外，尚有地老虎、蚜虫和蛞蝓等为害。

【采收、加工与贮藏】

1. 采收　黄檗栽培8~10年可以采收，传统采收一般在4月树木发芽前剥皮比较容易，也可以在秋季落叶后进行采收。新方法选择在6月下旬至7月上旬采收，皮部和木质部含水多，有黏液，易剥离。树皮可以再生，在冬季来临之前新生树皮有一定厚度，可以避免寒冻。剥皮时切割深度以割断皮层至木质部为度，剥皮处用薄膜或防潮纸严密包裹，于一周内保持形成层上的黏液不干，使分生组织有黏液保护，新皮能迅速生长。两年后其厚度与原生皮相近，可重复剥皮。可采取环剥或条剥的方法。一般15~20年树龄的树可剥采17.5kg干品。

2. 加工　采收后及时除去栓皮，按树皮的厚薄分类，压平或卷成筒状，放到阴凉干燥处晾干。在晾晒的过程中避免雨淋和潮湿，容易生霉，影响质量。晒干为关黄柏最常见的干燥方法，但最近的研究表明，阴干能最大限度地保留关黄柏中的有效成分，进一步提高关黄柏的质量。

3. 贮藏　将包装好的关黄柏药材置于干燥通风卫生的场所贮藏，避免阳光照射，避免阴暗潮湿。

【栽培过程中的关键环节】

1. 种子的选择　黄檗的种子以千粒重、净度、含水量、实粒种子比例为依据划分三个等级，选择优质种子是关键。具体如下表12-3。

表12-3　黄檗种子的分级标准

项目	一级	二级	三级
千粒重/g	≥16	≥14	≥14
发芽率/%	≥87	≥51	≥10
净度/%	≥93	≥92	≥89
含水量/%	≤8	≤12	>12
实粒种子比例/%	≥90	≥48	≥11

2. 土壤选择　黄檗适宜腐殖质含量较多的土壤，土层黏重、渗透性较差的土壤不适宜栽种，排水不良容易伤根，导致死亡。

3. 栽种技术　移栽时，减去根部下端过长的部分根，培土一半时，将树苗轻轻上提，使根部舒展后再填土至平，踏实，浇足水。冬季将树干离地一米处以下部分粉刷生石灰，可以杀死寄生在树干上的一些越冬的真菌、细菌和害虫，避免树皮干裂透风而死亡。

4. 采收方法　环剥技术研究证明，采收时间在6月下旬至7月上旬为宜，植株生长相对平衡，枝叶繁茂，此时北方高温多湿，雨水充沛，剥完树皮后伤口容易愈合。剥皮过早，植物正在生长发育阶段，容易导致树木死亡。剥皮过晚，新生树皮较薄，冬季容易发生冻害。

43. 沉香

沉香

沉香 *Aquilaria sinensis*（Lour.）Gilg 为瑞香科沉香属植物，又称沉木香、土沉香、沉香、白木香，以含有树脂的心材入药，药材名为沉香。沉香是珍贵中药，味辛、苦，性微温；归脾、胃、肾经。具有行气止痛，温中止呕，纳气平喘的功效。用于胸腹胀闷疼痛，胃寒呕吐呃逆，肾虚气逆喘急。主要含挥发油，油中含苄基丙酮、对甲氧基苄基丙酮、氢化桂皮酸、对甲氧基氢化桂皮酸等。此外还含沉香螺醇、沉香醇、二氢沉香呋喃、4-羟基二氢沉香呋喃、3，4-二羟基二氢沉香呋喃、去甲沉香呋喃酮等成分。

沉香是热带和亚热带地区的常绿乔木，主产于海南、广东等地，广西、云南、福建均有分布。近年来，在海南沉香生产面积和产量得到了快速的发展。

【生物学特性】

1. 生态习性　沉香分布在热带、亚热带地区山谷和山坡常绿季雨林和山地雨林等混交林中。对土壤要求不严，可抗瘠，喜土层厚、腐殖质多的湿润而疏松的偏酸性砖红壤或山地黄壤。在瘠薄黏土条件下生长缓慢，但木材坚实，香味浓厚，容易结香；而在土层深厚、肥沃湿润的条件下，木材各皮部组织疏松，分泌树脂少，不利于结香。适合种植在年均气温20℃，年均降水量1 500~2 000mm地区，在中国北纬24°以南低海拔500m以下的山地、丘陵、路边、平地以及房前屋后的地方及背风向阳、肥沃、温暖湿润环境下生长更佳。沉香幼苗、幼龄期比较耐阴，一般以40%~50%适宜。成龄期性喜光。

2. 生长发育特性　沉香主根发达，愈伤能力强。苗期及幼树生长缓慢，10年后逐渐增快。种植4~5年后开花结果，常在3~6月开花，同年9~10月果实成熟。沉香果实果瓣微开裂，由青绿转黄白，种子呈黑褐色时即可采收。采收后放在通风凉爽处阴干（切忌暴晒），种子会很快脱落。种子含油率高，易变质，不耐贮藏，需及时播种。

【栽培技术】

1. 品种类型　目前在主产区主要有大叶种、中叶种和小叶种三个品种，在大田均有种植。

2. 选地与整地　育苗地宜选略有荫蔽条件，土壤肥沃疏松、排水良好、空气相对湿度较高的坐西向东的缓坡地或平地。经深翻整地后作畦，畦宽1m，高20cm。在雨水较多、排水不良处宜采用高床作畦，以利于排水。宜选择海拔500m以下的避风向阳地种植，沉香适应性较强，砂质壤土、黄壤土和红壤土均能生长，但以坡度较缓、土层深厚、腐殖质丰富的土壤为佳。种植前，先耕翻整地，砍杂除杂，实行穴状种植，穴植忌积水。

3. 繁殖方法　沉香的人工繁殖方法主要用种子繁殖，扦插繁殖成活率低，不到 5%。种子繁殖有播种育苗法和移植法 2 种，移植法为利用母树下自然发芽的 1 年生野生苗进行移栽。大量繁殖通常采用播种育苗法。扦插、嫁接繁殖和组培繁殖较少应用。

(1) 选种采种、种子处理及播种时间：沉香种子属顽拗型种子，宜选择 10 年以上生长健壮、无病虫害的向阳坡地母树所产种子。9~10 月采摘种果放在通风处进行 2~3 天的阴干，种子要及时播种，做到随采随播，发芽率可高达 80% 以上。如不能及时播种，可用 1 份种子加 3 份湿沙混匀贮藏。或将种子脱水干燥后，密封置于 4℃低温贮藏。

(2) 播种方法：种子萌发时要求疏松湿润的土壤，主要用沙床育苗，宜条播或撒播，在准备好的苗床上按行距 15~20cm，株距 5~10cm 开沟放种，或将种子均匀地撒在苗床上。宜浅播，播后覆盖细沙 1cm 左右（不见种子为度），用树叶或稻草覆盖以保湿。沉香播种的营养土配方可以采用红心土加少量河沙、过磷酸钙和食用菌废料。轻基质育苗是近几年出现的新型育苗方式，有利于沉香小苗的快速生长。

(3) 苗期管理：搭设遮荫棚，保持 50%~60% 荫蔽度。根据天气和随着苗木生根成活和长大，逐步拆除荫蔽物，增加透光度。幼苗不耐旱，要经常淋水，保持湿润。出苗后应及时揭草。当幼苗高 6~10cm 时，间疏小苗和弱苗或移栽于营养袋中。及时除草，适当修剪分枝促使主干生长。当苗高 15~20cm，可施稀薄人粪尿水，促进幼苗生长。袋育苗高 30~40cm、裸根苗高 70~100cm 时即可出圃定植。

4. 移栽定植

(1) 种植时间：宜在春季 3~4 月间气温回升，雨水增多，春梢开始或尚未萌动时，选择阴雨天定植，植后成活率高。如果选用袋装苗或营养袋苗，种植季节相对宽松，种植效果较好。

(2) 起苗：由于幼苗侧根较少，裸根苗起苗时应尽量多带宿土，同时将苗木下部的侧枝及叶片剪去，保留上部数叶，并将每叶剪去一半，减少蒸腾作用。

(3) 栽植密度：移栽定植时视立地条件而定，水肥条件很好的地方为 3m×2m，按 1 200~1 500 株 / 公顷种植。土地不太肥沃、雨水偏少的地区多采用 2m×2m 的规格种植。定植穴一般规格为 50cm×50cm×40cm。

(4) 定植：移栽时苗需扶正，根系舒展，分层覆土，压实，浇定根水，可保持高成活率。带有营养袋的树苗，种植前去掉营养袋。种植时基肥用氮磷钾复合肥。填土回泥时，每个种植穴用 15kg 氮磷钾复合肥伴随少量种植穴表土混合，回填在种植穴最下面，再继续回填表土，最后回填底土压实。要特别避免复合肥料与根系直接接触，复合肥料与表土的混合土要与根系保持在 15~20cm 距离，以避免复合肥料烧坏烧伤根系。

5. 抚育管理

(1) 中耕除草、培土：沉香树幼龄期生长较慢，需加强松土除草，注意勿伤及树干及根部。幼龄期每 60~90 天除草松土 1 次，在此之后人工传统除草，每年 2~3 次，分别在 2~3 月、6~8 月、10~11 月进行，并将除下的杂草盖于根际。用除草剂除草者要尽量避免除草剂的混合水剂与沉香树的叶片和枝叶接触，防止伤害枝叶。并结合施肥适当回泥培土，加强根系培育。

(2) 追肥：沉香树幼苗生长缓慢，只有补充营养才能促其快速生长，使其早日郁闭成林，减少杂草丛生。追肥应在除草松土完毕后进行。一般选择阴天或晴天的下午，挖穴开沟施肥。在定植后的3~5年，每年施2次氮磷钾复合肥或人粪尿水等农家肥，在每年的农历3~4月和8~9月施肥，可以分东南西北4个方向轮流施，后者还可施火烧土或熟腐有机肥过磷酸钙。注意施肥保持与树木适宜的距离，原则上在树冠滴水线内侧较好。成龄植株的施肥量可适当增加。

（3）灌溉、排水：沉香幼苗不耐旱，一般情况下，移苗后要早晚淋水1次，保持土壤湿润。阴雨天少浇水或不浇水，并注意防水、排水。成年植株忌积水。

（4）修剪：沉香是以主干结香为主的树木，需在适当的时候剪除茎干下部弱枝、过密枝、枯枝、病虫枝，使养分集中供应主干，促使主干生长良好，以利结香。但在幼树第一年，修剪有所侧重，应适当暂留一定的侧枝。随着幼林的逐步长高，再逐渐向上修剪，以有利于增加幼林期植株叶片的光合作用，促进幼林生长和根系发育。

（5）间作：沉香幼龄期生长缓慢，需适当荫蔽条件，因此幼龄期可间作短期药材、粮食作物和油料作物等，这样既可充分利用土地资源，又可为幼树生长提供有利的荫蔽条件。成林后郁闭度增加，可间作益智、砂仁和草豆蔻等耐阴植物。

6. 结香的方法　沉香在正常生长情况下茎干很少能结香，只有树体受到各种物理或化学伤害如刀砍、虫蛀、病腐及真菌侵染后经过较长时间才能结香，形成树脂。可采用以下方法刺激其结香。

（1）半断干法：在离树干基部1m以上的树干沿同一方向不同高度上锯数个伤口，每个伤口深度为树干粗的1/3~1/2，伤口宽2~3cm，伤口间距30~50cm。久之则能分泌树脂，经数年后便可在伤口处取香，取香后的香门仍有可能继续结香。

（2）凿洞法：在离树干基部1~3m树干沿同一方向不同高度凿数个洞，每洞宽和高均为3~4cm、深3~5cm的方形洞，或直径2~3cm、深度为树干粗1/4~1/3的圆形洞，伤口间距30~50cm，用泥土封闭，小洞附近木质部逐渐分泌树脂，数年后可生成沉香，取香后伤口仍可继续结香。

（3）砍伤法（俗称“开香门”）：选10年生以上，树干直径30cm以上的植株，在距地面1.5~2m处，用力顺砍数刀至木质部3~5cm，刀距30~50cm。待其分泌树脂，经数年后便可成香。取沉香时造成的新伤口，仍可继续结香。

（4）人工接种结香：又称人工接菌结香法。以10年生以上的大树为佳，5~6年生植株也能进行人工接菌结香。大树采用半断干法，伤口可大；小树宜用凿洞法，伤口宜小。在树干的同侧，取逆风方向，自上而下，每隔40~50cm处，用锯、凿等工具，按垂直于树干的方向开一深度为树干粗1/3~1/2，宽1~2cm的香门，随即将结香菌种塞满香门。用塑料薄膜包扎封口，防止雨淋、杂菌污染和昆虫、蚂蚁为害。几年后即可采香。

（5）化学法：用甲酸、硫酸和乙烯利处理伤口，可刺激伤口使其提早结香，采香后，继续用药物处理，仍可继续结香。

（6）枯树取香法：在自然生长过程中，沉香常被虫蚁、病腐、雷劈或被风吹倒（断），造成植株枯烂腐朽或枯死，在枯死的树干或根内常会结香，此香因时间久远，含脂高，品质较好，但产量不多。

在实践中，需要适当修剪部分枝条，以防被风折断，可结合物理化学处理或人工接菌结香。

7. 病虫害及其防治

（1）病害及其防治

1）幼苗枯萎病：由真菌或细菌引致的植物病害，危害幼苗致枯萎死亡。老苗床、排水不良、种植密集易发病。

防治方法:①农业综合防治,种植前消毒苗床、宜选用排水良好的基质,控制土壤含水量,合理密植。②幼苗期及时中耕施肥,尤其要注意及时排除田间积水,促使幼苗健壮生长,增加抗病力。③发病初期及时拔除病株并用生石灰对病穴进行消毒后及时移苗、补苗。并用50.0%多菌灵可湿性粉剂500倍液或70.0%甲基托布津可湿性粉剂1 000倍液喷淋土壤和植株2~3次,每次间隔7~10天。

2) 炭疽病:是由炭疽菌引起的一种真菌性病害,主要危害叶片,产生近圆形的褐色病斑,亦产生轮状排列的黑色小粒点,严重时叶片脱落。高温多湿的气候条件容易发病。

防治方法:①农业综合防治。采用无病种苗,种植前进行土壤消毒,排除积水,发病初期及时剪除病叶、病枝,集中烧毁。②药物防治。可用1.0%波尔多液或70.0%甲基托布津可湿性粉剂1 000倍液或80.0%代森锰锌可湿性粉剂700倍液或80.0%炭疽福美可湿性粉剂600倍液或50.0%多菌灵可湿性粉剂500倍液喷雾2~3次,每次间隔7~10天,严重时间隔4~5天喷洒1次。

3) 结线虫病:有南方根结线虫或爪哇根结线虫两种,主要危害根部,通过形成圆形或纺锤形根瘤或根结,阻碍或减少根系吸收养分,从而影响地上部分茎叶生长。发病初期,地上部分病状不明显,只有当根部发病严重时才表现出症状,幼苗或幼树易表现出受害症状。叶片从下往上梯次黄化、脱落,严重者会导致整株枯死。根结线虫幼虫主要在土中或成虫和卵在病根的根瘤内越冬,夏季多雨季节,从沉香袋育苗、幼树和开花结果树至定植18年的老树均可被结线虫入侵为害。

防治方法:①农业综合防治。采用无病种苗,种植前消毒苗床及袋育苗土壤,反复深耕翻晒风干土壤,对病死株要连株拔除并及时暴晒土壤。②药物防治。在发病初期用1.8%虫螨克乳油1 000倍液或1.8%阿维菌素乳油1 000倍液灌根1~2次,10~15天灌根1次。

(2) 虫害及其防治

1) 黄野螟:属鳞翅目,螟蛾科。该虫以幼虫咬食叶片,严重发生时全部植株被害。在食料不足的情况下,树干及枝条皮层也被吃掉,致使沉香生长不良,影响结香和产量。

防治方法:①农业综合防治。冬季在树冠下浅翻土,清除枯枝落叶和杂草并烧毁,消灭越冬蛹;可利用黄野螟化蛹和幼虫受惊扰坠地的习性,在化蛹盛期和幼虫期,组织人力挖蛹和用竹竿拨动被害株枝条,待幼虫坠地后用脚踩死。②药物防治。可用50%敌百虫喷洒树冠及林下地面。

2) 卷叶虫:属鳞翅目,螟蛾科。1~2龄幼虫取食内表皮和叶肉,3龄后,将2片新叶缀合成卷,栖息其中,爬出苞外取食嫩叶。卷叶虫每年夏秋之间为害,以幼虫吐丝缀叶成卷叶或叠叶,并躲藏在内蛀食叶肉,致使光合作用减弱,影响正常的生长。

防治方法:①人工灭杀。发现卷叶及时把它剪除,集中深埋,减少虫害。②农业综合防治。利用黑光灯诱杀成虫,也可以用糖醋液(糖:酒:醋:水=1:1:4:16)诱杀成虫,发现卷叶及时摘除并集中销毁。③药物防治。可在虫害卷叶前,或卵初孵期用25%杀虫脒稀释500倍液喷洒;各代卵孵化盛期至卷叶前用1.8%的阿维菌素5 000倍液或90.0%敌百虫800倍液喷雾,每次间隔7~10天,连续2~3次。

3) 天牛:属鞘翅目,天牛科。幼虫先在皮下为害,然后注入树干或枝条向下蛀食,每隔一定距离向外开一洞口,7~8月为幼虫为害盛期,老熟幼虫在蛀道内筑蛹室化蛹。影响树木的生长发育,使树势衰弱,也易被风折断,受害严重时,整株死亡。

防治方法:①农业综合防治。于成虫发生期用灯火诱杀或清晨人工捕捉幼虫,并刮除天牛产的卵,人工饲养赤腹姬蜂与天牛肿腿蜂等天牛的天敌释放至大田,对其危害有一定控制作用。②药物防治。注射 90.0% 敌百虫 800~1 000 倍液于虫孔,黄泥封闭虫孔。或用脱脂棉蘸 40% 乐果乳油 5~10 倍稀释液封闭虫孔。

4) 金龟子:属鞘翅目,金龟子科。其常在抽梢和开花期危害幼芽、嫩梢、花朵,是沉香主要虫害之一。

防治方法:①农业综合防治。利用成虫趋光性强采用黑光灯诱杀,或林内设置糖醋液诱杀罐进行诱杀,利用金龟子有假死的习性进行人工捕杀。②药物防治。可用 90.0% 敌百虫乳油稀释 800~1 000 倍液喷射。

【采收、加工与贮藏】

1. 采收　沉香经过刺激结香,少则 3~5 年,多则 10~20 年才能成为较好的沉香。一般而言,时间越长,树龄较大,树脂凝结时间愈久,沉香的数量和质量越高。在正常年份,出现枝叶生长不茂盛,外形凋黄,局部枯死等不正常现象,大多数都可判断为已结香。采香一年四季均可进行,割取含树脂的心材。但人工接菌结香的以春季为宜,以便采收后菌种继续生长。具体采收方法是:选取凝结黑褐色或棕褐色,带有芳香性树脂的树干砍倒锯断;树干结香后一直延伸到根部,应一并挖起。以身重、色黑、油分足、树脂显著、无杂物、能沉于水者为好。

2. 加工　将采回的树干、树根初步用利刀砍去,剔除白色部分和腐朽部分后阴干。进一步将采下的香,用具有半圆形刀口的小凿和刻刀雕挖剔除无脂及腐烂部分,留下黑色坚硬木质,加工成块状、片状或小块状,碎末则制成沉香末和沉香粉,置于通风干燥处阴干,即为商品沉香,可入药。沉香不易虫蛀霉变,可用纸包好,放木箱内置干燥处贮藏,用时捣碎或研成粉末。

3. 贮藏　置阴凉干燥处保存,防蛀防霉变。沉香贮藏的理想温度是 18~21℃,相对湿度为 65%~75%,通风防潮,防止阳光直射,忌与有味道的物质或器皿共同存放。宜贮藏在玻璃、陶瓷制品中。

【栽培过程中的关键环节】

1. 及时采集和处理种子　沉香种子采集对育苗起着关键的作用,种子最好采自壮年母树,及时置于通风处阴干,不能日晒,随采随播。

2. 合理灌溉和排水　沉香幼苗不耐旱,应保持土壤湿润的同时注意防水、排水。成年植株忌积水,否则根系发育不良。

3. 加强沉香树结香的处理　结香工作关系到沉香是否结香及其结香率,应根据具体情况采取合适的物理化学处理或人工接菌结香。

44. 杜仲

杜仲

杜仲 *Eucommia ulmoides* Oliv. 为杜仲科杜仲属植物,又名思仙、思仲、木棉、櫋、石思仙、扯丝皮、丝连皮、棉皮、玉丝皮、丝棉皮,传统以干燥树皮入药,药材名为杜仲,现在杜仲叶、花和果均入药用。杜仲始载于《神农本草经》，列为上品，味甘，性温；归肝、肾经。有补肝肾、强筋骨、安胎的功效。用于肝肾不足，腰膝酸痛，筋骨无力，头晕目眩，妊娠漏血，胎动不安。杜仲的化学成分有木脂素类、环烯醚萜类、苯丙素类、黄酮类、多糖类、杜仲胶和抗真菌蛋白等成分，包括松脂醇二葡萄糖苷、杜仲素A、京尼平苷酸、京尼平苷、杜仲苷类、杜仲醇类、咖啡酸、二氢咖啡酸、山柰酚、紫云英苷、杜仲多糖A、杜仲多糖B、杜仲胶及多种游离氨基酸等。

杜仲是我国特有的珍贵树种，既是名贵药材，也是园林绿化和生态建设常用绿化树种，但由于杜仲主要以皮部入药，野生资源因滥行砍伐剥皮而枯竭。在我国的27个省（市、区）均有栽培，主要包括河南、湖南、湖北、贵州、陕西、四川、安徽、云南、江苏、山东、江西、重庆、福建、甘肃等。贵州是我国杜仲中心产区之一，全省各地均有分布和栽培，其中遵义地区为贵州省杜仲栽培最集中的区域。

【生物学特性】

1. 生态习性　杜仲喜温暖湿润气候，生长于300~1 500m的低山、谷地或低坡的疏林里，对土壤的选择不严格，在瘠薄的红土或岩石峭壁均能生长。种植土壤以深厚、疏松肥沃、排水良好、pH 5~7的微酸性至微碱性的砂质壤土或黏壤土为佳。

(1) 对温度的适应：适应性强，耐寒，能在 −21℃的低温下生长。成年树更能耐严寒，在新引种地区能耐受 −22.8℃低温，根部能耐受 −33.7℃低温，其幼芽易遭受早霜或晚霜危害。

(2) 对水分的适应：喜雨量充沛的条件，但怕积水，幼苗期最怕高温和干旱，在湿润肥沃的土壤中生长较好。

(3) 对光照的适应：杜仲是生长适应性强的喜光性植物，对光照要求较严，耐阴性差，山地阳坡的杜仲长势优于阴坡。

(4) 对土壤的适应：对土壤要求不严格，在酸性土壤（红壤、黄壤）、中性土壤、微碱性土壤及钙质土壤均能生长。但在过于贫瘠、薄弱、干燥、酸性过强的土层中栽培时，常会出现顶芽、主梢枯萎，叶片凋落，生长停滞，甚至全株枯黄等病态。所以应选择肥沃、深厚、湿润、排水良好、富含腐殖质的砂质壤土、黏质壤土及微酸性（pH 5~7）的壤土栽培为宜。

2. 生长发育特性　杜仲为多年生深根性落叶乔木，具有明显的垂直根（主根）和庞大的侧根、支根、须根，具有极强的萌芽力，将一小段根插埋入土壤中，或树干、根际、枝干受到创伤（如采伐、截干、机械损伤等）时可迅速产生不定芽或休眠芽立即萌动长成萌发条，且萌生幼树生长迅速。同时杜仲树皮也有极强的再生能力，小至1~2年生的幼树，大到100年以上的老树，在一定范围内剥皮都能迅速再生新皮，且剥皮后环剥部位生长迅速，几乎不影响其生长发育，环剥部位增粗生长甚至超过未剥皮部分。

(1) 根和茎的生长：杜仲树生长初期较慢，在树龄达10~20年时生长迅速，树高年均生长0.4~0.5m；20~35年间树高生长速度下降，年增长约0.3m；35~40年间，年平均增长仅达0.1m。树的胸径（树干距地面以上1.3m部位的直径）速生期在15~25年间，年平均增长0.8cm；25年后逐渐下降；到40年时，年平均增长0.5cm；至50年时生长基本停止，植株自然枯萎。一年中杜仲的生长也有几个阶段，1年和2年生苗以7~8月生长最快；3年龄幼树以4月为树高生长高峰期，5~7月为树径增长高峰期。杜仲发芽展叶的时间在4~5月，落叶期在11月，7~9月为杜仲的快速生长期，

10月左右，树高和新生枝条的长度变化不大，但根部和新生枝条仍在增粗。杜仲的根系生长时间比地上茎叶生长时间长，在黄河流域于2月上旬即开始生长，5月中旬至6月中旬为第1生长高峰期，以后生长速度递减，到8月中旬至9月中旬出现第2生长高峰期，至12月中旬生长停止。全年根系休眠时间为60~70天。长江以南地区杜仲全年生长不停。

(2) 花和果的生长：杜仲为风媒花，雌雄异株，一般定植10年左右才能开花。雄株花芽萌动早于雌株，雄花先叶开放，花期较长，雌花与叶同放，花期较短；各地气候条件不一，杜仲花期因产地不同而有差异，以贵阳市的杜仲为例，雄株花芽在2月底开始萌动，雌株花芽在3月底萌动，于4月初与叶同放；8~11月果实成熟。其种子寿命短，隔年种子的发芽率很低，必须采收新种子播种。

【栽培技术】

1. 品种类型　长期以来，我国杜仲生产一直沿用普通实生苗造林，但存在生长分化严重、良莠不齐、生产力低等问题。20世纪80年代以来，中国科学院科研团队陆续选育出“华仲1~12号”“大果1号”“密叶杜仲”等13个杜仲良种，使得杜仲产量大大提高。其中“华仲6~10号”“大果1号”为果用杜仲良种，“华仲11号”为雄花专用良种，“华仲12号”和“密叶杜仲”为观赏品种。育苗时可根据不同的用途选择不同的品种。

2. 选地与整地　育苗地宜选择土质疏松肥沃、向阳、土壤湿润、排灌方便、富含腐殖质、无育苗史的地块。造林地应选择在地势向阳的山脚、山坡中下部以及山谷台地，以土层深厚、疏松、肥沃、湿润、排水良好的微酸性或中性壤土为好。

育苗地应于冬季深翻，将土块打碎，清除杂草及石块。苗床整细耙平后做成高12~18cm，宽1.2m的畦。移苗穴按株行距(2~2.5)m×3m，深30cm，宽80cm挖穴，穴内施入土杂肥2.5kg、饼肥0.2kg、过磷酸钙0.2kg及火土灰等。

3. 繁殖方法

(1) 选种采种：生产上以种子育苗移栽为主。选择20~30年树龄、无病虫害、未剥过皮的健壮母株采种，于10~11月收集淡褐色或黄褐色、饱满有光泽的种子。阴干，放在通风阴凉处储贮。

1) 种子催芽处理

① 沙藏催芽：播前45~50天进行沙藏，沙藏前先用35~40℃温水将种子浸泡24小时，捞出后与备好的干净粗沙按1∶3或1∶5的体积比充分混匀，控制沙子湿度，以手握成团、手松即散、不滴水为度。② 温汤浸种：将贮藏的种子用60℃的热水浸种，搅拌至热水变凉，继续浸泡2~3天，每天换20℃温水1次，捞出晾干后即可播种。③ 赤霉素处理：将贮藏的种子用30℃的热水浸种15~20分钟，捞出种子置于0.02%的赤霉素溶液(赤霉素粉剂20mg，溶于100ml的蒸馏水中)中浸泡24小时，捞出晾干后立即播种。

2) 种子消毒：将催芽处理后的种子，用0.2%~0.3%的高锰酸钾溶液浸种处理2小时，然后将种子取出，密封30分钟，再用清水冲净，阴干至种子粒与粒之间不粘连。

(2) 播种时间：冬播在11~12月，春播在2~4月。

(3) 播种方法：以条播法较好，具体操作是：按20cm株行距开沟，沟的深度为3~4cm，将处理好的种子均匀地播入沟内，然后把备好的细松土覆盖在种子上，盖土厚度2~3cm，每公顷播种量在

60~64.5kg 为佳。

(4) 间苗:按株距 8~10cm 间苗,间苗宜在阴天或傍晚进行,用硬竹片轻轻挑出(尽量带泥),间出的苗应及时移栽。栽后浇水,7~10 天后用尿素点浇肥 1 次。

(5) 移栽:幼苗在育苗地生长一年后,于第二年春季叶芽萌动之前进行定植移栽。选择苗高 100cm 左右的无病苗,边起苗边移栽。移栽前先在挖好的穴底施入适量腐熟的农家肥,每穴施入磷酸二铵 500g,与底土搅拌在一起,栽植深度以略高于原土痕迹为宜。

4. 田间管理

(1) 中耕除草:每年进行 2 次中耕除草。第 1 次在 4~5 月,第 2 次在 7~8 月,除草宜浅。对土壤黏重、板结的林地,从栽植后第 2 年开始进行深翻,以后每隔 1 年进行 1 次。

(2) 修剪:3~5 年的幼林期,应及时修剪整形。对于幼苗,把离地面 10cm 的细小树枝剪掉。当树高 3~4m 时,剪去主干顶梢和密生枝、纤弱枝、下垂枝。修剪有利于养分集中,可以促进主干和主枝生长。

(3) 施肥:杜仲在苗期一般施 3 次肥,苗高 6~10cm 时在 6 月和 8 月各施肥 1 次,施尿素 $0.67kg/667m^2$。定植后,每年春季施圈肥 $67\sim100kg/667m^2$,并加草木灰适量。

(4) 灌溉:杜仲在播种后 35~50 天内萌芽出土,此时应防烈日和干旱。干旱时,应在上午 10 时以前或下午 4 时以后浇水。浇水次数应根据旱情而定,每次要灌透。雨季要清理排水沟,及时排除积水。新梢生长期、休眠期各灌 1 次,剥皮前 3~5 天灌 1 次,灌水要结合追肥进行。

5. 病虫害防治及农残控制

(1) 病害及其防治

1) 立枯病:播种前每 $667m^2$ 用 1kg 绿亨 1 号撒于苗床消毒;发病期用 75% 百菌清可湿粉剂 600 倍液喷洒幼苗根及地面;在幼苗出土后 30 天内,用 0.5% 等量式波尔多液每 10 天喷洒 1 次,30 天后用 1.0% 等量式波尔多液每 15 天喷洒 1 次,喷 2~3 次即可。

2) 根腐病:选择土壤疏松、排灌条件良好的地块育苗,实行轮作;播种前,每 $667m^2$ 用 70% 五氯硝基苯粉剂 1kg 撒于畦面;播种时,精选优质无病种子,催芽前用 1% 高锰酸钾溶液浸泡 30 分钟;病初时喷施 50 % 托布津 400~800 倍液或 50% 退菌特 500 倍液浇灌病区。

3) 叶枯病:冬季清除落叶枯枝,病初时及时摘除病叶;发病时,用 50% 多菌灵 500 倍液、75% 百菌清 600 倍液、64% 杀毒矾 500 倍液交替喷施 2~3 次,间隔 7~10 天;发病初期和高峰到来之前可用 65 % 可湿性代森锌 500~600 倍液或 600~800 倍多菌灵液喷洒,每隔 10 天 1 次。

4) 角斑病:加强田间管理,增施磷钾肥,增强植株抗病力;发病初期喷施 1∶1∶100 波尔多液,连喷 2~3 次,间隔期 7~10 天。

5) 褐斑病:秋后清除落叶枯枝,集中烧毁,减少传染病原;发病期用 50% 多菌灵可湿性粉剂 500 倍液、75% 百菌清可湿性粉剂 600 倍液、64% 杀毒矾可湿性粉剂 500 倍液、50% 托布津 400~600 倍液、50 % 退菌特 400~600 倍液、65% 代森锌 600 倍液交替喷施 2~3 次,间隔期 7~10 天。

6) 灰斑病:杜仲发芽前,用 0.3% 五氯酚钠喷杀枯梢上越冬病原;发病初期,喷洒 50% 托布津、50% 退菌特 400~600 倍液或 25% 多菌灵 1 000 倍液。

7) 枝枯病:剪掉染病枝,伤口用 50% 退菌特可湿性粉剂 200 倍液喷雾或用波尔多液涂抹剪口;发病初期可喷施 65% 代森锌可湿性粉剂 400~500 倍液。

(2) 虫害及其防治

1) 豹蠹蛾 *Zeuzera coffeae*(Nietner):在幼虫活动期(3~10 月)清除、烧毁林中已折断及已被害未断的枝干。害虫产卵期间用白涂剂(生石灰 15kg,食盐 0.5kg,加水 45kg)涂刷树干,用每毫升含 2 亿孢子的白僵菌注入虫孔。

2) 刺蛾 *Thosea sinensis*(Walker):人工消灭越冬茧,用黑灯光诱杀成虫;幼虫始发期摘除虫叶,喷 40% 乐果乳剂 800 倍液或用 0.3 亿个 /ml 苏云金杆菌防治。

3) 木蠹蛾 *Cossidae*:人工捕杀或将二硫化碳注入树干虫孔内毒杀,再用黏土封口;利用成虫的趋光性,以黑光灯诱杀成虫;用磷化招片剂堵塞虫孔,熏杀幼虫。

4) 小地老虎 *Agrotis ypsilon*:春耕前进行精耕细作,或在初龄幼虫期铲除杂草,可消灭部分虫、卵;用糖、醋、酒等诱杀液或甘薯、胡萝卜等发酵液诱杀成虫;用泡桐叶或莴苣叶诱捕幼虫。

5) 茶翅蝽象 *Halyomorpha halys*(Stal):主要在夏季或越冬期进行人工捕捉成虫消灭;果实危害严重时可喷施 50% 辛硫磷乳油 1 000 倍液防治。

【采收、加工与贮藏】

1. 采收方法

(1) 杜仲皮的采收:选择定植 10 年以上的健壮植株采收树皮。5~7 月剥皮采收效果最好。剥皮宜选择阴天,不要在下雨天剥皮。剥皮时一般有以下几种方法。

1)"割两刀法环剥":先在树干分枝处的下横纵呈 T 形各割一刀,沿横割的刀痕撬起树皮,把树皮向两侧撕裂,随时割断残连的韧皮部,绕树干一周全部割完,再向下撕至离地面 10cm 处,割断。

2)"割三刀法环剥":主干离地面 1.5m 处横割一圈,在向上 50cm 处同样环割一圈,然后在两环割圈间浅浅纵割一刀使呈工字形,撬起树皮,用手向两旁撕裂剥下。边撕边剥,但不以手或剥皮工具触碰剥面。

3)"割四刀法":在主干分叉处的下面割一圈,再在距离地面 10~20cm 处同样环割一圈,然后在两环割圈间,浅浅地垂直纵割一刀(与环割圈呈"工"字形),在这一刀的树干背部再浅浅地垂直纵割一刀,先撬起一半树皮,用手向一侧撕,待一半撕完后,再撕另一半。此法比割三刀法环剥更易于剥离树皮,不易触碰剥面,但剥下的皮张小了一半,再者刀印多,伤及树木的危险也相对增加。

4) 带状剥:以接近地面的主干基部为起点,或以梢部适宜位置为起点,纵向量好每带的剥皮长度和宽度(一带的宽度或两带宽度的总宽度不宜超过树围的 50%)。在量好的每段长度两端,按确定的剥皮宽度用尖刀各横切一刀,然后再按宽度在其两边各纵切一刀;再用前端尽量削薄的竹片,从纵切口一端渐次向另一端轻拨,以使杜仲树皮与其木部分离,边撕边剥,剥下第 1 片(或带)树皮后再剥离第 2 片(或带),剥皮片带相互错开。此法与环剥法主要区别是:只在树干的某一部位垂直剥皮 1~2 片(或带),保留有部分树皮作营养输送带,基本不影响其生长发育,剥皮后再生新皮成功率高。

用以上方法时剥皮手法要准,动手要轻、快,将树皮整个剥下不要零撕碎剥,更不能用手或剥皮工具触及剥面,否则极易受到病菌的危害。同时,剥皮后可用手持小型喷雾器,喷以 100ppm 的吲哚乙酸(IAA)液,再用略长于剥皮长度的小竹片仔细捆在树干上(防止塑料薄膜接触形成层),然后再用等长的塑料薄膜包裹两层,上下捆好即可。剥皮前应适当除去杂草灌木,并对供剥皮植株树干进行药物消毒处理。

5）砍树剥皮法：对老树采皮，于齐地面绕树干锯一环状切口，按商品规格要求的长度向上再锯第二道切口，在两切口之间再纵割后环剥树皮，然后把树放倒。不合长度及较粗的枝皮剥取后作碎皮药用。

(2) 杜仲叶的采收：选择无病虫害、没有喷洒农药的树木，一般在7~10月采收，8月为最佳采收期。用于入药的杜仲叶需为绿叶，不要采摘发黄的叶，而用于提取杜仲胶的杜仲叶只要不腐烂变质即可。

(3) 杜仲果实的采收：用于留种的果实选择生长健壮、树皮光滑、无病虫害、未剥过皮的20~30年龄树木采收，药用的果实应选择生长健壮、无病虫害和未剥过皮的15年以上的树木采收，用于提取杜仲胶的果实则无以上要求。在10~11月选择无风或小风、种子不易飞散的晴天采收。用竹竿轻敲或手摇动树枝使种子脱落，同时在顺风方向离母树适宜距离处铺设竹席或布幕承接掉落的种子。注意不能砍枝采种，砍枝会影响次年结实量和母树的生长。

(4) 杜仲雄花的采收：每年在3月底4月初杜仲雄花的盛花期进行采摘，将上年萌条留3~8个芽短截后采花、挑选、去除杂质（短截指剪短一年生枝条，留下一部分枝条进行生长的方法）。杜仲雄花花期短，仅一周左右，花蕾形成后应及时采收，避免花粉散落影响杜仲雄花茶的质量。

2. 加工

(1) 杜仲皮的加工：采收后的树皮先用开水浇烫，然后展开，放置于通风、避雨处的稻草或麦草垫上，将杜仲皮紧密重叠，再用木板加石块压平，四周用草袋或麻袋盖严，使之发汗。7天后检查，如内皮呈黑褐色或紫褐色，即可取出晒干，用刨刀刨去外皮，使之平滑，修齐边缘，用棕刷将泥灰刷净。将加工好的杜仲皮分类装好、排列整齐、打捆成件，贮存于干燥的地方。

(2) 杜仲叶的加工：采回后应及时杀青，杀青方法为：以普通铁锅翻炒至叶面失去光泽、叶色暗绿、叶质柔软、手握叶不沾手、失重30%左右即可。制杜仲胶用的杜仲叶不作杀青处理，但杀青后的杜仲叶仍可提取杜仲胶。杀青后及时烘干或晾干，去杂质、装袋，存放于通风干燥处。

(3) 杜仲种子的加工：种子采集后应放在通风干燥处阴干，勿用火烘烤或烈日暴晒。阴干后放于阴凉通风处贮藏，不能堆积太厚，防止发热。

(4) 杜仲雄花的加工：目前杜仲雄花一般用于杜仲花茶，杜仲花茶的生产工艺主要是借助普通绿茶的加工工艺，其工艺流程为：鲜花→摊晾→分拣→杀青→揉捻→初炒→精炒。

详细过程为：将鲜花摊放在贮藏箱里，每层摊放厚度不得超过10cm，约8kg/m^2，自然摊晒至杜仲叶质变软、发出清香时将杜仲雄花和嫩叶分开，去掉花萼、嫩叶和花枝（做针状茶）。或将嫩叶、花枝去掉，拣去其他杂质（做原花茶），采用常压蒸汽100℃杀青，至花色仍为绿色、无青草气时翻动一次，杀青时间约23分钟。杀青结束后轻柔揉捻，至茶汁溢出时取出，将结块、结团的花朵分开，及时进行炒制，先用230℃初炒3~4分钟至九成干，再以240℃精炒约2分钟即得。

【栽培过程中的关键环节】

1. 忌干旱，忌水涝　杜仲虽然喜欢雨量充沛的条件，供水能加快杜仲剥皮后皮部愈伤组织的形成，且充足的水分条件更有利于再生皮的生长。但杜仲怕积水，因此干旱时要注意浇水，水涝时要注意排水。

2. 注意栽培密度　杜仲喜光不耐阴，栽培时应注意栽培密度，保证植株有充足的光照。

3. 合理施肥　播种前施足基肥，以有机肥和复合氮磷钾复混肥为主，幼林期每年于春夏季在中耕除草后，根据土质肥力情况，酌情追施农家肥或化肥，以促进苗木生长。

45. 厚朴

厚朴

厚朴 *Magnolia officinalis* Rehd. et Wils. 和凹叶厚朴 *M. officinalis* Rehd. et Wils. var. *biloba* Rehd. et Wils. 为木兰科落叶乔木，又名烈朴、赤朴、川朴、油朴，以干燥树皮、根皮及枝皮入药，药材名为厚朴。味苦、辛，性温。归脾、胃、肺、大肠经。有燥湿消痰，下气除满的功效。用于湿滞伤中，脘痞吐泻，食积气滞，腹胀便秘，痰饮喘咳。厚朴含挥发油，油中主要含 α- 桉油醇、β- 桉油醇；厚朴还含有厚朴酚、三羟基厚朴醛、木兰箭毒碱等化学成分。

主要分布于四川、湖北、湖南、陕西、甘肃、云南、贵州、广西等省区，主产于四川、湖北。产于四川的厚朴习称“川朴”，产于湖北的厚朴习称“紫油厚朴”。凹叶厚朴分布于浙江、江苏、江西、福建、安徽、河南、湖南等省，主产于浙江、江苏、江西，习称“温朴”。厚朴与凹叶厚朴的栽培技术相近，现以厚朴为例，介绍如下。

【生物学特性】

1. 生长习性　厚朴喜温暖、潮湿、雨雾多的气候条件。厚朴分布在海拔 300~1 700m 地区，喜光照充足环境。厚朴主产区年均温度 10~20℃，1 月平均气温 3~9℃；厚朴耐寒，最低气温在 -10℃以下不受冻害。厚朴喜湿润环境，年降水量 800~1 000mm、空气相对湿度 70%~90% 的环境生长良好。厚朴常栽培于阴湿凉润的山麓和沟谷以及肥厚的酸性黄壤和黄棕壤土。

(1) 对温度的适应：厚朴不耐炎热，在夏季温度达 38℃以上的地方栽培，生长极为缓慢。凹叶厚朴能耐炎热，在气温高达 40℃的情况下仍能正常生长。厚朴生长适宜温度为 20~25℃。种子在温度 20~35℃能正常萌发，种子在 25℃恒温条件下发芽率最高，温度超过 35℃时发芽率很低。

(2) 对水分的适应：厚朴喜湿润环境。在年降雨量 800mm 以上的南方地区，厚朴生长良好。厚朴育苗要求水分条件适宜，苗床土壤含水量 20%~25% 厚朴种子发芽率高、幼苗生长健壮，随着厚朴苗的生长，土壤水分在 18%~23% 范围内厚朴苗生长良好。土壤水分含量过高，造成厚朴根系生长势弱，影响养分吸收，植株生长不良。

(3) 对光照的适应：厚朴有一定的耐阴能力，光照条件好的地方厚朴生长良好。有研究表明，直射光照时间对厚朴苗木株高和地径影响极显著，延长直射光照时间能显著增加厚朴苗木的株高和地径。厚朴间伐后，50% 的荫蔽度，能够促进厚朴生长。

(4) 对土壤的适应：厚朴对土壤的适应性较强，多种土壤都能够种植。厚朴属于浅根性树种，主根不发达，侧根极为发达，在疏松肥沃、含腐殖质较多、呈中性或微酸性的夹砂土或砂壤土上生长良好，黄壤、黄红壤也可以种植。

2. 生长发育特性

(1) 叶片的生长：厚朴每年春季发生新叶，新叶发生与生长集中在 4 月中旬至 5 月下旬。在新叶发生与生长的前期为叶片发生期，此生长阶段发生新叶为主；中期为新叶发生与叶片生长期，此时期新叶发生减缓，叶片生长速度加快；叶片发生与生长后期，新叶不再发生，叶片生长主要是叶片面积增大、干物质积累加快。

(2) 树干的生长：厚朴树干既是植株的茎，也是药材采集的主要部位。厚朴前 10 年为幼树期，树干生长较快，一般能够达到 7.5m 以上，此后树干高度增加缓慢。厚朴年生长期内，树干的生长主要集中在 4 月至 7 月底，其中 4 月下旬至 5 月下旬为缓慢生长期，生长量占全年生长量的 20% 左右；5 月下旬至 6 月底为快速生长期，生长量占全年生长量的 70% 左右；7 月生长速度减慢，生长量占全年生长量的 10% 左右。

(3) 根的生长：厚朴为浅根性植物，主根不明显，侧根发达。厚朴幼苗根系生长缓慢，一年生根系在 0.4m 土层，最长根 0.6m 左右；二年生根系可达 0.5m 土层，最长根 2.3m 左右；三年生以上植株根系主要分布在 0.8m 以内土层，最长根可达 8m。七年生以上植株，根系 9~15 条，其中多数为侧根，90% 以上分布在 0.4m 以内土层。

(4) 花与果实的发育：厚朴五年生以上的植株才开花。4 月下旬至 5 月中旬开花，单花开花进程可分为蕾期、初开期、盛开期、凋零期，单花持续开放 3~7 天；种群无开花高峰期，花期 30 天左右。9 月下旬至 10 月中旬，果实成熟。厚朴果实为聚合蓇葖果，圆柱状椭圆形或卵状椭圆形。每一小果内含三角状倒卵形种子 1~2 粒，外种皮红色，内种皮黑色。

(5) 种子特性：10~11 月，当厚朴最初的果鳞部分露出红色种子时，厚朴种子成熟。厚朴种子为硬实种子，外种皮鲜红色，革质；中种皮肉质；内种皮黑色，木质。腹部有浅沟。种子大，胚乳丰富，种仁油质，胚很小。

【栽培技术】

1. 品种类型　作为药材用的厚朴有厚朴与凹叶厚朴，厚朴主要分布在我国西部地区，凹叶厚朴主要分布在我国东部地区。厚朴与凹叶厚朴植株的主要区别是凹叶厚朴叶片先端有凹陷，深达 1cm 以上而成 2 片钝圆浅裂片，幼苗叶片先端不凹陷而为钝圆。厚朴生产上主要根据产地选择厚朴或凹叶厚朴。

2. 选地与整地　厚朴育苗地宜选地势较平坦、半阴半阳、湿度较大、水源条件好、排灌方便的地块。土层要求深厚、土质疏松、肥沃的砂质土壤。冬季深翻，除去杂草、石块，春播时结合整地，每公顷施入腐熟厩肥或土杂肥 45 000~60 000kg、复合肥 600kg 作基肥。整地时，将土壤耙平整细，然后开行道作床，床宽 1.2m，行道宽 40cm。

厚朴种植地宜选海拔 800~1 200m 地块，凹叶厚朴宜选海拔 500~800m 的地块。在坡地种植，需将其改成梯地，以利保持水土。地选好后，清除杂草、灌木，集中沤制或烧毁作基肥用，然后全面翻耕地块，深度为 30cm 左右。坡地可沿等高线进行带状整地，带宽 70~80cm，深 20~25cm，保留带间斜坡上的植被以利于保持水土。

3. 繁殖方法　厚朴繁殖方式主要有种子繁殖、分株繁殖、压条繁殖和扦插繁殖，生产上以种子繁殖为主。

(1) 种子繁殖

1) 采种与种子处理：10~11 月，当果鳞部分露出红色种子时采集种子。选择籽粒饱满、无病虫害的留作繁殖用。厚朴种皮厚而坚硬，皮外被脂质，水分难于渗透，播后不易发芽。播种前，需进行脱脂处理。脱脂方法是：果实采回后，晒1~2天，待果壳稍干，取出种子与沙混合贮藏，或装入麻袋内，置于干燥通风处；翌年播种前取出种子放于清水中，浸泡2昼夜，再用粗沙将种子外面的红色假种皮搓掉；或盛竹箩内在水中用脚踩去脂质层。

2）播种育苗：厚朴播种育苗可秋播也可春播，生产上多采取春播。春播于2月下旬至3月上旬进行。播种时开沟条播，按沟心距30cm开沟，沟深约5cm，每隔3~4cm播种子1粒，每公顷用种子225~255kg。播后覆土厚3~5cm，然后用稻草或杂草覆盖畦面。

3）苗期管理：播种后20天左右种子陆续出苗，揭去盖草。苗长出3片真叶时进行松土除草、追肥，肥料以腐熟农家肥为主，亦可用尿素提苗，每公顷施入清粪水15 000kg或尿素75~120kg。当苗高7cm左右时，结合除草进行间苗，苗距20~25cm。苗高60cm以上就可移栽。

(2) 分株繁殖：厚朴分蘖能力强，常可产生许多萌蘖，可用萌蘖进行分株繁殖。立冬前或早春，选择高35~60cm的蘖生幼苗，挖开母树蔸部的泥土，自幼苗与主干连接处的外侧，用利刀横割约一半；握住幼苗中下部，向切口相反的一面扳压，使幼苗从切口向上纵裂，裂口长5~7cm；然后在裂缝中夹1个小石块，以避免其恢复愈合；随即培土，高于地面15~20cm。到秋季落叶后或翌年早春，将培土挖开，便可见已割断一半的基部长出多数细根，再用利刀将苗从母树基部割下，即可定植。

(3) 压条繁殖：在9~10月或在翌年2~4月，选择母树上近地面的一至二年生健壮枝条，用利刀将其皮部环切约3cm长，并除去部分叶片，将切口处埋入土中，用石块或树枝等进行固定，再培土高约15cm，枝梢要露出土外，并扶正直立。第二年春季大的可剥离母体定植，小的可继续培育一年再行定植。

(4) 扦插繁殖：于2~3月选择径粗约1cm的一至二年生健壮枝条，剪成长约20cm的插条，扦插于苗床中。插条长出3~4cm时，施用农家肥或尿素提苗，每公顷施入清粪水15 000kg或尿素75~120kg。当苗高7cm左右时，结合除草进行间苗，苗距20~25cm。苗高60cm以上就可移栽。

(5) 移栽：厚朴可在秋季落叶后到第二年萌发前进行，春季移栽成活率高。先翻挖土地，按株行距3m×4m或3m×5m挖穴，穴径40~60cm，穴深60~80cm，穴底要平，穴内施入腐熟后的农家肥，放入农家肥1 200kg/667m^2与土拌匀。每穴栽苗1株。栽时必须使根部伸展自如，不能弯曲，然后盖土压实，浇足定根水后再盖1层松土。进行带状整地的，可按行株距挖大穴栽种，穴径80~100cm、深80~100cm进行移栽。

4. 田间管理

(1) 中耕除草：幼树期应及时中耕除草，避免杂草与幼苗争水、肥、气、光，影响幼树生长。每年中耕除草4次，分别于4月中旬、5月下旬、7月中旬和11月中旬进行。林地郁闭后一般仅在冬天中耕除草、培土1次。

(2) 追肥：结合中耕除草进行追肥，肥料以腐熟农家肥为主，添加适量复合肥。根据厚朴树大小合理施肥，栽种成活后的第一年，每次中耕除草时，每公顷施入农家肥7 500kg、复合肥150kg，此后随着厚朴树长大，逐步增加施肥量。施肥的方法是在距苗木6cm处挖一环沟，将肥料施入沟内，施后覆土。林地郁闭后，冬季中耕除草时，每公顷施入农家肥22 500kg、复合肥750kg。

(3) 修剪整形：厚朴萌蘖力强，常在根际部或树干基部出现萌芽而形成多干现象，除需压条繁殖者以外，应及时修剪整形。

厚朴树高 10m 以前，每年秋季或早春，剪掉树干下部三分之二到四分之三的枝条，促进树干向顶端生长，保证树干挺直。当树高到 10m 左右时，截除树干顶梢，促使厚朴加粗生长，增厚干皮。在风口地方可在树干 8m 左右时截除树干顶梢，在背风地方可在树干 12m 左右时截除树干顶梢。

(4) 套作：为了加速幼林生长，有效利用土地，在定植的当年至树冠郁闭前，可套种药菊花、除虫菊、玉米、花生及豆类等作物。

5. 病虫害及其防治

(1) 病害及其防治：厚朴生产上常见的病害有根腐病、叶枯病、立枯病等。

1) 根腐病：根腐病主要发生厚朴育苗期与移栽后的幼树期，发生时期在 6 月中下旬至 8 月下旬。发病初期，须根先变褐腐烂，后逐渐蔓延至主根发黑腐烂，呈水渍状，致使茎和枝出现黑色斑纹，继而全株死亡。地势低洼潮湿处易发病且严重。

防治方法：①育苗地选择排水良好砂壤土，雨季加强清沟排水；②发病初期，用 50% 多菌灵可湿性粉剂 500 倍液浇灌发病植株基部；③及时拔除发病严重植株，用石灰或 50% 退菌灵 1 500~2 000 倍液消毒病株穴，防止根腐蔓延。

2) 叶枯病：叶枯病在厚朴生长过程中都可能发生，多发生在 7~9 月，在高温高湿的 8~9 月发生较多。发病初期病斑呈黑褐色，圆形，直径 2~5mm，以后逐渐扩大，密布全叶，病斑呈灰白色，潮湿时病斑上着生小黑点，最后叶片干枯死亡。

防治方法：①冬季除草培土时，清除田间枯枝病叶及杂草并集中烧毁；②发病初期摘除病叶，再喷洒 1∶1∶100 波尔多液或 50% 退菌特 800 倍液，7~10 天喷洒 1 次，连续喷 2~3 次。

3) 立枯病：立枯病主要在厚朴育苗期危害幼苗。受害幼苗出土不久，靠近地面的植株基部缢缩腐烂，呈暗褐色，形成黑色的凹陷斑，而后折倒死亡。

防治方法：①厚朴育苗时注意苗床排水，减少病害发生；②发病初期用 5% 石灰液浇窝，或在病株周围喷 50% 甲基托布津 1 000 倍液。

(2) 虫害及其防治：厚朴生产常见的虫害有褐天牛、白蚁、褐边绿刺蛾等。

1) 褐天牛：褐天牛危害厚朴树枝、树干。褐天牛雌虫咬破树皮进行产卵，刚孵出的幼虫先钻入树皮中进行为害，咬食树皮，被害植株生长衰退，枝条枯萎，甚至整株死亡。

防治方法：①夏季成虫盛发期时，在清晨检查有洞孔的树干，捕杀成虫；②幼虫蛀入木质部后，用药棉浸 80% 敌敌畏原液塞入蛀孔，毒杀幼虫。③冬季刷白树干防止成虫产卵。或用药棉浸 80% 敌敌畏乳油原液，塞入蛀孔内，用黏泥封口，杀死幼虫。

2) 白蚁：白蚁主要危害厚朴根系。白蚁筑巢于地下，4 月初白蚁在土中咬食厚朴根系，出土后沿树干蛀食树皮，侵害厚朴树干，11~12 月群居于巢。

防治方法：用灭蚁灵粉毒杀或在不损伤树木的情况下挖巢灭蚁。

3) 褐边绿刺蛾：褐边绿刺蛾危害厚朴叶片。褐边绿刺蛾幼虫咬食树叶下表皮及叶肉，使树叶仅存上表皮，形成圆形透明斑。4 龄后咬食全叶，仅残留叶柄，严重影响林木生长，严重时甚至使树木枯死。除褐边绿刺蛾外，还有褐刺蛾 *Thosea haiborna* Matsumura 也危害厚朴。

防治方法：在幼虫期喷洒 90% 晶体敌百虫 1 000 倍液、50% 辛硫磷乳油 1 500~2 000 倍液，或 BT 乳剂 300 倍液防治。

【采收、加工与贮藏】

1. 采收

(1) 厚朴皮的采收

1) 砍树采收:厚朴定植后15~20年采收。生长年限越久,质量越好,产量越高。剥皮多在立夏至夏至之间进行,因这时植株水分含量高,树皮容易剥落。在剥皮时,先用尺从树基分根处向上量40cm的高度,用刀或锯把上下两处树皮割断,并纵向割破树皮,再用竹片刀把树皮剥下,称为“靴朴”。然后砍倒树身,剔除树丫,用尺从下至上依次量80cm长,把树皮一段一段地剥下,皮剥下后,自然成卷筒形,故称“简朴”。剥完树干后,再剥较大的树丫,树枝干剥下的皮称“枝朴”。如不留蔸,可挖起全根,把皮剥下,称为“根朴”。

2) 环剥采收:为了充分利用资源,也可以不必砍树,采取交替剥皮的办法,每次只在树干上剥取一半树皮,让原树继续生长,待已剥的一半树干长出新皮后,再剥留下的一半,不断交替剥皮。

选长势强健、已到收获期的植株,在高温多湿、昼夜温差小、树木生长旺盛、体内汁液多的6~7月进行。交替剥皮最好选在多云或阴天,如是晴天可于下午4时以后进行。剥皮时在树干分枝处下面横割树皮的一半,再垂直向下,左右纵割各1刀,进刀深度以割断韧皮部而不伤木质部为度。小心撬起树皮,向下撕裂,至离地面约10cm处割下。剥后喷10mg/L的吲哚乙酸,用略长于剥皮长度的小竹竿仔细地捆在树干上,再用等长的塑料薄膜包裹两层,捆好,待新皮长出后,再解开。剥皮后,增加浇水、追肥的次数。

(2) 厚朴花的采收:厚朴花亦作中药使用,味苦,性微温,气香。归脾、胃经。具有芳香化湿,理气宽中的功效。用于脾胃湿阴气滞,胸脘痞闷胀满,纳谷不香。厚朴移栽后5~8年开始开花,在花即将开放时采摘花蕾。宜于阴天或晴天的早晨采集,采时注意不要折伤枝条。

2. 加工

(1) 厚朴皮的加工:将剥下的树皮放入沸水中微煮,待厚朴变软时,取出用青草塞住两端,竖放在大木桶里或屋角,上盖温草“发汗”,至内皮及断面变为紫褐色或棕褐色,并出现油润光泽时,取出晒干。晒干后用甑子蒸软后,就可卷成筒状,然后晒干或炕干即成。较小的枝皮或根皮直接晒干即可。

(2) 厚朴花的加工:厚朴鲜花运回后,放入蒸笼中蒸5分钟左右取出,摊开晒干或温火烘干。也可将鲜花置沸水中烫一下,随即捞出晒干或烘干。

3. 贮藏　按厚朴药材的等级或规格,在常温仓库中贮藏。仓库地面应铺设木条或货架,厚朴药材放置在货架或木条上分垛码放。垛与垛之间距离不小于60cm,垛与墙壁之间距离不小于50cm。不得与有毒有害及易串味药品混合贮存。在贮存过程中应定期检查,防止霉变、虫蛀、腐烂、泛油等现象发生。

【栽培过程中的关键环节】

1. 加强排水,防治根腐病　厚朴喜湿润环节,但根系生长土壤滞水,根系生长不良、易发生根腐病。有雨季要加强田间排水,保证根系正常生长。

2. 适时修剪　厚朴以干皮入药为主,树干长到截除树干顶梢前,要及时修剪枝条,促进优势,保证树干直立、光滑。根据种植地风的大小与根系固着能力，及时截除树干顶梢，以促进树干长粗、干皮增厚。

3. 采取适宜的栽培模式　厚朴生长年限长，根据厚朴生产基地模式，可采取适当密植间伐留桩再生方式，以缩短投产年限，提高栽培效益。

46. 灵芝

灵芝

灵芝 *Ganoderma lucidum* 为多孔菌科真菌，是赤芝 *Ganoderma lucidum*（Leyss. ex Fr.）Karst. 或紫芝 *Ganoderma sinense* Zhao. Xu et Zhang 的干燥子实体入药，药材名分别为赤芝或紫芝，俗称"灵芝草"，素有"仙草""瑞草""还魂草"之称，是我国一味传统的名贵中药，自古至今在中医药界享有极高的美誉。其味甘，性平；归心、肺、肝、脾、肾经。有补气安神、止咳平喘的功效。用于心神不宁、失眠心悸、肺虚咳喘、虚劳短气、不思饮食。灵芝主要含有灵芝多糖、三萜类、蛋白类等化学成分。

灵芝分布范围广，我国 29 个省市都有灵芝分布。根据地域、温度和雨量，可将我国灵芝分为热带和亚热带类型、温带类型、低温类型、广泛分布类型。其中灵芝和紫芝主要生长在长江流域和黄河流域，这一地区属于温带型。

除赤芝 *Ganoderma lucidum*（Leyss. ex Fr.）Karst.、紫芝 *Ganoderma sinense* Zhao. Xu et Zhang 被《中华人民共和国药典》收录外，近年来研究与临床疗效观察发现灵芝科真菌还有不少种类是药用真菌，它们是：拟鹿角灵芝 *Ganoderma amboinense*（Lam.；Fr.）Pat.、树舌灵芝 *G. aplanatum*（Pers.）Pat.、狭长孢灵芝 *G. boninense* Pat.、薄盖灵芝 *G. capense*（Lloyd）D. A. Reid 、硬孔灵芝 *G. duropora*、有柄灵芝 *G. gibbosum*（Ness）Pat.、层迭灵芝 *G. lobatum*（Schwein.）G. F. Atk. 、无柄灵芝 *G. resinaceum*、密纹薄灵芝 *G. tenue* J. D. Zhao et L.W.Hsu、热带灵芝 *G. tropicum*（Jungh.）Bres、松杉灵芝 *G. tsugae* Murrill 和皱盖假芝 *mauroderma rude*（Berk.）Pat.。

【生物学特性】

生态习性

(1) 温度：灵芝菌丝可在 5~35℃范围内生长，菌丝较耐低温，不耐高温，超过 35℃时菌丝代谢活动异常，容易死亡。子实体在 5~30℃范围内生长，比较适宜的温度是 20~28℃。温度低，长出的子实体品质较好，菌肉致密，光泽度好；温度高，子实体生长较快，但品质稍差。

(2) 湿度：菌丝生长培养料适宜的含水量为 55%~60%，空气相对湿度为 70%~75%。子实体生长期间空气相对湿度宜保持在 85%~90%。空气相对湿度低于 60% 时，子实体生长较慢；空气相对湿度低于 45% 时，菌丝生长停止，不再形成子实体；空气相对湿度高于 95% 时，灵芝子实体会因缺氧而死亡。

(3) 空气：在自然条件下菌丝可正常生长，适当增加二氧化碳浓度可促进菌丝生长。子实体生长期间对二氧化碳浓度很敏感，二氧化碳浓度高于 0.1%（是自然条件下二氧化碳浓度的 2~3 倍）时，子实体的生长会受到抑制，子实体的外形发生变化，变成畸形菇甚至不形成子实体。

(4) 光照：菌丝生长期间不需要光照，光照对菌丝的生长有抑制作用。子实体生长期间需要适当的光照，在弱光或黑暗条件下，只长菌柄，不会形成菌盖。

(5) 酸碱度：灵芝适宜在偏酸性的条件下生长，菌丝在 pH 3~9 的范围内均可生长，最适宜的 pH 4~6。

【栽培技术】

1. 品种类型　一般栽培的品种为赤芝。

2. 繁殖方法　目前，灵芝的栽培大致分为段木栽培法和代料栽培法(太空包)两大类，代料栽培法有瓶栽和袋栽两种方式。

(1) 段木栽培法

1) 树种的选择与砍伐：大多数阔叶树种都适宜栽培灵芝，多选用栲树、柞树及枫树等木质较硬的树种，一般在树木储存营养较丰富的冬季在接种前 15 天砍伐较好。如果 2 月中旬至 3 月上旬接种，砍伐期选在 2 月，超过 3 月底接种，会影响子实体产量。树木直径 6~20cm 较好。

2) 切断、装袋与灭菌：树木砍伐后运到接种地附近，用锯切断。段木长度 12cm，断面要平。新砍伐段木和含水量高的树种，可在切断扎捆后晾晒 2~3 天，掌握横断面中心部有 1~2mm 的微小裂痕为合适含水量，此时段木含水量为 35%~42%，非常适合灵芝菌丝的生长，一般要求冬季新砍下段木，捆扎后可以直接灭菌接种；春季砍伐段木则需要先排湿，以防湿度过大影响菌丝生长，一般经过 15 天的晾晒后就可以捆扎灭菌接种了。高压灭菌时升温与放气速度宜缓，否则容易胀破塑料袋，在广大的农村因不具备高压灭菌条件，通常采用常压灭菌的方式，灭菌时当温度升高到 100℃后保持 8 小时，可达到灭菌的目的，为确保灭菌效果，一般将灭菌时间延长到 12 小时以上。常压灭菌一般会造成段木的含水量稍微增加，同时为了烘干塑料袋外的水滴，在灭菌结束时，应该短时间内将灭菌锅的顶部微开一个缝隙，使得蒸汽能较快溢出，使锅体内气压大于外部，减少冷空气进入锅体内，这也是防止杂菌侵入的一个措施。

3) 接种：接种前应确保灭菌的段木温度在 35℃以下，并保证接种室的洁净和干燥，如果不是正在使用的接种室，至少应该进行两次以上的室内熏蒸灭菌消毒。按段木用种量 80~100 瓶 $/hm^2$ 的比例接种。要使菌种均匀地涂播在两段木之间及上方段木的表面，用手压实，为了防止菌种在袋内的移动，在扎袋口时一定要扎紧，不留空隙。最好在袋口处塞一团灭过菌的棉花，以利于袋内的氧气供应。袋内有积水时，应倒掉积水。袋子破损时应更换或用胶布贴补小洞。选择气温 20℃左右，天气晴朗的日子接种最合适。菌种的菌龄最好在 30~35 天。

4) 菌丝培养：接种后的短段木菌袋，菌袋依品字形摆放，堆叠 3 层，棉塞不相互挤压。菌丝生长适宜温度为 24~30℃，气温低于 20℃时，菌丝生长极其缓慢，应立即加温，保持室温 22℃左右。菌丝萌发生长后，因为树木的形成层营养丰富，结构疏松，因此菌丝首先在段木的形成层生长，然后逐渐进入木质部和髓部生长，在此期间菌丝一般有沿着维管束生长的特点。

5) 段木埋土：埋土前的栽培场地要深耕，选择晴天进行，翻土深 20cm，翻土后要暴晒 2 天，然后作畦，畦宽 150~180cm，畦长依场地而定。沟畦要南北走向。土壤条件和埋土深度也要注意，埋土地块最好是轻壤土，其通气透水、保温保湿性能好，埋土深度以覆土 2cm 为宜，过深，通气差、萌发晚，易使一段菌柄与泥土混在一起，失去食用价值；过浅，不利于保水、保温。

6）出芝管理：埋土后，如气温持续在25℃以上时，通常7~14天即可出现灵芝子实体。芝蕾露土时顶部呈白色，基部为褐色。在生长初期生长的仅是菌柄部分，为了让菌柄长得长些，这时可以适当控制通风量，使得CO_2的浓度高于0.1%。出芝管理重点是水分、通气、光照这三要素的调节。出芝后要经常检查，每段只留一个粗壮个体，对于菌柄上出现的分枝要及时用刀割去，以提高商品等级。

（2）瓶栽

1）培养料配方：配方一，杂木屑78%，麦麸或米糠20%，蔗糖1%，石膏1%；配方二，杂木屑75%，米糠25%，另加硫酸铵0.2%；配方三，杂木屑80%，米糠20%；配方四，棉籽壳44%，杂木屑44%，麦麸或米糠10%，蔗糖1%，石膏1%；配方五，棉籽壳60%，杂木屑20%，麸皮20%，外加糖1%，豆饼2%，石膏、石灰各1.5%，硫酸镁0.4%；配方六，棉壳78%，麸皮20%，蔗糖、石膏粉各1%；配方七，棉籽壳98%，蔗糖1%，石膏粉1%，水适量；配方八，玉米芯粉50%，木屑30%，麸皮20%；配方九，玉米芯75%，过磷酸钙3%，麸皮20%，蔗糖1%，石膏粉1%。

2）配料：将料按规定比例混合均匀，把蔗糖等可溶性的辅料用清水溶化后播洒均匀，喷水，使料中的含水量达60%~65%。用手紧握一把料，手指尖有水印但水不往下滴为适宜。

3）装瓶：将上述原料混合后，装入瓶中，一边装料一边压实，装到瓶颈处为宜，洗去瓶壁外和瓶口处沾染的培养基，在料面中央用锥形木打孔，然后用聚丙烯薄膜封口。

4）灭菌：瓶装好后，及时灭菌，一般不过夜。常压灭菌时在100℃温度的条件下维持10~12小时；高温灭菌时在121℃条件下维持2小时。

5）接种：在无菌条件下操作，将菌种表层去掉，然后把蚕豆大小的菌块接种到瓶中的空穴中，一般每瓶菌种可接种60瓶左右。

6）发菌：接种后放在25~28℃条件下培养，待菌丝生长到二分之一后，培养基表面就会出现菌蕾，菌蕾逐渐膨胀扩大，此时应加强光照，菌蕾长到棉塞时，应及时去掉棉塞，加强通风、光照和保温、保湿的管理，1个月左右就能生长成熟。

7）出芝期管理：温度应控制在25~29℃，土壤水分保持在18%~20%，灵芝刚开片时不能碰水过多，雾滴应细小，子实体稍大时喷水量可适当增加，子实体散发孢子时停止喷水。注意通风换气，保持棚内空气新鲜。

8）采收：当边缘浅白或浅黄色消失、菌盖变硬有光泽、边缘色泽与菌盖中间颜色相同、弹射棕红色担孢子时即为成熟，及时在灵芝子实体下铺塑料薄膜并停止喷水，收集孢子粉。待灵芝充分成熟后，先将子实体连柄一齐拔出，及时晾干或烘干，装塑料袋内密封保存，柄注意经常检查，防虫防霉变。

（3）袋栽

1）培养料配方：培养料配方有以下几种，一是杂木屑78%，麦麸或米糠20%，蔗糖1%，石膏1%；二是杂木屑75%，米糠25%，另加硫酸铵0.2%；三是杂木屑80%，米糠20%；四是棉籽壳44%，杂木屑44%，麦麸或米糠10%，蔗糖1%，石膏1%；五是棉籽壳60%，杂木屑20%，麸皮20%，外加糖1%、豆饼2%、石膏、石灰各1.5%，硫酸镁0.4%；六是棉籽壳78%，麸皮20%，蔗糖、石膏粉各1%；七是棉籽壳98%，蔗糖1%，石膏粉1%，水适量；八是玉米芯粉50%，木屑30%，麸皮20%；九是玉米芯75%，过磷酸钙3%，麸皮20%，白糖、石膏粉各1%。可根据实际情况选用。

2）配料与装袋：选择新鲜无霉变的料，然后将锯木屑、石灰、过磷酸钙等过筛，将料按规定比例混合均匀，最后把蔗糖等可溶性的辅料用清水溶化后喷洒均匀，喷水，使料中的含水量达60%~65%（用手紧握，手指间有水印但水不往下滴为适宜）。料拌好后应及时装袋，防止杂菌繁殖、培养料变质。装袋前，将料袋一端用线绳扎紧，系一活结；边装料边压实，松紧度适宜（用手托料袋中间，两端不下垂），当袋子装到料离袋口7~8cm时，用线绳扎紧并系一活结。

3）灭菌与接种：袋装好后，当天及时灭菌，一般不过夜。常压灭菌时在100℃的条件下维持10~12小时；高压灭菌时在121℃条件下维持2小时。灭菌后当料温降至30℃以下时，将袋子移入接种箱或无菌室接种，采取两头接种的方式，用种量为干料重的1/10左右，然后扎好袋口进行培养。

4）发菌：培养室温度应保持在25~30℃，空气相对湿度60%~70%，经常检查，发现杂菌污染的菌袋，应及时拣出并进行处理。经15~20天培养后，袋口两端分别用消过毒的针均匀扎12个针孔，以使新鲜空气进入袋内，加速菌丝生长。1个月左右菌丝发满。

5）栽培：栽培有2种方式：一是菌袋平放，畦深10cm，袋间距1~2cm，菌袋之间最好用80%肥土，17%木屑和石膏、磷肥、糖各1%配制的营养土填至袋上3cm，表面用板刮平；二是菌袋竖放，畦深20cm，将脱去袋膜的菌筒竖直放入畦内，排放时注意筒顶应在同一平面上，筒距10cm左右，然后填土至筒顶2~3cm。埋土后及时灌水，但不要过多，待畦内土壤松散时对表面进行修整，保持畦面平整。以后视畦土湿度再次喷水。一般要求畦土保持在土粒用手指能捏扁但不粘手、含水量18%~20%为宜，保持至出芝结束。

6）出芝期管理：温度应控制在25~28℃，土壤水分保持在18%~20%，灵芝刚开片时不能喷水过多，雾滴应细小，子实体稍大时喷水量可适当增加，子实体散发孢子时停止喷水。注意通风换气，保持棚内空气新鲜。

3. 病虫害防治及农药残留控制

（1）非侵染性病害及其防治：由于非生物因素的作用，造成灵芝生理代谢失调而发生的病害，叫作非侵染性病害，也称生理性病害。常见的非侵染性病害的病因有：营养不良（包括营养过剩），温度过高或过低，水分含量过高或偏低，光照过强或过弱，生长环境中有害气体（如二氧化碳、二氧化硫、硫化氢等）过量，农药、生长调节剂使用不当，pH不适等。由于这些原因造成的主要症状包括：畸形芝，菌丝不生长或菌丝徒长，菌丝生长不良或萎缩。

防治非侵染性病害根据具体情况采取相应措施即可，需综合防治时要分析引起病害的主要原因进行辨证分析，从而确定主要防范措施。

（2）侵染性病害及其防治：造成灵芝致病的一类生物称为病原物。由于病原物的侵染而造成灵芝生理代谢失调而发生的病害称侵染性病害，习惯称之杂菌污染。

1）青霉菌 *Penicillium*：青霉菌是灵芝主要致病菌，一般在培养料表层、菌柄生长点、菌盖下的子实层及菌丝部分都易发生。青霉菌初发生时为白色，成熟后变为绿色，生长快、繁殖力强。防治措施：①培养室使用前打扫清洁，$1m^3$用40%的甲醛8ml加5g高锰酸钾熏蒸1次。投料接种后，地面撒一层石灰，若与硫酸铜合用效果更好。②对于培养料辅料麦麸及米糠比例不超过10%。配制培养料时，调pH 8.5~9.5。用干料重的0.2%的50%的多菌灵或0.1%甲基托布津拌料，也可用1%石灰加1%多菌灵拌料（但二者要分别拌料使用，如在一起使用会降低多菌灵的药效）。③培养基灭菌操作要规范，接种时严格要求无菌操作，防止用过量的甲醛消毒，以避免产生酸性环境。④环境条件培养期间要加强管理。⑤培养期间要多观察，发现问题及时处理。

2）褐腐病 *Brunneis putrescat*：发病症状为①子实体染病后生长停止；②菌柄与菌盖发生褐变，不久就会腐烂，散发出恶臭味。防治措施：①抓好产芝期芝房与芝床的通风和保湿管理，避免高温高湿；②严禁向畦床、子实体喷洒不清洁的水；③芝体采收后菌床表面及出芝房时要及时清理干净；④发生病害的芝体要及时摘除，减少病害的危害。

(3) 虫害及其防治

1）线虫 Nematodes：形态特征为危害灵芝的病原线虫体长 1mm 左右，白色透明，体形圆筒形或线形，两端尖细中间略粗，外形似蛇，有头、颈、腹、尾之分。防治措施：①芝场选择排水条件好，土壤渗水强，积水少的地方，减少适合线虫的生长条件；②在芝场四周或地面喷洒 1∶1 000 倍的敌百虫液，也可用浓石灰水或漂白粉水溶液进行喷雾；③保持畦床环境卫生，控制其他虫害的入侵，切断线虫的传播途径。

2）螨类 Mites：形态特征为螨类体形小，要用放大镜才能看清楚。呈圆形或卵圆形，体长 0.2~0.7mm，体色多样。体躯分颚体和躯体两部分，有足，肛门和生殖孔。俗称"菌虱"。防治措施：①畦床场地要选择远离仓库、饲料间、禽舍等地方，杜绝虫源侵入；②菌丝培养期间可用敌百虫粉撒放场地上，500g 药粉可处理 $20m^2$ 培养场地，每 25~30 天处理 1 次；③菌袋有发生螨害时，覆土前可用棉花蘸少许 50% 敌敌畏，塞入袋内进行熏杀，螨类危害严重的菌棒要及时予以废弃，以免螨虫大量繁殖。

3）叶甲科害虫 Chrysomelidae：形态特征：成虫体长 3~5mm，卵圆形，体色褐色至黑褐色。幼虫体长 5mm 左右，长筒形，体色乳白至乳黄。防治措施：可用氯氰菊酯 3 000 倍液喷洒地面、墙壁及栽培场所周围 2m 以内，关闭门窗 24 小时后通风换气即可。

4）夜蛾 Noctuid：形态特征为成虫为中到大型的蛾类，体较粗壮。幼虫体细长，腹足 3 对，行动似尺蠖。

防治措施：一般采取人工捕捉，贮藏期为害可用磷化铝熏蒸，每吨灵芝用药 3~4 片，密闭 5 昼夜以上。注意：进入熏蒸过的库房，必须先通气 1~2 天。

5）皮蠹科害虫 Dermestidae：形态特征为成虫 3mm 左右，圆筒形，暗褐色到暗赤褐色，小甲虫类。幼虫 3mm 左右，乳白色至淡棕色。防治措施：消除栽培场所周围垃圾、杂草等，大棚内清除干净，减少越冬虫源。栽培棚使用之前用 1 500 倍敌敌畏乳油熏蒸或用菊酯类药物喷洒一遍。

【采收、加工与贮藏】

当灵芝的菌盖不再出现白色边缘，原白色也变赤褐色，菌盖下面的管孔开始向外喷射孢子（成熟）即可采收。采收前注意收集子实体放出的孢子，以便生产孢子粉。采收时手捏菌柄轻轻拧下，剪去菌柄下端培养基部分。采收后要求在 2~3 天内晒干，再烘干，否则腹面菌孔会变成黑褐色。晒干时将单个子实体排在竹筛上，腹面向下，一个个摊开。再于 65℃烘干 3 小时至含水量达 10% 以下。若阴雨天则直接烘干，分别于 40~45℃、55~65℃温度下烘干 4~5 小时，即可达恒重。然后放入塑料袋中封严，置阴凉通风干燥处存放或及时出售。

【栽培过程中的关键环节】

1. 灭菌　在灭菌环节要灭菌彻底，接种时要在无菌条件下，土壤晒后也需要灭菌，各个环节的灭菌工作需要做到位。

2. 在孢子成熟时采收　注意要在子实体孢子成熟时采收，采收前注意孢子粉的收集。

47. 茯苓

茯苓

茯苓 *Poria cocos*(Schw.)Wolf. 为多孔菌科卧孔菌属真菌，又称松苓、茯灵、玉灵等，以菌核入药，药材名为茯苓。性平，味甘、淡；归心、肺、脾、肾经。具有利水渗湿、健脾、宁心安神的功效。茯苓各部分作用有所不同：茯苓皮长于利水消肿，主治水肿、小便不利；赤茯苓长于清利湿热，主治湿热、小便不利等症；白茯苓长于利水渗湿、健脾补中、宁心安神，主治脾虚湿盛、小便不利、痰饮咳嗽、心悸失眠等症；茯神与茯神木，长于宁心安神，主治心悸失眠。茯苓主要化学成分为多糖类、三萜类、甾醇、卵磷脂、酶类及多种氨基酸等。

主产于云南、安徽、湖北三省，尤以安徽产量最大，此外河南、福建、湖南、四川、广东、广西、贵州等省区均有栽培。茯苓为四大皖药之一，简称"安苓"，栽培历史悠久，技术成熟，其中以地处大别山腹地的金寨县、岳西县种植面积大，品质优，为国内茯苓重点生产基地，畅销全国及东南亚、日本、印度、欧美等国。

【生物学特性】

1. 生态习性　茯苓喜温暖、干燥、向阳、雨量充沛的环境，野生茯苓从海拔 50~2 800m 均可生长，但以 600~900m 的松林中分布最广，喜生于地下 20~30cm 深的腐朽松根之上，因此在主产区多选择海拔 600~1 000m 的山地，于坡度 10°~35°、寄主含水量为 50%~60%、土壤含水量为 25%~30%、疏松通气、土层深厚并上松下实、pH 5~6 的微酸性砂质壤土中栽培，忌黏土、碱土。

(1) 对温度的适应：茯苓较耐寒，能短期忍受 -5~-1℃的低温，0℃以下处于休眠状态；菌丝生长温度为 18~35℃，以 25~30℃生长最快且健壮，小于 5℃或大于 30℃，生长受到抑制；子实体在 24~26℃，空气相对湿度为 70%~85% 时发育最快，并能产生大量孢子散发，20℃以下孢子不能散发。

(2) 对水分的适应：培育茯苓生长的段木含水为 50%~60%，埋入段木的土壤湿度以 25% 左右为好。结苓后对水分的要求更为迫切，如土壤湿度低于 15%，或菌核已龟裂时，应维持土壤湿度在 25% 才能满足茯苓对水分的要求。但水分过多也会危害茯苓生长，应选择较干燥、排水良好的坡地，忌积水洼地。

(3) 对光照的适应：茯苓菌丝在完全黑暗条件下可以正常生长，被阳光照射反而易老化甚至焦枯死亡，一般不需光照。但要得到较大的茯苓菌核应适当增加光照，用充足的阳光来调节土壤温湿度，因此苓场要选择全日照或至少半日照的阳坡，形成一定的昼夜温差，有利于茯苓多糖的积累和菌核的增大。若苓场完全没有阳光，温度低，则菌丝不易蔓延。子实体的形成必须在散射光的条件下才能完成，黑暗中的菌核不能形成子实体。

(4) 对土壤的适应：土壤虽不直接提供养分，但控制着茯苓生长发育所需的温湿度、空气、光线等条件，宜选择含砾砂约 70% 左右、泥砂少的砂壤土，如红砂土、黄砂土等。土壤过黏通透性差，易发生积水瘟窖。土壤厚度宜在 1m 以上，不得少于 0.5m，上层疏松，下层紧实，经常松土，才能满足菌丝正常发育的要求。另外茯苓菌丝适宜在 pH 3~7 的微酸至中性的土壤中生长，以 pH 4~6 范围内生长最好。

2. 生长发育特性　茯苓的生活史在自然条件下可经过菌丝体、菌核、子实体、担孢子四个阶段。

(1) 菌丝体生长阶段：菌丝生长阶段主要是从段木中吸收水分和养分，并用酶分解和转化木材中的有机物质，如纤维素、半纤维素、果胶等，形成大量的营养物质，生长菌丝。因此，这一阶段又是茯苓的营养生长阶段。在人工培养过程中都是用菌丝分离培养扩大的，当菌丝转接到新的培养基中，条件适宜时，即开始生长发育，按其生长的不同时间，可分为调整期、生长旺盛期、平衡期和衰老期。

(2) 菌核生长阶段：菌丝生长的中后期，在段木外表结聚成团，形成深褐色菌核，这个时期称为结苓。在适宜温度下，茯苓接种后 100~120 天即可开始结苓。结苓时间的早晚和菌核的大小与菌种、外部条件及培养方式有密切关系，菌核是茯苓的贮藏器官和休眠器官，其内部的菌丝是具有生活能力的，可以用来进行无性繁殖。

(3) 子实体阶段：在适宜的温度下，菌核上会长出白色蜂窝状的子实体，是茯苓的有性生殖器官。子实体上的蜂窝小孔和管壁四周长满棒状的担子，是生殖生长阶段。

(4) 担孢子阶段：当子实体成熟时，孢子弹射散落在寄主段木上，遇到适宜环境，萌发长出菌丝。从有性孢子长出来的茯苓菌，生活能力强弱不等，个体差异大，可以进行分离培养，从中筛选出较强壮的茯苓菌种。一般有性世代在栽培条件下不易看到，人工培养主要经过菌丝体和菌核两个阶段，主要采用段木栽培和树蔸栽培，其中以段木栽培为主。

【栽培技术】

1. 品种类型　目前茯苓有栽培和野生两种来源，现有的优质栽培菌种有中国科学院微生物研究所培育的 5.528、5.78、安农大、华中农大等筛选的 Z1 号、湖北中医药研究院选育的 T1 号、从 5.78 中选育出来的湘靖 28、湘靖 28 搭载神州十号后选育出来的太空材料靖航一号、同仁堂 1 号、闽苓 A5、岳西茯苓、广东的 5.99 等。

2. 选地与挖窖　选择排水良好、向阳、土层 50~80cm、含砂 60%~70% 的缓坡地（坡度 15°~20°），最好是林地、生荒地或 3 年以上的放荒地。一般于 12 月下旬至翌年 1 月底，顺山坡挖深 20~30cm、宽 25~45cm、长度视段木长短而定（一般 65~80cm）的长方形土窖，窖距 15~30cm（也可以条带式挖窖），将挖出的窖土清洁并保留在一侧，窖底按原坡度倾斜整平，窖场沿坡开好排水沟并挖几个白蚁诱集坑。

3. 备料　以松木为主，以 7~10 年生，胸径 10~45cm 的中龄树为好，砍伐一般在 10~12 月进行或提早准备，最迟不得超过农历正月，否则松料脱皮不易干燥，接种时成活率低。砍伐后立即修去树桠并削皮留筋（相间削掉树皮，不削皮的部分称为筋），削皮要达木质部。削面宽 3~6cm，筋面不得小于3cm，使树木内的水分和油脂充分挥发。此工作必须在立春前完成，然后干燥半个月，将木料锯成长约80cm的小段，在向阳处堆叠成井字形，在堆放过程中要上下翻晒1~2次，使木料干燥一致，40天左右，敲之发出清脆响声，两端无松脂分泌时可供接种。

4. 菌种培养　商品茯苓菌种的培养一般采取无性繁殖，有四种方法：肉引法、木引法、浆引法和菌丝引法。

肉引：即用菌核组织直接做菌种。选用新采挖的浆汁足、中等大小的壮苓（每个250~1 000g）切片做菌种。入窖时，将菌核切带皮的半球形一块，立即把切面贴到窖中段木上，位置常在段木较粗一端的截断面上或削去皮的部位，注意贴上后不能再移动，用土封窖。

木引：将菌核组织接于段木，待菌丝充分生长后，锯成小段做菌种。5月上旬选质地松泡、直径9~10cm的干松树，剥皮留筋锯成50cm长段木。每10kg段木的窖用鲜苓0.5kg，选黄白色、皮下有明显菌丝、具香气的茯苓为好。把苓种片贴在段木上端靠皮处，覆土3cm，到8月可作木引。

浆引：将菌核组织压碎成糊状作菌种。

以上三种方法需要消耗大量成品优质茯苓，其中“肉引”和“浆引”栽种一窑要耗费茯苓0.2~0.5kg，用种量大，不经济；“木引”操作烦琐，菌种质量难以稳定，且产量不稳定；而菌丝引法可节约商品茯苓，降低成本，且高产稳产，是当前大面积栽培所广泛采用的方法。下面我们就来着重介绍菌丝引法的制种过程。

（1）母种（一级菌种）培养：多采用马铃薯-葡萄糖（或蔗糖）-琼脂（PDA）培养基。配方：马铃薯：葡萄糖（或蔗糖）：琼脂：水=（20~25）：（2~5）：2：100，pH 6~7，按常规方法制成斜面培养基。选择品质优良的成熟菌核，表面消毒，挑取菌核内部黄豆大小的白色苓肉，接入培养基中央，置25~30℃恒温箱或培养室内培养5~7天，待菌丝布满培养基时，即得纯菌种。上述操作均在无菌条件下进行，在培养过程中，发现有杂菌感染，应立即剔除。

（2）原种（二级菌种）培养：母种不能直接用于生产，须进行扩大再培养。多采用木屑米糠培养基，配方：松木屑55%、松木块（30mm×15mm×5mm）20%、米糠或麦麸20%、蔗糖4%、石膏粉1%。先将木屑、米糠、石膏粉拌匀；另将蔗糖加水（1~1.5倍）溶化，放入松木块煮沸30分钟充分吸收糖液后捞出；再将木屑、米糠等加入糖液中拌匀，含水量为60%~65%，即手可握之成团不松散但指缝间无水下滴为度；然后拌入松木块，分装于500ml的广口瓶内，装量为4/5瓶，中央留一示指粗的小孔，高压蒸汽灭菌1小时，冷却后接种。在无菌条件下，挑取黄豆大小的母种，放入培养基中央的小孔中，置25~30℃中培养20~30天，待菌丝长满全瓶即得原种。培养好的原种，可供进一步扩大培养栽培种用。如暂时不用，必须移至5~10℃的冰箱内保存，时间不宜超过10天。

（3）栽培种（三级菌种）的培养：仍选择木屑米糠培养基。配方：松木块（120mm×20mm×10mm）66%、松木屑10%、麦麸或细糠21%、葡萄糖2%或蔗糖3%、石膏粉1%、尿素0.4%、过磷酸钙1%，制备方法同上，分装于菌种袋内，装量为4/5袋，高压蒸汽灭菌1小时，冷却后接种。在无菌条件下，夹取1~2片原种瓶中长满菌丝的松木块和少量混合物接入袋内，恒温培养30天（前15天25~28℃，后15天22~24℃）。待菌丝长满全袋、有特殊香气时，即可接入段木。一般1支斜面纯菌种可接5~8瓶原种，1瓶原种可接数十袋栽培种，2袋栽培种可接种1根段木。

（4）接种方法：接种就是将一定量的纯菌种在无菌操作下，转移到另一已经灭菌并适宜于该菌生长繁殖所需的培养基中的过程。接种前将空白斜面培养基上部贴上标签，注明菌名、接种日期、接种人姓名。为了保证获得的是纯培养，要求一切接种必须严格进行无菌操作，一般是在无菌室超净工作台或接种箱中进行。

(5) 菌种测定：母种应选菌丝平铺于斜面生长旺盛均匀、毛状菌丝多、分枝浓密而粗壮、色泽洁白、无杂菌感染者。原种和栽培种除按以上标准外，还要具有浓厚的茯苓聚糖香味，若菌丝萎缩呈一堆堆的块状，表示菌种已衰变，不能使用。

茯苓菌种制好后，要测定其是否成熟适宜下种，其标准和方法是：在常温下25天后菌丝长满瓶时取出木片，用力一掰能断或木片边缘剥得动，木片呈淡黄色，有一股浓厚的茯苓聚糖香味，说明木片里有菌丝在分解木片的纤维素。另外还可在无菌条件下，从瓶内取出1~2片，刮去表面菌丝、米糠、木屑，放在已灭菌的培养皿或瓶内，在25℃以上温度下培养20~24小时，见木片上重新萌发菌丝，说明木片内有菌丝在分解纤维素。用以上方法测定的菌种，种下去后成活率高，如遇暂时干旱和多湿等不良条件也可抗御；若菌片上菌丝少，木片内无菌丝，掰不断，剥不动，则不能作种，因为这样的菌种尚未分解木片，勉强下种不易成活。

5. 下窖与接种

(1) 下窖：宜在春季3月下旬至4月上旬，与接种同时进行。选连续晴天土壤微润时，从山下向山上进行，将干透的松树段木逐窖摆入。一般每窖放入直径在4~5cm的小段木可5根，上2根下3根，呈品字形排列；中等粗细的段木2根1窖。将两根段木的留筋面靠在一起，使中间呈V形，以便传引。

(2) 接种：首先在段木的一端用利刀刮削出新伤口，将三级菌种袋划开，使其内长满菌丝的部分紧贴伤口，一起放入窖内，并可在另一端贴附一些菌核诱导传引(贴附松根可诱导形成茯神)。也可用镊子将三级菌种袋内长满菌丝的松木块取出，顺段木的V形缝中平铺其上，撒上木屑，然后将1根段木削皮处紧压其上，使呈品字形；或用鲜松毛、松树皮把松木块菌种盖好。接种后立即覆土，厚7~10cm，使窖顶呈龟背形，以利排水。

6. 苓场管理

(1) 检查：接种后严禁人畜践踏苓场，以免菌丝脱落。7~10日后检查，以后每隔10天检查1次，若菌丝延伸到段木上生长，显示已“上引”。若发现没有上引或污染杂菌，应选晴天将原菌种取出，换上新菌种(补引)。1个月后再检查1次，2个月左右检查时，菌丝应长到段木料底或开始结苓；若此时只有菌丝零星缠绕即为“插花”现象，将来产量不高；若窖内菌丝发黄，或有红褐色水珠渗出，称为“瘟窖”，将来无收。

(2) 除草、排水：苓场保持干燥，无杂草丛生，雨后及时排水。苓窖怕淹，水分过多，窖底过于板结，通透性差，会影响菌丝生长发育。

(3) 覆盖：窖顶前期盖土宜浅，厚7cm左右；开始结苓后，盖土可稍加厚，10cm左右，过厚窖内土温偏低，昼夜温差小，透气性差，不利于幼苓迅速膨大；太薄幼苓易暴露或灼伤，苓形不佳，品质差。雨后或随菌核的增大，常使窖面泥土龟裂，应及时培土填塞，防止菌核晒坏或霉烂。

7. 病虫害防治及农残控制

(1) 病害及其防治：茯苓在生长期间，常被霉菌侵染，侵染的霉菌主要有绿色木霉 *Frichoderma viride*(Pers.)Fr.、根霉 *Rhizopus* spp.、曲霉 *Aspergillus* spp.、毛霉 *Mucor* spp.、青霉 *Penicillum* spp. 等。危害茯苓菌核，使菌核皮色变黑，菌肉疏松软腐，严重时渗出黄棕色黏液。

防治方法:①段木要清洁、干净;②苓场要保持通风透气和排水良好;③发现此病应提前采收,苓窖用石灰消毒。

(2) 虫害及其防治

1) 黑翅大白蚁 *Odontotermes formosanus*(Shiraki):蛀食段木,不能结苓。

防治方法:①接苓前在苓场附近挖几个诱集坑,每隔 1 个月检查 1 次,发现白蚁时,可用煤油或开水灌蚁穴,并加盖砂土,灭除蚁源;②在 5~6 月白蚁分群时,悬黑光灯诱杀。

2) 茯苓喙扁蝽 *Mezira*(*zemira*)*poriaicola* Liu:其形似臭虫,吸取茯苓浆汁,受害部位出现变色斑块,苓小减产。

防治方法:①进行轮作;②窖内先撒些乐果乳剂,然后再放段木接引;③在场地周围插上枫杨(麻柳树)、山麻柳(化香树)等枝条,防其进入场内。

【采收、加工与贮藏】

1. 采收　栽培茯苓视培养材料不同、地区不同、栽培种培养基的不同采收时期有所差别。用段木栽培时,在温暖地区若栽培"肉引"窖苓,春季下窖,第二年 4~5 月第一次收获,第二次收获在 11~12 月,以立秋后 8~9 月采挖质量好;在东北地区,为每年 6~7 月下窖,第二年 6~7 月起窖。若栽培"菌引"窖苓,在温暖地区,一般 4~5 月下窖,8 个月左右,即当年 10~12 月就可第一次收获,至次年 3~4 月陆续采收;冷凉地区,可适当采取人工加温措施提早接种,当年也可第一次收获。

茯苓成熟的标准是,当苓场的窖土凸起状并龟裂,裂隙不再增大时表示窖内茯苓生长已停止,可以起挖。此时一般段木变成棕褐色,一捏即碎,菌核长口已弥合,嫩口呈褐色,皮呈褐色、薄而粗糙并且菌核靠段木处呈现轻泡现象。一般以茯苓外皮呈黄褐色为佳,若黄白色有待继续成熟,而黑色则为过熟,易烂。茯苓熟一批就要收一批,一般第一批占产量 80% 左右。采收时注意选择晴天,雨天起挖的干后易变黑。

栽培茯苓的起挖方法是用锄将窖掘开,取出表层茯苓,再移动段木料筒,取出其他茯苓。茯苓菌核多生长于料筒两端,有时可延伸到窖周围几十厘米处结苓,所以若起挖时窖内不见茯苓可在周围仔细翻挖方能找到,这样可取出茯苓而不移动料筒,然后再复上土,以利继续结苓。起挖时应小心仔细,尽可能不挖破茯苓,以免断面沾污泥沙,并按大小及完好破损程度不同分别存放。

2. 加工

(1) 发汗:将采收的茯苓刷去泥土,置于不通风的房内或特制的炕沿,在缸、木桶等容器内,分层排好,底层先铺松毛或稻草一层,然后将茯苓与稻草逐层铺迭,高度可达 1m,最上面盖以厚麻袋使其发汗。5~8 日后,视其表面生出白色绒毛(菌丝),取出摊放于阴凉处,待其表面干燥后,刷去白毛,把原来向下的位置转动一下,换一下部位向下堆好,再如上法进行二次"发汗"。如此反复 3~4 次,至表面皱缩,皮色变为褐色,再置阴凉干燥处晾至全干,刷去霉灰,即成商品个苓。一般每 100kg 鲜苓可加工成 60kg 个苓。

(2) 加工:在茯苓起皱纹时,用刀剥下外表黑皮,即为"茯苓皮";切取皮下赤色部分称"赤茯苓";菌核内部白色、细致、坚实的部分称"白茯苓";若中心有一木心的称"茯神";其中的木心称茯神木。然后分别摊于席上,一次晒干,即成成品。质量以身干、体重结实、皮细皱密、不破不裂、断面包白、质细、嚼之黏牙、香气浓者为佳。

3. 贮藏　鲜茯苓忌风吹日晒，防干燥，冻坏及腐烂，最好能及时加工成商品；茯苓皮放在木箱内，或以席、塑料编织袋装，堆置高而干燥处，防止受潮霉变；茯苓个以席或麻袋装；茯苓片及块不宜用麻袋装，最好是选用标准木箱或纸箱、竹篓，内衬一层草纸或牛皮纸，以 40~50kg 一件为宜，太重不便搬运，装箱时最好层层摆放，以减少破碎。商品茯苓易虫蛀，发霉变色，应密闭，置阴凉干燥处保存，不宜暴晒、寒冷、潮湿，以免变形、变色、裂纹。严防受潮、霉变。

【栽培过程中的关键环节】

1. 选地备料　苓场要选南或西南向，避开蚁群；段木要干燥，松脂充分溶出。

2. 制作优良菌种　选择优良母种，一切转接必须严格进行无菌操作，以保证获得的是纯菌种。

3. 加强苓场管理　开始结苓后，盖土加厚至 10cm 左右，过厚窖内土温偏低，昼夜温差小，透气性差，不利于幼苓迅速膨大；太薄幼苓易暴露或灼伤，苓形不佳，品质差。雨后或随菌核的增大，常使窖面泥土龟裂，应及时培土填塞，防止菌核晒坏或霉烂。

参考文献

[1] 罗光明,刘合刚.药用植物栽培学.2版.上海:上海科学技术出版社,2013.

[2] 潘佑找.药用植物栽培学.北京:清华大学出版社,2014.

[3] 郭巧生.药用植物栽培学.上海:高等教育出版社,2009.

[4] 徐良.中药栽培学.贵阳:贵州科技出版社,2001.

[5] 黄璐琦.中药资源生态学.上海:上海科学技术出版社,2009.

[6] 刘建斌.植物生态学基础.北京:气象出版社,2009.

[7] 赵春江.精准农业研究与实践.北京:科学出版社,2009.

[8] 刘子凡,黄洁.作物栽培学总论.北京:中国农业科学技术出版社,2007.

[9] 宋晓平.最新中药栽培与加工技术大全.北京:中国农业出版社,2002.

[10] 宋德勋.药用植物栽培学.贵阳:贵州科技出版社,2000.

[11] 武孔云,冉懋雄.中药栽培学.贵阳:贵州科技出版社,2001

[12] 张建国,金斌斌.土壤与农作.郑州:黄河水利出版社,2010.

[13] 谢德体.土壤肥料学.北京:中国林业出版社,2004.

[14] 杨继祥.药用植物栽培学.北京:中国农业出版社,1993.

[15] 郭兰萍,黄璐琦,蒋有绪,等.药用植物栽培种植中的土壤环境恶化及防治策略.中国中药杂志,2006,31(9):714-717.

[16] 张爱华,郜玉钢,许永华,等.我国药用植物化感作用研究进展.中草药,2011,42(10):1885-1890.

[17] 朱欣.几种粮药复种的模式.新农村,1994(10):12.

[18] 李文娇,杨殿林,赵建宁,等.长期连作和轮作对农田土壤生物学特性的影响研究进展.中国农学通报,2015,31(3):173-178.

[19] 魏建和,陈士林,程惠珍,等.中药材种子种苗标准化工程.世界科学技术——中医药现代化.2005,7(6):104-108.

[20] 张进生,戴刚.中国种子质量标准化研究.农业质量标准,2003(4):14-17.